Neumüster
Fengenb
Ritzenb
Oteredorp
Berkesa
Staden
Hamborg
Stotel
Vorden
Buxtehoede
Lawenborg
Jeuer
Norden
Fredeborch
Emden
Beuezenborg
Albis fl.
Domicz
SIA.
Oldenborch
Mol
Lunenborg
Dannenberg
Bremen
Haselingen
Delmenhorst
Verden
Vlczen
Alden
Osterborg
Sebusen
Niehus
Lingen
Cloppenborch
Wildeshuse
Zeel
Herden
Aller fl.
Soltwedel
Northorn
Ems fl.
Quakenbrugge
Nieuborg
Burgdorf
Garleben
Almelo
Witlag
Braunswijg
Stendel
WEST
FAL IA
Leine fl.
Osenbrug
Minden
Hanofer
Helmstat
Rene
Engern
Hervord
Hildesheim
Teckenborg
Lemgow
Hamelen
Bokelem
Halberstat
Münster
Coffelt
Boffelt
Goslar
Rauensburg
Bodenwerd
SAX
Dorsten
Ham
Brakel
Gandersheim
Lippe
Northeim
Nort husen
Stalberg
Essen
Sust
Palborn
Huren
Eisleben
Vnna
Werla
Geiske
Gottinzen
Sunderhusen
Dortmund
Warborg
Minden
TVRING
Lenep
Attendorn
HAS
Fersler
Cassel
Sal fl.
Waldeck
Cappel
Crutzberg
Naumburg
Erffurt
Coelen
Sigen
Dreis
Marpurg
Homburg
Spangeberg
Gotha
Iena
IA.
Bon
Isenach
Lintz
Dillemberg
Cronberg
Hirsfeldt
Vach
Jlmenaw
Salfeld
Reimbach
Andernach
Gießen
SIA
Aursperch
Eiffelt
Wiehmust
Fuld
Solburk
Cobelentz
Buzbach
Alten Aar
Weilburg
Boppart
Gelnhausen
Neustat
SGwer
Fridberg
Coburg
Hamelburg
Gemund
Schwein furt
Hasfurt
Staffelstein
Wesel
Ments
Moesel fl.
Neustat
Culmbach
Main fl.
Bergtastel
Binge
Francfort
Oppeheim
Geraw
Wertheim
Hasfurt
Bamberg
Creutznach
Wirtzburg
Darstat
Haslach
Potenstain
Lubreck
Miltenburg
Wormbs
CO
Forchaim

Horst Mönnich

Aufbruch ins Revier

Aufbruch nach Europa

Bruckmann München

Horst Mönnich

Aufbruch ins Revier

Aufbruch nach Europa

HOESCH

1871-1971

Jubiläumsschrift der Hoesch Aktiengesellschaft, Dortmund
Buchgestaltung Walter Leonhard und Thilo Pröstler
Gesamtbearbeitung Verlag F. Bruckmann, München
Herstellung F. Bruckmann KG, Graphische Kunstanstalten, München
Bindearbeit Grimm + Bleicher, Großbuchbinderei, München, und
Verlagsbuchbinderei Hans Klotz, Augsburg

Verlagsnummer ISBN 3 7654 1441 7
Printed in Germany 1971

Vorwort

Wir überreichen zum 1. September 1971 dieses Buch ›Aufbruch ins Revier – Aufbruch nach Europa‹ allen Mitarbeitern und allen Freunden unseres Hauses. Denn vor 100 Jahren, am 1. September 1871, gründete Leopold Hoesch gemeinsam mit seinen Söhnen Wilhelm und Albert und seinen Vettern Viktor und Eberhard in Dortmund das ›Eisen- und Stahlwerk Hoesch‹. Diese wagemutigen Männer aus der Dürener Familie Hoesch, Nachfahren vieler Generationen von Eisenhüttenleuten, brachen damals auf ins Revier, nach Dortmund. Ein solcher Jahrhunderttag sollte wohl ein Tag der Rückschau sein, aber auch ein Tag, an dem wir den Blick in die Zukunft richten wollen.
Die Geschichte eines Unternehmens ist nicht allein das Werk der Menschen, die ihm, an welcher Stelle auch immer, gedient haben, sondern ist gleichermaßen das Ergebnis von technischen, wirtschaftspolitischen und gesellschaftspolitischen Kräften und Strömungen, die das Unternehmen und seine Umwelt prägten und gestalteten. Von ihnen zu wissen und sie aufzuzeigen ist notwendig, wenn neben trockenen Daten und der Aufreihung technischer und wirtschaftlicher Ereignisse mehr sichtbar gemacht werden soll als nur ein Stück nüchterner Wirtschafts- und Firmengeschichte. Diese Überlegungen bestimmten die Gestaltung dieser Jubiläumsschrift, für die wir Horst Mönnich Dank sagen.
Ein Unternehmen wird von wirtschaftspolitischen und gesellschaftspolitischen Veränderungen berührt und ist eingebettet in seinen ›Raum‹, in dem es lebt. Das Unternehmen und der Raum sind gemeinsam gewachsen. Das ›Revier‹ stößt an seine Grenzen. Die nächste Etappe heißt Europa.
Die erste industrielle Revolution und der Einbruch der Technik haben die Entwicklung des Ruhrgebiets ausgelöst und bestimmt. Auf der Grundlage der Kohle und des Erzes, in günstiger Verkehrslage hat ein beweglicher, tatkräftiger Menschenschlag im Herzen Europas jenes gewaltige Industriegebiet entstehen lassen, dessen Wachstum wir nun gleichsam mit dem Zeitraffer verfolgen können, deutlich gemacht am Beispiel eines Unternehmens, am Beispiel von Hoesch. Wir verfolgen seine Anfänge und sein Wachsen von den achtziger Jahren bis heute. Indem wir die Jahresringe seiner Entwicklung freilegen, stoßen wir auf die Grundkräfte, die das Ruhrgebiet formten. Und es zeigt sich, daß alles, was bei Hoesch geschieht, typisch ist für das Revier und umgekehrt.
Zu Beginn des zweiten Jahrhunderts der Geschichte unseres Unternehmens wird ein neuer Umbruch sichtbar. Wieder sind es Standortfragen, sind es technische Entwicklungen, die zu neuen betrieblichen Größenordnungen zwingen und größere Märkte erfordern. Es gilt daher, die Enge nationaler Grenzen zu sprengen

und in größere politische Einheiten hineinzuwachsen – nicht nur für Hoesch. Was kommen muß, ist der ›Aufbruch nach Europa‹. Und uns allen, die wir uns Europäer nennen und Verantwortung tragen, sollte es ernst damit sein.
Hundert Jahre: sie sollen uns Anlaß sein, all den Menschen früherer Generationen zu danken, die das Ihre dazu taten, daß unser Unternehmen sich bis heute hin stetig entwickeln konnte. Oft haben sie ihr Letztes darangegeben, haben sich verzehrt in der Aufgabe, die Hoesch ihnen stellte. Hundert Jahre sind uns ebenso Anlaß, denen zu danken, die dieses Werk weiterführen: allen Mitarbeitern, allen Verantwortlichen unserer Gesellschaften und nicht zuletzt denen, die von außen her mitgeholfen haben und mithelfen, für unser Unternehmen alle Möglichkeiten zu nützen, die ein neues Jahrhundert bereithält.

HOESCH AKTIENGESELLSCHAFT

HARDERS FISCHER HÖLKESKAMP

HUFNAGEL SOLBACH

Dortmund, den 1. September 1971

Inhalt

Revier ... *das ist die Landschaft, da die Halden des schwarzen Goldes in das Grün der Feldflur und der Laubwälder hineinwachsen – wo neben den Glockentürmen der Dörfer und Städte die Fördertürme von der Erde auf den Himmel und seine Sterne deuten – die Landschaft, die wie keine andere hervorbringt, was unseren Leib nährt, was uns die Kraftströme zubringt, ohne die unsere Erde erstarrte – die Landschaft, darin die Erde gefordert ist, über ihre Kraft zu geben – diese Landschaft, die vom Menschen fordert, alles zu geben, was er an Vermögen hat, die Welt zu verändern – jene Landschaft, darin der Mensch fast ganz auf sich gestellt und von allen Stützen der Seele und des Gemüts verlassen den heldenhaften Kampf gegen die Übermacht der entfremdenden Kräfte hat führen müssen und geführt hat ...*

Carlo Schmid

Das Revier liegt in der Luft *mit einem Geruch nach glühendem Eisen, trockener, heißer Erde, Schwefel und Ammoniak. Das Revier kündigt sich an mit Staub, Aschenregen und großen Feuern, wie ein aktiver Vulkan. Dann kommen Randzechen und Zechendörfer, völlig unwahrscheinlich anzusehen, wie Filmbauten mit gezackten Miniaturbergen aus Schlacke, mit Schloten, mit Randflächen von Müll, mit zahllosen Kindern, mit Kohlstrünken in Schrebergärten, die steif wie die Schlote in den Himmel stechen, mit dickgeballten Wolken von weißem Wasserdampf, mit langen Bändern bunter Wäsche.*
Man sieht deutlich, wie hier am Anfang die Zeche war, ihren Schachtrüssel hinunterstach zu den gewellten Kohlenflözen unter der Erde und wie aus der Zeche alles übrige entstanden ist.
Heinrich Hauser 1930

Ein Ziel ist wie das andere. *Eine Stadt wie die andere. Eine Straße wie die andere. Steig in die Straßenbahn. Du bist in einer halben Stunde in der nächsten Stadt. Hat sich was geändert? Rauch über der Welt! Man fährt nach Oberhausen, von da nach Mülheim, von da nach Recklinghausen, nach Bochum, nach Gladbeck, nach Buer, nach Hamborn, nach Bottrop. Rauch über der Welt! Kein Himmel, keine Wolke! Regen, der aus Rauch kommt. Schwarzer Regen.*
Hundert Schornsteine, aufgestreckte Zeigefinger, Säulen des Rauchhimmels, Altäre des Gottes Rauch. Schienen auf der Erde, korrespondierende Drähte in der Luft. Eine einzige grausame Stadt aus Steinhäufchen, aus Städtchen-Gruppen. Dazwischen läuft eine eingebildete Landesgrenze. Aber darüber wölbt sich ein einheitlicher Himmel aus Rauch, Rauch, Rauch.
Joseph Roth 1926

Im Rheinischen Industriegebiet, *das sich ins Wuppertal und in das Ruhrrevier erweitert, wurden einst die großen Arbeiterparteien geboren, hier führten sie die ersten Kämpfe. Heinrich Heine und Karl Marx und Friedrich Engels waren Rheinländer ... Sie wurden zu Propheten der inneren Kämpfe, denen der Westen entgegengeht. Zuerst die immer engere Verflechtung des Rheinlandes mit den Entwicklungen der Großindustrien und des Seehandels, dann der Rhein als Beute, nun die Kanonen in den äußersten Vergewaltigungen. Wird sich einst am Rhein der Kampf entscheiden, der aller Machtgier das Grab bereitet? Wird einst hier das erste Land der Erde sein, auf dem kein Soldat mehr steht? Wird es das erste sein, das die Klugheit der Völker erneuert?*
Alfons Paquet, 1926

S

Schlote, Schlote, Schlote. *Schwarze Wolken von Ruß. Sie wandern von der Kupferhütte über Duisburg-Hochfeld auf mich zu. Das Ockergelb schwefeliger Abdämpfe. Weiße Rauchflaggen der Schlepper vom Rhein. Wolkengebirge, soeben entstanden aus den Löschtürmen der Kokereien. Häuser dazwischen, schwarze Giebel, rote Blumenpunkte zwischen den Fenstern, deren Gardinen sich chemisch zersetzen. Menschen wohnen dahinter. Da, die Niederrheinische Hütte, drüben überm Strom. Stahlbau Rheinhausen, der blitzende Bogen einer Brücke durch den Dunst gespannt. Dort rollen die Züge von Gelsenkirchen nach Krefeld, Xanten, Moers. Weiter rechts die Homburger Brücke, elegant, ein kühner Wurf aus Stahl. Kühltürme und Schachtgerüste, Seilscheiben spielen wie Spinnräder. Silbern schimmernde Benzoltanks am Hafenbecken. Gleise, ganze Bahnhöfe zwischen Silos und Speichern. Thomasmehl stäubt, Kräne drehen sich. Brücken schieben sich auseinander, die Asphaltstraße, die sie verbinden, steil in die Luft kurbelnd. Dazwischen immer das blauschillernde Band des Rheins, das Erz herein-, Anthrazit und Koks hinausschleppt. Lagerhallen, wie dunkelbraune Bauernbrote gestapelt. Hinten, im Westen, die Hafenkais von Ruhrort, ein Wald von Kaminen: das ist die August-Thyssen-Hütte, zerbombt, demontiert, geschleift – eine Eisenwüste, die jeden, der sie vor einigen Jahren sah, schaudern machte. Doch das Herz schlägt wieder, denn die Blockstraße, entworfen in dem Hause, auf dem ich stehe, und gebaut in den Hallen unter mir, lief dort an, Stahlwerk und Walzwerk verbindend. Weiter rechts, eingehüllt in gelben Brand, liegt Mülheim; Oberhausen, Essen dahinter. Bochum, Dortmund sind nur zu ahnen. Im Süden aber, hinter künstlichen Seen, die einmal Kiesgruben waren, hinter Sportarenen und Rasenflächen, schimmern weiße, grüngerahmte Würfel: Siedlungen, Häuser, die am Wannsee in Berlin stehen könnten, endlose Zeilen, die dem »Schreibtisch des Ruhrgebietes«, Düsseldorf, entgegenwandern. Alles das ein Hexenkessel von technischer und wirtschaftlicher Macht – Macht, die sich auf Kohle gründet und Stahl.*

Horst Mönnich, 1954

Das Ruhrgebiet *wird von fast fünf Millionen kleinen Leuten bewohnt, die kaum notiert werden an den Börsen der Nation. Sie werden erst auffallen beim Jüngsten Gericht mit ihren schwarzen verrußten Lungen. Dann werden sie glühen – oder? Ist das Ruhrgebiet wirklich nur ein Thema für Fachleute? Das wollte ich wissen. Was kann unsereiner hier erkennen, erfahren, nachholen in Sachen Deutschland?*

Horst Krüger, 1968

Kindheitstage des Reviers

Der Mensch betritt das Ruhrgebiet

Der Mensch gräbt der Kohle nach, noch immer: unter Stein und Asphalt, Stahl und Beton, unter Häusern, Straßen, Wegen, Schienensträngen, Hochspannungsleitungen gräbt er sich durch die Erde, der Kohle nach.
Der Kohle nach: Das war der Sog, der hier im Revier alles in Bewegung setzte, der die Menschen anlockte, in die Erde hinabzog. Unter der Erde, umschlossen von Erde, gruben sie unendlichen Zeiträumen nach, in denen gewachsen war, wovon nun auf einmal die Seligkeit abzuhängen schien. Plötzlich ging die Welt nicht mehr weiter ohne den Stoff, der da unten lag – und jahrtausendelang war der Mensch ahnungslos über diese Erde hingegangen.
Erste Spuren vom Menschen im heutigen Ruhrgebiet weisen in die Zeit vor 50000–80000 Jahren zurück. Es sind Steinwerkzeuge, die man in der Balver Höhle fand und die uns Aufschluß darüber geben. Hat sie der Neandertaler gefertigt, dessen Schädel – zurückfliehende Stirn, ohne Kinn – der Forscher Fuhlrott 1856 aus dem Abraum der Höhle ›Felddorfer Kirche‹ im Neandertal bei Düsseldorf barg? Wir wissen es nicht. Wir wissen, daß es das Mammut gab, das Wollnashorn und den Höhlenbären und daß der Mensch, wer immer er war, diese gewaltigen Tiere in Fallgruben fing oder auch schon mit hölzernen Lanzen erlegte, die feuergehärtete Spitzen hatten. Mit Faustkeil und Schaber bearbeitete dieser Mensch seine Waffen und die Felle, die ihn wärmten.
Unermeßliche Zeiträume vor ihm hatten die Erde, auf der ihm dieses Dasein möglich war, dafür vorbereitet.
Vor rund 350 Millionen Jahren bedeckte das Meer des Devon große Teile Europas und so auch den Binnenraum zwischen Wesel und Recklinghausen bis zur Alemannischen Halbinsel im Süden, wo Hunsrück und Taunus beginnen. Im Norden erhob sich ein riesiger Kontinent, das Alte Rote Festland, und die Flüsse spülten Verwitterungsschutt, Schlick und immer neue Ablagerungen in diese ›Erdsammelmulde‹, wie die Geologen sagen, einen riesigen Trog, dessen Grund beständig absank, und der sich dennoch füllte. Schicht um Schicht lagerte sich ab, bis alle diese Schichten von einer Gebirgsbildung erfaßt wurden, die von Südosten nach Nordwesten die Erde auffaltete. Das Rheinische Schiefergebirge türmte sich auf, auslaufend ins Sauerland und ins Bergische Land.
Im Norden dieses ›Variscischen Gebirges‹ blieb ein Rest des Beckens zurück, dessen Boden wiederum absank. Langsam, unregelmäßig, Flachmoore bildend, in deren Sümpfen Wälder wuchsen: unsere heutigen Kohleflöze; Wälder, die immer wieder ertranken, wenn die Senkung schneller erfolgte. Dann legten sich Sand- und Tongeschiebe darüber, schlossen sie luftdicht ab, bis die alte Flach-

see von 4000 Metern mächtigen Ablagerungen ausgefüllt war. Auch diese Ablagerungen wurden von der Gebirgsbildung erfaßt, verformten sich zu Sätteln und Mulden.

Mit der Entstehung des Steinkohlengebirges war am Ende der Karbonzeit das Gebiet des heutigen Reviers lange Zeit Festland. Dann kam es zu einer neuen Meeresüberflutung. Kalkschichten und Kalksandstein, in sie eingeschlossen Seeigel, Ammoniten und Muscheln, blieben zurück, als dann auch dieses Meer nach Norden abzog. Die Baumberge nördlich Nottuln gaben den steinernen Abdruck eines Fisches frei, der im Kreidemeer herumschwamm, bis Schlick und Schlamm ihn begruben.

Aber noch ungeheure Zeiträume müssen vergehen, bis die Erdgeschichte ins Diluvium eintritt und in der Eiszeit die Gletscher vom hohen Norden aus den Bergen Skandinaviens Felsbrocken, Granite, Gneise, Porphyre als ›Düwelssteene‹ (Teufelssteine) nach Westfalen, bis an den Lauf der Ruhr heranschieben: Moränen, die mit ihren Sanden, Tonen und Lehmen jene Landschaft hervorbringen, in die der Mensch mit seinen Möglichkeiten eintreten kann. Aus den nördlicher liegenden Ablagerungen aber wird der Löß herangeweht, wertvollstes Geschenk der Eiszeit an den Menschen.

In der Steinzeit, die bis etwa 10000 Jahre v. Chr. hinabreicht, sehen wir ihn dann als Jäger, Fischer und Sammler von Früchten und Wurzeln sein Leben fristen und, im 3. Jahrtausend v. Chr., bei Tätigkeiten, die über Jagd und Raubbau hinausgreifen: Er rodet die Wälder, legt Ackerflächen an, lebt nicht mehr in Höhlen, baut vielmehr Häuser, mit Wänden aus lehmbeworfenem Flechtwerk und im Grundriß von oft riesenhaftem Ausmaß, was vermuten läßt, daß er, zur Großfamilie zusammengeschlossen, in kollektiver Daseinsform gelebt hat. Auf Saat und Ernte bedacht, wirtschaftet er, gebraucht die Ziehhacke aus Stein – den Pflug kennt er noch nicht – und formt Tonwaren, die er mit eingestochenen Linien verziert, weshalb die Vorgeschichtsforscher ihn den ›Bandkeramiker‹ nennen. In der Bronzezeit (1700 bis 600 v. Chr.) nimmt er sich dann zum ersten Male der Metalle an, die ihm Händler aus England und Irland liefern. Denn im eigenen Boden findet er solche Metalle nicht, aus denen er Waffen und Geräte herstellen könnte. Erst in der Eisenzeit entdecken die Frühbewohner Westfalens, daß vereinzelt Erz unter den nassen Wiesen liegt, Raseneisenerz, das sich verhütten und schmieden läßt.

Nun ist es nur noch ein winziger Sprung bis zur nächsten grundlegenden Veränderung der Landschaft und ihrer von der Natur geprägten Form. Nur wird diesmal der Mensch selbst sie verändern. Die Vorzeit ist zu Ende, das Dunkel nur vage rekonstruierbarer Epochen lichtet sich, Frühgeschichte beginnt. Wir sind, um sie uns vorzustellen, nicht mehr nur auf Bodenfunde angewiesen, die zufällig vergraben oder als Beigaben den Toten ins Grab gelegt wurden.

Die Römer erscheinen am Rhein und schreiben auf, was sie sehen.

Steinerner Abdruck eines
Fisches aus den Baumbergen
im Münsterland

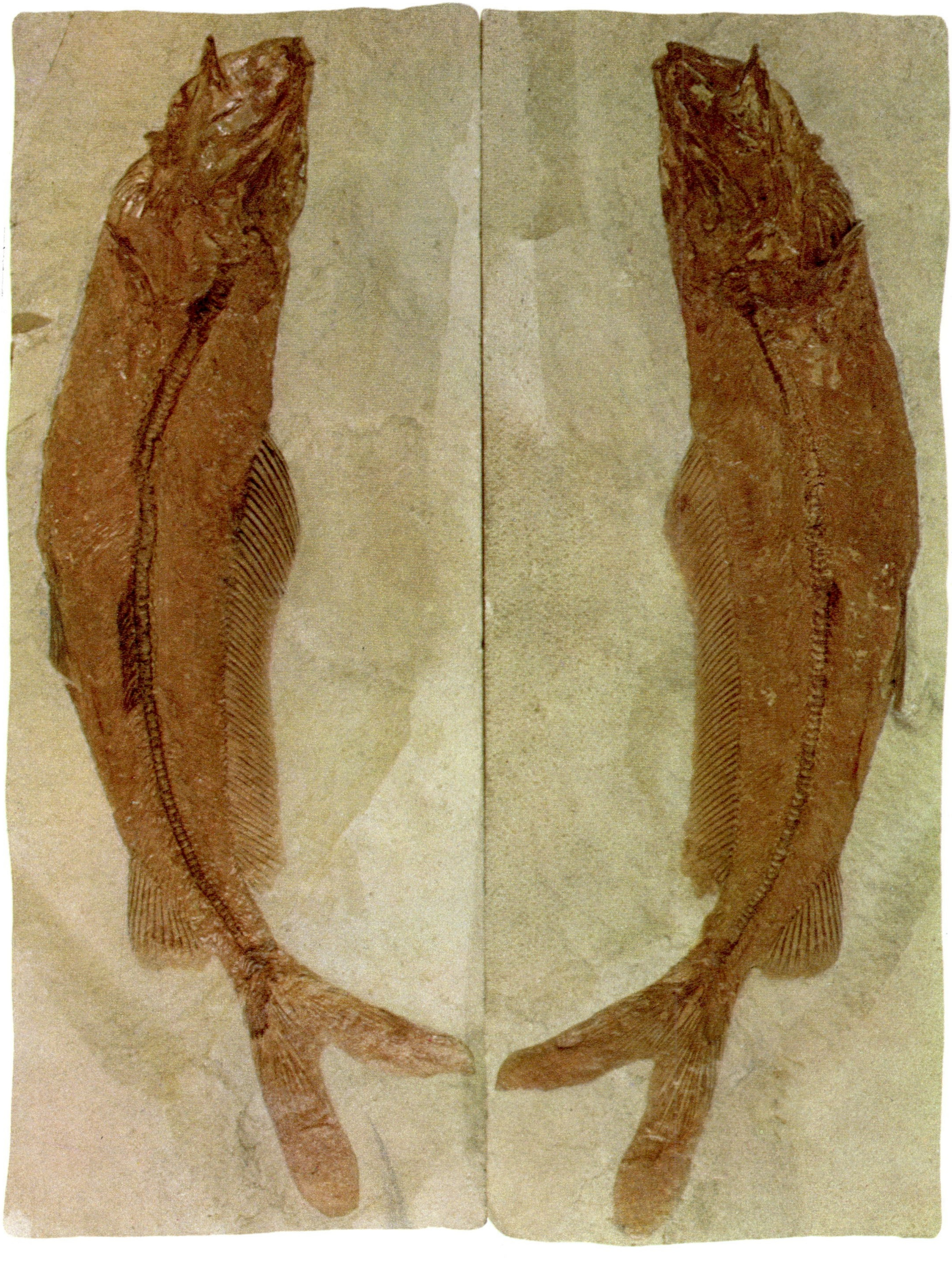

Römer, Franken, Hellweg, Pütt

Zwischen Ruhr und Lippe, wo heute, begrenzt von Moers im Westen und von Hamm im Osten, fünfeinhalb Millionen Menschen leben (1225 auf einen Quadratkilometer; das übrige Bundesgebiet weist 246 als sogenannte Durchschnittsdichte auf), hausten vor zweitausend Jahren an den Unterläufen der beiden Flüsse an die fünfundzwanzigtausend Menschen. Auf den fruchtbaren Lößböden zwischen Essen und Paderborn in einem schon stark gelichteten Waldgebiet bauten die Germanen schon Weizen, Gerste und Flachs an, und in den Flußtälern, wo es Weideflächen gab, trieben sie Viehzucht und Wildpferdfang – das Vieh, so berichteten die Römer, ist das Geld der Germanen. Aber auch Erze verhütteten sie, gewannen Eisen, schmolzen Bronze.
Von den Römern stammen die in Westfalen gebräuchlichen roten Ziegel und Dachschindeln, ebenso jene Mauern aus lichtem Mörtel, mit denen sie ihre Stützpunkte aufführten. Legionsziegeleien gab es bei Xanten, betrieben von Töpfer-

Lageplan von Vetera

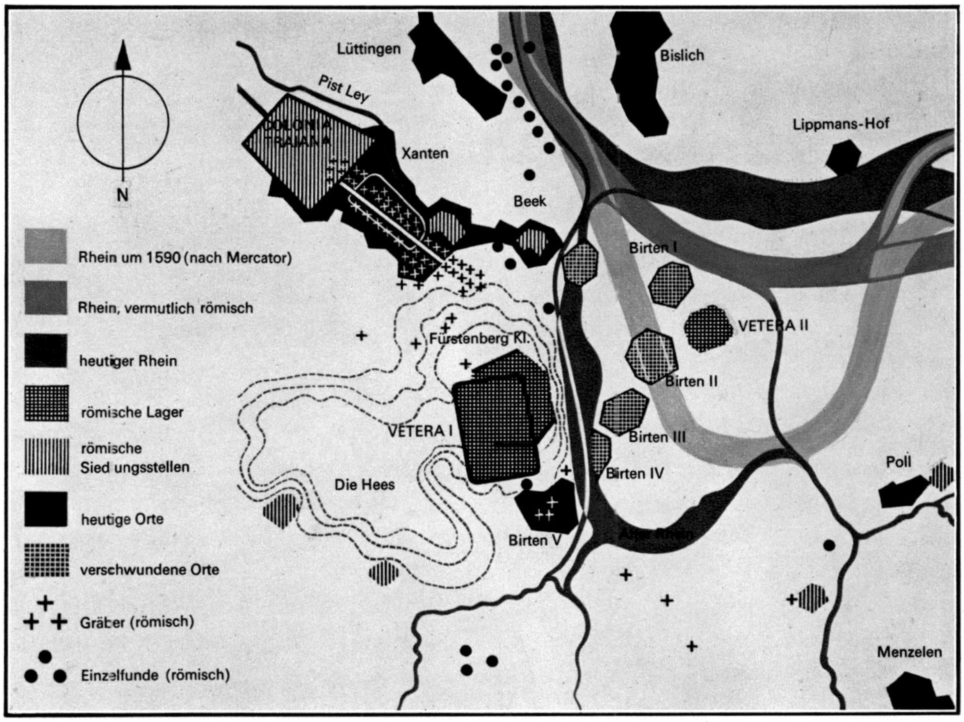

Die Adlerlampe von Haltern. Bronze. 1. Jahrzehnt n. Chr. Fundort Legionshauptlager Haltern.

Der Legatenpalast von Vetera

meistern, die den Truppen gefolgt waren, mit der Drehscheibe im Gepäck und nicht nur mit dem Brennen von Lehm vertraut, sondern auch mit der Gewinnung von Eisen aus Raseneisenerz, das sie unter den nassen Wiesen entdeckt hatten, vertraut auch mit der Anlage von Brunnen und Wassermühlen, wie die Römer sie wiederum im Orient kennengelernt und weitergebaut hatten.

»Beim sechzigsten Meilenstein ab Köln liegt der Punkt, dessen Name Vetera ist«, berichtet Tacitus, der römische Geschichtsschreiber, in seinen Annalen. Vetera, ein römisches Lager mit Wällen, Gräben und Palisaden, hoch über den Niederungen des Rheins, südlich Xanten, und an jener berühmten Militärstraße gelegen, die am linken Rheinufer über eine Kette von Wachttürmen und Kastellen von der Schweiz bis zur Nordsee verlief – dieses Vetera war, von Gallien aus gesehen, das nördliche Ausfallstor der Römer nach Osten, wo jenseits des Stromes, zwischen unendlichen Wäldern, die Lippe als breites Talband den Weg ins Tiefland Germaniens wies. Weiter südlich floß die Emscher, noch südlicher die Ruhr, windungsreich, kieshaltig, schmal oft und voller Wirbel. Beide Flüsse schieden bei den strategischen Überlegungen der Heerführer aus, als Kaiser Augustus den Vorstoß nach Osten befahl.

Wer die Rekonstruktion des Legatenpalastes von Vetera, dem heutigen Birten, betrachtet, wird den herrischen Anspruch begreifen, mit dem Legat und Legionär unter den Arkaden der Wandelgänge nach Osten hinüberblickten, auf die waldigen Hügel eines für sie ganz und gar kulturlosen Landes, das es zu erobern galt, wenn man die Grenzlinien des römischen Imperiums an die Elbe vortragen wollte. Zwar saß man fest und sicher am Rhein, an dem in der Tat zwei Welten aneinanderstießen. Doch verband dieser Strom nicht eher, als daß er trennte? Hinzu kam, daß immer wieder germanische Stämme die römische Rheinlinie durchbrachen, die, neben all den ständige Besatzungen erfordernden Wehrbauten, die Kontrolle eines nur mit Gewalt freizuhaltenden Ödstreifens am anderen Ufer nötig machte, insbesondere am Niederrhein mit seinen zahlreichen Totwassern und Hochflutrinnen, in die er eingebettet lag. Kaiser Augustus, Herr über ein Weltreich, hatte seine Residenz vom Jahre 16 bis 13 v. Chr. an den Rhein verlegt: so ernst schätzte er die Gefahr ein, die ihm aus der nichtbefriedeten Grenze von drüben erwuchs.

Porträtkopf des jugendlichen Augustus

Drusus-Münze

Im Jahre 11 v. Chr. begann der Vormarsch der Römer. Drusus, Stiefsohn des Augustus, erreichte, der Lippe folgend, die Weser, legte, nachdem er ein erstes Mal umgekehrt war, den Versorgungsstützpunkt Alisio (das heutige Haltern) an, brach von neuem auf, kam jetzt sogar bis zur Elbe, immer wieder in kriegerische Aktionen verwickelt – und sah den Rhein nicht wieder; er stürzte mit dem Pferd und fand den Tod.

Das Land schien halbwegs befriedet. Bis im Jahre 9 n. Chr. Quintilius Varus auf dem Plan erschien: Da verwandelt sich gütliches Zusammenleben in Unterjochung. Es folgt die Katastrophe am Teutoburger Wald, die Römer werden vernichtend geschlagen, hinter den Rhein gedrängt, der wieder römische Reichsgrenze wird.

Was den Römern mißlingt: sich am gegenüberliegenden Stromufer festzusetzen, glückt umgekehrt den Franken, die, ein Bund germanischer Stämme, zwischen Ruhr, Lippe und Rhein gegen die Grenzen Galliens drängen. 355 n. Chr. erobern sie Köln, werden noch einmal zurückgeschlagen, aber 454 fällt Köln, letzte römische Festung am Rhein, endgültig und wird Hauptstadt der fränkischen Provinz Ripuarien. Mitte des 6. Jahrhunderts kommt neue Bewegung in die Völker- und Landverteilung. Aus dem Elbraum heraus dringen sächsische Stämme gegen Südwesten vor, erreichen um 694 zwischen Lippe und Ruhr das Gebiet der Bructerer und gelangen weiter zum Rhein. Aber nur in einzelnen Vorstößen kommen sie über den Strom, und wie einst die Römer ziehen nun die Franken, die bereits christianisiert sind und viel von gallischer und römischer Kultur aufgenommen haben, vom Niederrhein nach Osten, führen Feldzug um Feldzug und gewinnen zurück, was ihnen die Sachsen streitig machen, mit wechselndem Erfolg. Feldpriester begleiten das fränkische Heer. »Sagst du ab dem Teufel?« (forsachistu diabolae?) »Ich sage ab dem Teufel« (ec forsacho diabolae), heißt das sächsische Taufgelöbnis. 738 gelingt Karlmann, dem Sohn Karl Martells, die Unterwerfung des Bructererlandes, aber erst am Ende eines dreißigjährigen Krieges, den sein Neffe Karl führt, der einmal Carolus Magnus heißen wird, ist der sächsische Widerstand gebrochen. Vom Rhein aus nach Osten ziehend, nimmt er die sächsische Feste Sigiburg (Hohensyburg) ein, jenen

Carolus-Münze

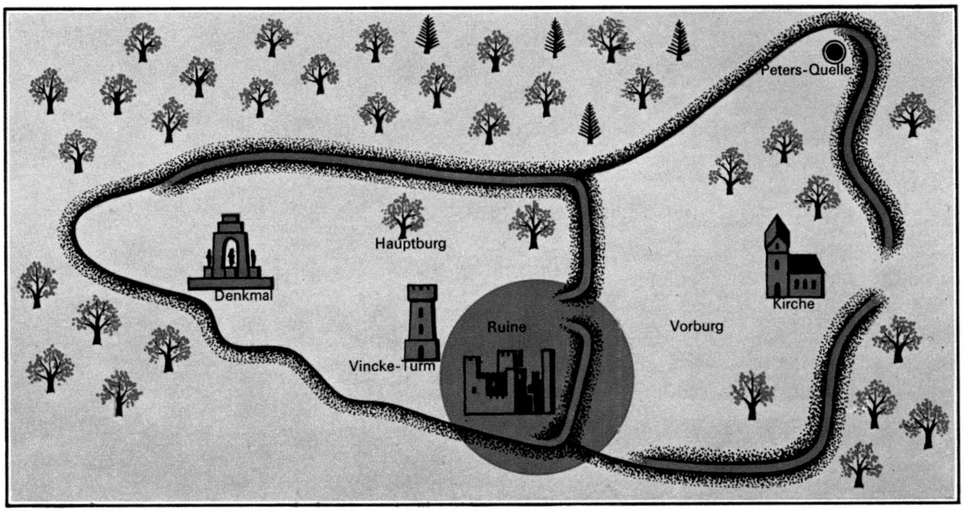

Lageplan der Hohensyburg

Der Verlauf des Hellwegs von Essen bis Soest.
Brüsseler Weltatlas von 1573

Schlüsselpunkt, der die untere und mittlere Ruhr, der die Täler von Lenne und Volme und die Flußübergänge beherrscht. Sofort wird das Gelände gesichert, und die Landschaft erfährt ihre erste grundlegende Verwandlung. Königshöfe entstehen, neue Straßen, der alte Hellweg wird ausgebaut und befestigt. Von der Ruhrmündung verläuft er nördlich Mülheim nach Essen, von Essen nach Bochum, von Bochum auf Castrop zu und über Marten und Dorstfeld nach Dortmund, wo er in den Westenhellweg, die heutige Hauptstraße Dortmunds, mündet, und nach Unna, Soest und Paderborn weiterführt.

Wie in weiser Voraussicht – als wüßte er, was neun Jahrhunderte später hier geschehen wird – lenkt dieser Hellweg Besiedelung und Verkehr auf die Mündung der Ruhr, drängt Handel und Wandel von der Lippe ab, läßt den einstigen Vormarschweg der Römer in den Schatten der Geschichte gleiten. Wo ein Platz zum Roden sei, sollen sie roden, befiehlt Karl seinen Beamten, und südlich der Straße, über die die Händler ziehen, sinken die Wälder hin unter den Äxten,

Der Verlauf des Hellwegs im Zuge der großen West-Ost-Handelsstraßen

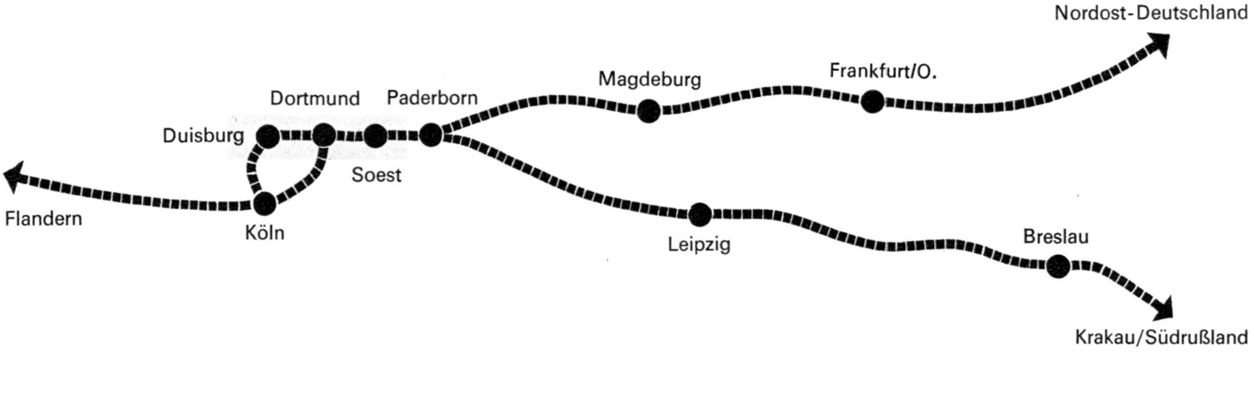

machen Fluren Platz; Einzelhöfe und Weiler entstehen mit Wiesen und Weiden ringsum, die Natur wird menschlichen Zwecken und Bedürfnissen untertan gemacht. Bereits gegen 800 hat Liudger, ein Friese, 30 Kilometer flußaufwärts vom Rhein auf einem Werth, einer Insel in der Ruhr, ein Kloster gegründet, das heutige Werden bei Essen. Hier wird jahrhundertelang die gotische Bibelübersetzung des Bischofs Ulfilas, der Codex argenteus, aufbewahrt. Die heidnischen Waldgötter der Germanen weichen dem Kreuz, nicht ohne Kampf, nicht ohne Zwang, doch überall, wo die pulsierende West-Ost-Ader von Nord-Süd-Wegen gekreuzt wird, überall dort, wo Leben und Wirtschaft sich stauen, entstehen die Kerne der späteren Städte und bilden Knotenpunkte für weitere Kolonisierung, Missionierung. Duisburg, Essen, Dortmund, Soest sind die bedeutendsten Punkte, Umschlagplätze der Kaufleute, Ballungen städtischer, geistlicher und fürstlicher Macht. Auch Ruhrort kommt empor, da gibt es ein Schloß und ein Zollhaus, Mülheim, Bochum, Unna, Werl werden sichtbar, und entlang der Lippe tauchen Dorsten, Haltern, Lünen und Hamm, an der Ruhr Steele, Hattingen und Witten auf.

Erztagebau

In den Küchengärten wachsen Dill, Schnittlauch, Minze, Bohnenkraut; die Mönche machen fremde Gewächse heimisch wie Kerbel und Kresse, Rettich und Sellerie, Kohlrabi und Porree; in den Wäldern wird zur Jagd geblasen, man züchtet Rinder und Schweine, betreibt den Fischfang, man hält sich Bienen, die Honig und Wachs liefern, veredelt Obst, baut Wein an – und verwertet systematisch zum erstenmal auch die Schätze des Bodens: Salz wird gewonnen, es gibt Solquellen bei Unna, Werl und Soest, man legt Schmelzgruben an, denn Raseneisenerz ist, besonders in sumpfigen Gegenden, nahe der Oberfläche reichlich vorhanden – neben Rot- und Spateisenstein im Sauerland und im Bergischen.

Dort erkennt man im frühen Mittelalter die Kraft und Gewalt des Wassers, staut Bäche, baut Wehre, nutzt Gefälle aus, legt Hammerwerke an, erfindet mechanische Blasebälge, produziert Reckstahl, Stabeisen, Kleineisen; in Altena, in Werdohl, in Lüdenscheid, in Iserlohn wird Draht gezogen, und in Solingen schmiedet man Klingen. Die Bürger tragen Waffen, die Zunft der Waffenschmiede blüht auf, und in Essen gibt es im 15. Jahrhundert Büchsenmacher, also regelrechte Rüstungsfabrikanten.

Wassergetriebenes Förderrad

Der Bedarf an Kohle aber wird aus den Wäldern gedeckt: Man verwendet allgemein Holzkohle, nicht nur zum Schmelzen des Erzes. Nur dort, wo die Flöze an den Tälern der Ruhr zutage treten, nur dort, wo Steinkohle ohne Mühe gebrochen werden kann, in offenen Gruben, die man ›Pütt‹ nennt (die Eindeutschung des lateinischen Wortes puteus = Brunnen oder Schacht), macht man sich an die Verwertung dieses Stoffes, nicht anders, als dies in Sachsen, in Schlesien oder im Aachener Bezirk üblich ist.

Was das Landschaftsbild angeht – es bleibt unberührt davon. Es bleibt unberührt bis ins 18., ja bis tief ins 19. Jahrhundert hinein.

In ländlichem Frieden träumt das Ruhrgebiet seiner Stunde entgegen.

DIE ÄLTESTE DEUTSCHE KNAPPSCHAFTSORDNUNG

Am Sonntag Reminiscere 1532 trat die gesamte Knappschaft des Rammelsberges auf dem Marktplatz zu Goslar zusammen und forderte einstimmig eine neue Ordnung, in der festgelegt sein sollte, wie man Bergleuten, die bei ihrer Arbeit »vom Berg geschlagen und gelähmt« wurden oder auf andere Weise Schaden erlitten hatten, nach christlicher und brüderlicher Liebe helfen könne, damit ein jeder vor Mangel beschützt werde. Der Rat der Stadt, der die behördliche Oberaufsicht über den Bergbau führte, stellte daraufhin – neben anderen Maßnahmen – ein vor dem Klaustore gelegenes Haus für Bergleute bereit, die in Krankheitstagen keine Bleibe und Pflege hatten. Es war das erste Knappschaftskrankenhaus in Deutschland.
Am Sonntag nach Johannes Baptista 1536 versammelte sich die gesamte Knappschaft abermals und beriet, wie man denjenigen, die auf dem Berge Schaden erlitten, durch Erstattung der Arztkosten zu Hilfe kommen könne. Diesmal waren die Knappen sogar mit ihrem Seelsorger erschienen.
Die Knappschaftsordnung, die aus dieser Beratung entstand, trat 1538 am Montag nach Nikolai in Kraft. Sie enthielt folgende Bestimmungen:
Jeder Bergmann soll in der Bergkapelle vor dem Klaustore Gottes Wort hören und die Predigt nicht durch lose Reden stören.
Jeder soll am Sonnabend einen Pfennig in die Büchse geben.
Die Vertrauensleute der Knappschaft haben darauf zu achten, daß die Verteilung der Mittel an die Armen und Verletzten nach Notdurft und Recht erfolgt.
Bei der ersten Behandlung von Verletzten durch den Arzt sollen der Steiger und der Hutmann der Grube, auf der sich ein Unglück ereignet hat, samt den Vertrauensleuten zugegen sein.
Jeder, für den Arztlohn ausgegeben wird, soll freiwillig eine Summe festsetzen, die er nach seiner Genesung an die Bruderkasse zurückzahlt. Will ein in Not geratener Bergmann aus der Kasse Geld entleihen, so soll er sichere Bürgen stellen, damit arme, kranke und verletzte Bergleute nicht durch ihn geschädigt werden.
Alle Jahre ist vor der gesamten Knappschaft, den Gewerken, dem Bergvogt, den Vertrauensleuten und den Bergpredigern ein Kassenbuch zu erstatten.
Bei den jährlichen Berichten sind jeweils vier neue Männer als Vertrauensleute für das kommende Jahr zu wählen. Zwei von ihnen sollen Steiger oder Hutleute und zwei Hauer oder Knechte sein.
Wer während der Abstimmung, gleich aus welchem Grunde, Streit beginnt, muß eine Strafe in die Knappschaftskasse zahlen. Weigert er sich, so soll er abgelegt und vor Zahlung der Strafe nicht wieder angelegt werden. Steiger oder Hutleute, die sich in den Streit einmischen und für ihre Bergleute Partei ergreifen, werden doppelt schwer bestraft. Weigern sie sich, die verhängte Geldstrafe zu entrichten, so sollen sie vor dem Bergvogt in Anwesenheit der gesamten Knappschaft verklagt und gerichtet werden.
Der Hausvater des Hospitals der Knappschaft muß ein frommer, unbescholtener Mann sein. Er wird zunächst nur für ein Jahr auf Probe eingestellt. Bei Bewährung kann ihm die Hausvaterstelle jeweils für ein weiteres Jahr übertragen werden.
Der Hausvater soll den Kranken mit allen notwendigen Handreichungen dienen und für Sauberkeit sorgen. Die Kranken haben seinen Anweisungen Folge zu leisten. Geschieht das nicht, so sollen sie den Vertrauensleuten gemeldet und bei erwiesener Böswilligkeit durch Entzug der Handreichungen gestraft werden.
Eigentum, das Kranke in das Haus einbringen, fällt bei ihrem Ableben an das Hospital und wird von diesem zum Nutzen der übrigen Kranken verwandt.

Göpelwerk

Stahlschmelze

Landschaft mit Eisenverhüttungsanlage. Niederländischer Meister um 1550

Einzug des niederländischen Gesandten in Münster, 1648 · Gemälde von Gerard ter Borch (1617–1681)

Ein Staat nimmt sich der Kohle an

Um 1450 zählt man im Siegerland 29 ›Hochöfen‹, in denen Erz geschmolzen wird. Dem Abbau dieses Erzes ist das Wasser feind: In zehn bis zwanzig Metern Tiefe gebietet es Halt. Über der Erde aber hilft es dem Menschen. Es treibt den Eisenschmieden die Hammerwerke, die die Waldtäler bis ins Ruhrgebiet hinein mit ihrem Pochen erfüllen.

Von Jahr zu Jahr wächst der Bedarf an Eisen. Im 16. Jahrhundert sind es an die dreißig Pfund Schmiedeeisen, die ein tüchtiger Schmied täglich zu Schlössern, Spaten und Pflügen verarbeitet.

Aber höher und technisch immer fortschrittlicher werden die Öfen; es kommt vor allem auf die Länge des Schachtes an, in den man durch die ›Gicht‹ Erze und Kohle, immer noch Holzkohle, einbringt, und auf das Gebläse, das die Verbrennung beschleunigt: denn eine Temperatur von zwölfhundert Grad ist nötig, soll flüssiges Eisen entstehen, das den Guß ermöglicht. Nun gießt man Eisen wie früher Bronze: Kanonenrohre, Kugeln, Kessel, Töpfe, Ofenplatten werden gegossen, auch werden in Hartguß, den man durch Abschrecken des Eisens erhält, schon Walzen hergestellt, mit denen man Eisenstäbe glätten und zu Blechen auswalzen kann.

Im Dreißigjährigen Krieg sind es schon 1200 Kilogramm Roheisen, die je Tag und Ofen gewonnen werden. Dabei braucht der Schmiedmeister für 100 Kilogramm Roheisen 200 Kilogramm Holzkohle. Bei so ungeheurem Verbrauch von Holzkohle geht es den Wäldern ans Leben, im Raubbau schwinden sie dahin. An den Nebenbächen von Ruhr, Lenne, Volme, Ennepe und Wupper, später an diesen Flüssen selbst, wo Wassergefälle wie im Bergrecht gemutet und verliehen wird, treiben die Wasserräder Hämmer und Gebläse der Werke, treiben sie und fordern Speise für die Öfen: Erz und Kohle.

Der ›brennende Stein‹ – Anfang des 14. Jahrhunderts in Dortmund-Schüren zum erstenmal in einem Kaufvertrag genannt – ist schwer entzündbar, er stinkt und schwefelt und gilt als gesundheitsschädlich. Er ist billig, nur der arme Mann benutzt ihn als Hausbrand. 1377 heißt es in der Stiftungsurkunde des Essener Hospitals für durchziehende Bettelmönche: »Die Ecke, die sich vor dem Gemach der Haushälterin befindet, sollten alle Brüder zur Aufbewahrung von Holz und Kohle besitzen.« Auch die Schmiede im Sauerland greifen auf Steinkohle zurück, und mancher Schmied schätzt ihre hohe Verbrennungstemperatur und langanhaltende Feuerkraft. Einer weiteren Verbreitung der Steinkohle aber trotzen die elenden Straßen, an denen seit den Karolingern nichts mehr getan worden ist.

Der Dreißigjährige Krieg hat besonders jene Anwesen und Dörfer geschädigt,

die an den Landstraßen liegen. Einquartierung, Kontribution, Plünderung, Kämpfe ohne Ende, Hader, Zwistigkeit, Mord, Totschlag, Pest – all das kam auf den Straßen, wie überall, auch in die Ruhrlande. Straßen im Frieden sind gut, Straßen im Krieg sind schlecht. Und wann hört der Krieg auf? Als er aber aufhört, sind die schlechten Wege die einzigen Verdienstquellen: Wer reisen will, braucht Vorspann; hinter jedem zweiten Dorf bricht ein Wagenrad und muß instandgesetzt werden; die Reisenden müssen übernachten, so hat der Wirt seinen Verdienst; und gute Straßen ziehen den Feind ins Land.
Weit waren alle Wege, und die Städte – wenn man überhaupt von Städten im heutigen Sinne sprechen kann – lagen mehr armselig als verlockend in der Ebene oder hinter sieben Hügeln. Eine Entfernung, die die Eisenbahn später in einer halben Stunde zurücklegt, war kaum unter sieben Stunden zu bewältigen, sie wollte nämlich zu Fuß zurückgelegt sein. Ging's aber mit der Post, lag der Durchschnitt auch nur bei fünf Kilometern in der Stunde, weil eben die Straßen zu schlecht waren. Wer von Dortmund nach Köln wollte, brauchte zwanzig Stunden und war zwei Tage unterwegs. Ein ›Stundenzeiger‹, 1785 in Mülheim gedruckt, läßt uns ermessen, was es bedeutete, in Geschäften unterwegs zu sein. Daß man jede Zeit und jede Mühsal auf sich nahm, zu diesen Geschäften zu kommen, macht andererseits deutlich, was es hieß, zu Hause zu bleiben und sich den Strapazen nicht auszusetzen; da fiel man zurück, wurde nichts, erreichte nichts.
So war das Transportproblem zur Lebensfrage geworden – und zur Frage der Kohle: Wie transportiert man den schwarzen Stein? Zunächst schaffen ihn ›Kohlentreiber‹ auf Pferderücken wegauf, wegab an seine Zielorte. Das ist mühsam, teuer, zeitraubend. 1766 wird in Gahlen bei Dorsten ein ›Kohlhaus‹ gebaut, zu dem von Stiepel und Weitmar im Süden von Bochum die ›Gahlen'sche Kohlen-

Schrittzähler
für Mensch und Pferd

Bonn																				
5	Cölln																			
10	11	Creyfeld																		
25	20	18	Dortmund																	
12	3	4	15	Düsseldorf																
17	12	4	15	5	Duisburg															
15	10	10	10	6	9	Elberfeld														
20	15	7	7	7	4	7	Essen													
12	8	16	25	10	15	16	17	Gulich												
19	14	13	6	8	10	4	3	16	Hattingen											
18	13	8	9	5	4	5	3	21	4	Kettwig										
19	14	6	9	5	2	7	2	17	5	2	Mülheim-Ruhr									
14	9	5	13	2	4	5	5	12	6	3	2	Ratingen								
13	8	13	13	8	12	3	10	17	7	8	10	7	Remscheid							
15	10	13	8	9	11	3	8	15	4	7	10	8	5	Schwelm						
3	6	16	25	13	18	15	20	13	13	20	20	15	13	16	Siegburg					
12	7	10	13	5	9	3	8	15	7	7	7	5	2	6	12	Solingen				
24	22	20	4	18	18	12	11	28	10	9	13	16	15	8	27	14	Unna			
23	18	10	16	11	6	14	8	20	12	9	7	10	17	16	24	15	19	Wesel		
9	5	7	18	3½	9	6	11	10	10	9	8	7	7	9	11	5	18	9	Zons	

»Distanz oder Stundenzeiger der mehresten Dörffer und Städte des Herzogthum Bergs und etlicher angrenzenden Städten.« Aus dem »Kunst- Schreib- und Zeichenbuch« (Liber alphabetis majoris) von Joh. Marken 1782/1785 Mülheim a. R.

straße‹ führt. Über sie sollten jährlich 150000 Zentner Kohle gekarrt werden. Für eine Wegstrecke von 29 Kilometern brauchten die Fuhrwerke acht Stunden, also hin und zurück immer zwei Tage. Das Unternehmen blieb buchstäblich im Schlamm der Emscherniederung stecken.

Besser war es dann schon, die Flüsse schiffbar zu machen. Mülheim an der Ruhr hatte sich glänzend entwickelt und konnte später ein regelrechtes Monopol errichten, das einer Kontribution gleichkam: indem es Kohle in jeder Menge über Ruhrort auf Rheinkähnen sowohl nach Köln und ins Bergische Land wie, stromabwärts, nach Kleve und bis nach Holland umschlug. Auf dem Rhein! Aber Lippe und Ruhr zu Schiffahrtswegen auszubauen, scheitert immer wieder neu bald an technischen, bald an territorialen, also politischen Schwierigkeiten. Denn der Flußlauf der Ruhr durchmißt das gesamte damalige Kohlenbergbaugebiet, zugleich aber auch den ganzen sinnlosen, eine normale Wirtschaftsentwicklung verhindernden Flickenteppich deutscher Kleinstaaterei.

Der Raum, der heute Nordrhein-Westfalen umfaßt, war in der vornapoleonischen Zeit durch eine Vielzahl von mittleren bis winzigen Herrschaften unterteilt, die ohne großen Kontakt nebeneinanderher lebten, ja danach trachteten, sich gegenseitig das Leben schwerzumachen. Jedes Territorium lebte nach eigenem Gesetz, jedes Ländchen erhob seinen eigenen Zoll, jede Stadt, die etwas auf sich hielt, schloß ihre Tore nachtsüber und begehrte zu wissen, wohin einer reisen wollte, wozu, und wer er war.

»Was soll man davon halten«, schreibt der Ruhrsoziologe und Volkstumsforscher Professor Brepohl, »daß es bei Mülheim eine Herrschaft (Limburg-)Styrum gab, ein Gebiet mit ein paar Dörfern und wichtigen Kraftpunkten an der Ruhr, an der man gute Zölle einheimsen konnte? Noch kleiner als Styrum war die zu Essen

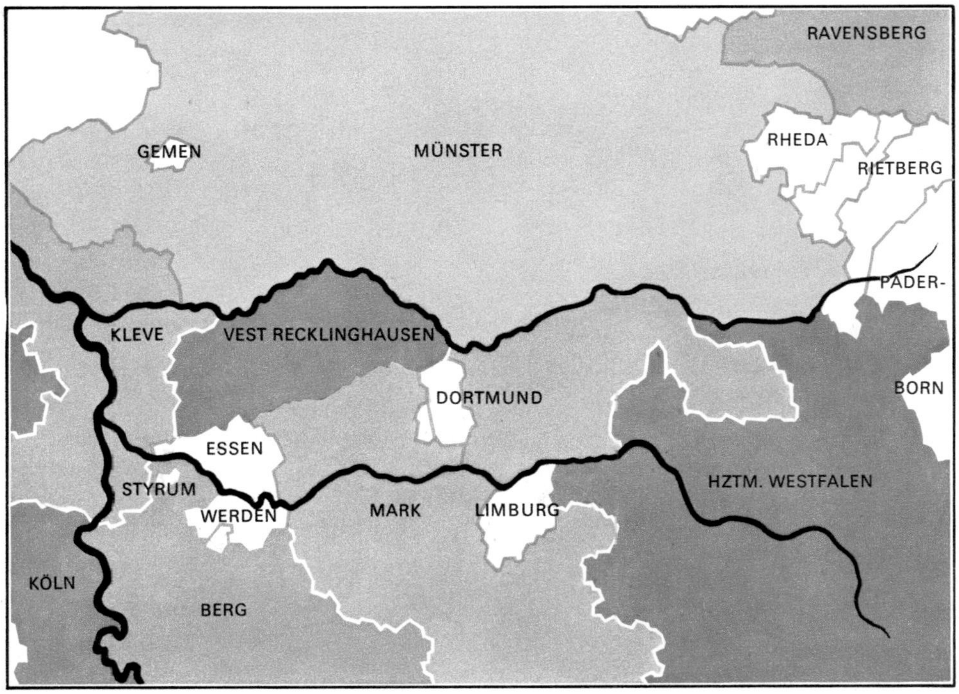

Die Territorien im fünfzehnten Jahrhundert

An der Zollstation von Lippe. Karikatur aus dem Jahre 1834: »Sie sehen, Herr Grenzwächter, daß ich nix zu verzollen hab', denn was hinte auf dem Wage is hat die lippische Grenz noch nit überschritte, in der Mitt' is nix, und was vorn drauf is, is schon wieder über die lippische Grenz drübe.«

gehörende, also geistlich regierte Enklave Huckarde, die neben dem an sich schon kleinen Bereich der freien Stadt Dortmund geradezu lächerlich wirken dürfte – wenigstens heute auf uns. Größer schon, doch noch weniger als ein normaler Landkreis, das Gebiet der Fürstäbtissin von Essen, daran angeschlossen der Raum der Abtei Werden. In diesem kleinen Herrschaftsbereich gab es dann noch die Stadt Essen, die sozusagen ständig mit der Fürstäbtissin am Gericht lag.«

Und so war es am Niederrhein, wo, mit Duisburg als südlichstem Punkt, das Herzogtum Kleve lag, das seit 1614 von Brandenburg beherrscht wurde. Die Rheinlande: an jedem dritten Wegekreuz überschnitten sich bischöfliche und weltliche Macht kleiner und kleinster Potentaten. Die Grafschaft Mark: sie »glich einem verschlossenen Haus, in dem allerlei Nützliches verfertigt wurde, aus dem man aber nichts herausschaffen konnte« – und das bei zwei Flüssen, die sie durchzogen, nämlich Lippe und Ruhr. Und auf westfälischer Seite? Dem Kurfürsten von Köln gehörte das Vest Recklinghausen, »eine Landschaft, die sich mit eigenem Gesicht und Temperament von dem bischöflichen Münsterland« abhob. »Ein Angehöriger des im Vest lebenden Adels war der Resident, der Geschäftsträger des Bischofs; er regierte nach der Anleitung der weit entfernten Kölner Kanzlei... Konservativ bis rückständig, ohne Schwung und ohne Antrieb von oben ging hier das Leben wie seit Urväterzeiten weiter. Es wurde nichts getan für die wirtschaftliche Entwicklung des Landes, die gegen Ende des 18. Jahrhunderts schon möglich war. Alles Alte war gültig, und nichts hatte die ›verrückte‹ Unrast der neuen Zeit ergriffen; dafür lebte man ›arm, aber brav‹.« (Brepohl.)

Und das bei den günstigsten naturgegebenen Voraussetzungen, wie sie sich ein Land nur wünschen konnte, damit es nicht arm und rückständig blieb: Kohlenflöze, die geradezu aus dem Boden herauswachsen, Eisenerze hier und da, Wasserquellen, die niemals versiegen, weil genug Regen vom Himmel fällt und es Berge gibt, die ihn speichern, Flüsse, die sinnvoll einem großen Fluß zustreben, der seinerseits Anschluß ans Meer hat – und das alles hübsch beieinander inmitten, um nicht zu sagen im Zentrum eines riesigen Raumes, der freilich, um bis in seine ödesten Winkel hinein versorgt zu werden, mehr als die vorhandenen Verkehrsverbindungen braucht. Aber wer fügt sie zu einem sinnreichen Straßen- und Wegenetz zusammen? Wer reguliert die Flüsse, baut Wehre und Schleusen, zieht Stichgräben, gräbt Kanäle und wer ermuntert die Unternehmer, daß sie die Schätze aus der Tiefe der Erde heben, inspiriert die Ingenieure, daß sie technische Verfahren ersinnen, damit die Weiterverarbeitung und damit die Produktion von Industrieerzeugnissen in Gang kommt, deren Ausfuhr Geld ins Land fließen läßt und so den Kreislauf in Schwung bringt, auf dem der Wohlstand erst möglich ist?

Die Landkarte verrät auf einen Blick, wie und wodurch dies geschehen könnte. Es geht nur über politische Veränderungen.

Und die treten ein. Durch Erbteilung im Jülich-Kleveschen Erbfolgestreit fällt den Hohenzollern 1614 neben Kleve und Ravensberg auch die Grafschaft Mark zu. Da ist man nachbarseits wenig entzückt von dem, was nun geschieht: Preußen, das in ständiger Auseinandersetzung mit den Slawen seinen geistigen Umriß erhalten hat, führt ein strenges Regiment. Und das heißt: unbedingter Gehorsam, Pflichtbewußtsein, spartanische Einfachheit in Lebensführung und Aufwand. Das heißt: staatlich gelenkte zentralistische Wirtschaft, neue Arbeitsmethoden. Und bei Mißständen heißt das: das Übel an der Wurzel packen.

So richtet Friedrich Wilhelm I., der seine Untertanen im westlichen Sauerland zunächst noch »dumm, intrigant, falsch und dem Trunke ergeben« schimpft, auf Rat eines Sachverständigen, des Bergmeisters Decker aus Wettin bei Halle, das erste Bergamt an der Ruhr ein, befreit den Bergmann von der ›Werbung‹ zum Militärdienst, von Wachen und Wegebau, und tut alles, damit ein planmäßiger Bergbau und eine eigene ständische Organisation der Bergleute entstehen kann. Dabei vergißt er nicht, 14 Prozent sämtlicher Bruttoeinnahmen für den Staat zu fordern.

Aber erst Friedrich der Große wendet sich dem Kernproblem zu, der Absatzfrage. Er kümmert sich um die Großabnehmer und setzt Prämien aus für Verfahren, »Rohstahl- und Eisenhämmer zur Menagierung des Holzes mit Steinkohle« zu betreiben. Eine seiner ersten Anordnungen ergeht an die Brauereien und Kalkbrennereien, sie sollen statt Holz Steinkohle verwenden (wer zuwiderhandelt, hat mit schweren Strafen zu rechnen). In Kleve, Moers und in der Grafschaft Mark dürfen »nur märkische Kohlen« verbrannt werden. 1780 schlägt er in Berlin den Kommißbäckern Versuche vor, ihre Backöfen mit Steinkohle zu heizen. Er wird sozusagen ein Großwerber für Kohle, und wie er den Witwen zu langes Trauern verbietet, damit der Absatz bunter Wollstoffe nicht gefährdet werde, wird er nicht müde, jedermann auf die Vorzüge des Steinkohlenbrandes hinzuweisen.

Der Merkantilismus, die Staaten lehrend, sich wie konkurrierende Handelshäuser zu betrachten, hat dieses Jahrhundert geprägt, und der König ist, soweit ihm das in den Kram paßt, sein eifriger Verfechter: Rohstoffe haben im Lande zu bleiben, sie sind das eigentliche Kapital, das Pfund, mit dem man wuchern muß (also hohe Ausfuhrzölle). Eigene Industrieprodukte sind zu exportieren, denn an ihnen verdient man, fremde tunlichst nicht hereinzulassen, denn da zahlt man drauf (also hohe Einfuhrzölle, aber nur für Fertigwaren, nicht für Edelmetalle). Das führt zwangsläufig zu staatlicher Bevormundung. Was aber die Kriegsstrategie des Königs angeht, die er einmal gegenüber dem Marquis Valory bekannt hat, die drei Artikel nämlich: nachdrücklich, schnell und von allen Seiten

Der Abschied

Das Gebet

Lithographien
aus dem Bergmannsleben 1853
von W. Baeßler nach E. Heuchler

zugleich! – die macht er auch zum Prinzip seiner wirtschaftlichen Maßnahmen in den westlichen Provinzen.
So kommt endlich auch die Ruhrschiffahrt in Gang, für die 1774 an die Klever Kammer ein Reskript ergeht, man möge damit anfangen, wenn nötig – zur Überwindung territorialer Schwierigkeiten – unter Anwendung von Repressalien. Schleuse um Schleuse wird gebaut. Zwar vergehen noch Jahre, bis die Schiffe über insgesamt 16 Schleusen von Ruhrort bis zur mittleren Ruhr gelangen können, aber die große Kohlenstraße ist geschaffen. Werften, Papiermühlen, Tuchwebereien drängen sich an den schiffbaren Fluß, vor allem aber Niederlagen für Kohle, die berühmten stereotypen K. M. (Kohlenmagazine) auf den alten Karten, und wo in unmittelbarer Nähe Flöze noch zu vergeben sind, entsteht Zeche um Zeche, ein erstes Bergbaurevier.
Johann Friedrich Heintzmann hatte die von seinem Vorgänger, dem Bergmeister Decker, geschaffene Bergordnung von 1737 revidiert und mit dem ›Allgemeinen Berggesetz vom 24. Juni 1765‹ das Direktionsprinzip eingeführt, das Betrieb und Verwaltung einer Grube den Bergämtern unterstellte, die auch die Rechnungen prüften, die Preise für die Kohle bestimmten, Knappen und Steiger zuwiesen, Lohn und Arbeitszeit festsetzten. Damit kam eine Staatsbürokratie auf, die praktisch den Unternehmer zu ihrem Befehlsempfänger machte. Es war die Übertragung des preußischen Armeesystems auf ein Zivilwesen, das »völlig verschlampt« war. Es gab drei Schichten: morgens um 4, mittags um 12 und abends um 8 Uhr, im Winter wurde die Frühschicht auf 6 Uhr festgesetzt. Steiger und Schichtmeister, damals Staatsbeamte, mußten, aufgrund ihrer höheren Verantwortung, stets zur Frühschicht einfahren, vor 4 Uhr nachmittags durften sie die Zeche nicht verlassen. Der Sonntag war heilig, ebenso waren es die kirchlichen Feiertage, an denen die Arbeit ruhte.
Man sieht: keiner kann aus seiner Haut, auch der preußische Staat nicht. Und Friedrich tat ein übriges: sein Vater, der Soldatenkönig, hatte in seiner Fürsorge

Die Einfahrt

Hauer vor Ort

für die östlichen Provinzen junge Leute aus dem Westen aufgerufen, sich jenseits der Oder anzusiedeln. Friedrich stoppt die Abwanderungen und ruft seinerseits Landfremde, »Acker- und Arbeitsleute« auf, an die Ruhr zu kommen und dort zu siedeln. Es geht ihm dabei sowohl um die Hebung des Getreidehandels wie auch des »märkischen Fabrikenwesens«. Er stellt die Ankömmlinge vom Militärdienst frei, legt mit ihnen neue Dörfer an, die Heidegebiete des Niederrheins füllen sich mit Pfälzern, und erfahrene Bergleute aus anderen Revieren strömen an die Ruhr; aus Sachsen, Thüringen kommen sie, aus dem Mansfeldischen, dem Nassauischen und aus der Lütticher Gegend. Um sie seßhaft zu machen, fördert Friedrich der Große von 1772 an die Teilung der ›Gemeinen Marken‹. Hier roden und siedeln sie und errichten ihre ›Bergmannskotten‹.
Der Bergmann, Hauer und Kötter zugleich, will jetzt das Erworbene sichern und mehren, auch die Söhne, auch die Enkel sollen dem Bergbau erhalten bleiben. Das Land an der Ruhr wird ihnen zur Heimat.

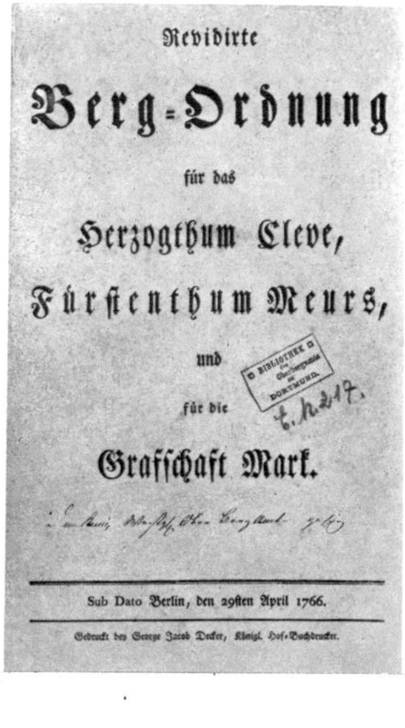

Revidirte

Berg-Ordnung

für das

Herzogthum Cleve,

Fürstenthum Meurs,

und

für die

Grafschaft Mark.

Sub Dato Berlin, den 29sten April 1766.

Gedruckt bey George Jacob Decker, Königl. Hof-Buchdrucker.

Am 16. Mai 1767 erließ König Friedrich II. von Preußen das »General-Privilegium für die Bergleute in dem Herzogtum Cleve, Fürstentum Meurs und Grafschaft Mark«, durch das diejenigen Bergleute, die den Eid der Treue und des Gehorsams vor dem Bergamt abgelegt hatten und in die Knappschaftsregister eingetragen waren, in besonderen Königlichen Schutz genommen wurden. Die Bergleute und ihre Nachkommen sollten frei sein von »aller Werbung und Enrollierung« (Militärdienst) sowie »von allen generellen Städte- und Dorfschafts-Lasten« und in Bergwerkssachen der privilegierten Gerichtsbarkeit des Bergamtes unterworfen sein. Außerdem enthielt das Privilegium bestimmte Anweisungen über die Unterstützungsaufgaben der Knappschaft im Falle von Krankheit, Unglücksfall, Invalidität oder Tod eines Bergmanns. In dieser Hinsicht wurde es ergänzt durch die am gleichen Tage erlassene »Instruktion zur Errichtung und Führung der Knappschaftkasse für die Bergleute im Herzogtum Cleve usw.«

Das Füllort

Die Scheidebank

GEBET EINES BERGMANNS

O Allmächtiger, gütiger, barmherziger GOTT,
du rechter Aertztmacher, und wahrer Huet-Mann Leibs und der Seelen,
der du Seegen und Gedeyen zu unserer blutsauren Arbeit geben kannst –
wir bitten dich demuethiglich von Grund unsers Herzens –
du wollest uns durch deinen heiligen Geist recht anweisen –
und uns ein edles Aertzt bescheren – und deinen heiligen Seegen daran verleihen –
wir bekennen ja HERR – daß alle Aertzt die Werke deiner Hand seynd.
Hilf uns lieber Vatter! und lasse deine heilige Engeln mit uns ein- und ausfahren –
und uns in unserer bevorstehenden gefährlichen Arbeit beschuetzen und behueten –
durch die Verdiensten unseres HERRN JESU CHRISTI –
seiner lieben jungfraeulichen Mutter Mariae –
und unserer Schutz-Patronin – der heiligen Jungfrauen – und Martyrin Barbara –

Amen.

»Glück auf!« der Bergmannsgruß beim Kommen und Gehen, auch bei schriftlichen Mitteilungen. Er scheint nicht über das 17. Jahrhundert hinauszureichen und erst in der zweiten Hälfte desselben allgemein gebräuchlich geworden zu sein. Man erklärt ihn als eine Zusammenziehung von »Glück schließe sich dir auf« im *Gegensatz zu: »Glück schließe sich dir zu!«*

Meyers Großes Konversations-Lexikon 1905

Das Pochwerk

Die letzte Schicht

ANFAHRLIED

Glück auf! In Gottes Nahmen dann
Laßt unsre Schicht uns fahren an.
Uns ruft der Arbeit heil'ge Pflicht;
Furchtlos verfahren wir die Schicht
Beim Grubenlicht.

Der immer thätigen Natur
Zu folgen stets auf ihrer Spur,
Und in der Werkstatt ihrer Müh'n
Zu seh'n die holde Geberin,
Ist uns verlieh'n.

Drum eilen wir die Felsenbahn
Bald tief hinab, bald hoch hinan,
Wenn jedes Element oft droht,
Und neben uns fährt selbst der Tod;
Mit uns ist Gott!

Nie ist uns seine Hülfe fern;
Er schützt ja seine Kinder gern;
Und von des Grabes finst'rem Rand
Führt einst uns seine Vaterhand
Ins bessre Land.

Drum muthig, Brüder, mit dem Licht,
Dem's nie an kräft'gem Schein gebricht;
Mit Gott, der in der Tiefe Nacht
Wie hoch am Firmamente wacht
Mit weiser Macht!

Glück auf! So sey's dann frischgewagt!
Wir fahren gern und unverzagt
Auf Stollen und in Schächte ein.
Gott wird, und wären wir allein,
Stets mit uns sein!

Um 1680 gilt »Glück auf« als »der Bergleute gewöhnlichster Gruß...« Glück zu ist nicht bergkmännisch. Glückauff ist bergkmännisch. Glück auff! Glückauff! heißt es, nicht Glück zu. Bergleute leiden diese Formel nicht, sie danken auch gar nicht gerne einmal auf das Glück zu, aber auf das Glück auff! danken sie fleißig...

Aus einer alten Bergmannschronik

DER BERGMANN

Der ist der Herr der Erde,
Wer ihre Tiefen mißt
Und jeglicher Beschwerde
In ihrem Schoß vergißt.

Wer ihrer Felsenglieder
Geheimen Bau versteht,
Und unverdrossen nieder
Zu ihrer Werkstatt geht.

Er ist mit ihr verbündet,
Und inniglich vertraut,
Und wird von ihr entzündet,
Als wär sie seine Braut.

Er sieht ihr alle Tage
Mit neuer Liebe zu,
Und scheut nicht Fleiß und Plage;
Sie läßt ihm keine Ruh.

Die mächtigen Geschichten
Der längst verfloßnen Zeit
Ist sie ihm zu berichten
Mit Freundlichkeit bereit.

Der Vorwelt heilge Lüfte
Umwehn sein Angesicht,
Und in die Nacht der Klüfte
Strahlt ihm ein ewges Licht.

Er trifft auf allen Wegen
Ein wohlbekanntes Land,
Und gern kommt sie entgegen
Den Werken seiner Hand.

Ihm folgen die Gewässer
Hülfreich den Berg hinauf,
Und alle Felsenschlösser
Tun ihre Schätz' ihm auf.

Er führt des Goldes Ströme
In seines Königs Haus,
Und schmückt die Diademe
Mit edlen Steinen aus.

Zwar reicht er treu dem König
Den glückbegabten Arm,
Doch fragt er nach ihm wenig
Und bleibt mit Freuden arm.

Sie mögen sich erwürgen
Am Fuß um Gut und Geld,
Er bleibt auf den Gebürgen
Der frohe Herr der Welt.

Novalis

Novalis, dessen eigentlicher Name Friedrich-Leopold von Hardenberg war (1772–1801), betrieb von 1797 bis 1799 bergbauliche Studien an der Bergakademie Freiberg. In »Kurpium, Tiefengeleucht«, gibt er die Schilderung einer Grubeneinfahrt:
»Der Steiger gab mir nach geendetem Gottesdienst eine Lampe und ein kleines hölzernes Kruzifix und ging mit mir nach dem Schachte, wie wir die schroffen Eingänge in die unterirdischen Gebäude zu nennen pflegen. Er lehrte mich die Art des Hinabsteigens und machte mich mit den notwendigen Vorsichtsmaßregeln sowie mit den Namen der mannigfaltigen Gegenstände und Theile bekannt. Er fuhr voraus und schurrte auf den runden Balken hinunter, indem er sich mit der einen Hand an einem Seil anhielt, das in einem Knoten an einer Seitenstange fortglitschte, und mit der anderen die brennende Lampe trug; ich folgte seinem Beispiel, und wir gelangten mit ziemlicher Schnelle bald in eine beträchtliche Tiefe...«

Ein Bergsänger –
Citharaedus metallicus.
Kolorierter Stich, 1721

Die Ruhr bei Blankenstein · Gemälde von W. H. Rudolph (1807–1867)

»Die Gegenden, durch welche mein Weg führte, gehörten einer anmutigen und sanften Natur an, besonders bei Steele an der Ruhr, ein Ort, für den gemacht, der sich vom Getümmel des Lebens in heitre Einsamkeit wünscht. Nicht sattsehen konnte ich mich an der saftig frischen Vegetation, den prachtvollen Eich- und Buchenwäldern, die rechts und links die Berge krönen, zuweilen sich über die Straße hinzogen, dann wieder in weite Ferne zurückwichen, aber überall den fruchtbarsten Boden bekränzten, braun und rot schattiert, wo er frisch geackert war, hell oder dunkelgrün schimmernd, wo junge Untersaat und frischer Klee ihn bedeckten. Jedes Dorf umgibt ein Hain schön belaubter Bäume, und nichts übertrifft die Üppigkeit der Wiesen, durch welche sich die Ruhr in den seltsamsten Krümmungen schlängelt. Ich dachte lachend, daß, wenn einem prophezeit würde, an der Ruhr zu sterben, er sich hier niederlassen müsse, um auf eine angenehme Weise diese Prophezeiung zugleich zu erfüllen und zu entkräften.«

Fürst Hermann von Pückler-Muskau, 1826

Vorstoß in die Tiefe

Im Süden der Ruhr, wo die Kohlenflöze zutage traten, hatte es angefangen. Die Bergleute folgten dem Flachverlauf der Flöze, bis sie auf Wasser stießen. Mit Heinzen-, Bulgen- und Stangenkunst, primitiven Schöpfmethoden und pumpenartigen Konstruktionen versuchten sie, des Wassers Herr zu werden – umsonst. In größere Tiefen, wo die reichen Flöze lagen, drangen sie nicht vor.

1755 gab es in der Mark, also in wesentlichen Teilen des heutigen Reviers, an die zweihundert Zechen – das klingt sehr großartig. Indessen lagen über die Hälfte still, und insgesamt beschäftigten diese Betriebe, an deren Stollenmund der Schichtmeister die Kohle karrenweise verkaufte, nicht über 650 Mann. Die Grube ›Gabe Gottes‹ war mit 22 Arbeitern geradezu ein Großbetrieb. ›Schnabel im Osten‹, ›Friedlicher Nachbar‹, ›Fröhliche Morgensonne‹, ›Ringeltaube‹ – so nannten sich die Zechen. Auch den Flözen gab man Namen: ›Sonnenschein‹, ›Mausegatt‹, ›Dickebank‹, ›Wasserfall‹, ›Finefrau‹. Sie heißen heute noch so. Um 1800 förderten alle Stollen an der Ruhr zusammen jährlich 170000 Tonnen Kohle. Mehr war beim besten Willen nicht zu erreichen.

Aber am 1. Januar 1800 trug ein Bote im Königlichen Patentamt in London einige Akten auf den Boden. Sie enthielten die Patentschrift eines gewissen James Watt; die Schutzfrist für die von ihm erfundene Dampfmaschine – 1755 war es dem Erfinder gelungen, sie vom Unterhaus bis zum Jahr 1800 verlängern zu lassen – war abgelaufen. Watts Dampfmaschine hatte es Englands Grubenbesitzern ermöglicht, ihre Schächte um 36 Meter tiefer zu treiben und damit in wenigen Jahren mehr zu fördern, als die gesamte Fördermenge an Erz und Kohle ausmachte, die bis dahin der Mensch den Tiefen der Erde abgerungen hatte. England hatte somit eine Vormachtstellung errungen, wie sie keine kriegerische Eroberung jemals einem Lande eingebracht hatte. Jetzt waren die Patente frei, die Dampfmaschine konnte nachgebaut werden, die Dampfkraft sprang ungehemmt auf den Kontinent über, und die industrielle Revolution, bisher im wesentlichen auf England beschränkt, trat ihren Siegeslauf um die Erde an.

Bergbau

Schon 1798 waren einige der sagenumwobenen ›Feuermaschinen‹, von der Preußischen Regierung angekauft, auf dem Seeweg über Stettin die Oder aufwärts in die schlesischen Gruben gelangt. Ein Jahr später steht die erste Newcombsche atmosphärische Dampfmaschine im Ruhrgebiet auf der Zeche ›Vollmond‹ bei Langendreer. Aber der aus Schlesien angereiste Maschinenwärter Schuhmann, der sie montieren soll, bringt die Maschine nicht in Gang. Man ist ratlos. Da erbietet sich der Zimmermeister Franz Dinnendahl, ein ehemaliger Schweinehirt, der sich als Autodidakt leidenschaftlich mit ›Feuermaschinen‹ beschäftigt hat, zu tun, was die Fachleute nicht können. Nichtsdestoweniger jagt man ihn davon. Aber Dinnendahl läßt nicht locker, sondern geht zu dem Besitzer der Grube, dem Landesdirektor Freiherrn von Romberg, einem Vorfahren des als toller Bomberg bekanntgewordenen westfälischen Lügenbarons. In seiner ›Selbst-Biographie‹ hat Dinnendahl diese Begegnung geschildert:

»Diesem sagte ich, daß die Maschine nicht gehen würde, wenn die Fehler, die beim Zusammensetzen von Schuhmann gemacht worden wären, nicht abgeändert würden. Obgleich ich nun zu diesem im leinenen Kittel kam und ihm bisher noch gar nicht bekannt gewesen war, so ehrte er doch gleich in mir den Menschen. Er hörte mir ganz aufmerksam zu, beobachtete mich genau und sucht mich durch seine Herablassung und Freundlichkeit zutraulich zu machen. Hierdurch ermuntert, wurde ich dreister, teilte ihm, soweit ich durch meinen Mangel an Sprachkenntnissen dazu imstande war, meine Ideen mit und hatte dadurch das Glück, mir sein Vertrauen zu erwerben. Noch immer fühle ich deshalb eine unbegrenzte Hochachtung für den Herrn von Romberg, weil er mich nicht gleichgültig abwies, sondern mich gleich richtig zu schätzen wußte. Er erklärte mir also, daß er deshalb ans Bergamt schreiben wolle. Als ich ihm aber erzählte, daß ich bereits dort gewesen wäre, so sagte er mir, nachdem er sich einige Augenblicke bedacht hatte, daß er den damaligen Herrn Bauinspektor Rollmann zu Unna veranlassen würde, an Ort und Stelle zu kommen. Dieses geschah, die Fehler an der Maschine wurden zu Protokoll genommen und ans Bergamt gesandt, welches darauf eine Verfügung an Schuhmann erließ, worin er wahrscheinlich einen Verweis erhielt. Dies war aber auch die Ursache, daß er mich fortjagte. Doch mußte ich nach 14 Tagen wieder kommen (in welcher Zeit die Fehler an der Maschine verbessert worden waren), weil er mit den anderen Zimmerleuten und überhaupt auch mit der Maschine noch immer nicht fertig werden konnte. Ich ging wieder dahin und half die Maschine bis beinahe zum Gange derselben fertig bauen.«

So wird man auf Dinnendahl aufmerksam, und 1801 erhält er von der Zeche ›Wohlgemuth‹ im Werdenschen den Auftrag, eine eigene »Feuermaschine nach altem Prinzip« zu fertigen.

Von nun an nennt sich Dinnendahl ›Mechanikus‹, beginnt wenig später mit dem selbständigen Bau von Dampfmaschinen, die in der Minute 1000 Liter Wasser auf eine Höhe von 18 Metern heben können und sich so bewähren, daß ihr Erbauer – Kapitalgeberin ist die Kaufmannswitwe Helene Amalie Krupp – in Essen eine Maschinenfabrik mit sechzig Arbeitern gründen kann.

Die Anstöße, die das technische Naturtalent Dinnendahl seiner Zeit gab, beschränkten sich nicht nur auf die weiteren Anwendungsmöglichkeiten der Dampfmaschine – z. B. regt er an, die Dampfkraft zur Trockenlegung des Forts Napoleon bei Wesel, ja sogar zur Austrocknung des Haarlemer Moores zu benutzen. Er führt auch als erster auf dem Kontinent die Gasbeleuchtung ein. Der Apotheker Flashoff in Essen hatte Versuche mit Steinkohlengas gemacht und Dinnendahl, mit dem er befreundet war, in seinem Laboratorium das merkwürdige Licht gezeigt. Dinnendahl beschloß sofort, in seiner Fabrik eine Gasanlage einzurichten, bei der er durch Einschalten eines Gasbehälters das Zucken und Flimmern der Flamme vermied, das sich im Laboratorium als unvermeidbar erwiesen hatte.

Die Technikgeschichte verbucht solche Nebenergebnisse des Erfindungsgeistes ihrer Pioniere gar nicht oder nur am Rande. Verbuchen aber muß sie: Mit Dinnen-

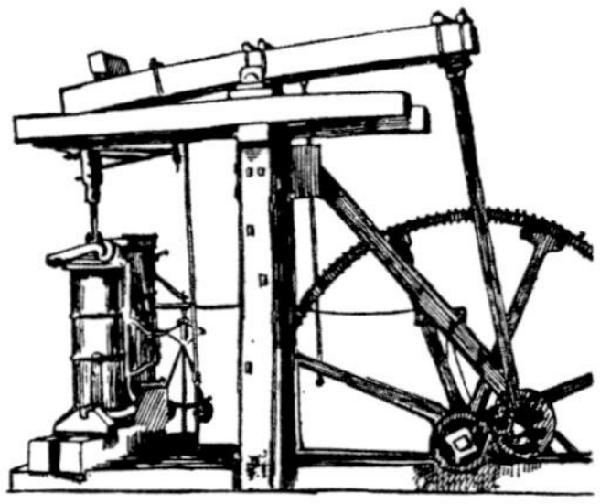

Die Dampfmaschine des James Watt von 1764

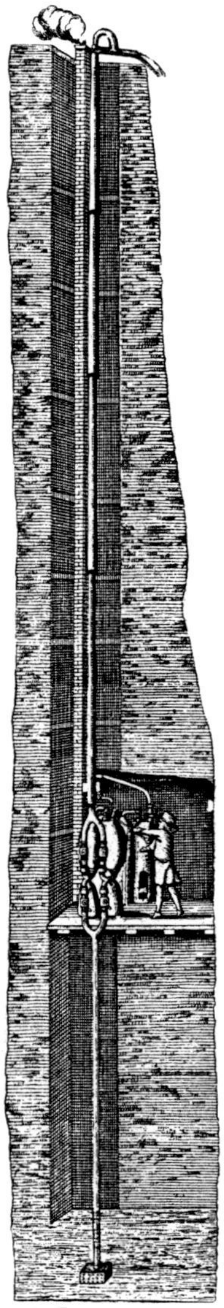

Dampfpumpe im Schacht von Thomas Savery

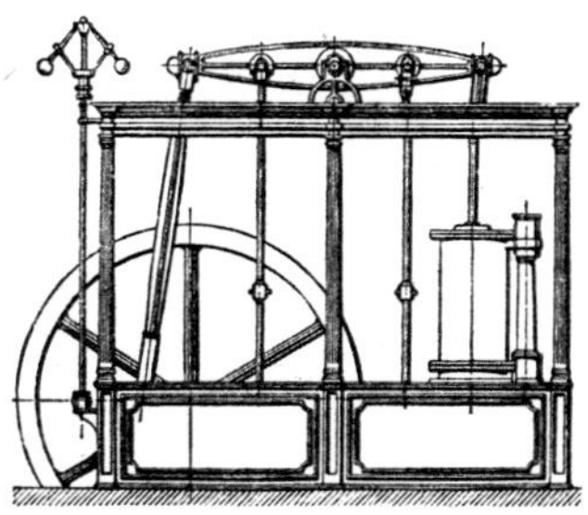

Dampfmaschine
von Hartkort & Co,
Wetter-Ruhr, 1820

dahls Dampfmaschinen konnte die Gewerkschaft Sälzer und Neuack in Essen 1806 den Förderschacht auf 42 Meter Tiefe niederbringen, 1808 folgte ›Vollmond‹ auf eine Tiefe von 46 Metern, und ein Jahr später wurden die Dinnendahlschen Maschinen nicht nur zur Wasser- und Wetterführung, sondern auch zur Förderung verwendet.

Aber erst nach drei Jahrzehnten, 1839 – Dinnendahl ist, von geschäftlichen Mißerfolgen und Rückschlägen zerrüttet, arm und vergrämt gestorben – gelingt es dem Ruhrorter Franz Haniel auf der Zeche ›Kronprinz von Preußen‹, bei wasserhaltigem Gebirge in größere Tiefen vorzudringen, die Mergelschicht zu durchstoßen und das Steinkohlengebirge darunter zu erreichen. Zwar endet das Unternehmen mit einer finanziellen Katastrophe, weil man auf Magerkohle und nicht auf Fettkohle fündig geworden war, die Haniel für seine neu erbauten Kalköfen suchte. Wenn er so auch 1841 die Grube überstürzt aufgeben mußte, seine mutige Tat hatte bewiesen, daß das Deckgebirge bezwingbar war und daß sich unter den Mergelschichten der Kreidezeit, dem ›Deckgebirge‹, die in den Ruhrbergen offen zutage tretenden Kohlenschichten fortsetzten – was damals sehr in Frage gestellt wurde.

Der Ausweitung des Ruhrbergbaus nach Norden, dorthin, wo die Flöze in die Tiefe abfallen, stand nichts Ernsthaftes mehr im Wege.

LIED DER GESELLEN DINNENDAHLS

Seid lustig wohlan
Gesellen Dinnendahls beisammen!
Der Arbeit sind wir unterworfen
Mit Vergnügen und ohne Sorgen;
Mit Lust und Plaisir
Gesellen Dinnendahls sind wir.

Wir marschieren unter das Thor,
Unter uns das ganze Chor;
Da sah man von Weitem
Herrn Dinnendahl an reiten;
Er ritt nach seinem Plaisir.
Gesellen Dinnendahls sind wir.

Madame Dinnendahl hat uns bedacht,
Französischen Brantwein zugebracht.
Darauf kam das Bier
Wir freuen uns hier
Und tranken mit Manier.
Gesellen Dinnendahls sind wir.

Wir gingen unter Singen
Auf dem Markte that's klingen;
Da kam ein Officier:
»Was für Leute seid ihr?«
Wir antworteten mit Manier:
»Gesellen Dinnendahls sind wir!«

Wir kriegten den Befehl,
Nach Rosendelle zu gehn.
Es ward uns nicht bange,
Und es währte gar nicht lange,
Da marschierten wir nach der Range (!)
Eins, zwei, drei, vier;
Seine Gesellen sind wir.

Wer hat dieses Gedicht zuerst erdacht?
Das haben die Gesellen Dinnendahls
Die auf der Fabrik waren [gemacht!]
Erst seit einigen Jahren.
Achtzehn hundert elf haben sie es gemacht
Und zugleich die Musik gebracht.

Franz Dinnendahl
(1775 – 1826)

SELBST-BIOGRAPHIE DES MECHANICUS FRANZ DINNENDAHL IN ESSEN

1801 erhielt Dinnendahl den Auftrag zum Bau einer Dampfmaschine, der ersten, die an der Ruhr entstehen sollte:

»Das ganze Personal am Märkischen Bergamte, besonders der Herr p. Crone ... zweifelten daran, daß ich ein solches Werk zustande bringen würde. Einige schwuren geradezu, daß es unmöglich sei, und andere prophezeiten mir ... meinen Untergang, weil ich mich in Dinge einließ, die über meine Sphäre hinaus gingen. Freilich war es ein wichtiges Unternehmen, besonders, weil in der hiesigen Gegend nicht einmal ein Schmied war, der imstande gewesen wäre, eine ordentliche Schraube zu machen, geschweige andere zur Maschine gehörige Schmiedeteile, als Steuerung, Zylinderstange und Kesselarbeit pp. hätte verfertigen können oder Bohren und Drechseln verstanden hätte. Schreiner- und Zimmermannsarbeiten verstand ich selbst; aber nun mußte ich auch Schmiedearbeiten machen, ohne sie jemals gelernt zu haben. Indessen schmiedete ich fast die ganze Maschine mit eigener Hand, selbst den Kessel ... Aber es fehlte auch an gut eingerichteten Blechhammern und geübten Blechschmieden in der hiesigen Gegend, weshalb die Platten zum ersten Kessel fast alle unganz und kaltbrüchig waren. Ebenso unvollkommen waren diejenigen Stücke der Maschine, welche die Eisenhütte liefern mußte; als Zylinder, Dampfröhren, Schachtpumpen, Kolben und dergleichen ... Das Bohren der Zylinder setzte mir neue Hindernisse entgegen, allein auch dadurch ließ ich mich nicht abschrecken, sondern verfertigte mir auch eine Bohrmaschine, ohne jemals eine solche gesehen zu haben.

So brachte ich es also nach unsäglichen Hindernissen, die vielleicht manchen andern an meiner Stelle abgeschreckt haben würden, endlich so weit, daß die erste Maschine, nach altem Prinzip, fertig wurde. Der Herr p. Crone hatte mir früher erzählt, daß der Herr Berghauptmann Bückling, obgleich er zwei Jahre in England gewesen wäre, seine erste Maschine dennoch nicht in Gang zu bringen imstande gewesen wäre, sondern erst wieder nach England zurückkehren und einen gewissen Richscherd (Richards) hätte holen müssen, von dem sie eigentlich in Gang gebracht worden wäre. Ich war ... gar nicht verlegen, und daß ich es auch nicht nötig hatte zu sein, erwies sich, als ich die Maschine zum erstenmal anließ, weil sie im ersten Augenblick ging, welches der jetzt noch lebende Geschworene Herr Engelhard ... wird bezeugen können.«

1803 war es dann soweit: das Grundwasser mußte mit Maschinenkraft abgesaugt werden, damit man zum Tiefbau übergehen konnte:

»Man setzte von seiten des wohllöblichen Bergamts, unter der Direktion des verstorbenen Herrn Cappel, einen Termin an, zu welchem alle Gewerke verabladet wurden. Auf dem Wege zu diesem Termin (ich wohnte damals noch in einem einsamen Dörfchen, Altendorf bei Hattingen) fiel mir ein, daß es vielleicht möglich sei, mit der anzulegenden 40zölligen Dampfmaschine zur Wältigung der Wasser auch zugleich eine etwa 12- bis 15zöllige Fördermaschine zu verbinden, womit man nicht allein die Kohlen um dreiviertel Unkosten weniger als bei den hier bekannten Förderungsvorrichtungen zu Tage bringen, sondern auch vermittelst derselben so viel fördern könne, als es der Debit erheische, wenigstens in jeder Schicht von acht Stunden 1000 bis 1500 Ringel (75 bis 110 Tonnen). In einer halben Stunde war dieses Projekt, wenigstens in meinem Kopfe, im Reinen, ohne daß ich eine solche Förderungsmaschine jemals gesehen hatte.

Sobald ich in den Termin kam, schlug ich dieses dem Herrn Direktor Cappel vor; zeichnete demselben meine Ideen, soweit dieses mit einem Stückchen Kreide auf dem Tische geschehen konnte, vor und ergänzte das Mangelhafte einer solchen Zeichnung durch mündliche Erläuterungen, woraus freilich der Herr Direktor Cappel, wegen meiner damaligen Unvermögenheit mich überall richtig auszudrücken, nur mit Mühe klug werden konnte. Indessen veranlaßte ich denselben doch dadurch, selbst über die Sache nachzudenken, und als er die Möglichkeit der Ausführung einsah, machte der Vorschlag dem guten Manne so viel Freude, daß er den Termin auf der Stelle vierzehn Tage weiter hinaussetzte ... Ich brachte nach vierzehn Tagen meine Zeichnung mit, nach welcher beide Maschinen aus einem Kessel ihre Dämpfe erhalten sollten. Mein Vorschlag wurde geprüft, angenommen und der Kontrakt abgeschlossen. Nach diesem Kontrakt sollte ich für die 40zöllige Wasserhaltungsmaschine 14000 und für die damit zu verbindende 15zöllige Fördermaschine 2800 Reichstaler erhalten.

Kaum aber war der Kontrakt abgeschlossen und bekannt geworden, als einige Revierbeamte so zweideutig und bedenklich von der Sache sprachen, die Unkosten, die Unausführbarkeit derselben und dergleichen mit so grellen Farben schilderten, daß durch sie auch die Gewerken verleitet wurden, die Zurücknahme des Kontrakts zu wünschen. Vielleicht wäre es auch dazu gekommen, wenn ich nicht das vollkommene Zutrauen des einsichtsvollen und braven Direktors, des Herrn Cappel, gehabt hätte.«

Stein — Mittler zwischen den Zeiten

Wer von Dortmund nach Cappenberg fährt, sieht am Ausgang der Stadt die Zeche ›Minister Stein‹ liegen, ein Denkmal für jenen Mann, der, mit fünfundzwanzig Jahren vom Bergwerksminister Friedrichs des Großen, von Heinitz, zum Oberbergrat vorgeschlagen, 1784 als Direktor der westfälischen Bergwerksdistrikte in Wetter an der Ruhr einzog. Hier räumte er schnell mit den Mißständen einer »planlosen, keiner Aufsicht unterworfenen Wirtschaft« auf, sorgte für festen Schichtlohn der Bergleute, überwachte die Zechen, bereiste zu Fuß, zu Pferd und im Wagen seinen Bezirk, fuhr in die Gruben ein, verhinderte den Raubbau an der

Schloß Cappenberg

Kohle und organisierte ihren Absatz. Dabei ging es ihm vor allem um den Ausbau aller Wege nach dem Rhein. Zuallererst, sagte er sich, muß ich bei den schlechten Straßen die Ausfuhr der Kohle auf der Ruhr fördern, muß die Ruhrschiffahrt verbessern, für die der Ausbau des Kohlenmagazins von Ruhrort, als dem wichtigsten Umschlagplatz an Ruhr und Rhein, entscheidend ist.

Auf der Ruhr wurden in den unteren Schleusen im Jahr bald an die 3000 Schiffe gezählt; bei vollem Fahrwasser konnten sie freilich nur 500 bis 600 Zentner Kohle laden. Später wurde die Ruhr einer der meistbefahrenen Flüsse Europas, und die Anzahl der Schiffe verdoppelte sich.

Daß Stein dem wirtschaftlichen Liberalismus – nämlich der Lehre von Adam Smith, wonach »eine unsichtbare Hand« jeden das tun lasse, was dem Wohle des Ganzen dient: also keine gebundene Wirtschaftsverfassung, sondern freier Wettbewerb – mit Nachdruck die Auffassung entgegengesetzt hat, daß alle Arbeit keinen Sinn habe, wenn sie nicht von religiösen Geboten geleitet und sittlichen Zwecken unterworfen werde, läßt sich nicht bestreiten. Ricarda Huch sagt darüber in ihrem Buch ›1848‹: »Es war die mittelalterliche Anschauung, die das göttliche, von Christus verkündete Gebot in den Mittelpunkt der gesamten Lebensäußerungen des Volkes stellte... In Stein war die mittelalterliche Anschauung noch lebendig. Er sah, daß ein neues Zeitalter angebrochen war, in dem er sich fremd fühlte und dessen Wesen er verwarf: ›ein wissenschaftliches, industrielles, kommerzielles, politisierendes, geschwätziges, frech absprechendes und höchst eitles Zeitalter.« Und wenn er nach beiden Seiten focht, sowohl gegen die privatwirtschaftlichen Motive der Bergwerksbesitzer wie gegen die Übergriffe einer allmächtigen Staatsbürokratie, deren letztes Ziel es war, die Gruben in Staatsbetriebe umzuwandeln, dann rührte das zutiefst aus der Erkenntnis, daß beide Seiten das wahre Wesen einer Industrie, wie er es erkannt hatte, nie erfassen würden, und daß man sie daran hindern müsse, es total zu beherrschen.

Wenn zwischen 1785 und 1805 die Jahresproduktion an märkischen Steinkohlen sich vervierfachte, dann ist dies Stein zuzuschreiben: aufgrund seiner rigorosen Maßnahmen, entsprechend den Verpflichtungen in seiner Ernennungsurkunde, »unablässig auf die Verbesserung des Bergbaus und des Hüttenwesens, auch auf die Vermehrung der daher fließenden königlichen Revenuen bedacht (zu) sein«.

Freiherr vom und zum Stein (1757–1831)

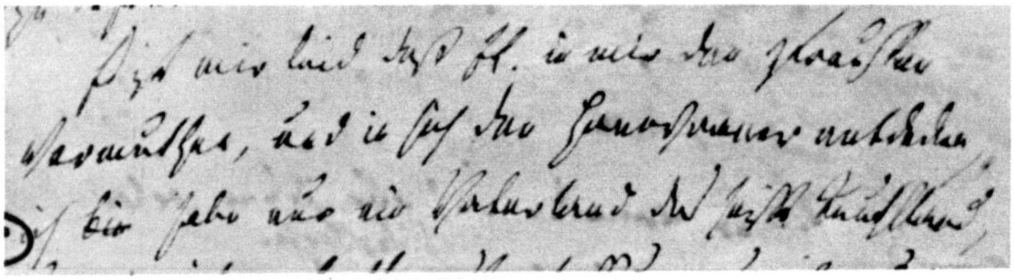

»Ich habe nur ein Vaterland, das heißt Deutschland.« Aus einem Brief Steins an Graf Münster 1812

Stein, der die vier Reviere Blankenstein, Hoerde, Wetter und Bochum beaufsichtigte, blieb bis 1798 in seinem Amt, obwohl er inzwischen (1793) zum Präsidenten der Märkischen Kriegs- und Domänenkammer und (1796) zum Oberpräsidenten von Westfalen aufgestiegen war. Seine Verdienste in diesen Ämtern sind bedeutend. Bedeutender ist, daß der hervorragende Verwaltungsbeamte die Grenzen erkannte, die jeder Verbesserung des Bergbaus gesetzt waren – technische Gren-

zen, die nur durch die Feuermaschine, das heißt also durch die Einführung der Dampfkraft, durchbrochen werden konnten.
Hatte sich im Bergbau unter Stein die Tendenz bemerkbar gemacht, durch Zusammenschlüsse, z. B. von Kohlenfeldern, betriebswirtschaftlich rentable Größen zu erreichen, so war diesem ungeschriebenen Gesetz auch die Eisenindustrie gefolgt.
1741 hatte man nahe bei Sterkrade in den Wiesen Erz entdeckt. »Es liegen die Erze von drei Zoll bis zu drei Fuß unter der Dammerde, teils in großen Stücken, teils in kleineren Brocken, so Bohn- oder Wascherze genannt werden.« Ein Bach war vorhanden, der ein Wasserrad treiben konnte, desgleichen Erlen- und Buchenholz in den Waldungen von Essen und Recklinghausen. Das war der Beginn der ›St. Antonihütte‹, dem ersten eisenschaffenden Werk im Ruhrgebiet. Ihm folgten die Hütten ›Gute Hoffnung‹ und ›Neu-Essen‹, die Urzellen eines der mächtigsten Werke der Montanindustrie, der Gutehoffnungshütte. Aber keineswegs Steinkohle – man heizte mit Holz – war die Basis ihrer Gründung, sondern Wasserkraft und Eisenerz, so daß die preußische Regierung 1788 mahnend dazwischenfuhr: »Es sollen aber auch die Versuche zum Gebrauch der Steinkohle auf der ›Guten Hoffnung‹ fortgesetzt werden.« Indessen, die Gutehoffnungshütte geht in Konkurs, wird um 1780 von der Kaufmannswitwe Krupp erworben, die sie ihrem Enkel Friedrich vermacht, der das Werk von Töpfen, Pfannen und Öfen auf die Fabrikation von Maschinenteilen, Walzen und Rohren umstellt, sich aber verkalkuliert, so daß die Großmutter – sie ist der Form nach Besitzerin geblieben – das Unternehmen vorsichtshalber an ein Syndikat abstößt. Dieses vereinigt alle drei Hütten unter einem Dach und nennt sich: Jakobi, Haniel und Huyssen. Es ist die erste Fusion von Bedeutung in der Eisenindustrie.
An einer Gründung, die später einen Mythos heraufbeschwören wird, ist Napoleon schuld. Um das Stahlmonopol der Briten zu brechen, setzt der Korse für die Fabrikanten, die Gußstahl herstellen wollen, eine Prämie aus. Friedrich Krupp bewirbt sich darum und gründet mit zwei pensionierten Offizieren, den Brüdern von Kechel, im Jahr 1811 eine Gußstahlfabrik, ohne zu ahnen, daß er Scharlatanen in die Hände gefallen ist, die keineswegs – wie sie behaupten – um das Geheimnis des Gußstahls wissen. Später fällt er abermals auf einen pensionierten Offizier herein, der gleichfalls vorgibt, Stahl gießen zu können. Auch dieses Unternehmen scheitert. Aber die Firma Krupp ist gegründet und bleibt am Leben.
Napoleons Stern steigt auch über dem Ruhrgebiet auf und verlischt. Was jedoch nach Napoleons Sturz und Niedergang bleibt, ist die von ihm mit einem Federstrich bewirkte Neuordnung, in die nach den Befreiungskriegen und nach dem Wiener Kongreß Preußen endgültig eintritt. So ist das absurde Faktum zu verzeichnen, daß Napoleon der Nothelfer Preußens wurde, dessen Vernichtung ihm gerade so am Herzen lag. Zwischen Rhein und Weser entstehen mit Kurköln, Berg, Kleve-Mark, Minden-Ravensberg und dem Münsterland die neuen preußischen Provinzen Westfalen und Rheinland.
»Erst wenn der preußische Adler alle diese Gebiete unter sich vereint, wird es einen Fortschritt geben...« schrieb 1803 Justus Gruner. – Gibt es diesen Fortschritt? Es wird ein beiderseitiges Geben und Nehmen. Nichts, was in Preußen geschieht – Preußen, das bisher jenseits der Elbe gedacht hat –, bleibt ohne Auswirkungen auf seine Westprovinzen, sein neues ›Westpreußen‹, nichts, was hier geschieht, ist ohne Auswirkungen auf Preußen selbst. »So haben wir hier«, schreibt

Wilhelm Brepohl, »den eigenartigen geschichtlichen Vorfall, daß eine Regierungs- und Geisteshaltung zwei im Charakter, in der Tradition und im Temperament so entgegengesetzte Landschaften wie Rheinland und Westfalen zur Grundlage einer großen, durch die Jahrzehnte fortwirkenden industriellen Leistung hat und trotzdem der Rheinländer ein Rheinländer und der Westfale ein Westfale geblieben sind.«

Vor diesem Hintergrund ist der große Sprung nach vorn, ist die Expansion zu sehen, die der immer gewaltiger werdende Bedarf an Kohle und Eisen im Revier bewirkt. In Mülheim kann deshalb der Schiffer Matthias Stinnes – dieses Genie

Die Gußstahlfabrik Friedrich Krupps in Essen im Jahre 1819; vorn links das kleine Fachwerkhaus, in dem er zu arbeiten begann.

eines Spediteurs – Bergbau, Kohlenhandel und Schiffahrt auf eine Gleichung bringen. Im eigenen Handelshaus, mit Stinnespersonal, Stinnespferden, Stinnesschiffen, verfrachtet er bis Mainz, ja bis nach Straßburg die Ruhrkohle, eigene Kohle, denn an vielen Zechen ist er Mitbesitzer geworden, schafft Lastkähne an, die er durch Dampfer schleppen läßt, und erbaut 1820 bei Koblenz die erste Schiffsbrücke.

Die Rauchfahnen der Schlepper aber ziehen noch durch ein kaum verändertes Land. Völlig unberührt ist das Emscherbruch geblieben, in dem noch wie zu Zeiten der Germanen die Wildpferdrudel über die Erde stampfen. Zwar sind Buchen- und Eichenwälder mehr und mehr dahingesunken, doch langsam beginnt an ihrer Stelle die schnell wachsende Kiefer sich breitzumachen.

Hohensyburg, 1841 · Kolorierter Stich von H. Winkler nach einer Zeichnung von C. Schlickum

»Es war für den anderen Tag schon eine andere Lustfahrt bestimmt, ohne daß ich es wußte; die Ruinen von Hohensyburg sollten wir sehen, und um vieles mögte ich sie nicht gesehen haben. Des Morgens durchgieng ich mit Carl Springorum die Stadt, besuchte die beide lutherische Prediger Lange und Schütte, (den Bruder unserer Gastfreundin), und den reformirten Prediger Eck. Des Mittags kam der reformirte Prediger Beckhaus von Wetter, die kleine Reise mit uns zu machen, der reformirte Prediger Eck schloß sich mit an, und der ältere Springorum machte eine Stunde weit unsern Fuhrmann. Dann mußten wir rechts von der Chaussee zu Fuß abbeugen, in ein Thal hinunterwandeln, und dann den Berg erklettern, auf welchem die Ruinen stehen.«

J. M. Schwaiger, 1804

Die Harkortsche Fabrik auf Burg Wetter um 1834 · Gemälde von Alfred Rethel (1816–1859)

»Die Opfer und Schwierigkeiten waren groß. Der Übermuth und die Völlerei der Ausländer, Mangel an passenden Materialien und guten Wegen, die Unerfahrenheit der hiesigen Arbeiter – all dies führte eine Menge Übelstände herbei, welche man heute nicht mehr kennt. Allein durch Beharrlichkeit behauptete sich die neue Industrie! Sie hat die alte feudale Burg erobert und in ihr einen bleibenden Sitz aufgeschlagen, in welchem Eisen und Stahl in die mächtigsten Waffen des Gewerbefleißes umgeschaffen werden. Prangt auch das Banner der alten Grafen nicht mehr auf den Zinnen des gewaltigen Turmes, so schauen wir demungeachtet dort in festlichen Tagen die wehenden Farben des großen preußischen Vaterlandes!«

Friedrich Harkort, 1856

Harkort und die Eisenbahnen

Der ›Prinz von Oranien‹, ein englisches Dampfschiff, gelangte am 12. Juni 1816 von Rotterdam nach Köln. »Alte Weiber schlugen die Hände über dem Kopf zusammen, andere legten sie wie zum Gebet ineinander. Kinder jauchzten, Männer schwenkten die Hüte und Mützen, und oft brach die ganze Volksmenge in ein lautes Hurra aus«, heißt es in einem zeitgenössischen Bericht. Vier Jahre später fuhr ein junger Mann namens Friedrich Wilhelm Harkort auf der ›Friedrich Wilhelm III.‹, dem ersten deutschen Dampfschiff, in das er eine von ihm selbst entworfene und in seiner eigenen Fabrik in Wetter an der Ruhr gebaute Schiffsdampfmaschine hatte montieren lassen, in fünf Wochen von Duisburg über den Rhein, das Wattenmeer der Nordsee und die Weser aufwärts nach Minden. Dabei ging es dem ›Volksmann‹ Harkort nicht so sehr um technische als um wirtschaftspolitische Ziele: Wie der Freiherr vom Stein wollte er den Rhein zur bedeutendsten Kohlenstraße Europas machen, nebenbei den Engländern den Rang ablaufen und den Vorsprung aufholen, den das mächtige Britannien vor den Völkern des Kontinents hatte.

Stein, berühmt und alt geworden, kommt 1825 wieder auf die Burg nach Wetter, wo er als Leiter der westfälischen Bergämter »in einer schönen Gegend die Seligkeit der Einsamkeit genossen« hat. Hier trifft er den jungen Friedrich Harkort, der in den Räumen der Burg mit seinem Kompagnon Heinrich Kamp eine ›Mechanische Werkstätte‹ eingerichtet hat. »Harkort«, schreibt Ricarda Huch, »empfing den großen Mann mit der freudigen Verehrung, die von den Eltern auf ihn übergegangen war und die Stein mit väterlicher Anteilnahme vergalt. Friedrich Harkort, schön, groß, schlank, blond und blauäugig, ein echter Niedersachse, mußte sich als jüngster Sohn selbst eine Existenz schaffen, und es fehlte ihm nicht an Kräften dazu ... Ein Trieb nach großartiger Tätigkeit, nach Abenteuer, nach neuen Dingen beseelte ihn und bestimmte seine Handlungen. Ruhe und Bequemlichkeit lockten ihn nicht ... Der Drang nach Umwälzung der deutschen Verhältnisse, der von dem alten Gewerbsland ausging, verkörperte sich in ihm. Viele sahen ein, daß es nötig sei, um den Wettbewerb mit England aushalten zu können, sich die Erfindungen und Verfahren anzueignen, die England das Übergewicht auf diesem Gebiet verschafften, aber Friedrich Harkort hatte nicht wie sie die Geduld, zuzuwarten, sondern warf sich mit Leib und Seele in den Kampf um die Einführung der Neuerungen.«

Wie die Dampfmaschine, wie das Dampfschiff, so kam auch die Eisenbahn aus England. Als 1835 der erste Dampfwagen von Nürnberg nach Fürth durchs deutsche Land fauchte, bediente ihn ein Engländer, der Lokomotivführer Wilson.

Harkort, der in seiner ›Mechanischen Werkstätte‹ mit englischen Arbeitern und Ingenieuren Dampfmaschinen gebaut, ein Walzwerk, einen Hochofen angelegt und die Eisenerzeugung auf das ebenfalls aus England importierte Puddelverfahren umgestellt hatte, klagte 1833: die deutsche Schlafmützigkeit, statt den Triumphwagen des Gewerbefleißes mit rauchenden Kolossen zu bespannen, komme vor lauter Bedenken und Erwägungen nicht zur Tat.

Er hatte seine Erfahrungen. Es gab im Ruhrtal mehrere Kohlenbahnen, die auf Schienen liefen und von Pferden gezogen wurden. Als Harkort eine dieser Bahnen, die sogenannte Deilbachbahn, mit einer Lokomotive betreiben wollte, verweigerten die Behörden ihre Zustimmung: Die erste englische Lokomotive hatte bei ihrer ersten Fahrt einen Menschen überfahren! Hinter der Ablehnung aber steck-

Der junge Friedrich Harkort

Hermann.

Zeitschrift

von und für

Westphalen,

oder

die Lande zwischen Weser und Maas.

26ᵗᵉˢ Stück. — Schwelm, 30. März 1825.

Eisenbahnen. (Railroads.)

Durch die rasche und wohlfeile Fortschaffung der Güter wird der Wohlstand eines Landes bedeutend vermehrt, welches Kanäle, schiffbare Ströme und gute Landstraßen hinlänglich bewähren.

Der Staat sollte aus diesem Grunde die Weggelder nicht als eine Finanz-Quelle betrachten, sondern nur die Kosten einer vorzüglichen Unterhaltung erheben.

Größere Vortheile wie die bisherigen Mittel, scheinen Eisenbahnen zu bieten.

In England sind bereits zu diesem Behufe über 150 Millionen Preuß. Thaler gezeichnet, ein Beweis, daß die Unternehmungen die öffentliche Meinung in einem hohen Grade für sich haben.

Auch in Deutschland fängt man an über dergleichen Dinge wenigstens zu reden, und folgende Bemerkungen liefern vielleicht einige Beiträge dazu.

Meine Absicht ist nicht in die Einzelnheiten der Sache einzugehen, vorläufig genügen wohl einige allgemeine Umrisse.

Die westliche Eisenbahn von London nach Falmouth, wird eine Länge von 400 engl. Meilen erhalten.

Von Manchester nach Liverpool ist eine neue Eisenbahn von 32 engl. Meilen in Vorschlag gebracht, obgleich eine Wasserverbindung vorhanden.

Versuche, welche deßhalb in Killingworth angestellt wurden, ergeben, daß eine Maschine von 8 Pferde Kraft, ein Gewicht von 48 Tonnen, mit einer Geschwindigkeit von 7 Meilen per Stunde auf einer Ebene bewegte.

Denken wir uns nun eine solche Fläche von Elberfeld nach Düsseldorf, so würden 1000 Centner in 2½ Stunde von einem Orte zum andern geschafft werden, mit einem Kohlen-Aufwande von 5 Scheffel für die Reise.

Titelseite der Zeitschrift »Hermann« mit dem Eisenbahnaufruf Harkorts

ten die Kohlentreiber. »Bei der Anwendung von Dampfwagen«, so polemisierte man, »würde die zahlreiche Klasse der Kohlentreiber, da ohnehin sieben Achtteile der jetzt dabei beschäftigten Pferde dann nicht mehr verwendet zu werden brauchte, plötzlich außer Thätigkeit gesetzt werden.« Auch die Besitzer der Gruben, an deren Zechen die Bahn nicht vorbeilief, fühlten sich benachteiligt. Harkorts streitbarer Schwiegersohn Louis Berger, Mitglied der Fortschrittspartei, wußte um tiefere Gründe der Ablehnung, wenn er den Großgrundbesitzern vorwarf: »Sie fühlen instinktiv, daß die Lokomotive der Leichenwagen ist, auf dem Absolutismus und Feudalismus zum Kirchhof fahren.«
So scheitert zunächst ein Projekt, den Rhein mit der Weser zu verbinden, bis David Hansemann in Köln, Vizepräsident der Rheinischen Eisenbahnen, die Idee hat, gleichzeitig mehrere Projekte vorzuschlagen, um die Betroffenen und Interessierten gegeneinander auszuspielen. Er stellte eine nördliche Linie durchs Emschertal nach Dortmund und weiter bis zur Weser und eine südliche durch die Täler der Wupper und Ennepe zur Debatte. Als er selbst es am zweckmäßigsten findet, die nördliche Linie zu bauen, trifft prompt ein, was er erreichen wollte: Die südlichen Städte erheben sich wie ein Mann, sie wollen nicht benachteiligt werden. Und so baut man denn zwei Strecken, die eine von Elberfeld über Hagen, Wetter, Witten nach Dortmund – obwohl man große Steigungen in den engen Windungen der Täler hinnehmen muß – und die andere von Köln nach Duisburg, von dort über Dortmund nach Hamm und schließlich nach Minden. Zu beiden Linien gesellt sich eine dritte, die von der mittleren Ruhr nach Elberfeld-Barmen und ins Bergische, aber auch zum Rhein hin die Verbindung herstellen soll.
So besaß das Ruhrgebiet Ende der vierziger Jahre gleich auf einmal drei Eisenbahnlinien, sozusagen wider Willen, und Harkorts Wort erfüllte sich: »Die Generation nach uns wird sich wundern, wie es möglich war, daß ihre Väter so bedenkliche Gesichter bei einer so einfachen und nützlichen Sache schneiden konnten.«

DER ALTE HARKORT

Der alte Harkort

Ein schlohweißer, etwas wilder Haarschopf umflatterte den Kopf, die dichte Bartkrause gab dem durchmodellierten, schlanken Gesicht den charakteristischen Rahmen, der schmale Mund hatte einen schmerzlich ernsten Zug, aber die großen blauen Augen strahlten von der inneren Lebhaftigkeit der Seele – Arbeitsstrenge, Enttäuschung, vielerlei Nöte hatten sein Aussehen schon früh geformt, und als er, ein guter Fünfziger, aus der westfälischen Umwelt in die Teilnahme an den preußischen und deutschen Entscheidungen trat, galt er schon als »der alte Harkort«. Die Legende hatte früh genug an seiner Gestalt zu modeln begonnen. In der Heimat sprachen sie von ihm nur als dem »Fritz«, eine schier unvergleichliche Volkstümlichkeit trug ihn. Westfalen hat den schönen Brauch, dem Gedächtnis verdienter Männer auf seinen Höhen Türme zu errichten. Harkort hatte selbst die Anregung gegeben und durchgesetzt, daß an seinem frühen staatsmännischen Wirkungskreis und in der Welt seiner Altersruhe dem Freiherrn vom Stein das erste Denkmal auf deutschem Boden errichtet wurde. Wenige Jahre nach seinem eigenen Tod (1880) wuchs auf den Höhen der Heimat auch das Mal, das seinen Namen trägt.

Theodor Heuss

Der Menschenfreund – dagegen und dafür

Dagegen: *Vor der Einführung der Dampfkraft warnt 1818 die »Kölnische Zeitung«: Eine Maschine macht oft die Arbeiten von tausend Menschen entbehrlich und bringt den Gewinn, den sonst alle diese Arbeiter teilen, in die Hände eines einzigen. Mit jeder abermaligen Vervollkommnung einer Maschine werden neue Familien brotlos; jede neuerbaute Dampfmaschine vermehrt die Zahl der Bettler, und es steht zu erwarten, daß sich bald alles Vermögen in den Händen einiger tausend Familien befindet und der übrige Teil des Volkes als Bettler in ihre Dienstbarkeit geraten werden. Muß nicht jeder Menschenfreund schmerzlich ergriffen werden von dem Gedanken, daß es dahin kommen kann und aller Wahrscheinlichkeit dahin kommen muß? Wir sind der Meinung, daß der Schaden, den unsere Gewerbe durch das englische Maschinenwesen erleiden, obwohl er sehr fühlbar ist, bei weitem leichter ertragen werden kann als der Druck, der aus dem Flor der zu sehr durch Maschinen vervollkommneten Fabriken erwachsen würde, die Deutschland mit drei bis vier Millionen Bettlern bevölkern würden.*

Dafür: *L. Henz, der 1836 einen Bericht »über Projekt und Vorarbeiten zur Anlage einer Eisenbahn von Elberfeld über Hagen nach Witten« verfaßte, schreibt:*
Alle großen Fortschritte in der Kommunikation wie in der Fabrikation führen das Übel mit sich, mehr oder weniger den Verhältnissen einzelner oder auch ganzer Klassen von Gewerbetreibenden nachteilig zu werden; es ist dies aber unvermeidlich, wenn nicht jede Verbesserung gewaltsam zurückgedrängt werden soll. Jede Erfindung, durch welche zugleich Kraft und Zeit gespart wird, ist ein Schritt weiter in der Zivilisation und führt näher zu dem großen Ziele: daß jeder Mensch nur so beschäftigt werde, als es der Würde des Geschlechts angemessen ist. Unsere Kohlenfuhrleute bringen ihr Leben hin, müßig neben einer Karre hinschlendernd und den bedeutenden Erwerb dafür in den unzähligen Schenken an der Landstraße in geist- und körperzerrüttendem Branntwein vergeudend. Der Menschenfreund kann diesen Zustand einer ausgebreiteten Klasse nur beklagen und eine würdigere Benutzung so vieler Menschenleben wünschen. Die Eisenbahn aber ist dazu das wirksamste Mittel.

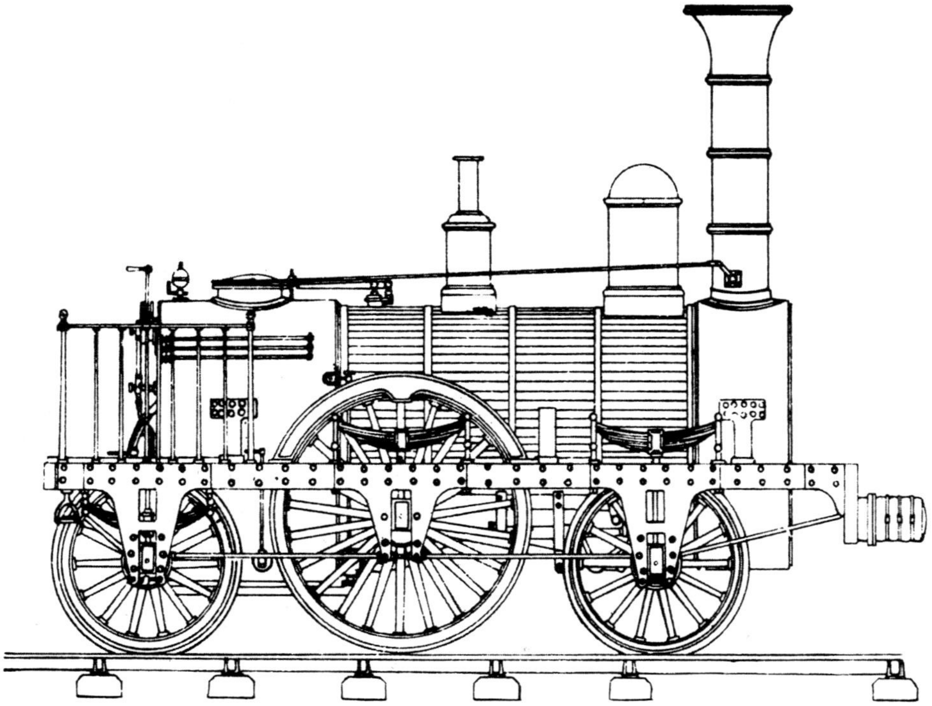

Die »Ruhr«, erste Lokomotive des Ruhrgebiets

Der Bergisch-Märkische und Cöln-Mindener Bahnhof von Dortmund um 1847 · Aquarell von W. Müller

Die Herren tragen zum dunklen Überrock den Zylinder und helle Beinkleider, die Damen Häubchen, den modischen Longschal und den Sonnenschirm. Ihr Ziel ist das rosiggefärbte Gebäude am Ende der Straße, offenbar eine Sehenswürdigkeit. Es ist das Empfangsgebäude der Bergisch-Märkischen und der Cöln-Mindener Bahn, wie es kurz nach seiner Erbauung im Jahre 1847 aussah. Die Stadtverwaltung hatte sich große Mühe gegeben, um eine Eisenbahn nach Dortmund zu bekommen, und das erforderliche Gelände konnte vor den Stadtmauern zur Verfügung gestellt werden. Am 2. Mai 1847 fuhr der erste Zug durch Dortmund, der von Cöln kam und nach Hamm bestimmt war. Kein Wunder also, daß die Bürger der Stadt zum Burgtor hinausströmten, um die neuen Einrichtungen zu betrachten… *Rolf Fritz*

Stadt und Schloß Hohenlimburg, 1826 · Aquarell von F. Andriesen

»Dieses kleine Städtchen, die Hauptstadt einer im Umkreis Mark gelegenen … Grafschaft gleichen Namens, beut einen sehr angenehmen Anblick dar. Man erblickt, indem man von dem Rachenberge hinunterkommt, seine Häuser theils dies-, theils jenseits der das Tal durchschneidenden Lenne, die an beiden Seiten von hohen, felsigen Gebirgen eingefaßt ist. Auf der Mitte derselben prangt, bekränzt von dem es beherrschenden Gebüsche, das gräfliche Schloß, welches die ganze Aussicht beherrscht, und sich in den gegenüberliegenden großen Alabasterbrüchen spiegelt. Eine prächtige alabasterne Brücke verschönert den Anblick des im engen Bette donnernd rauschenden Stromes, der nicht nur eine Menge Alabaster-Sägemühlen, sondern auch Eisen- und Drahthämmer treibt.« *Justus Gruner, 1803*

Das Revier wird sichtbar

Um 1815/16 hatte sich in Iserlohn, einem Städtchen von etwa viertausend Seelen – Dortmund zählte damals knapp die Hälfte –, ein Kleinhersteller von ›Panzerwaren‹, das sind Stecknadeln, Haken und ›Augen‹, zu einem weit geachteten Fabrikanten hochgearbeitet. Er hieß Caspar Diedrich Piepenstock und betrieb mit seinem Sohn Hermann Diedrich eine Schauermühle für Näh- und Stricknadeln, eine Fingerhutmühle, eine Messinggießerei und ein Walzwerk für Messing-›Platten‹, worunter wir schlicht Blech zu verstehen haben. Damit waren die Piepenstocks bereits 1815 zur Halbzeugfabrikation übergegangen. Übrigens war Vater Caspar Diedrich anno 1756 zur Welt gekommen – im selben Jahr, in dem in Schneidhausen bei Düren ein gewisser Eberhard Hoesch geboren wurde, dessen ›Zweifallshammer‹, errichtet 1806, am Urbeginn eines Werkes stand, mit dem sich einmal das aus der Piepenstockschen Wurzel gewachsene Unternehmen der Dortmund-Hörder Hütten-Union schicksalhaft verbinden sollte.

Die Piepenstocks waren nicht nur Techniker, sondern mit gleicher Begabung auch Kaufleute und hatten den Zug zum Großen sozusagen im kleinen Finger. 1836, lange nach Caspar Diedrichs Tod, wurde nun die über Nacht drastisch die Preise senkende englische Konkurrenz so groß, daß Piepenstock nicht mehr Schritt halten konnte; alle seine Berechnungen waren über den Haufen geworfen. Wenn er nicht kapitulieren, d. h. in Konkurs geraten wollte, mußte er sich entschließen, die Vormaterialien für seine Werke selbst herzustellen. Er mußte, ob er wollte oder nicht, sich der Eisen- und Stahlerzeugung zuwenden, und als er in Iserlohn weder Platz noch Unterstützung für die Errichtung eines Hochofens erhielt, kaufte er kurz entschlossen für 11500 gestundete Taler von der Amtsrätin Spemann geb. Crone die alte Hörder Burg samt Zugelände und saß damit mitten im Steinkohlengebiet. Hier errichtete er 1841 die ›Hermannshütte‹, »eine Anlage in größerem Maßstabe zum Vorfrischen des Roheisens mit Steinkohlen und damit zugleich eine Einrichtung zum Walzen von Stabeisen, Bandeisen, Schneideisen, Eisenbahnschienen, Eisenplatten und allen anderen in dieses Fach passenden Eisensorten nach den besten englischen Prinzipien. Der Umfang dieser Anlage, welche lediglich auf Dampfkraft berechnet ist und folglich das ganze Jahr hindurch in ungestörtem Betrieb sein kann, dabei mit in den Kohlenrevieren der Ruhr zu liegen kommt, wird so groß und ihre Maschinen, die eine Gesamtkraft von 180 Pferden bekommen sollen, so mächtig werden, daß man imstande sein wird, täglich 1000 Ztr. fertige Waren zu produzieren.«

Bisher war die Eisenerzeugung mit Holzkohle betrieben worden, bis die Holznot die Werke zwang, Koks aus Steinkohle herzustellen, zunächst in Meilern, dann, von Franz Haniel in Ruhrort entwickelt, in eigenen Backöfen – einer Vorform der heutigen Kammeröfen – mit quadratischen Öffnungen in den Seitenwänden zur Heranführung der Luft. 1842 baute Haniel den ersten Doppelofen mit einem 80 Fuß hohen Schornstein. Nun fand auch das Puddelverfahren in Deutschland Eingang, das der Engländer Henry Cort schon 1784 erfunden hatte. Im Puddelofen wird das flüssige Eisen mit langen Stahlstangen ständig gerührt, und so, immer wieder an die Oberfläche des kochenden Breis gebracht, können Kohlenstoff und Schwefel dem Eisen entweichen, das in Corts Flammofen mit der Kohle nicht mehr in direkte Berührung kommt. Die gleiche Menge Stahl, für die man bisher ein Jahr brauchte, wurde jetzt in einem Monat ›erpuddelt‹. Und es war wiederum Harkort, der dieses Verfahren im Ruhrgebiet heimisch machte.

1847 kam mit dem sogenannten Schaumburger Ofen ein Verfahren auf, mit dem man auch Gruskohle verkoken konnte, und zwei Jahre darauf rauchte auf der ›Friedrich-Wilhelms-Hütte‹ in Mühlheim der erste mit Koks beschickte Hochofen. 1857 gab es im Ruhrgebiet 33 solcher Hochöfen, in denen jeweils 25 Tonnen Roheisen innerhalb von 24 Stunden erschmolzen werden konnten.

Auf der Bochumer Zeche ›Frederica‹ war man 1835 auf ein Kohleneisensteinflöz gestoßen und hatte sogleich erkannt, was es bedeutete, Kohle und Eisenerz an *einer* Stelle zu haben, womöglich in *einer* Grube gleichzeitig abbauen zu können: ein Standortvorteil, der Überlegenheit, und wenn nicht das, Konkurrenzfähigkeit gegenüber all jenen Hütten sicherte, die auf dem Rhein ihr Erz von Sieg und Lahn bezogen und die sich deshalb bei Duisburg und Ruhrort möglichst nahe am Ufer des großen Stromes niederließen, um die Frachtkosten so gering wie möglich zu halten. Kohle und Eisen sind, wie wir sehen, bereits bei Beginn der industriellen Entwicklung wie in einer Ehe verbunden, die nicht getrennt voneinander, sondern in einem Bett, an einem Tisch am besten gedeiht. Also schießen am Fundort des dem schottischen Blackband verwandten Kohleneisensteins,

Hermann Diedrich Piepenstock (1782–1843)

Alte Burg der Grafen von der Mark in Hörde

Die Hermannshütte in Hörde

den der Chemiker Goldtamer auf dem ganzen Gebiet des Kohlenbeckens von Aplerbeck, Hörde, Dortmund bis Essen festgestellt hat und der bisher als wertloses Gestein auf die Halden gegangen war, neue Hütten empor: die ›Henrichshütte‹ bei Hattingen, Hütten bei Steele und Kupferdreh, vor allem aber der ›Hörder Bergwerks- und Hütten-Verein‹, in dessen »Prospektus zur Errichtung einer Aktiengesellschaft« es heißt: »Wie die öffentlichen Blätter bereits vor längerer Zeit berichteten, wurden im Jahre 1849 in der Nähe von Dortmund, Hörde, Witten und Sprockhövel sehr reiche Lager von Kohleneisenstein entdeckt. Diese wichtige Entdeckung wurde seit jener Zeit unausgesetzt weiter verfolgt, und heute steht es unzweifelhaft fest, daß in den bis jetzt aufgeschlossenen Flözen ein Reichtum an Eisenstein vorhanden ist, welcher mehr als hinreicht, um eine große Anzahl von Hochöfen auf Jahrhunderte zu alimentiren.«
So faßt man denn schon Jahrhunderte ins Auge – freilich mit den Mengenvorstellungen der frühindustriellen Zeit –, aber spätestens 1887, war es mit der Herrlichkeit der Verhüttung von standortgebundenem Kohleneisenstein vorbei.
Was aber und wer war der ›Hörder Bergwerks- und Hütten-Verein‹? Niemand anderes als der neue Besitzer der ›Hermannshütte‹ des Hermann Diedrich Piepenstock. Hermann Diedrich war, nachdem ihm noch das erste gewalzte Hörder Eisen zugesandt worden war, 1843 gestorben. Unter Eintritt einer Kölner Bankgruppe wurde sein Werk nun in eine Gesellschaft umgewandelt – die erste Eisenhütten-Aktiengesellschaft des Ruhrgebiets, gegründet »auf dem Comptoir« des A. Schaafhausenschen Bank-Vereins, im »Namen des Königs«, zugleich das erste bedeutende gemischte Werk an Rhein und Ruhr, wie der Chronist stolz meldete: »Eines der großartigsten Etablissements des ganzen Kontinents.«
Und jetzt, 1852, bei der Gründung des Vereins, ist bereits die Wirkung offenbar, die im Ruhrgebiet auf verhältnismäßig engem Raum ein Industriezweig auf den anderen ausübt. Konjunktur und technischer Entwicklungsstand des einen reißen zwangsläufig den anderen mit. Neun Hochöfen im Jahre 1854 verbrauchen allein 1,3 Millionen Zentner Kohle. Der Bergbau, technisch mitgewachsen, ausgebaut und in der Lage, die Flöze in der Tiefe, unter dem Deckgebirge, anzugehen, wird leicht solchen Forderungen gerecht. Zudem hat der Staat Einfuhrzölle verhängt, um ausländisches Roheisen fernzuhalten und damit den inneren Markt zu kräftigen. Aus dem grünen Morgen der Kindheitstage ist der junge Riese Ruhrrevier ins helle Licht des Tages getreten und läßt seine Muskeln spielen. Seine Schritte sind noch tapsig, ungelenk, unerfahren. Seine Kraft wächst unaufhaltsam.

HOESCH
Eine Familie läßt sich auf Eisen ein

Als Berthold Schwarz das Schießpulver erfand, waren die Hoeschs noch Bauern und lebten in der Gegend von Eupen. 1562 ließ sich in der Kurpfalz, und zwar in Frankenthal, eine Kolonie von rheinisch-niederländischen Emigranten nieder. Ein Lenart Hoesch (Heus), der aus dem Herzogtum Limburg nach Aachen, der freien Reichsstadt, ausgewichen war, wo er hoffte, als Protestant vor den Verfolgungen der Gegenreformation sicher zu sein, fühlte sich dort erneut bedroht und flüchtete nach Frankenthal. Seine Frau war schwanger. Noch auf der Flucht vor den Häschern Albas kam sie nieder und soll, so erzählt die Legende, unter einer Eiche auf freiem Feld einen Knaben geboren haben, dem sie, der »vielen ausgestandenen Trübsalen« wegen, den Namen Jeremias gab. Auch wenn, auf die Geburt unter der Eiche verweisend, das Wappen der Hoeschs fortan eine Eichel trug, ist anzunehmen, daß Jeremias in Frankenthal, wo er getauft wurde, auch zur Welt gekommen ist.

Jeremias Hoesch d. Ä.
(1568–1643)

Lenart wurde Baumeister in der Emigrantenkolonie. Jeremias aber wanderte, auf einem Umweg über Aachen, wo sein Vater erste Zuflucht gesucht hatte und der Sohn nun eine Agnes Hanssen, die Tochter eines reformierten Kupfermeisters, kennenlernt und heiratet, ins Stolbergische aus und stellt dort Gelbkupfer (Messing) her. Mit Jeremias, wohl auf Agnes' Drängen hin, wenden sich die Hoeschs zum erstenmal den Metallen zu. Aber erst Jeremias der Jüngere, Lenarts Enkel, wagt den Schritt zum Eisen hin und legt den Grund dafür, daß die Familie Hoesch unstreitig die bedeutendste Reitmeisterfamilie der Nordwesteifel wird.

Jeremias Hoesch d. J.
(1610–1653)

Unter Reitmeistern – Reide-, Reidt-, Rietmeistern – verstand man die Besitzer von Erbpachtanteilen der landesfürstlichen Eisenwerke wie wohl die Hersteller von Eisen überhaupt. ›Reiten‹ bedeutet im Mittelhochdeutschen ›bereiten‹, ›zubereiten‹. Im Vichttal, wo es gefällestarke Wasserläufe, wo es Erz und unerschöpflichen Wald zur Gewinnung von Holzkohle gab, betrieb Jeremias jedenfalls eine Eisenhütte, den Junkershammer, und die Söhne berichteten vom Vater, daß er das »Eisenschneiden aus dem Lüttischen darzu ins Landt eingeführt und mit Außsatz und Ahnwendung seines Vermögens den Handel so weith fortgestezet, daß nunmehr etliche Hundert Menschen, alß Nagelschmiede, Kremere, Huttenknechte und Arbeitere ihr Brodt darahn gewinnen und sich davon ernehren«.

Eberhard I.
(1756–1811)

In der Gegend von Monschau errichtet dann Eberhard Hoesch, der auch Papierfabrikant ist, einen Hochofen und einen Hammer. Er nennt ihn: Zweifallshammer. Seine Söhne Eberhard, Wilhelm und Ludolf Matthias teilen sich in das Erbe. Das Los entscheidet: Eberhard und Wilhelm fallen die Eisengewinnung und Ver-

Der Zweifallshammer bei Monschau, Hochofenanlage

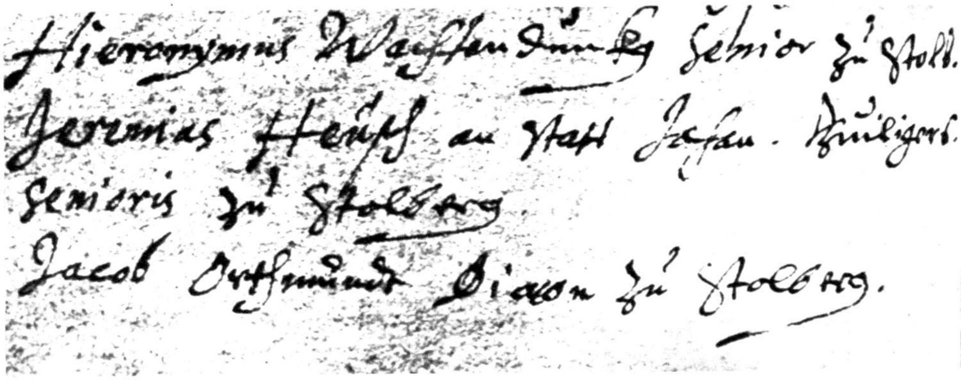
Hieronymus Wachtendunck Senior zu Stolb.
Jeremias Hoesch an statt Johan. Rüligers
Senioris zu Stolberg
Jacob Ortmund Diacon zu Stolberg.

Erste Erwähnung Jeremias Hoesch des Älteren im Stolberger Kirchenbuch 7. Februar 1612

Eberhard II. (1790–1852)

arbeitung, Ludolf Matthias die Papiermühlen zu. Eberhard, beim Tod des Vaters ganze zwanzig Jahre alt, versucht als der führende Kopf der Firma, gegen die schwere Konkurrenz des englischen Eisens zu bestehen. Es ist nicht einfach.

Napoleon hat Europa in einen Kriegsschauplatz verwandelt. Seit 1794 haben die Rheinlande erfahren, was es heißt, mit Besatzern zu leben. Bereits »bey Ankunft der Franzosen« wird »Schneidhausen, das Stammhaus der Erben Hoesch, geplündert, Papiere zerißen, verdorben, weggeschleppt«. Reihum liegen die Fabriken still, die Arbeiter sind für den Wegebau requiriert, die Geschäfte stocken; Not, bald kein Brot. Alle Konzessionen, auch die für den Zweifallshammer, behält sich die französische Regierung vor; sie werden hinausgezögert, oft gar nicht mehr erteilt. Der Präfekt ist ein Gott. Unter diesen Umständen muß der siebzehnjährige Eberhard seine Studien an einem – in der Chronik nicht näher bezeichneten – ›Institut in Dortmund‹ abbrechen und in die Fabrik des Vaters eintreten: »Im neunzehnten Jahr schickte mich mein Vater nach Zweifallshammer, weil der Verwalter krank war, hier blieb ich zwei Monate, demnach der Verwalter starb. Die Stelle sprach mich sehr an ... Hier arbeitete ich am Hammer und als Hammerschmied thätig mit.« Dann, als er Zweifallshammer nach dem Tod des Vaters allein übernimmt, ist zwar das erste Jahr (1812) »ersprießlich, und deshalb kaufte ich für das zweite Jahr (1813) große Massen rohe Materialien, nicht ahnend, daß das große Heer von Napoleon geschlagen werden könnte, und so bald eine große Staatsumwälzung sich ereignete. 1814, beym Einmarsch der Verbündeten Heere in Frankreich, fielen die Eisenpreise 44 à 45 Franken (44 französische Kronenthaler) bis auf 36 Berg. Courant. Das Jahr war bedeutend verlustbringend, und wir wären fallit, wenn wir das Kapital von fremden Personen und nicht von

Siegel der Familie Hoesch

Jeremias und Agnes Hoesch, 1620 · Gemälde von unbekanntem Meister

Das Walzwerk Hoesch in Lendersdorf b. Düren, 1838 · Lithographie von Carl Schütz

»Darum plag Dich nur tüchtig, damit Du recht geschickt wirst und dem guten Vater bald helfen kannst. Du hattest ja immer so viel Lust an die Lehnsdorfer Fabrick«.

Johanna Hoesch an ihren zwölfjährigen Sohn Viktor, 1836

unserer Mutter gehabt hätten. Ich hatte da einen starken Kampf gegen meine Brüder zu bestehen, welche mir täglich vorwarfen, ich habe gegen ihren Willen zu viele rohe Materialien angekauft. Weil das Ereignis von keinem klugen Manne voraussichtlich war, so war ich gleichgiltig bei dem Verlust. Ich steuerte in meiner Branche weiter fort, war aber vorsichtiger geworden ...« Dennoch erwirbt er schon 1819 ein kleines Hüttenwerk bei Lendersdorf und stellt mit 22 Arbeitern im Jahr etwa 230 Tonnen Gußstahl und 1673 Tonnen Stabeisen her.

Hütte Lendersdorf 1819

Doch will er den Betrieb so leistungsfähig wie möglich machen, und das kann er nur mit modernen Produktionsmethoden. Die Engländer besitzen sie. Um das Geheimnis der Puddlingsfrischerei zu ergründen, stürzt er sich 1823 in ein wagemutiges Abenteuer: Er fährt nach England – sozusagen in die Höhle des Löwen. Das ist nicht ungefährlich. Auf das Ausspionieren von Fabrikgeheimnissen steht dort der Tod. Eberhard, entschlossen, nur mit einem brauchbaren Ergebnis zurückzukehren, erregt Verdacht, wird verfolgt und versteckt sich in einem kaltliegenden Ofen, wo er stundenlang ausharrt. Zu seinem Schrecken merkt er, daß der Ofen unter ihm angeblasen wird. Er flüchtet, rettet sich in den Hafen auf eine französische Fregatte, die ihm Schutz gewährt und ihn auf dem Kontinent wieder absetzt. Was bringt ihm das Abenteuer ein? »Ich entnahm dem gleich, daß nur durch Anlegung derselben Fabriken die Eysenfabriken gehoben werden können. Gleich engagierte ich Arbeiter daselbst, welche mir später nachfolgten. 1824 fing ich an, das Lendersdorfer Walzwerk zu bauen, unter Leitung von Dobbs« (der ihn auch nach England begleitet hatte).

England-Reise 1823

Puddel- und Schweißwerk in Lendersdorf 1824

Ein erstaunlicher Mensch, dieser Eberhard, der da zum Manne herangereift ist. Er erspart sich keine Mühe. »Du sollst dich plagen«, schreibt er an seinen zwölfjährigen Sohn Viktor im Jahre 1836, und die Mutter bekräftigt diesen Ausspruch des Vaters in einem weiteren Brief: »Darum plag dich nur tüchtig, damit Du recht geschickt wirst und dem guten Vater bald helfen kannst. Du hattest ja immer so viel Lust an die Lendersdorfer Fabrik.« Zu Pferde inspiziert der Vater seine weit auseinanderliegenden Gruben und Hütten. Einmal, 1839, da ist er neunundvierzig Jahre alt, schreibt er seiner Frau, daß er zehn Stunden im Sattel gesessen sei, gelegentlich eines Rittes zu seinen Eisengruben im Vichttal.

Dies ist um die Zeit, als in Lendersdorf Schienen für die Rheinische Eisenbahn gewalzt werden, »außer der kleinen Parthie Schienen, welche Ferdinand Remy für die Fürth-Nürnberger Bahn (die erste deutsche Eisenbahn überhaupt) gemacht hatte, waren dies die ersten, die auf dem Continent gemacht wurden. 2000 Tonnen machten wir zuerst für den Preis von 51 Thaler.« 30000 Zentner Hohlschienen brauchen die Badischen Eisenbahnen, und neue große Bestellungen aus Amerika und Rußland ermutigten Hoesch, in Eschweiler bei Düren das modernste Puddel- und Walzwerk seiner Zeit – den ersten Hochofen in Westdeutschland, mit vorgewärmtem Gebläsewind und Koks – zu bauen. Bei Eschweiler, im sogenannten Inde-Revier, liegen die nächsten Steinkohlengruben, die Hoesch nun ebenfalls erwirbt. Die Idee der Verbundwirtschaft blitzt auf: eigene Kohlefelder zur Versorgung des eigenen Puddelwerks! Hoesch geht zum erstenmal zur Kohle.

Puddel- und Walzwerk Eschweiler 1847

Erste eigene Steinkohlengruben

In Eberhard Hoeschs Lebensbericht, »1851 auf meiner Krankenstube« niedergeschrieben, heißt es darüber: »Bei den vielen Steinkohlen, welche das Walzwerk in Lendersdorf brauchte, und durch die Entfernung des Eschweiler Kohlen-Reviers sann ich auf Mittel, mir dieselben billiger und näher zu beschaffen. Ich

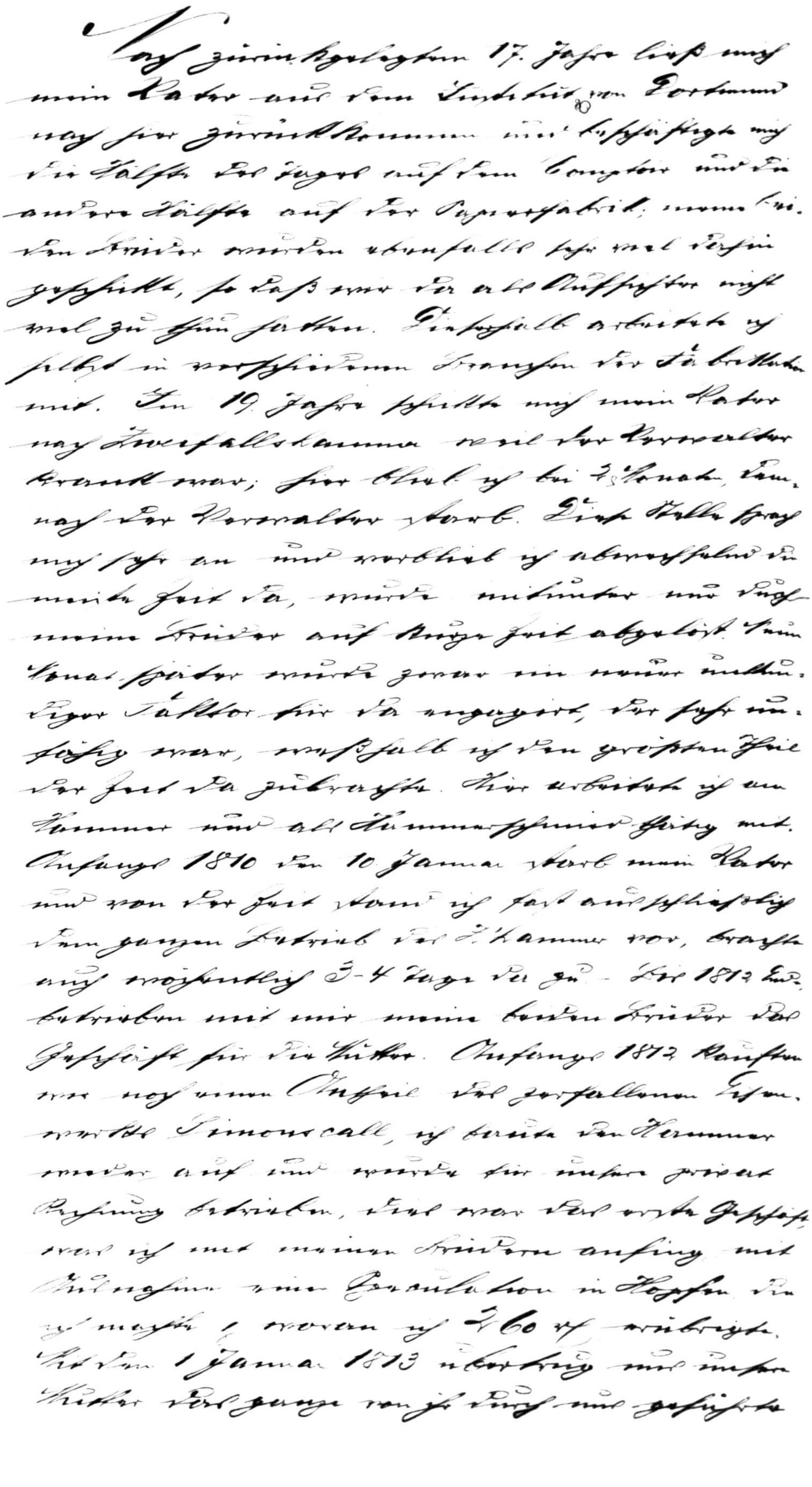
Nach zurückgelegten 17. Jahre ließ mich mein Vater aus dem Institut von Dortmund nach hier zurückkommen und beschäftigte mich die Hälfte des Tages auf dem Comptoir und die andere Hälfte auf der Papierfabrik; meine beiden Brüder wurden ebenfalls sehr viel dorthin geschickt, so daß wir der alte Aufseher nicht viel zu thun hatten. Desgleichen arbeitete ich selbst in verschiedenen Branchen der Fabrikation mit. Im 19. Jahre schickte mich mein Vater nach Zweifallshammer weil der Verwalter krank war; hier blieb ich bei 2 Monate, dann nach der Verwalter starb. Diese Stelle traf mich sehr an und verblieb ich abwechselnd die meiste Zeit da, wurde mitunter und durch meine Brüder auf kurze Zeit abgelöst. Neun Monat später wurde zwar ein neuer ordentlicher Faktor hier da engagirt, der sehr unfähig war, weshalb ich den größten Theil der Zeit da zubrachte. Hier arbeitete ich am Hammer und als Hammerschmied-Gesell mit. Anfangs 1810 den 10 Januar starb mein Vater und von der Zeit stand ich fast ausschließlich dem ganzen Betrieb des Z. Hammer vor, brachte auch wöchentlich 3–4 Tage da zu. – Bis 1812 Ende betrieben mit mir meine beiden Brüder das Geschäft für die Mutter. Anfangs 1812 kauften wir noch einen Antheil des zerfallenen Eisenwerks Simonscall, ich baute den Hammer wieder auf und wurde für unsere private Rechnung betrieben, dies war das erste Geschäft, was ich mit meinen Brüdern anfing, mit Ausnahme einer Speculation in Kupfer die ich machte, woran ich 260 rh erübrigte. Mit dem 1 Januar 1813 übertrug uns unsere Mutter das ganze von ihr durch uns geführte

Aus dem Lebensbericht
von Eberhard Hoesch, 1851

Eberhard Hoesch (1790–1852)

ließ bei Langerwehe und jenseits des Langerweh-Baches rechts und links Schächte einschlagen. Die Bergbehörde gab mir aber keine Concession darauf ... dagegen bewilligte man mir nach dringenden Vorstellungen endlich das Concessionsfeld diesseits des Langerweh-Baches. So klein auch das Concessionsfeld war, so habe ich dasselbe doch 13 Jahre nicht ohne Erfolg arbeiten lassen, bis alle Kohlen, die bauwürdig waren, gewonnen waren ...«

Leopold Hoesch (1820–1899)

Eberhard stirbt 1852. Sein zweiunddreißigjähriger Neffe Leopold, der Sohn seines Bruders und Teilhabers Wilhelm, übernimmt die Leitung des Familienbesitzes, der nunmehr die Eisenwerke Lendersdorf und Eschweiler sowie ein Zinkwalzwerk in Schneidhausen umfaßt. Diesem Leopold ist es bestimmt, zwei Jahrzehnte später den nach dem Wirken seines Onkels folgenreichsten Schritt in der Geschichte des Geschlechtes Hoesch seit den Tagen des Mittelalters zu tun. Denn so ziemlich alles, worauf sich die Eisenindustrie in der Eifel gründet, bricht zusammen. Holzkohle und Wasserkraft haben sich überlebt, Steinkohle und Dampfkraft sind an ihre Stelle getreten, und die Erzvorkommen in der Eifel sind erschöpft. Durch die gestiegenen Transportkosten für Rohstoffe und Absatzprodukte hinkt man hinter Unternehmungen her, die verkehrsmäßig günstiger liegen. Die Täler der Eifel, des Bergischen Landes und des Sauerlandes veröden.
Auch die Hoeschs müssen sich fügen, müssen, ob sie wollen oder nicht, dorthin, wo das Herz der Zeit schlägt. Wer Eisen herstellen will, muß zur Kohle, muß zum Erz, muß ans Netz der Straßen, der Eisenbahnlinien, der Wasserwege angeschlossen sein.
Wer Eisen herstellen will, muß ins Ruhrgebiet gehen.

Das neunzehnte Jahrhundert die Technik und die Ruhr

Generalprobe

»Das ausgezeichnete Weinjahr 1846 war sehr trocken und hatte im Frühjahr 1847 Getreidemangel mit schwerer Brotteuerung zur Folge. Eine gleichzeitig auftretende Kartoffelkrankheit erhöhte die Not der Minderbemittelten, da fast alle Lebensmittel um das Doppelte im Preise gestiegen waren. Revolutionäre Gärungsstoffe waren unter den breitesten Schichten des Volkes genügend vorhanden.« So schreibt August Graf von Uexküll-Gyllenband über die ›Brotkrawalle‹, die der Revolution von 1848 vorausgegangen waren. Doch was die Barrikadenkämpfe in Berlin in Wahrheit auslöste, war etwas ganz anderes: Das wirtschaftlich erstarkte und selbstbewußt gewordene Bürgertum, seit den Freiheitskriegen in seinen natürlichen Rechten eingeschränkt und um die Erfüllung seiner Erwartungen betrogen, strebte nach Änderung der politischen Verhältnisse. Seine Forderungen nach Pressefreiheit, nach gleichem Recht für alle Staatsbürger, nach vollständiger Religions-, Gewissens- und Lehrfreiheit, nach einem sozialen Steuersystem und nicht zuletzt nach nationaler Einheit waren in jenem Prozeß der Industrialisierung gar geworden, den die Dampfmaschine des James Watt auch in Deutschland ausgelöst hatte, und nirgendwo war er so heftig im Gange wie im Ruhrgebiet.
Am 16. Mai 1848 trat in der Frankfurter Paulskirche das erste deutsche Parlament, die deutsche Nationalversammlung, zusammen. Doch Friedrich Wilhelm IV. von Preußen nahm die ihm angetragene Kaiserkrone nicht an, und das ›Rumpfparlament‹ – Preußen berief seine Abgeordneten aus der Paulskirche ab – wurde durch Militär aufgelöst. Die Sache der Nation war gescheitert, im Ruhrgebiet aber ging es weiter aufwärts.
Eisen und Kohle regierten die Stunde. Daß Eisen ein Werkstoff war, mit dem man die Zukunft beherrschte, unbestreitbar bezeugte es die Zeit. Nie hätte dieses Jahrhundert, in dessen Mitte man eintrat, sich so weit in technisches Neuland vorwagen können – ohne Eisen. Bauer, Handwerker, Kaufmann, Handelsherr – sie alle hingen von ihm ab. Ohne Eisen war Fortschritt nicht denkbar. Wer Eisen hatte, dem war nahezu alles möglich, dem verwandelte es sich in pures Gold. Um aber Eisen zu gewinnen, jedermann wußte es, brauchte man Kohle. Mehr Kohle, das hieß auch: mehr Eisen. Kohle, Eisen, Gold – das war der Weg, das Ziel, und der Schlüssel dazu lag im Schoß der Erde, im Revier.
Schacht um Schacht wurde abgeteuft. Sogar im Sand der Lipper Heide, nahe Oberhausen, tauchten die Bohrtürme auf, bis zur Emscherlinie baute man jetzt schon die Kohle ab. Und die Spekulanten kamen, eine allgemeine Gier, schnell und mühelos reich zu werden, verwirrte die Gemüter, das Kohlefieber griff um sich. Mutungen, für 100000 Taler gekauft, wechselten, um das Doppelte gestie-

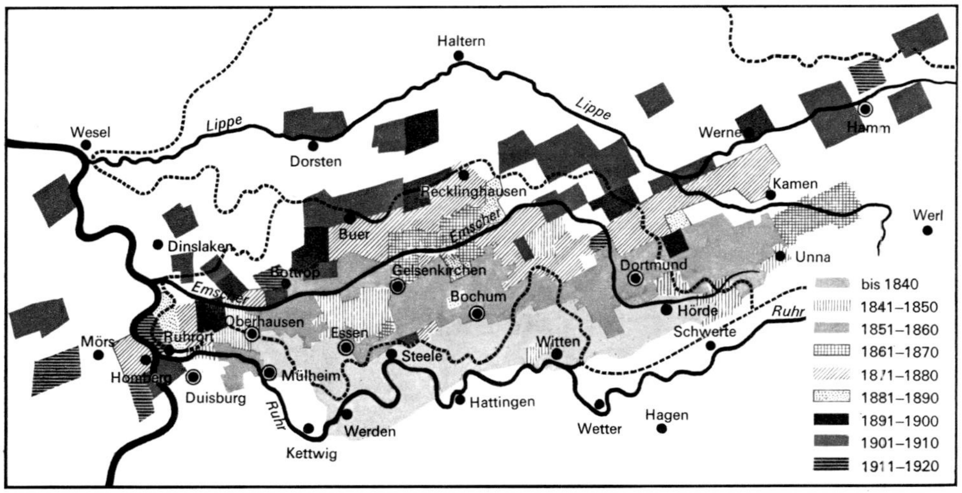

Das Fortschreiten des Bergbaus nach Norden

gen, manchmal noch am selben Tag den Besitzer. Zeitungsmeldungen wie diese waren an der Tagesordnung: »Nachdem erst vor wenigen Tagen bei Duisburg auf dem linken Rheinufer ein reiches Kohlenlager gefunden worden ist, ist gestern ebenfalls auf dem rechten Ufer ein Kohlenflöz erbohrt. Die ganze Gegend ist in Bewegung über den reichen Segen, der so plötzlich sich über sie ergießt.«

Kein Wunder, daß auch das Ausland daran teilhaben wollte. Engländer, Belgier, Franzosen kamen ins Land, bohrten nach Kohle, legten Bergwerke an. 1847 sicherte die ›Societé anglo-belge‹ sich die Felder von Dahlbusch, 1853 brachten Belgier die Gruben von Mülheim an sich, 1855 teufte der Ire Mulvany mit Hilfe von Engländern die Schächte von ›Hibernia‹ und ›Shamrock‹ bei Herne ab. Die ›Prussian Mining and Iron Works Company‹, die ›Ruhrort Mining Company‹ entstanden, es entstanden französische Gesellschaften, so die von ›Detillieux & Comp.‹, die ›Phoenix‹, die ›Societé civile des Charbonnages de Herne-Bochum‹, die ›Charbonnages du Rhin‹, die ›Charbonnages du Nord‹ und die holländischen Zechen ›Holland‹, ›Langenbrahm‹, ›Altendorf‹. Das alles neben den deutschen Gründungen. Die Kohlenförderung schnellte von 1,7 Millionen Tonnen im Jahre 1850 auf 4,4 Millionen Tonnen im Jahre 1860 hoch. 1863 sind es dann schon an die 7 Millionen Tonnen Steinkohle, und die Belegschaften des Bergbaus im Ruhrgebiet sind auf 33350 Mann angewachsen.

Das sind Zahlen, die man in Preußen, wo es erst seit 1848 ein zögernd dem Landtag zugestandenes ›Ministerium für Handel, Gewerbe und öffentliche Arbeiten‹ gab, nicht ungern hörte, bestätigten sie doch die Richtigkeit eines Entschlusses, der den preußischen Verwaltungsbehörden nicht leichtgefallen war: die Beseitigung des Direktionsprinzips, unter dem der Bergbau seit den Tagen des Freiherrn vom Stein »zum möglichst großen Nutzen der Gewerken und des Staates ohne Gefahr und Nachteil der Arbeiter unter öffentlicher Sicherheit und zum Wohle des Publikums« seinen sichtbaren Aufschwung genommen hatte. Aber was ein Segen war, drohte zum Fluch zu werden: mit seinen Auflagen für jede neue Mutung, seinen engherzigen technischen Vorschriften, die der regionalen Ausweitung des Bergbaus entgegenstanden, seinem Abgabenzwang (bis zu 14% vom Bruttoertrag der Gruben), seiner unsinnig gestaffelten Festlegung der Kohlenpreise für die einzelne Zeche, kurzum, seinem Hineinreden in alles und jedes verhinderte der Staat

Ruhrort, 1840 · Kolorierter Stich von I. M. Kolb nach einer Zeichnung von L. Rohbock

Und hier vermählt sie sich im Silberglanz
dem Vater Rhein; der nimmt sie liebevoll
in seine Arme auf und schwebt mit ihr
im Jambengang nach Hollands Küsten hin.
An ihrer Mündung lehnt vertraulich sich
ein Städtchen an, dem sie den Namen gab.
Es ist Ruhrort, Westfalens Amsterdam.
Johann Adolph Engels, 1817

die freie Entfaltung der Gewerken, erstickte er jede Privatinitiative. Nein, mit bürokratischem Zwang, im scharfen Wind eines wachsenden Wettbewerbs, zu dem die belgischen, französischen und englischen Kohlenreviere herausforderten, war dem Ruhrbergbau staatlicherseits nicht mehr zu helfen. Das sah auch der preußische Staat ein, und machte – Ironie der Geschichte – ausgerechnet Heinrich Heintzmann, den Direktor des Essener Bergamtes und Enkel jenes Heintzmann, der als Schöpfer des Berggesetzes von 1766 das Direktionsprinzip eingeführt hatte, zum Vollstrecker seiner Abschaffung oder besser: seiner Überführung in ein Inspektionsprinzip, das der Bergbehörde außer den Verleihungen des Bergwerkseigentums nur noch eine polizeiliche Überwachung, die Kontrolle über die Sicherheit und über Leben und Gesundheit der Arbeiter erlaubte. Alles andere sollte und mußte Sache der freien Wirtschaft sein.

Denn die neuen Tiefbauanlagen erforderten, neben der Überwindung technischer Schwierigkeiten, der Lösung geologischer Probleme, der Beschaffung geeigneter Arbeiter und neben der Sorge für Absatz und Transport vor allem eins: Kapital. Ohne Kapital war schon Mutung und Aufschließung eines Feldes unmöglich – und man mußte schnell sein; innerhalb von drei Monaten stiegen die Preise oft auf das Doppelte: bei ›Neu-Essen‹ für drei Mutungen von 60000 auf 120000 Taler! Dann erst begannen die Abteufarbeiten, die oft Jahre dauerten; sie forderten neues Kapital. Ohne Kapital arbeitete keine Dampfmaschine, war kein Straßenbau möglich, fuhr keine Zechenbahn. Kapital! Kapital! Wer aber hatte es, gab es her, wo die Gesamtanlagekosten für eine Zeche bald 500000 Taler, bald eine Million erreichten? Deutschland war ein armes Land. Ererbte Vermögen oder Privatkredite, die ein Unternehmer hätte einsetzen können, waren nicht vorhanden, wie in England. Auch die Gewerken, selbst die stärksten, besaßen so große Mittel nicht, und Banken und Sparkassen – nach dem Preußischen Sparkassenreglement von 1838 »hauptsächlich auf das Bedürfnis der ärmeren Klassen« gerichtet –, waren dem Bedarf ebensowenig gewachsen. Also wo gab es ›Kredit‹, der, nach einem Wort des englischen Schatzkanzlers, »das Öl für das Rad, das Blut in den Adern, das Mark in den Knochen und der Geist im Herzen allen Handels und Gewerbes, aller Wirtschaft und Geschäfte« war?

Es war die ›AG‹, die sich hier anbot, die Aktiengesellschaft, jene Gesellschaftsform, deren sich der beginnende Kapitalismus als rechtlicher Grundlage für die Beteiligung von jedermann bediente. Holland hatte schon im 17. Jahrhundert mit seinen ›Handelskompagnien‹ bestimmte Vorformen dafür geschaffen, und Frankreich, Italien und Spanien waren gefolgt. Spät zog Deutschland nach. Die Genehmigung für eine Aktiengesellschaft zunächst an den Nachweis ihrer Gemeinnützigkeit bindend, erließ der Staat 1838 sein ›Preußisches Aktiengesetz‹. Es war vorerst noch auf die wie Pilze hochgeschossenen Eisenbahngesellschaften beschränkt: mit dem begrenzten Risiko des ›mitbesitzenden Geldgebers‹ an der Gewinnchance. 1843 fand dann das Gesetz ohne Einschränkung auf Erwerbsunternehmen aller Art Anwendung, lediglich die staatliche Genehmigungspflicht blieb, bis 1870 auch diese fiel und der Eintrag ins Handelsregister sie ersetzte. Nun floß der Kapitalstrom, gespeist aus unzähligen Quellen, und innerhalb von sieben Jahren, von 1850 bis 1857, hatte das Aktienkapital für die 38 Bergbau- und Hüttenbetriebe an der Ruhr nahezu 40 Millionen Taler erreicht. Und das bei einem Pro-Kopf-Vermögen der Deutschen von 240 Talern, in England waren es immerhin 950 Taler pro Kopf, also viermal soviel!

Besuch des Aufsichtsrates im Hüttenwerk, 1900 · Gemälde von Adolph von Menzel (1815–1905)

Das probate Erfolgsrezept aber: Kohle – Eisen – Gold, mit dem entschlossene Naturen über Nacht reich werden konnten wie Midas, hatte zur Folge, daß viele neue Gesellschaften sich übernahmen; traten die ersten Belastungen auf, riß die Kapitaldecke. Oft hatte man zu geringe Einzahlungen, vielfach nur bis zu 10% des gezeichneten Aktienkapitals gefordert. Sodann gab es keine Lenkung des Kapitalstroms auf bestimmte technische Vorhaben, die wirklich zukunftweisend waren, aufgrund ihres Vorsprungs sich auch wirtschaftlich behaupten und jenen ›rocher de bronce‹ hätten bilden können, der einem Sturm widerstand. Mit wachsendem Betriebsumfang war es wohl hier und da zu Zusammenschlüssen gekommen wie beim ›Hörder Bergwerks- und Hüttenverein‹ und wie beim ›Phoenix‹, der seine Werke Laar bei Ruhrort und Kupferdreh mit französischen Besitzungen bei Borbeck vereinigte und von Köln aus über eine Zentralverwaltung steuerte. Stand hinter solcher Größenanhäufung die Hoffnung, der immer stärker werdenden Konkurrenz überlegen zu sein, so trog das bloße Agglomerat von Industriewerken doch nicht darüber hinweg, daß ein organischer Ausbau der Produktion unterblieben war. Denn nur ein im technischen Ablauf sinnvoller Organismus hatte Aussicht zu überleben.
Andererseits hatte, nachdem die Mergelschicht bezwungen war, das immer weitere Vordringen des Zechenbaus in die Tiefe der Erde die Bergbaufront nach Norden in Bewegung gesetzt.
So stiegen denn – typisches Zeichen der Hochkonjunktur – die Kohlenpreise, und die Löhne zogen an. Gleich wurden die Lebensmittel teurer – und knapper, da man sie hortete. Die Mieten folgten – kein Wunder bei dem starken Zustrom von Menschen aus allen Himmelsrichtungen ins Revier. Wenn nun zu alledem das Geld knapp wurde, so war auch das kein Wunder, sondern nur die zwangsläufige Folge von allem anderen. Längst wußte man: übereilte Gründungen, allzu gewagte Spekulationen haben die Konjunktur hochgepeitscht. All das wird nun offenbar, und bestürzt bemerkt man ein übriges: daß man im Revier nicht mehr nur voneinander, sondern auch von anderen weit draußen abhängt; die Ruhr ist zum Rädchen, ist Funktionsteil geworden im Getriebe der Weltwirtschaft.
Dazu hat nicht zuletzt eine Erfindung beigetragen, die wie keine andere seit Anbeginn der Welt das Bewußtsein der Menschen verändern sollte: der Telegraf. »Daß der noch kaum zu Ende gedachte Gedanke, das noch feucht hingeschriebene Wort in derselben Sekunde schon Tausende Meilen weit empfangen, gelesen, verstanden werden kann und daß der unsichtbare Strom, der zwischen den beiden Polen der winzigen Voltaschen Säule schwingt, ausgespannt zu werden vermag über die ganze Erde von ihrem einen bis zum anderen Ende« (Stefan Zweig), wird in jenem Augenblick, als eine Finanzkrise in den Goldfeldern der Neuen Welt aufspringt, auf die Banken Europas übergreift und die vom Goldfieber erzeugte allgemeine Nervosität hochpeitscht, auch sofort der Ruhr zum Verhängnis.
Die Kassen sind leer, Feierschichten, Entlassungen, Konkurse sind die Folge. Gießereien, Puddelöfen, Kupolöfen erkalten. Alle Mängel, über die die Konjunktur weggetäuscht hatte, treten zutage. Auch das Blackband enttäuscht, es ist weder »nachhaltig noch reichhaltig« genug, man hat sich vertan. ›Phoenix‹, der Sonnengott, muß seine Hochöfen bei Kupferdreh ausblasen, man gibt zu: »Als allgewaltiger Leviathan hat die großartige Schöpfung wenigstens bis jetzt sich noch nicht bewährt.« Und die Preise sinken, die Löhne fallen, fallen so stark, daß vor manchem Zechentor die Bergleute die Einfahrt verweigern. Zugleich bewahrheitet

Panik an der Wallstreet 1857

sich Darwins Naturlehre vom Kampf ums Dasein: »Alles Schwache vergeht, nur der Starke besteht.«
Zu diesen Starken gehörte die ›Harpener Bergbau AG‹ des Dr. Müser, eines praktischen Arztes, der Sonntag für Sonntag mit seinen Kindern – er hatte ein rundes Dutzend – nach Harpen zwischen Langendreer und Bochum hinauszog und, während die Kinderschar Purzelbaum schlug, abschätzend die Fundstellen betrachtete, in die er mit einigen Freunden Kapital investiert hatte. Beachtlichen Freunden: Bankiers. Beachtliches Kapital: 1,1 Millionen Mark. Müser ging ungeschoren durch die Krise: indem er selbst – die kaufmännische Leitung der Betriebe lag in seiner Hand – mit eiserner Sparsamkeit, Umsicht und Strenge, doch nicht ohne großzügig zu sein, voranging. »Er läßt Büromöbel nur auf Versteigerungen erwerben, und zum Schreiben wird die Tinte im Harpener Büro gekocht«, hieß es. Doch hieß es auch: »Wenn es um neue Anlagen und Belegschaftswohnungen geht, rechnet er in Millionen.« Seine eigentliche Tat aber war, daß er den Verwaltungsrat, dessen Vorsitz er ebenfalls einnahm, zur Schieds- und Exekutivinstanz machte, von der aus er beide Seiten lehrte – hier den Betrieb, dort seine 72 Aktionäre –, das Unternehmen als ein auf Gedeih und Verderb aufeinander angewiesenes Ganzes anzusehen. 1873 schüttete das Unternehmen des ›Kohlendoktors‹ Müser dank seiner »Therapie, den Diätvorschriften und Pferdekuren« 60 v.H. Dividende aus.
Zu den Starken gehörten auch die Zechen ›Hibernia‹ und ›Shamrock‹ des Iren William Thomas Mulvany, den seine deutschen Freunde »den einzigen von den in unseren Bergbaubezirk gekommenen Ausländern, welcher ganz der unsere wurde« nannten. 48 Jahre alt ist Thomas O. Mavil Mheana (Mulvany ist nur die englische Verballhornung seines Namens), als er, der Geologe und Wasserbauingenieur, den die irische Regierung in den Ruhestand versetzt hat, 1854 ins Ruhrgebiet kommt, wo der Bergbau sich gerade anschickt, von der mittleren Ruhr in die Emscher-

Friedrich Wilhelm Müser (1812–1874)

niederung vorzustoßen. Mit dem Blick des Geologen greift Mulvany zu und erwirbt Felder, die wegen einer vermeintlich zu geringen Mächtigkeit des Kohlenflözes andere Käufer abgeschreckt haben. Er selbst hat darüber berichtet: »Ich hatte nach meinem kurzen Besuch auf dem Oberbergamt die geognostische Karte nachgesehen und auf der Stelle erkannt, welche wunderbaren ausgedehnten Reichtümer unter der Erde waren. Ich hatte gesehen, wie mangelhaft in jenen Tagen ihre Eisenbahnen, wie unvollständig die Kanäle und die Transportmittel belastet waren, und ich sagte auf der Stelle: ›Diese Leute verstehen nicht, was sie hier haben‹.« Jedenfalls gründet er sofort mit englischen und irischen Fachleuten und Geldgebern ›Hibernia‹ bei Gelsenkirchen und, auf fünf weiteren Feldern in Herne, ›Shamrock‹. Auf ›Hibernia‹ erreicht er 1856 das erste Kohlenflöz in 112 Metern Teufe, auf ›Shamrock‹ stößt er wenig später in 144 Metern auf das Steinkohlengebirge. Auf ›Hibernia‹ kann er schon 1858 täglich 200 Tonnen Kohle fördern. Mit eisernen Schachtringen, die der Belgier Chaudron entwickelt hat, den sogenannten ›Tübbings‹, ersetzt er die im rheinisch-westfälischen Grubengebiet bis dahin übliche Ausmauerung des Hauptschachtes und schafft die Wassermassen durch Saugpumpen fort, die er gleichzeitig einsetzt. »Niemals vorher hatte man einen Tiefbauschacht in Westfalen so rasch vollendet, nie einen so bedeutenden Arbeitseffekt erzielt, nie mit Hilfe tüchtiger technischer Kräfte so glücklich das Ziel erreicht, wie es bei Hibernia und Shamrock der Fall war«, hieß es 25 Jahre nach Mulvanys Ankunft im Revier in einer Festschrift zu seinen Ehren.

Zu den Starken gehört auch Friedrich Grillo, der neben den von ihm gegründeten Zechen und Hütten Kanäle, Straßen, Siedlungen, Schulen und Kirchen baute und, in unerschütterlichem Glauben an die Macht der Kohle, aus Schalke, einem lächerlichen Dorf von 200 Seelen, eine Großstadt machte. Vielleicht war Grillo die stärkste Persönlichkeit unter den Industriegründern jener Jahre, auf alle Fälle war er die mitreißendste. »Sobald Grillo an die Börse kam, waren Dortmunder, Gelsenkirchen, Harpener Union und wie die Sachen alle heißen sofort in rapidem Steigen«, schrieb der Eisenbahnkönig Strousberg in seinen Memoiren.

Zu den Starken zählte nicht zuletzt – was die Hütten anging – Jacob Mayer mit dem ›Bochumer Verein‹, dessen in Stahl gegossene Kirchenglocken auf der Pariser Weltausstellung 1855 Aufsehen erregten. Aufsehen erregte dort auch ein Gußblock von Krupp, der 100 Zentner wog und aus einem Stück gegossen war – er brach beim Transport durch den hölzernen Hallenboden – und ein Zwölfpfünder-Vorderlader, dessen Rohr um 100 Kilogramm leichter war als die Bronzekanone der französischen Armee; man konnte 3000 Schuß ohne Verschleiß aus ihm abfeuern. Krupp protestierte gegen die Prämie, die die Kirchenglocken Jacob Mayers erhielten und bezweifelte, daß sie aus Gußstahl seien; schlüge man sie entzwei, würde man sehen, daß sie aus Roheisen bestehen. Jacob Mayer zögerte nicht lange, den Beweis anzutreten; unter Zeugen ließ er eine Glocke zerschlagen – und siehe da, es war Stahl.

Dieser Jacob Mayer, der als junger Uhrmacher nach Köln gekommen war, wollte ursprünglich Uhrfedern aus Stahl machen und blieb, wie auch Friedrich Krupp, zeit seines Lebens dem Geheimnis des Gußstahls auf der Spur. In England hatte Huntsman, ebenfalls ein Uhrmacher, den Tiegelstahl erfunden und das Geheimnis streng gehütet. Mayer ging eigene Wege, bot Eberhard Hoesch in Düren an, mit ihm eine Gußstahlfabrik zu gründen; da man sich über den Standort nicht einigen konnte – Mayer wollte unbedingt ins Ruhrgebiet, um der Kohle näher zu

Hinablassen eines Pferdes in den Schacht

Schematische Darstellung einer Steinkohlengrube

sein –, trat Hoesch zurück. Erst Leopold Hoesch tat dann 1870 den Schritt, den sein Onkel Eberhard 1839 noch nicht für notwendig gehalten hatte. Mayer aber entschied sich für Bochum, und mit 120 Tiegeln, die auf Rosten in der Koksglut standen und von denen jeder 60 Pfund faßte, ging er an die Fabrikation von Gußstahl. Jeder Arbeiter mußte bei seinem Eintritt in Mayers Firma vor dem Friedensrichter in Köln einen Eid schwören: »Ich schwöre bei Gott dem Allmächtigen und Allwissenden einen leiblichen Eid, daß ich die Geheimnisse über die Zement- und Gußstahlfabrikation nebst allem, was damit direkt oder indirekt in Verbindung steht, namentlich auch die Anfertigung der Tiegel und Formen, wie mir solche von dem technischen Dirigenten des Bochumer Vereins, Jacob Mayer, oder irgendeinem anderen Beamten oder Vorsteher des Vereins mitgeteilt werden wird, für immer geheimhalten, nicht auf andere übertragen will... Dieses schwöre ich, so wahr mir Gott helfe und sein heiliges Evangelium. Amen.«

Mayer oder Krupp – nie konnte eindeutig geklärt werden, welcher von beiden den Gußstahl erfunden, wer die erste Gußstahlkanone hergestellt hatte. Anzunehmen ist, daß sie unabhängig voneinander ihre Erfindungen machten und sich deshalb so erbittert befehdeten.

Was aber waren die Lehren aus der Krise? Man sah ein, daß vor allem gemeinsames Handeln not tat. Durch planvolle Lenkung hätte man Fehlentwicklungen vermeiden können. Sodann besaß die Industrie insgesamt zu wenig Einfluß auf die Gesetzgebung, die sich bisher auf die wirtschaftliche Entwicklung eher unheilvoll als günstig ausgewirkt hatte. Es gab keinen Abbau der Steuerlast, die vor allem der Ausweitung des Absatzes entgegenstand. Andererseits war die Kohlenförderung mächtig angestiegen – aber was hatte der Staat an Voraussetzungen geschaffen, diese Mengen abzusetzen? Zwar wurden der staatlich konzessionierte Eisenbahnbau und die Planung neuer Linien von wirtschaftlichen Überlegungen bestimmt, doch gab es kaum irgendwo im Lande entscheidend verbesserte andere Verkehrswege. Der Werksverkehr selbst war auch noch recht rückständig. Mit Pferdebahnen und Pferdegespannen gelangte die Kohle von der Zeche zur Gußstahlfabrik. Innerhalb des Fabrikgeländes wurde sie ausnahmslos noch mit Karren, mit davor gespannten Arbeitern »oder Pferden« befördert – bis in die Mitte der sechziger Jahre hinein! Noch 1864 wurden schwere Güsse mit Schleppwagen von Hunderten von Arbeitern gezogen – ein Bild, das eher an den Pyramidenbau erinnerte als an eine Zeit, die sich anschickte, mit ihren Entdeckungen und Erfindungen alle gewohnten Maßstäbe menschlicher Arbeit zu sprengen.

1858 schlossen sich – und das war die Konsequenz, die man an der Ruhr aus der Krise zog – 89 Gewerkschaften (Gewerkschaft als Unternehmensform) und Bergbauunternehmen, das war etwa ein Drittel aller im Ruhrgebiet tätigen Bergbaubetriebe, zum ›Verein für die bergbaulichen Interessen im Oberbergamtsbezirk Dortmund‹, kurz ›Bergbauverein‹ genannt, zusammen, um künftig gemeinsam nach außen hin auftreten, aber auch nach innen auf Reformen einwirken zu können. Man hatte sich als Schicksalsgemeinschaft erkannt. Es ist nicht ohne Bedeutung, daß Mulvany, der Ire, mit Gustav Stinnes und Hugo Haniel, die wie er zu den Pionieren zählten, in den Vorstand gewählt wurde. Ein Bund war geschlossen, der dem Staat ein echtes Gegenüber bot, zum Vorteil nicht nur für die Ruhr, auch zum Vorteil eben dieses Staates; denn Krisen, die hier ausbrachen, konnten ihn bis in seine Grundfesten erschüttern.

Alles aber, was in den fünfziger und sechziger Jahren über das Ruhrgebiet hinging, Gründungsfrühling und Fieberträume, die es schüttelten, war nur eine Generalprobe für das, was die nächsten Jahrzehnte bringen sollten.

William Thomas Mulvany
(1808–1885)

PIONIERE

Gewiß kann man sagen: Wenn die Idee von Chaudron nicht gewesen wäre, hätten die Fachleute sicher ein anderes Verfahren erdacht, weil sie doch fest entschlossen waren, die Kohle aus jeder Tiefe zu holen. Denn die Zeit war reif dafür, allerdings nicht so reif, wie wir uns das heute denken. Im Grunde war es doch so, daß jene »Pioniere« zwar dem unbestimmten Drange in das Neue folgten, aber keine richtige Vorstellung davon hatten, wie zu verfahren sei und womit sie zu rechnen hätten. Der Mensch hat eben nicht die Fähigkeit, die künftigen Auswirkungen seiner Taten und seines Verzichts im vorhinein zu berechnen. Das ist im ganzen bei der Beurteilung des Charakters jener wirklichen Pioniere zu beachten. Wie auch der weißeste Engel einen dunklen Schatten hat, so hat das wagemutige Vorwärtsdrängen der ersten Unternehmer nicht bloß gute, ja oft – ohne daß sie es gewollt oder gewußt hätten – böse Folgen gehabt, die dann die Geschichte der nächsten Jahrzehnte ausfüllten.

MULVANY

Es gibt in der frühesten Geschichte von Gelsenkirchen ein kleines interessantes Kapitel: die englische Kolonie. Als Mulvany seine Arbeit hier anfing, war die ortsansässige Bevölkerung noch nicht soweit, um die Bedeutung seines Unternehmens zu erkennen. Er, der später sogar Ehrenbürger von Gelsenkirchen geworden ist, betreute seine englische Belegschaft auch als Kulturgemeinde. In den ersten Jahren gab es Schulunterricht für die englischen Kinder und auch englischen Gottesdienst in einem Raum der Zeche oder in einer Wirtschaft. Von alledem sind heute vielleicht noch drei oder vier Familiennamen in Gelsenkirchen übriggeblieben und zwei Straßennamen (Hibernia und Mulvany). Leider haben die Bomben auf dem alten Friedhof an der Weststraße (heute Robert-Koch-Straße) auch die Grabsteine der Engländer schwer getroffen.

GRILLO

Wenn man sich vergegenwärtigt, was Grillo alles in ein paar Jahren ins Leben gerufen hat, dann begreift man, daß man ihn als den geistigen Urheber und Begründer der Stadt Gelsenkirchen ansehen kann. In einem unvorstellbaren Tempo ließ er auf engstem Raum – jeweils mit anderen Gesellschaften verbunden – ein Werk nach dem anderen entstehen. Er ist die treibende Kraft bei der Finanzierung wie beim Ausbau der Unternehmen.
Das letzte Wort in dieser grandiosen Geschichte hätte wohl eher der Roman, zu dem bis jetzt niemand den Mut gefunden hat. Denn Grillo, ein Vulkan an Unternehmungsmut, Klugheit und genialem Fernblick, ist in geistiger Umnachtung gestorben. Sagen wir es genauer, so war es Größenwahn. Das Leben löschte einen Mann aus, der von ihm mehr forderte, als er zu geben fähig war.

Friedrich Grillo
(1825–1888)

Friedrich Grillo konnte in Schalke sein Wohnhaus noch in einem kleinen Wald bauen; aber dann war das Wäldchen – selbst des mächtigsten Mannes Wäldchen! – verschwunden. An anderer Stelle stand vor Jahrzehnten noch eine riesige, vom Sturm schon halb zerrissene Buche, die immer noch »Kämpenbusch« hieß, der letzte Überlebende. Aber oft genug ist gar kein Baum am Leben geblieben. So haben die Menschen, da sie vom Gründen, vom Unternehmen, vom unbekannten Neuen befallen waren, die Natur geradezu abrasiert und auf dem nackten Boden ihre Fabriken und Zechen gebaut; spätere Erbauer haben ohne Nachteil die Bäume stehen- und leben lassen.

Wilhelm Brepohl

DIE GRÜNDER

War es eine gute, glückliche Zeit, die den Aufstieg dieser Männer und ihrer industriellen Gründungen ermöglichte? Waren die reichen Fabrikherren nur Günstlinge einer Konjunktur, denen die Epoche des technischen Aufschwunges Schätze in den Schoß warf?

Der Anfang des vorigen Jahrhunderts zeigte eine Lage, die der heutigen nicht unähnlich war: Nach den Napoleonischen Kriegen, die ganz Europa dreiundzwanzig Jahre lang zum Kriegsschauplatz gemacht hatten, blieben die Menschen nicht nur an Hab und Gut verarmt zurück. Auch das geistige Gefüge, in dem sie aufgewachsen und erzogen waren, hatte die Französische Revolution zerbrochen. Der scharfe Wind der Aufklärung, von der Jugend begeistert begrüßt, hatte die verspielte Welt des Rokoko mit seinen Zöpfen, Puderperücken, Eskarpins und Zierdegen hinweggeblasen. Herr Biedermeier war ein armer Mann, aber er besaß etwas Beneidenswertes: einen aufgeschlossenen Sinn für das Neue in seiner Zeit und Herz und Seele dazu.

Die Geographie des Erdballes war seit den Tagen eines Kolumbus oder Magalhaes bis auf wenige weiße Kartenflecke bekannt. Nun hatten die Wissenschaften auf dem Gebiet der Naturlehre neue Kontinente entdeckt: die Elektrizität und die Dampfkraft. Ebenso wie Landstriche, Meerengen und Inseln die Namen derjenigen trugen, die zuerst ihren Fuß auf die unbekannten Gestade gesetzt hatten, verbanden sich nun die Namen von Wissenschaftlern, wie Volta, Ampère und Watt mit Begriffen, die die neuen Naturerkenntnisse nach Maß und Einheit absteckten. Und wie einst die Konquistadoren die Länder eroberten und für den Gebrauch der Menschheit zugänglich machten, zeugen Namen wie Siemens, Gauß, Bunsen, Liebig und Krupp von dem begeisterten Aufbruch unternehmender Menschen zu den Quellen neuer Kräfte und von ihren Bemühungen, sie zu nutzen, zu verwerten und auszubeuten, indem sie Maschinen erbauten und Verfahren entwickelten, die das Zeitalter des Handwerks und der Zünfte untergehen ließ.

Jene Tage der anbrechenden Industrialisierung müssen wohl zu den glücklichsten der Menschheit gezählt werden, wenn man sie nicht unter dem Aspekt dessen betrachtet, was wir daraus gemacht haben. Damals glaubte man, die Weltgesetze ihrem Grundprinzip nach erkannt zu haben, und machte sich auf, wohlgerüstet mit den Erkenntnissen einer optimistischen Wissenschaft, die goldene Straße des technischen Fortschritts geradeaus bis zu den Grenzen des Alls und bis in eine Zukunft zu bahnen, in der die Maschine als guter Sklave alle Arbeit verrichten würde.

Wie damals, als Kolumbus vor den katholischen Majestäten kniend von den Kämpfen seines Weges über Tausende von Meilen und dem Triumph seiner Entdeckungen berichtete, lag zu Beginn der Gründerjahre, wenn auch nicht so dramatisch in einem Bericht und einen Augenblick zusammengedrängt, die Welt des Fortschritts für alle offen. Wer genügend Selbstvertrauen besaß, wer unternehmend war und die tausend Meilen widriger Winde, Stürme und Wellengebirge nicht scheute, die den Aufstieg ausmachten, der segelte an Bord einer kleinen Werkstatt und an der Spitze einer Mannschaft von Arbeitern und Helfern mutig auf den Ozean hinaus, in dem die seligen Inseln technischer Wunder liegen mußten. Manche scheiterten, manche erreichten den Wendekreis der Rentabilität, und die Tüchtigsten gelangten in jene Breiten, wo der Gewinn in tropischer Üppigkeit wuchs. Doch es wäre falsch, allein Gewinnsucht als Motiv eines solchen Aufbruchs anzunehmen. Man ist heute leicht geneigt, über die bärtigen Herren mit goldenen Uhrketten auf weißen Pikeewesten zu spotten und vergißt dabei, daß sie mit Recht glauben durften, den Weg ins nahe »Goldene Zeitalter« bereiten zu helfen. Ohne diese Zuversicht und Schwungkraft, ohne diese Freude an der Entdeckung hätte Herr Biedermeier es nicht gewagt, sein bißchen Sicherheit – nach Fremdherrschaft und Krieg mühsam genug erworben – mutig zu verlassen und sich in die nüchternen Abenteuer industrieller Gründungen einzulassen.

Die Häfen, von denen die Gründer ihre Ausfahrt unternahmen, waren jene kargen Landstriche, die unter der dünnen Haut ihrer Oberfläche Kohle, Erze und Wasserkräfte bargen und deren Himmel später vom Rauch ihrer Essen getrübt werden sollte. Die Kapitänskajüten und Kommandobrücken waren Kontore mit Stehpulten, an denen Schreiber im vagen Licht der Öllampen oder im ersten Gaslicht mit emsigem Kratzen der Schreibfedern Briefe kopierten. Die Navigationstische waren die Reißbretter der Techniker und die Schlachtfelder die Konferenzzimmer der Bankiers oder die Turbulenz der täglichen Börse.

Burkhard Nadolny

Leopold Hoesch
(1820–1899).
Unbekannter Meister

Stahlwerk 1900 · Gemälde von Maximilian Luce (1858–1941)

Stahl

»Welch eine Wendung durch Gottes Fügung!« telegrafierte König Wilhelm aus dem Felde nach Berlin, als ihm am 2. September 1870 vor Sedan die Kapitulation von 88 000 Franzosen, unter denen sich auch Napoleon III. befand, gemeldet wurde. Wenige Tage später berichtet Moltke in einem Brief: »Am folgenden Morgen, bei strömendem Regen, fuhr eine lange Wagenreihe, eskortiert durch eine Eskadron Totenkopf-Husaren, auf der Chaussee nach Bouillon (Belgien) durch Donchéry. Graf Bismarck sah auf der einen Seite der Straße, ich auf der anderen zum Fenster hinaus, der abgedankte Imperator grüßte, und ein Stück Weltgeschichte war abgespielt.«

Ein Stück Weltgeschichte war abgespielt, und jener Abschnitt deutscher Geschichte begann, der von Bismarcks Reichsideen gekennzeichnet war. Die Revolutionäre von 1848/49 fühlten sich verraten, obwohl die neue Reichsverfassung den Entwurf des Frankfurter Parlaments nicht verleugnete. Wie aber der siegreiche Ausgang des Deutsch-Französischen Krieges mit allen seinen Folgen nicht denkbar gewesen wäre ohne den Einigungskrieg von 1866 mit seinem Versöh-

Bismarck und Napoleon am Morgen nach der Schlacht von Sedan.

nungsfrieden von Nikolsburg, so war das, was in der Epoche der sogenannten Gründerjahre sich im Ruhrgebiet ereignete, nicht denkbar ohne eine Reihe von Maßnahmen und Ereignissen, die Kohle und Stahl sozusagen entfesselt hatten.
Am 1. Oktober 1865 war das ›Allgemeine Berggesetz für die Preußischen Staaten‹ in Kraft getreten; es brachte Rechtseinheit und Bergfreiheit. Damit war der Privatinitiative das letzte Tor geöffnet; mit allem Für und Wider. Die Größe der Grubenfelder war praktisch unbeschränkt, sie waren auf 500000 Quadratlachtern festgesetzt, was 2189000 Quadratmetern entsprach. Fortan gab es weder Vorschriften für Arbeiteranwerbung noch für Kapitalbeschaffung, jeder Unternehmer konnte dabei so frei verfahren, wie er es für notwendig hielt. Seine Sache war es, wieviel er investieren wollte und woher er das Geld nahm, seine Sache aber auch, wie sozial er sich gegenüber den ihm anvertrauten Menschen verhielt; lediglich über »Leben und Gesundheit« dieser Menschen zu wachen, behielt sich der Staat vor, wozu vor allem die Kontrolle darüber gehörte, ob die Sicherheitsbestimmungen eingehalten wurden.
Das Ruhrgebiet war nun fest ins Eisenbahnnetz verknüpft, das sich über Deutschland und Europa spannte. Noch bis 1858 hatte es im Kerngebiet um Essen und Bochum keine Eisenbahnlinien gegeben. Um dies zu ändern, mußte ein für damalige Verhältnisse gewaltiges Anlagekapital (4,5 Millionen Taler) in Stammaktien aufgebracht werden, andernfalls wollte der Staat die Konzession nicht erteilen. So war man buchstäblich von Tür zu Tür gegangen, damit die Summe zusammenkam und Duisburg–Mülheim–Essen–Bochum–Dortmund durch Eisenbahnschienen miteinander verbunden werden konnten. Harkorts bewegte Klage, daß die deutsche Schlafmützigkeit wieder einmal vor lauter Bedenken und Erwägungen nicht zur Tat komme, war nicht nur an die Adresse des Staates gerichtet gewesen, der neuen Eisenbahnprojekten nur zuzustimmen bereit war, wenn sie ihn nichts kosteten, sondern zielte vor allem auf den Großgrundbesitz, der sich dem Fortschritt versperrte. Aber: »In Geldsachen hört die Gemütlichkeit auf!« Diese Devise des Führers der preußischen Liberalen im Rheinland, des Bankiers und Ministers David Hansemann aus Köln, galt nun, wo die Eisenbahnen da waren, einem neuen Kampf, den die Revierwirtschaft auszufechten hatte, um wettbewerbsfähig zu bleiben: dem um günstige Tarife. Mulvanys Forderung, die er aufgrund seiner genauen Kenntnis der englischen Verhältnisse erhob, »einen Pfennig pro Zentner und deutsche Meile«, bedeutete nichts Unbilliges, war aber zunächst vom Staat als »völlig irreal« bezeichnet worden. Daß es dann doch zu diesem Tarif kam, der als »Einpfennigtarif« in die Geschichte der Ruhr eingehen sollte, war der bare Zwang der Notwendigkeit: eine drohende Überproduktion von Kohle – bei 85 Tiefbauschächten, die es um 1860 an der Ruhr gab – war nur durch kontinuierlichen Absatz zu beheben. Die Verbindung zu den Seehäfen an Ems und Weser aber stand und fiel mit vernünftigen Tarifen und dem Verzicht auf staatliche Maßnahmen, die das »Publikum der Gnade und Ungnade der Eisenbahnen preisgab«, wie es 1868 in einer Verlautbarung des Bergbauvereins hieß.
Es ist eine Binsenweisheit, daß ›gewisse Dinge in der Luft liegen‹. Aber sie liegen erst in der Luft, wenn die Zeit für sie reif ist, d. h., wenn man sie braucht. So war es auch mit jener Erfindung, die die wichtigste Voraussetzung für alles Weitere abgab, was an der Ruhr geschah. Wiederum, wie so vieles, kam sie aus England. Sei es, daß Henry Bessemer, Sohn eines Ingenieurs aus Carlton, auf dem Schießplatz von Vincennes in Frankreich, wo er ballistische Versuche anstellte,

David Hansemann (1790–1864)

Tiegelstahlguß, 1880

durch einen Artillerieoffizier Napoleons von Frankreichs Sorge um ein besseres Eisen erfahren hatte, aus dem die Kanonen gemacht werden müßten, und dadurch angeregt wurde, über das Puddelverfahren nachzudenken; sei es, daß er – so wird gleichfalls berichtet – in einem Flammofen beobachtete, wie sich unter dem Frischwind einige Roheisenteile in Stahl verwandelten: Bessemer ging ans Experimentieren und versuchte es mit Luft, die er durch den Flammofen blies: »Ich hatte nichts zu verlieren; mein Kopf war offen und frei für jeden neuen Gedanken, ohne daß ich es nötig hatte, gegen Vorurteile, wie sie auf Grund lebenslanger Erfahrungen und Arbeitsgewohnheiten entstehen, anzukämpfen...«

Unter der Luft veränderte sich das Eisen, kein Zweifel. Bessemer konstruierte nun einen eisernen Behälter, einen ›Konverter‹ von birnenähnlichem Aussehen, baute Winddüsen ein, füllte die Birne mit flüssigem Roheisen und preßte Gebläsewind hindurch. Zuerst verbrannte das Silizium, dann, unter ohrenbetäubendem Donner, der Kohlenstoff – in Minuten; dabei stieg die Temperatur des sich in Stahl verwandelnden Roheisens an, und der Stahl blieb flüssig. Bessemer erkannte – man schrieb 1855 – daß man die im Roheisen enthaltenen brennbaren Bestandteile, die er entfernen wollte, in erster Linie Silizium und Kohlenstoffe, sogar als Brennstoffe benutzen konnte.

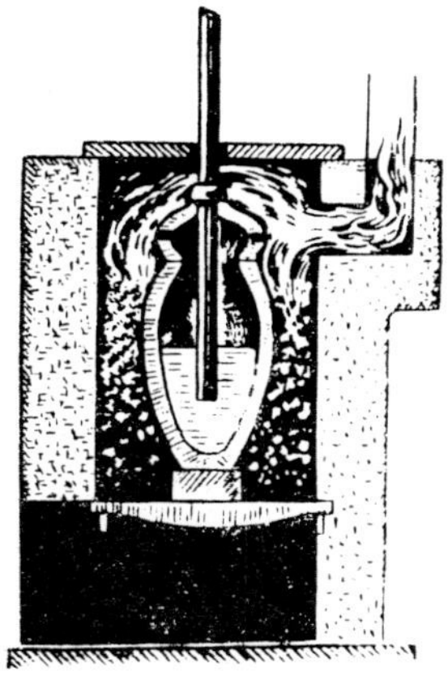

Bessemers Verfahren 1855

Jetzt konnten 3 Tonnen Roheisen in 20 Minuten gefrischt werden; der Puddelofen benötigte 24 Stunden für die gleiche Menge.

Von 1861 an entstand in schneller Folge auch an der Ruhr Bessemerwerk um Bessemerwerk. 22 Birnen, die eine Kapazität von 73 000 Tonnen hatten, arbeiteten 1867 im Revier. Das Zeitalter des Massenflußstahls war angebrochen.

Indessen stellte sich bald ein Mangel des neuen Verfahrens heraus. Bessemer hatte bei seiner Erfindung mit phosphorfreien, mindestens mit phosphorarmen Erzen experimentiert. Als sich nun ergab, daß phosphorhaltige Erze – wie sie hauptsächlich im Ruhrgebiet verarbeitet wurden – für das neue Verfahren nicht taugten,

war die Enttäuschung groß. Der Phosphor wurde in Bessemers Birne nicht ausgeschieden, und man erhielt brüchigen Stahl.
Also mußte man die Erzversorgung ändern. Unter dem Zwang, phosphorarme Erze jetzt auch aus Spanien heranzuschaffen, waren manche Werke genötigt, eigene Seeschiffe zu bauen. Und da die Eisenbahn nach Kräften mithalf, fremde phosphorarme Erze heranzuschaffen – zu freilich sehr hohen Frachtkosten –, schlug für den Erzbergbau im Ruhrgebiet die Todesstunde. Sowohl die Förderung auf Kohleneisenstein wie auf Raseneisenerz wurde eingestellt.
Unterdessen hatte man das Gas zur industriellen Verwertung entdeckt, und Friedrich und Wilhelm Siemens hatten die Regenerativ-Gasfeuerung erfunden, die es möglich machte, durch Vorwärmung Gußstahl in Herdöfen zu gewinnen. In seinem kleinen Stahlwerk in Sereuil in Südfrankreich war seinerseits Pierre Martin auf die Idee gekommen, dem flüssigen Roheisen Eisenoxyd in Form von Rost beizugeben – Rost war im Schrott in jeder Menge vorhanden –, es dadurch zu entkohlen und auf diese Weise Stahl zu erzeugen. Freilich brauchte er dazu den Regenerativofen der Brüder Siemens, in dem eine Glut von 1700 Grad erreicht werden konnte. Siemens und Martin machten nun gemeinsame Sache, und der Siemens-Martin-Stahl, SM-Stahl genannt, trat seinen Siegeszug an, zumal Schrott überall zu haben war und die Schrottberge mit der zunehmenden Industrialisierung immer größer wurden: der Siemens-Martin-Ofen erwies sich geradezu als eine Art Jungmühle. Alte Maschinen, ausrangierte Lokomotiven, Kinderwagenräder, verrostete Schienen – alles wurde in ihm zu Stahl umgeschmolzen, zu erstklassigem Stahl.
Aber was war mit der Bessemerbirne? Man mußte etwas gegen den Phosphor tun – nur ein Zehntel aller erreichbaren Erze war wirklich frei davon. England hatte in dieser Hinsicht keine Sorgen. Seine überwiegend an der Küste gelegenen Hochöfen verhütteten phosphorarme Erze, die es neben den eigenen billig aus Spanien bezog, und das Verfahren Bessemers genügte, um weiter überlegen zu sein. Für die deutsche Eisenindustrie aber, die über solche Erze kaum verfügte, war die Entphosphorung des Roheisens zum lebensentscheidenden Problem ge-

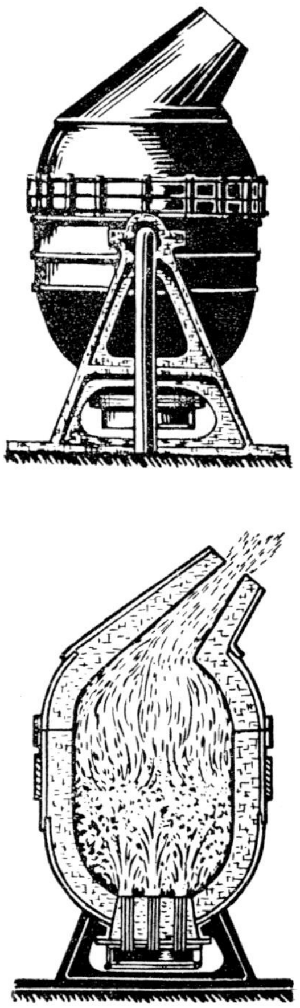

Ansicht und Schnitt einer Bessemerbirne

Bessemerwerk im 19. Jahrhundert

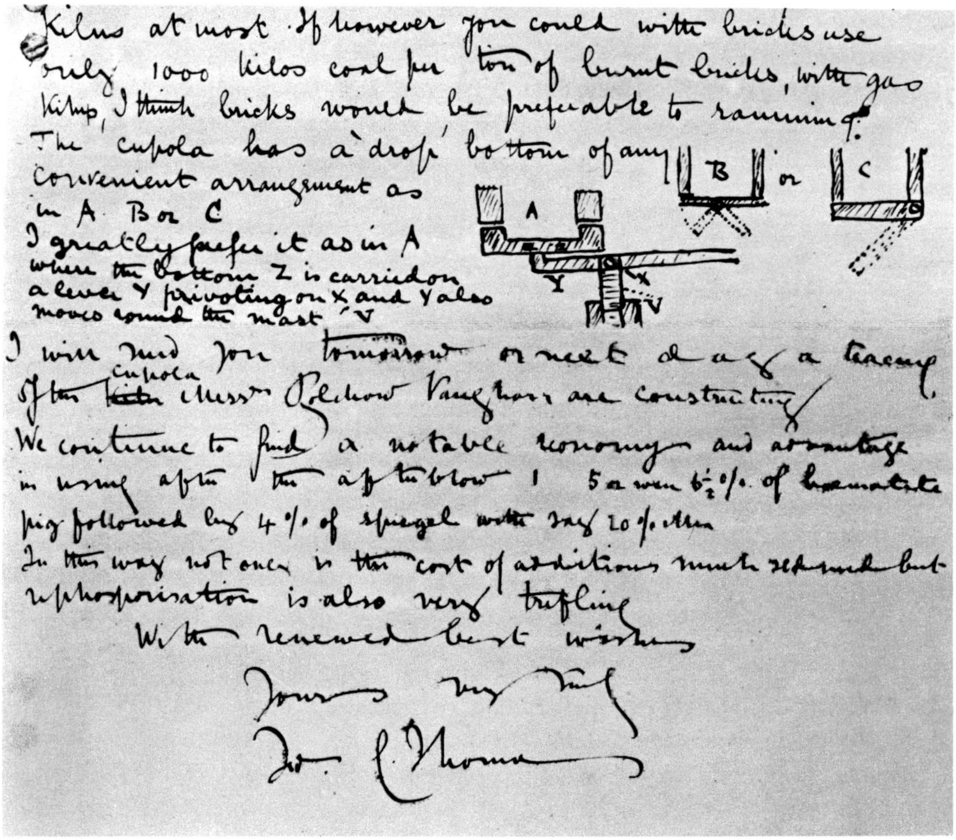
Kilns at most. If however you could with bricks use only 1000 kilos coal per ton of burnt bricks, with gas kilns, I think bricks would be preferable to ramming.
The cupola has a drop bottom of any convenient arrangement as in A B or C
I greatly prefer it as in A where the bottom Z is carried on a lever Y pivoting on X and Y also moves round the mast V
I will send you ~~tomorrow~~ or next day a tracing of the ~~kiln~~ cupola Messrs Bolckow Vaughan are constructing.
We continue to find a notable economy and advantage in using after the afterblow 1 5 or even 6½ % of hematite pig followed by 4 % of spiegel with say 20 % Mn
In this way not only is the cost of additions much reduced but rephosphorisation is also very trifling
With renewed best wishes
Yours very truly
Sidney G. Thomas

Handschreiben von Thomas an Josef Massenez

worden. Alle möglichen Verfahren und Systeme wurden entwickelt und wieder verworfen, bis 1877 der Gerichtsschreiber Sidney G. Thomas, der jemand in London hatte sagen hören, wer reich und berühmt werden wolle, der brauche nur den Phosphor aus der Bessemerbirne herauszuzaubern, mit seinem Vetter P. C. Gilchrist, Chemiker in einem Hüttenwerk, auf den Gedanken kam, die kieselsäurereiche Ausfütterung der Bessemerbirne durch eine Fütterung aus Kalk zu ersetzen und dadurch den Phosphor abzuscheiden. Der Erfolg war verblüffend. Schon die ersten Ergebnisse zeigten, daß es möglich war, den Phosphor fast hundertprozentig zu binden. Die Schlacke aber, in die er überging, ergab ein wertvolles Düngemittel, das sich später als Thomasmehl die Landwirtschaft eroberte.

Sydney Gilchrist Thomas (1850–1885)

Die Frage, wie die Weltgeschichte verlaufen wäre, wenn in der Schicksalssekunde von Waterloo der zögernde Marschall Grouchy nicht dem Befehl, sondern seinem Herzen gefolgt wäre und, anstatt vergeblich den Preußen nachzusetzen, seinem Kaiser gegen Wellington beigesprungen wäre, ist oft gestellt worden. Sie zu stellen ist müßig – die Geschichte entschied gegen Napoleon – und liegt doch nahe, weil sie deutlich macht, daß das Genie nichts gegen die Ungunst des weltgeschichtlichen Augenblicks vermag, der von außen in sein Schicksal eingreift. Warum hat England seine industrielle Vormachtstellung im 18. Jahrhundert so erfolgreich behaupten können? Wir wissen es: Die Wattschen Patente, die erst 1800 frei wurden, sicherten ihm die Förderung von Bodenschätzen aus Tiefen, die andere Länder ohne die Dampfmaschine nicht erschließen konnten. Wo immer mechanische Kraft erzeugt werden sollte, England bestimmte es, und England wußte sehr wohl, welche Macht es dadurch besaß und wie groß sein Vorsprung war. Als Boulton, Watts Helfer und Freund, damals von König Georg III. gefragt wurde, was er denn eigentlich mache, antwortete er: »Ich mache das, was sich die Könige wünschen.« »Was ist das?« fragte der König. »Power!« entgegnete Boulton – und er meinte beides: Kraft im technischen, Macht im politischen Sinn.

»Stahl ist bekanntlich das Barometer der wirtschaftlichen Situation eines jeden Volkes. Stahl regiert die Parlamente, Stahlinteressen haben schon Kriege dekretiert, haben Friedensschlüsse erzwungen.« So schrieb ein halbes Jahrhundert nach der Kapitulation von Sedan, im Januar 1921, eine Zeitung in Dearborn (Michigan), dem Heimatort Henry Fords. Wenn dieser Satz wahr ist – und die Wirtschaftsgeschichte hat uns belehrt, daß an ihm kein Zweifel sein kann –, wäre die Feststellung durchaus berechtigt: daß kaum je ein anderer Erfinder seinem Vaterlande so schwer geschadet, Deutschland aber so genützt habe wie dieser Mann: S. G. Thomas.

P. C. Gilchrist (1851–1935)

Doch der Vorwurf verhallt. Denn wie verfuhr Thomas? Er war nicht zufällig 1878 auf die Frühjahrstagung des ›Iron and Steel Institute‹ gekommen, wo man über die Schwierigkeiten der Entfernung des Phosphors aus dem Cleveland-Eisen debattierte. Hier erhob Thomas seine Stimme, aber niemand beachtete seine Behauptung, daß es ihm gelungen sei, beim Windfrischverfahren den Phosphor vollständig zu entfernen. Im Herbst darauf tagte das ›Iron and Steel Institute‹ in Paris. Wieder war Thomas dabei, wieder redete er zusammen mit seinem Vetter Gilchrist wie gegen Wände. Schließlich aber war dann die Firma Bolkow Vaugham und Co. in Middlesbrough bereit, einen Großversuch durchzuführen, der die Methode von Thomas glänzend rechtfertigte, was die englische Fachzeitschrift ›Iron‹ auch sogleich publizistisch würdigte. Das Echo in England war gleich Null, aber Josef Massenez, der Direktor des Hörder Werkes, fuhr sofort mit Richard Pink, dem englischen Leiter seines Bessemerstahlwerkes, nach Middlesbrough und ließ sich das Verfahren vorführen. Gustave Pasteur, der technische Leiter der ›Rheinischen Stahlwerke‹, war indessen auch nicht faul. Er fuhr direkt zu Thomas und verhandelte mit ihm. So kam es, daß beide Werke gemeinsam das Patent für Deutschland und Luxemburg erwarben. Als dann die erste Charge Massenstahl nach dem Thomasverfahren in Hörde und Meiderich erblasen wurde – am gleichen Tag, es war der 22. September 1879 –, kam dies für die Stahlindustrie des Kontinents einer Zeitenwende gleich. Die Überlegenheit Englands wurde gebrochen, in wenigen Jahren überrundete der Thomasstahl die Produktion des Bessemerstahls, und die deutsche Eisenindustrie rückte an die erste Stelle in Europa.

Richard Pink (1832–1906)

Mit der Erfindung des Thomasverfahrens konnten nun auch die riesigen Bestände an phosphorreichen Minette-Erzen verhüttet werden. Und da es billiger war, der hohen Frachtsätze wegen, die Hochöfen auf dem Erz statt auf der Kohle zu betreiben, wandte sich mancher Unternehmer, der an der Ruhr saß, auch dem Erz im Minette-Gebiet zu, in Luxemburg und in Lothringen, das durch den Ausgang des Krieges 1870/71 zu Deutschland gekommen war, und gründete neue Werke. Aber das war lange nach der großen Krise, die wie ein Erdbeben die Ruhr heimgesucht hatte, und den Grund legte für ein heimliches Mißtrauen gegenüber den Kräften und Gewalten, die dem Menschen jener Zeit vorgaukelten, der Fortschritt halte ununterbrochen an, Rückschläge seien ausgeschlossen – der von 1857 war längst vergessen – und man sei auf dem geraden und sicheren Weg in eine von allen Problemen und Sorgen befreite Zukunft.

Gustave Pasteur (1822–1895)

AUGENZEUGENBERICHT: DIE ERSTE THOMAS-CHARGE IN MEIDERICH 1880

Gutehoffnungshütte *Oberhausen, 6. März 1880*

Lieber Mette!

Nach längerer Pause nehme ich unsere Correspondenz wieder auf, um Dir möglichst frisch die Eindrücke zu schildern, die der neue Prozeß nach Thomas-Gilchrist, den ich gestern Gelegenheit hatte, auf den Rheinischen Stahlwerken zu beobachten, auf mich ausgeübt hat...

Die Hauptschwierigkeiten bieten ja die Böden und das Futter im untersten Teil des Konverters. Bei einer Haltbarkeit von 10–12 Chargen pro Boden, die jetzt leicht erreicht wird, ist ja ein Betrieb auf einfacher Schicht möglich...

Nun zur Charge selbst. Als ich in die Hütte kam, war gerade das Giessen der vorhergehenden Charge beendet. Die Pfanne war fast ohne Stahlansätze und wurde ohne weiteres für die folgende Charge fertiggestellt und, obgleich sie durch das frische Ausschmieren ziemlich kalt geworden war, nicht vorgewärmt. In den Konvertern wurden ca. 1000 Kg. gebrannter Kalk in nicht grösseren Stücken als ein Gänse-Ei eingeworfen. Hierdurch wurde die von der vorhergehenden Charge noch vorhandene Wärme des Konverters bedeutend reduziert und erschien, namentlich beim Einlegen der Steine, der Boden fahl schwarz, so dass ich, wenn ich dies auf Neu Oberhausen gesehen hätte, unfehlbar meinen Obermeister und die Konverterleute zum Teufel gejagt hätte. Diese Abkühlung trägt aber sicher zur Konservierung des Bodens wesentlich bei, namentlich, da die nachfolgende Temperatursteigerung keine rapide ist.

Das einlaufende Eisen war matt und funkelte. Nach dem Aufwenden des Konverters, das mit einem starken Kalkstaubregen verbunden war und einen Qualm verursachte, dass man etwa eine halbe Minute nichts vom Konverter und Flamme sehen konnte, zeigte sich zunächst eine lange, spitze, durchsichtige blaue Flamme ohne wesentliches Funkensprühen. Nach etwa zwei Minuten aber wurde letzteres heftiger und zuweilen so stark, daß man die Flamme, die immer gelber wurde, häufig nicht beobachten konnte.

Dieses Funkensprühen (kein Auswurf) habe ich in dem Maaße früher nur bei Chargen beobachtet, die wir fast nur aus weissem Bessemereisen erblasen wollten, die aber nach Beendigung der ersten Periode so stark auswarfen, dass wir die Hälfte der Chargen im Kamin und im Kanal hatten und sie deshalb lieber direkt als Eisen vergossen. Herr Warnant schrieb das Sprühen, das bis zu acht Minuten dauerte, dem noch ziemlich frischen Konverterfutter zu, das bekanntlich mit Teer vermauert wird und durch die hastige Gasentwicklung das Eisen in fein verteilten Partikeln dem Gebläsewind stark aussetzt, das die feinen Eisentheile mit aus dem Konverter nimmt und verbrennt. Wenn die Erscheinung bei älterem Futter nicht in dem Maaße eintritt, so ist diese Erklärung wohl zutreffend.

Nach acht Minuten wurde die Flamme klar und erschien mir wie die einer recht kalten Bessemer-Charge, ohne jeden Rauch. Nach 12½ Minuten wurde die Flamme plötzlich kurz und spitz, die Entkohlung war eingetreten, das Ende einer gewöhnlichen Bessemer-Charge. Aber um diese hier festzustellen, wäre der Gebrauch eines Spectrums Unsinn. Von Sekunde zu Sekunde wurde die Flamme kürzer, sodass sie nach ca. zwei Minuten kaum noch aus dem Hals reichte. Unter anderen Umständen würde mein altes Bessemer-Herz schier geblutet haben um die verlorene Charge, in banger Erwartung, dass der Wind seine Schuldigkeit nicht mehr tun könnte und man Schuld an einer großen Konvertersau habe. Gott sei Dank, da erholte sich die Flamme, sie wurde weiss, rauchig und nach drei Minuten wurde gewendet. Man sah in einen ordentlich heissen Konverterschlund.

Das Wenden geschah, um mir eine Probe noch nicht vollständig entphosphorten Metalls zu geben...

Es wurde nun weiter geblasen, wobei die Charge immer heisser wurde. Nach 32 Sekunden war die Entphospherung beendet. Die jetzt genommene Probe liess sich bis auf einen spitzen Winkel von etwa 30° ohne Riss zusammenschlagen: Bruch feinkörnig, sahnig mattglänzend. Die Entphosphorung war genügend weit fortgeschritten und wurde jetzt der grösste Teil der Schlacke abgegossen.

Beim Zusatz des Spiegeleisens entstand eine heftige Reaktion, nach deren Beruhigung sofort in die Pfanne abgegossen wurde, wobei in der Pfanne nochmals ein Aufkochen entstand, das sich aber durch langsameres Giessen bald beruhigte. Das Giessen in die Kokillen ging vollständig glatt von Statten. Das Metall ist ausserordentlich dünnflüssig und nach unseren Begriffen kalt; etwas sprühend, ähnlich wie weicher Martinstahl.

Nun, lieber Mette, will ich meinen langen Bericht schliessen... Im Übrigen lebe ich fortwährend mit dem Thomas-Gilchrist; denn fast alle literarischen Erzeugnisse, die den Prozess betreffen, bekomme ich zur Berichterstattung...

Theodor Rode

HOESCH
Reise nach Dortmund

Am 18. Januar des schicksalsreichen Jahres 1871 – man war noch mitten im Krieg, die deutschen Truppen belagerten Paris, das ausgehungert und frierend der Stunde seiner Kapitulation entgegensah – fand in Versailles die deutsche Kaiserproklamation statt. »Es ging ein Gefühl durch die Nation«, schrieb Ranke später von diesen Tagen, »daß das Deutsche Reich und Kaisertum wieder hergestellt werden müsse.«

Der junge Mann, der um diese Zeit in Dortmund das sogenannte Oesterholz an der nördlichen Stadtgrenze abschritt, war von ganz anderen Gedanken bewegt. Vierundzwanzig Jahre alt, sah Albert Hoesch im Geiste auf dem Feld, das der Geometer vor ihm absteckte, eine mächtige Halle stehen, aus der der Funkenregen von Bessemerbirnen sprühte. Das ›Eisen- und Stahlwerk Hoesch‹ – hier auf diesen jetzt vom Schnee bedeckten Wiesen sollte sein Bau noch im kommenden Herbst unter Alberts, des künftigen Direktors, Leitung beginnen. In monatelangen Überlegungen, ob man an der rechtsrheinischen Seite, unmittelbar am Strom, der günstigen Verkehrslage wegen, oder im Zentrum des westfälischen Kohlenreviers, sozusagen auf der Kohle, sich niederlassen solle, hatte Alberts Vater, der Commerzrath Leopold Hoesch, sich zu dem Entschluß durchgerungen, in den Dortmunder Norden zu gehen. Hier saß man auf der Kohle – und konnte zugleich sein Roheisen für den Bessemer-Prozeß frachtgünstig sowohl aus Westfalen von der Georgsmarienhütte wie aus dem Siegerland beziehen. Es war beschlossen worden, daß Wilhelm, Alberts Bruder, als künftiger Alleininhaber der Firma ›Eberhard Hoesch und Söhne‹ in Düren bleiben sollte. Für Hugo, den dritten seiner Söhne, kaufte Vater Leopold eine Papierfabrik in Königstein; es war immer ein Familiengrundsatz gewesen, jedem Hoesch eine klar umrissene Aufgabe zu stellen, in der er selbständig war und sich frei nach seinen Talenten entwickeln konnte.

Das galt auch für die unmittelbaren Nachkommen des Gründers von Lendersdorf, Eberhard Hoesch, der sein Wesen und Werk eher in seinem Neffen Leopold widergespiegelt und fortgesetzt sah als in seinen Söhnen, von denen der jüngste, der wiederum Eberhard hieß, weniger kaufmännische als naturwissenschaftliche Interessen hatte, die ihn mehr zur Philosophie als zu praktischer Tätigkeit drängten. Dennoch fuhr er täglich ins ihm anvertraute Lendersdorfer Werk, »stets im geschlossenen, nie im offenen Wagen«, wie es heißt, was nicht auf ein Selbstbewußtsein schließen läßt, wie es einem Unternehmer angestanden hätte. Mit seinem Bruder Victor, der das Eschweiler Walzwerk leitete, war er am Dortmunder Werk, das beide mitbegründet hatten, »angemessen beteiligt«, wie es die Familienchronik ausdrückt.

Thomaskonverter beim Blasen

Die Familie des Eberhard Hoesch – links im Bild Eberhard jun. und rechts Viktor, die späteren Mitbegründer des Eisen- und Stahlwerkes in Dortmund.

Albert war glücklich und voller Tatendrang, und er traute sich eine Menge zu. Vor wenigen Monaten war er noch in England gewesen, in Sheffield, jener unfreundlichen, finsteren und doch wegen ihrer Eisenwerke so hochberühmten Stadt in der Grafschaft York. In den Baltic Steel-Works hatte er von der Pike auf gelernt, was ein Hüttenmann vom Bessemer-Prozeß wissen und verstehen muß; da machte ihm so leicht jetzt niemand etwas vor. Und was Dortmund anging: zwar wirkte es gegen das mächtige Sheffield noch wie eine Kleinstadt, obwohl es in den letzten fünfzehn Jahren einen mächtigen Aufschwung genommen hatte, aber es bemühte sich, seinen Vorsprung vor anderen Städten zu halten, und Oberbürgermeister und Handelskammer standen der beabsichtigten Hoesch-Gründung äußerst wohlwollend gegenüber.

Albert freute sich, daß die Wahl auf Dortmund gefallen war. Die Stadt zählte an die 45 000 Einwohner und war nach Essen die größte Stadt des Ruhrgebietes. Es gab Zechen und Hochöfen hier, im Westen lag die ›Dortmunder Hütte‹, die nunmehr in den Besitz des ›Eisenbahnkönigs‹ Strousberg gekommen war, und im Süden residierte der ›Hoerder Bergwerks- und Hüttenverein‹. Die Stadt hatte Anleihen für den Neubau eines Gymnasiums, für Straßenanlagen, für Wallabtragungen und den Umbau des Rathauses aufgenommen und trug sich schon seit Jahren mit dem Projekt eines Kanals zwischen Rhein und Elbe, der sicher in naher Zukunft Wirklichkeit werden würde. Außerdem war Dortmund Eisenbahnknotenpunkt geworden. Man war hier also nicht nur den Rohstoffen nahe, sondern lag auch verkehrsmäßig günstig. Befriedigt schloß Albert den Kaufvertrag für das Gelände ab.

Mit dem Vertrag in der Tasche fuhr er nach Düren. Es gab jetzt kein Zurück mehr, und die Nachricht, daß der Ingenieur Otto Reinhardt, ein alter Hoeschmann, der früher im Lendersdorfer Walzwerk gearbeitet hatte und jetzt das technische Büro beim ›Hoerder Bergwerks- und Hüttenverein‹ leitete, zu Hoesch zurückkommen wolle, um das neue Werk mit einzurichten, beflügelte Albert so, daß es gar keinen Eindruck auf ihn machte, als er bei seiner Ankunft in Düren hörte, Paris habe soeben mit 150000 Mann kapituliert.

GRÜNDUNG UND ANFANG

Gründungsvertrag 1871

Am 1. September 1871 wurde in Düren der Gründungsvertrag geschlossen. Das Gesellschaftskapital wurde auf 800000 Taler festgesetzt. Albert unterzeichnete als letzter. Es konnte losgehen.

Es ging los, nicht ohne Schwierigkeiten. Das Gelände am Oesterholz war sumpfig, die Fundamentierungsarbeiten für den Dampfhammer mit seinen 200 Zentnern machten Albert und dem Ingenieur Reinhardt viel Kopfzerbrechen. Die Firma Kamp in Wetter, Harkorts alte ›Mechanische Werkstätte‹, lieferte den Hammer wie auch den Hebekran und die Gebläsemaschine. Für das Bessemer-Stahlwerk waren zwei Konverter vorgesehen. Die die Baustelle umlagernden Arbeitslosen, meist Textilarbeiter, versprachen sich Anstellung und guten Lohn, als sie den Antransport der schweren Walzwerksmaschinen verfolgten: In dem neuen Werk würde man nicht nur Stahl erzeugen, sondern auch walzen, würde Achsen schmieden und Formstücke.

Albert Hoesch (1847–1898)

Eberhard Hoesch (1827–1907)

Viktor Hoesch (1824–1888)

Wilhelm Hoesch (1845–1923)

Zwischen den Unterzeichneten Herren Comm. Rath Leopold Hoesch, Herrn Eberhard Hoesch, Herrn Victor Hoesch und Herrn Wilhelm Hoesch und Herrn Albert Hoesch, sämmtlich aus Düren, wurde heute Folgendes vereinbart:

1.

Die obengenannten fünf Herren vereinigen sich heute zur Anlage eines Stahl- und Eisenwerkes bei Dortmund. Ein notarieller Gesellschafts-Vertrag soll über diese Vereinigung noch spätestens bis zur Inbetriebsetzung des Werkes gemacht werden.

2.

Das Gesellschaftscapital ist vorläufig auf Achthunderttausend Thaler festgesetzt. Die einzelnen Mitglieder betheiligen sich daran wie folgt: Comm. Rath Leopold Hoesch Fünfhunderttausend Thaler, Herr Eberhard Hoesch Fünfzigtausend Thaler, Herr Victor Hoesch Einhundertfünfundzwanzigtausend Thaler, Herr Wilhelm Hoesch Fünfzig Tausend Thaler, Herr Albert Hoesch Fünfundsiebenzig Tausend Thaler.

3.

Herr Comm. Rath Leopold Hoesch wird vorläufig bis zur Höhe seines Antheils die für den Bau des Werkes erforderlichen Geldmittel vorstrecken und erhält derselbe, wie auch nach Erschöpfung seines Beitrags die andern Mitglieder fünf Prozent Zinsen der vorgestreckten Capitalien in laufender Rechnung bis zur Inbetriebsetzung vergütet.

4.

Die Oberleitung der Dortmunder Anlage wird vorläufig dem Herrn Albert Hoesch übertragen, an welchen auch alle geschäftlichen Correspondenzen zu richten sind. Derselbe erhält außer Erstattung seiner Privat-Ausgaben und Reiseunkosten, ein jährliches Gehalt von Fünftausend Thalern; jedoch berechnet sich dieses Gehalt vom 1. September 1871 ab bis zur Inbetriebsetzung des Werkes.

Vorstehender Vertrag ist in fünf Exemplaren ausgefertigt, vorgelesen und zum Zeichen des Einverständnisses von sämmtlichen Theilnehmern unterschrieben worden.

Düren, 1. September 1871.

Eberhard Hoesch Jr.

Victor Hoesch

Leopold Hoesch

Wilhelm Hoesch

Albert Hoesch

1873 wird die erste Charge Stahl erblasen

Aber der Bau der technischen Anlagen, obwohl man fieberhaft arbeitete, von Aufträgen gedrängt, brauchte seine Zeit, und als am 15. November 1873 dann endlich die erste Charge Stahl im neuen Bessemer-Werk erblasen wurde, hatte sich einiges geändert. Der Wiener Börsenkrach griff auch aufs Ruhrgebiet und auf Dortmund über, und schon bevor man ans Produzieren gehen konnte, war fraglich geworden, ob die Produkte auch Absatz fanden. 320 Arbeiter hatte das junge Werk eingestellt. Die Preise sanken, sanken, sanken. Billiger englischer, französischer und belgischer Stahl, durch keinen Schutzzoll gehindert, überschwemmte den übersättigten deutschen Markt, und Alberts unerschütterlicher Optimismus wich dem Galgenhumor. »Wenn sich die Lage nicht bald bessert, werde ich Vertreter für englische Eisenbahnschienen, dann verdiene ich doch wenigstens etwas«, sagte er.

Verkaufserwägungen

Doch waren solche Worte nicht nur Spaß. Hinter ihnen stand die Erwägung, ob es nicht am besten wäre, das ja noch im Aufbau begriffene Werk einfach zu verkaufen. Albert hatte nämlich ein Angebot bekommen, das durchaus verlockend war: als kaufmännischer Direktor nach Hörde zu gehen. Der Absagebrief, den er am 24. März 1873 an den ihn umwerbenden »Herrn Geheimrath« richtet, teilt sehr sachlich die Gründe für seinen Entschluß mit, »die Leitung unseres Dortmunder Werkes in Händen zu behalten«. Er schreibt: »Es ist uns nicht gelungen, die Dortmunder Anlage in so vortheilhafter Weise zu veräußern, wie wir berechtigt zu sein glaubten, vornehmlich in Folge des Umstandes, daß das Werk noch im Bau begriffen.« In einem Brief an Vater Leopold, dem er ständig über die Angelegenheit nach Düren berichtet, nennt er auch die Summe, mit der das Dortmunder Werk zu Buche schlägt. »Königs«, schreibt Albert, »sprach von Auszahlung von 720,000 Thaler = 100000 Thalern Verdienst. Der Betrag von 720000 Thalern ist von uns für die wahrscheinliche Summe, die zur Fertigstellung des Werkes erforderlich ist, genannt worden, da wir durch Solidität oder Mangelhaftigkeit der Ausführung diese Summe verändern können. Der einzige Modus wäre während der Bauzeit der sich aus den Büchern ergebende Selbstkostenpreis, vermehrt um 100000 Thaler...«

Daß es nicht zum Verkauf kommt, ist sicher nicht allein Albert, sondern, wie bei allen Entscheidungen, auch Vater Leopold zuzuschreiben, der wohl wußte, wem er sein Kapital anvertraut hatte. Es gab aber noch eine zweite Kraft, die in diesen Tagen wirtschaftlicher Nackenschläge auf Albert einwirkte: seine zukünftige Frau. »Lieber Papa«, schreibt er am 7. Juli 1873, unvermittelt anknüpfend an geschäftliche Mitteilungen, »in Bezug auf meine Verlobung schließe ich aus Deinen ersten Äußerungen, daß solche jetzt wohl veröffentlicht werden kann. Ich wollte deßhalb noch in dieser Woche die Anzeigen drucken lassen und dieselben am Sonntag mit nach Düren bringen und, Dein Einverständniß vorausgesetzt, Dir Marie am kommenden Sonntag zuführen...« (Mithin hat Vater Leopold die Erwählte bisher noch nicht gesehen.) »Da Du selbst«, fährt Albert fort, »mir sagtest, daß Du eine baldige Heirath wünschest, so werde ich mich einrichten, daß solche im September oder October stattfindet, für mich eine neue Wohnung hier miethen, die jetzige bis 1. Febr. 74 kündigen. Das kaufmännische Bureau lege ich am besten nach drüben ins Parterre des 2. Obermeisterhauses. Ich bin fleißig mit Aussuchen einer Wohnung beschäftigt; es geht für das hiesige Werk ohnedem viel besser, wenn ich verheiratet bin. Mit herzlichen Grüßen Dein treuer Sohn Albert Hoesch.«

Faksimile des Gründungsvertrages vom 1. September 1871

Die Vermutung Alberts, daß es für das Werk »ohnedem viel besser« ginge, wenn er verheiratet sei, löst Marie Johanna ihrem Mann später glänzend ein, indem sie, von bloßer Repräsentanz weit entfernt, sich um ›Soziales‹ kümmert. Sie gründet den ersten Kindergarten, der sich ›Kinderschule‹ nennt, an der Ecke Oesterholzstraße/Hirtenstraße, versucht sich in ›Frauenbildung‹, hilft mit bei Frauen- und Wohltätigkeitsvereinen und ist immer bei kinderreichen Familien zur Stelle, wenn ein Neugeborenes seinen Platz auf dieser Welt beansprucht. Später, nach Alberts frühem Tod, führt Marie Hoesch aus ihrem eigenen Vermögen 50000 Mark für »Beihilfen in Notfällen« der ›Albert-Hoesch-Stiftung‹ zu.

Marie Johanna Hoesch war die erste Verfechterin sozialer Gedanken im ›Eisen- und Stahlwerk Hoesch‹

So war Albert, mit dieser Frau zur Seite, in jenen Tagen des Anfangs, als die Existenz des Werkes mehr als einmal auf dem Spiel stand, kaum auf den billigen Trost angewiesen, daß es andere nicht besser hätten. Beim Hörder Verein fielen die Aktien innerhalb von drei Jahren, zwischen 1872 und 1875, von 144 auf 23,25 und bei der Dortmunder ›Union‹, demgegenüber das junge Hoeschwerk sich wie ein Zwerg ausnahm, von 171 sogar auf 4. Die ›Union‹ verfügte über drei Steinkohlen- und sieben Eisensteinzechen, acht Eisen- und Stahlwerke mit achtzehn Hochöfen, hundertzweiundsechzig Puddelöfen, vier Bessemerbirnen und war der erste horizontale Zusammenschluß von Rang, in dessen Führungsspitze Männer wie Mevissen und Grillo saßen, ein Unternehmen »an Größe des Ziels fast ohne Beispiel«, wie ein Zeitgenosse es ausdrückte. Wenn hier der durchschnittliche Arbeiterjahreslohn von rund 1400 binnen weniger Jahre auf 800 Mark sank und wenn es andere große Werke gab, deren Direktoren regelrechte Bettelgänge von Bank zu Bank unternahmen, um die Lohngelder zusammenzubekommen – offiziell hieß es, »wegen dringender Geschäftsreise unseres Direktors« müsse die Auszahlung der Löhne um zwei Tage verschoben werden –, dann mußte ein junger Unternehmer wie Albert Hoesch, der längst erfahren hatte, daß kein Geschäft von selbst läuft, es sei denn bergab, sein Herz in beide Hände nehmen, wenn er Ultimo überstehen wollte. Und täglich trafen neue Hiobsbotschaften ein, deren Quintessenz man dem Jahresbericht 1876 der Handelskammer Bochum entnehmen kann, in dem es heißt: »Außer den Geschäften der Rechtsanwälte, Notare, Exekutoren und Pfandleiher liegt so ziemlich alles in unerhörtem Maße darnieder.«

Die Eintragungen ins Handelsregister 1873

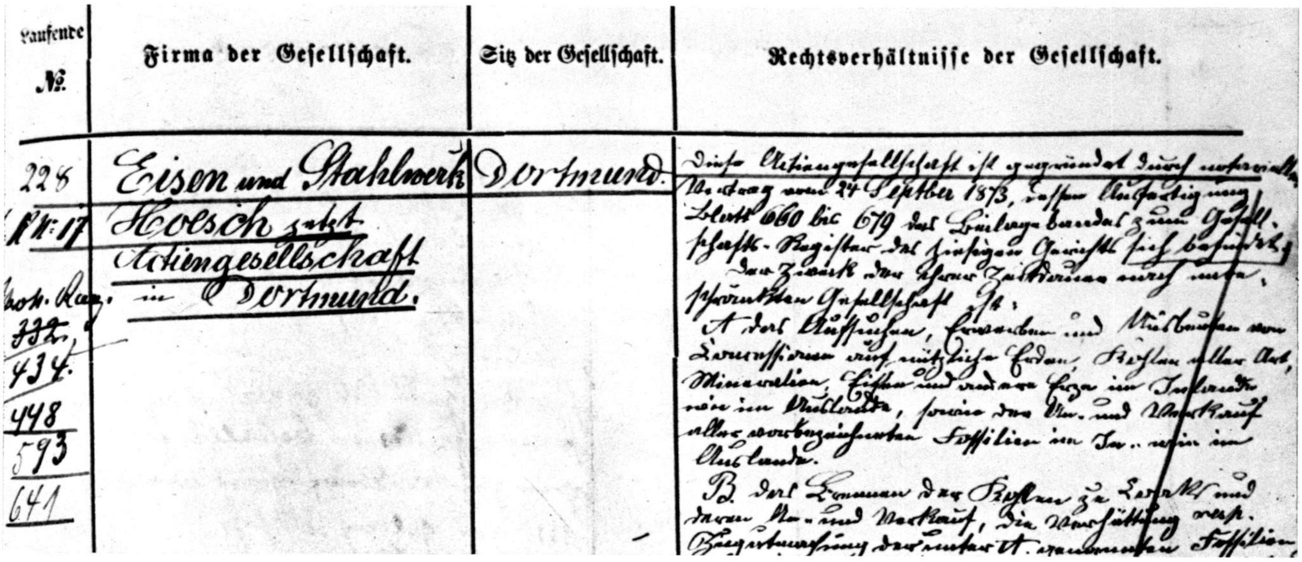

Laufende №	Firma der Gesellschaft.	Sitz der Gesellschaft.	Rechtsverhältnisse der Gesellschaft.
228	Eisen und Stahlwerk Hoesch Actiengesellschaft in Dortmund.	Dortmund.	[illegible]

Sachverständigen-Vernehmung

seitens

der Eisen-Enquete-Kommission.

Dreizehnte Vernehmung

am

13. November 1878

(Nachmittag 2 Uhr).

Anwesend: Herr Oberberghauptmann Dr. Serlo, Vorsitzender.
„ Geheimer Ober-Regierungsrath Huber.
„ Königl. Bayr. Staatsrath v. Schloer.
„ Geh. Kommerzienrath Stumm.
„ H. H. Meier.
„ Geh. Bergrath Dr. Wedding.
Sachverständiger: Herr Kommerzienrath Hoesch aus Düren.

(Fragebogen A.)

Vorsitzender: Herr Kommerzienrath Hoesch aus Düren. Sie sind wesentlich mit Rücksicht auf das Dortmunder Stahlwerk als Sachverständiger ernannt worden.

Herr **Hoesch:** Ja, ich bin Hauptbesitzer des Eisen-Stahlwerks Hoesch, welches ich begründet habe. Soll ich auch in Bezug auf die übrigen dortigen Werke Mittheilungen machen, die unter den ganz gleichen Verhältnissen arbeiten?

Herr **v. Schloer:** Insofern der Herr Sachverständige in der Lage ist, überhaupt über den Stand der Dortmunder Industrie uns Aufschluß zu geben, so bitte ich darum.

Vorsitzender: Es wäre sehr erwünscht, wenn der Herr Sachverständige mit berichtet über die übrigen Werke der dortigen Gegend, da derselbe ja noch Mitbesitzer anderer Werke ist.

Herr **Hoesch:** Ja, ich bin langjähriger Mitbesitzer des Eschweiler und des Lendersdorfer Eisenwalzwerkes.

Vorsitzender: Sie können also die Eisenindustrie im Allgemeinen behandeln?

(Wird bejaht.)

Fabriziren Sie selbst das Roheisen?

Herr **Hoesch:** Nein, in Düren bis vor 2 Jahren nur in sehr kleinem Maßstabe, in der Hauptsache kauften wir das Roheisen.

Vorsitzender: Aber Sie stellen auch Stahlfabrikate dar?

Herr **Hoesch:** Die Puddelstahlfabrikation bildete einen großen Theil unserer Fabrikation, eigentlich, wenn Sie wollen, war es die größte in Deutschland und auf dem Kontinent. In Düren und Eschweiler hatten wir 34 Puddelöfen auf Puddelstahl im Gange, also ich glaube die größte Zahl für die Puddelstahlfabrikation überhaupt. Seit drei Jahren liegen diese Werke still.

Vorsitzender: Dieselben sind eingestellt?

Herr **Hoesch:** Die Werke in Eschweiler und Düren sind eingestellt, dagegen habe ich im Betriebe ein Bessemerstahlwerk in Dortmund.

Vorsitzender: Würden Sie auch in der Lage sein, im Allgemeinen die Fragen des Fragebogens zu beantworten?

(Wird bejaht.)

Wo beziehen Sie das Roheisen her?

Herr **Hoesch:** Roheisen beziehen wir zu $^2/_3$ von England, zu $^1/_3$ von Deutschland.

Vorsitzender: Und speziell aus Westfalen?

Herr **Hoesch:** Aus Westfalen und dem Siegener Lande.

Herr **Stumm:** Nicht von der Georgs-Marienhütte?

Herr **Hoesch:** Ja, die rechne ich zu Westfalen?

Vorsitzender: Machen Sie nur Rohstahl oder auch Produkte?

Herr **Hoesch:** Wir machen Schienen, Axen und schwere Schmiedestücke und haben eine sehr ausgedehnte Industrie in letzterer Branche, ich glaube wohl eine der ausgedehnteren, die es momentan in Deutschland giebt, wir machen schwere Stücke bis 18 000 Pfd.

Vorsitzender: Ich wollte das nur konstatiren. Ist zu dieser Einleitung noch von den Herren eine Frage zu stellen?

1878 befragte eine vom Bundesrat einberufene Enquêtekommission, die die besorgniserregende Lage der deutschen Eisenindustrie untersuchen sollte, besonders in bezug auf die Rückwirkungen, der seit 1873 eingetretenen Zolländerungen eine Reihe von deutschen Stahlindustriellen über die Ursachen ihrer wirtschaftlichen Not. Als Sachverständiger erschien vor dieser Kommission auch Leopold Hoesch. In der 13. Vernehmung am 13. November 1878 sagte er, über die allgemeine Lage befragt, folgendes aus:

Herr *Hoesch:* Von 1869–1873 war fortgesetzt die äußerst günstige Konjunktur, eine Hausse in Eisen und Stahl, wie die Welt sie noch nie gesehen. Man bezweifelte ja damals, ob überhaupt in der Welt genug Koks und Kohlen vorhanden seien, um das der Welt nöthige Roheisen zu machen, – eine Frage, die wir im Dortmunder Revier ½ Jahr lang sehr ernsthaft diskutirt haben. Die Bedürfnisse stellten sich mit solchem Nachdruck heraus, daß eine sprungweise Preissteigerung entstand. Auf einen solchen enormen Aufschwung folgte der Jammer, die Baisse kam nachher eben so stark und die Preise sind furchtbar gesunken. Wir müssen jetzt unter den Selbstkosten exportiren, um überhaupt existenzfähig zu bleiben...

Wir hatten bei der Anlage in Dortmund lediglich darauf gerechnet, deutsches Eisen zu verarbeiten, wir haben uns die größte Mühe gegeben, seit 5 Jahren durch die inländischen Hochöfenwerke zu beziehen, denn es gehören dazu ein paar Jahre, um zu sagen: es fehlt daran und daran, – trotzdem sind wir nicht in die Lage gekommen, über ⅓ deutsches Roheisen zu verarbeiten...

Herr *Stumm:* Haben Sie nie versucht, mit andern Hochofenanlagen in Verbindung zu treten, damit diese Ihnen bessere Qualitäten machen?

Herr *Hoesch:* Es gehört zur Fabrikation des Bessemer-Roheisens eine jahrelange Praxis, ehe das Werk auf der nöthigen Höhe der Vollkommenheit angelangt ist.

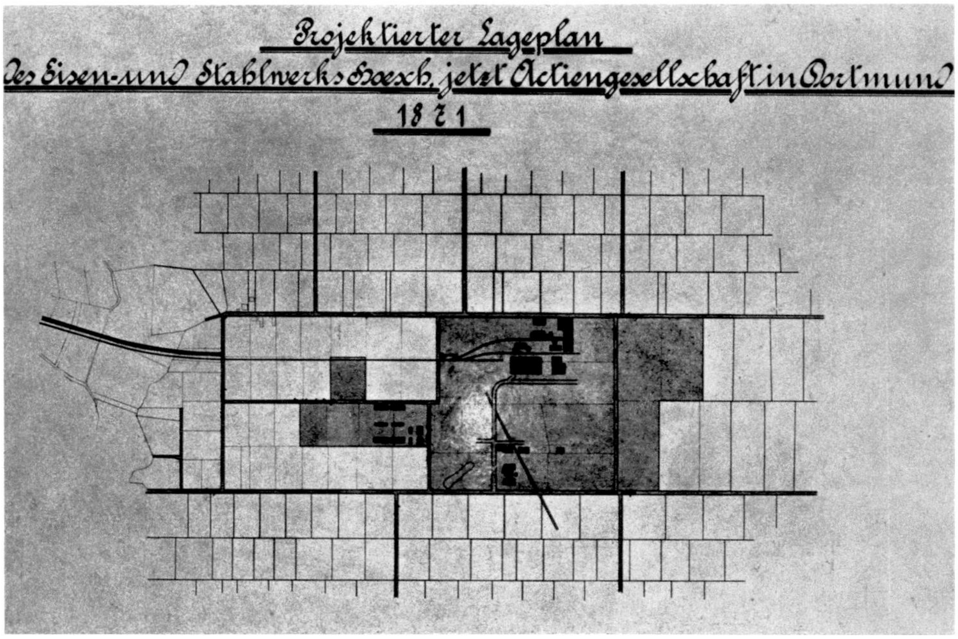

Hauptbedingungen eines guten Bessemer-Eisens sind vor allen Dingen nur die kleinste Partikel von Phosphor, Schwefel und Kupfer und ein gewisser Prozentsatz Silicium. Diese 3 Bedingungen erfüllen die englischen Bessemer-Werke in einer vollständig idealen, musterhaften Weise...

Ich habe mich also getäuscht, in der Anlage unseres Werkes in Dortmund und geglaubt, nach der einen Seite von Osnabrück, von der andern Seite von den Sieger Landen beziehen zu können, weil die Spatheisensteine das reinste Erz in Deutschland bilden. Indessen die Spatheisensteine können wegen des hohen Mangangehaltes zu Bessemer-Eisen nicht allein verhüttet werden, sie geben nur weißes Eisen, was zu wenig Kohlenstoff hat, sie müssen daher mit andern phosphorarmen Eisensteinen verhüttet werden, die nur in sehr geringen Mengen in Deutschland vorhanden sind.

Herr *Stumm:* Also außer Krupp ist kein Werk in der Lage, die für Stahlschienen nöthige Roheisenqualität zu erzeugen? (Wird verneint.)

Und wie erklären Sie es, daß in Schlesien, welches mit Ihnen konkurrirt, das selbsterblasene Roheisen ausschließlich zu Bessemer-Schienen verwendet wird? Hat das schlesische Roheisen einen geringeren Phosphorgehalt als die Siegener Marken?

Herr *Hoesch:* Ja, entschieden. Das Eisen der Laurahütte hat keinen Zuschlag von englischem Eisen nöthig. Wie gesagt, uns ist es nach einer fünfjährigen Mühe nicht gelungen, die deutschen Werke dazu zu bringen, eine Marke zu erzeugen, die der englischen gleich ist, und ein gediegenes Fabrikat lediglich aus deutschem Eisen herzustellen.

Herr *Stumm:* Sie sind also der Ansicht, daß der Umstand, daß es Ihnen nicht gelingt, aus deutschem Roheisen ein genügendes Stahlfabrikat zu erzielen, nicht an Ihnen, sondern an dem deutschen Roheisen liegt?

Herr *Hoesch:* Ja.

Das Eisen- und Stahlwerk Hoesch zu Dortmund um 1885

Gründerzeit — Fieber und Ernüchterung

Woher kam die Krise? Warum ging es so nicht weiter, wie es sich angelassen hatte? Warum, mitten in der schönsten Aufwärtsentwicklung nach einem Frieden, der den großen, den ganz großen Goldsegen brachte, mußte es diesen Bergrutsch geben, der alles bisher Errungene in Frage stellte?

Fünf Milliarden Franken = 4 Milliarden Goldmark, eine für damalige Verhältnisse ungeheure Summe, die Frankreich als Kriegsentschädigung zahlte, waren ins Land geströmt. Verständlich, daß das neugeschaffene Reich damit seine Anleihen zurückzahlt; verständlich, aber unklug. Der Bürger, in die Geldschwemme geraten, sucht dieses unerwartete Geld natürlich anzulegen und zu vermehren. Und man ist sicher, man ist unternehmungslustig geworden. Eisenbahnen? Jede Menge. Es ist gar nicht so wichtig, ob sie sinnvoll das Land erschließen, Hauptsache, die Räder rollen. Die Stahlwerke können nicht annähernd den Bedarf dekken: also neue Werke! Die Zechen können nicht genug Kohle liefern: neue Zechen! Es wird gebaut, Wohnungen entstehen, scheußliche Kästen. Es ist gleich, wie sie aussehen, Hauptsache, es geht schnell, Hauptsache, sie bringen Rendite. Außerdem: sind sie wirklich so scheußlich? Sie sind den Fabriken nachgebaut, und diese Fabriken, als wollten sie den Zweck verbergen, dem sie dienen, haben sich gotische und griechische Fassaden ausgeliehen. Die Vorstädte freilich verzichten auf Fassaden: hier wird an gar keinen Stil gedacht. Ihre seelenlosen grauen Häuserzeilen erfüllen nur den einen Zweck: daß der Mensch nicht obdachlos bleibt. Die Grundstückspreise werden bald ins Astronomische getrieben, und Aktien, Aktien werden gekauft. Zwischen 1848 und 1870 sind 300 Aktiengesellschaften entstanden; in drei Jahren erlebt nun dieses neue Deutsche Reich die Gründung von 1000 solcher Gesellschaften, wovon allein 170 auf die Montanindustrie an Rhein und Ruhr kommen. »Das Erwerbsleben des ganzen großen Deutschen Reiches scheint sich in eine riesige Aktiengesellschaft verwandeln zu wollen«, sagt der Bankier Mevissen, Präsident der Rheinischen Eisenbahngesellschaft. Das große Fieber, das die Börsen peitscht, ist nicht mehr herunterzuspielen: zu viele freie Gelder rufen nach neuer Anlage, Schwindler treiben ihr Unwesen, bald spekuliert jeder, »als ob die Grenzen der menschlichen Dummheit sich ins Unermeßliche erweitert hätten«, wie Treitschke bitter feststellt. Und wie die Preise für Kohle und Eisen hochschnellen, folgen die Lebensmittel, folgen die Löhne – das alte Lied, aber wer denkt noch an die Krise von 1857? Einer, ja: es ist der Abgeordnete Ludwig Bamberger, der geraten hat, für die französischen Milliarden, anstatt die Geldflut in die eigene Wirtschaft zu lenken, stabile ausländische Werte zu kaufen. 1873 ruft er dem Reichstag resigniert zu: »Wir sind in der Peri-

Elektrizitätswerk aus der Gründerzeit

Fassadenschmuck
der Gründerjahre

ode des Börsenspiels angelangt, welche das letzte Feuerwerk bildet, ehe der Vorhang fällt, und die Nacht tritt ein. Es ist eine alte Erfahrung der Finanzkundigen, daß, wenn die Bergwerksunternehmungen besonders in die Liebhaberei des Publikums kommen, die letzte Szene des letzten Aktes zu spielen anfängt.«
Er hatte recht. Die letzte Szene spielt auf der Wiener Weltausstellung im glühenden Hochsommer dieses schicksalreichen Jahres 1873. In Nordamerika – wieder in der Neuen Welt – bricht die Krise aus. Man hat dort überstürzt das Eisenbahnnetz ausgebaut, ist in Zahlungsschwierigkeiten geraten, Europa ist mit Materialien beteiligt, und im Nu zuckt der Blitz des Verderbens nach England, nach Belgien,

schlägt in Österreich ein, springt an die Ruhr. Eine Panik entsteht wie in den fünfziger Jahren, nur von ganz anderen Ausmaßen. Das Publikum wirft, tödlich erschrocken, die sinkenden Aktien auf den Markt. Alles war Schein, Scheininvestitionen, Scheingewinne. Banken brechen zusammen, niemand kann sagen, ob er nicht mit fortgeschwemmt wird, und die soliden Unternehmungen bangen ebenso um ihr Schicksal wie die schnell auf Spekulation gegründeten, nahe am Schwindel und am Betrug errichteten. Liquidationen, Konkurse, Kapitalherabsetzungen sind zur Alltäglichkeit geworden. Die Folge: Stillegungen, Lohnkürzungen, Entlassungen; Demonstrationen, Streiks, Tumulte; 1876/77 müssen 10000 Bergarbeiter im Bezirk Dortmund entlassen werden.

Sechs Jahre braucht die Welle, um auszulaufen. Im Herbst 1879 kann man sich zum erstenmal gelassener auf dem Trümmerfeld umsehen. Der Anblick ist niederschmetternd. Nur der Zolltarif, den der Reichstag am 9. Juli 1878 angenommen hat, gibt eine schwache Hoffnung, daß die Wirtschaft sich wieder erholen kann. Und tatsächlich bringt dieser Schutzzoll, der der ausländischen Einfuhr von Eisen zu Schleuderpreisen den Riegel vorschiebt, die erste Wendung der Dinge – eine trügerische Wendung. Denn die Nachfrage ist nicht echt. Bald übersteigt wieder das Angebot die Nachfrage. Erneut kriselt es, aber die Wellen sind kürzer, die Stöße nicht so hart, nicht so tiefgreifend wie 1873.

Hat der Schutzzoll das Ende einer schrankenlosen Wirtschaftsfreiheit eingeleitet, so hat er auch die Grundsätze dieser Wirtschaftsfreiheit in Frage gestellt und die Gefahr einer staatlichen Bevormundung wieder heraufbeschworen. Die großen Unternehmungen sind jetzt zu Zusammenschlüssen reif geworden: Zeche tritt zu Zeche, Hütte zu Hütte und bald auch Hütte zu Zeche. Man versucht, den Wett-

Richtfest der Werkshalle Langenkamp in Hohenlimburg

Aus dem ›Kladderadatsch‹ vom 13. April 1873

bewerb mit Hilfe von Kartellen zu regeln, in Gruppen ist man stärker, der Wind, an welcher Ecke er jetzt wehen mag, pustet einen nicht gleich um. Hinter dieser Entwicklung steht der Wille zur Selbstreinigung, und Glücksrittern, die das Revier zum Tummelplatz ihrer Spekulation gemacht haben, wird der Boden zu heiß. Nüchterne, technische Erwägungen regieren wieder die Stunde. Die auf Sicherheit gerichtete bergpolizeiliche Forderung, daß jede Tiefbauzeche zwei zutage gehende Schächte haben müsse, und der damit verbundene Kapitalaufwand haben bereits die kleineren Unternehmen gezwungen, sich mit einer benachbarten Ein-Schacht-Zeche zusammenzutun oder sich mit anderen Gewerkschaften (Gewerkken) zu verbinden. Wie wollte man denn auch rationelle Betriebspläne durchführen, wenn, wie dies bei den kleinen Zechen der Fall war, die geringfügigste Störung an der Förder- oder Wasserhaltungsmaschine oder irgendein Unfall sofort das ganze Werk stillegen konnte? Nur große Bergwerke konnten sich Ersatzmaschinen leisten, die bei solchen Ausfällen den Betrieb aufrechterhielten. Auf einem Flächenraum von rund 1000 Quadratkilometern gab es nahezu 200 Bergbauunternehmen, jedes mit eigener Wasserhaltungs-, Wetterführungs- und Fördereinrichtung! 1882 beschrieb Emil Kirdorf, der gerade seine Gelsenkirchener Gesellschaft mit den Vereinigten Zechen ›Stein‹ und ›Hardenberg‹ zusammengeschlossen hatte, die Situation und nannte klar das Ziel: »Es kann hiernach keinem Zweifel unterliegen, daß die Bildung größerer Komplexe für den Kohlenbergbau sowohl für den kaufmännischen wie auch für den technischen Betrieb mit allen Kräften angestrebt werden muß. Selbstverständlich ist der Gedanke einer auch nur teilweisen Unifizierung von vornherein auszuschließen. Das hieraus folgende Monopol wäre auch im Interesse der beteiligten Konsumenten keineswegs zu wünschen. Würden indes im rheinisch-westfälischen Kohlengebiete auch nur

Emil Kirdorf (1847–1938)

10 bis 15 größere Verwaltungen neben einer Anzahl kleinerer Zechen bestehen, so sind diese größeren Verwaltungen doch viel mehr in der Lage, über die Bedürfnisse des Marktes, etwaige Einschränkungen der Produktion usw. in freier Weise sich zu verständigen, ohne daß gerade an den Abschluß bindender Förderkonventionen gedacht zu werden braucht, wie eine solche freie Verständigung beispielsweise in der englischen Großindustrie regelmäßig stattzufinden pflegt.«
Kirdorfs Worte klingen fast wie eine Gründungspräambel jener Vereinigung, die in den neunziger Jahren als ›Rheinisch-Westfälisches Kohlensyndikat‹ endgültig ankündigt, daß die Zeit der Pioniere und Gründer wie Harkort, Mulvany und Grillo abgelaufen ist. Die Söhne und Nachfolger, zu denen bereits Kirdorf gehört, sind sachlicher und kaufmännischer im Denken, und was die Technik angeht, so bleibt ihnen gar nichts weiter übrig, als sich zu spezialisieren. Spezialisierung aber verlangt zugleich Zusammenarbeit im größeren Verband gemeinsamer Interessen, verlangt Kooperation – ein Wort, das im 20. Jahrhundert nur etikettiert, was das vorangegangene 19. als ehernes Gesetz ermittelt hat.
Wir müssen uns hier noch einmal klarmachen, in welchem Maße die Dampfmaschine, als die eigentliche Bewegungskraft des technischen Fortschritts, das Jahrhundert bestimmt hatte. Sie trieb alle jene unzähligen Arbeitsmaschinen an, die ein Vielfaches von dem erzeugten, was bisher allein durch Menschenhand erzeugt worden war. Dampfkraft hatte die Überwindung der Distanzen auf dem Festland, mit der Eisenbahn, und auf den Weltmeeren, mit dem Dampfschiff, ermöglicht, Dampfkraft hob die Lasten aus den Schiffen oder verstaute sie darin, Dampfkraft förderte Kohle, pumpte Wasser aus Stollen und Schächten.

Edisons Lichtparade, die am 31. Oktober 1884 in New York stattfand. 250 Arbeiter der New Yorker Elektrizitätswerke trugen auf einem Helm eine Edisonlampe. Damit wollte Edison seinen Zeitgenossen die Furcht vor der Elektrizität nehmen.

Dennoch war sie unwirtschaftlich, denn sie setzte nur einen kleinen Teil der von ihr benutzten Wärmeenergie in mechanisch genutzte Arbeit um und war, was die Maschine betraf, deren sie sich bediente, an Größenordnungen gebunden, die nur eine finanzstarke Industrie auf die Beine stellen und in Betrieb halten konnte. Für den Handwerker, den Gewerbetreibenden war sie zu teuer. Die Dampfmaschine aber bewies erneut ihre Unersetzlichkeit, indem sie sich als Kraftmaschine zur Erzeugung jener Energie anbot, die die Zukunft eigentlich bewältigen sollte: der Elektrizität. Es war der Elektromotor, der die kraftschluckenden Transmissionen und Riemenantriebe in den Fabrikhallen ablöste und einen triumphalen Einzug in den Kleinbetrieb hielt. Er war kein Krafterzeuger im Sinne der Dampfmaschine, nur ein Kraftumwandler, ein unermüdlicher Helfer der Elektrizität. Das Gaslicht ablösend, hatte Thomas A. Edisons 1879 erfundene Glühlampe allüberall die Nacht zum Tage gemacht; Elektrizität veränderte revolutionär den allgemeinen Lebensrhythmus und brachte das Jahrhundert erst zur vollen Entfaltung der in ihm wirkenden Kräfte.
Aber noch ist dieses Jahrhundert nicht vergangen, wir schreiben 1887, und die allgemeine Unsicherheit beginnt zu schwinden. Es zeigt sich, daß die Jahre der Depression ihren Sinn gehabt haben. Die Ruhr ist gerüstet für das, was das letzte Jahrzehnt an Überraschungen noch bereithält – Überraschungen, die die Welt weiter verwandeln, weiter den Menschen in ein vollständig neues Verhältnis zu Zeit und Raum setzen werden.

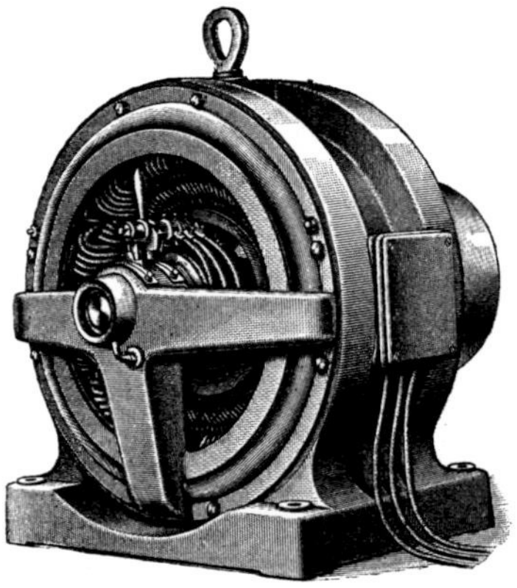

Drehstrommotor der Allgemeinen Elektrizitätsgesellschaft (AEG)

VOM OBJEKT
DER GRÜNDUNG

Sohn, alles läßt sich gründen, was
Auf Erden ist – begreifst Du das?
Dann läßt sich gründen, offenbar,
Was nicht mehr ist, doch früher war.
Dann, was nicht ist, noch war, jedoch
Noch werden kann und kommen noch;
Und endlich – folg nur unbeirrt –,
Was weder war, noch ist, noch wird.
Denn auch nicht einem fällt es bei,
Sich anzusehen die Ziegelei,
Nicht einer sagt: Wo liegt's, wo steht's,
Das Hüttenwerk, das Haus, das Flöz?
Meinst Du, daß man zum Stiehler greift,
Zu prüfen, wo die Bahn wohl läuft?
Nur, ob der Kurs steigt oder fällt,
Bekümmert die verderbte Welt,
Und jeder ist vollkommen froh,
Erhascht er was vom Agio.

VON DER TEILBAREN DREI
ODER POTENZIERUNG
DES OBJEKTS

Zu einem Gründungskomittee
Gehören drei, A, B und C.
Noch bei dem ersten Glase Weins
Sind A, B, C vollkommen eins.
Doch schon beim Glase Nr. 2
Sind plötzlich sie besondere drei.
Darauf in seine kühne Hand
Nimmt A den Gründungsgegenstand,
Verkauft mit Vorteil ihn an B
Und B ihn ebenso an C;
Und endlich – seltsam klingt's beinah,
Verkauft ihn auch noch C an A.
Wenn das geschehen ist, um ein Klein's,
Sind A, B, C schon wieder eins.
Nichts ist den dreien anzusehen,
Doch welch ein Wunder ist geschehen!
Verdreifacht hat sich das Objekt
An Wert. He – schallt es –, Kellner, Sekt!

Spottverse auf die Gründerzeit aus dem ›Kladderadatsch‹ 1873

HIER WIRD GELD VERDIENT

»Vier bis fünf Hektar hügeliges Ackerland wurden jeweils in wenigen Wochen von endlosen Häuserzeilen gefressen. Es mußte schnell geschehen, schnell und billig. So häuften sich mit den burgenhaften Fabrikfassaden die Stukkateurgeschäfte, die Destillen und Bazare in der Stadtmitte, die Villen in Barockmanufaktur und die Siedlungen in Schwarzwälder Puppenstil nach Westen hin, wo die Wälder rauschten und der Fluß sie lautlos spiegelte, und die proletarischen Mietskasernen gen Osten, wo das Dickicht aus gelbem Qualm unaufhörlich wog und scharenweise die Zechentürme, wie Bakterien auf Gelatine, daraus hervorsproßten. Gas, Wasser und Kanalisation wurden in die Vertiefungen hineingebuddelt, die auf dem Katasteramt schon Straßen hießen – immer hinein damit, Fabriken, Häuser, Menschen, immer hinein damit, hier sitzt man sicher und warm. Hier wird Geld verdient – nicht viel, wenn man die Arbeit rechnet, die dafür verlangt wird, aber ungeheuer viel, wenn man an das Elend auf den Zuckerrübenplantagen zurückdenkt, woher man gekommen ist. Bankrotteure setzten sich mit viertel- oder halbfertigen Häuserruinen ein Denkmal. Die Jungen spielten tagsüber »Räuber und Schandi« darin, abends war es ein Unterschlupf für Pärchen, und nachts wurde gestohlen, was an transportierbarem Material da war. Die Behörde teilte den ganzen Wirrwarr einfach in Blöcke ein und verausgabte Straßennamen nach Gattungsmerkmalen: hierhin Mädchennamen, dorthin Knabennamen, hierhin Dichter, dorthin Maler, hierhin Städte, dorthin Flüsse, hierhin Ärzte, dorthin Industrielle. Es war, als wolle sie wenigstens die Straßen sammeln, da die Stadt selbst ihr zu entlaufen drohte ...«

Erik Reger

UNTER UND ÜBER DER ERDE

Wer von hier aus ins Bergische sieht, könnte wohl meinen, die Erdkruste sei durchgebrannt und qualme, lodre, schwele aus tausend Löchern. In Kohlenrauch, Eisenstaub und Hochofenfeuer versinkt die Landschaft der Ebene ganz, nur von den letzten grünen Hügeln dringt noch ein wenig Farbe durch den Rauch, unheimlich ausgeglüht, wie man die Welt bei einer Sonnenfinsternis durch rauchgeschwärztes Glas betrachtet ...

Unter dieser schwarzen Landschaft ist eine schwärzere mit Haupt- und Nebenstraßen, die alle genau in den Bergkarten aufgezeichnet sind. Und wer nicht einmal eine Schicht da unten war, der begreift nicht, wie die Menschen unter dem Rauchhimmel da oben noch leben können. Es geht sehr tief hinunter, wenn es ein Steiger verantwortet, im Förderkorb, früher auf der Fahrkunst, jener sinnreichen Einrichtung, wo der Mann immer um Schrankhöhe abwärts gehoben wurde, dann auf einen festen Tritt übersteigen mußte, um die nächste Stufe in gleicher Richtung abzuwarten. Im Förderkorb geht es natürlich schneller, man nenne das sehr exakte Ding – das für die Kohlenwagen und für die Menschen da ist – wohl besser einen Fahrstuhl. Er endigt oben in dem Förderturm, der aus Eisengestänge schief gegen den Zug der Seile in die Luft gebaut und mit seinem Riesenrad für die Zechengegend so charakteristisch ist. Das erste, was einen unten begrüßt, sind Pferde, die hier Stallung, Futter und Arbeit in der Erde haben und die man mit Trauer ihren Trott hinziehen sieht. Von allen Seiten kommen die Straßen heran, hier gegen den Schacht hoch und frei gebaut. Man kann noch wählen, welche Promenade man begehen will; doch laufen sie alle einmal in Höhlen und Löcher aus. Und wen vor Ort die Hauer ansehen aus ihren schwarzumränderten weißen Augen im Licht der Grubenlämpchen, halb nackt inmitten der unheimlich glitzernden schwarzen Kohle, die sie mühsam aus dem Gestein herausbrechen, dem vergeht die Promenade. Denn dies sind keine großmächtigen Steinbrüche, nur enge Höhlen den Adern nach, mit denen die Kohle im Gestein versprengt ist; und weil sie, einmal abgebaut, unnütz sind, kann an ihren Ausbau nichts verschwendet werden. Und überall lauert der Tod; aus irgendeinem Spalt – die alten kennt man und meidet sie – dringen die Gase, die, mit einem Fünkchen entfacht, explodieren und auf weite Strecken alles verbrennen und ersticken, was lebendig ist. Die grauenhafte Neugier lockt uns. Der Steiger geht mit seiner sicheren Lampe, auf deren Pflege grimmige Gesetze stehen, in einen abgelegenen Seitengang gegen die Wand; unheimlich wächst das Flämmchen, gleich muß die Fackel aus der Lampe schlagen, doch wird die Flamme blau und erlischt: Schlagende Wetter, vorgeführt wie dressierte Löwen in der Menagerie.

Dann gibt es schräge Löcher, lang hinunterziehend von einer höheren Sohle zu einer tieferen, wo auf Schienen die kleinen Wagen auf- und abwärts gehen. Wie ein Dachs in seinen Bau kriecht der Steiger hinein, man folgt ihm zögernd und beengten Herzens: und irgendwo – ist es ein Zwerg, ein Berggespenst – taucht aus einem Seitenloch

ein blasser Junge auf, der hier die Weiche stellt. Die Luft ist schwül und dick voll schwarzem Staub; man fühlt ihn in den Augen, auf der Zunge, man fühlt ihn durch die Kleider am schweißbedeckten Körper kleben.
Schwarz wie ein Schornsteinfeger steigt man oben – aus einem wirren Traum erwacht – ins heiße Wasser. Die Vorrichtungen zum Waschen sind musterhaft, aber nichts ist einem so lieb wie die Helligkeit des Tages, die um alle Dinge ist. Wenn man danach wieder sauber in seinen Kleidern geht, sieht man den Rauch nicht mehr in der Luft, der Himmel scheint blank und klar und alle Straßen erfüllt vom Sonnenlicht.
Unheimlich ist es schon am Tag, mehr aber bei der Nacht, in einem der großen Eisenwerke herumzugehen. Da zischen die gepreßten Schienen wie glühende Schlangen aus den Öfen heraus und werden von den Arbeitern gleichmütig mit Eisenstangen hingenommen und beiseite getragen; da sprühen die Bessemerbirnen, diese staubigen, unheimlichen Beutel, hoch in der Luft auf einmal einen Funkenregen über uns aus, daß wir geblendet vor Licht und Schrecken stehen, da sausen die schweren Hämmer und bearbeiten viele Zentner glühenden Stahls wie ein Häufchen Wachs; da liegen in den Höfen und in Riesenhallen auf Holzgerüsten wie mennigrote Tiere die Brücken, die später in Java oder Chile über Meeresarme oder Abgründe fahren sollen; da fahren über unsern Köpfen die Kräne hin und her, die ein ganzes Rathaus wie eine Streichholzschachtel zu heben und abzustellen vermöchten.
Auf all diese Güter, die da gegraben und gehämmert werden, warten solcher Kräne im Duisburg-Ruhrorter Hafen viele, sie in die Schiffe zu verladen. Da gehen täglich stromab, stromauf die Riesenschlepper ab, mit vier, fünf Schleppkähnen hinter sich, davon ein jeder die Tonnenzahl einiger Güterzüge in seinem Eisenbauch birgt. Wenn ihrer mehrere sich kreuzen auf dem Strom, wenn aus der Ferne schon neue heranrücken, schwere Rauchsäulen in den Himmel qualmend: das ist dann eine andere Welt als die auf der Unterelbe, doch keine geringere.
Und wiederum das rheinische Schiffervolk, das auf diesen Riesenkähnen wohnt und lebt, geboren wird und stirbt: das ist ein anderes Volk als die Ackerbürger und Winzer, an denen sie täglich vorüberfahren. Zigeuner nicht; denn reinlich sind die Schiffe und lustig angestrichen – und dennoch fahrendes Volk mit eigenen Berufsgesetzen, eigener Moral und eigenem Hochmut; braune Kerle, die in Rotterdam und Mannheim gleich gut bekannt sind, und Frauen, die an Leinen, lang übers Schiff gespannt, grüne Wolldecken lüften und Kinderwäsche trocknen, handfest manchmal auch am Steuer stehen oder am schweren Ankerspill. So führen sie die Güter vom Niederrhein stromauf, stromab; kein Dörfchen an den Ufern, daran ihr starkes Leben nicht täglich vorüberrauschte mit starken Schaufelrädern: bis Basel hinauf ist es der Niederrhein, ist es die Ruhr, die ihn mit Leben füllen.

Wilhelm Schäfer

Alter Sicherheitshafen (Ruhrort), um 1895.
Gemälde von Cornelius Wagner (1870–1956)

HOESCH
Ein Plan hat Folgen

Wenn der Professor Reuleaux, Lehrmeister einer ganzen Generation von Ingenieuren und Sachverständiger von hohen Graden, auf der Weltausstellung von Philadelphia 1876 der deutschen Industrie das beschämende Zeugnis ausstellen mußte, nach der großen Krise von 1873 »billig und schlecht« gearbeitet zu haben, so traf dieser Vorwurf Albert Hoesch nicht. Dem Zwang, bei stürzenden Preisen billiger und weil billiger auch schlechter produzieren zu müssen, durfte ein Werk, das eben erst zu produzieren begonnen hatte, nicht nachgeben. Nur mit der Güte seiner Produkte, mit nichts sonst, konnte es sich durchsetzen – und dazu war Albert entschlossen. Allerdings mußte das junge Werk zehn Jahre lang auf die Ausschüttung von Dividenden verzichten. Doch gelang es ihm, im gleichen Zeitraum die Stahlerzeugung wenn auch langsam, so stetig zu steigern. 1874 stoßen die Hoesch-Werke von 36000 Tonnen, die sie herstellen könnten, nur 11000 Tonnen aus. 1881 aber ist die Jahresproduktion bereits auf 48000 Tonnen gestiegen.

1881: 48000 Tonnen Stahl im Jahr

Das hatte seine Gründe. 1879 trat der neue Zolltarif in Kraft, und damit war das alte Schutzzollsystem wieder da. Um den Schutzzoll hatte Leopold Hoesch, als Vorsitzender des ›Vereins Deutscher Eisenhüttenleute‹, leidenschaftlich gekämpft – in den sechziger Jahren, als es darum gegangen war, die eben erst beginnende deutsche Eisenindustrie gegen die alle Preise unterbietende englische Konkurrenz zu schützen. Später war derselbe Leopold gezwungen, für einen Abbau des Schutzzolls einzutreten, der inzwischen den sicheren Ruin bedeutete – für ein Werk, das der Konkurrenz anderer Unternehmungen in Deutschland nur gewachsen war, wenn es sein Roheisen billig genug bezog, und das war für Hoesch nur aus England möglich. Leopold forderte deshalb, ohne seinen Grundsätzen abzuschwören, einen modifizierten Schutzzoll, u. a.: »Rückerstattung des Zolls für die Quantitäten, die wir nach dem Ausland ausführen...« Jetzt mußte er sich erneut der Einsicht beugen, daß ohne einen Zollschutz nicht zu bestehen war. – Ein weiterer Grund für die Konsolidierung war die Einführung des Thomasverfahrens, dessen Patente Hoesch zusammen mit fünf anderen Firmen 1883 erwarb. Der Kostenanteil an den Lizenzgebühren betrug für Hoesch 360000 Mark. Das war viel Geld, aber es sollte sich lohnen.

Väter und Söhne

Eine neue Zeit begann. Die Epoche der Gründer ging zu Ende, die ›Söhne‹ waren am Werk. Auch Albert gehörte zu den Söhnen, die, vom Schatten des Vaters sich befreiend, einen eigenen Schatten zu werfen begannen. Nicht mehr nur erhalten, nicht mehr nur fortführen, nicht mehr nur mehren wollten und durften sie das Begonnene, sondern mußten ihrer Zeit genauso vorauseilen, wie die Gründer der ihren vorausgeeilt waren. Das war nicht einfach. Die Unbefangenheit der

Väter war, nach der Depression, bei den Söhnen einer tiefen Skepsis gewichen, die Wollen und Können weit auseinanderschob. Dabei mochte es für Albert eher bestürzend als beglückend sein, wie vorausschauend früh sein Vater die Weichen gestellt hatte, an die er, der Sohn, jetzt gebunden war.

Leopold Hoesch und die deutsche Eisenindustrie

Als in den fünfziger Jahren die deutsche Eisenindustrie in einem erbitterten Wettkampf mit dem Ausland lag, hatte ihr Leopold den Weg gewiesen zu überleben: indem sie ihre Abkapselung untereinander aufgab, Eifersucht Eifersucht sein ließ und sich die Erkenntnisse moderner Betriebsführung und die ganze Fülle des technischen Fortschritts gegenseitig zugänglich machte. In einem vom ihm verfaßten Rundschreiben vom Oktober 1860 heißt es:

»Bei der gedrückten Lage, in welcher sich gegenwärtig die Eisenindustrie des Zollvereins befindet, und der Möglichkeit, ja Wahrscheinlichkeit, daß diese Verhältnisse durch die andauernde politische Spannung und die steigende Concurrenz des Auslandes noch einer Verschlimmerung entgegengehen, ist dringend geboten, durch Vervollkommnung der Hüttentechnik und eine umsichtige und verständige Betriebsoeconomie die in der Conjunktur liegenden Nachtheile möglichst zu paralysiren. Um diesen Zweck und damit die Absicht zu erreichen, eine entsprechende Rentabilität des Eisen-Gewerbes wiederzugewinnen, bedarf es mehr als der Bestrebung Einzelner. Nur ein festes und inniges Zusammenwirken der gesamten vaterländischen Eisenindustrie und eine Vereinigung aller Kräfte vermag diese Aufgabe zu lösen.«

Gründung des Vereins deutscher Eisenhüttenleute

Bei diesem Rundschreiben war es nicht geblieben. Am 3. November 1860 konstituierte sich in Düsseldorf der ›Technische Verein für Eisenhüttenwesen‹ (später ›Verein deutscher Eisenhüttenleute‹), dessen Satzung die »Ausbildung des praktischen Eisenhüttenwesens sowie die Vertretung und Wahrnehmung der Interessen dieses Industriezweiges durch Korrespondenz, schriftliche und mündliche Vorträge, durch Besprechung und Sammlung von Erfahrungen, Versuchen, Erfindungen und Verbesserungen in dem Betriebe und der Ökonomie der Eisenhüttenwerke und Förderung des Verbrauchs von Eisen in allen Formen« vorsah.

Leopold Hoesch, der von 1860 bis 1864 der 1. Vorsitzende dieses Vereins, dann dessen Ehrenvorsitzender war – später folgten ihm aus dem Hoesch-Kreis Friedrich Springorum (1905–1917), sein Sohn Fritz (von 1936 bis 1939) und 1969 Friedrich Harders – dieser Leopold hatte mit seinen Ideen, die zur Gründung des Vereins geführt hatten, zugleich auch für Albert die ›Richtlinien der Politik‹ bestimmt.

Der Vertrag vom 24. September 1873: Hoesch wird AG

Der notarielle Vertrag vom 24. September 1873, mit dem Hoesch in eine AG umgewandelt wurde, entsprach Punkt für Punkt Leopolds Plan. Er stellte das Werk auf die breiteste Basis, die vom »Aufsuchen, Erwerben und Ausbeuten von Concessionen auf nützliche Erden, Kohlen aller Art, Mineralien, Eisen und andere Erze zu Coaks, die Verhüttung resp. Zugutemachung der genannten Fossilien«, sodann über die »Weiterverarbeitung der gewonnenen Metalle und der Metalle überhaupt zu allen fertigen und halbfertigen Gegenständen« bis zum »An- und Verkauf derartiger und der damit im Zusammenhang stehenden Produkte und Fabrikate« reichte.

Der Aufbau hatte mit dem Mittelstück begonnen, und war es auch gelungen, dieses nach beiden Seiten hin abzustützen, so war man doch abhängig vom fremden Roheisen geblieben. Und weder eine ›Vervollkommnung der Hüttentechnik‹ noch eine ›straffe Betriebsökonomie‹, die die Nachteile der Konjunktur aufwiegen konnten, befreiten Albert aus dieser Abhängigkeit. So mußte er, ob er wollte oder nicht,

Walzwerk um 1890

auf den im Statut angelegten Gesamtplan zurückgreifen, und wenn bei Hoesch in der Nacht vom 19. zum 20. September 1896 der erste Abstich am eigenen Hochofen den Fabrikhof erhellte, dann war dieser »Übergang zum gemischten Großbetrieb mit eigenen Kohlenzechen, Erzgruben und Hochöfen« der Wendepunkt in der Geschichte des Unternehmens.
Das ferne Ziel, das Leopolds Augen in der Zukunft erblickt haben mochten, als er das Statut ausarbeitete, war damit in seiner ersten Etappe erreicht, und der alte Hoesch, wie die Arbeiter Leopold nannten, sollte 1898 mit dem Erwerb der Kohlenzechen auch noch die zweite Etappe erleben. Auf dem Wege dorthin aber verging Alberts Leben, das Leben eines Mannes, der niemals »eine Erholungs- oder Badereise gemacht« und den der Dortmunder Zeitungsmann Karl Richter »einen hervorragenden Stahlmann und ein unglaubliches Arbeitspferd« nennt. In seinen Erinnerungen schreibt Richter: »Er reiste selbst im Lande herum und verkaufte sein Fabrikat. Damals war er schon mit den Plänen zu den neuen gewaltigen Hochöfen beschäftigt, die noch heute der Stolz unserer Industriestadt sind; daneben trank er aus Sparsamkeit im Kasino den billigsten Kutscher. Vor Übermüdung sah man ihn zuweilen als Stadtverordneten in öffentlichen Sitzungen auf seinem Platze eingenickt. Schon damals zeigten sich in dem Äußeren des einst so jugendschönen Mannes Spuren starker Erschöpfung, und einige Jahre später sinkt der hochbegabte, wackere Mann im besten Mannesalter ins Grab.«

1881 wird eine erste Dividende von 5 Prozent an die Aktionäre verteilt. Aber der Absatz vom Halbzeug macht zunehmend Schwierigkeiten. Man beschließt deshalb, das Halbzeug selbst weiterzuverarbeiten und zu der Herstellung von Blökken, Platinen, Knüppeln, Schienen, Schwellen und Laschen die Produktion von Draht aufzunehmen. 1882 werden deshalb die Anlagen um eine Drahtstraße erweitert. Man kann jetzt die gesamte Knüppelerzeugung selbst weiterverarbeiten.

1881: Erste Dividende

1882: Drahtstraße

Zögern heißt schon Stillstand, heißt Rückschritt. 1884 ist das neue Thomaswerk fertig, mit drei Konvertern. Auch eine Schlackenmühle wird gebaut, aus Abfall Nutzen gezogen: Thomasmehl ist für die Landwirtschaft unerläßlich geworden.

1884: Thomas-Stahlwerk mit drei Konvertern

Die Preisunterbietung der deutschen Werke für Halbzeug – manchmal sind nicht mehr die Selbstkosten gedeckt – zwingt die Verwaltung, zur Drahtstraße nun auch ein Blechwalzwerk zu bauen, um bei der gestiegenen Produktion Blöcke und Platinen nicht mehr zu jedem Preis abgeben zu müssen. Das neue Walzwerk wird 1886 in Betrieb genommen, zwei Jahre später tritt ein Reversierwalzwerk, das Blöcke bis zu 1000 Kilogramm walzen kann, an die Stelle des alten Trägerwalzwerkes von 1874. Weitere zwei Jahre später verfügt Hoesch über eine moderne Blockstraße und über eine Fertigstraße mit drei Walzgerüsten.

1886: Blechwalzwerk

1888: Reversierwalzwerk

1890: Fertigstraße

Dieses Werk ist für seine Zeit fast ein technisches Wunder. Der Transport und das Wenden der Blöcke, der Transport der Träger zum Lager, das Wegschaffen der Schrottabfälle, alles erfolgt weitgehend maschinell; was wenige Jahre zuvor noch durch Muskelkraft bewältigt werden mußte, haben Maschinen übernommen. Jetzt kommt es auf die Geschicklichkeit des Menschen an, nicht mehr allein auf seine Körperkraft.

Leopold Hoesch, der den Vorsitz im Aufsichtsrat der Werke führt, hatte in weiser Voraussicht der technischen Entwicklung 1868 seinen damals dreiundzwanzigjährigen Sohn Wilhelm nach Sereuil in Südfrankreich zu jenem Pierre Martin geschickt, der dem absurden und doch so naheliegenden Gedanken nachgegangen war, Schrott im Gasfeuerofen des Friedrich Siemens zu Stahl zu läutern. So hatte Wilhelm an Ort und Stelle – wie Albert in Sheffield das Bessemer-Verfahren – das Siemens-Martin-Verfahren studiert und 1871 in Lendersdorf drei Martinöfen, die je 5 Tonnen Stahl faßten, in Betrieb genommen. 1895 ist die Nachfrage nach SM-Stahl so gestiegen, daß das Eisen- und Stahlwerk Hoesch in Dortmund zwei Martinöfen mit je 15 Tonnen Fassungsvermögen baut und die erste Charge erschmelzen kann.

1895: Siemens-Martin-Öfen

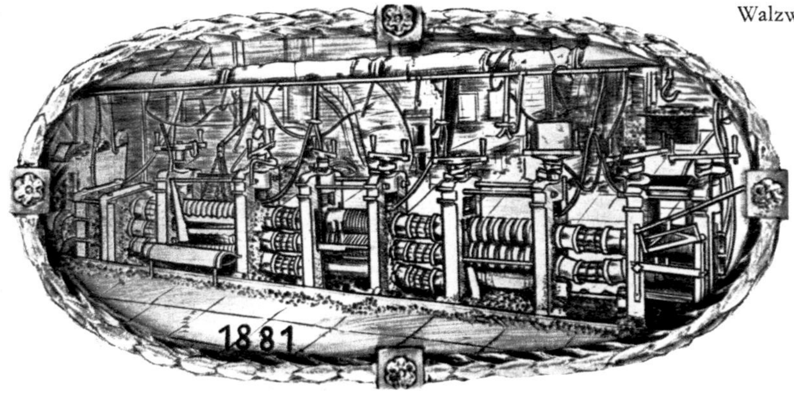

Walzwerk Langenkamp, Hohenlimburg

Klingenschmied, 1902.
Gemälde von Christian Rohlfs
(1849–1938)

Straße im Revier, 1929 · Gemälde von Josef Horn (1902–1951)

Abschied von gestern

Dampfschiff und Eisenbahn, bald auch Luftschiff und Flugzeug, Überseekabel für Telegraf und Telefon – allen diesen Erfindungen, die die neue Zeit bestimmten, war gemein, daß sie die Entfernung zwischen den Erdteilen verringerten oder gar aufhoben. Auch die Rotationsmaschine hatte ihren Anteil daran; Information wurde zum Politikum.

Otto-, Diesel- und Elektromotor heißen die neuen Antriebe, auf Umdrehungszahl und Geschwindigkeit gerichtet. Kraft und Geschwindigkeit – dem Lebensgefühl des fortschrittbesessenen Menschen erschließen sie eine Skala bisher unbekannter Empfindungen, mit denen er sich als wirklicher Herr der Erde fühlen soll. Die Naturwissenschaften warten mit unerhörten Entdeckungen auf, neben den Techniker tritt der Chemiker. Teer, Ammoniak, Benzol – Nebenprodukte der Kohle, bisher achtlos beiseite getan – bereiten das Zeitalter der Kunststoffe vor. Mit schwefelsaurem Ammoniak wird man in der Landwirtschaft bald dem Boden Erträge abringen, die man nie zu erhoffen gewagt hatte. Die Elektrizität wird den Erdball erhellen.

1894 taucht die Frage der Elektrifizierung zum erstenmal im Revier auf, und die Regierung findet auf ein Gesuch der Gemeinde Altenessen die denkwürdige Antwort: »Wenn wir ein Bedürfnis zur Beleuchtung der in Rede stehenden Straße nicht in Abrede stellen wollen, so haben wir doch aus den uns gemachten Vorlagen nicht den Eindruck gewinnen können, daß gerade die projektierte elektrische Beleuchtung diesem Bedürfnis in der besten und zweckmäßigsten Weise Abhilfe verschafft ... Wenn der Anschluß an eine der bestehenden benachbarten Gasleitungen nicht zweckmäßig und ausführbar sein sollte, so wird u. E. die Einrichtung von Petroleumbeleuchtung bei einem zweifellos geringen Kostenaufwande nicht nur auch den Bedürfnissen genügen, sondern sogar vorzuziehen sein, weil erfahrungsgemäß die elektrische Beleuchtung bisher sich hauptsächlich nur in umschlossenen Räumen oder auf rings mit Gebäuden besetzten städtischen Plätzen bewährt hat, wo eine starke Strahlenbrechung stattfindet, was bei einer freien Chaussee, an der nur einzelne Häuser stehen, nicht der Fall ist.« Knappe drei Jahrzehnte später gibt das Rheinisch-Westfälische Elektrizitätswerk 27,6 Millionen Kilowattstunden für Licht und 248,2 Millionen Kilowattstunden an Kraft ab.

Als aber die Elektrizität ihr Gitternetz über jenen Raum legt, der nun ›Ruhrrevier‹ heißt, ist es schon eine neue, nicht mehr von der Natur, sondern von der Technik dem geologischen Grundbild aufgesetzte künstliche Zwecklandschaft, durchzogen von Bahnen, Kanälen und Flüssen, die nicht mehr fließen, wie die Natur es will, sondern wie die Bedürfnisse der Industrie es gebieten. Unter dem

Malakoff-Turm der Zeche Westhausen, so benannt nach dem berühmten Fort der Festung Sewastopol, die im Krimkrieg 1853–1856 lange Zeit der Belagerung widerstand.
Viele Zechen legten sich in der historisierenden Epoche des Reviers solche Malakoff-Schachttürme zu.
Mit ihrem bis zu 2,50 Meter dicken Backstein-Mauerwerk nahmen sie die schrägen Seilzugkräfte der Fördermaschinen auf, die die Haspelförderung ablösten.

Deckgebirge, 700, 800 Meter tief, wandert die riesige unterirdische Stadt der Bergwerke mit Schachtanlagen, Wettersohlen, Streben und Stollen, Pumpensümpfen und Wasserhaltungsmaschinen – wandert eine Stadt mit eigenen Bahnhöfen und dem Heer der Bergleute langsam nach Norden, den Flözen nach; an der Oberfläche surren die Spindeln der Seilscheiben, blinkern Klärteiche, glühen Koksöfen, rauchen Hochöfen, werfen die Stahlwerke ihren Glutschein in Tag und Nacht; das Gespinst der Gasleitungen kriecht durch Wiesenquadrate und Wälderrechtecke; Kühltürme und Gasometer stehen an Straßen, die vergessen lassen, daß hier fruchtbarer Ackerboden war – und die Städte, eingekreist von Hüttenwerken und Fördertürmen, führen den Menschen, die sie beherbergen, nur noch in den Museen auf farbigen Stahlstichen die Idylle jener Landschaft vor, in der sie vor fünfzig Jahren als brave Ackerstädtchen dahinträumten. Am Himmel aber, der mit Drähten verspannt ist, bildet sich schon jene Glocke aus Ruß und Rauch, an die der Revierfremde denkt, wenn er ›Ruhrgebiet‹ hört.
Die Tage Karls des Großen sind unwandelbar dahin. Aus der Naturlandschaft ist eine Zwecklandschaft geworden, und nicht mehr Könige und Fürsten bestimmen

ihr Geschick, sondern der technische Fortschritt und, als sein Vollstrecker, der Unternehmer.

Aber wer ist das? Ist es noch der ›Fabrikant‹, in dessen Person Eigentum und Führung des Betriebes vereint waren? Übt er nicht längst schon seine unternehmerischen Funktionen aus, ohne an dem von ihm geführten Unternehmen Eigentum zu besitzen? Und hat er, wie ihn das zu Ende gehende Jahrhundert noch immer sehen möchte, wirklich den Zauberstab in Händen, mit dem er nur an die in der Tiefe der Erde schlummernden Naturschätze und -kräfte zu schlagen braucht, und schon wären Materie und Geist freigesetzt, sich unter seiner Regie in Nutzen für die Menschheit zu verwandeln?

Er selbst betrachtet sich viel nüchterner. Der Zwang der Verhältnisse beherrscht ihn wie jedermann. Wer sieht noch das weite Feld der Pioniere vor sich, wie es vor einem Mulvany, einem Grillo lag, und wer, wenn er gar Erfindungen im Kopfe hat, kann sie selbst noch industriell auswerten? Immer mehr Kapital wird von den neuen Anlagen verschlungen, und je größer eine Unternehmung wird, um so schwerer ist es, sie unabhängig zu führen, sie zu erhalten, zu organisieren, zu finanzieren. Vielfach ist der Generaldirektor als der eigentliche Herr des Betriebes an die Stelle des Eigentümers getreten. Und immer stärker sind die Unternehmen, früher auf Abgrenzung bedacht, doch nunmehr erkennend, wie abhängig sie voneinander sind, dazu übergegangen, ihre Interessen gemeinsam zu vertreten. Ein breites Verbandswesen ist so entstanden, das dem Unternehmer Funktionen abnimmt, ihm aber andererseits Normen auferlegt, Normen mit einem Zwang, die der Unternehmer alten Stils nicht gekannt hatte. Es gibt den ›Verbandsfunktionär‹, der eine ganz neue Form von mehr anonymer, nicht mehr auf Persönlichkeit gestellter Einflußnahme darstellt und – im Zuge der Gewerbefreiheit und dem sich daraus ergebenden oft mörderischen Konkurrenzkampf – diesen Einfluß durchsetzt.

Die industrielle Entwicklung hat aber auch das gesellschaftspolitische Bild der Zeit verändert. Der Arbeiter, auf dem Wege, sich ›mündig‹ zu sprechen, will von persönlicher Abhängigkeit befreit sein, soweit er in sie nicht durch das Erfordernis betrieblicher Disziplin, sondern durch die Furcht vor Arbeitslosigkeit geraten ist. Vereinigt in Gewerkschaften, an deren Spitze ebenfalls ein ›Verbandsfunktionär‹ agiert, hat die Arbeiterschaft den langen Marsch angetreten, an dessen Ende der mitberechtigte Partner an Stelle des Arbeitsuntertanen steht.

So tritt am Ende des Jahrhunderts der Unternehmer als eine Gestalt vor uns hin, der nur noch wenig anhaftet vom Mythos der Gründerzeit, in der er deckungsgleich mit ›Fortschritt‹ und, im unbegrenzten Glauben an die Macht der Technik und an den Segen wissenschaftlicher Entdeckungen, als der Garant dastand, daß sie nie ein Janusgesicht annehmen können. Krisen, Rückschläge, steigende und sinkende Konjunkturen haben ihn belehrt, daß er weder als Patriarch noch als reformfreudiger Koordinator kompliziertester Wirtschaftsvorgänge das, was ein Unternehmen ist, noch allein mit seiner Person durchdringen kann und zusammenzuhalten vermag.

Viele Unternehmer sahen diese Lage klar und nüchtern im Gegenlicht des heraufziehenden 20. Jahrhunderts. Nicht allzuviele zogen Konsequenzen für ihre Unternehmen daraus. Doch den Fragen, die aus den verwandelten Kräfteverhältnissen aufstiegen, konnte sich niemand entziehen.

Wir werden sehen, wie das neue Jahrhundert auf sie antwortet.

FORTSCHRITT
in der Sicht des Dichters . . .

Das neunzehnte Jahrhundert war in seinem liberalistischen Idealismus ehrlich überzeugt, auf dem geraden und unfehlbaren Weg zur »besten aller Welten« zu sein. Mit Verachtung blickte man auf die früheren Epochen mit ihren Kriegen, Hungersnöten und Revolutionen herab als auf eine Zeit, da die Menschheit eben noch unmündig und nicht genug aufgeklärt gewesen. Jetzt aber war es doch nur eine Angelegenheit von Jahrzehnten, bis das letzte Böse und Gewalttätige endgültig überwunden sein würde, und dieser Glaube an den ununterbrochenen, unaufhaltsamen ›Fortschritt‹ hatte für jenes Zeitalter wahrhaftig die Kraft einer Religion; man glaubte an diesen ›Fortschritt‹ schon mehr als an die Bibel, und sein Evangelium schien unumstößlich bewiesen durch die täglich neuen Wunder der Wissenschaft und der Technik. In der Tat wurde ein allgemeiner Aufstieg zu Ende dieses friedlichen Jahrhunderts immer sichtbarer, immer geschwinder, immer vielfältiger. Auf den Straßen flammten des Nachts statt der trüben Lichter elektrische Lampen, die Geschäfte trugen von den Hauptstraßen ihren verführerischen neuen Glanz bis in die Vorstädte, schon konnte dank des Telefons der Mensch zum Menschen in der Ferne sprechen, schon flog er dahin im pferdelosen Wagen mit neuen Geschwindigkeiten, schon schwang er sich empor in die Lüfte im erfüllten Ikarustraum. Der Komfort drang aus den vornehmen Häusern in die bürgerlichen, nicht mehr mußte das Wasser vom Brunnen oder Gang geholt werden, nicht mehr mühsam am Herd das Feuer entzündet, die Hygiene verbreitete sich, der Schmutz verschwand. Die Menschen wurden schöner, kräftiger, gesünder, seit der Sport ihnen die Körper stählte, immer seltener sah man Verkrüppelte, Kropfige, Verstümmelte auf den Straßen, und alle diese Wunder hatte die Wissenschaft vollbracht, dieser Erzengel des Fortschritts. Auch im Sozialen ging es voran; von Jahr zu Jahr wurden dem Individuum neue Rechte gegeben, die Justiz linder und humaner gehandhabt, und selbst das Problem der Probleme, die Armut der großen Massen, schien nicht mehr unüberwindlich. Immer weiteren Kreisen gewährte man das Wahlrecht und damit die Möglichkeit, legal ihre Interessen zu verteidigen, Soziologen und Professoren wetteiferten, die Lebenshaltung des Proletariats gesünder und sogar glücklicher zu gestalten – was Wunder darum, wenn dies Jahrhundert sich an seiner eigenen Leistung sonnte und jedes beendete Jahrzehnt nur als Vorstufe eines besseren empfand? An barbarische Rückfälle wie Kriege zwischen den Völkern Europas glaubte man so wenig mehr wie an Hexen und Gespenster; beharrlich waren unsere Väter durchdrungen von dem Vertrauen auf die unfehlbar bindende Kraft von Toleranz und Konzilianz. Redlich meinten sie, die Grenzen von Divergenzen zwischen den Nationen und Konfessionen würden allmählich zerfließen ins gemeinsam Humane und damit Friede und Sicherheit, diese höchsten Güter, der ganzen Menschheit zugeteilt sein.

Stefan Zweig

. . . und des Naturwissenschaftlers

Schon ward aus dem werkzeugmachenden Tier, als welches wir ihn gleich anfangs trafen, der Mensch zum vernünftigen Tiere, welches mit dem Dampfe reist, mit dem Blitze schreibt, mit dem Sonnenstrahle malt. Die Zurückverwandlung des in den schwarzen Diamanten aufgespeicherten Sonnenlichts in Arbeit vermillionenfacht seine Kraft. Die Sieben Weltwunder des Altertums, die Römerwerke, verschwinden neben alltäglichen Unternehmungen des heutigen Geschlechtes. Der Umfang des Planeten wird ihm zu enge. Kaum daß dessen Höhen und Tiefen ihm noch ein Geheimnis verbergen. Wohin körperlich zu gelangen dem Menschen versagt bleibt, dahin dringt mittels des Zauberschlüssels der Rechnung sein Geist. In schwärzester Nacht, im wildesten Meere steuert sein Schiff den kürzesten Kurs; klug entweicht es dem verderblichen Ringe des Taifuns. Was die Wünschelrute vorspiegelte, hält die Geologie. Freigebig erbohrt sie Wasser, Salz, Kohle, Steinöl. Noch mehrt sich die Zahl der Metalle, und noch fand Chemie den Stein der Weisen nicht; morgen vielleicht besetzt sie ihn. Einstweilen wetteifert sie mit der organischen Natur in Erzeugung des Nützlichen und Angenehmen. Den schwarzen stinkenden Abfällen der Leuchtgasbereitung, welche jede Stadt in ein Baku verwandeln, entlehnt sie Farben, vor denen die Pracht tropischen Gefieders erbleicht. Sie bereitet Wohlgerüche ohne Sonne und Blumenbeet. Hätte sie auch Simon's Rätsel nicht gelöst, wer riete das ihrige, Süßes aus dem Ekelhaften zu machen? *Emil Du Bois-Reymond, 1877*

Hauptmaschinenhalle der Industrieausstellung, 1902 · Gemälde von Adolf Lins

AUSSTELLUNGSBERICHTE

Es gibt Maschinen, bei deren Anblick man geradezu glücklich ist vor Freude, daß einem Menschen so etwas glücken konnte. Oft sind das vielleicht nicht die allernotwendigsten und wirtschaftlichsten Maschinen, aber sie beleuchten am besten, was im Grund die Maschine ist: der eiserne Mensch! Ich habe früher gesagt, die eiserne Hand, finde aber, daß dieser Ausdruck nicht ganz ausreicht. Die Maschine tut alles, was irgendein Glied des Körpers mechanisch leistet: sie sieht, hört, bläst den Staub weg, tritt, knetet, walkt, reibt, preßt, leckt, klebt, schreibt, stempelt, zählt, mäht, schneidet, drechselt, mißt, schiebt, sägt, hobelt, bohrt, nagelt, sticht, gerbt, windet, bindet, rollt, stanzt, punzt, fräst. Man kann nicht sagen: die Maschine liebt, die Maschine hofft, die Maschine bittet um Entschuldigung! Aber abgesehen von diesen rein seelisch-sittlichen Vorgängen, was tut die Maschine

nicht? Sie putzt Flaschen, füllt sie, korkt sie, entkorkt sie – der Mensch aber trinkt. Es ist rührend von der Maschine, daß sie mit Wasser und Kohle zufrieden ist. Sie ist geduldiger und leistungsfähiger als ein Kamel.
Tagelang bin ich zwischen den Maschinen der Völker hindurchgegangen, den Katalog in der Hand, das Auge offen. Das, was ich gesehen habe, kann ich schwer in ein paar kurze Worte fassen, denn es ist nichts Neues, direkt Überraschendes. Es ist der Eindruck von der unaufhaltsamen Ausbreitung der maschinellen Arbeitsteilung. Der Strom des Maschinenlebens wird breit wie die Elbe bei Hamburg. Es hat etwas Erhebendes, ihn fluten zu sehen. Das sind also die berühmten Milliarden eiserner Sklaven! Das sind unsere schwarzen Knechte! Was für ein freies Herrenvolk könnten wir alle mit diesen Sklaven sein, wenn die Technik allein den Gang der Menschheitsentwicklung bestimmte! Fern in der Zukunft leuchtet eine Zeit, wo die Maschine alle Arbeitsgebiete ergriffen hat und wo sie allen dient. Jetzt aber leben wir noch im Kampf alter und neuer Wirtschaftsformen. Die Maschine ist Glück und Druck zugleich. Ihr Siegeszug ist Konkurrenz und Ruin. Es kann nicht anders sein. Sie kommt als Werkzeug der Bereicherung einzelner. Auch das kann nicht geändert werden. Immerhin erleichtert diese Erkenntnis die reine ungetrübte Freude nicht. Es stampft, rollt, wirbelt und surrt, wirft nach oben, stößt nach unten, es bohrt und rumort, und das Objekt dieser Unermüdlichkeit sind im Grunde wir alle, unsere Gesellschaft. Wir bauen Maschinen, die uns umgestalten.

Friedrich Naumann, Paris 1900

Das größte der metallenen Tiere ist der Riesenkran, dieser Elefant der Neuzeit. Seine größte Gattung ist in drei Exemplaren vertreten, deren jedes 30 000 kg tragen kann. Den gigantischen Elefanten gibt der Mensch mit Hilfe des elektrischen Funkens seine Befehle. Nicht weit von ihnen rollen die Krane zweiter Größe. Diese Truppe von Lastträgern schleppte die Maschinenteile der großen Maschinenhalle zusammen, dieser Triumphhalle Nordrhein-Westfalens. Hier, wo keine Ästhetik nötig ist, wo Mechanik, Statik, Mathematik und Logik das Feld beherrschen, hier, wo niemand Pietät oder Tradition erwartet, hier glänzen gerade diese Provinzen! Der Franzose Dumoulin hat gelegentlich gesagt, die Westfalen seien der engländerartigste der deutschen Stämme. Merkwürdig, daß die Provinz, die man für schwerfällig hielt, solche kolossalen Leistungen hervorbringen konnte! Körperkraft, Zähigkeit, Nüchternheit und ein zwar langsames, aber konkretes Denken sind die Grundlagen dieser Erfolge. Dazu kommt die Ausstattung mit Naturschätzen und die alte langgeübte Kunst des Schmiedens. Eine Zeit, in der die Schmiede zu Königen wurden, mußte gerade diesen Landesteil in die Höhe bringen. Man denke, wie hoch einst der Schwabe und Franke über dem Westfalen stand! Jetzt ruft Westfalen und das von ihm längst beeinflußte Rheinland die deutschen Stämme an die Ufer des Rheins: Hier ist meine Macht! Man sieht es dieser Maschinenhalle an, mit welchem zähen Selbstgefühl sie gefüllt wurde. Das Schwerste, das Beste, das Kompakteste ist da! So stellen keine Amerikaner aus, womit nicht gesagt ist, daß sie schlechter, sondern nur, daß sie anders ausstellen. Ich habe in Paris die Maschinen der Amerikaner oft besucht. In ihnen ist Raffinement, Schlauheit, gleichsam Überlistung der Materie. Der Westfale überragt durch Gedrungenheit, durch das Bestreben, in möglichst engem Körper möglichst gewaltige Arbeitskraft zu sammeln. Das sind die Urgermanen, die solches tun, der ungemischteste aller zum Deutschen Reiche gehörigen Volksstämme. Und nun sage noch jemand, das Deutschtum sei seiner Natur nach agrarisch!
Man stelle sich 26 große Dampfmaschinen vor, die ihre Kräfte vereinigen, um das Flüssigste zu produzieren, was es gibt: Elektrizität! Hinter diesen 26 Dampfmaschinen glühen 16 Dampfkessel mit 3550 qm Heizfläche. In dieser Umgebung von dirigierbarer Energie fühlen sich die Menschen wohl, die der von Harnack geforderten Weltanschauung am nächsten sind. Ihr Problem heißt: Organisierung von Massenkraft. Der Individualismus bricht angesichts dieser Maschinenanlage ohne Worte zusammen. Eine Zeit, die mit diesen kombinierten Kraftquellen arbeiten will, ist gar nicht imstande, handwerklich oder bäuerlich individualistisch zu denken. Was ist der einzelne Mensch vor solchen Werken?
Saust und braust, ihr Räder! Ihr tragt die Zukunft! Welche fabelhaften Gestalten diese eure Zukunft uns noch bringen wird, ahnt kein Mensch. Man sehe alle diese sich streckenden Stahlarme, diese Dampfhämmer, Walzen, Zugmaschinen, diese Kondensationsbassins, diese merkwürdigen Kühltürme, diese Zangen, Hobel, Bohrer, diese spiegelklaren, felsenharten Platten, dieses zur Rotation gewordene Stoßen, dieses Zerrupfen, dieses Zerdrücken, Zerfleischen der härtesten Stoffe, diese rasende Ungeduld des Umformens! Man sehe und sehe! Diese Gewalten sind die Sklaven unserer Kinder!

Friedrich Naumann, Düsseldorf 1902

Bildnis eines Fabrikanten, 1926.
Gemälde von Otto Dix (*1891)

Dortmund eine Stadt im Revier

Im Dunkel der Geschichte

Die Anfänge Dortmunds liegen im Dunkel der Geschichte. 1896 fand ein Pfarrer bei Oberaden, in der Nähe von Lünen, nicht weit von der uralten Straße, die von der Ruhr über Dortmund zur Lippe führt, einige Münzen im Boden. Der Dortmunder Zeichenlehrer Baum, ein allgemein respektierter, fanatischer Geschichtsforscher, wurde gerufen, setzte den Spaten an und stieß auf Waffen. Dem Begeisterten wurde zwar ein Streich gespielt: Einer seiner Helfer behauptete, die lateinische Inschrift auf einem der kurzen Speere, die man gefunden hatte, nicht entziffern zu können, und als Baum das Pilum zur Hand nahm, las er: »Varus seinem lieben Baum!« Dennoch gab es keinen Zweifel: man hatte die Überreste einer großen militärischen Anlage der Römer vor sich. Die Münzen wiesen auf die Jahre 9 bis 12 vor Christus, also hatte hier Drusus auf seinem Weg nach Osten Nachschub empfangen, der auf Lastkähnen die Lippe heraufkam: ein nur 2,5 km entfernter Hafen war mit dem Lager verbunden.

Man nimmt an, daß die Römer auch den Hellweg benutzt haben, der wenige Kilometer südlich von dieser Stelle verläuft, daß sie dann den nord-südlichen Weg einschlugen, der den Hellweg kreuzt, und dabei Burg und Ansiedlung, aus denen später Dortmund entstand, belagerten. »Trucide, trucide!« sei ihr Schlachtruf gewesen, was etwa bedeutet: »Schlagt tot!« Verstanden hätten die Germanen aber nur truz oder trot, woraus sie den Namen ›Trotmanni‹ (Trutzmänner) formten, den sie auch auf den von den Römern eroberten und dann bewohnten Ort übertrugen.

Man nimmt es an, aber man weiß es nicht. ›Trot‹ kann ebensogut ›Kehle‹ bedeuten, also kehlenförmige Bodensenkung, und ›männi‹ aus ›mana‹ = Flußlauf oder Weg sich herleiten; denkbar ist auch, daß ›Trot‹ einfach nur Dresch, Dreeschland, also Brachland, heißt. Zwei spätrömische Tongefäße, das eine gefüllt mit römischen Gold-, das andere mit fränkischen Silbermünzen, bei Ausschachtungen in der Dortmunder Innenstadt gefunden, weisen ins 3. bis 4. Jahrhundert nach Christus, und es gilt als sicher, daß am Straßenkreuz des uralten Hellwegs sich eine ebenso uralte Siedlung befunden hat, die noch zur Zeit Karls des Großen bestand. Aus ihr und dem fränkischen Königshof Karls des Großen entstand die Stadt Dortmund.

Von alters her hat es, wo Wege sich schnitten, menschliche Ansiedlungen gegeben. Kirchen, Burgen, Höfe entstanden dort, und mit dem west-östlich verlaufenden Hellweg am Schnittpunkt der Nord-Süd-Straße, der heutigen Bundesstraße 54 von Bremen nach Frankfurt, verhielt es sich genauso. 51°28′53″ nördlicher Breite und 7°27′57″ östlicher Länge von Greenwich ist Dortmunds geo-

Der Schlußstein in der Reinoldikirche zeigt Reinoldus, den Sohn des Grafen Haymon von Dordogne und Aya, einer Schwester Karls des Großen, mit seinen drei Brüdern auf dem sagenhaften Pferd Bayard.

graphische Lage, und gemessen hat man sie am Turmknauf der Reinoldikirche! Hier an der Kirche lag der alte Markt, hier im Vorgelände der Burg, im suburbium, strömte das Volk zusammen, wenn der Kaiser Hof hielt. Auf diesen Kaiser aber, auf Karl, führten die Dortmunder später alle ihre Freiheiten und Rechte zurück, außergewöhnliche Rechte. Ihn selbst bildeten sie am Rathaus und in der Reinoldikirche in Stein ab.

An einem Pfeiler der Kirche, in Holz geschnitzt, Schwert und Wappenschild in Händen, wacht seit dem 14. Jahrhundert der heilige Reinoldus. Niemand kann sagen, daß er wirklich heiliggesprochen wurde, jener kühne und tapfere Sohn des Grafen Heymo von Dordogne und Frau Ayas, einer Schwester Karls des Großen. Verfehdet mit dem Kaiser, schenkt ihm der Vater das Wunderroß Bayard, auf dem Reinold sich mit seinen drei Brüdern auf die Felsenburg Montelban im Tal der Gironde flüchtet, die sieben Jahre lang von Karl belagert wird. Dann bricht Reinold auf dem Rücken Bayards durch die Schar der Feinde, sprengt in den Ardennenwald, wird ergriffen, und sein treues Roß wird ertränkt. In Trauer pilgert Reinold ins Morgenland, befreit Jerusalem, kehrt als Büßer zurück und wird in Köln Steinträger beim Kirchenbau von St. Peter. St. Peters Werkmann nennt man ihn, der »für acht arbeitet und nur einen Pfennig Taglohn nimmt«. Das verbittert die anderen Arbeiter, sie erschlagen ihn, stecken die Leiche in einen Sack und versenken sie im Rhein. Eine blinde fromme Witwe, die an den Rhein kommt – dort soll sie genesen, ist ihr geweissagt –, wird sehend, sieht den Sack im Rhein treiben und zieht ihn an Land. Alle Glocken der Stadt fangen an zu läuten, vom Gürtel des Toten aber leuchten die Worte: »Ich heiße Reinold von Montelban.« Und nun kommt die Stunde Dortmunds. Die Bürger pilgern zum Bischof, erbitten ein Glied des Heiligen, dem zu Ehren sie eine Kirche errichten wollen. Vergeblich, der Bischof will Reinold in seine eigene Kirche überführen. Da beginnt der Wagen mit dem Toten von selbst fortzurollen, die Bürgerabordnung folgt ihm, sie kommt nach Dortmund, und an der Stelle, wo der Wagen hält, bauen die Bürger die geplante Kirche St. Reinoldi.

Dortmund. Kolorierter Kupferstich aus Braun-Hogenberg, Civitates orbis terrarum 1572

Ritter Reinold und Karl der Große. Holzstatuen, Reinoldikirche Dortmund

Durchblick auf die Reinoldikirche,
rechts die Marienkirche

Dortmunder Recht — Dortmunder Glück

Dortmund, heute mit 650000 Einwohnern nach Essen die größte Stadt im Revier, barg im Mittelalter, als freie Reichs- und Hansestadt voll erblüht, 10000 Menschen in seinen Mauern (Köln im Vergleich dazu 20000 und Frankfurt, die Krönungsstadt, 10000). Seine Kaufleute trugen den Namen der Stadt in alle vier Winde. In Thorn und Danzig – dort hießen die Bänke in den ›Artushöfen‹, auf denen sie mit ihren westfälischen Landsleuten saßen, ihnen zu Ehren Reinoldibänke –, in Nowgorod, in Krakau, in Riga, Reval und Dorpat, in Kulm und Elbing und in Böhmen auf dem Kloster Goldenkron bei Prag, aber auch in Wisby auf Gotland waren sie ebenso zu Hause wie in Lübeck, in Rostock, in Stralsund, und um ein Haar wäre bei seiner Gründung das ferne Memel von ihnen Neu-Dortmund getauft und mit dem Dortmunder Stadtrecht ausgestattet worden. Dortmunder Kaufmannsgeschlechter gründeten Handelshäuser in London, Brügge und Antwerpen. Um 1277 haben sie ein Siebentel der gesamten Wollausfuhr Englands in der Hand, als Gläubigervereinigung gewähren sie dem englischen König Eduard II. so gewaltige Darlehen, daß er, neben der Verpfändung von Hafenzöllen und der Hälfte des Königlichen Zollsiegels, mehr als einmal die britische Königskrone an sie verpfändet! Dem Dortmunder Konrad Klepping hat jener Eduard den Sieg der Seeschlacht bei Sluys zu verdanken: Klepping bringt ihm nach kühner Erkundungsfahrt die Meldung, daß die französische Flotte bei Brügge vor Anker liege, was ihm den entscheidenden Überraschungsangriff sichert. Und Tidemann Lemberg (die Familie ist von Lemberg bei Hörde nach Dortmund gezogen) erwirbt acht große Landgüter in England, beherrscht vorübergehend einen großen Teil des angelsächsischen Zinnhandels, reist selbst wie ein König, mit einem eigenen Tragaltar, und wie ein König wird er beigesetzt, in einem erzgetriebenen Sarkophag.

»So fast as Düöpm!« heißt der Wahlspruch der Dortmunder, den sie in goldenen Buchstaben am handgeschmiedeten Tor des Rathauses anbringen lassen. Die wörtliche Übersetzung ins Hochdeutsche (So fest wie Dortmund) wird wohl dem Sinn nicht ganz gerecht, denn er bedeutet nichts anderes als: »Uns kann keiner!« 1388/89 soll dieses Wort entstanden sein in der großen Fehde gegen Engelbert von der Mark, der mit 45 verbündeten Reichsfürsten Dortmund 21 Monate lang belagerte. Agneta von der Vierbecke, eine Witwe, die zu den märkischen Adligen hielt, beschwatzte den Torhüter am Wißstraßentor, zwei Fuhren mit Holz und Heu, ihren Wintervorräten, hereinzulassen. Nach dem Vorbild des Trojanischen Pferdes hatten sich in den Wagen bewaffnete Männer versteckt. Nun gab Agneta vom Turm aus, nachdem sie den Pförtner mit einer Besorgung

Der Dortmunder Bürgermeister Hermann Klepping und der Geistliche Bertram Sudermann empfangen vom Kaiser Ludwig dem Bayern die Urkunde. In diesem Privileg erkannte der Kaiser alle seine alten Rechte, Freiheiten, Gnadenbeweise und löblichen Gewohnheiten an, die die Stadt Dortmund von ihm und seinen Vorgängern, vor allem vom ›König Karl (dem Großen), ihrem Gründer‹ erhalten hatte.

zur Fleischbank wegschickte, den Feinden das Zeichen zum Sturm – zu früh, denn die Schotpforten, die Innentore, waren nicht hochgezogen, und das Schicksal des Priamos und seiner Stadt blieb Dortmund erspart. Noch am selben Tag wird Agneta auf die Holzfuhre gebunden, vor allem Volk verbrannt; ihre beiden Söhne, die am Verrat beteiligt waren, werden enthauptet, und von Ort zu Ort macht der Spottvers die Runde:

Graf Engelbert von der Marke – makt sich mit fremden Gute starke –
Eyn verreder is hey im grunde – Ein hilich engel in dem munde.

So empört der feindliche Adel sich über diese Schnelljustiz zeigte, die Dortmunder waren hier nicht nur ihrem tief eingewurzelten Rechtsempfinden gefolgt, sondern hatten getreu nach dem Buchstaben des Femrechts gehandelt, wonach die ›handhafte‹ Tat augenblicklich abgeurteilt werden konnte. Noch jahrhundertelang feierte die Stadt am Sonntag nach Michaelis den Tag ihrer Errettung mit einer großen Prozession.

Auf Konrad III., einen Hohenstaufen, geht das älteste uns bekannte Privileg der Stadt zurück. Darin waren drei große Rechte oder Freiheiten enthalten. Das war um das Jahr 1150. Die erste dieser Freiheiten gewährte der Stadt einen eigenen Gerichtsstand, die zweite billigte ihr zu, daß ihre Bürger von keinem fremden Richter verklagt, vor kein auswärtiges Gericht gestellt werden durften, und die dritte gab ihr Zollfreiheit an den königlichen Zollstätten. Diese Grundrechte wurden den Dortmundern von den späteren Kaisern erneuert und erweitert; so verwandelte Friedrich II. das Zollprivileg an den königlichen Zollstätten in ein allgemeines, das für den Raum des ganzen Deutschen Reiches galt, ›wenn sie zu Lande oder über das Meer Handel trieben‹, und der junge König Heinrich VII. erteilte ihnen das Recht, neben dem jährlichen Markt einen großen Freimarkt abhalten zu dürfen, der vierzehn Tage währte. Das machte Dortmund zum Fernhandelsplatz und hatte für das Aufblühen der Stadt eine ungeheure Bedeutung.

1332 siegelte Kaiser Ludwig der Bayer auf dem Reichstag zu Nürnberg das ›Privilegium Ludovicianum‹; es faßte alle Grundrechte Dortmunds zusammen, bestätigte sie und verlieh der Stadt das Recht, Grut, einen Gewürz- und Gärungs-

Dortmunder Pfennig, geprägt unter König Otto III. (983–996)

Verpfändung der englischen Königskrone an Dortmunder Kaufleute im 14. Jahrhundert

stoff, herzustellen und Bier zu brauen. Auch wurden alte Rechte bestätigt und so, in der Verfassungsurkunde, die bis 1802 ihre Gültigkeit behielt, festgelegt, daß jeder, der eine unbescholtene Jungfrau, Frau oder Witwe verleumde und durch drei glaubwürdige Zeugen der Verleumdung überführt werde, nach dem alten Recht der Stadt mit dem Tod zu bestrafen sei. Das Initial ›L‹ der Verfassungsurkunde vom 25. August 1332 stellt dar, wie Bürgermeister Hermann Klepping und der Geistliche Bertram Sudermann von Kaiser Ludwig dem Bayern zur Entgegennahme der Bulle empfangen werden; Klepping ist niedergestürzt und küßt dem Kaiser die Füße; Sudermann hebt bittend die Hände. Im Jahre 1899 ist im Festsaal des alten Rathauses dieses Ereignis, bei dem Dortmund seine Verfassung aus kaiserlichen Händen erhält, als großes Wandbild neu gemalt worden. Niemand kann es mehr besichtigen; das Rathaus ist in den Bombennächten des Zweiten Weltkrieges in Schutt und Asche gesunken. Wer jenes Bild aber noch in Erinnerung hat, wird sich nicht entsinnen können, einen knienden, fußküssenden Klepping gesehen zu haben. Stolz, in aufrechter Haltung, stand der Bürgermeister dort vor dem Herrscher, und am Gurt hing ihm ein praller Geldbeutel!

WIE ES ZUR VERPFÄNDUNG KAM

Als Finanziers König Eduards III., dem sie gegen die Bewilligung zollfreier Wollausfuhren größere Geldbeträge vorgeschossen hatten, verpflichteten sich am 20. Mai 1343 die Dortmunder Kaufleute Heinrich Muddepenninck, Tidemann Lemberg, Konrad und Johann Klepping sowie Wessel vom Berge, ferner die Brüder von dem Walde und Siegfried Spissenagel aus Wipperfürth, die Attendorner Kaufleute Konrad von Affeln und Hertwin von der Beke und schließlich die drei Brüder von Reval aus Köln, gegen Zahlung von 45000 Goldgulden die englische Königskrone auszulösen. Diese sogenannte ›große‹ oder auch heilige Krone hatte Eduard II. zum Hoftag seines Schwagers, des deutschen Kaisers Ludwig, 1338 in Koblenz mitgeführt und an den Erzbischof Balduin von Trier verpfändet, der sie am 30. Mai 1344 in Brügge an einen Beauftragten des Königs auslieferte. Ob die Gläubigergemeinschaft die Krone dann mit nach Dortmund nahm, ist nicht bekannt.

Vehm-Linde

DER FREISTUHL

... es sind ein paar Linden neben einem steinernen Tisch, der alte Freistuhl von Dortmund. Er befand sich ursprünglich auf dem Gelände des Bahnhofs und wurde auf eine Bastei, dem Bahnhof gegenüber, versetzt, so daß er nun einen Teil des Walles bildet.
Schon im Jahre 1268 gab es ein heimliches Gericht in Dortmund; aber erst hundert Jahre später, als der Erzbischof von Köln an die Spitze der Feme trat, kam es zu Ansehen und Wirksamkeit.
Im Jahre 1430 fand eine Sitzung vor dem Freistuhl zum Spiegel auf dem Markt von Dortmund statt zum Zweck der Vereinbarung einer gültigen Ordnung in Femesachen. Es erschienen dabei fünfzehn Freigrafen, gegen vierhundert Freischöffen und zweihundert Ritter und Knechte.
Es wurde festgesetzt, welche Verbrechen ›femwroge‹ seien, das heißt vor das Femgericht gehörten, und daß ein Angeklagter, der sich vor dem Femgericht gehörig verantwortet habe, vor jeder weiteren Verfolgung sicher sei. *Ricarda Huch*

Sippenbild vom Hochaltar der Propsteikirche zu Dortmund (Ausschnitt) • Gemälde von Derick Baegert (um 1470–1500)
Im Hintergrund die Stadt von der Südseite

Leiden und Niedergang

»Weit schon winkte mir aus der Ferne Dortmund mit seinen hohen gotischen Türmen und Mauern entgegen, aber mich lockt es nur, weil ich meinen trefflichen Freund v. M. dort finden sollte ... Die Stadt ist wie die meisten kleineren freien Reichsstädte im Äußeren und Inneren gleich stark verwahrlost. Ihr Umfang ist bedeutend genug, weist aber keine Merkwürdigkeiten, sondern nur schlecht gepflasterte Gassen, meist alte Gebäude, viel Unreinlichkeit und andere häßliche Polizeimängel auf. Sehenswerte öffentliche Einrichtungen habe ich durchaus nicht gefunden, und das Rathaus, das wegen seines gotischen Alters einen Besuch verdient, beherbergt zugleich in sehr elenden Gefängnissen die öffentlichen Verbrecher ...«

So schildert Justus Gruner, der Freund des Freiherrn vom Stein, auf seiner Wanderung durch das Hellwegland Ende des 18. Jahrhunderts jenen einst so stolzen Ort, der Könige und Kaiser in seinen Mauern empfing! Was ist aus ihm geworden, was aus dem Dortmunder Recht! »Die Justiz wird äußerst langsam, schlecht und parteiisch verwaltet. Advokaten und Prokuratoren dürfen ihr gewinnsüchtiges Wesen um so sicherer treiben, als die Richter selbst auf mehrfache Weise ihre Rechnung finden. Jeder Prozeß kostet ungeheures Geld und Zeit ...«

Auch alles andere, findet Gruner, liegt im argen. Zum Beispiel die Post: Da gibt es zwar eine Poststelle in Dortmund, aber nur als Nebenexpedition des Postamtes in Lünen. Um in den allgemeinen Postverkehr zu kommen, müssen alle Briefe zunächst nach Lünen befördert werden oder aber, wenn die preußische Post vermieden werden soll, erst nach Werl zum nächstgelegenen Reichspostamt unter Thurn-und-Taxisscher Verwaltung.

Wie konnte das geschehen, fragt man sich, und man verstummt, wenn man erfährt, was in drei Jahrhunderten an Not und Leid über die Stadt gegangen ist. Die Heerzüge des Dreißigjährigen Krieges – als wollte die ganze Welt sich an ihr schadlos halten – hatten sie in fast ununterbrochener Folge gebrandschatzt, ausgeplündert, niedergemacht. Welch ein Gegenbild: 1554 vollendet Meister Roseer den Turm der Reinoldikirche, einen ›Bau, der an Kühnheit der Konstruktion alles bis dahin Dagewesene übertreffen sollte‹. Mit 112 Meter Höhe muß dieses ›Wunder Westfalens‹ unbedingt den bis dahin als Wunder geltenden Patrokliturm von Soest übertrumpfen, und sofort eifert, angestachelt durch das Vorbild, die Petrigemeinde nach und setzt ihrem Turm eine Helmspitze auf, die nur einen Meter unter der des Reinolditurms bleibt. Hundert Jahre später, nach dem Abzug der letzten kaiserlichen Truppen, zieht am 27. Juli 1650 der

Mitteltafel des Marienaltars zu Dortmund (Ausschnitt). Gemälde von Konrad von Soest (1394 – um 1420)

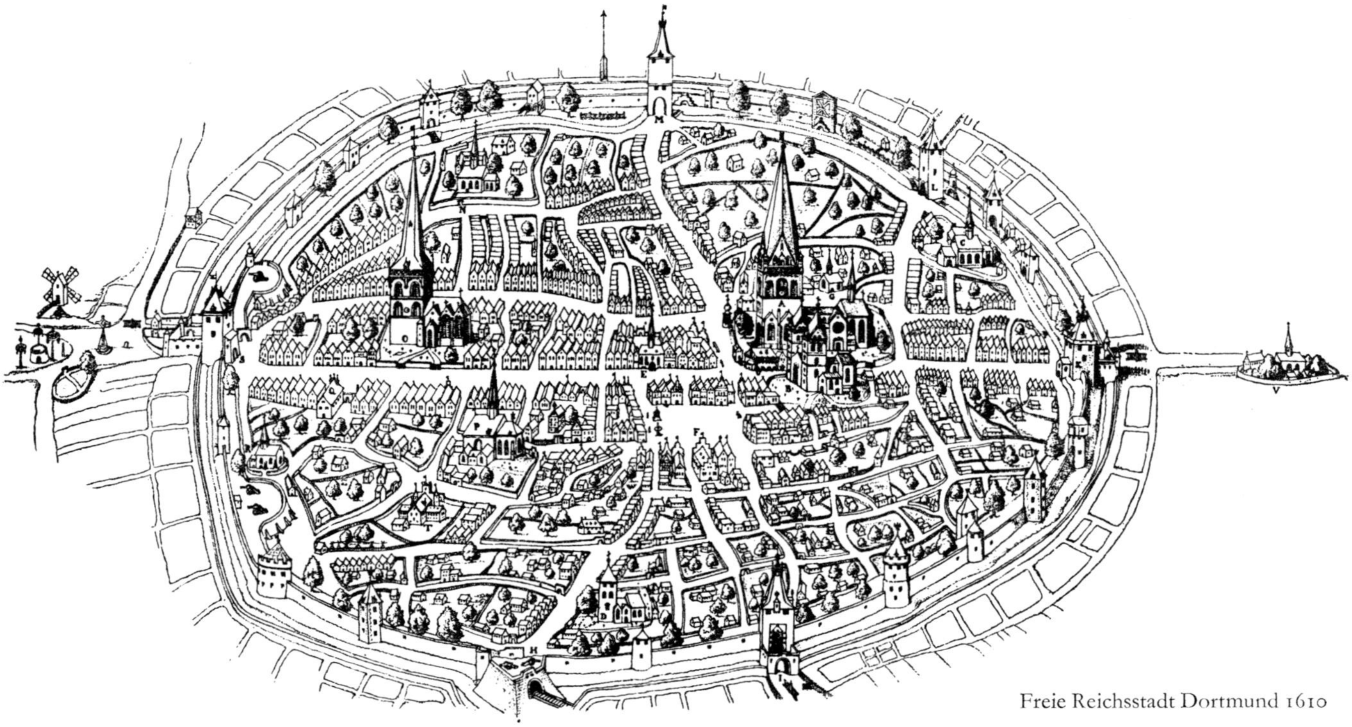

Freie Reichsstadt Dortmund 1610

Prorektor des Archigymnasiums, Heinrich Beurhaus, die traurige Bilanz: »Kaum noch der dritte Teil unserer einst so sehr wohlhabenden, so sehr zahlreichen Bürgerschaft möchte übrig seyn. So stark minderte dieses drangsalvollen Krieges Dauer unsrer Bürger Zahl! Viele wurden von Barbarey und Gram, zu früh für uns, einem unzeitigen Tode geopfert; viele gab der Mangel dem Grabe hin; viele wanderten aus, und zogen ein freywilliges Exil ferneren Leiden durch Soldatenraserey vor. Leere Häuser, verhungerte Kinder, vor Kummer hinwelkende Körper – das ließ jene ungezähmte, unersättliche Kriegerraubgier, ließ jenes grause Eumenidenpaar des Todtenreichs, Execution und Contribution, uns zurück.« Und als sollte die heruntergekommene Stadt dafür ein Symbol erhalten, bricht an einem Maitag des Jahres 1661 der Reinoldíturm zusammen und begräbt Glocken, Uhrwerk, Orgel, Kunstschätze und das halbe Mittelschiff unter sich.

Die Bewohner bauen den Turm wieder auf, kleiner, bescheidener. Aber die Stadt kommt nicht zur Ruhe. Sie gerät in die Wirbel der Raubkriege Ludwigs XIV. Als Reichsstadt sitzt Dortmund immer zwischen den Stühlen. Französische Truppen plündern die Stadt, dann wieder übt der Große Kurfürst Vergeltung. Bei allen kriegerischen Unternehmungen Preußens muß sie bluten, kaum hat sie sich erholt, stürzt sie der Siebenjährige Krieg in neuen Aderlaß. »Im Jahr 1757 sind achtzehn Regimenter in Dortmund gewesen, im folgenden Jahr neunzehn Regimenter, dazu französische Kavallerie und das Fischersche Korps in Stärke von 250 Mann; im Jahre 1759 waren es zwanzig Regimenter und drei Korps, darunter das Fischersche Korps mit 4000 Mann Infanterie und Kavallerie neun Tage mit voller Verpflegung in einer Stadt mit 4000 Einwohnern! Im Jahre 1760 vier Regimenter, ein Bataillon und schätzungsweise 2500 Reiter. 1761 waren es

Altes Stadtsiegel von Dortmund

Pultadler in der Marienkirche

etwa 2300 Mann, größtenteils Berittene, dazu plündernde französische Truppenmassen, und das Offizierskorps des Herzogs von Braunschweig. 1762 etwa 7600 Mann und das Clermontsche Freikorps; 1763 Einquartierungen in wechselnder Stärke bis 700 Mann Ende März.« 562715 Gulden beträgt für Dortmund der allein in diesen sieben Jahren erlittene Schaden!

Das Ende der Reichsfreiheit fällt mit dem letzten Freistuhlgericht zusammen, das in Dortmund tagt. Nach dem Reichsdeputationshauptschluß 1803 geht Dortmund nicht in den Besitz des Königs von Preußen über, wie die meisten anderen rechtsrheinischen Städte, sondern mit der Abtei Korvey an den Fürsten Wilhelm von Oranien-Nassau. Auf dem Wege nach Hörde ist die Bürgerschaft dem neuen Herrn bis zur Grenze der Grafschaft entgegengeritten. Unter »Schluchzen und Weinen der Bevölkerung werden ihm die Schlüssel der Stadt übergeben«. In Berichten darüber heißt es weiter: »Der Zug wandte sich dann nach dem Ostenthore, um auf dem heiligen Wege (Hellweg!), auf dem ein halbes Jahrtausend vorher Karl IV. seinen Einzug gehalten hatte, in die Stadt einzuziehen...« Als der neue Landesherr die Stadt betritt, »weinten viele verständige Leute und sahen das Getöne der Glocken als ein Begräbnisgeläute unserer Reichsfreiheit und des Dortmunder Glückes an«.

Die oranische Zeit – sieht man von den Kriegskalamitäten ab – wird von den Chronisten übereinstimmend als die trübseligste bezeichnet, die Dortmund erlebt hat. Einzige Aufgabe eines Regierungskollegiums von drei besoldeten Beamten war es, für die Kasse des neuen Landesherrn »Geld, abermals Geld und nochmals Geld« zu beschaffen. Was der Stadt an Eigentum gehörte, wurde beschlagnahmt und »versilbert« – neben den Bibliotheken der aufgehobenen Klöster sogar die Büchersammlung der Reinoldikirche.

Nun, der Spuk ist bald vorbei, aber ein neuer zieht herauf: Napoleon siegt bei Jena und Auerstädt, französische Besatzung rückt in Dortmund ein, und 1808 wird das Stadtgebiet dem französischen Herzogtum Berg einverleibt.

Neue Steuern, neue Bedrückungen. Wenigstens *einem* Manne bleiben sie erspart: Der letzte regierende Bürgermeister der ehemaligen Reichsstadt, Caspar Heinrich Schäffer, hat »für alle Zeiten« seine Ruhestätte in einem kleinen Mausoleum hinter dem alten Amtsgericht an der Betenstraße gefunden. Unantastbar soll dieses Grab sein. Im Bombenhagel des Zweiten Weltkrieges geht es unter. Im Wiederaufbau der Nachkriegszeit wird es eingeebnet.

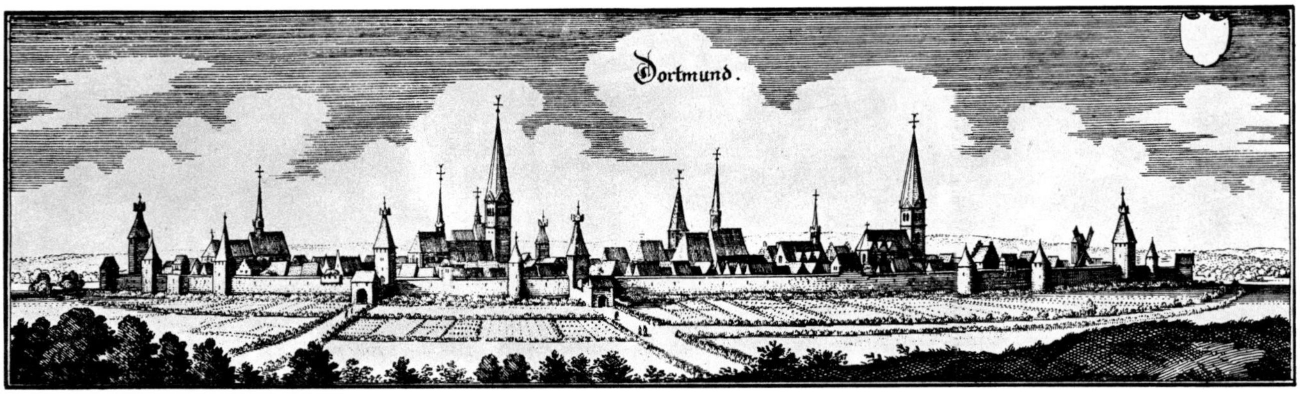

Dortmund um 1650, Kupferstich von Matthäus Merian d. Ä.

Neuer Anfang

Es ist schwer, im Dortmund unserer Tage Spuren der Vergangenheit zu entdecken. In Deutschland dürfte es kaum eine zweite Stadt geben, die nach 1945 so wie Dortmund von Grund auf neu gebaut wurde, freilich auch kaum eine, die so zerstört, ja buchstäblich zerstampft worden war.
Vergleiche, Parallelen zu ähnlichen Situationen in ihrer Geschichte gab es nicht. Wenn bis 1833 die durch die Leiden der kriegerischen Wirren geprüfte Stadt es vorzog, ihre Tore nachts zu verriegeln und auch bei Tage jedem den Zutritt zu verwehren, der an ihrer Tafel als überflüssiger Esser Platz nehmen wollte – eine Maßnahme, die zwar verständlich erschien, aber von wenig Weitblick zeugte, da sich ja damit das kümmerliche Ackerstädtchen von jeder natürlichen Entwicklung ausschloß –, so war das möglich, weil das Kontobuch der Stadt immer noch einen Rest von ›Haben‹ auswies. Nach 1945 aber war die ›Haben‹-Seite durchgestrichen, da gab es nur ein einziges ›Soll‹. Mußte der nicht lächeln, der sich der Annalen Dortmunds erinnerte: Da hatte 1828 die verarmte Stadt in allem Ernst ihr ältestes Bauwerk, die Marienkirche – weil ihr deren Erhaltung lästig war, weil das Geld kostete, das man nicht besaß –, bereits öffentlich zum Abbruch angeboten. Der preußische Kronprinz verhinderte dann Gott sei Dank diese Kulturbarbarei.
Aber – wie war es danach, wie war es weitergegangen? Den auf Bewahrung bedachten, jedes Risiko scheuenden Stadtvätern, die ihre Stadt nach den Freiheitskriegen dem Staatsgebiet des siegreichen Preußen zugeschlagen sahen, fiel es plötzlich auf, daß rings um Dortmund herum sich die Welt veränderte und daß andere Städte von gleicher Größe es zu überflügeln begannen, weil sie Behörden des Staates, ein Hauptsteueramt, ein Oberlandesgericht, eine Garnison in ihren Bannkreis zogen. Und mit einem Male begriffen die Dortmunder, daß eine neue Zeit angebrochen war, die in Pferdestärken rechnete, die den Beton als Baumittel entdeckt hatte und Menschenkraft durch stampfende Maschinenkolben ersetzte. Und als Dortmund nun erfaßt, was die Stunde geschlagen hat, krempelt es in seinem Ackerbürgerdasein die Ärmel hoch und errichtet 1847 einen Bahnhof. Schnell und listig stellt es der Eisenbahngesellschaft 9000 Mark und großzügig Grund und Boden zur Verfügung, um dem benachbarten Lünen den Rang abzulaufen, das vom Schiffsverkehr auf der Lippe profitierte, Handelsgüter umschlug und so bekannt war, daß die Frachtscheine für Eisenbahngut noch jahrelang nicht selten die Aufschrift ›Dortmund bei Lünen‹ trugen. 1849 – es zählt schon wieder über 10000 Einwohner – greift Dortmund begeistert als ehemalige Freie Reichsstadt die revolutionären Klänge der Paulskirche auf, gründet einen republikanischen Volksverein, aber auch einen königstreuen Bürgerverein und ruft eine

Gruppe der klagenden Frauen vom Hochaltar der Reinoldikirche, Niederländischer Meister um 1420

Bürgerwehr ins Leben. – 1850 strömt das erste fremde Kapital in die Stadt. Die Zechen ›Dortmund‹, ›Borussia‹ (später ›Minister Stein‹), ›Tremonia‹, ›Neu-Düsseldorf‹ werden abgeteuft, Hütten finanziert und gebaut, und nun ist kein Halten mehr: Aktiengesellschaft um Aktiengesellschaft wird ins Leben gerufen; mit einem Gründungskapital von insgesamt 53 Millionen Mark lassen sich diese Gesellschaften in Dortmund nieder. Die Stadt quillt über, wächst über ihre Mauern hinaus in die Ebene hinein; die ersten Vorstädte werden sichtbar, und in einer Dortmunder Zeitung faßt in pathetischer Zukunftsmalerei ein Gedicht zusammen, was alle bewegt:

Kanäle gleich der Eisenbahn entstehen,
So zeigte jüngst uns eine Denkschrift an.
O Dortmund, deine Flaggen werden wehen
Und Enkel schätzen noch den Riesenplan.
Den Gründer mag die Gegenwart schon preisen,
Wo eine Nachwelt ihn dereinst erhebt,
Und mit dem Meer verbunden wir dann reisen
Und flott der Handel wie zu Hansazeiten lebt.
O Freunde, leihet drum dem Unternehmer
Mit Freuden Euer Herz und Eure Hand.
Engherzigkeit sucht jede Kraft zu lähmen,
Und das Erhabne wird so oft verkannt.
Ja, durch Westfalens segensreiche Fluren
zieht rauschend einst und strömend der Kanal
Und hinterläßt des Wohlstands tätige Spuren
Der Industrie, wie der Bevölkerung Zahl.

1871, als Hoesch nach Dortmund kommt, zählt die Stadt 44813 Einwohner.

Postkarte von den Hafenanlagen in Dortmund

»Das alte Rathaus am Markt war, zu Beginn des 13. Jahrhunderts erbaut, eins der ältesten in Deutschland. Klein, düster, mit der zweibogigen, durch einen kurzen, dicken Pfeiler gestützten Vorhalle, hatte es etwas sehr Altertümliches, das durch die Wiederherstellung, so schonend sie auch vollzogen wurde, zum Teil verlorenging. Von den beiden großen Sälen diente der untere als Tuchniederlage, der obere als Sitzungs- und Empfangsraum. Hier versammelten sich die regierenden Herren, die Sudermann, Lemberg, Kleppink, Swarte, Muddepennink, Erxte, Wale, Brackel, die die Geschäfte der Stadt und ihre eigenen mit kräftiger, kluger Hand leiteten.«
Ricarda Huch

Das Dortmunder Rathaus 1862
W. L. F. Riefstahl

ÜBUNGSPLATZ FÜR BÜRGERMEISTER

Aus Dortmund haben sich die alten rheinischen Großstädte mit Vorliebe ihre Bürgermeister geholt. Einer der bedeutendsten Oberbürgermeister, die Frankfurt am Main gehabt hat, war der Dortmunder Stadtrat Adickes, der unter dem ›roten‹ und dem ›schwarzen‹ Becker in Dortmund gewirkt hat. Der ›rote‹ Becker war nur vier Jahre Leiter der Geschicke Dortmunds. 1875 holte ihn sich Köln zum Oberbürgermeister. Sein Nachfolger, der ›schwarze‹ Becker, der 1876 bis 1886 in Dortmund amtierte, wurde später Düsseldorfs Oberbürgermeister, ebenso wie Lindemann (1886–1899) und Köttgen (1919–1942). In Dortmund hatten sie sozusagen alle ›geübt‹, hier, auf diesem Manöverplatz erster Ordnung für Kommunalbeamte, sich ihre Sporen verdient.

Dr. Hermann Becker (1820–1885)

Dr. Hermann Becker (1820–1885) hatte als Revolutionär von 1848 fünf Jahre Festungshaft verbüßen müssen. Als er 1871 sein Amt in Dortmund antrat, wurde der ganze öffentliche Dienst für die rund 45000 Einwohner von einem Oberbürgermeister, einem besoldeten und sechs ehrenamtlichen Stadträten, dreißig Stadtverordneten, sechs Personen im Bürodienst, zehn Polizeidienern und sechs Nachtwächtern geleistet. Dafür betrugen die Ausgaben der Stadt aber nur 550000 Mark, dagegen die Einnahmen 900000 Mark. Das alles wurde anders, als der ›rote‹

Becker – so genannt wegen seiner revolutionären Vergangenheit, aber auch wegen seines roten Bartes – ins Rathaus einzog. Er reorganisierte und vergrößerte die Stadtverwaltung und paßte sie den neuen Verhältnissen an.
Auch das geistige Leben Dortmunds hat Becker maßgeblich beeinflußt. Seine Ansicht: »Zweierlei Ausgaben werden eine Stadt niemals gereuen, die zur Belebung des Verkehrs und die für die Schulen«, setzte er in Dortmund in die Tat um.

ALLES MUSS ÖFFENTLICH SEIN

1769 erschien die erste Nummer einer Dortmunder Zeitung. Gottschalk Diederich Baedeker, ein Vorfahre des berühmten Reisebaedekers, gab sie heraus. Die erste Meldung der ersten Nummer stammte aus Paris und lautete so:

Paris, den 10. Dezember (1769)
Aus einem Briefe von dem la Platafluß ersiehet man, daß die Spanier endlich angefangen haben im Monath Juli des vergangenen Jahres in die Paraguay einzudringen. Sie haben den ersten großen Marktflecken und sich des Provinzials der Jesuiten nebst 6 andern von diesen Geistlichen bemächtigt. Alles dieses ist ohne Gewalt und die mindeste Schwierigkeit geschehen.
Über Mallinckrodts ›Westphälischen Anzeiger‹, der den preußischen Behörden viel Ärger machte, weil er jeden öffentlichen Mißstand unnachsichtig rügte – der Freiherr vom Stein nannte ihn sehr drastisch den Spucknapf Westfalens –, kam es in Dortmund zu einer Reihe von Zeitungsgründungen, die über die Stadt und das Ruhrgebiet hinaus von sich reden machten. Ihre sprichwörtlich gewordene Losung: »Alles muß öffentlich sein«, wollte vielen nicht einleuchten, am allerwenigsten den preußischen Behörden. Es war ein Triumph für Mallinckrodt, als König Friedrich Wilhelm III. – gegen seine eigene Bürokratie – für ihn eintrat. In Mallinckrodts Anzeiger war ein Aufsatz über den schlechten Zustand der Ruhrbrücke zu Schwerte erschienen. Der Aufsatz lautete:
Polizei. Grafschaft Mark. Bei Schwerte sind die beiden Ruhrbrücken, welche schon im vorigen Winter beim Eisgange zerbrochen wurden, noch nicht wieder fertig gemacht. Man muß über die Nachlässigkeit dortiger Polizei erstaunen. Die große Ruhrbrücke nämlich, welche in der Mitte des Stromes eine Länge von zwey Bogen verlohren hat, ist bloß mit losliegenden Brettern ergänzet, ohne daß die Brustwehren hergestellt sind. Und an der kleinen Brücke, welche über die an dieser Stelle sehr tiefe alte Ruhr führt und dahmals eine Spitze verlohren hat, liegt eine Leiter, die ihrer schrägen Lage wegen sehr beschwerlich ab- und anzusteigen ist. Mit Pferden und Gefähr muß man nun herumziehen, welches, wenn das Wasser nicht über gewöhnlich groß ist, zwar gut angeht; allein kommen einige, die dieses nicht wissen, oder daran nicht denken, im Dunkeln auf diese Brücke: so müssen sie von einer Höhe von 10 Fuß hinabstürzen. Einsender hätte dieses Unglück bald nebst seinem Pferde gehabt. Auch sind, wie er gehört hat, schon Leute hier herabgefallen.
Soll denn die Herstellung erst auf Unglücksfälle warten! Und haben die, welche noch fortwährend die Brückengelder ziehen, nicht für die ordentliche Herstellung zu sorgen? Ein Reisender
Eine solche öffentlich vorgebrachte Kritik erschien den Behörden unerhört, und Mallinckrodt hatte Grund, anzunehmen, daß man es ihm und seinem Blatt entgelten lassen würde. Als es ernst wurde, wandte er sich persönlich an den König von Preußen. Dieser antwortete ihm am 20. Februar 1804:
... Auf Ihre Eingabe vom 28. vor. M. habe ich den abschriftlich anliegenden Befehl an den Staatsminister von Angern erlassen, wodurch Ich hoffe, daß Sie als Redacteur des »West-

fälischen Anzeigers« bei einer beschiedenen Publicität gegen jede Anmaßung für die Zukunft werden sicher gestellt sein. Ich verbleibe Ihr gnädiger Friedrich Wilhelm.

Abschrift

Mein lieber Staatsminister von Angern.

Es kann nicht jedem zugemuthet werden, in solchen Fällen, die eine Rüge verdienen, sich der Unannehmlichkeiten, womit offizielle Denunciationen verbunden sind, auszusetzen. Sollte nun auch eine anständige Publicität darüber unterdrückt werden: so würde ja gar kein Mittel übrig bleiben, hinter die Pflichtwidrigkeiten der untergordneten Behörden zu kommen, die dadurch eine sehr bedenkliche Eigenmacht erhalten würden. In dieser Rücksicht ist eine anständige Publicität der Regierung und den Unterthanen die sicherste Bürgschaft gegen die Nachlässigkeit und den bösen Willen der untergeordneten Officianten, und verdient auf alle Weise befördert und geschützt zu werden. – Übrigens will ich nicht hoffen, daß über diesen Dispüt die Sache selbst wird vergessen sein. Berlin, den 20. Februar 1804

An den Staatsminister von Angern. gez. Friedrich Wilhelm.

Die bedeutsamste Zeitung wurde der ›General-Anzeiger für Dortmund und die Provinz Westfalen‹, den die Verlegerfamilie Ruhfus ab 1889 herausgab. Den liberalen Geist des Generalanzeigers hielt vor allem Karl Richter hoch, ein Mann mit ungewöhnlicher Beobachtungsgabe, journalistischem Fingerspitzengefühl, analytischem Verstand, zugleich aber von einem bezwingenden Humor, von Herzensgüte und Takt. Als ›Karlchen Richter‹ und ›Dortmunder Agent‹ trat er, der liebenswürdige und doch unerbittliche Chronist, vor seine Dortmunder hin. Immer schilderte er, was den kleinen Mann bewegte. Am Stammtisch erlauschte er seine Geschichten, und oft geschah es, daß er von dort direkt an die Setzmaschine ging und dem Setzer die Texte druckreif aus dem Kopf in die Maschine diktierte. So entstanden Berichte, die weit über das zufällig Individuelle hinaus aus Typische seiner Zeit beleuchteten – im Werdegang einer Stadt, die selbst einen Typus darstellt »aus der Zeit des großen wirtschaftlichen Aufschwungs in Deutschland, wo die Millionäre wie die Pilze aus dem Boden schossen; wie diese stieg sie empor, fünfzig Jahre zuvor eine idyllische kleine Landstadt, deren hauptsächliches Frachtgut in ihren Milchkannen bestand«. Unter Richter wurde der ›General-Anzeiger‹ die zweitgrößte Zeitung Deutschlands und erreichte nach dem Ersten Weltkrieg die für eine außerhalb Berlins erscheinende Tageszeitung unerhörte Auflage von mehr als einer Viertelmillion. Von Rotterdam bis Berlin wurde er gelesen, in Holland erschien er in einer Auflage von 30000 Exemplaren, und es gab kaum ein Rheinschiff, das nicht seinen ›General-Anzeiger‹ hielt. Die Richtung des Blattes war linksdemokratisch und kompromißlos pazifistisch, eine Tendenz, die 1933 sehr schnell zu seinem Verbot und zur Enteignung der bisherigen Verleger führte.

Dr. Arnold Mallinckrodt (1768–1825)

» ... besitzt Dortmund ... einen um das Wohl seiner Vaterstadt und ganz Westfalens sehr verdient, talenten und kenntnisreichen Mann in dem Dr. Arnold Mallinckrodt, durch ihn eine sehr zweckmäßig organisierte Buchhandlung, die er zusammen mit seinem Bruder führt, und durch diese ein für ganz Westfalen sehr nützliches Institut in der dort herauskommenden, von Dr. Mallinckrodt redigierten Zeitschrift, dem ›Westphälischen Anzeiger‹. Dieser ... hat seit einigen Jahren durch eine Menge gemeinnütziger Aufsätze, Winke, Belehrungen usw. von den aufgeklärtesten Köpfen Westfalens manchem Übel ab-, manchem Guten aufgeholfen und verspricht noch viele schöne Früchte.« Justus Gruner, 1801

GESCHICHTEN DES DORTMUNDER AGENTEN KARLCHEN RICHTER

DORTMUNDER LUFT

Anfang 1890 kam ich aus Frankfurt nach Dortmund und fand eine ziemlich schlecht gepflasterte und gereinigte Stadt von 60000 Einwohnern vor, die zwei Straßenbahnlinien hatte, die sich rechtwinklig übers Kreuz schnitten und ihren Schnittpunkt an der Ecke bei Matthias' Zigarrenladen hatten. Im übrigen mußte man zu Fuß laufen, was im Winter bei Schnee seine Schwierigkeiten hatte, weil die Anlieger noch selbst für Bürgersteigreinigung sorgen mußten oder wenigstens sollten, es aber nicht taten, wenn ihnen der Schnee über den Hals wuchs. Als ich in Dortmund einzog, sah die Brückstraße wie eine vergletscherte Gebirgswelt aus, und ich fiel eklig auf die Nase. Um mich zu erholen, ging ich in den Bergischen Hof, wo jetzt der Wintergarten liegt, und trank dort mein erstes Glas Dortmunder Bier. Das gefiel mir über die Maßen und ebenso der Wirt, ein dicker, friedlicher Herr namens Beckmann, der mich gleich als dritten Mann zum Skat heranholte. Als ich aber auf die Toilette ging, merkte ich, daß die Wasserspülung in Dortmund noch nicht überall durchgeführt war.

Auf meine abfällige Bemerkung sagte der Wirt: »Ja, das wird nun geändert, aber viele alte Bürger sträuben sich sehr dagegen, weil sie den Dung für ihre Gärten brauchen!«

»Ja«, antwortete ich, »das ist ja alles ganz schön und gut, aber die schlechte Luft!« Da erhob sich in der Ecke des Lokals ein rotköpfiger Herr mit einem drohenden, weißen Schnauzbart und rief: »Biätere Luft as in Düörp'm giät et nirgends!«

MÄNNER MIT ZYLINDERN

Was der Dortmunder Agent vom Hafenbau zu berichten weiß:

Die nördliche Stadt hatte sich damals in horizontaler Lage noch nicht bis zur Wiesenstraße ausgedehnt. Das ganze Leben lag noch dichter um den Steinplatz herum. Wenn man dort über die Westerbleichstraße durch die Schützenstraße und den Sunderweg nach Norden strebte, so stand man bald ganz unvermittelt zwischen Kartoffeläckern, die sich bis zum Fredenbaumwalde ausdehnten und aus denen gleichsam als steinerne Insel die Union-Vorstadt emporragte. Hatte man Glück und stand der Wind nordwestlich, so bekam man vom Deusener Klärbassin einen herzlichen Gruß herübergeweht. Die Leckenbecke aber stänkerte zu allen Zeiten meuchlerisch durch das Gefilde.

Anfang der neunziger Jahre tauchten hier alljährlich, sobald die ersten Lerchen schwirrten, zugleich ernsthafte Männer mit ihrer Sippschaft auf, prüften die ländliche Natur mit dem sinnenden Auge des Geometers und zogen mit geblähten Nüstern die Düfte vom Klärbassin ein, im Vollgefühl des alten Spruchs: Wo viel Dreck ist, ist auch viel Geld! Bald darauf hörte man, daß sich der Grundstückshandel in jener Gegend zu beleben schien. Ja, es ging etwas vor, man wußte nur nicht, was! Oder vielmehr wo!? Daß die Stadt einen großen Hafen anlegen wollte, das war bekannt, aber auf welcher Stelle? Die Stadtverwaltung tat sehr geheim damit und hatte, durch frühere Ereignisse gewitzigt, auch alle Ursache dazu. In den siebziger Jahren hatte man nämlich geplant, die Wälle in großer Breite um die Stadt zu legen. Aber beim Schwanenwall geriet es nicht, weil der Plan durch die Indiskretion eines Stadtverordneten zu früh ausgeplaudert worden war, so daß die anzukaufenden Grundstücke über Nacht durch mehrere Hände getrieben und zu fabelhaften Preisen emporgeschraubt wurden. In solchen Dingen waren die sonst bequemen alten Dortmunder immer sehr flink.

Diesmal blieb das Geheimnis gut bewahrt, nach welchen Richtungen sich der Hafen ausdehen werde, und so kauften denn manche Leute vorbei, indem sie zu weit nach der Schützenstraße hinübergerieten. Es wird den umsichtigen Leuten wirklich nicht leichtgemacht, in dieser Welt ihr Fortkommen zu finden. Am 9. Oktober 1895 bewegte sich morgens um 11 Uhr ein Trupp feierlicher Herren, auf dem Haupte blinkende Zylinder, aus der inneren Stadt über den nördlichen Bahndamm. Vorweg ging der Herr Oberbürgermeister Schmieding mit einem Herrn in tadelloser weißer Weste, und den Beschluß machte der Ratsdiener Fricke, das Faktotum Schmiedings, mit einem Spaten unter dem Arm. Die Stammgäste bei Vogell sahen durch die Fenster dem Zuge mit Staunen und Entsetzen nach. Es verbreitete sich sofort das Gerücht, einer der nördlichen Demagogen solle hingerichtet und gleich an Ort und Stelle eingescharrt werden. Aber nichts dergleichen geschah! Nur die Stadträte zogen mit ihrem Oberhaupt nach der Union-Vorstadt, um den ersten Spatenstich zu dem geplanten Dortmunder Hafen vorzunehmen, und zwar just an der Stelle, wo sich jetzt die große Brücke erhebt.

Es war ein wundervoller Herbstmorgen, und der würzige Geruch der Katoffelfeuer zog wie Opferrauch, der der entschwindenden nördlichen Ackerbürgerherrlichkeit dargebracht wurde, durch die Luft. Ich wohnte damals in der Schützenstraße und zog mit dem Trupp, um der Feier beizuwohnen. Da konnte man die ganze Intelligenz Alt-Dortmunds beisammen sehen. Aber wer war jener schneidige Herr neben dem Oberbürgermeister mit der großen Planrolle in der Hand, dessen blütenweiße Weste einen auffälligen Fleck in der dunkelgrünen Landschaft machte? Es war der Erbauer und erste Direktor des Dortmunder Hafens, der Wasserbauinspektor Mathies.

Der Hafen, den er mit einem Kostenaufwand von etwa 10 Millionen Mark während fünf Jahren in den Kartoffelacker hineingrub, konnte sich sehen lassen. Manches geriet ein bißchen teuer, besonders das Beiwerk. Zum Beispiel wurde die als Hauptzufuhrstraße gedachte Mallinckrodtstraße sehr kostspielig. Im Volksmunde hieß es, sie sei nur als Prunkstraße für den Einzug des Kaisers gedacht. Aber das ist natürlich ein Irrtum. Solche Erwägungen kamen ja auch in Betracht, aber eine Aufschließung des Nordens von Westen nach Osten war doch wohl auf alle Fälle nötig.

Am 12. August 1899 kam der Kaiser zur Einweihung des Hafens nach Dortmund. Ich bin kein höfischer Geschichtsschreiber und muß dem Leser den vollen Glanz dieses Tages schuldig bleiben. Aber wie Homer die Schönheit der Helena auf direktem Wege dem Leser der Ilias zu Gemüte führte, indem er den Eindruck beschrieb, den ihr Anblick auf die trojanischen Greise machte, so kann ich vielleicht den Eindruck jenes großen Tages geben, indem ich anführe, daß die gesamte Kavallerie des nördlichen Schützenbundes in großer Paradeausrichtung in der Mallinckrodtstraße Spalier bildete.

Das kaiserliche Zelt war jenseits der großen Brücke zur linken Hand errichtet worden. Gegenüber auf der diesseitigen städtischen Seite des Kanals hatte der Bauunternehmer Stoltefuß eine Tribüne für 5000 Menschen errichten lassen, wo man gegen 5 Mark pro Kopf Platz nehmen konnte. Die Dortmunder aber nahmen lieber Zaunbilletts, und so thronten denn eine Viertelstunde vor Ankunft des Kaisers ganze 15 Mann auf der Tribüne, die für naß dasaßen. Wie ein totes Auge, mit einem schrecklich leeren, fast vorwurfsvollen Blick schaute das Riesengerüst zu dem Festplatz hinüber, so daß der Oberbürgermeister einen furchtbaren Schreck bekam und der Polizei befahl, das Volk umsonst auf die Tribüne zu lassen. So gelang denn die Füllung im letzten Augenblick noch einigermaßen, allerdings, ohne daß Stoltefuß zu seinen 17000 Mark Baukosten kam, und die Feier nahm ihren programmäßigen Verlauf.

Mit Verlaub! Bis auf einen einzigartigen Zwischenfall. Der Kaiser sprach in seiner jugendlichen impulsiven Weise von dem Wiedererwachen des alten städtischen Hansageistes und prägte dabei das Wort, daß die Welt im Zeichen des Verkehrs stehe, was den Dortmundern so gut gefiel, daß sie unter Mißachtung des höfischen Zeremoniells den Kaiser fortwährend mit stürmischen Bravorufen unterbrachen. Ich stand unmittelbar neben dem Gefolge des Kaisers und sah, wie der alte Hofmarschall von Pleß bei jedem Ruf ein Gesicht machte, als ob er sich auf einen hohlen Zahn gebissen, und ängstlich nach seinem hohen Herrn hinübersah, ob derselbe auch nicht ungehalten werden würde über diese etwas hinterwäldlerische Art. Der Kaiser hat den Dortmundern ihre naive Freude nicht übelgenommen; wir haben es aber bedauert, daß er nach einem uns viel zu kurzen Aufenthalt im städtischen Rathaus, das Bauinspektor Kullrich zu diesem Tage wiederhergestellt oder sagen wir richtiger, neu erbaut hatte, von Dortmund schied und in Essen bei Krupp übernachtete.

Das Gebäude des »General-Anzeigers« um das Jahr 1890

HOESCH
Die entscheidenden neunziger Jahre

ROHEISENVERSORGUNG

1899: Dortmund-Ems-Kanal

Als Kaiser Wilhelm II. 1899 den Dortmund-Ems-Kanal feierlich eröffnete, hatte nicht nur die Stadt Dortmund, die 1894 den 100000. Einwohner zählte, ein neues Stadium ihrer Entwicklung begonnen. Auch das ›Eisen- und Stahlwerk Hoesch‹ im Oesterholz konnte das von sich aus behaupten. Der Kanal, der Dortmund fortan mit Emden und ein Menschenalter später auch mit Weser, Rhein und Elbe verband, machte den Hafen im nördlichen Stadtgebiet von Huckarde, Westerholz und dem Areal der Dortmunder Union zum Umschlagplatz für Kohle und Erze. Nun konnte auf dem Wasserweg jede Menge von Eisenerz aus schwedischen Gruben über Emden statt wie bisher über Rotterdam billig bezogen werden, und das hatte bei Hoesch den Ausschlag für einen bedeutsamen Entschluß gegeben.

1893/94: 200000 Tonnen Roheisen

1893/94 hatten die Konverter von Hoesch 200000 Tonnen Roheisen verarbeitet. Diese Mengen lieferte der Roheisenverband, eine Vereinigung von Werken, die zum Teil ihr Roheisen in eigenen Stahl- und Walzwerken verarbeiteten und deshalb – um den Wettbewerb solcher Unternehmen zu erschweren, die nur Stahl herstellten – alles daransetzten, den Roheisenpreis hoch zu halten. Immer schwieriger wurde es deshalb für Hoesch, leistungsfähig zu bleiben, immer schwieriger gestalteten sich die Verhandlungen, bis es keinen anderen Ausweg mehr gab, als sich entweder direkt mit einem Hochofenwerk zu vereinigen, das die erforderliche Menge Roheisen zu liefern in der Lage war und das dem Verband nicht angehörte, oder selbst eine Hochofenanlage zu bauen, auf einem Gelände, das vorsorglich und im Hinblick darauf – »durch das hinter uns liegende städtische und andere

Das Hochofenwerk entsteht

Terrain genügend Platz für Schlackenhalden zu haben« – bereits 1890 gekauft worden war.

Wenn jetzt in unmittelbarer Nähe der Dortmund-Ems-Kanal vorbeiführte, und wenn man den Vorteil bedachte, daß das flüssige Roheisen, ohne daß es erkaltete, vom eigenen Hochofen aus ins Stahlwerk gelangen konnte – bisher mußte es, in Masseln bezogen, umständlich und teuer erst im Kupolofen umgeschmolzen werden –, gab es für den Aufsichtsrat von Hoesch kein Zögern mehr, sich für die zweite Möglichkeit zu entscheiden.

Kokerei

Da man sich aber nun schon für den Bau der Hochöfen entschlossen hat, geht man gleich noch einen Schritt weiter und baut, wie es der zu Rate gezogene, bekannteste Fachmann der Zeit, der Hochöfner Lührmann, empfohlen hat, in einem Zuge eine eigene Kokerei dazu, um auch in der Versorgung mit Koks unabhängig zu sein.

Dortmunder Hafen

AUF EIGENER KOHLE

Als Albert Hoesch 1871 im Oesterholz das Areal der künftigen Fabrik abschritt, hatte er sicher nicht daran gedacht, daß unter seinen Füßen in den Tiefen der Erde Bergleute arbeiteten, und daß alle diese Schächte der Gewerkschaft ›Westphalia‹ unter ihm in weniger als drei Jahrzehnten Hoesch gehören würden. Da standen die Hochöfen, an die Albert damals ebensowenig hätte denken können, da standen sie und schmolzen Erz zu Roheisen um, und man hatte sie errichten müssen, damit das Stahlwerk reibungslos arbeiten konnte; nun galt es, diese Hochöfen in Glut zu halten und ihre Beschickung zu sichern. Beschickt aber wurden sie einmal mit Erz und zum anderen mit Koks, und da waren nun ebenfalls Schwierigkeiten aufgetreten. Die Brennstoffversorgung wollte nicht mehr klappen. Auch hier war man – wie früher einmal vom Roheisenverband – von einem Syndikat abhängig und damit von ›Bedingungen‹. Das Werk aber hatte nunmehr eine Größe erreicht, die es ihm erlaubte, nicht mehr auf jede Bedingung eingehen zu müssen.

1899: Erwerb der Zechen Kaiserstuhl I und Kaiserstuhl II

Wie weise der Entschluß war, den Kauf eigener Kohlenzechen einzuleiten und sich auch im Kohlenbezug unabhängig zu machen, zeigte bereits der Winter 1898/99, als man gezwungen war, die Hochöfen zu dämpfen – die Kohle war knapp geworden. 1899 beschloß deshalb der Aufsichtsrat, die Gewerkschaft ›Vereinigte Westphalia‹ mit den beiden Zechen Kaiserstuhl I und II zu erwerben. Die ›Westphalia‹ hatte ihre ersten Schächte schon 1856 an der Rheinischen Straße in der Nähe der Köln-Mindener Eisenbahn abgeteuft. Später wurden diese Felder wegen zu starker Bebauung der Erdoberfläche aufgegeben und auf ›Kaiserstuhl‹ die Förderung aufgenommen. In das Eigentum von Hoesch ging nun die gesamte Felderfläche von ›Westphalia‹, 17 Millionen Quadratmeter, über. Und damit der ganze Kohlen- und Koksbedarf des Werkes aus diesen Zechen gedeckt werden konnte, wurden sie sofort erweitert und ausgebaut. Innerhalb von zwanzig Jahren ab 1900 stieg dann ihre Kohlenförderung von 706000 Tonnen auf 1037000 Tonnen an, und die Kokserzeugung erhöhte sich von 178000 Tonnen auf 519000 Tonnen. Eine ausreichende Kohlengrundlage war geschaffen.

1898: Albert Hoesch †

1899: Leopold Hoesch †

Der Tod der Gründer überschattete diese letzten beiden für Hoesch so bedeutungsvollen Jahre vor der Jahrhundertwende: Am 1. März 1898 schloß Albert Hoesch, dieser verdienstvolle Mann, dessen Leben im Aufbau des Hüttenwerks wie ein einziger schwerer Arbeitstag vergangen war, die Augen. Siebenundzwanzig Jahre hatte er das Werk geleitet, von der ersten Stunde der Gründung an hatte er als der alleinige Vorstand der Gesellschaft die Last der Verantwortung getragen, eine manchmal zu große, zu schwere Last, und er hatte sich aufgezehrt dabei. Ein Jahr später folgte ihm sein Vater ins Grab, der neunundsiebzigjährige Leopold, der ›alte Hoesch‹, wie ihn die Arbeiter nannten. Auch in hohen Jahren hatte er noch redlich das Seine getan zum weiteren Aufstieg des Werkes und noch bis 1890 den Vorsitz im Aufsichtsrat geführt, den nun Wilhelm, der älteste Sohn, ebenfalls Mitgründer und Unterzeichner des Vertrages von 1871, übernahm.

Friedrich Springorum

1891 hatte Albert Hoesch einen Mann, der an der Ruhr als einer der tüchtigsten Hüttenleute bekannt war, als Betriebsdirektor des Stahl- und Walzwerkes nach Dortmund geholt: Friedrich Springorum hatte sich wissenschaftlich mit metallurgischen Methoden befaßt, die die Stahlqualität verbesserten und die Kosten der Produktion senkten. Diesen Mann, neben dem kaufmännischen Direktor Fritz Lob, berief Wilhelm Hoesch nun an die Spitze des Unternehmens.

Dortmund von der Südseite 1804 · Gemälde von A. Berger (†1829)

Das alte Dortmund liegt, umwallt, umthürmet,
Und gartenreich, im weiten, ebnen Gau,
Einst kühn von freier Bürgerschaft beschirmet,
Und froh bei reichem Feld- und Kohlenbau...
Carl Hengstenberg, 1815

Dortmund von der Nordseite 1854 · Gemälde von Christian Zucchi (1811–1889)

»Viel kann übrigens für Dortmunds Aushülfe geschehen. Man gebe ihm directe Hauptverbindung der Landstraßen und Posten…, geradere Verbindung mit der Hauptchaussee von Unna auf Bochum… man gebe ihm einige Verbesserungen, wozu der Grund in seinem Innern vorhanden ist, und nach 50 Jahren wird man Dortmund nicht wiedererkennen; es liegt auf einem statistisch glücklichen Punkte, auf einem güldenen Boden, in dem Schätze begraben sind…«

Westfälischer Anzeiger Nr. 61, Dortmund 1815

Die Großstadt

Steil ging es mit Dortmund aufwärts. Stolz berichtet ein Zeitgenosse: »Im Norden der Stadt das Eisen- und Stahlwerk Hoesch, dessen Produktion vor dem Kriege hingereicht hätte, um mit ihrem Erlös den ganzen Roggenimport Deutschlands zu decken, im Süden der Hörder Verein, dessen Erzeugung an Fertigfabrikaten zur gleichen Zeit täglich etwa zehn lange Eisenbahnzüge von ungefähr 50 Wagen füllte, und im Westen, näher dem Weichbilde der Stadt, die Dortmunder Union, deren Jahresproduktion an Schienen zur Herstellung einer Gleisstrecke vom Nordkap bis Konstantinopel reichte.« Das war 1913. Die Zeit der Eingemeindungen war gekommen. Jede Stadt im Revier versuchte, der anderen den Rang abzulaufen, indem sie möglichst viele Gemeinden, Siedlungen und sogar kleine Städte der nächsten Umgebung unter ihre Fittiche nahm. Gelsenkirchen schwoll auf diese Weise zwischen 1900 und 1905, also in nur fünf Jahren, von rund 37000 auf 147000 Menschen an, und auch Dortmund machte solche ›Sprünge‹: Durch die Eingliederung von acht Landgemeinden 1914 ›schluckte‹ es 33000 Seelen und zählte damit 292734 Einwohner.
Die Chronistin der Stadt, Luise von Winterfeld, berichtet in ihrer ›Geschichte der freien Reichs- und Hansestadt Dortmund‹ über den weiteren Zuwachs:
»Wie man in Bergbau, Großindustrie und Bankwesen gleichartige Betriebe zu großen Aktiengesellschaften, Konzernen und Syndikaten zusammenschloß, weil man glaubte, hierdurch zu einheitlich durchdachten Wirtschaftsprogrammen und zur Vereinfachung der Verwaltungen zu kommen, so meinte man auch, den kommunalen Selbstverwaltungen des Industriegebietes dadurch aufzuhelfen, daß man leistungsunfähige Kreise, Ämter und Gemeinden auflöste und sie in größere Städte eingemeindete.
Am 1. April 1928 gliederte sich Dortmund die alte Stadt Hörde mit rund 35000 Einwohnern und 22 Gemeinden des aufgeteilten Landkreises Dortmund ein, nämlich Oespel, Kley, Lütgendortmund, Bövinghausen, Kirchlinde, Marten, Westerfilde, Bodelschwingh, Brünninghausen, Mengede, Nette, Ellinghausen, Holzhausen, Brechten, Kirchderne, Derne (unter Grenzberichtigung gegen die Stadt Lünen), Grevel, Lanstrop, Kurl, Husen, Asseln und Wickede.
Hatte Dortmund vor dieser Eingemeindung 331793 Einwohner und eine Bodenfläche von 7495 ha, so vergrößerte es sich an einem Tage um 134864 Seelen und 11556 ha, so daß es am 1. April 1928 466657 Einwohner und 19051 ha zählte. Zu den neuen Stadtteilen, die überwiegend im Westen, Norden und Osten des Stadtkernes lagen, kamen am 1. August 1929 bei der Aufteilung des Landkreises Hörde neun Gemeinden im Stadtsüden hinzu, nämlich Aplerbeck, Barop, Berg-

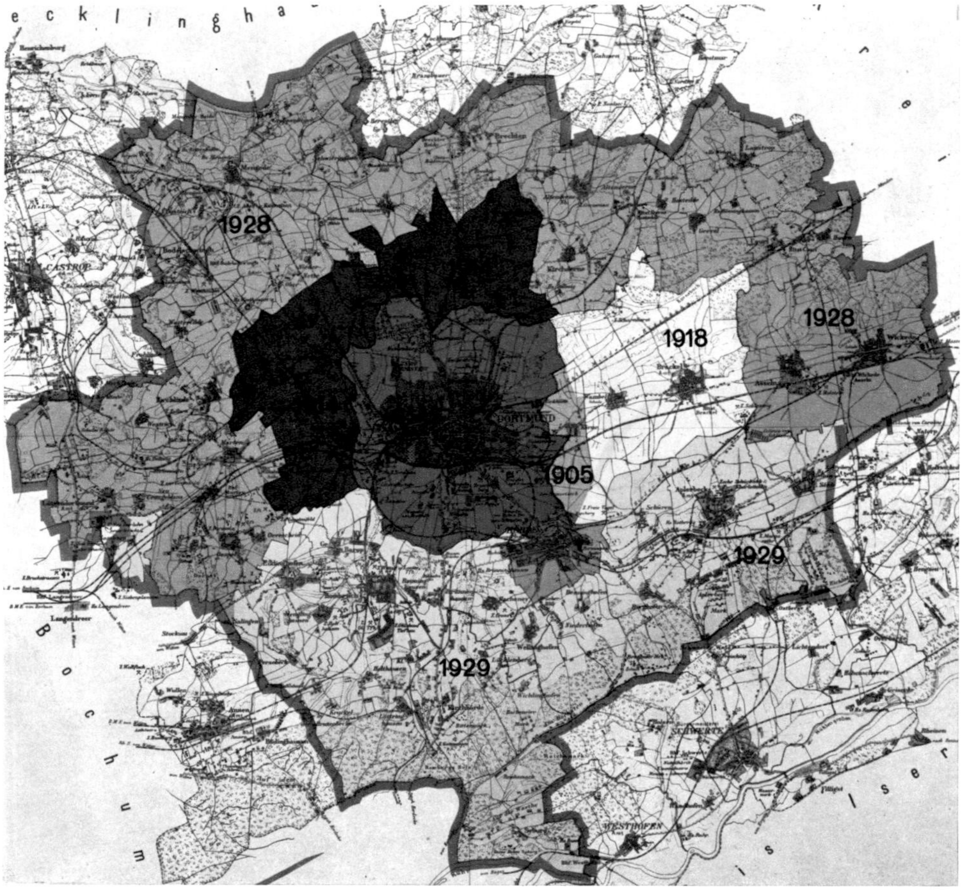

Eingemeindungen der Stadt Dortmund

hofen, Kirchhörde, Schüren, Sölde, Somborn, Syburg und Wellinghofen mit insgesamt 70802 Einwohnern und 8092 ha.

So war in kurzer Frist ein neues Groß-Dortmund mit 541667 Einwohnern und 27143 ha entstanden. An Flächenumfang war Dortmund, in dem 43 preußische Gemeinden aufgegangen sind, zur zweitgrößten deutschen Stadt geworden. Es hat selbst Köln (25124 ha) überholt und wird zur Zeit nur von Berlin (87840 ha), Hamburg (74662 ha), Bremen (32416 ha) und München (30874 ha) übertroffen. Der Einwohnerzahl nach stand Dortmund an 5. Stelle unter 31 preußischen Großstädten und an 10. Stelle unter den 50 deutschen Großstädten. – Am Neujahrstage 1956 nahm es mit 613721 Einwohnern den 8. Platz unter den rund 50 Großstädten der deutschen Bundesrepublik ein.«

Zwischen diesen Eingemeindungen lagen die Tage des Ersten Weltkrieges, in denen die Stadt, wohl zum erstenmal in ihrer langen Geschichte, von Kriegszerstörungen verschont blieb, wenngleich sie das Blutopfer von 8000 Männern bringen mußte, die draußen an den Fronten blieben; lagen die Tage der Revolution des 8. November 1918 mit der Machtergreifung des Arbeiter- und Soldatenrates; lagen die dunklen Tage des Belagerungszustandes 1919, die Kämpfe des Freikorps von Bergmann, die Unruhen mit dem vergeblichen Sturm auf das Stadthaus, wo die Diktatur des Proletariats ausgerufen werden sollte, dann, zwei Tage später, der Marsch roter Arbeiterbataillone, 10000 bis 12000 Mann, die zum konzentrischen Generalangriff auf Dortmund antraten. Es kam jener 17. März 1920, an dem Deutsche gegen Deutsche in den Straßen der alten Reichsstadt kämpften, es kamen die siebzehn Tage der ›Herrschaft von Spartakus‹, es kam die Ruhrbesetzung mit dem Einmarsch französischer Artillerie, Kavallerie, Infanterie, und die Angst – der Franzosen vor den Deutschen und der Deutschen vor den Franzosen – forderte in der Nacht vom 10. auf den 11. Juni 1923, die als ›Dortmunder Bartholomäusnacht‹ in die Geschichte der Stadt einging, ihre Opfer; sieben schuldlose Dortmunder Männer wurden von den Franzosen erschossen und an jene Stelle geschleift, wo zwei französische Unteroffiziere tot aufgefunden worden waren. Endlich brachte dann das Jahr 1924 die Räumung der Stadt von der französischen Militärmacht. Ein kurzer Aufschwung folgte, bis die Weltwirtschaftskrise ausbrach, die im Ruhrgebiet die Stillegung von achtundsiebzig Zechen zur Folge hatte. Mit dem Heer der Arbeitslosen – ein Drittel aller in Dortmund Beschäftigten mußte entlassen werden – zog die allgemeine Not auch in Dortmund ein. Unsicherheit und Unruhen beschworen hier wie überall einen wirtschaftlichen und politischen Zusammenbruch herauf, vor dessen drohendem Hintergrund Hitler die Macht an sich riß. Am 26. Februar 1932 hielt er in der Westfalenhalle eine Rede, die der ›General-Anzeiger‹ noch spöttisch kommentieren konnte. Am 21. April 1933 wurde derselbe General-Anzeiger schon beschlagnahmt. Zehn Tage später kam es auf dem Hansaplatz zur öffentlichen Bücherverbrennung, diesem wahrhaft symbolischen Akt für die Ausrottung des freien Geistes in Deutschland, dem dann all die verbrecherischen Taten folgten, mit denen dieses ›Dritte Reich‹ Deutschlands Namen besudelte. Auch in Dortmund, der alten Reichsstadt, die gleichzeitig – wie jede andere Stadt des Reviers und des Reiches – an einem nie zuvor erreichten,

Der Reinoldiplatz zu Dortmund um 1930. Zeichnung von Emil Stumpp

durch Arbeitsbeschaffungsprogramme und Vierjahrespläne freilich systematisch auf den Krieg zusteuernden wirtschaftlichen Auftrieb teilnahm.

»Und abermals nach vierhundert Jahren komm ich desselben Wegs gefahren«, läßt Friedrich Rückert in seinem Gedicht Ahasver, den ewigen Wanderer, sprechen. Was hätte Ahasver, Merians Silhouette der kleinen Landstadt von 1530 im Kopf, jetzt, von den Höhen des Ardeygebirges aus, von Dortmund erblickt? Vielleicht ein neues Feuer, das die nationalsozialistischen Brandstifter soeben an die Synagoge am Grafenhof gelegt hatten. Aber Ahasver hätte es wahrscheinlich nicht bemerkt: Da lag eine junge Stadt, die über Türme und Mauern ihres mittelalterlichen Kerns, ihn vorsichtig nicht zertretend, wie ein Riese hingeschritten war, ins flache Land hinaus, mit Häuserschluchten am Hellweg, Brauereien, die wie Burgen gleißten, dem mächtigen Amphitheater-Rund der Westfalenhalle und mit Kirchen und Plätzen, an denen Giebelreihen aus alten Zeiten sich wunderlich mischten mit Sandsteinfassaden um die Jahrhundertwende, die protzig und neureich, Stil über Stil stülpend, sich wild und barbarisch breitgemacht hatten. Einen Daumensprung weiter lagen, in merkwürdigem Gegensatz dazu, Villen in sanftem Grün und wieder gleich daneben ein Karreegeflecht enger Höfe, von Mietskasernen umstellt. Sie wiesen schon auf die Bannmeile hin, hinter der graue Arbeiterhäuser begannen und schmuddelige Asphaltzeilen, zerfressen von Ruß, Schwefel und Rauch. Dieser Rauch kam aus einer zweiten Stadt, die gleichsam über der ersten lag, oder davor, dahinter, daneben, und führte ein eigenes Leben: mit Seilscheiben, die Förderkörbe in die Tiefe schickten, und Hochöfen und Essen, wahren Wäldern von Essen, aus denen gelber Schein drang. Fabrikhallen, Lagerschuppen, Stapelplätze und stählerne Gerüste hinter dampfenden Kokereien

Sechstagerennen in der Dortmunder Westfalenhalle. Zeichnung von Emil Stumpp

füllten den Horizont, und über Schienenstränge in schwarzen Schneisen, die über Unter- und unter Überführungen die Stadt durchfingerten, schwangen sich Brükkenbögen wie Ellipsen zum Geviert eines Hafens, der, nun schon weit draußen, Silos, Schiffe und Kräne erkennen ließ.

Ahasver, geblendet, aber nur für einen Augenblick, wäre erstaunt über den Anblick gewesen. Auch hätte er der Verlockung widerstanden, hinabzusteigen, in die Stadt hinein, diese merkwürdig uneitle, derb-rechtschaffene, dabei irgendwie gespaltene und doch von Selbstbewußtsein berstende Stadt, die am schmiedeeisernen Tor ihres alten Rathauses noch immer in vergoldeten Buchstaben den alten Wahlspruch trug: »So fast as Düöpm!« Auch ohne den Brand am Grafenhof zu bemerken, hätte Ahasver, professioneller Seher von Auf- und Untergängen, den Stab genommen und sich gewendet, wissend: daß bald sechstausend jüdische Bürger da unten den Vernichtungslagern ausgeliefert sein würden, wo sie in Gaskammern und Gruben umkommen sollten. Wissend: daß Hunderte von Fremdarbeitern aus Holland, Belgien, Frankreich, Polen, Jugoslawien und Rußland, aber auch Deutsche darunter, von der Gestapo, mit Stacheldraht gefesselt, in den Romberg-Park geführt und erschossen werden würden. Und so auch wissend – denn dies würde kurz vor dem Einmarsch der Amerikaner in die Stadt geschehen –, daß diese Stadt, die da groß und mächtig unter ihm im Sonnenlicht sich reckte, um jene Zeit schon ein einziger riesenhafter Schutthaufen sein würde, atomisiert von 22242 Tonnen Sprengstoff, die aus Westfalens Himmel niederfallen sollten auf die Stadt, auf ihre Kirchen und Fabriken, ihre Häuser und Straßen, ihre Banken und Verwaltungsbauten.

Wie es dann geschah.

Ganze dreiundvierzig Minuten dauerte der schwerste aller Luftangriffe, am 12. März 1945. Und wer unter jenen Dortmundern war, die in die schützenden Katakomben des Hauptbahnhofs hatten flüchten können, wer unter ihnen war, die nach dem Angriff über die sechsundneunzig Stufen des Bahnhofsbunkers wieder hinauf ans Tageslicht traten, dem stand fast das Herz still: das Bild, das er erblickte, war die Hölle. Zu Stein und Staub war Dortmund geworden.

In nackten Zahlen ausgedrückt sah die Bilanz des ›Dritten Reiches‹ und seines Weltkrieges für Dortmund so aus:

Standesamtlich beurkundete Todesfälle durch Bomben: 5579.

Kriegsgefallene und Vermißte: 15520.

Schätzung der Bombenschäden: 6 Milliarden Mark – soweit solche Schäden überhaupt geschätzt werden konnten.

Auch die vier Kirchen im Stadtkern, auch das alte Rathaus mit seinem vergoldeten Wahlspruch waren versunken.

Eigentlich sprach nun alles dafür, Dortmund – die Innenstadt war zu 90%, die weitere Stadt zu 70% zerstört – einfach einzuwalzen und an anderer Stelle wieder zu errichten.

Aber an welcher? Eben dies wußte man nicht, und Ahasver, der Seher, hätte es auch nicht sagen können.

Und so fing man an, fingen die Dortmunder an, ihre Stadt dort wieder hinzubauen, wo sie gestanden hatte: in Dortmund, am Hellweg, im Revier.

Freitag, 21. April 1933 — 46. Jahrgang — Nr. 108

General-Anzeiger

für Dortmund und das gesamte rheinisch-westfälische Industriegebiet.

Deutschlands größte Auflage außerhalb Berlins

Der „General-Anzeiger“ im Dienst der nationalsozialistischen Revolution

Die Folgen einer schamlosen Verächtlichmachung des Führers / Polizeipräsident Schepmann greift ein Polizeiaktion erzwingt Säuberung / Die „Rote Erde“ übernimmt im Interesse der Arbeiter und Angestellten und im Interesse der journalistischen Sauberkeit die Führung

Der Dortmunder Polizeipräsident hat auf Grund der §§ 14, 41 und 53 des Polizeiverwaltungsgesetzes in Verbindung mit § 7 der Notverordnung des Herrn Reichspräsidenten zum Schutze des deutschen Volkes die Ausgabe Nr. 107 vom 20. 4. 1933 des „Dortmunder General-Anzeigers“ beschlagnahmt.

Noch Nachmittags wurde in der Druckerei ein Reservebestand von etwa 20 000 Exemplaren sichergestellt.

Der Redakteur Westhoff wurde in Schutzhaft genommen.

SA. hält das Druckereigebäude besetzt. Veranlassung zu der Aktion gab eine sich auf dem Titelblatt der Zeitung befindliche Zeichnung des Reichskanzlers — ausgeführt von dem Zeichner Stumpp — die dem Gesichtsausdruck Adolf Hitlers in böswilliger Absicht einen entstellenden und ins Gemeine zielenden Ausdruck verleiht.

Sämtliche Räume der Druckerei und der Redaktion wurden auf Grund des § 1 der Verordnung des Herrn Reichspräsidenten vom 28. 2. 1933 durch Verfügung des Dortmunder Polizeipräsidenten vom 20. 4. 1933 bis auf weiteres geschlossen.

Um zu verhindern, daß die beim „General-Anzeiger“ beschäftigten Arbeiter und Angestellten brotlos werden, hat der Dortmunder Polizeipräsident den Chefredakteur der „Roten Erde“ beauftragt, die Leitung des Betriebes zu übernehmen.

*

Die Polizeiaktion, die sich im übrigen in disziplinierter Ordnung und vollkommener Ruhe vollzog, war notwendig geworden, weil die bis jetzt verantwortliche Redaktionsleitung des „General-Anzeigers“ in Verkennung und Mißachtung der nationalen Gefühle des deutschen Volkes das Bild des Zeichners Emil Stumpp veröffentlicht hat.

Diese Zeichnung zeigt den Führer mit niedriger Stirn, fliehendem Kinn und mit einem Gesichtsausdruck, der auf niedrige Instinkte hinweist, was hinsichtlich des edlen Charakters Adolf Hitlers als eine ungewöhnliche Verhöhnung anzusprechen ist. Die große Liebe und Verehrung, deren sich der Führer der nationalsozialistischen Freiheitsbewegung in wachsendem Maße bei den großen Massen des Volkes erfreut, und die gerade an seinem Ehrentage durch die mannigfachigen Kundgebungen und sonstigen Beweise sinnfällig zum Ausdruck gekommen sind, konnten auf keinen Fall eine so offensichtliche Verhöhnung des Volkskanzlers ertragen. Eine Ueberlegung, ob Zeichnungen jemals absolut ähnlich sein können, konnte hier nicht am Platze sein.

Es kommt auf die Wirkung an!

Und hier ist zu sagen, daß die Wirkung geradezu verheerend ausgefallen ist.

*

Gleich nach Erscheinen der beanstandeten Nummer 107 war es in verschiedenen Städten des Ruhrgebietes zu starken Mißfallenskundgebungen des Publikums gekommen. Es entwickelten sich hierbei oft recht bedrohliche Szenen. An einigen Zeitungsständen wurde die Entfernung der betreffenden Zeitungsexemplare von der empörten Menge stürmisch gefordert.

In Dortmund war die Empörung besonders groß. An verschiedenen Stellen, wo der „General-Anzeiger“ ausgehängt war, bildeten sich starke Ansammlungen, die eine ernste Gefahr der Sicherheit und Ordnung bildeten. Aus diesen Gründen heraus sah sich Polizeipräsident Schepmann veranlaßt, entsprechende Maßnahmen gegen den „Dortmunder General-Anzeiger“ zu ergreifen.

Das Gebäude in der Bremerstraße wurde durch SA. besetzt, und kurze Zeit darauf übernahm Chefredakteur Dr. Pfafferott mit Redakteur Goldmann von der „Roten Erde“ die Leitung des Redaktionsbetriebes, der bald darauf die Uebernahme der Verlagsgeschäfte folgte. Diese Regelung war in erster Linie darum geboten, um den Arbeitern und Angestellten des „General-Anzeigers“ Arbeit und Brot zu sichern. Es wurde also letzten Endes davon abgesehen, die Tore geschlossen zu halten. Zum anderen aber wurden die Maßnahmen getroffen, die als eine Gleichschaltung des „General-Anzeigers“ auf die Ziele der nationalsozialistischen Revolution betrachtet werden können, um es für die Zukunft unmöglich zu machen, die nationalsozialistische Freiheitsbewegung, die deutsche Revolution und ihren Führer in versteckter Weise verächtlich zu machen.

*

Was die Beschlagnahme der 20 000 Exemplare der Nr. 107 des G. A. angeht, so muß aus dem Vorhandensein dieses ungewöhnlich großen Reservebestandes in vorgerückter Tagesstunde die Schlußfolgerung gezogen werden, daß diese Exemplare für defaitistische Zwecke im Ausland bestimmt waren. Für diese Annahme sprechen auch noch weitere Anzeichen. Ein schnelles Eingreifen war hier also unbedingt am Platze.

Abschließend ist zu der ganzen Aktion zu bemerken, daß der „Dortmunder General-Anzeiger“ unter der neuen Führung wieder zu einem sauberen Machtfaktor der deutschen Presse ausgebaut werden wird.

Der ›gleichgeschaltete‹ »General-Anzeiger« vom 21. April 1933. Am Tag zuvor hatte die SA Redaktion und Druckereigebäude besetzt

EMIL STUMPP UND DAS ENDE DES ›GENERAL-ANZEIGERS‹

Der Maler und Zeichner Emil Stumpp, 1886 geboren, in Dortmund und in Berlin gleichermaßen zu Hause, war auf allen großen politischen Konferenzen anzutreffen, wo er die Männer seines Zeitalters porträtierte. Seine berühmt gewordenen Köpfe erschienen regelmäßig im ›Dortmunder General-Anzeiger‹. Eine dort am 20. April 1933 publizierte Porträtzeichnung Hitlers nahmen die Nationalsozialisten zum Anlaß, über Stumpp das Berufsverbot zu verhängen. Die Hitler angeblich verächtlich machende Zeichnung bot darüber hinaus den Vorwand, den General-Anzeiger zu beschlagnahmen, der später als ›Westfälische Landeszeitung – Rote Erde‹ weitergeführt wurde. Das Ende der Ära, die unter der Losung: »Alles muß öffentlich sein!«, gestanden und Dortmunds Geisteswelt geprägt hatte, war damit zu Ende.

Stumpp, rechtlos geworden, ging nach Schweden, der Heimat seiner Frau, und malte weiter. Bei einem kurzen Besuch Deutschlands wurde er wegen verbotenen Umgangs mit französischen Kriegsgefangenen verhaftet und zu einem Jahr Gefängnis verurteilt. Am 5. April 1941 starb er an den Folgen der Haft im Gefängnislazarett Stuhn in Ostpreußen.

Nach Mitteilungen von Fritz Hüser

Wie das Ruhrvolk entstand

Woher kommst du?

Wie Ludwig Thoma für Bayern den Landtagsabgeordneten Filser erfand, und wie Tünnes und Scheel für Köln, der Eckensteher Nante für Berlin, Hummel, der Wasserträger und Klein Erna für Hamburg zwischen den Zeiten und zwischen den Zeilen auf das treffendste ausdrücken, wie das Volk fühlt, leidet und lacht, so schuf sich das Ruhrgebiet ›Kumpel Anton und Cervinski‹. Genauer gesagt, ein Redakteur erschuf die beiden, Wilhelm Heinrich Koch aus Essen. Als er Kumpel Anton und seinen Freund Emil Cervinksi jeweils zum Wochenende in seiner Zeitung miteinander reden ließ, und als Briefe kamen, Briefe aus der ganzen Welt, von überall her, »wo Leute aus dem Ruhrgebiet noch Kontakt mit ihrer Heimat hatten«, merkte er, daß der Auftritt der beiden überfällig war: längst Vorhandenem hatte er, der Zeitungsmann, lediglich Stimme und Gesicht gegeben. Begegnet war er ihnen tausendmal, dem Anton und dem Cervinski, auf Schicht, beim Nachhauseweg oder in den typischen Eckkneipen von »Frolinde, Stoppenberg, Dümpten, Marxloh oder wie die tausend Nester auch heißen mögen«. Einmal unterhielt er sich bei der Fußballweltmeisterschaft in Schweden mit den beiden Spielern von Rot-Weiß Essen, Fritz Herkenrath und Helmut Rahn, und hörte – Rot-Weiß war gerade von einer Südamerikareise zurück –, wie Rahn, noch immer das Fußballidol des Ruhrgebiets, zu dem an der Hochschule in Aachen als Wissenschaftler tätigen Herkenrath, Mannschaftskameraden aus großen Tagen, sagte: ›Fritz, weisse noch den Schwatten, der mich da immer hinterherlaufen tat?‹ Koch schmolz das Herz: da war sie, »die herrliche Sprache des Ruhrgebiets, kurz, knapp, prägnant und dennoch mit meisterhafter Wiedergabe der Situation«. Wie dürftig, meinte er, hätte diese Erinnerung in schulmäßigem Hochdeutsch geklungen: ›Fritz, erinnerst du dich noch an den Schwarzen, welcher mich dort zu verfolgen versuchte?‹ Und schloß daraus: »Es ist eine Sprache, die sich aus Zwangslagen gebildet hat, um möglichst schnell eine Verständigungseinheit aus anderen Sprachen, aus Dialekten und Idiomen zu bilden, ohne Rücksicht auf Grammatik und so empfindliche Unterschiede wie Transitiva und Intransitiva, so knapp im Wortschatz wie möglich, denn lange Palaver waren im Krach der Pickhämmer und im Lärm der Stahlwerke und der Montagehallen nicht möglich.«

Zwangslagen also – aber nicht nur einer Sprache verhalfen sie zum Leben! Aus Zwangslagen setzt sich die ganze Geschichte des Volkes zusammen, das diese Sprache spricht. Zwangslagen sind es, die das ›Ruhrvolk‹ geformt haben.

Ruhrvolk – was ist das, was versteht man darunter?

Die Demoskopie, die Repräsentativbefragung, hätte es genauer ermittelt. Aber 1938, als man in Dortmund eine Schulklasse befragte, kannte man diese uns sooft zu überraschenden Aufschlüssen über unser Leben verhelfende Methode noch nicht. Jedenfalls fragte man: Wo kommt ihr her? Von wo sind eure Eltern, eure Großeltern eingewandert? Dabei ergab sich das folgende Bild:

Die Vorfahren kamen zu 24,29 Prozent aus Dortmund,
zu 15 Prozent aus Westfalen,
zu 12,19 Prozent aus Ostpreußen,
zu 7,71 Prozent aus dem Ruhrgebiet,
zu 6,89 Prozent aus Westpreußen,
zu 5,84 Prozent aus dem Rheinland und aus Süddeutschland,
zu 5,7 Prozent aus Posen,
zu 3,8 Prozent aus Hessen,
zu 3,7 Prozent aus Schlesien,
zu 2,69 Prozent aus dem Ausland.

Es mag recht mühsam für die Lehrer gewesen sein, dieses Ergebnis zusammenzutragen. Wer von den Kindern wußte tatsächlich auf Anhieb noch zu sagen, woher Vater und Mutter, woher Großeltern und Urgroßeltern stammten? Was waren das für merkwürdige Fragen und Einteilungen, ob sie ›rheinischer‹ oder ›westfälischer‹ Herkunft waren, ob sie – was den engeren Raum des Reviers betraf – aus dem ›Vest‹, der ›Mark‹, aus dem ›kurköllnischen Sauerland‹ kamen oder aus Ost- und Westpreußen, aus Masuren, aus Schlesien, aus Posen? Die Heimat der befragten Kinder war das Ruhrgebiet, und sie konnten sich nur schwer vorstellen, daß es hundert Jahre vorher dieses Revier noch gar nicht gegeben hatte, daß da, wo sie heute lebten, eine einzige, in der Mehrzahl von Bauern bewohnte Wiesen-, Acker- und Waldlandschaft gewesen war, mit wohl hier und da kleinen Städten darin. Aber weder wußten sie etwas von einer Ruhr- noch einer Hellwegzone, weder von einer Zone des Vestischen Landrückens noch von einer Emscher- und Lippe-Zone, geographischen Begriffen, wie sie heute selbstverständlich gebraucht werden, um das, was im Laufe von hundert Jahren im Raum des heutigen Reviers sich ganz unordentlich zusammengefunden hatte, in eine gewisse Ordnung zu bringen. Aber erklärte diese künstliche Ordnung, was da eigentlich vor sich gegangen war?

Nämlich: daß Menschen von unterschiedlichster Herkunft, unterschiedlichsten Anlagen und Interessen, unterschiedlichsten religiösen Bindungen; Menschen, aufgewachsen in östlichen, westlichen, südlichen und nördlichen Ländern und Breiten Europas hier zwischen Ruhr und Lippe aufeinandergetroffen waren und nun nicht in kriegerischer Weise, nicht mit Gewalt sich Lebensrechte erworben hatten, sondern indem sie, sich unterordnend und gegenseitig tolerierend, zusammenlebten und sich vermischten.

Und dies alles hatte sich nicht in einem Jahrtausend, auch nicht in Jahrhunderten, sondern in der knappen Spanne von nur wenigen Jahren ereignet.

Was sind das aber auch für Jahre! Wüßte man nichts von ihnen, allein aus den Zahlen der Menschenzuwanderung ins Revier ließe sich ablesen, welch ein Umbruch dort vor sich ging, wo Kohle und Stahl zu Triebkräften einer neuen Zeit geworden waren.

In mächtigen Schüben, wahren Heersäulen, kamen die Einwanderer auf die Ruhr zu. 1871 zählt das Revier 650000 Menschen, so viel, wie hundert Jahre später Dortmund allein zählen wird. Bis 1914 steigt diese Zahl auf etwa drei Millionen

Gelsenkirchen

Bottrop

Herne

Hörde

Zu Hause

an, wovon allein eine Million zwischen 1895 und 1914 einströmt. Zweierlei wird deutlich: einmal, daß die Vorgänge, die sich in den genannten Zeitphasen im Revier abspielen, von gewaltiger, umformender Kraft sind, aus der heraus jener Sog entsteht, der Menschen ihrer bisherigen Umwelt zu entreißen vermag und sie völlig neuer Existenz ausliefert; zum anderen, daß es dafür Ursachen gab, die mit dem Revier selbst nichts zu tun hatten, die allein in dieser bisherigen Umwelt lagen. Denn der Ruf: Kommt ins Revier! verhieß allen, die ihm folgten: Dort wird alles besser sein, dort hat eure Not ein Ende.
Die ersten Fremden waren in der Frühzeit des Bergbaus aus dem Rheinland, aus Westfalens Dörfern, aus dem Bergischen und dann, als die Landesherren nach Fachleuten riefen, die der wilden Kohlegraberei ein Ende machen konnten, aus

Festtag im Arbeiterviertel

Sachsen, aus Thüringen, aus dem Mansfeldischen, Nassauischen und aus dem Gebiet um Lüttich eingeströmt. Ihr Sinn stand nach einem kleinen Besitz, sie wurden Hauer und Kötter in einem, und manche waren sogar hierher geflüchtet, um sich dem Zugriff der Werber des Soldatenkönigs zu entziehen, aus Abneigung gegen Militärdrill und Schikane. Vielfach waren es Bauernsöhne, die zweiten, dritten, vierten und fünften, die den heimatlichen Hof verlassen hatten, weil sie ihn nicht erben konnten. Hier sahen sie eine Chance und ergriffen sie, wie jene Einzelzuwanderer, aus England, aus Belgien und Frankreich, Spezialisten, die herbeigeeilt waren, um ihr Glück zu machen, mit ihren Fähigkeiten den Einheimischen voraus, oder auch nur, um ihr Geld anzulegen. Manchen stieß das Land wieder ab, als der Boom vorbei war, andere blieben, wie Mulvany aus

Irland und seine von ihm nachgeholten Landsleute, Patterson, Simpson, Laverrick mit Namen, heute verschollene Geschlechter, von denen noch hier und da eine Grabplatte kündet, z. B. an der Husemannstraße in Gelsenkirchen, auf dem Zentralfriedhof.

Dann wetterleuchtete es zum ersten Mal – die erste Krise beunruhigte das junge Wirtschaftsleben des Reviers, manch einer packte den Ranzen, folgte russischen Obersteigern, die ihm goldene Berge versprachen, ins Donezgebiet, scheiterte, kehrte zurück, fing wieder an im Revier, in das nun auch die Hollandgänger wanderten, westfälische Kleinbauernsöhne und Kötter, die Frühjahr um Frühjahr hinübergezogen waren ins Nachbarland als Torfstecher, als Landarbeiter, oder um mit den Fischern hinauszufahren zum Fang. Die Ruhr lag näher, gute Bezahlung lockte. Und lockte bald auch manchen Holländer, den eine ›Holländische Arbeiterbörse‹ vermittelte: 2357 Holländer wurden hier allein zwischen 1865 und 1871 registriert. Im selben Zeitraum kamen aus Hessen über 5000, aus Schlesien an die 9000, aber nur 270 aus West- und Ostpreußen. Die größte Zahl stellten Westfalen und das Rheinland: 54000.

In den ›Gründerjahren‹, mit der Massenproduktion von Stahl im Gefolge, wurden die Arbeitskräfte knapp, und die natürliche Anziehungskraft des Reviers, die eine ständige Einwanderungsbewegung erzeugt hatte, reichte nicht mehr aus, genügend Menschen zu mobilisieren. Jetzt schickten die Zechen und Werke der immer schneller wachsenden Industrie ihre Werber aus, dorthin, wo ein Menschenschlag wohnte, der in der Arbeit als besonders verläßlich galt, der arm war und genügsam lebte, an patriarchalische Ordnung gewöhnt. Der Menschenschlag, der über solche Tugenden verfügte, wohnte im Osten. Deshalb reisten die wortgewaltigen Werber nach West- und Ostpreußen und nach Masuren und schlugen ihre Aufrufe an die Wirtshaustüren.

IZZE KUMPMANN

Fraitag middag war ich mittehn Cervinski am Nachhausegehn: »Anton«, sachtä Cervinski, »du kännstoch den Izze Kumpmann?« »Wattforn Izze Kumpmann?«, sarich, »Izze Kumpmann kännknich.«

»Watt?« sachtä Cervinski, »du kännsten Izze Kumpmann nich? Dattistoch dä Kumpmann, dä bai uns in Dickebank wah, un gezz auf Hibernia am Fahn is.« »Nä«, sarich, »dän kännk warraftich nicht.«

»Mann«, sachtä Cervinski, »dattistoch dä Kumpmann, dä dat Krösken mittat Rothaarige hatte, watt int ›Deutsche Eck‹ hintern Trehsen stant. Dä mittehn schwazzen Arbeitgeberhut, dä immer Zekunndant inn Boxklupp is.«

»Wattemal«, sarich, »is dattä Kumpmann, dehnse inne Liedertafel mal verhaun ham, wailä falsche Nohten ausgehm tat?«

»Jau«, sachtä Cervinski, »dä istat. Waisse, dehnse beit Frühlingsfest den Pott mit Mostert inne Hose gestoppt ham.« »Wenndatt dä is«, sarich, »den kennich. Dattistoch dä Izze Kumpmann, dä immer Pannas auffe Butters hatte.« »Jau«, sachtä Cervinski, »dä bei Taumfatters Jupp immer auf Latte schreim lassen tat.«

»Wennz dehn mainss«, sarich, »den kennich. Wattis mit däm?«

»Och nix«, sachtä Cervinski, »dä hatt gestern inne Straßenbahn zehn Fennich gefunn.«

Mit den Cervinski gehich verdohreck nich mehr von Schicht na Haus. *Wilhelm Heinrich Koch*

AUFRUF EINES AGENTEN AUS DEM JAHRE 1887 ZUR ANWERBUNG VON BERGARBEITERN

Masuren!

In rheinländischer Gegend, umgeben von Feldern, Wiesen und Wäldern, den Vorbedingungen guter Luft, liegt, ganz wie ein masurisches Dorf, abseits vom großen Getriebe des westfälischen Industriegebiets, eine reizende, ganz neu erbaute Kolonie der Zeche Viktoria bei Rauxel. Diese Kolonie besteht vorläufig aus über 40 Häusern und wird später auf etwa 65 Häuser erweitert werden. In jedem Haus sind nur vier Wohnungen, zwei oben, zwei unten. Zu jeder Wohnung gehören etwa drei bis vier Zimmer. Die Decken sind drei Meter hoch, die Länge bzw. die Breite des Fußbodens beträgt drei Meter. Jedes Zimmer, sowohl oben als auch unten, ist also schön groß, hoch und luftig, wie man sie in den Städten des Industriebezirks kaum findet. Zu jeder Wohnung gehört ein sehr guter und trockener Keller, so daß sich die eingelagerten Früchte, Kartoffeln usw. dort sehr gut halten werden. Ferner gehört dazu ein geräumiger Stall, wo sich jeder sein Schwein, seine Ziege oder seine Hühner halten kann.

Endlich gehört zu jeder Wohnung auch ein Garten von 23 bis 24 Ruten (eine Rute = 14 qm). So kann sich jeder sein Gemüse, sein Kumst und seine Kartoffeln, die er für den Sommer braucht, selbst ziehen. Wer noch mehr Land braucht, kann es sich in der Nähe von Bauern billig pachten. Außerdem liefert die Zeche für den Winter Kartoffeln zu billigen Preisen. Dabei beträgt die Miete für ein Zimmer (mit Stall und Garten) nur vier Mark monatlich, für die westfälischen Verhältnisse jedenfalls ein sehr billiger Preis. Außerdem vergütet die Zeche für jeden Kostgänger monatlich eine Mark. Da in einem Zimmer vier Kostgänger gehalten werden können, wird die Miete also in jedem Monat um vier Mark billiger, ganz abgesehen davon, was die Familie an den Kostgängern selbst verdient. Die ganze Kolonie ist von schönen, breiten Straßen durchzogen, Wasserleitung und Kanalisation sind vorhanden. Abends werden die Straßen elektrisch beleuchtet. Vor jedem zweiten Haus liegt auch ein Vorgärtchen, in dem man Blumen oder noch Gemüse ziehen kann. Der schönste Garten wird prämiiert.

In der Kolonie wird sich in den nächsten Jahren auch ein Konsum befinden, wo allerlei Kaufmannsware wie Salz, Kaffee, Heringe usw. zu einem sehr billigen Preis von der Zeche geliefert werden. Auch wird dort ein Fleischkonsum eingerichtet werden. Für größere Einkäufe liegen Castrop, Herne und Dortmund ganz in der Nähe. Ledige Leute, die nicht in die Privatkost gehen wollen, können in einer Menage zu sehr billigen Preisen wohnen und essen. Den Ankommenden wird in der ersten Zeit ein Barvorschuß, je nach Bedarf bis zu 50 Mark, gegeben. Für die Kinder sind auch Schulen gebaut worden, so daß sie nicht zu weit zu laufen brauchen. Auch die Arbeiter haben bis zur Arbeitsstätte höchstens zehn Minuten zu gehen. Bis zur nächsten Bahnstation braucht man etwa eine halbe Stunde. Wer sparsam ist, kann noch Geld auf die Sparkasse bringen. Es haben sich in Westfalen viele Ostpreußen mehrere tausend Mark gespart.

Masuren, es kommt der Zeche vor allem darauf an, ordentliche Familien in diese ganz neue Kolonie hineinzubekommen. Jede Familie erhält vollständig freien Umzug, ebenso jeder Ledige freie Fahrt. Sobald eine genügende Zahl vorhanden ist, wird ein Beamter der Zeche sie abholen. Die Zeche verlangt für den freien Umzug keine Bindung, eine bestimmte Zeit dort zu bleiben, wie andere Zechen. Wem es nicht gefällt, kann von dort aus weiterziehen. Die Verwaltung der Zeche hofft aber, daß es den masurischen Familien so gut gefallen wird, daß sie ans Weiterziehen gar nicht denken werden.

Überlege sich also jeder die ernste Sache reiflich. Die Zeche will keinen aus der Heimat weglocken, auch keinen seinen jetzigen Verhältnissen entreißen, sie will nur solchen ordentlichen Menschen, die in der Heimat keine Arbeit oder nur ganz geringen Verdienst haben, helfen, mehr zu verdienen und noch extra zu sparen, damit sie im Alter nicht zu hungern brauchen.

Vorgetäuscht wird durch dieses Plakat nichts. Es beruht alles auf Wahrheit. Wer sich die Angelegenheit reiflich überlegt, sage dies seinem Wirt, bei dem das Plakat aushängt. Dieser schreibt dann an Herrn Wilhelm Royek in Harpen bei Bochum. Es werden dann in kurzer Zeit zwei Herren erscheinen, die das Nähere bekanntgeben werden. Jeder besorge sich gleich seine Papiere, Arbeitsbuch und Geburtsschein (Militärbuch genügt nicht). Diese Papiere werden von den beiden Herren gleich mitgenommen. Später kommt dann ein Beamter der Zeche, um die sich Meldenden abzuholen, da die Wohnungen erst Ende September bezogen werden können.

In der neuen Heimat

Von 1865 bis 1914 wurden in den Karteikarten der Gelsenkirchener ›Menschenschleuse‹ 160000 ostpreußische Einwanderer registriert. Schätzungen haben ergeben, daß bis 1925 insgesamt aus dieser einen Provinz an die 300000 Menschen eingeströmt sind, Menschen, die vielleicht nach Amerika ausgewandert wären, wenn der Ruf des Ruhrgebietes sie nicht erreicht hätte – sie wollten hinaus, ihr freiheitlicher Sinn stieß sich in der alten Heimat überall an Grenzen, Grenzen, die von sozialer Stellung und Dienstverhältnis gezogen waren, Grenzen der Armut, die keine Zukunft ließ. Die Leibeigenschaft, die sogenannte Gutsuntertänigkeit, war in Preußen und seinen Provinzen dank der Stein-Hardenbergschen Reformen zwar 1807 endgültig aufgehoben worden, doch hatten die Gutsleute in Ostpreußen auch jetzt noch für jeden, der aus ihrem Familienverband außer Landes gehen wollte, ihrem Gutsherrn eine Entschädigung auf den Tisch zu legen. Eine Art Freikauf also, und das erste Geld, das die Neuankömmlinge im Revier verdienten und das sie nach Hause schickten, diente der Rückerstattung dieser Summe, die Eltern und Geschwister für sie an den Gutsherrn abgeführt hatten.
An der Einfachheit der alten Lebensweise aber hielten sie fest, und die Heimat blieb in ihren Gedanken, ja in allem, was sie taten, wobei ihnen die Kirche half.

Gebetsgemeinschaft
eingewanderter Masuren

›Ostpreußische Gebetsvereine‹ waren damals übers ganze Land an der Ruhr verbreitet, und wer, verwirrt durch das Fremde und Neue und durch das Geld, über das er plötzlich verfügte, zu straucheln drohte, den fing die Gemeinschaft auf. Professor Wilhelm Brepohl in Dortmund berichtet dazu:
»Von Politik und Parteigetriebe wollten sie, die königstreuen Altpreußen, nichts wissen, aber Gottes Wort, ihre altgewohnten Kirchenlieder, Gebet und Andacht – darnach stand ihr Begehren. Als sie das drüben in ihrer Muttersprache nicht fanden, machten sie es, wie es daheim die Gebetsvereine ihnen gezeigt hatten: sie schlossen sich untereinander zusammen. Tatkräftige Männer machten den Anfang. Dabei ließen sie sich durch Rücksichtnahme auf die Kirche oder durch ängstliche Innehaltung schriftgemäßer Lehre nicht hemmen. So entstanden im Industriegebiet bald die vielen ostpreußischen Sekten, denen die Gebetsvereine folgten.«
Es klingt wie eine Legende, daß die Heimat den Ledigen, damit sie Familien gründen konnten und nicht auf Abwege gerieten, die Frauen nachschickte ins ferne Ruhrland. In Gelsenkirchen hat es einen Küster gegeben, der an die zweihundert Mal den Trauzeugen spielte bei Ehen, die die Mutter Ostpreußen gestiftet hatte. Diese Mutter Ostpreußen nahm dann, als die Kohlrübenwinter des Ersten Weltkriegs über das Ruhrland hereinbrachen, die Kinder dieser Ehen an ihre breite Brust: Tausende von Ostpreußenkindern kehrten in der Hungerzeit ins alte Land an Weichsel, Nogat und Pregel zurück und wurden dort durchgefüttert. So stützte man sich gegenseitig, vergaß einander nicht.
Das erschütterndste Zeugnis dieser Bindung über Grenzen und Zeiten hinweg – der Versailler Vertrag hatte die Provinz durch den Weichselkorridor vom Reich losgerissen – ist die Geschichte von einer kleinen Schar Ostpreußen, die in Gelsenkirchen in tiefer Verzweiflung den Bericht des Regierungsvertreters anhört: das Reich sei außerstande, der bedrängten Provinz von sich aus zu helfen. Am 11. Juli 1920 finde die Volksabstimmung statt, die über das Schicksal des südlichen Ostpreußen entscheide; abstimmungsberechtigt solle sein, wer entweder dort wohne oder dort geboren sei; bei Stimmenminderheit für Deutschland fiele dieses Gebiet

Masurenfrauen vor dem Gottesdienst

Straße im Revier

unweigerlich an Polen. – Wie können wir helfen? überlegen sie. Mit Geld ist nichts zu machen. Hinüberfahren zur Abstimmung? Die Polen lassen nur einen einzigen Eisenbahnzug täglich durch den Korridor. »In erschütterndem Ernst«, so berichtet ein Augenzeuge dieser Versammlung, »gebot der Sprecher des kleinen Kreises allgemeines Schweigen, man solle nachdenken – und in atemloser Stille saßen diese von Heimatliebe beseelten Männer zusammen. Als dann die weitere Aussprache ergab, daß niemand einen Ausweg wußte – es war eine Minute erhabener Größe –, da sagte der Sprecher: ›Wir wollen beten...‹ Inbrünstig, stark und in der Ohnmacht groß sprach er aus übervollem Herzen ein Gebet. Mehr hat sich an jenem Nachmittag nicht ereignet; aber der Wille schaffte und wirkte.« Er wirkte: es gelingt, Schiffe zu chartern, die auf dem Seewege die Massen ost- und westpreußischer Ruhrneubürger in die alte Heimat bringen können. Und Zehntausende brechen auf, um mit ihrer Stimme die drohende Gefahr abzuwenden. Die Schiffe fassen nicht alle, Zehntausende müssen zu Hause bleiben und geben hier, wenigstens als Bekenntnis, ihre nicht-zählende Stimme für Deutschland ab. Dann kommt der Abend des schicksalvollen Tages, und die Daheimgebliebenen hören die Kunde: 97,8% Prozent haben für Deutschland gestimmt. Ein Freudentaumel bricht aus, und die Ruhr erlebt einen ihrer bewegendsten Tage: in der Solidarität mit den einstmals Fremden empfindet man das gemeinsame Schicksal, unter dem man steht; zum ersten Mal, jeder spürt es, gibt es DAS RUHRVOLK.

Niedriger Arbeitslohn, in der alten Heimat oft nur Deputat-Entlöhnung, Geburtenüberschuß und die Folgelasten, die auf einem aus der Abhängigkeit des Großgrundbesitzes sich lösenden Bauernvolk lagen, das waren die Motive der Ostpreußen und Westpreußen, ins Ruhrgebiet zu gehen. Bei den Polen, die gleichfalls in den großen Sog gerieten, kam hinzu, daß es vor dem 1. Weltkrieg ein eigentliches polnisches Staatsgebiet gar nicht mehr gab. Auf Deutschland, Rußland und Österreich aufgeteilt – und als Deutsche, Russen und Österreicher erschienen sie auch in den Meldelisten – waren sie ärmer dran als die anderen, schlossen sich, fremd in der Fremde, in Hunderten von Vereinen zu-

Arbeitersiedlung

sammen, um so, mit einer Sprache, die niemand verstand, dem allgemeinen Mißtrauen zu begegnen, auf das sie überall stießen, und der Spottlust zu entrinnen, die sich an ihrer Unbeholfenheit entzündete. Bei äußerster Genügsamkeit waren sie bereit, zu fast jeder Bedingung zu arbeiten, weswegen man sie Preisbrecher und Lohndrücker schalt – ein Odium, das ihnen auch dann noch anhaftete, wenn sie durch Heirat sich assimiliert hatten, weswegen manch einer auf Streichung der polnischen Endung seines Namens gedrungen hat. Das bedeutete aber schon Loslösung von den anderen. Und noch dann drückte der ›Pollack‹, Schimpfwort eines auch im Revier latent vorhandenen Chauvinismus, der damit alles Fremde bezeichnete, auf ihr Gemüt, erzeugte gefährliche Irredenta-Stimmung. Nur so ist zu verstehen, daß, als es nach 1918 wieder einen polnischen Nationalstaat gab, 170000 von insgesamt 200–250000 Polen, die bis zum Ausbruch des 1. Weltkrieges ins Revier geströmt waren, nach Polen zurückgingen.

Diese Rückwanderung ist sicher kein Ruhmesblatt für die Ruhr. Wie viele Polen sind als deutsche Soldaten in den 1. Weltkrieg gezogen, wie viele auf dem ›Felde der Ehre‹ (der deutschen, der polnischen?) gefallen! Und heute? Gab es nach 1938 noch 40000 registrierte Polen im Revier und Ende der fünfziger Jahre, wie der ›Verband der Polen in Deutschland‹ angab, sogar 45000, so ist das ›Polnisch-Platt mit Streifen‹, das der ›Stachu‹ und ›Kaszmarek‹ der ersten Generation in mühsamer Auseinandersetzung mit der Umwelt radebrechten, längst in einem Ruhrplatt aufgegangen, das nicht nur Kumpel Anton und Cervinski sprechen, sondern das vom Ruhrvolk zur gängigen Umgangssprache schlechthin erhoben wurde.

Bochum-Langendreer

Anders als die Polen, ruhiger, verhaltener, lebten die Slowenen im Revier, die als Österreicher, als Krainer oder Steiermärker kamen, sich schnell vermischten, dennoch ihr Volkstum hochhielten und dies heute noch tun, wenn sie den Vivovdan, den Vitustag, feiern und bei Familienfesten ihre alten Volkslieder singen, die man daheim kaum noch kennt. »Von erschütternder Größe«, berichtet Professor Brepohl, »waren die Trauerfeiern zum Tode des Königs Alexander, der in Marseille einem Attentat zum Opfer fiel. Alles, was damals für sie noch ›Heimat‹ war, schien ihnen ihr König zu verkörpern: er war Heimat und Vaterland, Liebe und Geborgenheit – auch an der Ruhr. Und so hatten sie sich versammelt: einfältig wie die Kinder beklagten sie den toten König, es wurden Trauerfeiern, in denen schlichte Männer wie die Propheten des Alten Bundes klagten.«
Neben solchen Gruppen, für die das Land an der Ruhr kein Job war, mit schnellem Wechsel verbunden, sondern ein fester Grund, in den man einwurzeln konnte – die Slowenen z. B. waren meist schon in der zweiten Generation Beamte geworden oder hatten sich als Kaufleute oder Kleinunternehmer selbständig gemacht –, gab es andere, die erkannten, daß die Arbeit unter Tage nicht ihre Sache war. Nach zwei, drei Sommern zogen sie wieder ab, Zugvögel wider Willen und nicht aus Berufung, wie die Italiener. Für die meisten von ihnen war das Revier eine Baustelle, auf der gut verdient wurde, und das Geld schickte man nach Hause, wohin man alsbald, schon um in den kalten Monaten nicht zu frieren, zurückkehrte – um wiederzukommen, wenn der Job sich noch lohnte.
Eine Lösung der Arbeiterfrage interessierte sie nicht, und es war ihnen gleichgültig, ob im brodelnden Menschenkessel Revier die Massen die Erfüllung sozialisti-

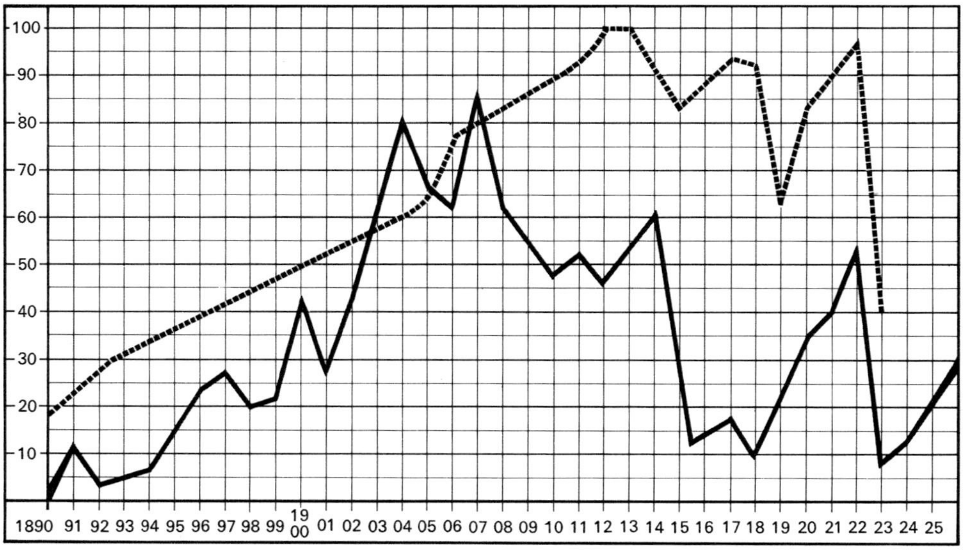

Die Kurve zeigt den ungefähren Verlauf der ostpreußischen Einwanderung in das Ruhrgebiet von 1890 bis zu den Jahren nach der Inflation. Die punktierte Kurve zeigt die Kohlengewinnung im Oberbergamtsbezirk Dortmund.

scher Ideen durchsetzen würden oder ob die Besitzenden, die das Eigentum als eine Art Naturrecht betrachteten, weiter auf ihrer Definition vom gottgegebenen Stand beharren durften. »Die Notwendigkeit der Teilung der Arbeit hat die verschiedenen Berufsklassen geschaffen, und jeder ist ehrenwert, der die angegebene Stellung redlich wahrnimmt«, hatte Alfred Krupp 1872 gesagt.

Wir werden sehen, wie die Menschen an der Ruhr sich mit dieser Ansicht, die der Glaubenssatz der Unternehmer weithin war, auseinandersetzten, wie sie dann, im Austrag der Spannungen zwischen Kapital und Arbeit, den Boden, auf dem sie lebten und ›malochten‹, gegen alle Annektierungsversuche von außen verteidigten und wie ihnen so als Schicksal zuwuchs, was sie gar nicht gewollt und erstrebt hatten: Ruhrvolk zu sein.

WIARUS POLSKI.

MÓDL SIĘ I PRACUJ!

Bochum, czwartek, 29 czerwca 1899.

Redakcya, Drukarnia i Księgarnia znajduje się przy Maltheserstrasse 17a na dole. — Adres: Wiarus Polski, Bochum.

ODEZWA

do Polaków w Herne i okolicy!

Wobec strejku, jaki wybuchł w kopalniach w okolicy Herne, zwracamy się do rodaków w ich własnym interesie z prośbą, aby zachowali jak największy spokój.

Kto nie jest przy pracy, niech zostanie w domu.

Nie powinien zaś nikt pod żadnym warunkiem iść tam, gdzie wielkie gromady ludzi się zbierają, bo przez to przychodzi często do zaburzeń.

Rodacy! Nie sluchajcie na żadne namowy, tylko spokojnie czekajcie, aż nieporozumienie zostanie wyjaśnione. Pamiętajcie, iż każdy krok nierozważny wrogowie Polaków będą chcieli wyzyskać na Wasza niekorzyść! Usłuchajcie przeto rady naszej, która tylko Waszego dobra pragnie, a z pewnością tego nie pożałujecie.

Aus Nr. 78 des Wiarus Polski vom 1. Juli 1899:

Am Donnerstag früh wurde in Herne, Baukau, Sodingen und Horsthausen eine außerordentliche Nummer des Wiarus Polski vertheilt, in welcher sich ein an die Polen gerichteter Aufruf folgenden Inhalts befand:

Aufruf an die Polen in Herne und Umgegend!

In Anbetracht des Streiks, welcher auf den Gruben in der Gegend von Herne ausgebrochen ist, wenden wir uns an die Landsleute in deren eigenem Interesse, mit der Bitte, möglichste Ruhe zu bewahren. Wer nicht Arbeiter ist, der bleibe zu Hause. Unter keiner Bedingung darf Jemand dorthin gehen, wo sich große Haufen Volks zusammenthun, denn hierdurch kommt es oft zu stürmischen Szenen.

Landsleute! Lasset Euch nicht aufreden, wartet ruhig, bis eine Verständigung herbeigeführt worden ist. Denket daran, daß die Feinde der Polen jeden unüberlegten Schritt zu Eurem Nachtheil werden auszunützen suchen! Höret daher auf unsern Rath, welcher nur Euer Bestes bezweckt und Ihr werdet das gewiß nicht bedauern.

Die Redaktion des Wiarus Polski.

ANKUNFT IN WALTROP

Wenn die Polen in Waltrop ankamen, sprachen sie kaum einige Worte Deutsch. Sie radebrechten, daß es nur so eine Art hatte. Dabei ergaben sich oft die köstlichsten Situationen. Anastasia Rataycзak, die junge Frau eines Kumpels, sprach schon ziemlich gut Deutsch. Samstags vom Einkauf beim Metzger heimkehrend, bemerkte sie, daß ihre beiden Schweinchen ausgebrochen waren und anscheinend irgendwo in der Bauernschaft umherrevierten. In der Aufregung kam sie nicht auf den Namen für das Borstentier. Sie rannte durch die Straßen und rief den Leuten fragend zu: ›Ham Sie nich gesen der kleine Kamrad mit dem langen Geesich und zwei Reihen Knöpfe unter Bauch, was sich immer schreit: quick, quick?‹

Bekannt ist die Vorliebe der Polen für leuchtende, grelle Farben wie auch für bunten Schmuck. Die Männer trugen, ehe sie sich den anderen Knappen anpaßten, Schnurröcke und sogenannte Husarenstiefel. Die Fußgehäuse waren verziert mit farbigen Lederstreifen. Auch sah man viel schwarze Schuhe mit bunten Besätzen. An den Uhrketten hingen bei den Polensöhnen Medaillen, Ringe und vielerlei anderer Zierat. Malerisch sah es aus, wenn die Polenfrauen an Sonn- und Feiertagen in ihrer nationalen Tracht die Kirche besuchten. Die Kleiderjacken hingen glatt herunter. Darunter bauschten sich, unter leuchtendbunten Röcken, gestärkte weiße Unterröcke. Darüber waren schöne, seidene Schürzen, schillernd in allen Regenbogenfarben, gebunden. Um die Köpfe hatten die Schönen buntseidene Tücher geschlungen. Manche Polin sah aus wie eine Madonna, herausgeschlüpft aus einem Gemälde von Murillo. In der Kirche fielen die Frauen nieder und küßten den Boden. Das sah aus, wie wenn sich Fallschirme sachte entfalteten.

Bernd Beckstrat

ZECHEN UND HOCHÖFEN

Mir ist unheimlich in diesem Land. Das Hüttenwerk ist gewaltiger als alles, was ich mir vorgestellt habe.

Dicht neben Rheinstahl liegen die Hütte Phönix und die Kupferhütte und Tiegler und andere große Werke und Bergwerke und Zechen, und der Ruhrorter Hafen soll der größte Binnenhafen der Welt sein, habe ich gehört. Meiderich, der Ort, wo ich wohne, ist bei uns in der Geographiestunde nie drangekommen, hat aber 100000 Einwohner. Dicht daneben liegt Hamborn mit 130000 Einwohnern. Ich finde mich gar nicht zurecht; die Städte haben keine Grenzen hier, gehen eine in die andere über. Es ist kaum vorzustellen! Ich wohne bei einer Bergarbeiterwitwe. Beim Nachhausekommen fand ich den ersten Tag viel Ruß auf der Waschschüssel schwimmend. Ich dachte, die Frau sei nachlässig. Das ist sie aber gar nicht: Hier regnet es Ruß vom Himmel. Darum halten sie auch alle Fenster so dicht zu.

Leises, aber unablässiges Geklirr in meinem Zimmer macht mich sehr nervös. Doch es ist dagegen nichts zu machen: Der Boden zittert, auf dem das Haus steht, Glas klirrt auf dem Waschtisch, Fensterscheiben klirren. Es läuft ein Stollen unterm Haus und noch einer unter dem ersten und noch einer in achthundert Meter Tiefe. Sie gehören verschiedenen Zechen. Umziehen hat gar keinen Zweck, gewühlt wird überall.

Bergschäden an einem Wohnhaus

Wenn man sich vorstellt, daß da unter den eigenen Füßen, Hunderte von Metern unter der Erde, Menschen arbeiten, Tausende, daß Lokomotiven fahren, lange Lorenzüge, daß da Straßen sind und Bahnhöfe, eine unterirdische Stadt, von Bochum bis Düsseldorf – man kann es sich gar nicht vorstellen! Ich habe mich die ersten Tage gar nicht weit weg vom Haus getraut. Straßen, Häuser sehen überall gleich aus. Auch das, was in den Himmel ragt, die Schlote, die Zechentürme, die Kühltürme, die Hochöfen sehen überall gleich aus.

Zuerst bin ich immer in falsche Haustüren gelaufen, weil die Häuser zum Verwechseln sind. Ich habe jetzt meins unterscheiden gelernt: An der Front läuft ein gezackter Blitz entlang, ein Riß in der Mauer vom Dach bis zum Keller, frisch mit Mörtel verschmiert. Die anderen Häuser haben auch solche Risse, aber wenigstens die Muster sind verschieden. Es kommt alles vom Bergbau: Der Boden sinkt, wo sie die Erde aushöhlen, die Häuser sinken mit, aber ungleichmäßig, sie zerreißen.

Ganze Städte sinken, hat man mir erzählt!

Heinrich Hauser

BERICHT EINES BERGMANNS

Ich bin am 2. November 1913 in Ickern eingetroffen. Ich war drüben in Zwickau im Steinkohlenbergbau tätig. Der Schacht Brickenberg, in dem ich arbeitete, war über 1000 Meter tief. Der Abbau erfolgte bei sehr hoher Temperatur mit der Hacke. Alles wurde im Handbetrieb gemacht, auch das Bohren. Ich verdiente als Lehrhauer 3 bis 3 Mark 50 bei zehn Stunden Arbeitszeit unter Tage. Die Schüttelrutsche ging in Ketten und wurde mit der Hand bewegt. Hier in Ickern begann ich als Hauer und verdiente 6 Mark 50 bei achteinhalbstündiger Arbeitszeit. Vorher waren schon andere durch Werbung hierhergekommen. Diese schrieben, wie schön es hier wäre und wieviel Geld man verdienen könnte. So kamen viele auf eigene Kosten nach. Hier gab es schon Bohrhämmer und Schüttelrutschen mit Motoren. Den Abbauhammer bekamen wir erst 1921. Als ich hierherkam, erhielt ich gleich eine Wohnung. In Sachsen wohnte ich in einem Neubau bei einem Arzt; aber ich hatte dort keinen Garten, und Zechenwohnungen gab es in Sachsen nicht. Ich ging eineinhalb Stunden zu Fuß zur Zeche, weil ich kein Geld hatte, mir ein Fahrrad zu kaufen.

GRUSS AN DIE NEUEN

Mit Heinrich Lersch, dem Kesselschmied aus Mönchengladbach, erhob sich die Stimme eines Dichters, die den Begriff der Arbeiterdichtung mit ganz neuem Inhalt erfüllte: Seine reine Sehnsucht nach Menschentum, Bruderschaft hatte nichts literarisch Gekünsteltes, sie war echt und groß. Lersch starb 1936, siebenundvierzig Jahre alt. In seinem Nachlaß, den das ›Archiv für Arbeiterdichtung und Soziale Literatur‹ in Dortmund betreut, fand sich die Handschrift eines Gedichtfragmentes, das die große Menschenwanderung ins Revier zum Inhalt hat. Ein Fragment, wie gesagt, noch besser: ein Rohentwurf zu einem Gedicht, manches nicht einmal entzifferbar. Aber die ersten Bilder sind da: Goldener Westen ... Dortmund im goldenen Westen ... die Fabrikwelt, die den Ankömmling in ihrer verwirrenden Fülle empfängt ... und der Rhythmus der großen Wanderung, schon in den ersten Zeilen springt er auf:

Seid willkommen!
Seht, welch weiten Weg die vielen durch die deutschen Lande
machten,
Her vom Grenzland tief im Osten, her vom Norden und
vom Süden,
Aller Stämme, aller Gaue junge Menschen seid versammelt,
Seid willkommen hier im Westen.
Hier ist Heimat!
Seht ihr doch die aufgetürmten Werke aller Industrien,
Eisenhütten, Maschinenfabriken, Hochöfenbauten,
Stahlwerkshallen,
Güterbahnhöfe, Groß-Gasometer und die Fördertürme
der Zechen?
Wohnstadt, Werkstatt nebeneinander, Mietskasernen und
Arbeitsplatz.
Heimat Dortmund!
Anders wie ihr jetzt sind eure Väter vor fünfzig Jahren
zum Westen gezogen,
Sind seit hundert Jahren, junges Werkvolk, eure Väter
aufgebrochen zur Arbeit aus allen Gauen des Reichs.
Arbeit in Dortmund! Goldener Westen! Welt aus Eisen
und Stahl!
Auf der Erde, über der Erde, in der Erde:
Arbeit, Arbeit!
Sie schmelzten das Eisen, walzten die stählernen Träger ...
Nieteten Brücken; über das Vaterland hin
Donnerte Dortmunds Ruhm: die Arbeit im Westen ...

Heinrich Lersch

Straßenbahn und Eisenbahn, 1913 · Gemälde von Ernst Ludwig Kirchner (1880–1938)

EINSCHMELZUNG

Es sind Heere, die seit 1880 zwischen Ruhr und Emscher ansässig geworden sind oder auch hier noch im engen Raum weiterziehen, von einer Arbeitsstelle zur anderen. Die Lebensform des Ostens setzte sich fort, die Unstetheit der nichtbesitzenden Landbesitzer und Handwerker gab sie noch nicht frei. Bald hatten sie mehr Kinder als die westdeutschen Familien: Auf diese Weise wurde der ostdeutsche Anteil auch dann noch größer, als der Zustrom aufhörte. Alle fingen sie auf der untersten Stufe an, aber nicht alle hatten das Zeug, aufzusteigen. Nach und nach verloren sie das meiste von dem, was ihrem Dasein Halt und Richtung gegeben hatte: Die fromm-einfältige Welt des Ostens war nicht mehr da, mit überstürzter Schnelligkeit gingen die alten Werte und Mächte unter. *Wilhelm Brepohl*

NACHRICHTEN AUS DEM GELOBTEN LAND

... Da lebte in dem weltabgelegenen Straußeney – einem Dorfe in der Grafschaft Glatz – ein kleines Männlein, Krisch mit Namen, mit kurzen Beinen und einem großen Kopfe. Als eine Art Heimatpostler pflegte er die Verbindung mit jenen, die in der Zeit der großen Auswanderung nach Westfalen gegangen waren. Viele Jahre seines Lebens war er auf der Reise zwischen dem Böhmischen Winkel und dem Lande der Roten Erde, das er ohne erdkundliche Kenntnisse wie ein Zugvogel, immer nach Westen strebend, zu Fuß aufsuchte; denn ihm wäre jede Bahnfahrt, selbst wenn es eine 5. Klasse gegeben hätte, zu kostspielig gewesen. Des öfteren unterwegs wegen Bettelns eingesperrt, brauchte er oft ein Vierteljahr, ehe er sein Ziel erreicht hatte. Dann aber kam für ihn eine gute Zeit. Mit Freuden wurde der Landsmann aufgenommen und nach heimatlicher Sitte reichlich verpflegt und gastfreundlich bewirtet. War er dann bei günstigem Wind wieder in der Heimat angelangt, wurde er auch hier freudig empfangen, damit er berichten konnte, wie die fernen Angehörigen lebten. Mit leuchtenden Augen hörten die in der Heimat Verbliebenen von den Fleischtöpfen und Speckseiten, dem Schinken und dem Schwarzbrot des wohlfeilen Landes, dem guten Verdienst und dem vergnüglichen Leben. Von der großen Heimatsehnsucht und der harten Arbeit in den unterirdischen Stollen derer, die da in reiner Bergluft aufgewachsen waren, sagte der Krisch nichts, denn davon hatten auch die Auswanderer geschwiegen.

Josef Fogger

BERGMANNSLEBEN

Bergmannsleben, Bergmannsleiden,
vielbeklagt und vielbesungen,
der nur kann dich ganz verstehen,
der die Keilhau' selbst geschwungen,
der im düstren Grund der Erde
selber hat gepocht, gehämmert,
dem das Leben, dem die Jugend
trüb in Grüften ist verdämmert.

Armes Kohlengräberdasein!
Wer dich kennt, der lächelt bitter,
ob man dich auch ausstaffieret
mit erlog'nem Glanz und Flitter;
ob dich auch die Vollen, Satten
preisen bei gefüllten Humpen –
Aschenbrödel, ausgestoss'nes –
du in deinem Kleid von Lumpen.

Und jedwedem möcht' ich raten,
der dich rühmend will besingen:
In die Tiefe soll er steigen,
und die Keilhau' soll er schwingen;
schaffen erst im Dunst der Qualme,
bis ihm Stirn und Schläfe pochen,
bis die Not den starken Körper
und der Druck den Geist gebrochen.

Hat er dann noch Lust zu singen
und den Bergmannsstand zu preisen,
will ich mich von ihm belehren
lassen gern und unterweisen.
Widerrufen will ich's offen,
was an Tadel ihr vernommen,
aber erst muß dieser Sänger,
dieser Liedermann noch kommen.

Heinrich Kämpchen, 1898

Kämpchen (1847–1912) ist der erste Dichter der Arbeiterbewegung. Er war bis zu seinem Tode Bergmann. Seine Gedichte haben nichts Gekünsteltes und sind völlig frei von Pathos und mystischer Verbrämung des Bergmannslebens. »Bergmannsleben« ist ein echtes Dokument.

Am Fenster, 1947
Gemälde von Karl Hofer (1878–1955)

GRUBENUNGLÜCK

Das Unglück auf der Zeche Radbod am 12. November 1908 – damals gehörte Radbod noch nicht zu Hoesch – war eine der schwersten Grubenkatastrophen, die den deutschen Bergbau traf. An diesem Tage ereignete sich um 4 Uhr 20 eine Schlagwetterexplosion, der insgesamt 348 Bergleute, fast die gesamte Belegschaft der Nachtschicht, zum Opfer fielen. Außer einigen Verletzten konnten nur 17 Bergleute unversehrt gerettet werden. Die Explosion hatte ausgedehnte Grubenbrände zur Folge, die bald das ganze damals vorhandene Grubengebäude umfaßten und mit Brandgasen erfüllten. Man hatte noch versucht, die Grube mit Rettungskolonnen zu befahren, um nach Möglichkeit weitere Überlebende zu bergen. Die Rettungskolonnen trafen jedoch keine lebenden Bergleute mehr an, so daß man sich am Abend desselben Tages gezwungen sah, die gesamte Grube unter Wasser zu setzen, um eine völlige Zerstörung des Grubengebäudes zu verhindern. Nach drei Wochen stand das Wasser, das aus der nahe liegenden Lippe herangeführt wurde, bis 200 m über der 1. Sohle. Trotz der beginnenden Flutung traten am Unglückstag noch zwei weitere Nachexplosionen und am 24. November außerdem eine dritte ein. Bald nach Beendigung der Flutung begann man mit Hilfe von selbsttätig sich leerenden 3-cbm-Kübeln am 17. Dezember 1908 die Sümpfungsarbeiten. Die 1. Sohle war schon am 21. Januar 1909 wieder wasserfrei. Bei der nunmehr folgenden Befahrung der Schächte zeigte sich, daß der einziehende Schacht 1 wenig, der ausziehende Schacht 2 dagegen erheblich gelitten hatte. Die Strecken auf der ersten 717-m-Sohle waren nur geringfügig zerstört; ihre Aufbewältigung war bald beendet.

So konnte man schon am 10. Februar 1909 die weitere Sümpfung in Angriff nehmen, die am 25. Februar 1909 die zweite 772-m-Sohle erreichte, so daß auch mit deren Aufbewältigung begonnen werden konnte. Um möglichst alle Leichen zu bergen und zur Feststellung aller Merkmale, aus denen man Schlüsse für die Entstehung und die Ursache der Explosion ziehen konnte, wurden sämtliche Grubenräume aufbewältigt. Im Herbst 1909 war die Aufbewältigung der 2. Sohle durchgeführt. Danach wurde die Sümpfung der dritten 850-m-Sohle in Angriff genommen. Diese Arbeiten waren im Dezember 1909 beendet. Ein großer Teil der Strecken war zugefroren oder verbrochen; andere Teile wiederum waren gut erhalten. Die Aufbrüche und Gesenke waren wenig beschädigt. Bei den Aufbewältigungsarbeiten fand man noch 288 Leichen, die neben den übrigen Opfern des Unglücks auf dem im Dorf Hövel hierfür besonders angelegten Ehrenfriedhof beigesetzt wurden.

Art, Ursprung und Veranlassung der Explosion ließen sich nicht mit voller Sicherheit klären, zumal das Grubengebäude wegen der zahlreichen Streckenbrände und Brüche am Unglückstag nicht überall mehr befahren und bis in alle Einzelheiten untersucht werden konnte. Zweifellos war die erste, wahrscheinlich alle Räume des Grubengebäudes in Mitleidenschaft ziehende Explosion eine Schlagwetterexplosion ohne erhebliche Mitwirkung von Kohlenstaub. Als Ursache für eine so gewaltige Explosion muß ein starker Gasausbruch, wie er auf unseren Nachbarzechen verschiedentlich vorgekommen ist, angenommen werden. Es war trotz sorgfältigster Untersuchungen nicht festzustellen, wodurch die Explosion ausgelöst worden ist.

Infolge dieses Unglücks wurden für Radbod zahlreiche bergpolizeiliche Sondermaßnahmen getroffen, die unter anderem die Benutzung von Sprengstoffen wesentlich einschränkten und erstmals im Ruhrgebiet zur Einführung der elektrischen Grubenlampe für alle Bergleute führten.

Augenzeugenbericht

Denkmal auf dem Ehrenfriedhof
in Hövel für die Opfer der
Grubenkatastrophe auf Zeche Radbod
in Bockum-Hövel, 1908.

WILHELM BREPOHL
ERZÄHLT ZU DIESEM BILD

»Das Bild habe ich zufällig noch 1952 gesehen – entweder in Bruay oder in Hénin-Liétard, also ganz nahe bei Courrières. Es hing in einer schlechten Wirtschaft (estaminet) über dem Buffet, halb im Dunkeln, und schon arg angegraut. Da ich das seinerzeit berühmte Bild gleich wiedererkannte, fragte ich den Bergmann, der neben mir an der Theke stand, was das Bild bedeute. Er wußte es nicht mehr, aber der Wirt, der das Gespräch mit anhörte, griff ein und gab mir die richtige Erklärung, die meiner Kenntnis der Vorgänge entsprach. Ich meinte, noch eine Art von Hochachtung in seinen Worten zu spüren. Der Mann vornan, in der Mitte des Bildes, ist der Führer der Grubenwehr von Zeche Rheinelbe in Gelsenkirchen, Branddirektor Koch.«

DIE TAPFEREN VON COURRIÈRES

Am 10. März 1906, um 7 Uhr morgens, raste durch die Gruben von Courrières im nordfranzösischen Kohlengebiet eine gewaltige Schlagwetterexplosion. Bis zu diesem Zeitpunkt galt das Grubenfeld von Courrières als absolut frei von jeder Schlagwettergefahr. 7000 Kumpels arbeiten in diesem Gebiet unter Tage mit offenen Ölleuchten.
Ein kleiner Streckenbrand war entstanden, der aber durch Branddämme gesichert wurde und der infolgedessen kein großes Aufsehen erregte. Da erschütterte wenige Stunden später ein gewaltiger Explosionsstoß die Stollen und Schächte. 1800 Bergleute waren zu dieser Zeit in der Grube. Nur 647 konnten flüchtend entkommen. Was war aus den 1100 übrigen geworden? Tausende von Angehörigen drängten sich vor dem Fabriktor.
Der westfälische Bergbauverein bot telegraphisch seine Unterstützung an. Sie wurde angenommen, und drei Stunden später startete die aus 30 Personen bestehende deutsche Hilfsmannschaft.
Die deutsche Hilfe war in Frankreich eine Sensation. Der französische Journalist Jean Jaurès schrieb damals (es war gerade die Zeit ernstester politischer Spannungen zwischen Deutschland und Frankreich): »Diese Leute wollen ihr Leben für andere hingeben, sie sind bereit, sich füreinander zu opfern. Welche verbrecherische Hand wagt es, den erhabenen Traum der weltumspannenden Solidarität zu zerstören?«
Aber auch die deutsche Rettungsmannschaft, die mit ihren damals hochmodernen Sauerstoffgeräten ausgerüstet war, konnte nur noch Tote bergen und Brände löschen. Nur ein Bergmann wurde noch nach 25 Tagen lebend geborgen. Er hatte sich von den Kadavern der Grubenpferde und dem spärlich tropfenden Sickerwasser erhalten. 1125 Bergleute waren ein Opfer dieser Schlagwetterexplosion geworden.
Noch heute zeugt eine Straße in Herne, die nach Courrières benannt ist, von jener Kameradschaft zwischen deutschen und französischen Kumpels. *Zeitungsbericht*

Zeit
der großen
Prüfungen

Die Soziale Frage

Als Staatsgefangener zu Ham hatte Napoleon III. 1842 seine berühmte Abhandlung ›Sur l'extinction du paupérisme‹, zu deutsch: ›Über die Vertilgung der Armut‹, geschrieben. In ihr hieß es eingangs:
»Die Industrie, diese Quelle des Reichtums, entbehrt heute jeder Einrichtung, jedes Zweckes. Sie ist einer Maschine vergleichbar, die sich ohne Regulator bewegt, und die sich nicht um die bewegende Kraft bekümmert, welche sie gebraucht. Indem sie in ihrem Räderwerk die Menschen wie die Stoffe zermalmt, entvölkert sie das platte Land, häuft die Menschen in den Städten und in luftlosen Räumen zusammen, schwächt den Geist wie den Körper und setzt dann, wenn sie nicht mehr weiß, was sie mit ihnen anfangen soll, die Menschen, welche, um sie zu bereichern, ihre Kraft, ihre Jugend und ihr Dasein geopfert haben, auf die offene Straße. Als wahrer Saturn der Arbeit verzehrt die Industrie ihre Kinder und lebt nur durch ihren Tod... Sie bedarf eines kräftigen Heilmittels gegen ihre Leiden; das allgemeine Wohl des Landes, die Stimme der Menschlichkeit, der Vorteil der Regierungen selbst: alles fordert dies gebieterisch.«
Männliche Worte, prophetische Worte, gesprochen zu einer Zeit, als es auf seiten der Arbeiter noch kaum jemandem einfiel, Ähnliches gleich klar, gleich eindringlich, gleich beschwörend zu formulieren. Aber die Revolution von 1848 war gescheitert, und was im Sinne des geforderten Heilmittels in Deutschland und Europa seither geschehen war, hatte jene Forderungen nicht erfüllt.
Lawinenartig hatte sich der Bergbau im Revier nach Norden und Nordosten vorgeschoben. Mit der zunehmenden Mächtigkeit des Deckgebirges wuchs die Tiefe der Schächte; infolge der steigenden Wärme war die Arbeit schwerer und schwerer geworden, und die Forderung der Bergleute, die Schicht auf acht Stunden zu begrenzen – wie von alters her gebräuchlich –, war um so berechtigter. Dabei spielte eine große Rolle, was unter ›Schichtdauer‹ verstanden wurde; sie sollte, forderten die Bergleute, Ein- und Ausfahrt umfassen: die verlängerte Seilfahrt, der An- und Abmarschweg durch die weiten, dunklen, oft nur in gebückter Haltung passierbaren Strecken müsse zeitmäßig der reinen Arbeitszeit vor Ort zugeschlagen und dürfe nicht abgezogen werden. Das aber war üblich, ja vielfach wurde die neun- bis zehnstündige Schichtzeit, die auf diese Weise entstand, von den Zechen ohne Verhandlungen noch weiter ausgedehnt.
Im März 1889 machte sich im Revier die allgemeine Unzufriedenheit der Bergleute in Versammlungen Luft. Da die Zechenverwaltungen aber auf alle Bekundungen des Unmuts taub blieben, brach in den ersten Maitagen der Streik aus. Zuerst auf Zeche Ernestine bei Essen, dann auf Zeche Hibernia bei Gelsenkirchen. Militär

Katechismusfragen

für streikende Bergleute.

„Ein gutes Wort findet eine gute Statt.“

Ist der Bergmann ein nützliches Mitglied der menschlichen Gesellschaft? — **Gewiß!**

Hat der Bergmann Anspruch auf ein erträgliches Dasein? — **Jawohl!** Er sowohl wie jeder Andere darf nach Verbesserung seiner Lage streben.

Findet der Bergmann sein Recht nicht? — **Gewiß findet er's,** denn im Kaiserschlosse zu Berlin wurden drei einfache Bergleute persönlich vom Kaiser Wilhelm angehört und Untersuchung ihrer Beschwerden angeordnet!

Welche drei Punkte liegen dem Bergmanne besonders am Herzen?

1. Verminderung allzulanger Arbeitszeit.
2. Aufbesserung der Löhne und Wegfall zu vieler Abzüge.
3. Schutz gegen etwaige Uebergriffe von Vorgesetzten.

Enthält die neue Arbeitsordnung in diesen und anderen Punkten wesentliche Besserung? — Soweit es menschenmöglich ist — **ja!!** Denn die Wünsche der Berpleute sind **berücksichtigt worden.**

Können die Bergleute verlangen, daß die von den Direktionen schwarz auf weiß gedruckten Versprechungen auch noch von Sr. Majestät dem Kaiser unterschrieben werden? — **Nein!** Denn die Direktionen sind die **Vertreter des Kaisers** und können eben so gut auf Vertrauen rechnen, wie jeder Bergmann Vertrauen verlangt!

Wie weit darf der Bergmann in seinen Forderungen gehen? — Im westfälischen Bezirke war Einer, der sagte: „Jetzt haben wir Bergleute die Macht in Händen, und wir wollen sie auch behalten — **Kampf bis auf's Messer.**“

Wirkte diese Rede? — Jawohl **sehr schnell;** denn der Redner **„sitzt“** und alle halbwegs vernünftigen Menschen sagen noch: **Es geschieht ihm recht!**

Wo bleibt aber die Antwort auf die Frage: Wie weit darf der Bergmann in seinen Forderungen gehen? — **Antwort:** Dies in Zahlen auszudrücken — ist unmöglich! — Werden aber die Kohlen so theuer, daß die Eisenhütten, Glashütten u. s. w. nicht mehr bestehen können,

dann hast Du, mein lieber Bergmann, selber das Huhn getödtet, welches Dir die silbernen und goldenen Eier legte.

Und was dann?? — Ja, **das** sollten sich diejenigen, welche den Bergmann auch jetzt noch zum Streiken veranlassen wollen, **mal ordentlich überlegen** und an einen Streik denken, welcher vor bald dreitausend Jahren bei den alten Römern ausbrach! — Ein Theil der Bevölkerung war unzufrieden, **trennte** sich von seinen Mitbürgern und zog von Rom fort! Die Forderungen der Weggezogenen wurden geprüft, soweit als möglich erfüllt und ein kluger Mann zu den Streikenden geschickt, der ihnen folgende Geschichte erzählte:

„Einst fielen die Glieder des menschlichen Körpers, ihres Dienstes müde, vom Magen ab und verabredeten, daß weder die Hände Speise zuführen, noch der Mund sie aufnehmen, noch die Zähne sie kauen sollten! — Bald aber wurden sie selbst schwach, und der ganze Körper verfiel in eine Art Schwindsucht. Die Unentbehrlichkeit des Magens einsehend, versöhnten sie sich wieder mit ihm!“ — „So geht“, schloß der kluge Mann, „durch Uneinigkeit der einzelnen Stände der ganze Staat zu Grunde; Einigkeit dagegen macht stark!“ —

— — — Die Weggezogenen nahmen sich's zu Herzen und **gingen wieder nach Rom zu ihren Mitbürgern!** Und so, wie diese streikenden alten Römer wieder **„eingefahren“** sind — so geht nun auch Ihr hin, Ihr streikenden Bergleute, **und thut desgleichen!!!**

Glück auf!

Flugblatt der Zechenleitungen gegen den Streik

rückt ins Streikgebiet ein, zum »Schutz des Zecheneigentums und der Arbeitswilligen«, wie es offiziell in der Presse heißt. Straßenkämpfe entbrennen, es gibt Tote und Verwundete. Am 3. Mai 1889 sind es 5000 Bergleute, zwei Tage später 35 000, am 14. Mai 90 000, die von insgesamt 120 000 in den Ausstand getreten sind. Am selben 14. Mai empfängt der Kaiser in Berlin drei Delegierte des Knappenvereins in Audienz, und als der Bergmann Schröder die Forderungen der Kumpel nach achtstündiger Schicht vorgebracht hat – »Wir fordern nur, was wir von unsern Vätern ererbt haben... Sprächen Eure Majestät nur ein Wort (zu den Unternehmern), so würde es sich gleich ändern und manche Träne würde getrocknet werden!« –, hält Wilhelm II. jene Ansprache, in der die unglückseligen Worte fallen, daß für ihn jeder Sozialdemokrat gleichbedeutend sei mit Reichs- und Vaterlandsfeind, und in der er unnachsichtige Strenge ankündigt, wenn die Streikenden sich mit sozialdemokratischen Kreisen verbänden. Indessen, er sagt Prüfung der Forderungen zu. Am nächsten Tag empfängt er eine Abordnung der Arbeitgeber, denen er doch ins Gewissen redet: so ganz ohne Grund könne sich der Streik nicht entwickelt haben, man habe doch wohl die Fühlung mit den Arbeitern verloren. Die Gesellschaften hätten dem Staat und den beteiligten Gemeinden gegenüber die Pflicht, nach besten Kräften für das Wohl des Arbeiters zu sorgen. Die Arbeiter läsen Zeitung und wüßten, wie das Verhältnis des Lohnes zu dem Gewinn der Gesellschaften stehe; daß sie mehr oder weniger daran teilhaben wollten, sei erklärlich. Worte des Kaisers! Schließlich kommt eine Aussprache zwischen Bergleuten und Unternehmern zustande, und am 18. Mai 1889 billigt der Bergbauliche Verein die Grundforderungen. Die Schichtdauer wird auf acht Stunden festgesetzt, einschließlich Ein- und Ausfahrt, Zwang zur Überschichtarbeit darf nicht mehr ausgeübt werden, niemandem darf wegen des Streiks ein Nachteil entstehen. Der Streik ist beendet.

Jedoch – wie konnte er überhaupt entstehen?

Wir müssen uns noch einmal an die Zeit erinnern, als die Dampfmaschine, die England bereits eine industrielle Überlegenheit verschafft hatte, auf den Kontinent herüberkam. Goethes Prophezeiung im Wilhelm Meister: »Das überhandnehmende Maschinenwesen quält und ängstigt mich; es wälzt sich heran wie ein Gewitter, langsam, langsam; aber es hat seine Richtung genommen, es wird kommen und treffen«, sollte schneller Wirklichkeit werden, als irgendein Mensch ahnen konnte. Wen erreichte dieses Gewitter zuerst? Es waren die Städte mit ihren Handwerksbetrieben. Das flache Land war noch ausgespart, jene ländliche Arbeitswelt, in der es nicht üppig zuging, in der man Armut litt – gewiß, in der man aber gewohnt war, Armut zu erleiden. Man war genügsam, und die Arbeit hatte ihren tiefen Lebenssinn. Man verrichtete sie als Dienst, in familiärer Gemeinschaft half man einander, und die Welt war ohne Bruch.

Aber diese Welt war auch in Verwandlung. Medizin und Chemie waren den Seuchen und Krankheiten zu Leibe gerückt. Geburtenüberschuß war die Folge. Wo fand man Arbeit, was war zu tun? Auswandern, nach Amerika, oder – im eigenen Vaterland – dorthin, wo es Arbeitsplätze gab. Und wo gab es die? In den Städten, an den Maschinen. Die Maschinen boten Lohn und Brot. Sichtbar veränderten sie die Welt. Doch war eine Formel an sie geknüpft: diese Formel hieß Rentabilität. Auch die Menschen, die diese Maschinen zu bedienen hatten, waren in die Formel eingeschlossen. Wie die Maschine wurde auch der Mensch nur nach seiner Leistung bewertet. Eine neue Umwelt war um ihn gewachsen, in der er als ›Arbeiter‹ zum Objekt geworden war. Das menschlich nahe Verhältnis zwischen Dienstherren und Bediensteten hatte sich allmählich in Anonymität verflüchtigt, und die Frage war: Genügte es, im Schatten der Fabrik für ihn, den Arbeiter, Siedlungen zu bauen, in denen er schlief, aß, liebte? Er schlief, er aß, er liebte, um die Maschinen in Gang zu halten.

Er war erniedrigt, ohne daß er's wußte. In diesem ihm unbewußten Stadium seiner Lage genügte ein Wort, um ihn wach zu machen, um ihn erkennen zu lassen, daß

er zur ›Klasse‹ geworden war, die gegen die andere ›Klasse‹ stand. Die ganze Weltgeschichte, so empfand er, war nur eine Folge von Kämpfen der einen Klasse gegen die andere. Die eine Klasse, die Klasse der ›Ausgebeuteten‹, war das ›Proletariat‹. Die andere, die der ›Ausbeuter‹, war das ›Kapital‹. Sie war im Besitze der Maschinen, sie war der Dienstherr. Wollte man etwas erreichen, um diesem Dienstherrn nicht mit Haut und Haaren ausgeliefert zu sein, durfte man die Bedingungen der Arbeit, die man unter ihm verrichtete, nicht allein von ihm bestimmen lassen, sondern mußte selbst auf sie Einfluß nehmen. Also mußte man sich zusammenschließen. »Alle Räder stehen still, wenn dein starker Arm es will.« Jede neue Fabrik, die entstand, jedes neue Arbeitsverhältnis, das sie begründete, lehrte diesen einfachen Satz, der einem Gedicht des revolutionären Dichters Georg Herwegh entstammt. Dieser Satz war für den Arbeiter die Wahrheit. »Das Maschinenwesen... wälzt sich heran wie ein Gewitter, langsam, langsam; aber es hat seine Richtung genommen, es wird kommen und treffen«, hatte Goethe prophezeit.
Es traf.

In Deutschland wurde erst mit der Gewerbeordnung im Jahre 1869 das sogenannte Koalitionsrecht eingeführt, worunter man das Recht der freien Vereinigung auch der Lohnarbeiter zur Besserung ihrer Lage, vor allem ihrer Arbeitsverträge, verstand. Bis dahin galt – von einer zeitweiligen Lockerung nach 1848 abgesehen – ein striktes Koalitionsverbot. Zusammenschlüsse der Arbeiter, um gemeinsam auf die Arbeitsbedingungen Einfluß zu nehmen, standen also unter Strafe. Nicht

Bergleute der Zeche Julia in Herne 1897.
Wilhelm Heinrich Koch schreibt zu diesem Bild: Das sind sie, die eisernen Bergleute, die um die Jahrhundertwende sich ihren Knapp zu stellen wußten und den Berg kannten wie ihre Hosentasche. Die die Kohle noch mit dem Häckel losmachten und die Bohrlöcher mit Eisen und Fäustel schlugen. Das Geleucht war noch die Benzinlampe. In der Mitte der Reviersteiger, dazu der Wettersteiger, der nachts die Baue auf Schlagwetter kontrollierte – und alle mit Vollbart. Kopfbedeckung war der alte Hut, bis später wenigstens die Steiger den Lederhelm trugen.

Ansprache Sr. Majestät

an die

Deputation der streikenden Bergleute.

Am 14. Mai d. Js., 3 Uhr 10 Min. Nachmittags, wurde die Deputation der Bergarbeiter des Ruhrkohlenreviers, bestehend aus den Bergleuten Schröder, Bunte und Siegel, im Fahnensaale des Königlichen Schlosses vom Kaiser empfangen. Nachdem zunächst Bergmann Schröder als Sprecher der Deputation Seiner Majestät den Dank für die Gewährung der Audienz ausgesprochen, die Grüße der Knappenvereine überbracht und das Wohlwollen des Kaisers für die Wünsche der Arbeiter erbeten hatte, erklärte derselbe auf die Frage Seiner Majestät, was für Forderungen von den Arbeitern erhoben würden: „Wir fordern, was wir von unseren Vätern ererbt haben, nämlich eine achtstündige Schicht. Auf die Lohnerhöhung legen wir nicht minder Werth. Die Arbeitgeber müssen mit uns in Unterhandlungen treten; wir sind nicht starrköpfig; spreche Majestät nur ein Wort, so würde es sich gleich ändern, manche Thräne würde getrocknet sein.“ Hierauf erwiderte der Kaiser ungefähr Folgendes:

„Jeder Unterthan, wenn er einen Wunsch oder eine Bitte vorbringt, hat selbstverständlich seines Kaisers Ohr. Das habe Ich dadurch gezeigt, daß Ich der Deputation gestattete, hierher zu kommen, um ihre Wünsche persönlich vorzutragen. Ihr habt euch aber in's Unrecht gesetzt, denn die Bewegung ist eine ungesetzliche schon deshalb, weil die vierzehntägige Kündigungsfrist nicht innegehalten wurde, nach deren Ablauf die Arbeiter gesetzlich berechtigt gewesen sein würden, die Arbeit einzustellen. In Folge dessen seid ihr contractbrüchig. Es ist selbstverständlich, daß dieser Contractbruch die Arbeitgeber reizte und schädigte. Ferner sind die Arbeiter, welche nicht streiken wollten, mit Gewalt oder durch Drohung verhindert worden, die Arbeit fortzusetzen. Sodann haben sich einzelne Arbeiter an obrigkeitlichen Organen und fremdem Eigenthum vergriffen, sogar der zu deren Sicherheit herbeigerufenen militärischen Macht in einzelnen Fällen thätlichen Widerstand entgegengesetzt. Endlich wollt ihr, daß die Arbeit erst dann gleichmäßig wieder aufgenommen werde, wenn auf allen Gruben eure sämmtlichen Forderungen erfüllt sind. Was die Forderungen selbst betrifft, so werde Ich diese durch Meine Regierung genau prüfen und euch das Ergebniß der Untersuchung durch die dazu bestimmten Behörden zugehen lassen. Sollten aber Ausschreitungen gegen öffentliche Ordnung und Ruhe vorkommen, sollte sich ein Zusammenhang der Bewegung mit sozialdemokratischen Kreisen herausstellen, so würde Ich nicht im Stande sein, eure Wünsche mit meinem Königlichen Wohlwollen zu erwägen, denn für mich ist jeder Sozialdemokrat gleichbedeutend mit Reichs- und Vaterlandsfeind. Merke Ich daher, daß sich sozialdemokratische Tendenzen in die Bewegung mischen und zu ungesetzlichem Widerstande anreizen, so würde ich mit unnachsichtlicher Strenge einschreiten und die volle Gewalt, die Mir zusteht — und dieselbe ist eine große — zur Anwendung bringen! Fahret nun nach Hause und überlegt, was Ich gesagt habe. Sucht auf eure Kameraden einzuwirken, daß dieselben zur Ueberlegung zurückkehren. Vor Allem aber dürft ihr unter keinen Umständen solche von euren Kameraden, welche die Arbeit wieder aufnehmen wollen, daran hindern.“

Nachdem der Kaiser den nochmaligen Dank für die gewährte Audienz entgegengenommen hatte, wurde die Deputation entlassen.

»Was die Forderungen selbst betrifft, so werde Ich diese durch Meine Regierung genau prüfen und euch das Ergebniß der Untersuchung durch die dazu bestimmten Behörden zugehen lassen. Sollten aber Ausschreitungen gegen öffentliche Ordnung und Ruhe vorkommen, sollte sich ein Zusammenhang der Bewegung mit sozialdemokratischen Kreisen herausstellen, so würde Ich nicht im Stande sein, eure Wünsche mit meinem Königlichen Wohlwollen zu erwägen, denn für mich ist jeder Sozialdemokrat gleichbedeutend mit Reichs- und Vaterlandsfeind.«

unter Strafe aber standen ›Bildungsvereine‹, in denen sich die Arbeiterschaft zusammenfand – keineswegs in der Absicht zu revoltieren, als vielmehr aus dem Gefühl heraus, daß sich der Maschinenarbeiter der neuen, fremden Umgebung nicht hilflos ausliefern dürfe. Durch Bildung, durch das Erwerben von Wissen würde man vielleicht die Mitte wiedergewinnen, die die Arbeit bisher dem Leben gegeben hatte.

Dann wurden ›Gewerkenvereine‹ gegründet. Sie sollten den Arbeiter vor Übergriffen der Unternehmer schützen. Das war mindestens bis zur Aufhebung des Koalitionsverbotes schon gefährlich. Mit den Gewerkenvereinen trat etwas grundsätzlich Neues in die Arbeiterbewegung: man nahm politisch Stellung. Karl Marx, Sohn eines Advokaten, und Friedrich Engels, der einer Barmer Fabrikantenfamilie entstammte, hatten jene Philosophie entwickelt, von der sie sich erhofften, daß der aufsteigende Arbeiterstand sie aufgreifen werde, um eine Veränderung der Welt herbeizuführen. Dem ›Proletariat‹, verkündeten sie, gehöre die Zukunft. Der Ausbeutung des Menschen durch den Menschen müsse die proletarische Revolution ein Ende setzen.

Was versprachen die Begründer des ›Marxismus‹ dem Arbeiter? Nicht nur die Lösung der sozialen Fragen, sondern jenen Zustand der klassenlosen Gesellschaft, in dem sich die Menschheit befunden haben mußte, bevor in ihrer Geschichte die Grundbesitzer auf den Plan getreten waren und sich Teile des ursprünglich gemeinsamen Besitzes angeeignet hatten. Das 1848 von Marx und Engels verfaßte ›Kommunistische Manifest‹ schloß mit den Worten: »Die Proletarier haben nichts in ihr (der kommunistischen Revolution) zu verlieren als ihre Ketten. Sie haben eine Welt zu gewinnen.«

Bereits 1844 war es in Schlesien zu einem verzweiflungsvollen Aufruhr der hungernden Weber gegen gewissenlose Fabrikanten gekommen. Tausende starben an Hungertyphus. Mit militärischer Gewalt wurden die Aufstände niedergeschlagen. Hätten jene Unternehmer sich wirklich um die Arbeitermassen bemüht, so wäre es den politischen Radikalisten kaum gelungen, die Massen vor ihren Wagen

zu spannen. Der Arbeiter war nicht weniger staatstreu als der Bürger. Aber wer tat etwas für ihn? Nach jeder Streikwelle stiegen die Löhne – für ein paar Monate, meist im Sommer. Kam dann der Winter, wurden die Löhne wieder gekürzt, und die alte Not begann von neuem. Und da der Arbeiter mit dem sinkenden sittlichen Wert seiner Arbeit an der Maschine immer weniger persönlichen Anteil daran hatte, vielmehr sich als Objekt, als Deklassierter, als Sklave fühlte, begann er bald diejenigen zu hassen, die ihn, statt aus dem Elend herauszuführen, nur weiter in dieses Elend hineinverstrickten, und er griff begeistert und entflammt die politischen Parolen auf, die letzten Endes auf einen Umsturz des Klassenstaates, auf Beseitigung des Privateigentums, auf Übergabe der Produktionsmittel an die sogenannte klassenlose Gesellschaft gerichtet waren.
Auf der anderen Seite wuchs die Bevölkerung, in Deutschland jährlich um drei- bis vierhunderttausend Menschen. Wenn für alle Brot da sein sollte, mußte das Reich den Anschluß an den Weltmarkt finden. Das war nur möglich, wenn man industriell auf der Höhe blieb, und das war durchaus nicht gesichert.
Noch einmal: das anonyme Verhältnis des Fabrikherrn zu seinen Arbeitern war ein ganz anderes als das patriarchalische des Gutsherrn zum Tagelöhner, des Handwerksmeisters zu seinen Leuten. Wenn der Fabrikherr dem Arbeiter keinen Schutz bot, mußte der Staat ihm diesen Schutz gewährleisten. Also konnte der Arbeiter als Stand Einfluß auf diesen Staat und seine Gesetzgebung beanspruchen. Wurde dieser Schutz ihm verweigert, so blieb ihm bloß die Gegenwehr oder – der Umsturz.

Und das ist die andere Säule der Arbeiterschaft, die das Ruhrgebiet schuf, sagt Wilhelm Heinrich Koch in Betrachtung des nebenstehenden Bildes. Arbeiter aus einem Walzwerk 1899 in Meiderich. Mit primitiven Zangen leiteten sie die glühenden Blöcke von einer Walze zur anderen, das zerrissene Schweißhemd über dem Oberkörper, Holzschuhe an den Füßen . . .

ARBEITERVERHÄLTNISSE BEI HOESCH

1878, als die Enquêtekommission tagte, wurde Leopold Hoesch als Sachverständiger auch über die Arbeiterfrage gehört. Dabei kam es zwischen ihm und den vernehmenden Herren der Kommission zu folgendem Gespräch:

Frage 1: Leidet die dortige Bevölkerung Mangel an Arbeit, oder fällt es Ihnen umgekehrt schwer, die nöthigen Arbeitskräfte zu erhalten?

Herr *Hoesch:* Nein, wir haben keine Last, Arbeitskräfte zu schaffen, um so weniger, als in den letzten Jahren Mangel an Arbeit gewesen ist.

Frage 2: Sind bei Ihnen seit 1873 Arbeiter entlassen worden?

Herr *Stumm:* Sie beschäftigen heute mehr Arbeiter als 1873?

Herr *Hoesch:* Ja, im Jahre 1873 hatten wir die Durchschnittszahl von 424, und jetzt ist sie 600. Wir exportiren jetzt mehr.

Frage 3: Wie haben sich die Löhne seit 1869 bei Ihnen entwickelt?

Herr *Hoesch:* Der ungefähre Durchschnitt pro Kopf war im Jahre 1872: 4 M, 1873: 4 M 10 Pf, 1874: 4 M, 1875: 3 M 92 Pf, 1876: 3 M 44 Pf, 1877: 2 M 99 Pf, 1878: nur 2 M 68 Pf.

Herr *Stumm:* Sind auch jugendliche Arbeiter bei Ihnen beschäftigt?

(Wird verneint.)

Sind Ihre verheiratheten Arbeiter nicht sehr unzufrieden damit, daß Sie die jungen Leute nicht beschäftigen?

Herr *Hoesch:* Nein, die verlangen es garnicht.

Herr *Stumm:* Also muß der Nothstand nicht ein sehr großer sein, wenn die Jungen von 14–16 Jahren nicht zu arbeiten brauchen?

Herr *Hoesch:* Ein eigentlicher Nothstand ist noch nicht vorhanden.

Noch eine andere Zusammenstellung ist ganz interessant, – im Jahre 1875 wurde ein Jahreslohn pro Kopf bei uns bezahlt: 942 M, im Jahre 1876: 1025 M, im Jahre 1877: 890 M, im Jahre 1878: 872 M. Dieses sind die Durchschnittsziffern.

Herr *Stumm:* Ist dieser Durchschnittslohn ausgerechnet excl. der Tage, die dem Arbeiter etwa fehlen, oder sind die Zahlen berechnet auf die Schichten, welche der Arbeiter machen würde, wenn er an jedem Arbeitstage Ihrer Werke beschäftigt wäre?

Herr *Hoesch:* Die Berechnung ist so angestellt, daß auch der Ausfall mit enthalten ist, wie er etwa durch Krankheit oder Feiertage eintritt. Es ist interessant, daß ein Arbeiter bei uns durchschnittlich nie über 258 Arbeitstage pro anno gearbeitet hat. Es sind ja 52 Feiertage, es treten Krankheitsfälle ein, Abhaltungen aller Art, Familienfeste, zweimal Appell.

Herr *Stumm:* Fangen Sie Sonntag Abend wieder an zu arbeiten, und arbeiten Sie auch bis Sonntag früh, wenn Bestellungen genug vorhanden sind?

Herr *Hoesch:* Ja. Regel ist, daß wir am Montag Morgen 6 Uhr anfangen und Samstag 6 Uhr Abends aufhören.

Frage 4: Können die heutigen Löhne füglich herabgesetzt werden oder erheischen dieselben vielmehr eine Erhöhung?

Herr *Hoesch:* Die heutigen Löhne können nicht mehr herabgesetzt werden aus zwei Gründen, die Arbeiter würden erstens sonst Mangel und Hunger leiden; zweitens ist ein für uns Fabrikanten sehr bedenklicher Grund, daß wir keinen Nachwuchs so recht mehr haben, da die junge Welt sich Beschäftigungen zuwendet, die weniger mühselig sind, denn der jetzige Stand der Dinge treibt die Leute förmlich vom Eisengewerbe weg. Ersparnisse haben die Arbeiter bei uns in der letzten Zeit nicht mehr gemacht. Einlagen in Sparkassen oder sonstige Ankäufe in Grundeigenthum, dieses Lieblingsprojekt des deutschen Arbeiters, sind in der letzten Zeit nicht mehr gemacht worden.

Frage 5: Welche Nachtheile würde eine Herabsetzung der Löhne hervorbringen?

Herr *Hoesch:* Wir würden Hunger und Elend bekommen, wenn eine Herabsetzung der Löhne einträte.

Frage 6: Welche Vortheile und Nachtheile haben bisher Lohnerhöhungen auf die Arbeitsleistung sowie auf die Moralität der Arbeiter gehabt?

Herr *Hoesch:* Die hohen Löhne sind ein Unglück gewesen. Der hohe Lohn von den Jahren 1873 und 1874 ist niemals der Familie zugute gekommen, nur dem Wirthshause. Die wahnsinnig hohen Löhne brachten eine große Demoralisierung unter die Arbeiter. Bei uns war, wie gesagt, der Durchschnitt 4,10 M. Diese hohen Löhne dienten der Verzehrungs- und Zerstreuungssucht der Arbeiter und im Grunde genommen nur dem Wirthshause.

Herr *v. Schloer:* Würden sie einer allmählichen Lohn-

steigerung auch dieselbe demoralisierende Wirkung zuschreiben?
Herr *Hoesch:* Nein, nur eine allmähliche Steigerung würde der Familie zugute kommen. Die Tendenz des Arbeiters, Grundbesitzer zu werden, würde befördert werden, der Arbeiter hält an der Frau und wird nicht heimathlos. Die Heimathlosigkeit ist der Grund, daß der englische Arbeiter so böse ist. Eine Steigerung der Löhne von 15–20 pCt. halten wir für sehr wünschenswerth.
Frage 7: Haben Strikes oder sozialdemokratische Agitationen Einfluß auf die Arbeiterverhältnisse Ihrer Gegend ausgeübt?
Herr *Hoesch:* Wir haben einen Strike gehabt im Jahre 1874 und haben die Streikenden entlassen. Sozialdemokratische Bestrebungen haben so recht kein Fundament bei uns gefunden. Mit großer Freude aber haben wir doch das Sozialistengesetz begrüßt. Agitatoren gibt es überall. Der Arbeiter denkt nirgends selbständig, er ist aber immer das blinde Werkzeug in der Hand geschickter Agitatoren.
Frage 8: Wie stehen die Arbeitslöhne unter gleichzeitiger Berücksichtigung der verschiedenen Arbeitsleistung in der Eisenindustrie des konkurrirenden Auslandes?
Herr *Hoesch:* Das habe ich schon angedeutet. In Frankreich sind sie etwas höher, der französische Arbeiter ist aber mäßiger und besser.
Vorsitzender: Leistet er auch mehr?
Herr *Hoesch:* Wir kommen gleich auf eine Fragestellung, die maßgebend ist, warum unsere deutschen Arbeiter eigentlich nicht so viel leisten und nicht so gut sind wie die belgischen, französischen und englischen. Es liegt das in unserer Wehrpflicht. Ich bringe es jetzt schon zur Sprache, weil es einen wesentlichen Grund abgiebt.
Vorsitzender: Sie sagten, daß die Arbeitslöhne in Frankreich niedriger sind?
Herr *Hoesch:* Nein, sie sind etwas höher, aber namentlich in Südfrankreich steht ihm die billigere Ernährung durch Wein zu Gebote. Der Mann trinkt niemals Branntwein, er nimmt eine Flasche Rothwein mit in die Arbeit, die Nahrungs- und Lebensmittel sind im Preise ungefähr gleich wie bei uns. Dort wirkt nicht die Demoralisation des Schnapses. Der belgische Arbeiter ist auch mäßiger, außerdem außergewöhnlich kräftig.
Herr *Stumm:* Sie haben vorhin gesagt, daß in England resp. Cumberland kein größerer Betrag an Arbeitslöhnen auch pro Tonne bezahlt wird als bei Ihnen?
Herr *Hoesch:* Ich bemerke, daß ich erklärt habe, daß der Arbeitslohn in England 2–2½mal so hoch ist wie bei uns, mithin stellt sich derselbe pro Tonne im Verhältniß höher, mithin auf ca. 18–20 M.
Herr *Stumm:* Ist dies auch in Seraing der Fall?
Herr *Hoesch:* Ja, aber nicht so viel, wir schätzen den Arbeitslohn auf 13, vielleicht nur auf 12 pCt. höher.
Frage 9: Sind dieselben einer Ermäßigung fähiger oder einer Aufbesserung bedürftiger als in Deutschland? Aus welchen Gründen und in welchem Maße ist dies der Fall?
Herr *Hoesch:* Ja, die englischen Löhne sind einer Ermäßigung entschieden fähig.

GEMEINNÜTZIGE ANSTALTEN FÜR DEN ARBEITERSTAND

Wer die gewerbreichen Gegenden in Rheinland-Westfalen bereist, entdeckt allenthalben schmucke Gruppen von Arbeiterwohnungen, häufig auch große Gebäude, deren Zweck als Wohlthätigkeitsanstalt für Arbeiter bezeichnet wird. Mancher stolze, in reicherem Stile aufgeführte Schachtthurm ragt wie eine Ritterburg aus Wald und Busch oder in lachendem Gefilde hervor, umgeben von musterhaften Ansiedelungen trefflicher Arbeiterwohnungen, die Sorge der Werksleitungen um das Wohl ihrer Arbeiter bekundend. Fragt man die Leute, wo sie ihre sonstigen Lebensbedürfnisse hernehmen, so nennen sie gewöhnlich eine Consumanstalt als Bezugsquelle, indem sie gleichzeitig Güte und Billigkeit der Waren rühmen. Der Fremde wird vor dem Einfahren in den Berg.-Märk. Bahnhof zu Essen staunend sich nach dem Schöpfer der großartigen Arbeiterviertel erkundigen, die in seltener Ordnung und Sauberkeit prangen. Der ganze rheinisch-westfälische Kohlen- und Eisenbezirk erhält geradezu ein entschiedenes Gepräge durch die massenhaften Anhäufungen von Arbeitercolonieen, und wollen wir als Beispiel die Leistungen eines einzigen, allerdings des bedeutendsten Werkes hervorheben.
Die Firma Friedrich Krupp besitzt in der Nähe von Essen 3250 gute und gesunde Familienwohnungen, in welchen ungefähr 16000 Seelen leben. Die einzelnen Colonieen sind von breiten Straßen durchzogen, für deren Beleuchtung

durch Gaslaternen hinreichend gesorgt ist. Die Wasserleitung der Gußstahlfabrik liefert von der Ruhr her in genügender Menge gesundes Wasser. Der jährliche Miethzins für die Familienwohnungen von 2 bis 4 Räumen, Keller- und Bodengelaß eingeschlossen, beträgt zwischen 66 und 180 Mark. Für einzelstehende Arbeiter besteht eine Menage, welche 1800 Einzelarbeiter in Kost und Logis verpflegen kann. Der Preis beträgt 0,80 M per Mann und Tag. Für bessergestellte Facharbeiter ist eine besondere Logir- und Speise-Anstalt eingerichtet. Der Logir- und Verpflegungssatz beträgt dort 1,10 M per Kopf und Tag. Für Beamte besitzt die Firma 150 eigene Wohnungen.

Die Consumanstalten umfassen: eine Bäckerei, deren jährliche Production annähernd 130000 kg Weißbrod und 2100000 kg Schwarzbrod beträgt; eine Schlächterei, worin jährlich 450 Stück Großvieh und 1500 Stück Kleinvieh geschlachtet werden; Verkaufsläden für Colonial- und Kurzwaaren, Schuhwaaren mit Schusterei, Manufacturwaaren mit Schneiderei, Eisenwaaren, Hausgeräthe, Möbel und Betten; eine Selterswasserfabrik; einen Gasthof »Essener Hof«, 7 Bierwirthschaften mit Billards, Kegelbahnen u. s. w. Auf der Colonie Cronenberg ist ein täglicher Markt eingerichtet. Die Consumanstalten beschäftigen 270 Personen und besitzen 27 Verkaufsstellen. Der jährliche Umschlag beträgt annähernd 2½ Millionen Mark. Alle Verkäufe geschehen gegen Baarzahlung. Gewinn soll bestimmungsmäßig nicht erzielt werden, und sind thatsächlich bis jetzt Zuschüsse erforderlich gewesen. Es muß bemerkt werden, daß die Consumanstalt keine Genossenschaft der Arbeiter, sondern ein für die letzteren bestimmtes gemeinnütziges Unternehmen der Firma ist, welches für deren Rechnung geführt wird.

Ferner besitzt die Gußstahlfabrik ein Krankenhaus, ein Epidemieenhaus und eine Badeanstalt.

Ganz besondere Sorgfalt ist dem Schulwesen gewidmet. Der Gemeinde Altendorf sind Schulgebäude mit 20 Schulzimmern unentgeltlich zur Verfügung gestellt. Für die Colonieen Cronenberg und Schederhof besteht eine eigene Privat-Volksschule, an welcher außer dem Rector 8 Klassenlehrer, 4 Klassenlehrerinnen und 3 Hülfslehrerinnen wirken. Die Schülerzahl beträgt nahezu 1000. Für den Unterricht in den weiblichen Handarbeiten bestehen zwei Industrieschulen: eine für Erwachsene, die andere für schulpflichtige Mädchen, erstere wird von über 700, letztere von nahezu 600 Schülerinnen besucht; in ersterer wirken eine Vorsteherin und 8, zumeist in Reutlingen ausgebildete Fachlehrerinnen, an letzterer 12 Lehrerinnen, die Hälfte derselben sind Arbeiterwitwen. *Aus »Stahl und Eisen«, August 1882*

Arbeiterwohnsiedlungen aus dem ausgehenden 19. Jahrhundert. Im Hintergrund Zeche Graf Bismarck

Titelseite einer von der Buchhandlung ›Vorwärts‹ herausgegebenen Maifestbroschüre

EIN BÜRGERSOHN DENKT NACH

Die Beobachtungen und Erlebnisse in der Fabrik ließen mich nachdenken. So also lebten mit einem geringen Tagelohn Millionen und aber Millionen bei zehneinhalbstündiger Arbeitszeit (die Arbeiter hatten sich den Samstagnachmittag freigekämpft, mußten aber dafür jeden Tag eine halbe Stunde länger arbeiten). Tag für Tag wurden die Arbeitermassen durch das Heulen der Sirene in die Fabrik hineingesaugt, die menschlichen Ameisen hängten ihre Kontrollmarken beim Fabriktor an, abends spie das Werk die Scharen wieder aus. Der Zufall wollte, daß meine Arbeit in der Nähe eines jungen, schwindsüchtigen Gießers begann, der in den gewaltigen Staubschwaden und der vom glutflüssigen Gußeisen ausgestrahlten Hitze die Reste seiner Lunge ausspuckte. Acht Tage Urlaub im Jahr hatten die Arbeiter und vierzehn, wenn sie älter wurden. Keiner von diesen Menschen würde, außer etwa einem Maschinisten, jemals eine Nordlandreise machen, und ganz gewiß war ihnen die Table d'hôte in Madonna di Campiglio auf immer verschlossen. Einige von ihnen waren mit Bruchstücken des uferlosen bürgerlichen Bildungsgutes in Berührung geraten, hatten vielleicht eine Aufführung von ›Kabale und Liebe‹ gesehen, ein Gedicht in der Zeitung gelesen oder eine bunte Reproduktion von Millets ›Ährenleserinnen‹ schön gefunden. Ich fühlte, daß sie diese Dinge in ganz anderem Lichte sahen als die Leute, welche die höheren Schulen besucht hatten. Auch mich erblickten sie in einer Beleuchtung, von der ich mir nur sehr allmählich einen Begriff machen konnte. Ihre Art, mich einzuordnen, würde sich auch kaum verändert haben, wenn ich etwa behauptet hätte, Sozialdemokrat zu sein. Ich vernahm sozialistische, aufrührerische Äußerungen, traf indessen auch einige, die in Gesangvereinen und auf Sonntagsausflügen ihr bürgerliches Glück fanden und heiter und zufrieden waren wie Johann, der muntere Seifensieder. Als Folge des Fabriksystems, der Maschine, des ewigen Kalkulierens und Kalkuliertwerdens kreiste monoton in den meisten Köpfen die Lohnfrage, die ganze menschliche Gesellschaft wurde in einige parteidogmatische Formeln gepreßt, die Schöpfung mit einigen materialistischen Floskeln der Aufklärung und des Darwinismus erklärt. Daran glaubten sie fest und dogmatisch. Mit Unbehagen stellte ich fest, daß die Bildungswerte des Bürgertums, die mir eingeimpft waren, bei vielen Menschen nichts galten. Da war eine neue Mentalität, ja eine neue Rasse entstanden, zu der zunächst kein Brückenschlag hinüberzuführen schien…

Wozu macht man eigentlich Erfindungen und huldigt dem Fortschritt, dachte ich? Um Fabriken mit Menschenmassen darin zu unterhalten? Die Industriellen vertraten die These, den Massen Arbeit und Brot zu geben, die Massen meinten, daß ihnen die Kapitalisten den ›Mehrwert‹ raubten und als Profit in die eigene Tasche steckten. Ich fand, daß sie alle miteinander zugleich recht und unrecht hatten und daß mein Vater sehr wohl wußte, warum er mich immer so nachdrücklich auf die soziale Frage hinwies.

Eugen Diesel

Zeit der Technik, 1925.
Gemälde von Max Schulze-Sölde
(1887–1968)

Der Streik, 1931 · Gemälde von Franz Radziwill (*1895)

Generalstreik im Revier

Marx hatte 1859 seiner Schrift ›Zur Kritik der politischen Ökonomie‹ die folgenden Sätze vorangesetzt: »Die Produktionsweise des materiellen Lebens bedingt den sozialen, politischen und geistigen Lebensprozeß überhaupt. Es ist nicht das Bewußtsein der Menschen, das ihr Sein, sondern umgekehrt ihr gesellschaftliches Sein, das ihr Bewußtsein bestimmt.«

1889 arbeiteten im Ruhrgebiet 120000 Bergleute, 1905 waren es schon 270000. Wenn davon 120000 gewerkschaftlich organisiert waren, so stand außer Frage, daß ihr gesellschaftliches Sein ihnen bewußt gemacht hatte: so kann es, darf es und wird es nicht weitergehen. Denn die Lage der Arbeiter hatte sich durch den großen Streik von 1889 nicht geändert. Unorganisiert, scheinbar aus nichtigem Anlaß, war der große Streik von 1889 ausgebrochen. Elementar hatte er sich ausgebreitet, begünstigt durch die Lohnzahlungen, die gerade erfolgt waren – und brach zusammen, als der letzte Groschen in den Arbeiterküchen verbraucht war und die nackte Not begann. Der Lohnausfall betrug 2,5 Millionen Mark. Jetzt mußte man einen Monat lang arbeiten, bis das erste Geld in die Lohntüte rann. Das war bitter. Bitterer war, daß der Staat, auf den man gesetzt hatte, sich nicht als der unparteiische Schiedsrichter erwies, für den er sich ausgegeben hatte. Zwar hatte Wilhelm II., wohl wissend, daß die Masse der Arbeiter kaisertreu dachte und Tradition hochhielt, die versprochene Sozial-Enquête über die Lage der Bergarbeiter durchführen lassen, doch war ihr Ergebnis durch den Druck, den – wie die Gewerkschaften erklärten – einzelne Unternehmer auf die Untersuchungskommissionen und die vor ihnen aussagenden Arbeiter ausübten, fragwürdig geblieben. Noch fragwürdiger meinten sie, stünde es um das kaiserliche Wort. Denn nicht je eine halbe Stunde für die Ein- und Ausfahrt, wie dies vereinbart worden sei, gestanden die Bergwerksunternehmer den Arbeitern zu, sondern nur insgesamt eine halbe Stunde. Das und vieles mehr, woran sie sich nicht hielten, sei Wortbruch. Die Verhaftung des Streikkomitees, als dieses zu neuem Streik aufrief, unter dem Verdacht der Vorbereitung zum Hochverrat, striktes Versammlungsverbot und, nachdem die Streikenden wieder eingefahren waren, weitere Maßregelungen befestigten auch die zur Einsicht Gewillten in ihrer Meinung, daß die Feindschaft zwischen Kapital und Arbeit weiter fortbestehe und durch Vereinbarung nicht zu beseitigen sei.

Am 18. August 1889 beriefen Schröder, Bunte und Siegel – jene drei Bergleute, die der Kaiser in Audienz empfangen hatte – rund 200 Delegierte von den Zechen- und Knappenvereinen in den Gasthof Ziegler zu Dorstfeld ein und beschlossen mit ihnen die Gründung des ›Verbandes zur Wahrnehmung und

Förderung der bergmännischen Interessen in Rheinland und Westfalen‹. Christlich-soziale und freie Bergarbeitergruppen schlossen sich zunächst zu einer einheitlichen Organisation zusammen, die, nach vielen Querelen, aus denen der ›Alte Verband‹ und der ›Gewerkverein christlicher Bergarbeiter‹ hervorgingen, zur Konsolidierung des gewerkschaftlichen Denkens führte: nicht um die proletarische Revolution, um den Arbeiter ging es und um die Beseitigung seiner Not.
Daß Wohlfahrt notwendig sei, davon waren natürlich auch die Großindustriellen überzeugt; allerdings, meinten sie, seien sie selbst am allerbesten imstande, diese Wohlfahrt zu betreiben. Ein Mitarbeiter Bismarcks bei der Sozialreform schrieb nach einer Reise durch das Ruhrgebiet: »Familienwohnungen, Logierhäuser, Menagen, Konsumanstalten usw., aber alles ohne Mitwirkung der Arbeiter, nur in majorem gloriam der Firma«, die regierte, »wie nur je ein absoluter Fürst regieren konnte.« Das war nicht hämisch gemeint oder gar zynisch, sowenig, wie es der ›absolute Fürst‹ zynisch meinte, wenn er als Lohn der Fürsorge, die er betrieb, bedingungslosen Gehorsam und eine Treue vom Arbeiter forderte, wie sie der Staatsbürger seinem Vaterland schuldig war, das ja auch nur das beste für ihn tat. Es war einfach das Denken der Zeit. 1870 hatte Krupp einen ›Tagesbefehl‹ an seine Firma erlassen. Darin hieß es: »Wir sind wohl einverstanden, daß weder jetzt noch künftig irgendeiner der Beteiligten (am Ausstand) auf der Fabrik engagiert werden darf, und wenn es noch so sehr an Händen fehlen sollte.... Wir werden durch Sorge für unsere Leute und Vorsicht im Überwachen uns wohl gesichert wissen, daß dergleichen Ereignisse uns nicht berühren können; indessen sollte die Epidemie bei uns auch aufzutreten drohen, so darf keine Schwäche gezeigt werden, und keine Rücksicht auf einen momentanen großen Verlust darf uns erweichen, abzugehen von dem im voraus beschlossenen.«
Wenige Jahre später erklärte derselbe Krupp, daß auf sozialem Gebiet »noch viel nachzuholen« sei und beschwor das finstere Bild: »Wer weiß denn, ob über Jahr und Tag, wenn eine allgemeine Revolte durch das Land gehen wird, ein Auflehnen aller Klassen von Arbeitern gegen ihre Arbeitgeber, ob wir nicht die einzigen Verschonten sein werden, wenn wir zeitig noch alles in Gang bringen werden...«
Es zeitig noch in Gang zu bringen, damit man verschont werde...
Und der Staat? Weder der Herr-im-Haus-Standpunkt noch eine kommende Revolte konnten ihm recht sein. Seine Sozialgesetzgebung unter Bismarck hatte ohne Frage die Versöhnung des Arbeiters mit dem Staat angestrebt, gleichzeitig aber war durch Bismarcks ›Sozialistengesetz‹ – ausgelöst durch die Attentate auf Kaiser Wilhelm I. – diese Bestrebung wieder zunichte geworden. Dieses Gesetz – es verbot alle Organisationen, »welche durch sozialdemokratische, sozialistische und kommunistische Bestrebungen den Umsturz der bestehenden Staats- und Gesellschaftsordnung bezwecken« – schuf im Grunde erst, was es zu verhindern suchte: den Nährboden für die Lehren von Marx und Engels. Haß und Verbitterung erzeugend, stieß es gerade jene als »vaterlandslose Gesellen« aus der Gemeinschaft des Staates aus, deren erklärtes Ziel es war, die Arbeiterschaft nicht in eine Klasse gegen andere Klassen, sondern als vollberechtigten Teil dieser Gemeinschaft in den Staat zu überführen.
Zugleich aber war die These, sich »stückweise verkaufen« zu müssen, wie es im ›Kommunistischen Manifest‹ hieß, und daß der Arbeiter eine Ware sei »wie jeder andere Handelsartikel und daher gleichmäßig allen Wechselfällen der Konkurrenz, allen Schwankungen des Marktes« ausgesetzt, bei eben diesem Arbeiter einem

Ludwig Schröder

Fritz Bunte

August Siegel

Selbstbewußtsein gewichen, das gewisse Tatbestände seiner Lage nicht mehr ohnmächtig hinzunehmen gewillt war. Gewisse Tatbestände: diesmal waren es Zechenstillegungen, die das Rheinisch-Westfälische Kohlensyndikat im Ruhrtal aus Gründen der Rentabilität beschloß. Besonders das südliche Revier war betroffen. Dies geschah in einem Augenblick, als die von ausländischen Arbeitern eingeschleppte Wurmkrankheit grassierte, und die Weigerung vieler Zechen, für den Lohnausfall aufzukommen, die Bergarbeiterverbände zur Agitation antrieb, »Gewitterschwüle über der ganzen Bewegung« verbreitend. Der ›Alte Verband‹ hatte, um die Arbeiter zu schützen – 10000 waren von den Umstrukturierungsmaßnahmen betroffen oder bedroht –, die Verstaatlichung des Bergbaus verlangt, ganz allgemein. Hinzu kam, wie 1889, auch jetzt, 1905, die ganze Reihe von alten Forderungen: höhere Löhne, gemeinsame Festsetzung der Gedinge, Unterlassen des sattsam bekannten Wagennullens, bei dem angeblich ungenügend beladene Wagen nicht angerechnet wurden... Nur eines geringen Anstoßes bedurfte es noch, die Lawine auszulösen.

Im Dezember 1904 ordnete die Leitung der Zeche ›Bruchstraße‹ bei Langendreer, ohne vorher die Belegschaft anzuhören, die Verlängerung der Arbeitszeit um die Seilfahrt an. Daraufhin fuhr die Frühschicht nicht ein und trat in den Ausstand. Ungefähr zur selben Zeit waren auf der Zeche Herkules Differenzen wegen Entlassung eines Bergmannes entstanden. Auch hier trat ohne Einhaltung der 14tägigen Kündigungsfrist die Belegschaft in den Ausstand.

Zunächst versuchten die Verbände den Streik zu lokalisieren, auch dann noch, als der Besitzer der Zeche Bruchstraße, Hugo Stinnes, sich weigerte, vor dem von den Arbeitern angerufenen Berggewerbegericht – das als Folge von 1889 eingerichtet worden war – zu erscheinen; damit war offenbar, daß er die Machtprobe wollte. Am 6. Januar 1905 trat daraufhin die ganze Belegschaft in den Streik.

Polizei bewacht Zechentore; die Regierungspräsidenten ließen im Ruhrgebiet Schießbefehle anschlagen.

In den nächsten Tagen griff der Ausstand weiter um sich. Am 11. Januar 1905 streikten 32500 Mann. Einen Tag später waren es rund 50000, die streikten, aber der Ausstand war immer noch lokal. Erst die abweisende Haltung des ›Bergbaulichen Vereins‹, des Interessenverbandes der Unternehmer, gab Mitte Januar das Signal zum Generalstreik.

Am 17. Januar stieg die Zahl der Streikenden auf 135121, am 20. Januar auf 195000 Bergleute an.

Der Streik verlief in äußerster Disziplin, nicht zuletzt dadurch, daß die Regierung, obwohl dazu gedrängt, diesmal keine Truppen zum Schutz der Zechenanlagen und der Arbeitswilligen einsetzte. Ihre Haltung war die strikter Neutralität. Wie 1889 stand die Öffentlichkeit den Streikenden sympathisierend gegenüber, ja, verurteilte weithin die Haltung der Unternehmer. Vor allem erwies der Streik die Selbständigkeit der Bergarbeiterverbände, die jeglicher Politisierung seitens der Parteien widerstanden, was später zur Kursänderung der Sozialdemokraten nicht unwesentlich beitrug.

Sich dem Vorwurf aussetzend, auf halbem Wege stehengeblieben zu sein, verkündete die gemeinsame Streikleitung durch ihre Siebener-Kommission am 9. Februar 1905, als Reichskanzler v. Bülow neue Verhandlungen mit Bergarbeitern und Unternehmern in Aussicht stellte, den Abbruch des Streikes – trotz der schlechten Erfahrungen von 1889. Der Bergarbeiterführer Hué, der auch sozialdemokratischer Reichstagsabgeordneter war, begründete den Entschluß mit folgenden Worten: »Wir haben diesen Streik als Gewerkschaftler geführt; er hat aber gezeigt, daß wir durch die Gewerkschaftsbewegung allein unsere Ziele nicht erreichen ... Wir müssen uns auch als Staatsbürger in jeder Hinsicht betätigen. Wie die Kameraden zusammen in der Tiefe dem Blitz und Donner der Wetter standhalten müssen, so müssen sie auch über Tage zusammenbleiben. Das muß unsere Basis für die Zukunft sein.«

Otto Hué (1868–1922)

Im Lokal Ziegler in Dortmund-Dorstfeld wurde 1889 der alte Bergarbeiterverband gegründet.

Die Proklamation des Generalstreiks in der Tonhalle zu Essen am 16. Januar 1905

VOR DEM REICHSTAGE

Der Abgeordnete Stöcker führte aus: »Der Streik hätte vermieden werden können, er ist nicht aus sozialdemokratischer Agitation hervorgegangen, sondern aus den Verhältnissen. Das Zechenlegen lag wie ein Bann auf den Gemütern ... Mit Recht fordern die Arbeiter gegenüber den Unternehmerorganisationen Gleichberechtigung. Dieses Moment liegt nach meinen Wahrnehmungen hinter dem ganzen Kampf. An die Stelle des souveränen Unternehmertums muß das konstitutionelle treten. Die falsche Auffassung der Unternehmer, ich kann mit meinem Kapital machen, was ich will, ist die Ursache allen Elends ...«

BILDER AUS DEM STREIKGEBIET

Eine bewundernswürdige Ruhe herrscht überall. Und zwar trotz schwieriger Umstände: die Mehrzahl ist unorganisiert, ein großer Teil aus dem Osten und dem Ausland angeschwemmt. Alle aber gereizt und mit Groll geladen über die jahrelangen Mißstände, Schikanen usw. Trotzdem steht die Gesamtheit durchweg unter dem Ernst der Situation. Überall sind in der Nähe der Zechen aus den eigenen Reihen gewählte Ordnungsmannschaften mit weißer oder grüner Schleife auf der Brust oder mit weißer Armbinde aufgestellt. Die vor den Zechen auf und ab reitenden oder zu Fuß patrouillierenden zahlreichen Gendarmen mit Gewehren sind meistens ›arbeitslos‹. Besonders die einheimischen Polizisten nehmen eine verständige Haltung ein. Sie kennen eben das Milieu und ihre Leute im Ruhrrevier. Vor den Versammlungslokalen und in den Versammlungen ebenfalls kühle Ruhe. Nach dem Empfang der Nachricht am Mittag des 16. Januar, daß sicherem Vernehmen nach sämtliche seitens des Revierkomitees am Donnerstag, dem 12. Januar, formulierten Forderungen vom Bergbaulichen Verein schlankweg abgelehnt seien, war ich schnellstens in Essen. In der Tonhalle tagten seit ein Uhr die Führer und etwa 150 Delegierte. Schon von weitem war das Lokal kenntlich. Über hundert Bergleute, frierend vor schneidender Kälte, vielfach an Meuniers Gestalten erinnernd, die Hände in die Hosentaschen versenkt, bleiche, blaunarbige Gesichter mit deutschem oder slawischem Typus, standen auf dem Trottoir.

Düster, verschlossen, in spärlicher Zwiesprache harrte man. Erst die Bekanntgebung des drinnen mit brausendem Beifall proklamierten Generalstreiks löste die Spannung und trieb ein vielfaches ingrimmiges Bravo hervor. Dann eine lebhaftere Unterhaltung, aber trotz der folgenschweren Entscheidung, doch auffallende Ruhe. Der Bergmann, besonders der westfälische, ist ernst, wortkarg und verschlossen, zurückhaltend, mißtrauisch, besonders gegen Fremde. In der Nähe tritt ein mir bekannter Bericht-

Streikende Bergarbeiter vor dem Streikbüro in Essen, Januar 1905

erstatter an eine Gruppe. Wie er sie nach kurzem Gespräch verläßt, nähert sich ein Kamerad und warnt: »Laßt Euch nicht ausfragen! Hier sind Spione und Aushorcher!«

Am folgenden Tage wohnte ich einer Versammlung in einem anderen Revier bei. Dasselbe Bild; dieselbe Ruhe. Der Redner, ein erprobter Knappschaftsältester, ist äußerst vorsichtig in seinen Wendungen. Er fordert nicht auf zur sofortigen völligen Arbeitsniederlegung; er könnte sich in den Maschen des Gesetzes (Aufforderung zum Kontraktbruch) verstricken. »Wollen wir weiter streiken?« Ein 3000stimmiges Jawohl durchbraust den leichtgezimmerten, öden, trüberleuchteten Brettersaal. »Gut, wenn Ihr weiterstreiken wollt, dann aber auch die Einigkeit festhalten! Verhaltet euch ruhig! Belästigt keinen Arbeitswilligen! Meidet den Alkohol!« Ein polnischer Redner tritt auf. In sich überstürzender lebhafter Sprache fordert er zur Einigkeit auf. »Es handelt sich jetzt nicht mehr um Deutsche, um Polen, um Österreicher – Kameraden sind wir jetzt alle!« Am Schluß der Versammlung wählt man noch eine Reihe von Ordnungsmannschaften. Dann wälzt sich der riesige Menschenstrom langsam in den dunklen Abend hinaus.

Aber wird nicht der Hunger und die Kälte die Bergleute in die Gruben zurücktreiben? Ich trete an eine Gruppe von Streikenden heran: »Was sagen eure Frauen?«

»Sie werden mit uns hungern. Vorläufig gehen wir nicht wieder zum Pütt. In einer Woche haben wir Lohntag für Dezember. Später borgt man uns schon. 1889 war's auch so.«

In der Tat greift die Geschäftswelt den Streikenden kräftig unter die Arme. Tut man es nicht aus ehrlicher Sympathie, so ist man doch aus Geschäftsrücksichten dazu gezwungen. Hier lebt eben alles vom Bergmann. Hat er Geld, so rollt es auch den Geschäftsleuten zu. Ist Lohntag, so ist auch Flut in den Kassen der Kaufleute. Daran denkt man jetzt.

(Von einem Augenzeugen berichtet in ›Soziale Praxis‹, 2. Februar 1905)

SOLIDARITÄT

Eine Begleiterscheinung des Streikes, die noch bei keinem Arbeiterkampf in ähnlicher Weise zutage getreten ist, war die rückhaltlose Stellungnahme der öffentlichen Meinung für die Streikenden. Eine tiefe, nachhaltige Sympathie, die in werktätiger Opferbereitschaft, in materieller Unterstützung ihren Ausdruck fand, erwuchs aus der Überzeugung von der gerechten Sache der Bergleute in allen Schichten ohne Rücksicht auf die Parteistellung und fand in der Presse Widerhall. Nicht nur unter den Arbeitern, auch in bürgerlichen Kreisen wurde gesammelt, in Wort und Taten traten Politiker und Gelehrte, Geistliche und Geschäftsleute, politische Parteien und private Vereinigungen für die Knappen ein, in der Redaktion des ›Reich‹ wie in der ›Hilfe‹ und der ›Frankfurter Zeitung‹ wurden Beiträge für sie entgegengenommen.

(Nach amtl. Darstellung im ›Reichsarbeitsblatt‹, 1905)

HOESCH
Der neue Bau

ROHSTOFFE – STAHL – VERARBEITUNG

Friedrich Springorum

Friedrich Springorum, am 1. April 1858 in Milspe an der Enneper Straße geboren, entstammte einem alten Geschlecht märkischer Hammerwerksbesitzer. Er selbst hat einmal von den ersten Rohstahlhämmern an den Ufern der Volme, Ennepe und Heilenbeke und von den Frischfeuern erzählt, die mit Holzkohle gespeist und mit Blasebälgen angefacht wurden: »Mit dem Betrieb wurde morgens um drei Uhr begonnen... Die Gesamtschmelzung bestand aus sieben Teilschmelzungen, von denen jede etwa eine Stunde Zeit beanspruchte. Klebte das Schmelzgut in hellster Weißglut am ›Spieß‹ (Spießvogel), so war die Schmelzung gut, und das nächste Eisen wurde vorgezogen ... Der Raffinier- oder Reckhammer, in dem der Rohstahl weiterverarbeitet wurde, war ähnlich dem Rohstahlhammer in Holzkonstruktion ausgeführt ... Verwendung fand der Raffinierstahl zur Herstellung von Flintenläufen, Sensen, Sicheln, Messern, Beilen, Scheren, Steinbohrern, Hacken, Hämmern, Federn usw. Die Güte war ganz hervorragend und ist bis heute für manche Verwendungszwecke noch nicht wieder erreicht, auch nicht mit dem besten Spezialstahl ...«

Von Jugend an mit dem Beruf des Eisenhüttenmannes vertraut, geht Springorum nach Aachen auf die Hochschule, wo er sich um die Errichtung des Eisenhüttenmännischen Institutes auch später sehr verdient gemacht hat. In Hattingen, bei der Dortmunder Union, in Ruhrort und in Aachen erwirbt er sich in der Praxis dann jene Kenntnisse, die den Hoesch-Aufsichtsrat bestimmen, ihn 1891 als technischen Direktor nach Dortmund zu berufen.

Für vierzig Jahre übernehmen die Springorums, erst der Vater und dann der Sohn, die Führung des Unternehmens. Sie leiten es wie ihr eigenes Werk. Mit der Erhöhung des Aktienkapitals – 1895 notwendig geworden – schwindet der Charakter des Familienunternehmens, die neuen Männer sind nicht mehr den früheren Eigentümern allein, sondern einer Vielzahl von Aktionären verantwortlich.

Aktienkapital:
1914: 28 Mill.
1924: 55 Mill.
1943: 135 Mill.

Schon beim Bau der Hochöfen und der Kokerei war das Aktienkapital von 3600000 auf 6000000 Mark erhöht worden. Am 1. Juli 1896 wurden die neuen Aktien zum Kurse von 125 Prozent ausgegeben. 1914 beträgt dann das Aktienkapital 28 Millionen, 1924 nach der Umstellung der Währung 55 Millionen, und 1943 hat es die Höhe von 135 Millionen Reichsmark erreicht.

Springorum wird 1905 Generaldirektor des Konzerns. Die ersten Schritte zum Verbundunternehmen, die Errichtung von Hochöfen und der Erwerb eigener Kohlenzechen, sind getan, die Rohstoffbelieferung ist weiter ausgebaut worden.

Friedrich Springorum
(1858–1938)

Man hat 1896 Anteile an der Eisenstein-Konzession ›Reichsland‹ bei Bollingen in Lothringen erworben und beteiligt sich 1906 an der Erzbergbaugesellschaft Jarny bei Longwy, wodurch der Bezug von Minette-Erzen gesichert ist. Später, 1914, wird noch die Gewerkschaft ›Eisenzecher-Zug‹ hinzuerworben, eine der besten Erzgruben des Siegerlandes, die manganhaltigen Spateisenstein liefert, der zur Herstellung bestimmter Roheisensorten unerläßlich ist. Etwa zur selben Zeit wurden auch Beteiligungen an Erzvorkommen in Schweden und Brasilien übernommen. Mit der Hüttenkokerei hat man schon 1896 die Erzeugung von Teer, Ammoniak und Benzol aufgenommen. Die Benzolfabrik von Hoesch war die erste der Welt.

1896: Eisenstein-Konzession in Lothringen
1906: Beteiligung an Erzgruben in Longwy (Minette)

1896: Benzolfabrik

Aber ist man wirklich krisenfest? Es fehlt an Verarbeitungsbetrieben. Nicht, daß man sie aus dem Auge verloren hätte: der Sicherung der Rohstoffbasen hatte bisher alle Kraft gedient. Jetzt aber ist der nächste Schritt zum Verbundunternehmen zu tun.

Da gab es ein Puddel- und Walzwerk, das nach einem in seiner Nähe gelegenen Stahlwerk ausschaute, von dem es ausreichende Mengen von Halbzeug günstig geliefert bekäme; die Wahl war auf Hoesch gefallen. Die ›Limburger Fabrik- und Hüttenverein AG‹ – so heißt dieses Werk – läßt damit Hoesch auf den Plan verzichten, ein eigenes Bandeisenwalzwerk zu bauen; man tut sich 1907 zusammen. Ein einzigartig ausgebildeter Facharbeiterstamm, ein guter Kundenkreis fallen damit neben den technischen Anlagen Hoesch zu: ein Walzwerk mit fünf

Neue Verarbeitungsbetriebe kommen zu Hoesch

Walzenstraßen, ein Puddelwerk, ein Reckhammer, eine Eisengießerei – dies alles in Hohenlimburg – und drei Walzenstraßen in Neu-Oege.

Maschinenfabrik ›Deutschland‹

Neben Hoesch, der Zeche Kaiserstuhl I benachbart, liegt die ›Maschinenfabrik Deutschland‹. Sie ist um dieselbe Zeit entstanden wie Hoesch, 1872, hat aber die Krise, die den Gründerjahren folgte, nur mühsam überstanden; lohnende Aufträge gehörten der Vergangenheit an, als sie sich gerade etabliert hatte. Hoesch war zwar mit Walzeisen, Blechen, Roheisen der Hauptlieferant der benachbarten Maschinenfabrik geworden, trotzdem führen die Firmen wegen eines Bergschadens einen jener kräfteverschleißenden, kostenverschlingenden Prozesse, bei denen kein Ende abzusehen ist. Bis Hoesch sich 1911 entschließt, die Maschinenfabrik zu erwerben, die später, neben ihren alten Aufgaben, das Hüttenwerk Hoesch mit Kokillen beliefert.

Von der Becke & Co.

Und noch ein anderes Werk liegt in unmittelbarer Nähe der Hoesch-Hütte: das Hammerwerk ›Von der Becke & Co.‹, das Kleineisenzeug herstellt, Schienen, Nägel, Klemmplatten, Laschen, Hufeisen, Schaufeln. 1912 wird auch dieses Werk angegliedert. Als man später noch eine Reihe weiterer Verarbeitungsbetriebe erwirbt – unter ihnen die Firma ›Gebrüder Prinz‹ in Hemer, die sich zu den größten Nietenherstellern Europas zählen durfte –, ist eine gute Ergänzung der Kleineisenzeughersteller unter den Fittichen von Hoesch gewährleistet und mit der Gründung der Dortmunder Eisenhandlung GmbH eine eigene Vertriebsorganisation geschaffen.

Hauptverwaltung Eberhardstraße

Neben all diesen Erwerbungen, die im Hinblick auf den Stahlverbrauch von Bedeutung waren oder werden konnten, entsteht bei Hoesch 1912/13, unmittelbar bei der Hütte in Dortmund, ein ganz neues Werk, die Drahtverfeinerung, auf die man stolz ist: es ist die modernste Anlage dieser Art im Revier.

Im Juli 1914 bezieht die Hoesch-Hauptverwaltung das neue Verwaltungsgebäude in der Eberhardstraße. Mit seinen Reliefpfeilern erinnert der Bau aus grauem

Pause vor dem Eisen- und Stahlwerk Hoesch in Dortmund, 1910

Kalkstein an eine dorische Säulenhalle; er ist noch nach den Kunstthesen Gottfried Sempers, des berühmten Architekten des 19. Jahrhunderts, gebaut, der den Stil der Epoche bestimmt wissen wollte durch historische Angleichung. Wie verhält sich aber die klassizistische Pfeilerfront zu dem Zweck, dem der neue Bau zu dienen hat?

Den Männern, die hier einziehen, sind solche Überlegungen fremd, zumal gerade die Schüsse von Sarajewo gefallen sind. Man spricht von Krieg. Nichts wäre unsinniger, nichts so unangenehm. Das neue Gebäude, in dem man sich gerade einzurichten beginnt und von dem man noch nicht weiß, wie man in ihm wohnen wird, steht wie ein Symbol für das aus seinen alten bescheidenen Grundformen zu respektabler Größe aufgestiegene Verbundunternehmen, dessen Zusammenspiel man noch gar nicht kennt und das erst beweisen muß, ob es richtig zusammengefügt ist und ob die Proportionen stimmen.

Das neue Verwaltungsgebäude, 1914

Ein Krieg und seine Folgen

Derselbe Gerhart Hauptmann, in dessen ›Webern‹ die höchste Instanz des Reiches 1893 noch ein Attentat auf den Staat erblickt hatte, erhielt neunundzwanzig Jahre später aus der Hand Friedrich Eberts den Adlerschild des Deutschen Reiches. Wenn sich auch die politischen Verhältnisse in diesem Zeitraum grundlegend geändert hatten, so drückt dieses Ereignis mehr als nur die Ehrung eines Dichters aus. Es macht sichtbar, was sich in knapp drei Jahrzehnten im allgemeinen Bewußtsein der Öffentlichkeit verändert hatte und wie tief und selbstverständlich die Forderung nach Lösung der sozialen Frage in dieses Bewußtsein gedrungen war. Umwälzendes war geschehen. Die Monarchie hatte abgedankt, die Republik war ausgerufen worden, ein Zeitalter war versunken. Die junge Republik aber, belastet mit dem schweren Erbe der Kriegsfolgen, belastet vor allem mit der von den Siegern ihr abverlangten Anerkennung des Kriegsschuldartikels, der Deutschland als Urheber für die Verluste und Schäden verantwortlich machte, die die Alliierten infolge des Krieges erlitten hatten, diese junge Republik war zu schwach, um das Reich in eine echte Demokratie zu überführen. Mißtrauen herrschte auf allen Seiten, man sprach verächtlich von ›Erfüllungspolitik‹, nationalistische Ressentiments wurden hochgespült. Das rechtsgerichtete Bürgertum blieb abseits stehen und wartete nur auf den Augenblick, wo es die Verständigungspolitik der Regierung offen als Vaterlandsverrat brandmarken konnte. Die linken Parteien spalteten sich auf, und die Arbeiterschaft wandte sich enttäuscht ab, weil sich die Hoffnungen der Revolutionstage nicht erfüllt hatten.

1914 hatte der Arbeiterdichter Karl Bröger jenes an Deutschland gerichtete Gedicht geschrieben, das in der Strophe gipfelte: »...Herrlich zeigte es aber deine größte Gefahr, daß dein ärmster Sohn auch dein getreuester war!« Mit diesem ärmsten Sohn war der deutsche Arbeiter gemeint, der in der Stunde des Kriegsausbruchs dem Ruf seines Kaisers folgte: »Ich kenne keine Parteien mehr, ich kenne nur noch Deutsche!« Im Ruhrgebiet waren in den ersten Tagen des August 1914 von 433000 Bergleuten 116000 zu den Fahnen geeilt. Die freien Gewerkschaften hatten Burgfrieden mit dem Reich geschlossen und die Kriegsanstrengungen unterstützt. Noch im Oktober 1918 hatten sie zum Zusammenschluß aller Kräfte gegen einen »Frieden um jeden Preis« aufgerufen, und als am 9. November 1918 der Sozialist Friedrich Ebert aus der Hand des Prinzen Max von Baden das Amt des Kanzlers mit den Worten erhielt: »Nehmen Sie sich des Reiches an!«, erwiderte Ebert: »Für dieses Reich habe ich zwei Söhne geopfert.«

Aber dieses Reich war auch am Ende, die alten Gewalten hatten abgewirtschaftet und der Patriotismus von 1914, der alle Risse zwischen den Ständen gekittet zu haben schien, war beim Arbeiter längst in nagenden Zweifel, der Zweifel in tiefstes Mißtrauen umgeschlagen. Bereits 1917 war es in Berlin und in anderen Großstädten zu einem Streik der Metallarbeiter gekommen, die gegen die beabsichtigte Kürzung der Brotrationen protestierten, und im Januar 1918 hatten im ganzen Reichsgebiet fast eine Million Menschen die Arbeit niedergelegt. »Wenn wir wirklich einmal das Vaterland verteidigen müssen, so verteidigen wir es, weil es unser Vaterland ist, als den Boden, auf dem wir leben, dessen Sprache wir sprechen, dessen Sitten wir besitzen...«, hatte August Bebel 1907 auf dem Parteitag der SPD in Essen ausgerufen. Als dann Ende Oktober 1918 die Matrosen der deutschen Hochseeflotte den Befehl verweigerten, gegen England auszulaufen, war der Krieg bereits verloren, jedes weitere kriegerische Unternehmen sinnlos geworden. Niemand hatte ein Recht, noch Menschenleben dafür zu fordern.

2. Extraausgabe Sonnabend, den 9. November 1918.

Vorwärts

Berliner Volksblatt.

Zentralorgan der sozialdemokratischen Partei Deutschlands.

Der Kaiser hat abgedankt!

Der Reichskanzler hat folgenden Erlaß herausgegeben:

Seine Majestät der Kaiser und König haben sich entschlossen, dem Throne zu entsagen.

Der Reichskanzler bleibt noch so lange im Amte, bis die mit der Abdankung Seiner Majestät, dem Thronverzichte Seiner Kaiserlichen und Königlichen Hoheit des Kronprinzen des Deutschen Reichs und von Preußen und der Einsetzung der Regentschaft verbundenen Fragen geregelt sind. Er beabsichtigt, dem Regenten die Ernennung des Abgeordneten Ebert zum Reichskanzler und die Vorlage eines Gesetzentwurfs wegen der Ausschreibung allgemeiner Wahlen für eine verfassungsgebende deutsche Nationalversammlung vorzuschlagen, der es obliegen würde, die künftige Staatsform des deutschen Volk, einschließlich der Volksteile, die ihren Eintritt in die Reichsgrenzen wünschen sollten, endgültig festzustellen.

Berlin, den 9. November 1918. Der Reichskanzler.
Prinz Max von Baden.

Es wird nicht geschossen!

Der Reichskanzler hat angeordnet, daß seitens des Militärs von der Waffe kein Gebrauch gemacht werde.

Parteigenossen! Arbeiter! Soldaten!

Soeben sind das Alexanderregiment und die vierten Jäger geschlossen zum Volke übergegangen. Der sozialdemokratische Reichstagsabgeordnete Wels u. a. haben zu den Truppen gesprochen. Offiziere haben sich den Soldaten angeschlossen.

Der sozialdemokratische Arbeiter- und Soldatenrat.

Und die Revolution? Noch am Abend des 9. November gelang es Friedrich Ebert, über eine geheime Telefonleitung mit Groener, dem Generalquartiermeister in der Obersten Heeresleitung, Ludendorffs Nachfolger, in Spa verbunden zu werden. Hindenburg, so bat Ebert, möge auf seinem Posten bleiben – im Namen der Republik. Damit war gesichert, daß das Feldheer geordnet in die Heimat zurückgeführt werden konnte, und der Armee war garantiert, daß sie erhalten blieb. Zwar hatte Ebert so verhindern können, daß neue Ströme von Blut flossen, dafür durfte jetzt die alte obrigkeitsstaatliche Bürokratie triumphieren, daß es ohne sie eben nicht ging, und die Reste der Armee sahen sich als Kerntruppe an, aufgerufen, das Reich noch einmal zu retten.

Daß es Männer vom Geist der Paulskirche waren, die in Weimar dem neuen Staat, als das Bismarck-Reich untergegangen war, die Verfassung gaben, änderte daran nichts. Diese Verfassung war – auf dem Papier – die freieste Verfassung der Welt: »Die Staatsgewalt geht vom Volke aus... Alle Deutschen sind vor dem Gesetze gleich... Die Freiheit der Person ist unverletzlich... Recht auf freie Meinungsäußerung... Volle Glaubens- und Gewissensfreiheit...« War sie aber einer Wirklichkeit gewachsen, die stärker von restaurativen, am Gestern orientierten Kräften

Zurückmarschierende deutsche Truppen auf der Rheinbrücke bei Köln, 1918

Arbeiter! Genossen!

Was geht vor?

Am gestrigen Tage sind Flugblätter zur Verteilung gelangt, die zum Generalstreik auffordern. Dasselbe geschieht in einem Blatte, das sich „Spartakus" nennt. Unverantwortliche, gewissenlose Menschen fordern zum Generalstreik auf in einer Zeit, wo sich jeder Streik gegen die Arbeiter selbst richtet.

Wer legitimiert diese Gewaltmenschen? Was steht hinter ihnen?

Die Flugblätter tragen keine Namensunterschrift. Als Streikleitung gibt sich aus die Kommunistische Partei, von der man bisher nur weiß daß sie den Bürgerkrieg entfesselt hat.

Kann es sich die klassenbewußte Arbeiterschaft gefallen lassen, daß heute hier, morgen dort ein Bäckerdutzend hirnverbrannter Menschen die Freiheit unserer Republik dazu mißbraucht, zum Streik auffordert und mit Gewalt versucht, die Arbeiter und zwar vornehmlich die Bergarbeiter, von der Arbeit zurückzuhalten? Wenn je in einer Zeit, so ist jetzt besonders Arbeit für Alle unbedingt notwendig. Schaffen wir keine Wirtschaftswerte, liefern wir keine Kohlen und sonstige Industrieprodukte als Tauschobjekte gegen Nahrungsmittel usw., dann ist die Hungersnot unausbleiblich und mit diesem Schrecken aller Schrecken werden alle Errungenschaften der jungen Republik verloren gehen.

Darum, ihr Arbeitsbrüder hört auf die Mahnungen Eurer Führer, die sich jahrzehntelang bewährt und gemeinschaftlich mit Euch keine Opfer gescheut haben, um die Rechte der Arbeiterklasse selbst unter Ertragung jahrelanger Gefängnisstrafen zu verteidige

Hört nicht auf jene Phantasten, die aus Deutschland einen großen Trümmerhaufen und Leichenhügel, ein Tollhaus machen wollen!

Wo waren diese Menschen vor Ausbruch des Krieges?

Ja noch vor Ausbruch der Revolution standen sie zum erheblichen Teile noch in den Reihen unserer schärfsten Feinde!

Wer will denn mit Waffengewalt die Sozialisierung der Bergwerke hintertreiben? Die Regierung? Gerade jetzt melden die Zeitungen, daß die Neunerkommission von ihr anerkannt ist. Wir, die wir jahrzehntelang diese Forderung erhoben, zu einer Zeit wo jene Menschen, die diesen schweren Vorwurf machen, in den Vereinen der gelben Werksknechte „sozialisierten"? Kein Sozialdemokrat wird die Hand zum Kampf gegen die Sozialisierung bieten.

Gewiß, wer mit Gewalt die Arbeiterschaft von der Arbeit zurückhält, wie es bereits stellenweise geschehen, wer die Arbeiter vergewaltigen will, muß sich schon gefallen lassen, daß ihm mit Gewalt begegnet wird. Oder soll sich die Arbeiterschaft willenlos dem Terror einer Minderheit gewissenloser Menschen aussetzen? Wer seiner Arbeit nachgehen will, wird unseren nachdrücklichen Schutz genießen!

Darum Genossen, Arbeitsbrüder, wahrt die Vernunft, folgt unserem Rate, denn nur Arbeit und Brot führt uns zum Ziele, zur Demokratie und zum Sozialismus.

Nieder mit den falschen Freunden!

Arbeiter- und Soldatenrat für die Stadt- und Landkreise Dortmund und Hörde.

Mehlich. Schröder.

Flugblatt des Arbeiter- und Soldatenrates gegen den Generalstreik

getragen war als von progressiven, die Weichen der Zeit entschlossen herumreißenden Männern? Bereits die nahe Zukunft sollte die Frage mitleidlos mit Nein beantworten.

Dennoch gelang es Friedrich Ebert, diesem Demokraten und Sozialisten, die junge Republik durch die Wirren der Nachkriegszeit zu steuern. Und zum ersten Mal in der Geschichte Deutschlands schuf ein deutscher Staat, wenn auch mit

Einschränkungen, eine gesetzliche Mitbestimmung des Arbeiters im Betrieb. Im Artikel 165 der Weimarer Verfassung heißt es: Arbeiter und Unternehmer sollen »gleichberechtigt... an der Regelung der Lohn- und Arbeitsbedingungen« mitwirken. Zugleich sollen Arbeitnehmer »zur Wahrnehmung ihrer sozialen und wirtschaftlichen Interessen« eine gesetzliche Vertretung erhalten. Ein Betriebsrätegesetz und ein Gesetz über die Vertretung der Arbeitnehmer im Aufsichtsrat werden verabschiedet. Unter Ebert hatte der ›Revolutionäre Rat der Volksbeauftragten‹, noch bevor es zu einer Regierungsbildung kam, den Achtstundentag verkündet, einen Rechtsanspruch auf Arbeitslosenunterstützung begründet und das Tarifvertragsrecht geschaffen, das bis auf den heutigen Tag gültig blieb.

Friedrich Ebert (1871–1925)

Die Grundrechte der neuen Verfassung gewährleisteten die »Vereinigungsfreiheit zur Wahrung und Förderung der Wirtschaftsbedingungen für jedermann und für alle Berufe«. Damit war noch nicht das Streikrecht gegeben, das sich aber die Gewerkschaften sichern wollten, auch in einer künftigen sozialisierten Wirtschaft. Sie sind keine Habenichtse, keine Bettler, keine Bittsteller mehr, denen man großmütig etwas »gewährt«. Diese Gewerkschaften sind sich des Rechtes derer, die sie vertreten, bewußt, und von 1,5 Millionen ist ihre Mitgliederzahl in knapp einem Jahr auf 7,3 Millionen angewachsen. Doch noch bevor dieser Riese aufsteht, ist fast so etwas wie ein Wunder geschehen: bereits Anfang Oktober 1918 hatten sich in Berlin Arbeitgeber und Gewerkschaften zu einer ›Zentralarbeitsgemeinschaft‹ zusammengefunden, nicht um Gegensätze aufzuheben, sondern um sie in direkten Verhandlungen auszutragen. Zum erstenmal in der Geschichte der Arbeiterbewegung erkannte damit der Unternehmerverband die Gewerkschaften als gleichberechtigten Partner an. Und stand diese Anerkennung unter dem Druck des nahen, für jeden ersichtlichen Zusammenbruchs des Reiches, so hatte man sich doch aus freiem Willen an den gemeinsamen Tisch gesetzt, gemeinsam dann wenige Tage nach Kriegsende im Ruhrgebiet an die Bergarbeiter appelliert, »in diesem ernsten Augenblick alle Kraft anzuspannen, um die Kohlenversorgung so ausgiebig wie irgend möglich aufrechtzuerhalten«. Eine unmittelbare Folge dieser

Die erste Regierung der jungen Republik, der »Rat der Volksbeauftragten«. Von links: Emil Barth, Otto Landsberg, Friedrich Ebert, Hugo Haase, Wilhelm Dittmann und Philipp Scheidemann.

Dieses Plakat für die Weimarer Nationalversammlung gibt zwar mehr einer Sehnsucht als einer begründeten Hoffnung Ausdruck, aber es fixiert in einmaliger Weise, wie diese Sehnsucht aussieht. Für den expressionistischen Stil jener Jahre ist es bezeichnend. Gottfried Benn nannte diesen Stil einen »... Aufstand mit Eruption, Ekstase, Haß, neuer Menschheitssehnsucht ...«

›Anerkennung‹ war dann der zwischen Arbeitgebern und Gewerkschaften am 25. Oktober 1919 geschlossene »erste Tarifvertrag mit zusammenfassenden Lohnforderungen«. Mit ihm war das Hauptziel der großen Streiks vor dem Ersten Weltkrieg erreicht, nachdem auf den meisten Zechen bereits im Mai 1919 überall Betriebsräte eingesetzt wurden, die die Aufgabe hatten, »bei der Erledigung von Differenzen über die Gedinge-, Schichtlohn- und Gehaltsfeststellung« und über die »werksseitige Kündigung von Arbeitern und Beamten« mit den Zechenleitungen zu verhandeln.

Vom Arbeitsfrieden aber war man weit entfernt. Unruhen und Streiks erfüllten das Land an der Ruhr mit ihren Ängsten und Depressionen, und die geschichtliche Aufgabe, die der Kaiser versäumt hatte, einen Ausgleich zwischen den Ständen herbeizuführen und die auseinanderstrebenden Lager zu versöhnen, lastete schwer auf allen, die es dennoch versuchten – jetzt, wo es fast zu spät war. Französische und belgische Truppen standen am Rhein und starrten, wie einst die Römer vor zweitausend Jahren, nach Osten hinüber, wo jenseits des Stromes nicht mehr nur waldige Hügel über idyllischen Flußläufen zu sehen waren, sondern Fabrik an Fabrik, Esse an Esse, Stahlwerk an Stahlwerk, Zechengerüst an Zechengerüst, Haus an Haus sich drängten, Stadt an Stadt hingelagert war: zwischen Ruhr, Lippe und Emscher, unter einer Glocke von Feuer und Ruß, das dichtbesiedeltste, energiegeladenste, fleißigste und wohl auch reichste Industriegebiet Europas! Jeder Tag der verging, da es, von inneren Kämpfen zerrissen, elender und ohnmächtiger wurde, mußte in den Augen der Sieger die Begehrlichkeit steigern: es zu besetzen, seine wirtschaftliche Macht sich nutzbar zu machen, unter irgendeinem Vorwande. Das war die eine, die drohendste Gefahr. Eine zweite kam hinzu: immer wieder versuchten Spartakisten und Kommunisten, mit dem Köder sozialer Ziele – Sechsstundenschicht, Regelung von Knappschafts-

Die Nationalversammlung in Weimar am 12. Mai 1919

fragen, Lohnerhöhung – über den Generalstreik die gescheiterte proletarische Revolution doch noch in Gang zu setzen.
»Moskau«, schreibt ein verläßlicher Zeuge jener Zeit, »schürte erfolgreich die Unzufriedenheit der Massen. Die Regierung wagte nicht, energisch durchzugreifen, um Ordnung zu schaffen. Die sozialdemokratischen Minister und Journalisten erklärten immer wieder, sich selbst zum Hohn, nur Arbeit könne uns retten. Aber es wurde nicht gearbeitet, und die Lage wurde immer schlechter. Die Hungersperre wirkte sich zur Katastrophe aus. Mangel an Autorität und die Unfähigkeit, Ordnung zu schaffen, erzeugten das Gefühl einer allgemeinen Unsicherheit. Die Revolution hatte großen Erfolg, aber keine großen Führer. Die große Masse der Mehrheitssozialisten war alles andere denn Revolutionäre, auch ihre Führer nicht.«
So bleibt der Regierung in Berlin nichts anderes übrig, als den Belagerungszustand über die Ruhr zu verhängen, womit sie freilich nicht verhindern kann, daß im Januar 1919 der größte Streik ausbricht, den das Revier je erlebt hat: 300000 Bergleute legen die Arbeit nieder.
Vergeblich beschwört Hué, der Bergarbeiterführer des ›Alten Verbandes‹, die Delegierten-Konferenz, nicht zu streiken: »Wer jahrzehntelang in Reih und Glied der Arbeiterbewegung mitgestritten, mitgelitten und mitgehofft hat, der sieht nun mit tiefstem Schmerz, wie der schon von Lassalle gegeißelte Unverstand drauf und dran ist, alles zu zertrümmern, was opferfreudige Genossen und Kameraden mühevoll aufgebaut haben. Mancher von ihnen möchte heute wünschen, eher gestorben zu sein, damit er einen solchen entsetzlichen Selbstmord der Arbeiterklasse nicht miterlebt hat.« Aber der Streik findet statt – und scheitert, obwohl er

ungewöhnlich hart geführt wird. Stillegungen und Zerstörungen, bei insgesamt 5 159000 ausgefallenen Schichten, bedrohen jedoch nicht nur die rein technische Aufrechterhaltung vieler Betriebe. Sie bringen auch Arbeiter und Gewerkschaften, die bald keine Unterstützung mehr zahlen können, um jede Reserve. Worum geht es? Wieder ist da die alte, unabdingbare Forderung: Mitbestimmung bei der Festsetzung der Lohn- und Arbeitsbedingungen, überhaupt bei allen Fragen, die den Arbeitsplatz betreffen. Und dann, was vor allem die Ruhr angeht: Sozialisierung der Schlüsselindustrien, voran die des Bergbaus!

Immer wieder ist das die Forderung der Massen und ihrer Führer. Zeitenwende! 1889 und 1905 sind nicht vergessen, und der Generalstreik – auch wenn sich seiner die Radikalisten wie in Mitteldeutschland bemächtigen, um Regierung und Nationalversammlung zu stürzen – bleibt ihrer Ansicht nach das einzige Mittel, das zum Ziel führen kann – und muß!

Denn was hieß aus der Sicht des Arbeiters ›soziale Sicherheit‹, die ihm in diesem Staat garantiert sein sollte, wenn er nicht Einfluß gewann auf *alles* betriebliche Geschehen bis hin zur Gewinnverteilung. Hatte man nicht darum gekämpft? In der leidenschaftlichen Debatte, die die Deutsche Nationalversammlung im Winter 1919/20 um das Betriebsrätegesetz führte, kam der Kern zum Vorschein: daß mit bloßen formalen Verbesserungen die in der Weimarer Reichsverfassung ausdrücklich versprochene Gleichberechtigung von Kapital und Arbeit nicht gegewährleistet war. Zwar war mit der Aufgabe, die der Betriebsrat erhielt: »für einen möglichst hohen Stand und für möglichste Wirtschaftlichkeit der Betriebs-

Gruppe militanter Spartakisten, März 1920

leistungen zu sorgen«; auch: »den Betrieb vor Erschütterungen zu bewahren...«, die Mitverantwortung des Arbeiters bestätigt – wo aber war von Kontroll- und wirklichen Mitbestimmungsrechten die Rede? Und wie sollte der Arbeiter die nunmehr gesetzliche Pflicht, für seinen Betrieb einzustehen, wahrnehmen, wenn nach wie vor der Unternehmer in diesem Betrieb machen konnte, was er wollte?
Freilich, die Unternehmer sahen es anders. Zu tief, meinten sie, greife das Gesetz in den Produktionsprozeß ein, zu sehr beschränke es den Arbeitgeber bei der Betriebsführung. Unter dem Vorsitz von Geheimrat Simons, dem späteren Reichsaußenminister, und Carl Friedrich von Siemens hatten der ›Reichsverband der deutschen Industrie‹ und die ›Vereinigung deutscher Arbeitgeberverbände‹ eine Betriebsrätegesetz-Kommission gebildet, die die Vorbehalte von Handel und Industrie gegenüber der Reichstagskommission vertrat, die das Gesetz beriet; aber sie hatten einen schweren Stand. Die Linksradikalen im Reichstag drängten auf die Verabschiedung des Gesetzes; sie würden sonst, drohten sie, aus eigener Gewalt Räte in die Betriebe schicken (das konnten sie in Mitteldeutschland durchaus). Und noch während im Reichstag in Berlin debattiert wurde – es war der 13. Januar 1920 – zogen etwa 200000 Arbeiter vor das Reichstagsgebäude. Die Polizei verlor die Nerven und schoß. Als blutiger Dienstag ist dieser 13. Januar in die Geschichte der Arbeiterbewegung eingegangen: 42 Tote und 105 Verwundete blieben auf dem Platz zurück.
Doch sahen die Sozialdemokraten das alsbald von der Nationalversammlung verabschiedete Gesetz als Erfolg an: Zum erstenmal in der Geschichte gäbe es für die gegen Lohn und Gehalt Arbeitenden eine wirklich gesicherte Existenz.

Die Demonstration am 13. Januar 1920 vor dem Reichstagsgebäude in Berlin

Ohne Titel, 1920.
Gemälde von George Grosz (1893–1959)

HOESCH
Krieg und Frieden

1. August 1914

Daß der 1. August des Jahres 1914 einen Zeitabschnitt einleitete, in dem das Ruhrrevier und seine großen Verbundunternehmen an den Rand des Abgrundes geraten würden, ahnte kein Mensch. Wohl waren viele Facharbeiter zu den Fahnen geeilt; sie waren unersetzbar, und Kriegsgefangene und Frauen waren ein Notbehelf. Doch nicht allein aus diesem Grunde gab es Feierschichten: die Erzzufuhr stockte. Denn in Lothringen, wo die Minettegruben lagen, wurde gekämpft, und die englische Blockade tat ein übriges. Aber die Hochöfen brauchten noch nicht stillgelegt zu werden, die Erzlager waren gefüllt, und wenn sie auch nur einen eingeschränkten Betrieb ermöglichten – der neue Hochofen 7 konnte nicht angeblasen werden, und auch die Öfen im eben fertiggestellten Martinwerk blieben kalt – sie hielten vor, bis der Stellungskrieg begann, die lothringische Erzbasis damit wieder zugänglich war und die Zufuhr über die Ostseehäfen von den Engländern nicht mehr gesperrt werden konnte.

Der Weltkrieg 1914 bis 1918 war bereits ein motorisierter Krieg. Das Ruhrgebiet war verdunkelt; Flugzeuge des Feindes konnten es von der nahen Grenze leicht erreichen. Auch die deutsche Front setzte Flugzeuge ein, Flugzeuge und Autos. Lastwagen rollten neben den Bahnen Material nach vorn, Benzin und Benzol trieben ihre Motoren, und so entstand bei Hoesch mitten im Krieg ein neues Werk;

Neue Benzolanlage

die auf Kaiserstuhl II vorhandene Benzolanlage – die erste, aber nun auch die älteste der Welt – reichte nicht mehr aus, den Bedarf zu decken. Freilich, jede Planung auf lange Sicht, jede gezielte organische Vergrößerung mußte man sich aus dem Kopfe schlagen. Aber wie bei den Erzen, die man auf Vorrat gekauft hatte, erwies es sich bei dem starken Verschleiß der Maschinen nun als günstig, über bisher gar nicht in Betrieb genommene Anlagen verfügen zu können. So

Hochofen 7 und neues Martinwerk

wurde 1916 Hochofen 7 angeblasen und das Martinwerk in Betrieb genommen, alle anderen Hochöfen arbeiteten zudem wieder mit voller Leistung, und 1917 wurde mehr Schwedenerz verhüttet als je zuvor.

Beim Zusammenbruch 1918 waren die Sieger an der Rheinlinie stehengeblieben. Alle linksrheinischen Zechen indessen waren von belgischem und französischem Militär besetzt – wie lange konnte es noch dauern, und die rechtsrheinischen Gebiete des Reviers, Dortmund eingeschlossen, würden ebenfalls besetzt sein? Im Werk hatte niemand Zeit, darüber nachzudenken. Streiks und kommunistische Agitation trugen Unruhe in die Belegschaft.

Die war um die Hälfte gewachsen. Das lag zu gutem Teil an der 8-Stunden-Schicht, deren Einführung im November 1918, so vorteilhaft sie sich dann besonders am Hochofen erwies, zunächst bei dem Mangel an Facharbeitern Panne um Panne nach

Arbeiter, 1931. Gemälde von Heinrich Hoerle (1895–1936)

sich zog. Neue Schwierigkeiten brachte der Streik im Frühjahr 1919. Auf den Kaiserstuhlzechen verweigerten die Arbeiter sogar die Notstandsarbeiten, und wenn die Angestellten des Werkes nicht zugegriffen hätten, wäre das Ersaufen beider Schachtanlagen unvermeidbar gewesen. Hinzu kam der Kohlemangel, der die Strom- und Gasversorgung abwürgte, und die Sorge um Erz – Erz, das die Speise, das Leben, die Existenz eines Hüttenwerks war.

Streik 1919

Luxemburg war aus dem Zollverein ausgeschieden, Elsaß-Lothringen mit der Minette wieder zu Frankreich gekommen, das Saargebiet dem französischen Zollgebiet angeschlossen worden. Das bedeutete für Deutschland einen Kapazitätsverlust von 9 Millionen Tonnen Roheisen, 8 Millionen Tonnen Rohstahl und 5 Millionen Tonnen Walzstahl jährlich. Im Osten hatte zudem die Eisen- und Kohlenindustrie ihren wertvollsten Besitz, der in Ostoberschlesien lag, an Polen verloren. Deutschland verfügte nunmehr nur noch über eine Kapazität von 11 Millionen Tonnen Roheisen, 12 Millionen Tonnen Rohstahl und 10 Millionen Tonnen Walzstahl. Mit Lothringen hatte es seine größte Erzkammer eingebüßt, mit jährlich 21 Millionen Tonnen Eisenerz – Hoesch hatte dort Beteiligungen an den Gruben ›Reichsland‹ und ›Jarny‹ besessen –, und weitere 7 Millionen Tonnen fehlten dem Reich durch Luxemburgs Trennung vom deutschen Zollgebiet. Das machte 80 Prozent der Vorkriegsförderung aus. An eigenen Erzlagerstätten blieben ihm jetzt nur die fast erschöpften Gruben an der Sieg.

Die verlorenen Erzbasen

Deutschlands Leistungsverlust

So war man weitgehend vom Auslandserz abhängig, und das kostete harte Devisen, die das Reich nur bereitstellen konnte, wenn es exportierte. Aber die alten, festgeknüpften Handelsbeziehungen waren zerrissen. Sie neu zu knüpfen, war nur möglich, wenn Vertrauen wieder einzog in Handel und Wandel. Der Welt aber stand man mit leeren Taschen gegenüber, und nur mit Wechseln auf die Zukunft war zu bezahlen, was sie forderte.

RÜCKBLICK AUF FÜNFZIG JAHRE

1921 feierte Hoesch seinen fünfzigsten Geburtstag. Des Rückblicks an diesem Tag brauchte sich niemand zu schämen. Die Lage war gewiß nicht rosig, doch unbestritten stand fest, daß der eingeschlagene Weg richtig war. Trotz aller Schwierigkeiten mußte man versuchen, den Verbund von Kohle, Stahl und Stahlverarbeitung auch weiter zu festigen.

Was waren auf dem langen Weg eines halben Jahrhunderts die wichtigsten Entschlüsse gewesen? Wohl die, die am sichtbarsten die Aufwärtsentwicklung bestimmt hatten. Unübersehbar ragte aus den achtziger Jahren der Erwerb der Thomaspatente heraus. Mit ihnen war man, begünstigt vom Schutzzoll 1879, krisenfest geworden. Auch die folgende Entwicklung hatte den Entschluß bestätigt: bis 1890 war der Bessemerstahl nicht nur vom Thomasstahl, sondern auch vom Siemens-Martin-Stahl weit überholt worden. Und 1913 kamen von insgesamt 19 Millionen Tonnen Stahl, die Deutschland erzeugte, zehn auf Thomas- und sieben auf Siemens-Martin-Stahl.

Dann, in den neunziger Jahren, wurde der Entschluß gefaßt, die Schwierigkeiten in der Roheisenversorgung ein für allemal zu beheben: durch den Bau eigener Öfen. Die Entscheidung, von drei Möglichkeiten – 1. Verschmelzung mit einem Hochofenwerk, 2. Lieferungsverträge mit einem Hochofenwerk, 3. Bau eigener

Die Hütte in der Zeit nach dem Ersten Weltkrieg

Hochöfen – die risikoreichste zu wählen, nämlich eigene Öfen zu bauen, hatte weniger mit Mut, auch nicht mit Übermut, nichts mit Zufall und schon gar nichts mit einer Kompensation von Macht und Ansehen, die man seinesgleichen schuldig wäre, zu tun. Die Entscheidung beruhte auf der schlichten Erkenntnis, daß nur ein ausgewogener, nach keiner Seite hin überlastiger Werksorganismus, wenn er krisenfest in der Gegenwart stand, krisenfest auch der Zukunft und das hieß: dem neuen Jahrhundert gewachsen war. Allerdings unter einer Voraussetzung, die sofort den zweiten Schritt erzwang: das Ganze auf eine solide Kohlenbasis zu stellen. Damit stand Hoesch in erster Reihe der großen gemischten Unternehmungen des Reviers – und hatte nach einer neuen Form der Finanzierung zu suchen, denn bei weitem reichten jetzt die erzielten Gewinne, selbst unter Verzicht auf Dividendenausschüttung, nicht mehr aus, um die riesigen Investitionen zu decken. Also mußte das Aktienkapital erhöht werden, und damit war freilich verbunden, vom Familienunternehmen Hoesch Abschied zu nehmen.

War das zu bedauern? Sicher. Beweinen konnte man es trotzdem nicht. Die Wirtschaft gebot unerbittlich, Traditionswerte dem Fortschritt zu opfern. Das hatte die Zeit gelehrt. Wer sich nicht danach richtete, versagte gegenüber Problemen, an die eine Generation vorher noch niemand gedacht hatte. Die Arbeitskämpfe sangen ein Lied davon. Gewaltig waren die Belegschaftsziffern gestiegen. Noch 1890 betrug die Arbeiterzahl bei Hoesch 1550, 1900 schon 6500, 1910 war sie auf 10500 angewachsen und 1920 auf 20500 Mann. Sie hatte sich also in einem Menschenalter verdreizehnfacht! Wenn später, sehr viel später, in der Generalversammlung von 1954 der Aufsichtsratsvorsitzende Willy Hopp die Worte sagte: »Dieses Unternehmen ist getragen von einer in verpflichtender Tradition groß-

Hoesch-Belegschaft:
1890: 1550
1900: 6500
1910: 10500
1920: 20500

gewordenen Leitung und von einer Stammbelegschaft qualifizierter Facharbeiter, die vielfach schon in zweiter und dritter Generation dem Werk angehören; Hoesch stellt also eine Gemeinschaft dar, die ... eine Einheit bildet«, dann war dies nicht zuletzt, sondern zuerst das Verdienst der Springorums, die, als Vater und Sohn – wie die Baare im Bochumer Verein, wie die Reusch in der Gutehoffnungshütte – das Werk über vier Jahrzehnte hin geleitet hatten, als wäre es ihr eigenes gewesen.

Die Ära Springorum

Bevor Friedrich Springorum 1891 zu Hoesch gerufen wurde, war er Assistent im Stahlwerk von Rheinstahl in Meiderich gewesen, wo Versuche zur Aufkohlung von Thomasstählen liefen. Diese Versuche waren erfolgreich verlaufen. Man konnte nun Schienenstahl in Thomasgüte herstellen, was einen großen technischen Fortschritt bedeutete. Mit Springorums Kenntnissen und Erfahrungen, die er bei der Entwicklung des Verfahrens aus erster Hand gewonnen hatte, kam dieser Fortschritt nun auch Hoesch zugute.

Aber Springorum war nicht nur Techniker. Sein Blick war, nachdem er die Roheisenversorgung gesichert sah, auf den weiteren Ausbau des Werkes gerichtet. Der hing jedoch nicht allein von der Technik, sondern gleichermaßen von den Finanzen ab. An die Spitze des Unternehmens berufen, kümmerte sich der neue Direktor sogleich um beides und leitete – Fritz Lob nahm als kaufmännischer Direktor mehr die Verkaufsseite wahr – spätestens ab 1907 den Ausbau des Konzerns ein.

Die Tendenz, sich zusammenzuschließen, hatte in der Wirtschaft immer weiter um sich gegriffen. Waren nun aber die Hüttenkonzerne durch die Angliederung von Zechen immer größer und stabiler geworden, so hatten es die reinen – lediglich im Syndikat zusammengeschlossenen – Kohlenbergwerke um so schwerer, sich gegen diese Macht zu behaupten: sie mußten zusehen, ihrerseits Anschluß an die verarbeitende Industrie zu bekommen. Das war auch Friedrich Springorum nicht verborgen geblieben, und als jetzt – da der Währungsverfall in seiner wertvernichtenden Wirkung unaufhaltsam war – der Köln-Neuessener Bergwerksverein, der ungefähr gleich stark war wie Hoesch, suchend nach einem geeigneten Partner ausspähte, kreuzten sich sozusagen die Blicke.

Köln–Neuessen

Der Köln-Neuessener Bergwerksverein hatte als Bergwerksgesellschaft des Ruhrgebiets einen ausgezeichneten Ruf. Seine Anfänge reichten bis in die Mitte des 19. Jahrhunderts zurück. Geleitet wurde das Unternehmen von Bergrat Fritz Winkhaus, der aus einem alten westfälischen Geschlecht stammte, das in früherer Zeit einmal mit der Familie Springorum versippt war. Etwas jünger als Friedrich Springorum, war Winkhaus doch von gleicher Art und im Wesen ihm verwandt. So ergab sich von der Persönlichkeit der beiden Männer her eine Übereinstimmung, die sich für den Zusammenschluß der Unternehmen äußerst glücklich auswirkte. 1921 kam es zunächst – die sofortige Überführung der Vermögenswerte beider Gesellschaften in eine dritte verbot sich wegen der hohen Kosten, die dies verursachte,wie auch aus steuerlichen Gründen – zum Abschluß eines auf 80 Jahre bemessenen Interessengemeinschaftsvertrages; 1930 wurden dann beide Gesellschaften doch miteinander verschmolzen.

Fritz Winkhaus (1865–1932)

Springorum, der die Verbindung – die letzte und zugleich bedeutendste, die er vornahm – nicht ohne Befriedigung und Stolz eingegangen war, stand nun im 63. Lebensjahr. Drei Jahrzehnte hatte er dem Eisen- und Stahlwerk Hoesch – seit 1905 als Generaldirektor – gedient. Er meinte, daß es jetzt an der Zeit sei, die aktive Führung in jüngere Hände zu legen; er selbst wollte den Vorsitz im Auf-

Bandwalzwerk Hohenlimburg
in den zwanziger Jahren

sichtsrat übernehmen und dem Werk weiter beratend zur Seite stehen, wobei es ihm nicht nur um die technische und wirtschaftliche Seite, sondern um das Ganze dieses ›Werkes‹ ging, das ohne den Hauptbeteiligten, den Arbeiter, nicht denkbar war.
Wie der Arbeiter lebte, war entscheidend für jene Einheit von Werk und Mensch, die von Springorum angestrebt wurde. Daß dabei der Werkswohnungsbau einen ersten Stellenwert einnahm, sollte später in der ›Springorum-Siedlung‹ – mit der der bekannte Architekt Paul Bonatz eine neue Epoche im Hoesch-Wohnungsbau einleitete – seinen sichtbaren Ausdruck finden.

ARBEITERWOHNUNGEN BEI HOESCH

»Die Fernhaltung von Arbeitermangel für die Zukunft bleibt überaus das wichtigste Problem, welches wir in Gemeinschaft sämtlicher Gruben zu lösen bestrebt sein müssen«, heißt es in den Annalen des Köln-Neuessener Bergwerksvereins. »Ein Eigentum bindet den Arbeiter an die hiesige Gegend und an die Grubenarbeit, während alle anderen Einrichtungen als: Schlafhäuser, Menagen usw. nur dazu dienen, vorübergehend Arbeiter zu erhalten.« (Protokoll der ordentlichen Generalversammlung am 30. April 1864.)
Auch Albert Hoesch mochten solche Gedanken bewegt haben, als er 1872 – noch ehe der erste Stahl floß – mit dem Bau der ersten 12 Werkswohnhäuser, errichtet aus ›Ringofensteinen‹, im Oesterholz begann. 1875 war aus diesem Anfang bereits eine Wohnungskolonie geworden, und 1876 zählte man 60 Werkswohnungen – bei einer Belegschaft von 445 Mann.
Als dann zu Beginn der neunziger Jahre die Arbeiterzahl sich verdreifacht hatte,

kaufte Hoesch in der Albertstraße Grundstücke auf, insgesamt 12171 ›Quadratruten‹ (rund 172000 Quadratmeter), die 291000 Mark kosteten. 1895 wurden in der Eberhard- und in der Oesterholzstraße nochmals 193000 Quadratmeter hinzugekauft und Wohnung um Wohnung »für alle Teile der Belegschaft« gebaut. Das ›Hoesch-Viertel‹ um den Borsigplatz entstand, und als das neue Jahrhundert heraufzog, waren 134 Häuser mit 868 Wohnungen vorhanden.
Zunehmend übertrug dann Hoesch den Bau weiterer Häuser an Wohnungsbaugesellschaften. Die Miete dieser Wohnungen – bis 1910 kamen weitere 260 hinzu – lag bei 180 Mark im Jahr. Dann setzt der Krieg einen Stopp, Baracken – für Kriegsgefangene – treten an die Stelle fester Häuser, und als das Ende da ist, beträgt der Fehlbestand an Wohnungen im Reich 1 Million. Allein in Dortmund gibt es 9000 Wohnungssuchende, und ihre Zahl steigt weiter. Hoesch hilft nach Kräften, obwohl der wirtschaftliche Ertrag einzelner Unternehmen nicht mehr ausreicht, weitere Bauten wie bisher allein firmenseitig zu finanzieren, und es ohne Hilfe des Staates nicht mehr geht. Mit 3,3 Millionen Mark, die der Vorstand unter Springorum bewilligt, entstehen weitere 316 Wohnungen in der Hildastraße und im Morksort, und 1920 werden für neue Grundstückskäufe und Wohnungsbeschaffung nicht weniger als 19,1 Millionen Mark ausgegeben.
Das mögen trockene Zahlen sein. In der Ära Springorum nehmen sie in den Protokollen der Vorstandssitzungen neben den Zahlen der Rohstahlerzeugung und den Namen der neuen Betriebe, die zu Hoesch stoßen, ihren Platz ein, nicht minder wie zu Albert Hoeschs Zeiten, und man soll sie nicht vergessen.

Siedlung Hohenlimburg

Ruhrkampf, passiver Widerstand, Inflation

Versuchte die Regierung nach den Schüssen des 13. Januar 1920, mit Verhängung des Ausnahmezustandes über das ganze Reich, das gewonnene Terrain zu sichern, so wurde sie zwei Monate später um ein Haar von rechts gestürzt. Als die ›Brigade Ehrhardt‹ am Morgen des 13. März 1920 die Regierungsgebäude in Berlin besetzt, trifft allerdings diese dilettantische, jedoch mit militärischer Gewalt durchgeführte Verschwörung auf den Widerstand der Beamtenschaft Preußens und des Reiches – sowie auf den Generalstreik, zu dem Gewerkschaften *und* Regierung aufrufen. Die Arbeiter befolgen ihn einmütig und rigoros: Keine Straßenbahn fährt, die Rotationsmaschinen stehen still, Berlin ist finster wie die Nacht, es gibt keinen Strom, und da die Reichsbank es ablehnt, Herrn Kapp, dem ostpreußischen Generallandschaftsdirektor, der zusammen mit General v. Lüttwitz eine neue Regierung ausgerufen hat, die Summe von zehn Millionen auszuzahlen – soviel kostet sein Putsch –, muß er den Rücktritt erklären.

Für das Ruhrgebiet hat diese Aktion rechtsgerichteter Putschisten allerdings Folgen. Mit einem Mal ist das Ziel der noch recht jungen, erst ganze vierzehn Monate alten Kommunistischen Partei in greifbare Nähe gerückt: im Zuge des Generalstreiks, der sich eindeutig gegen Kapp richtete und ein Bekenntnis der Gewerkschaften zur verfassungsmäßigen Regierung war, doch noch zu ihrer Revolution zu kommen. Freilich ist sie auf eine spontane Erhebung der Massen ebensowenig vorbereitet, wie die örtlichen Behörden dies sind. Viel zu schwach sind auch die im Revier stehenden Reichswehrkommandos, die in Abwehr – wie die Kommunisten in Gegenaktion – den Sturm, den sie entfesselten, nicht mehr bändigen können. Bewaffnete Arbeitertrupps ziehen durch die Straßen, bald ist jeder gegen jeden, und unabhängige Sozialisten und Spartakisten fordern – Kapp ist längst vergessen – den Sturz der Regierung Ebert-Bauer, um schon im nächsten Anlauf die Diktatur des bewaffneten Proletariats auszurufen. Nach deren Proklamation in Dortmund durch den Kranführer Joseph Ernst kommt es in Wetter, wo die Massen den Bahnhof belagern – die Reitende Batterie des Hauptmanns Hasenclever soll ausgeladen werden –, zu einem Blutbad. Man vermutet in den Soldaten ›Kappisten‹, nicht ganz zu Unrecht, denn die provisorisch in die Reichswehr eingegliederten Freikorps schwören auf ›Schwarz-Weiß-Rot‹, auf Kapp und Lüttwitz. Hasenclever und 63 Mann fallen, der Rest wird bis auf wenige Überlebende von der wütenden Menge niedergemacht. Die Arbeiter bewaffnen sich, und eine ›Rote Armee‹ von 80000, 100000 Mann, spontan entstanden und nur bedingt vom roten Generalstab in Münster gesteuert, stürzt das Land in schwere Unruhen. In Dortmund zerschlagen die Roten das Korps des Hauptmanns Licht-

Barrikaden in einer Revierstadt

schlag, erbeuten Waffen, Panzerwagen, ja, einen ganzen Eisenbahnpanzerzug und treten den Sturm auf Essen an. Hier besetzen sie Oberpostdirektion und Polizeipräsidium und öffnen die Gefängnisse. Es kommt zu neuen Metzeleien. Als die aus Einwohnerwehr und Sicherheitspolizei gebildete Besatzung des Wasserturms – man hat ihr freien Abzug zugesichert – kapituliert und den Turm verläßt, finden 40 Mann, Bürger und Polizisten, ein grausiges Ende. Und weiter rast der Sturm: Mülheim und Duisburg, Gelsenkirchen, Bochum, Buer fallen, über die Lippe setzt er und stößt über Dinslaken, Dorsten, Friedrichsfeld gegen Wesel vor, wo ein regelrechter Stellungskrieg entbrennt.

Chaos, Anarchie. Wer aber sind die ›Massen‹? Minderheiten, landfremdes Gesindel, Radikalisierte? Gewiß. Verführte, von der Flut Mitgerissene? Gewiß. Aber auch Arbeiter, für die dies die Stunde der Abrechnung ist, die Wende ihres Schicksals. Jedoch, als Carl Legien, der Vorsitzende der Freien Gewerkschaften, am 20. März 1920 den Generalstreik abbricht, reagiert der Ruhrarbeiter besonnen, geht wieder an seine Arbeit, und die Reichsregierung, der mit der Entsendung regulärer Truppen die Hände gebunden sind – das Ruhrgebiet fällt weitgehend in

Freikorps Lichtschlag in Dortmund

die 50-km-Zone östlich der Besatzungslinie, in der es dem Reich verboten ist, Garnisonen zu unterhalten –, schickt Carl Severing, als Reichskommissar für das Revier, an die Ruhr: Er soll die Lösung in Verhandlungen suchen.
Als dann die ›Rote Armee‹ – gegen den Rat der KPD-Führung – die Kampfhandlungen fortsetzt, beginnt am 3. April 1920 der Vormarsch der Regierungstruppen, und von Norden, Nordosten und Osten wird das Revier, bei immer noch starker Gegenwehr der Roten – und letzten Plünderungen, bevor sie aufgeben –, Stadt um Stadt befreit, »wobei es nicht verwunderlich ist, daß die Truppe leichtfertig mit dem Standrecht umgeht, das für die Leute gilt, die mit der Waffe in der Hand angetroffen werden«, wie eine Zeitung später schreibt. Bilanz: Hunderte von Gefallenen, Verwundeten, Vermißten, die wohl auch zu den Toten zu rechnen sind. Auf seiten der ›Roten Armee‹ gilt die geschätzte Zahl von 1000 Toten als viel zu niedrig... An wirtschaftlichen Verlusten bucht die Ruhr: unermeßlichen Sachschaden und über 3 Millionen ausgefallene Schichten, was einer Förderung von $2^1/_2$ bis 3 Millionen Tonnen Kohle entspricht.

Hatten die Gewerkschafts-Verbände den Kapp-Putsch zum Anlaß genommen, ein Acht-Punkte-Programm aufzustellen, in dem sie die Ausschaltung der reaktionären Kräfte, umfassende sozialpolitische Maßnahmen und den Schutz der demokratischen Institutionen verlangten, so blieben sie doch dabei, diesen Staat und seine verfassungsmäßige Regierung zu stützen, die allein durch den Generalstreik hatte wieder eingesetzt werden können, und stellten sich abermals entschlossen hinter sie, als mit der Ausrufung des passiven Widerstandes gegen die französisch-belgische Militärbesetzung des Ruhrgebiets die Kommunisten erneut die Gelegenheit gekommen sahen, eine revolutionäre Situation – diesmal mit Hilfe der Separatisten – zu schaffen, mit denen ihr altes Ziel, der bewaffnete Umsturz, gelingen könnte.
1922 war Deutschland mit seinen Reparationsleistungen, die allein an Kohle etwa 40 Millionen Tonnen jährlich betrugen, im Rückstand geblieben, außerdem waren 20000 Telegraphenstangen und 20000 Kubikmeter Holz nicht geliefert worden. Das gab den äußeren Vorwand ab für die militärische Besetzung des Ruhrgebiets unter dem Oberbefehl des französischen Generals Degoutte, die am 11. Januar 1923 begann. Poincaré, der französische Ministerpräsident, hatte offen erklärt, daß er die Besetzung und Eroberung dem Geldeinstreichen und Kassieren von Repa-

Rotarmisten fahren zur ›Front‹

Nerven behalten!

Der Alte Bergarbeiterverband, der Gewerkverein christlicher Bergarbeiter, die Polnische Berufsvereinigg., der Hirsch-Dunckersche Gewerkverein

erlassen folgenden

Aufruf an die Bergarbeiter:

Die Ereignisse der letzten Tage, vor allem die Misshandlung und Verhaftung von Funktionären der Arbeitnehmerorganisationen, besonders der Bergarbeiterverbände, zeigen mit Deutlichkeit, dass die Besatzung versucht, die Arbeiterschaft zu provozieren. Ihre bisherige ruhige, aber entschlossene Abwehrtaktik wird den Eindringlingen unbequem. Sie versuchen, durch einen allgemeinen Aufstand der Arbeiter und durch blutige Zusammenstösse mit ihnen ihr Ziel zu erreichen, was ihnen bis jetzt nicht möglich gewesen ist. An die Bergarbeiterschaft richten wir deshalb die dringende Mahnung, sich nicht provozieren zu lassen, sondern Ruhe und Besonnenheit wie bisher zu bewahren. Nur dadurch wird es gelingen, den Abwehrkampf gegen die Fremdherrschaft siegreich zu beenden. Dem französisch-belgischen Imperialismus und Militarismus wäre nichts erwünschter als ein allgemeiner Aufstand der Ruhrbevölkerung. Die Kommunisten und Unionisten, die fortgesetzt nach dem Generalstreik rufen, unterstützen bewusst oder unbewusst die Pläne Poincarés.

Kameraden! Tretet diesen Generalstreikpropagandisten entgegen! Wahret Ruhe und Besonnenheit! Folget den Weisungen der gewerkschaftlichen Organisationen!

Aufruf der Bergarbeiterverbände vom Frühjahr 1923

rationen vorzöge... Vor allem ging es Franzosen und Belgiern um die Kohle an der Ruhr. Kurz vor dem Einmarsch aber löste sich die Organisation des Kohlensyndikats auf, so daß die Besatzungsmacht, wenn sie ihre Hand auf die Kohle legen wollte, sich mit jeder Zeche einzeln auseinandersetzen mußte. Mit Gewalt, in rechtswidriger Handlungsweise! Damit stand die wahre Absicht der Militärregierung am Pranger, und im ganzen Revier begann der passive Widerstand des Ruhrvolks, der bis zum September 1923 durchgehalten wurde.

Einer Besatzungsarmee von weit über hunderttausend französischen und belgischen Soldaten, die mit Kanonen und Tanks daherkamen, aggressiv zu begegnen, wäre Selbstmord für die Ruhr gewesen, hätte ihr das Ende gebracht. Es gab nur ein Mittel der Gegenwehr: in Passivität gewaltlos zu dulden. Der Chronist des Ruhrgebietes, Hans Spethmann, schreibt über jene Zeit:

Französische Soldaten
im Hafengebiet von Ruhrort,
1921

»Die Flammen der Hochöfen lohen nicht mehr gen Himmel, wie sie es beinahe hundert Jahre fast ununterbrochen getan hatten. Dafür blühen die Rosen und wächst der Kappes, wie noch niemals seit Menschengedenken. Zahlreiche Zechen werden von den Eindringlingen besetzt, Kohle und Koks sind beschlagnahmt, wir dürfen sie nur mit fremdländischer Erlaubnis verfeuern. Niemand macht hiervon Gebrauch. Die Folge ist, daß weithin die Gasversorgung versagt und es damit in vielen Haushaltungen an Licht und Feuerung fehlt. Um lebenswichtige Betriebe, wie Krankenhäuser, aufrechtzuerhalten, muß englische Kohle gekauft werden, die den Rhein hinaufschwimmt und von Ruhrort aus mit Pferdegespannen weitergeschafft wird, voran eine Kommission mit Ausweispapieren. Diese traurigen Karawanen ziehen an unseren stolzen Bergwerken vorbei, auf deren Halden deutsche Kohlen reichlich zu hohen Haufen lagern.
Dazwischen rosten die Schienen der Eisenbahnen. Kein Deutscher rührt auf ihnen einen Finger. Die Franzosen müssen schon selber fahren, wenn sie sie benutzen wollen. Sie rücken aus dem Westen mit eigenem Personal heran und richten eine Regie ein, mit französischen Fahrkarten, die in Franken zu kaufen sind. Notdürftig gelingt es ihnen hier und da. Die Zeiger der Uhren künden dabei Pariser Zeit.
Auch auf den Kanälen regt sich nichts. Kein Schiff fährt, verschiedene Kähne werden versenkt. Da die Maßnahme auf die Dauer nicht hilft, sprengen mutige Leute das Kernstück des Rhein-Herne-Kanals unfern Henrichenburg mit Dynamit in die Luft. Viele Kilometer weit läuft die Wasserstraße aus, die Ufer mit ihren Bauten sacken nach.
Gleichzeitig eine immer schärfer durchgeführte Absperrung vom Vaterland bis zur gänzlichen Abschnürung. Schon am 5. Februar 1923 war die Oberhoheit des Deutschen Reiches aufgehoben. Das Ruhrgebiet soll staatlich, politisch, wirtschaftlich und kulturell nur zum Westen blicken. Wir können nichts mehr von Osten, Norden und Süden beziehen, dafür strömen aus Frankreich und Belgien um so reicher Lebensmittel und Gegenstände des täglichen Bedarfs herein bis zu hochwertigen Erzeugnissen von Gewerbe und Industrie. Französische Kaufleute lassen sich nieder und öffnen ihre Läden, französische Wechselstuben erscheinen,

französische Schulen werden aufgetan, französische Speiseanstalten eingerichtet. Französische Laute überall auf den Straßen und in den vielen Häusern, die mit Einquartierung belegt sind.
Die deutsche Bevölkerung läßt sich durch nichts beirren, sie beharrt im passiven Widerstand. Selbst mit Gewalt ist nichts auszurichten, Ausweisungen von Zehntausenden sind die Folge. Sie müssen Haus und Hof und Heim zurücklassen und dürfen nichts mitnehmen.«
Und dabei wurde das Land von der zunehmenden Geldentwertung geschüttelt, die als Schreckgespenst ›Inflation‹ bis in unsere Tage hinein nachgewirkt hat und noch nachwirkt. Notgeld wurde gedruckt. Ende 1923 war im Reich der Bargeldumlauf auf 400 Trillionen 338 Billiarden 350 Milliarden 700 Millionen Mark – eine einundzwanzigstellige Ziffer! – angelaufen. Das bedeutete eine Vermögensvernichtung, die vor allem die Sparer traf. Als die Verhältnisse sich stabilisierten, da wurde eine Billion Mark (in Zahlen so geschrieben: 1 000 000 000 000) gleich einer Rentenmark bewertet. Insgesamt wurden zweihundert Trillionen im Umlauf befindliche Papiermark durch 200 Millionen Rentenmark abgelöst (Goldmark). Der kleine Rentner war der Leidtragende, während auf der anderen Seite Konzerngründer wie Hugo Stinnes, der ›Kaufmann aus Mülheim‹, ein wahres Imperium industrieller Macht in dieser Epoche des größten Ausverkaufs aller Zeiten zusammenbrachten. Es liegt auf der Hand, daß derartige Verhältnisse zu einer Verelendung breitester Schichten des Volkes führen mußten, wie es sie bis dahin noch nicht gegeben hatte.
Bereits in den ersten Tagen der Ruhrbesetzung hatte der Führer des Christlichen Gewerkschaftsverbandes auf einer Kundgebung erklärt, daß bei allen Gegensätzen zwischen Unternehmern und Arbeiterschaft das Interesse an der Wirtschaft gemeinsam sei. Wörtlich sagte er: »Wir wollen... der ehrgeizigen Pläne anderer Völker wegen unser Recht und unsere Freiheit nicht mit Füßen treten lassen. Wir Arbeitnehmer wollen auch nicht die deutschen Unternehmer mit ausländischen Ausbeutern vertauschen.« Und so kommt es im Kampf gegen Einmarsch und Übergriffe fremder Gewalt, kommt es bei der Forderung, die Bergwerke freizugeben und die Soldaten von den Zechen zurückzuziehen, nicht nur zur gemeinsamen Aktion *aller* Gewerkschaftsverbände, sondern auch zum Zusammenrücken von Arbeitern und Unternehmern. Beide Gruppen stellen während des passiven Widerstandes die sozialen Gegensätze hintan, formieren sich zur gemeinsamen Abwehr, zumal sich gezeigt hat, daß eine internationale Solidarität, an die die Arbeiterverbände des Reviers im Ausland appelliert hatten, nicht bestand. Man sah, daß man im gleichen Boot saß und untergehen würde, wenn man sich nicht entschloß, dieses Boot gemeinsam durch die Untiefen zu steuern.
Am 26. September 1923 – drei Tage zuvor ist der entscheidende Micum-Vertrag zustande gekommen – bricht die Reichsregierung den passiven Widerstand ab, nicht zuletzt deshalb, weil sie mit den Finanzen am Ende ist und den Bergarbeitern den weiteren Lohnausfall nicht erstatten kann. Die Micum – so nannte sich die Interalliierte Kontrollkommission, die die Exekutivgewalt innehatte, sie hieß ausgeschrieben: Mission Interalliée de Contrôle des Usines et des Mines – bestand auf einer 15-Millionen-Dollar-Abgeltung seitens der Bergwerke für »rückständige Kohlensteuern« und unter anderem auf weiteren unentgeltlichen Kohlenlieferungen an Frankreich und Belgien; ihr Hauptziel, die Loslösung des Reviers vom Reich, erreichte sie nicht. Aber auch die Reichsregierung erreichte ihr Ziel nicht:

Reichspräsident Hindenburg
in Bochum, 1925

den sofortigen Abzug der Besatzung. Man mußte sie weiter dulden. Erst am 25. August 1925 verlassen die Truppen das Revier.
An der Ruhr ist man wieder unter sich. Was ist die Quintessenz des Erlebten, wenn es so etwas überhaupt geben kann? Vielleicht, was der Ruhrsoziologe Wilhelm Brepohl feststellt: »Was es in diesen Krisenzeiten nicht gab, war der Gedanke: fort von hier, fortfliehen irgendwohin. Im Gegenteil, man fühlte sehr deutlich, wie man weniger an den Boden als an das Ganze dieses Menschenwerkes gebunden war und wie man leiden und ertragen konnte, was nicht zu umgehen war.« Auch der Gedanke, sich kollektiv fortzustehlen, z. B. als Rheinische Republik und mit der Assistenz der Franzosen sich vom Reich zu lösen – wie dies, unabhängig von den kommunistischen Separatisten, führende hohe Beamte und Kommunalpolitiker versucht hatten –, war beim Volk auf wenig Gegenliebe gestoßen, ja, im Keim erstickt worden.
Nun ist Hindenburg zum Reichspräsidenten gewählt worden. Seine Fahrt durchs Revier, durchs nunmehr freie Ruhrgebiet wird zu einem Triumphzug. Lang begrabene Hoffnungen manifestieren sich da, Wünsche, auch Täuschungen »über die schöne Zeit, wo man nur zu verdienen und zu verdauen brauchte mit einem nach oben gerichteten Augenaufschlag«, wie Harry Graf Kessler in sein ›Tagebuch‹ einträgt. Schwarzseherei? Aber wer weiß sicher, daß es nicht so ist? »Hindenburg«, fährt Kessler weiter in seinem ›Tagebuch‹ fort, »soll die Verhältnisse ›konsolidieren‹, das heißt wieder auf den Philister zuschneiden. Adieu Fortschritt, adieu Vision einer neuen Welt, die das Lösegeld der Menschheit für den ver-

brecherischen Krieg sein sollte; endlich wird man wieder als dicker Hammel oder gemästete Gans bequem leben können, bis der Schlächter kommt und den Blutlohn fordert.«

Um einem solchen Schicksal zu entgehen, war es nötig, zu arbeiten, zu arbeiten, zu arbeiten – mehr, als man brauchte, um nur sein Leben zu fristen. Denn die Rechnung für den verlorenen Krieg, jetzt erst lag sie nackt und nüchtern auf dem Tisch. In 37 Jahren erst würde die Schuld getilgt sein, mit jährlich $2^1/_2$ Milliarden Goldmark, die das Reich würde aufbringen müssen. Zwar sahen die Gläubiger ein, daß die Abtragung dieses Schuldberges ein Unding war, wenn nicht internationale Anleihen den Schuldner in die Lage setzten, erst einmal seine Wirtschaft anzukurbeln. Aber sahen sie auch, daß Versailles mit seinen Folgen nicht allein auf Deutschland beschränkt blieb, sondern bereits die ganze Weltwirtschaft erfaßt und, in ihrer Abhängigkeitsbezogenheit, durcheinandergebracht hatte? Optimistisch meinte man, nun doch auf dem Weg in eine bessere Welt zu sein, in der Deutschland, in der auch die Ruhr ihren Platz finden konnten. Wann denn, wenn nicht jetzt, nach all den schrecklichen Prüfungen, könnte sich bewahrheiten, daß, hinter dem erbitterten Kampf zwischen Kapital und Arbeit, den das Zeitalter so extrem darbot, Wirtschaft und Technik letzten Endes nichts anderes waren als mächtige Katalysatoren, die Arbeit nicht in Knechtschaft, sondern in Freiheit verwandelten?

1923

Das Jahr 1923 stand im Zeichen der Auflösung des Deutschen Reiches. Lord d'Abernon, damals britischer Botschafter in Berlin, schrieb am 31. Dezember 1923 rückblickend in sein Tagebuch: »Die inneren und äußeren Gefahren waren so groß, daß sie Deutschlands ganze Zukunft bedrohten. In den zwölf Monaten vom Januar bis heute hat Deutschland die folgenden Gefahren überstanden: die Ruhrinvasion – den kommunistischen Aufstand in Sachsen und Thüringen – den Hitlerputsch in Bayern – eine Wirtschaftskrise ohnegleichen – die separatistische Bewegung im Rheinlande.«

Am 7. November 1923 schrieb Josef Stalin an August Thalheimer, den Herausgeber der ›Roten Fahne‹ in Berlin, nachstehenden Brief:

Lieber Genosse Thalheimer!

Die kommende Revolution in Deutschland ist das wichtigste Weltereignis unserer Tage. Der Sieg der Revolution in Deutschland wird für das Proletariat in Europa und in Amerika eine größere Bedeutung haben als der Sieg der russischen Revolution vor sechs Jahren. Der Sieg des deutschen Proletariats wird ohne Zweifel das Zentrum der Weltrevolution aus Moskau nach Berlin versetzen. Die ›Rote Fahne‹ kann sich mit einem ernsten Erfolg gratulieren, weil sie der sichere Leuchtturm gewesen ist, welcher dem deutschen Proletariat den Weg zum Siege gezeigt und ihm geholfen hat, wieder zum Führer des Proletariats von Europa zu werden. Von ganzem Herzen wünsche ich der ›Roten Fahne‹ neue entscheidende Erfolge in den bevorstehenden Kämpfen für die Eroberung der Macht durch das Proletariat, für die Einheit und Unabhängigkeit des im Gebären begriffenen Deutschlands. *J. Stalin*

AUFRUF EINER STADTVERWALTUNG IM RUHRGEBIET

MITBÜRGER!

Für den Fall einer Besetzung ist folgendes vereinbart worden: »Mit dem Einzug der Truppen ertönen fünfmal die Fabriksirenen und Dampfpfeifen. Auf dieses Zeichen hin schließen als Einspruch gegen die rechtswidrige Besetzung sämtliche Geschäfte und Gaststätten, Rolläden und Vorhänge werden heruntergelassen. Alle Mitbürger werden aufgefordert, die Straßen zu verlassen und die Fenster geschlossen zu halten. Kinder wolle man in demselben Sinne belehren. Der Eindringling muß die Straße menschenleer finden. Auch müßige Gaffer seien darauf hingewiesen. Wahrt überall deutsche Würde gegen Gewalt und Anmaßung fremder Tyrannen.«

Rotarmisten ergeben sich

STURZ EINES FÜHRERS

Wer in jenen Tagen versuchte, den Massen die Grenzen der Gewerkschaftsmacht und der Durchführbarkeit des Massenwillens aufzuzwingen, war der Bremser, der Bonze, der Verräter.

Um so üppiger gediehen die ›Führer‹, die, ungetrübt von Sachkenntnis und unbelastet von jeder Verantwortung, heute mit sicherem Instinkt die Situation erfaßten und morgen schon als die kühnsten Interpreten des Massenwillens an der Spitze standen.

Einer der interessantesten dieser ›Führer‹ war der Dortmunder Kommunist Adolf Meinberg. Für einen kaufmännischen Beruf vorbereitet, war er im Kriege Soldat und beim Ausbruch der Revolution Mitglied eines Soldatenrats. Man hat mir gesagt, daß er vor dem Kriege mit Heiligenbildern gehandelt habe. Von Heiligen und Gläubigen hatte er, wenn nicht noch anderes, jedenfalls die pathetische Sprache und die Eindringlichkeit des Vortrags. Seine Bibel war ›Das Kapital‹ von Marx. Aber wie viele Fromme hatte er seine Bibel nie gelesen, sondern nur einige Sprüche aus ihr auswendig gelernt. Mit der Inbrunst eines Gläubigen, die Kritiklosen wie Überzeugungstreue erscheinen konnte, redete er auf die Massen ein. Sachlichkeit war ihm ein Fremdwort, das er nicht verstand. Es gab für ihn nur gute und böse Menschen. Seine Hörer waren die ›Guten‹, und er war der Prophet. Jeder Unternehmer selbstverständlich ein Vampir, böse von Jugend auf. Das war zwar nicht ganz marxistisch gedacht, aber wer prüfte die Meinbergschen Gedankenmünzen auf ihre Echtheit hin?

Solange er sich darauf beschränken durfte, diese Gedanken und Meinungen seinen Gläubigen zu suggerieren, blieb er der Held. Wenn er vor den Massen stand und ihnen den nahen Sieg ihrer Idee prophezeite, dann peitschten ihn die brausenden Zustimmungskundgebungen zu immer größerer Ekstase an, und immer hemmungsloser flossen die Verheißungen aus seinem Munde. Aber dann wurde er ›Oberbürgermeister‹ von Dortmund, und nun stießen sich auch bei ihm die Sachen hart im Raum. Die Sozialisierungspläne waren schon bedenklich verblaßt, mit der Sechsstundenschicht war in Dortmund nicht viel zu erobern, die Räterepublik hatte ebenfalls ihre Zauberkraft verloren. Dafür aber mußte er die Herabsetzung der Brotration bekanntmachen und für seine ›Ordnungspolizei‹ die Löhnung schaffen, um wenigstens diese Garde bei guter Laune zu halten, denn sonst war niemand in Dortmund noch gut gelaunt. Das Hungergespenst schlich schon durch die Straßen, und Meinbergs Bibelsprüche machten kein Kind mehr satt.

Das alles hatte ihn wohl zur Besprechung nach Münster getrieben. Er wollte den Anschluß nicht versäumen;

einmal – das wußte er – würde er Abschied nehmen müssen von Dortmunds Stadthaus. Aber bis dahin – jeder Tag drängte – mußte auch er Kartoffeln und Mehl und Milch für seine Stadt bekommen.
In Münster sah ich ihn, als die blasse Todesangst ihm die Toga des Demagogen von der Schulter gezogen. Das war kein Abstieg mehr, das war der Sturz. Er blieb zwar am Leben und auch noch einige Tage auf dem Throne des Rätediktators. Und doch war er gestorben: Er hatte den Glauben an sich und an den Sieg der von ihm berauschten Masse verloren. Ein erloschener Komet.

Carl Severing

SPARTAKUS

Um 2 Uhr wurde die Fabrik geschlossen, weil die Lage zu gefährlich wurde und zu befürchten war, daß niemand mehr nach Hause kommen würde. Den Heimweg mußte ich über Essen-West nehmen. Die Schwanenkampbrücke war von roten Truppen besetzt. In Essen-West mußte ich die Feuerlinie passieren, um nach Rüttenscheid zu gelangen. Dort traf am Gefängnis, Landgericht, Polizeipräsidium die Masse der Spartakisten gegen 4 Uhr ein, durchweg Gestalten, wie sie aus der Französischen Revolution von 1789 unter dem Namen Sansculotten bekanntgeworden sind. Die Insassen des Gefängnisses wurden befreit, außer den politischen Gefangenen auch die Schwerverbrecher. Diebe, Räuber und Mörder, das ganze Gesindel zog durch die Andreasstraße; die Weiber sahen sehr übel aus. Als erstes ließen sie sich von den Spartakisten Zigaretten verabreichen. Auf der Straße wurde getanzt. Die Revolutionäre bildeten einen Vollzugsrat, der die Herrschaft ausübte. Leider sind auch viele unschuldige Opfer, Neugierige und Kinder zu beklagen, die sich zu weit vorgewagt hatten. Die Aufregung über die Ereignisse und das fortgesetzte Schießen, die Übergriffe des Vollzugsrates, das Suchen nach Gewehren und Lebensmitteln in den Häusern war natürlich sehr groß, namentlich unter der ängstlichen weiblichen Bevölkerung. Sonst aber ging das Leben bald wieder seinen gewöhnlichen Gang. Die Geschäfte waren geöffnet, auf der Fabrik wurde wieder gearbeitet. Die Bürger folgten im übrigen den Anweisungen des Vollzugsrats.

Otto Heinemann

PASSIVER WIDERSTAND

Essen wurde am 13. Januar 1923 besetzt. Die Requisitionen an Wohnungen und anderen Unterkunftsräumen, Lieferungen jeder Art nahmen einen ungeheuren Umfang an. Lohngelder wurden geraubt. Die Lohngelder für die Gußstahlfabrik wurden von der Reichsbank aus hinteren Ausgängen und zum Teil in nicht auffälligen Waschkörben ohne Begleitschutz abgeholt. Unliebsame oder verdächtige Personen wurden ausgewiesen oder verhaftet. Die Zahl der Ausgewiesenen stieg auf 170000. Allein im Regierungsbezirk Düsseldorf wurden von amtlichen Personen ausgewiesen: 5 Oberbürgermeister, 6 Landräte, 2 Polizeipräsidenten, 2 Regierungsräte, 27 Bürgermeister, 19 Beigeordnete. Dies sind nur Zahlen aus der allgemeinen Verwaltung. Viele Personen fielen französischen Kugeln zum Opfer. Hohe Geldstrafen wegen vermeintlicher oder geringfügiger Vergehen namentlich gegen die Leiter industrieller Werke und des Bergbaus waren an der Tagesordnung. Die Bevölkerung wurde schwer bedrängt und bedrückt. Die Eindringlinge hatten es namentlich auf Kohlenlieferungen abgesehen. Die Arbeiter gingen nach wie vor zu ihrer Arbeitsstelle, aber gearbeitet wurde nicht, wenigstens nicht produziert. Die Grubenarbeit ruhte; die Franzosen bekamen keine Kohlen. Auf der Fabrik hatte zur allgemeinen Erheiterung ein Arbeiter auf eine Tafel geschrieben: »Und wenn du eine Kiste siehst, so laß dich ruhig nieder, der passive Widerstand kehrt niemals wieder.« Die Löhne wurden weiter bezahlt. Die großen Kosten unproduktiver Löhne haben natürlich die Inflation sehr gefördert.
Am Ostersamstag 1923 hatte eine Abteilung Franzosen, etwa 15, ohne jeden Grund die neben dem Dienstgebäude der B. F. A. (Büro für Arbeiterangelegenheiten) gelegene Kraftwagenhalle der Fabrik besetzt. Aus diesem Anlaß ertönten die Sirenen der Fabrik, die Arbeiter verließen die Arbeitsstätte und strömten auf die an der Kraftwagenhalle entlang führende öffentliche Straße, um gegen die widerrechtliche Besetzung zu protestieren; sie johlten und pfiffen. Die Dächer der umliegenden Fabrikgebäude waren dicht besetzt. Der Lärm war groß. Niemand aber dachte daran, den Franzosen zu Leibe zu gehen. Diese lagen mit angeschlagenem Gewehr am Boden, abwehr- und schußbereit. Ich ging unmittelbar an den Franzosen vorüber, ohne mir des Ernstes der Situation klar zu sein. Der französische Korporal verlor die Ruhe und gab ohne Grund das Kommando »Feuer«. 13 Tote und 20 Schwerverletzte waren zu

beklagen, die Menge stob auseinander und flüchtete in die Werkstätten. Von den Gefallenen hatten 5 die tödlichen Schüsse von hinten erhalten. Kurz nach dem Vorfall kam ein französischer Gendarm in Zivil in mein Geschäftszimmer und bat um meinen Schutz. Er sei angerempelt worden und habe eine Ohrfeige erhalten. Ich sagte ihm, ich könne ihm keinen Schutz gewähren und fragte ihn, wer denn unsere Arbeiter vor den französischen Kugeln schütze, stellte ihm aber mein Telefon zur Verfügung, um selbst Schutz herbeizurufen, der ganz unnötig war. Die Straße war menschenleer, niemand kannte ihn, und er hätte unbehelligt die Fabrikstraße passieren können. Ein paar Tage später erhielt ich durch einen Vertreter der »Kölnischen Zeitung« in Essen die Nachricht, ich würde von der französischen Gendarmerie gesucht, meine Verhaftung stünde bevor. Ich schlief daher längere Zeit nicht zu Hause. Auf der Fabrik bei der Arbeit war ich sicher, da würde ich von den Franzosen nicht geholt werden ...

Der Vorgang am Ostersamstag in der Kruppschen Fabrik hat in der ganzen Welt ungeheures Aufsehen erregt. Er führte zu dem sogenannten Krupp-Prozeß gegen die leitenden Fabrikdirektoren. Herr von Bohlen war zu dem Termin vor dem französischen Kriegsgericht in Werden von Berlin nach Essen geeilt. Er wurde zu 100 Millionen Mark Geldstrafe und zu 15 Jahren Gefängnis verurteilt und sofort in Haft genommen. Die Krupp-Direktoren erhielten Geldstrafen von je 100 Millionen Mark und Gefängnisstrafen von 15 bis 20 Jahren. Ein Betriebsführer wurde mit 50 Millionen Mark Geldstrafe und 10 Jahren Gefängnis bestraft. Ein Betriebsratsmitglied erhielt 6 Monate Gefängnis. Insgesamt wurden verhängt: 145 ½ Jahr Gefängnis und 850 Millionen Mark Geldstrafe.

Otto Heinemann

GELD OHNE WERT

1923, unglückliches Jahr! Das ganze Land ein brodelnder Hexenkessel, ein Vulkan! Eine Lohnverhandlung war kaum zu Ende, da hatte das rasend schnell laufende Rad der Zeit die Tarife schon wieder überholt. Die Nahrungsmittelpreise schnellten täglich in die Höhe, die Löhne vermochten nicht mehr zu folgen. Geregelte Arbeit gab es fast nicht mehr. Jeden Tag brach ein neuer Streik aus, kam eine Aussperrung. Und das Volk hungerte, schob Kohldampf, lauschte dem Magenknurren. Viele konnten es nicht mehr mit ansehen, verzweifelten, warfen das Leben von sich, nahmen Gift, sprangen vor den Zug, ins Wasser, legten sich den Strick um den Hals, öffneten den Gashahn. Die Deutsche Mark notierte letztmalig an der Züricher Börse mit 00,000073 Centimes, wurde dann ganz vom Kurszettel gestrichen. Die berüchtigten Surrogatzettel waren zuletzt das Druckpapier nicht mehr wert. Für ein Papierchen, garantiert vom Reiche, konnte man sich morgens noch ein Brot, mittags eine schlechte Zigarre, nachmittags ein Streichholz kaufen, und am Abend war es gerade noch gut genug, sich den Allerwertesten damit abzuwischen. Am 3. Januar 1922 stand der allmächtige Dollar auf 188, das heißt, die Deutsche Mark galt im Auslande nur noch knapp 2¼ Pfennig. Am 2. Januar 1923 war der Dollarkurs 7260, mit anderen Worten, um einen Dollar – im Frieden 4,20 Mark – kaufen zu können, mußte man 7260 Papiermark hinlegen. Nun ging es rasend schnell abwärts, bis am 20. November 1923 weit über 4 Billionen Deutsche Mark einem einzigen amerikanischen Dollar gleichkamen. Ein Jonglieren mit unvorstellbaren Zahlengrößen hatte eingesetzt, Deutschland wurde inzwischen ausverkauft. Alles war berauscht von den hohen Ziffern, glaubte, wunder was zu erhalten, aber es verflüchtigte sich im Nu.

Ein Tausendmarkschein hatte Wert: am 31. Januar 1923 acht Goldpfennig, Mitte Juli zwei Pfennig, Ende Juli 0,5 Goldpfennig, und Ende September 1923 entsprach eine Million Papiermark etwa drei Goldpfennigen. Mitte Oktober schon waren 13 Millionen Papiermark nötig, um einen Goldpfennig zu ersetzen. Erst kilo-, dann zentnerweise wurden die Scheine gedruckt. Endlich kam die Rentenmark, das sogenannte Wunder, die Enttäuschung des Feindbundes. 4,2 Billionen Papiermark entsprachen einer Rentenmark. Was zwischen maßloser Aufblähung und Stabilisierung lag, war die Hölle. Für ein Brot, einen Liter Milch, ein Pfund Margarine waren Summen zu zahlen, die der Mann auf der Straße kaum aussprechen konnte. Hatte der Arbeiter am Mittag seinen Lohn ausbezahlt bekommen, dann hieß es, schleunigst alles in Ware umzusetzen, sonst waren die Papierfetzen nur noch einen Bruchteil oder auch gar nichts mehr wert. Das Geld brannte jedem förmlich zwischen den Fingern. Nur fort damit, war die Losung. Sie züchtete Trinker und Verschwender wider Willen. Jede Stadt, jedes industrielle Werk von einigermaßen örtlicher Bedeutung gab Notgeldscheine aus, da die Schnellpressen des Staates, obwohl ständig vermehrt, es nicht mehr schaffen konnten. *Bernd Beckstrat*

HOESCH
Schwere Tage

Die Verlegung des Kohlensyndikats von Essen nach Hamburg, im Ruhrgebiet als Bravourakt, ja als halbes Schelmenstück empfunden, hatte die düpierte ›Schutzmacht‹ ihrer wahren Absicht überführt: mit der Besetzung nicht nur Lieferungsansprüche durchzusetzen, sondern das Revier, womöglich für immer, der deutschen Produktivkraft zu entziehen. Mächtig flammte das Nationalgefühl der Okkupierten auf, auch in Dortmund, dieser mit vaterländischen Bekenntnissen so zurückhaltenden Stadt. Liedersingende Massen zogen allabendlich durch die Hauptstraßen und am ›Römischen Kaiser‹ vorbei, was den französischen General de Viry nicht hinderte, während zwei französische Flieger über der Stadt kreisten, dort sein Quartier aufzuschlagen. Das war am 15. Januar 1923, und de Viry blieb, mit den im Norden der Stadt untergebrachten Truppen in Stärke von 177 Offizieren, 3099 Mannschaften und 577 Pferden, geschlagene einundzwanzig Monate.

General de Viry besetzt die Stadt

Das Tagebuch der Leiden ist lang. Es beginnt mit der Besetzung der Reichsbank, der Beschlagnahme von 60 Millionen Mark Löhnen und Gehältern des Stahlwerkes Hoesch. Auf Einspruch der Betriebsräte wieder freigegeben, werden die Lohngelder ein paar Tage später erneut beschlagnahmt. Bedrohlicher wird die Lage in Dortmund, als am 11. Februar betrunkene Poilus den Arbeiter Chyssels von der Dortmunder Union erschießen und die Belegschaft gegen die Verhaftung eines Betriebsrates, der sich zum Wortführer des Protests gemacht hat, die Sirenen in Gang setzt und den Streik ankündigt. Aber auch das sind noch Vorgeplänkel, gemessen an der sogenannten ›Dortmunder Bartholomäusnacht‹. Wegen der Erschießung zweier französischer Feldwebel – ihr Tod bleibt ungeklärt – hat die Besatzung den verschärften Belagerungszustand über Dortmund verhängt: da werden an einem Sonntag sieben ahnungslos heimkehrende Ausflügler von französischen Posten hinterrücks erschossen. Die Folge: laufende Beschlagnahmungen von Geldern in der Reichsbank, Ausweisungen, Plünderungen ganzer Ladenviertel... Und wieder an einem Sonntag, am 8. Juli 1923, besetzen französische Truppen die Hochofenanlage von Hoesch, sperren jegliche Kokszufuhr von der Zeche Kaiserstuhl, so daß es nicht einmal mehr möglich ist, die Öfen 3, 5 und 6 ordnungsgemäß zu dämpfen, und verweigern zudem jede Entnahme von Erz aus dem sogenannten Schwedenlager, dem heutigen Erzlagerplatz der Hochöfen 6 und 7. Durch die Hauptwerkshalle der Drahtverfeinerung ziehen die Besatzer einen Draht – einen mit Stacheln; man weiß nicht wozu. Monatelang liegt auch dieser Betrieb still. Fast alle Zechen Dortmunds sind geschlossen, und wo noch gearbeitet wird, werden Feierschichten eingelegt, bis ziemlich alle großen Werke, darunter auch Hoesch, gänzlich stilliegen, was die Leute auf die Straße treibt und zu Unruhen und Verhaftungen führt.

Dortmunder Bartholomäusnacht

Besetzung der Hochöfen von Hoesch

Gutschein für 100 Milliarden Mark, von Hoesch während der Inflation ausgegebenes Notgeld

Da erweist es sich für Hoesch als Segen, über ›Außenforts‹ zu verfügen, die außerhalb der Besatzungszone liegen und also wirtschaftlich vom Reich nicht abgeschnürt sind: die Walzwerke in Hohenlimburg, mit Rohmaterialien noch versorgt aus Oberschlesien und mit Kohle von Zechen außerhalb des besetzten Gebietes, wie Unna, Königsborn, Maßen, Monopol und Caroline bei Holzwickede, arbeiten ohne Unterbrechung voll beschäftigt weiter. Und was die Anfuhr angeht – die Bahnhöfe Hengstey und Westhofen sind ja besetzt –, da weiß man sich zu helfen: Pferdekolonnen mit Bauernfuhrwerken, aufgeboten aus den Landkreisen um Unna, Hohenlimburg und Schwerte, ziehen wie in Tagen Friedrichs des Großen die Zufahrtsstraßen nach Oege und zur Nahmer hinab, und Tränken und Krippen am Wege versorgen die Tiere.

Hohenlimburg arbeitet weiter

Was die deutsche Regierung im Zeichen des passiven Widerstandes den Zechen verboten hatte: die Lieferung von Reparationskohle, traf als Forderung auch den ›Neuessener Bergwerksverein‹. Winkhaus verweigert sie – und wird von einem französischen Kriegsgericht zu fünf Jahren Gefängnis und zu 430 Milliarden Geldstrafe verurteilt. Vorübergehend muß er von der Führung des Werkes abtreten. Später hat er diese Zeit der Verbannung als die schlimmste seines Lebens bezeichnet.

Erst kurz vor Weihnachten 1923, nach über 5 Monaten Stillstand, dürfen die Öfen 3 und 4 bei Hoesch wieder angeblasen werden. Das kommt nahezu einem Abenteuer gleich: wie soll man die Winderhitzer beheizen, da die Koksgasleitung weit entfernt verläuft und ein Anschluß, jedenfalls so schnell wie er gebraucht wird, nicht gebaut werden kann? Also rollt man auf die unterste Ofenbühne Fässer mit Teeröl, das von hier in die Öfen läuft. Mit Kaltwind aus den alten Dampfgebläsen und mit Holzfeuern gelingt dann das Anblasen, und nach drei bis vier Tagen fließt das erste Eisen ab, nach zwei Wochen werden bereits – man ist ja bescheiden geworden – 150 Tonnen in 24 Stunden abgestochen; aber erst vier Wochen später ist man wieder auf Normalleistung: 350 Tonnen in 24 Stunden. – Hochofen 6 wird dann am 4. Januar 1924 wieder angeblasen.

Die Hochöfen 3 und 4 werden angeblasen

Dieser Schein berechtigt zum Einkauf von

1 Mass = ca. 2 Pfund Kartoffeln

gegen sofortige Bezahlung und Abgabe dieses Scheines.

Näheres wird durch Anschlag bekannt gegeben.

Eisen- u. Stahlwerk Hoesch
Akt.-Ges. in Dortmund.

Was uns heute an jene Zeit erinnert, ist vielleicht ein Stückchen bedrucktes Papier, das ein alter Hoeschianer beim Kramen in Schachteln und Alben noch findet: Papiergeld, Notgeld, das Hoesch damals, wie so manche Firma, wie manche Stadt, herstellen ließ, weil die 300 Druckereien im Reich das Geld der Reichsbank gar nicht so schnell drucken konnten, wie es an Kaufkraft verlor, bis es in die Hand des Lohnempfängers kam. Als man aber 300-Milliarden-Scheine drucken mußte, gab auch die Hoesch-Verwaltung das Rennen auf. Schließlich, im November 1923, wurde die Mark wieder stabilisiert.

Die totale Verarmung, von der kaum ein Haus in Deutschland verschont blieb, war der Preis für die Konsolidierung. Langsam zog wieder Vertrauen in die Stabilität der Mark ein. Was aber blieb, war die geheime Sorge, daß die galoppierende Schwindsucht des Geldverfalls jederzeit wieder hereinbrechen könnte – eine Sorge, die niemand mehr ganz los wurde.

Jeder Werksangehörige erhält die Zeitung kostenlos.

Erscheint Anfang und Mitte jeden Monats.

Hütte und Schacht

Werks-Zeitung des Eisen- und Stahlwerks Hoesch Dortmund

1. Jahrgang	Zuschriften sind unmittelbar an die Schriftleitung Hütte und Schacht zu richten.	Anfang Juni 1925	Nachdruck sämtlicher Artikel erwünscht, sofern nicht ausdrücklich verboten.	Nummer

Im Querschlag

Nach einem Original-Holzschnitt

Die erste Ausgabe der Hoesch-»Werks-Zeitung« erschien 1925

Visionen des neuen Raumes

Ein Europaplan scheitert

Paul Reusch, königlich-preußischer Kommerzienrat und Generaldirektor der Gutehoffnungshütte, ein Mann, dem die private Wirtschaftsfreiheit gegenüber jeglichem Staatsdirigismus ebenso am Herzen lag wie eine wirtschaftlich-nüchterne Lösung der sozialen Frage, leitete im Juli 1932 den Herren der ›Ruhrlade‹ – einer freien Vereinigung führender Ruhrindustrieller – eine Denkschrift zu, zehn Schreibmaschinenseiten umfassend, mit dem Titel: »Gedanken zum Problem Paneuropa«. Er habe sich mit Graf R. N. Coudenhove-Kalergi mündlich darüber auseinandergesetzt; hier seine schriftliche Antwort.
Die Denkschrift beginnt mit dem Satz: »Versuche zur Herstellung eines politischen Paneuropas sind zur Zeit aussichtslos.« Unmittelbar nach dem Weltkrieg wäre neben einem wirtschaftlichen auch ein politischer Zusammenschluß Europas möglich gewesen, wenn die verantwortlichen Staatsmänner die Gunst des Augenblicks erfaßt und die Entwicklung in dieser Richtung energisch vorwärtsgetrieben hätten. »Die Gelegenheit wurde aber verpaßt. Sie wird in gleichem Maße niemals wiederkehren, es sei denn nach einem zweiten Weltkrieg.«
Reusch entwirft dann in kühner Zukunftsschau das Bild eines wirtschaftlichen Zusammenschlusses Europas, analysiert die sachlichen Voraussetzungen und skizziert die Möglichkeiten und Schwierigkeiten, die sich auf dem Wege dorthin ergeben würden. Liest man die Denkschrift heute, glaubt man, eine fast minuziöse Beschreibung jenes Weges vor sich zu haben, auf den sich Europa nach dem Zweiten Weltkrieg trotz aller Widerstände, mit denen er gepflastert ist, tatsächlich begeben hat. Eine politische Einigung, das ist der Grundgedanke des Ruhrindustriellen, bleibe unvorstellbar ohne die wirtschaftliche Einigung, die – es spielt keine Rolle dabei, ob man sie europäische Wirtschaftsunion, Zollverein oder wie immer nennen mag – sich nicht ins Blaue hinein konstruieren lasse; vielmehr könne sie, mit der Bildung größerer Wirtschaftsräume in Europa, nur in organischem Wachstum Stufe um Stufe erfolgen. Daß Reusch dabei als einen dieser ›Wirtschaftsräume‹ die Ruhr im Auge hat, ist – obwohl nicht ausdrücklich gesagt – selbstverständlich.
Was meinte er aber mit der »Gunst des Augenblicks«, die es für ein Vereinigtes Europa nach dem Ersten Weltkrieg gegeben habe? Es lohnt sich, diesen Augenblick näher zu betrachten, auch wenn wir dazu noch einmal in den brodelnden Kessel von Macht und Interessen blicken müssen, zu dem das Revier in den Wirren des Nachkriegs geworden war.
Ein Mann mit schwarzem Assyrerbart, der nicht nur körperlich »etwas von Alberich, dem Herrn des Nibelungenhorts« hat, wie ihn ein namhafter Historiker be-

schreibt, sondern der in der Tat eine Art modernen Nibelungenschatz verwaltet, fesselt da unsere Aufmerksamkeit. Es ist der ›Kaufmann aus Mülheim‹, Hugo Stinnes, ein Enkel des ›ohlde Matheis‹ – jenes Mathias Stinnes, der als erster die Kohlenschiffe von Dampfern ziehen ließ, es zur eigenen Flotte auf Rhein und Ruhr gebracht hatte und zahlreiche Bergwerke besaß, ein Großhändler also, der seine Produkte sozusagen aus eigener Produktion bezog. Und wie der Großvater auf Zeche Graf Beust die Mergelschicht durchstieß, um an die darunterliegende Fettkohle zu kommen, so durchstößt Hugo, der Enkel, zwei Menschenalter später Mergelschichten unternehmerischen Zauderns, bis er ein Industrieimperium beisammen hat, das alles bisher Dagewesene an wirtschaftlicher Macht eines einzelnen in den Schatten stellt. Seine Ideen sind so unorthodox wie wirtschaftlich. Z. B. läßt er Koksöfen mit Gas, das diese Öfen selbst erzeugen, beheizen und beliefert mit dem überschüssigen Kokereigas ganze Ruhrgebietsstädte in Ferngasversorgung. Eine andere Stinnes-Idee führt dazu, daß die RWE ihre vielen kleinen, übers ganze Land verteilten Werke aufgeben, um dafür einige wenige, aber riesige E-Werke direkt auf der Kohle zu errichten und den dort erzeugten Strom in Leitungen, die sich wie ein großes Spinnennetz übers Land legen, durch Überlandzentralen gesteuert, billiger und besser an den Verbraucher zu bringen, womit eigentlich erst der Siegeszug der Elektrizität beim gewerblichen Mittelstand beginnt. Schon mit dreißig Jahren hatte dieser Stinnes, der mit 50000 Mark anfing, ein großes Vermögen gemacht, dann die Deutsch-Luxemburgische Bergwerks- und Hütten AG, ›Deutsch-Lux‹ genannt, erworben, hat damit die ›Dortmunder Union‹, das Hoesch benachbarte Eisen- und Stahlwerk, sich angegliedert und kauft, sobald eine Gelegenheit da ist, Unternehmung um Unternehmung hinzu: Kohlenzechen, Hüttenwerke, Handelsniederlassungen. Man nennt ihn König der Ruhr, Magus der Börse. Ende 1923 hat er ein Gefüge von 1664 Unternehmungen mit 2890 Betriebsanlagen zusammen, ein Imperium, das es ihm ermöglicht, Holz in eigenen Wäldern für die eigenen Papierfabriken einzuschlagen, aus denen er seine eigenen Zeitungen beliefert – die ›Deutsche Allgemeine Zeitung‹ wie den ›Kladderadatsch‹ –, und das über Bauindustrie, chemische Werke, Werke der Nahrungsmittelindustrie wie Werke, die Stahl und Eisen machen, über Banken und Versicherungsgesellschaften, über Ölfelder und Petroleumwerke, über Bahnen und Reedereien sich räumlich übers ganze Reich und weiter: über die Tschechoslowakei, Ungarn, den Balkan, Rußland, und weiter: über ganz Mitteleuropa bis nach Nord-, Mittel- und Südamerika, ja bis hin zu den Inseln des Indischen Ozeans und der Südsee, bis Vorderasien, Persien und Afrika erstreckt.

Paul Reusch (1868–1925)

Was wollte er damit, der ›Kaufmann aus Mülheim‹, dem man nachgesagt hat, daß nicht Machtgier die Triebfeder, daß sein scheinbar planloses Zusammenkaufen keineswegs Ausdruck eines jedes menschliche Maß beiseite schiebenden Geistes gewesen sei, sondern daß vielmehr ein großer Bauplan hinter dem allen gestanden habe? Was ist daran, kann man das glauben?

1918 hatte Stinnes in einer Versammlung von Stahlindustriellen die Bildung von ›Arbeitsräten‹ angeregt, in denen Arbeiter und Unternehmer gleichberechtigt nebeneinandersitzen sollten, um nicht nur Probleme der sozialen Fürsorge, sondern auch industrielle Probleme gemeinsam zu erörtern. Diese »Magna Charta des Arbeitsfriedens«, wie Stinnes sie nannte, wurde später in der Weimarer Verfassung die Grundlage für den Reichswirtschaftsrat. Stinnes hatte sich mit Hué, dem Arbeiterführer, getroffen, mit dem er später auch zusammen auf der Kohlen-

Die Kohlenkontrolle:
»Auf dem Dache sitzt ein Greis,
der sich nicht zu helfen weiß...«
Karikatur aus dem
›Wahren Jakob‹
vom Februar 1923

Konferenz in Spa auftrat, wo er die Forderungen der Sieger schroff ablehnte. Tatsache ist, daß er der erste Unternehmer war, der sich mit der Gegenseite an einen Tisch setzte und unmittelbar nach dem Zusammenbruch mit Carl Legien, dem großen Gewerkschaftsführer, jene ›Zentralarbeitsgemeinschaft‹ – sie hieß genau: Arbeitsgemeinschaft der industriellen und gewerblichen Arbeitgeber und Arbeitnehmer Deutschlands – gründete, die bis zum Tode Legiens im September 1920 zum erstenmal in der Industriegeschichte Unternehmer und Arbeiter vereinigte. Als Stinnes anderthalb Jahre darauf einen seiner Überseedampfer auf den Namen ›Carl Legien‹ tauft, feiert er in einer Rede den »Gedanken, daß namentlich in Zeiten der Not und der Gefahr für den Bestand des Deutschtums die häuslichen Meinungsverschiedenheiten der Volksglieder zurückzutreten haben vor der Notwendigkeit, erst einmal den Bau des Staatshauses vom Fundament bis zum Dachboden zu sichern.«

Carl Legien (1861–1920)

Was wollte Stinnes, der Vielgesichtige? 1918 bekennt er sich den Gewerkschaften gegenüber ausdrücklich zum 8-Stunden-Tag. Dann, auf der Konferenz von Spa, unterstützt er Hué, der »für die Bergarbeiter, die infolge der Hungerblockade entkräftigt« seien, von den Alliierten den 6-Stunden-Tag fordert. Wenige Zeit später, auf einer Versammlung der Ruhrindustriellen, tritt er mit gleicher Verve für eine Verlängerung der Arbeitszeit ein, »wie sie vor dem Jahr 1914 bestand, d. h. auf acht Stunden einschließlich Ein- und Ausfahrt«. Als er schließlich den Franzosen den großen ›Stinnes-Plan‹ unterbreitet, da läuft sein Vorschlag sogar auf einen 10-Stunden-Tag hinaus. Denn: »Man kann keinen Krieg verlieren und zwei Stunden am Tag weniger arbeiten wollen.« Was wollte Stinnes in Wahrheit?

Was der ›König der Ruhr‹ plante, war nichts anderes als eine paneuropäische Lösung, mit dem Revier als Hochzeitsgabe und keinem geringeren Ziel, als Deutschland und Frankreich aneinanderzubinden und zu versöhnen.
Der Plan, ausgehandelt mit dem Marquis de Lubersac, dem Bevollmächtigten Frankreichs für den Wiederaufbau seiner zerstörten Gebiete, sah ein deutsch-französisches Riesenkartell vor, ein gigantisches Tauschgeschäft, bei dem Stinnes davon ausging, daß ein wahrer Frieden, den er als Voraussetzung für das Prosperieren auch seines Privat-Imperiums ansah, mit Frankreich nur zu erzielen sei, wenn man es vom Anblick seiner Ruinen befreie. Also: Wiederaufbau durch Sachlieferungen Deutschlands, für die er, Stinnes, auch alle seine Unternehmungen einsetzen würde. Gegenleistung der Franzosen: militärische Räumung von Rheinland und Saar, Verzicht auf Reparationen, Verzicht auf Zwangsmaßnahmen, Handelsbeschränkungen und alle Sanktionen der Entente gegen den Verlierer Deutschland. Der springende Punkt: Aufnahme einer Goldmarkanleihe in Höhe von einer Milliarde, deren Zinsen aufzubringen wären aus – Überstundenarbeit der deutschen Bevölkerung, die dafür nicht *extra* bezahlt werden dürfe. Deshalb: Einführung des Zehn-Stunden-Tages auf zehn bis fünfzehn Jahre mit 6000–9000 Überstunden pro Kopf der deutschen Arbeiter, was wiederum bedinge: Streikverbot in lebenswichtigen Betrieben für fünf Jahre, Überführung aller Staatsbetriebe in die Privatwirtschaft.
Mit diesem Plan, der nicht ohne weiteres die Zustimmung von Reichspräsident Ebert und Reichskanzler Wirth findet, fährt de Lubersac nach Paris, um ihn Millerand, dem Präsidenten der französischen Republik, und Poincaré, dem Ministerpräsidenten, vorzulegen. Aber Frankreich, bereits zur Ruhrbesetzung entschlossen, sagt nein. Seine Ablehnung hat einen Grund: die Vereinigten Staaten seien nicht bereit, eine Sicherheitsgarantie für Frankreich zu geben. Ohne eine solche Garantie aber könne und wolle Frankreich das Rheinland – wie es im Plan vorgesehen ist – nicht räumen.
Wenn somit der Plan scheitert, scheitert er also an der versagten Zustimmung Amerikas. Ist es so? Die Bedenken, die das Amerika jener Tage hat, werden durch eine Tagebucheintragung erhellt, die der Chef der Westeuropäischen Abteilung des State Department, W.R. Castle, auf hoher See notiert, als er von seinem Europa-Besuch zurückkehrt, wo er bei einem Dinner beim amerikanischen Botschafter mit Stinnes gesprochen hat. Die Eintragung lautet: »Sein (Stinnes') Vertrag mit Lubersac nimmt nicht nur den Wiederaufbau der zerstörten Gebiete und die Räumung des Rheinlandes in Aussicht, sondern die Gründung großer französisch-deutscher Kartelle, was die Ausscheidung des industriellen Wettbewerbs, industriellen Frieden zwischen den beiden Ländern und die sichere Bereicherung der französischen Industriellen bedeuten würde (die Anziehungskraft für das französische Portemonnaie muß stark sein). Aber das bedeutet auch einen riesenhaften Trust mit französischem Schwanz, der sicherlich versuchen würde, die Welt zu beherrschen. Die Vision von Stinnes reicht weit. Er sieht, wie der Weg gen Osten sich wieder öffnet, das Verschwinden von Polen, die deutsche wirtschaftliche Ausbeutung von Rußland und Italien. Seine Absicht ist friedlich und auf Wiederaufbau gerichtet. Wird sie nicht vielleicht zu einem neuen Krieg führen, falls wir und der Rest der Welt nicht gewillt sind, uns unter deutsche Oberherrschaft zu begeben? Ich bin dessen nicht sicher, doch ist die Idee es wert, in Betracht gezogen zu werden...«

Raymond Poincaré (1860–1934)

Hugo Stinnes
mit Hindenburg,
1921

Immerhin ist sie es wert, und die Befürchtungen Castles waren, wie die spätere Geschichte lehrt, ja nicht unbegründet. Castle fährt nun fort: »Stinnes scheint jedoch denselben Fehler zu machen wie einst Bismarck; er will herrschen und selbst der Staat sein. Sein Ideal kommt dem des Sozialismus nahe – so wenig die Sozialisten das zugeben würden, denn Staatskontrolle bedeutet persönliche Kontrolle wie in Rußland. Der stärkste Mann in Deutschland scheint mir Stinnes, wie ich unserem langen Gespräch entnehme, einer der wahrhaft gefährlichen Männer der Welt...« Etwas später heißt es dann in den Aufzeichnungen: »Wenn... ein Übereinkommen getroffen werden könnte, durch das wir Frankreich gegen einen erneuten deutschen Einfall sichern könnten, und dessen technische Form der französischen Regierung erlauben würde, ihr Gesicht zu wahren, wodurch der Stinnes-Lubersac-Plan in Kraft zu treten vermöchte, so ist die Reparationsfrage ihrer Lösung nahe...«
Wenn, muß man hier allerdings fragen, Frankreich an der Lösung dieser Frage überhaupt gelegen war.
Auf demselben Essen in Berlin, am 30. Oktober 1923, auf dem Castle mit Stinnes sprach, führt der amerikanische Botschafter Alanson B. Houghton mit M. Charles Laurent, dem scheidenden französischen Botschafter in Berlin, ebenfalls ein Gespräch. Houghton meldet darüber dem State Department: »Laurent verließ mich

mit dem ganz entschiedenen Eindruck, daß seine eigene Gruppe in Frankreich Reparationen als etwas Sekundäres ansieht und daß sie bis zum äußersten nach Zerstörung der deutschen Produktivkraft trachte...«

Die paneuropäische Lösung des Hugo Stinnes scheiterte also letztlich *daran*. Die Zeit war noch nicht reif, ganz abgesehen davon, daß ein Zehn-Stunden-Tag, wie er ihn gefordert hatte, nur über die Köpfe der Betroffenen hin hätte erzwungen werden können. Das wäre das Ende der Republik gewesen, hätte Bürgerkrieg und Militärdiktatur bedeutet.

So kam die Ruhrbesetzung. Die Franzosen zogen ins Revier ein, Hugo Stinnes aber zog aus: Am 10. April 1924 starb er, vierundfünfzig Jahre alt. Bergwerksknappen (seiner Bergwerke), Kapitäne (seiner Schiffe) hielten die Totenwache. So hatte er es bestimmt: Einem König gleich wollte er heimgehen, er, dessen irdisches Reich ihm wie auf Granit gegründet schien. Doch hat ihn dieses Reich nicht lange überlebt. Bald zerbrach es, löste sich wie in Nebel auf. Was blieb, sind Reste – und ein Wort, das merkwürdig aktuell klingt, so als hätte Stinnes, als er es sagte, hellsichtig in die Zukunft geschaut, wo eine bessere Konstellation für seine nicht verwirklichten Pläne herangereift sein würde. Stinnes sagte: »Mit den Franzosen müssen wir sehen, die eine oder andere große Kulturaufgabe bald in Angriff zu nehmen. Meines Erachtens verlangt die Menschheit danach, zu zeigen, daß sie nach dieser furchtbaren Zerstörung von materiellen und ideellen Werten auch wieder schöpferisch wirken kann. Dabei möchte ich durchsetzen, den Boden für eine Zollunion zwischen Frankreich und Deutschland, möglichst mit sofortigem Anschluß von Holland, Belgien und der Schweiz, vorzubereiten.«

Die Denkschrift von Paul Reusch aber endet mit folgenden Sätzen: »Als erfolgversprechender Anfang der handels- und zollpolitischen ›Rationalisierung‹ Europas kann schwerlich der problematische Versuch einer paneuropäischen Patentlösung angesehen werden. Die größeren Erfolgsaussichten dürfte ein engerer wirtschaftlicher Zusammenschluß solcher Länder haben, zwischen denen eine Einigung leichter möglich ist als zwischen der Gesamtheit der 36 Staaten. Diese Länder würden dann vermöge der natürlichen Anziehungskraft des großen festgefügten Wirtschaftsblockes den stabilen Kern abgeben für eine allmählich von Stufe zu Stufe fortschreitende europäische Wirtschaftsverständigung (Mitteleuropäischer Wirtschaftsblock!).«

Fabrik B, 1925 · Ölgemälde auf Glas von Josef Albers (*1888)

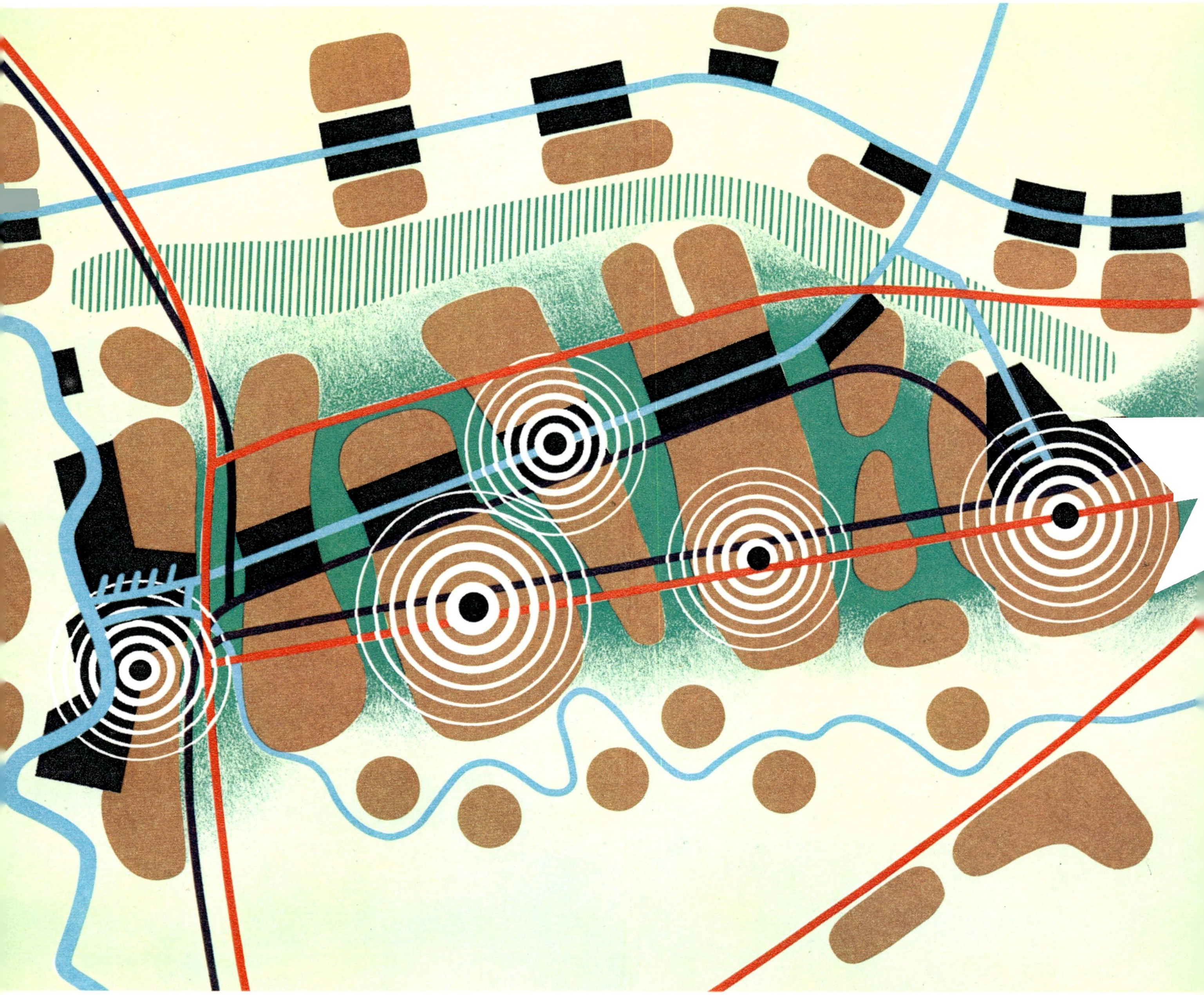

Grundelemente der räumlichen Struktur des Ruhrgebietes (Gebietsentwicklungsplan des Siedlungsverbandes Ruhrkohlenbezirk)

Das Revier auf dem Reißbrett

Braun · Verdichtungsräume der Besiedlung

Grau · Verdichtungsräume der Schwerindustrie

Braun · Städte mit Einrichtungen von zentraler Bedeutung für das gesamte Ruhrgebiet

Grün · Regionales Grünflächensystem im Kerngebiet

Grün · Trennzone zwischen Kerngebiet und nördlichem Verbandsgebiet

Rot · Straßen

Violett · Eisenbahnen

Blau · Wasserstraßen

Blau · Ruhr

»Rechterhand blieb der in ein Wirtshaus verwandelte Bauernhof der alten Schulten to Monekink zurück, neben dem ein Kapellensaal nach Aufhören des geistlichen Berufes dem Realgymnasium des emporblühenden Industrieorts als bescheidene Turnhalle diente. Nun kamen Industrieanlagen: ein Teil des großen Drahtwalzwerks, dann der Ringofen und der hohe Förderturm der Zeche Consolidation II mit seinen lustig drehenden Förderrädern und gegenüber die ruhigere Eisenhütte.«
So, als Idylle, schildert Heinrich Klose, der spätere Direktor für Naturschutz, den Landschaftswandel des Reviers um die Jahrhundertwende. Dann fährt er fort: »Weiter ging's, wo die Zechenkolonie Sophienau mit ihren einförmigen, langweilig gereihten Zwei- und Vierfamilienhäusern begann, einem Anschlußgleis nach, den Plankenholzzaun des großen Grubenholzplatzes entlang, an einer hohen Schutthalde vorüber, deren Tonschiefer immer wieder auf Pflanzenabdrücke geprüft wurden – und dann war man im Freien…«
Klose war in Gelsenkirchen-Schalke aufgewachsen. Er gibt zu, daß die Menschen jener Zeit, er eingeschlossen, mit einem gewissen Stolz auf die amerikanische Entwicklung ihrer Heimatorte blickten, daß sie sich an den emporschießenden Fabrikanlagen genauso freuten wie am Grün der Natur, das ja damals noch reichlich vorhanden war, und »selbst wenn die Giftdämpfe der Kokerei das nahe liegende Gehölz zur Ruine verwandelten«, dies als unvermeidlich und ohne Bedauern hinnahmen. »So sah man«, schreibt er weiter, »ohne viel darüber nachzudenken, schon in den neunziger Jahren den Horizont unseres mittäglichen Weges enger werden. Häuserreihen drangen feldeinwärts; dreistöckige Einzelhäuser mit häßlichen Brandgiebeln wuchsen unvermittelt empor; einige Kirchhöfe mit armseligen Holzkreuzen und geschmacklosem Gräberzierat schoben sich ein; hohe Schulgebäude und spitztürmige Kirchen reckten sich auf; Abzugskanäle furchten das ebene Gelände. Die schmalen Feldsteige verbreiterten sich zu schwarzen Aschenwegen… Unaufhörlich vollzog sich die Wandlung zum Zustande der Gegenwart. Und allmählich, als wir die Kinderschuhe schon ausgezogen hatten, kam auch uns eine Ahnung von der furchtbaren Tragik, die auf einer dem Untergang geweihten Landschaft ruht.«
Dunkle Töne. Aber war da wirklich niemand, der, solchen Untergang sichtbar vor Augen, ihm entgegenwirkte? Dörfer mit ein paar Einwohnern waren innerhalb weniger Jahrzehnte zu Gebilden mit riesigen Menschenmassen angewachsen, und die Industrien hatten ihre Standorte so gewählt, daß Aufwand und Ertrag im rechten Verhältnis zueinander standen, damit höchste Rentabilität gewährleistet sei. Bei einem Verkehrswesen, das den Transport von Massengütern zu niedrigen

Tarifen ermöglichte und damit überhaupt erst die Voraussetzung zur Massenproduktion schuf, war so die Standortfrage zur Existenzfrage der Unternehmer geworden. Niemand konnte davor die Augen schließen, wenn er zugleich andere Probleme zu bedenken hatte: die der Abwasserbeseitigung zum Beispiel, der Reinhaltung von Wasser und Luft, der Erhaltung von Grünflächen, und wie Wasserwege, Schienenstränge und Straßenverbindungen zu koordinieren seien. Aber wer immer in den Kommunen etwas tun wollte, was »nicht nur die materielle Unterhaltssicherung, sondern zugleich auch die Schaffung menschenwürdiger Existenz« ermöglichte, er konnte es nur tun innerhalb des Verwaltungsbereiches, in dem er tätig war. Da gab es einige hundert Landgemeinden in einem runden Dutzend von Landkreisen, zu denen achtzehn kreisfreie Städte traten, deren Kommunen jede für sich dachten und planten und demzufolge nicht miteinander, sondern gegeneinander arbeiteten, in Furcht, daß sie zu kurz kämen innerhalb eines Gesamtgebietes, das obendrein zu den drei Regierungsbezirken Arnsberg, Düsseldorf und Münster, gehörte, welche wiederum zwei Provinzen, der Rheinprovinz und Provinz Westfalen, unterstanden.

Stadtrat Dr. Robert Schmidt (1869–1934)

Wohl war es hier und da zu Frühformen kommunaler Zusammenarbeit gekommen, die indessen ziemlich ausschließlich den Interessen der Industrie dienten und dabei völlig außer acht ließen, daß sich unter der stürmischen wirtschaftlichen Entwicklung nicht nur die Landschaft, sondern das ganze Gesellschaftsgefüge verändert hatte. So gab es die schon 1904 ins Leben gerufene ›Emschergenossenschaft‹, die auf gesetzlicher Grundlage entstanden war. Sie konnte zwar die Abwässer der Emscher in Kläranlagen reinigen, den Flußlauf ausbauen lassen und dafür sorgen, daß die Abwässer, ohne die Niederungen zu verseuchen, dem Rhein zuflossen. Was geschah aber für die Menschen, die, zusammengepfercht in Mietskasernen, unmittelbar neben Kokereien und Schloten ein immer menschenunwürdigeres Dasein führten?

Allenfalls hatte man sich um das künftige Gesicht der planlos wachsenden Städte Sorgen gemacht, und so fand, nächst einer Internationalen Städtebauausstellung in Berlin – dort ging es um die Neugestaltung des Raumes Groß-Berlin – im Jahre 1910 eine ›Städtebauausstellung‹ auch in Düsseldorf statt. Sie warf die Frage auf, wie man die Erhaltung der Grünflächen im Rheinisch-Westfälischen Industriegebiet am günstigsten, und das hieß: übergemeindlich, lösen könne. Damals – wie heute wieder – sprach man hochtrabend von ›Nationalparks‹, die anzulegen seien, einem Begriff, den man etwas kühn der Neuen Welt entlehnt hatte, worunter aber nichts anderes als ein Wald- und Wiesengürtel zu verstehen war, der, von den beteiligten Gemeinden leicht erreichbar, sozusagen als Naherholungszone, wie es heute heißt, den »Bezirk in möglichst zusammenhängenden Zügen« durchziehen sollte. Damit verknüpft war natürlich die Anlage von Straßen und Wegen in und durch diesen Gürtel. So trat ein Arbeitsausschuß zusammen, der den Vertretern der teilnehmenden Städte Duisburg, Düsseldorf, Elberfeld und Essen jeweils ganze 500 Mark, insgesamt 2000 Mark, für »Vorarbeiten« bewilligte.

Am 30. Januar 1911 trat der Ausschuß erneut zusammen und »übertrug die Sammlung und Zusammenstellung des Materials, die Ausführung der Planunterlagen sowie die Ausarbeitung einer Denkschrift Herrn Beigeordneten Schmidt in Essen«. Das Datum ist in der Tat erwähnenswert. Es wurde nämlich zur Geburtsstunde nicht nur eines Plans zur Rettung des Ruhrgebiets, sondern zur Geburtsstunde der deutschen Landesplanung überhaupt.

Bergmannssiedlung vor dem Ersten Weltkrieg in Altenessen

Denn der Mann, der sich da schlicht »technischer Beigeordneter der Stadt Essen« nannte, legte alsbald mit seinen »Grundsätzen zur Aufstellung eines General-Siedlungsplanes« zwar das Gewünschte vor, doch war es von jener Art, die Dynamit enthielt und den Auftraggeber, den Düsseldorfer Regierungspräsidenten, auch sogleich befürchten ließ, daß Schmidts Ideen einem »staatspolitisch gefährlichen« Unternehmen das Wort redeten.
Schmidts Aufriß war die Vision eines Mannes, der erkannt hatte, daß gar nichts gewonnen war, wenn man sich lediglich um einen »Regierungsbezirk Düsseldorf (rechtsrheinisch)« Gedanken machte. Vielmehr mußte man, selbst wenn nur dieses Problem gelöst werden sollte, das Ganze ins Auge fassen, das Ganze als einen »Organismus, dessen einzelne Teile in Wechselbeziehungen zueinander alle Bedürfnisse der modernen Massensiedlung erfüllen müssen«.
Dabei wußte Schmidt sehr wohl, daß geschichtliche Entwicklungen nicht von heute auf morgen außer Kraft zu setzen sind. Und geschichtlich bedingt war die West-Ost-Entwicklung des Reviers, hier mit dem urbanen Rheinländer, den der große Rheinstrom mit seinem Leben und Treiben zu industrieller Expansion antrieb, dort dem verschlossenen Westfalen, der eher zurückhaltend als zustimmend der industriellen Erschließung seines Bauernlandes gegenüberstand. Das hatte, unbestreitbar, zur ängstlichen Abschirmung der Gemeinwesen gegeneinander geführt, bis hin zum Schildbürgerstreich, daß die Straßenbahnlinien zweier Städte, die aufeinanderstießen, einfach nicht durch Verbindungsstücke von manchmal nur

Hoesch-Wohnsiedlung der sechziger Jahre

wenigen Metern zusammenzuschließen waren – wie von Essen nach Buer, auch von Essen nach Oberhausen. Wiederum war durch das Wetteifern miteinander verhindert worden, was wie ein Alptraum über der Ruhrprovinz schwebte: daß ein Riesenkrake von Stadt, daß eine einzige, bewegungsunfähige, das letzte bißchen Natur verschlingende Un-Stadt entstand. Vielmehr gab es, neben einem Essen im Westen und einem Dortmund im Osten, eine ganze Reihe von Zentren, gab es Kraftfelder die Menge, die sich gegen das Verschwinden im Bauch einer einzigen Ruhrmetropole stemmten, und so waren, durch die gegenseitige Abschirmung, regelrechte Korridore quer von Norden nach Süden durch die Häusermassen entstanden. Eben das stellte Schmidt in Rechnung, als er seinen General-Siedlungsplan entwarf, der einschließen müsse: »die Lösung der Wohnungsfrage; die Großarbeitsstätten getrennt von den Wohnstätten, so daß sie sich wechselseitig nicht ungünstig beeinflussen; außerdem muß durch ihn die Regelung der Verkehrsfragen jeder Art erfolgen – mit dem Endzweck, ein in allen Teilen und Formen den Bedürfnissen voll entsprechendes Kunstwerk zu formen, dessen Aufbau ohne Zerstörung, ohne Irrwege stetig fortschreitend möglich ist.« Schmidt schwebt ein »Großunternehmen« vor, »das aufgebaut ist nach den Grundsätzen des Gemeinwohls«.
Nun mag, so herausgelöst, das reichlich nebelhaft klingen. Schmidt konnte aber auf Erfahrungen aufbauen, die er in Essen gewonnen hatte. Hier, wo der zuvor als Regierungsbaumeister bei der Wasserinspektion wirkende Schmidt einen Bebauungsplan von Essen-West auszuarbeiten hatte – es ging um einen organischen

Anschluß der Teilstadt an die Altstadt –, war er ins Kreuzfeuer des Rendite-Denkens geraten, in dem er unerschrocken seine Theorie vortrug, von der Essen heute noch profitiert: Schneisen oder Hauptkanäle, durch die der große Verkehr floß; an die Winkelflächen dazwischen Wohnstraßen gesetzt, Grünflächen, Vorgärten. Die Viertel Haumannshof, Feldhaushof, Stadtwaldsiedlung wurden von ihm entworfen, auch die Margaretenhöhe, die als Modell neuer Siedlungsform, verschmolzen mit dem natürlichen Raum und seinen Menschenbedürfnissen, die Städtebauer faszinierte. Schmidt hatte in Essen aber auch gesehen, was nicht zu machen, auch nicht mehr zu reparieren war, und das war immer dort der Fall gewesen, wo Gesetzesvorlagen fehlten, die im Interesse der Allgemeinheit Privatrechte einschränken konnten. Jetzt, bei seinem General-Siedlungsplan, dachte er daran und empfahl, vor jeder Anwendung durch Zwang, der nur den passiven Widerstand wecken würde, »die freiwillige Vereinigung der in Frage kommenden Interessenten«. Damit es aber erst einmal zu etwas Praktischem käme und seine Denkschrift, bei der ihm bekannten Angst der Oberbürgermeister um eine Schmälerung ihrer Selbstverwaltung, nicht zu den Akten gelegt würde, reichte er sie bei der TH in Aachen als Dissertation ein und ließ sie drucken.
Nun war der Öffentlichkeit bekannt, was er wollte: eine Planung für das gesamte Ruhrgebiet, über die politischen Grenzen hinaus. Die örtliche Nutzung der Flächen so weit wie irgend möglich vorausschauend regeln. Die Standorte von Wohngebieten, Industrieflächen, Verkehrsbändern – einen Begriff, den Schmidt ganz neu einführte – und Erholungsgebieten aufeinander abstimmen, wobei die wertvollen Erholungsgebiete und Grünzüge endgültig festzulegen und von Industrie und Wohnsiedlungen freizuhalten wären. In den Siedlungen selbst eine gute und den gesundheitlichen Belangen der Bewohner angemessene Baugestaltung unter Vermeidung aller »häßlichen und unserer Zeit unwürdigen Bauten«. Vier Grünflächenbereiche: die ausgedehnten Flächen außerhalb der Ortslage, der Wald- und Wiesengürtel, die von ihm nach dem Stadtkern zu radial verlaufenden Grünzüge und endlich, als minderwertiger Ersatz für sie, die inselförmig auftretenden Grünflächen verschiedenen Umfanges. Als Bindeglieder und Zugänge zu ihnen erscheinen dann die Alleen und Schmuckstraßen mit Vorgärten. Generell: »die Betrachtung eines systematischen Klein- und Großgrünflächennetzes« nicht als Luxus, vielmehr als Notwendigkeit. Und, um dies alles zu erreichen: die Anwendung aller rechtlichen Vorschriften (Nichtgenehmigung von Bebauungsplänen, Enteignung nach dem Gesetz von 1874 u.a.) und das Erlassen neuer Gesetze, vor allem zur »Festlegung von Fluchtlinien in die weitere Zukunft, zur Erhaltung von Wäldern, Baumgruppen und Gehölzen und zur Bereinigung der geltenden baupolizeilichen Vorschriften im Hinblick auf gute Hausformen und gesunde Wohnungen«. Endlich eine alle drei Jahre neu zu überprüfende Liste, an Hand derer »die Erhaltung der Bachtäler und Siepen – das sind die Erosionstäler zur Ruhr und ihren Nebenflüssen –, die Schaffung von Grünzügen entlang aller Ufer, die bessere Gestaltung der Bahndämme und ihre Bepflanzung, der Ausbau der Erholungsräume, die Durchgrünung der Baugebiete und die Bepflanzung der Straßen sowohl innerhalb wie außerhalb der Siedlungen« gewährleistet wird.
Mit solchen Ideen, entwickelt für drei ›Räume‹, von denen – neben Düsseldorf als Stadtregion und den Wupperstädten Barmen und Elberfeld mit Umland – das heutige Ruhrgebiet als ›Ruhr-Emscher-Gruppe‹ nur einer war, hatte dieser Robert Schmidt sein ›Soll‹ weit überschritten, und das wußte er. Deshalb bog er allen Be-

Bevölkerungsentwicklung im Ruhrgebiet seit 1871

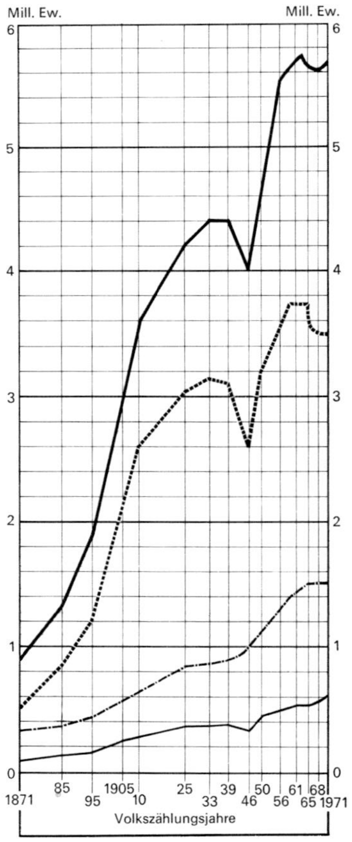

Dr. Hans Luther (1879–1962)

fürchtungen auch sogleich die Spitze ab, indem er seine Denkschrift lediglich als »wissenschaftliche Grundlage für die weitere Bearbeitung des Stoffes« empfahl, worunter man durchaus eine Beschränkung auf die Aufgabe der Grünflächenfrage verstehen konnte. »Wenn sie nicht«, fügt er listig im Vorwort hinzu, »wie in der Denkschrift verlangt ist, erweitert werden muß auf die allgemeine Siedlungsfrage.« Da zwielichtet es zwischen den Zeilen; Schmidt kannte seine Pappenheimer.
Die werden jedoch einer klaren Entscheidung enthoben. Der Weltkrieg bricht aus und legt die Pläne ins Schubfach. Und erst in der Notzeit nach dem verlorenen Krieg besinnt man sich wieder auf sie. Indirekt, und das ist fast ein Satyrspiel, sind die Alliierten daran schuld. Die Deutschland im Versailler Vertrag auferlegten Reparationslieferungen konnten nur erfüllt werden, wenn das Revier die Kohlelieferungen steigerte. Dazu fehlte es aber an Bergarbeitern, 150000 an der Zahl. Die ließen sich anwerben, aber wo sollten sie wohnen – mit ihren Familien 600000 Menschen? Also mußten Wohnungen gebaut werden. Solcher schnell zu lösenden Aufgabe waren die Gemeinden einzeln nicht gewachsen. Eine übergeordnete Planungsorganisation war notwendig, eine Organisation, an die ein gewisser Robert Schmidt schon lange vor dem Kriege gedacht hatte.
Und nun ist es ein Kommunalbeamter, der Robert Schmidts Ideen aufgreift: der Essener Oberbürgermeister und spätere Reichskanzler Dr. Hans Luther. Er trommelt die Kommunalverbände zusammen, man einigt sich auf einen ›General-Siedlungsplan‹ und entwirft das entsprechende Gesetz dazu, das die Preußische Landesversammlung einstimmig am 5. Mai 1920 beschließt. Dieses Gesetz stattet den zu gründenden ›Ruhrsiedlungsverband‹ oder, wie er amtlich heißt, ›Siedlungsverband Ruhrkohlenbezirk‹ mit allen Kompetenzen aus, die Schmidt für einen solchen Verband einst gefordert hatte. Robert Schmidt selbst aber wird an die Spitze des Verbandes berufen.
Und jetzt eigentlich beginnt erst seine Arbeit. 17 Städte, 11 Landkreise, eine Fläche von 3840 Quadratkilometern und 3,6 Millionen Menschen, das ist der *Gegenstand*, auf den sie sich richtet. Das Instrument, dessen er sich als Verbandsdirektor bedient, ist die *Verbandsversammlung*, ein regelrechtes Parlament, dem 200 auf 4 Jahre zu wählende Abgeordnete angehören: Stadtrat- und Kreistagsabgeordnete, Mitglieder von Arbeitsgemeinschaften, die Arbeitgeber- und Arbeitnehmerorganisationen bilden. Die Versammlung beschließt die Hauptrichtlinien, nach denen der Verband vorzugehen hat. In einem ständigen *Verbandsausschuß* von 17 aus der Versammlung gewählten Vertretern wird die Ausführung der beschlossenen Schritte eingeleitet, überwacht, werden Gutachten bestellt, wird ›regiert‹. Und das heißt: werden als erstes jene Flächen bestimmt, die als Erholungsgrünflächen nicht bebaut werden dürfen; wird zweitens ein Straßennetz festgelegt, das in dem vorhandenen aufgeht, aber durch Verbindungsstücke, Ortsumgehungsstraßen usw. erst zu einem Netz zusammengefügt wird von insgesamt 1300 km Länge. 1300 km Hauptdurchgangsstraßen zu einer Zeit, als im Ruhrgebiet im Durchschnitt ein Automobil auf 258 Einwohner kommt! Als dritte Hauptaufgabe werden ›Verkehrsbänder‹ festgelegt, Geländestreifen, die dem Auto und den Bahnen in naher und ferner Zukunft zu dienen haben, Trassen, die vollständig frei bleiben müssen – für einen Ausbau, der sich im Zuge der industriellen und siedlungsmäßigen Erschließung der Landschaft erst ergeben wird.
Man muß sich vor Augen halten, daß diese drei Grundaufgaben nicht auf diktatorischem Wege ›verfügt‹ werden konnten, sondern in langwierigen Verhandlungen

---

Siedlungsverband Ruhrkohlenbezirk

12 Großstädte*)
(über 100000 Ew.)
Bochum, Bottrop, Dortmund, Duisburg, Essen, Gelsenkirchen, Hagen, Herne, Mülheim/R., Oberhausen, Recklinghausen, Wanne-Eickel

9 Landkreise (3 nur anteilig)
Dinslaken, Ennepe-Ruhr, Geldern, Moers, Recklinghausen, Unna, Anteil Düsseldorf-Mettmann, Iserlohn, Rees

6 Mittelstädte*) (bis 100000 Ew.)
Castrop-Rauxel, Gladbeck, Hamm, Lünen, Wattenscheid, Witten

*) Wanne-Eickel wird wegen nur geringfügigen Unterschreitens der Großstadtzahlgrenze von 100000 Einwohnern auch nach 1970 in der Gruppe der Großstädte dargestellt.

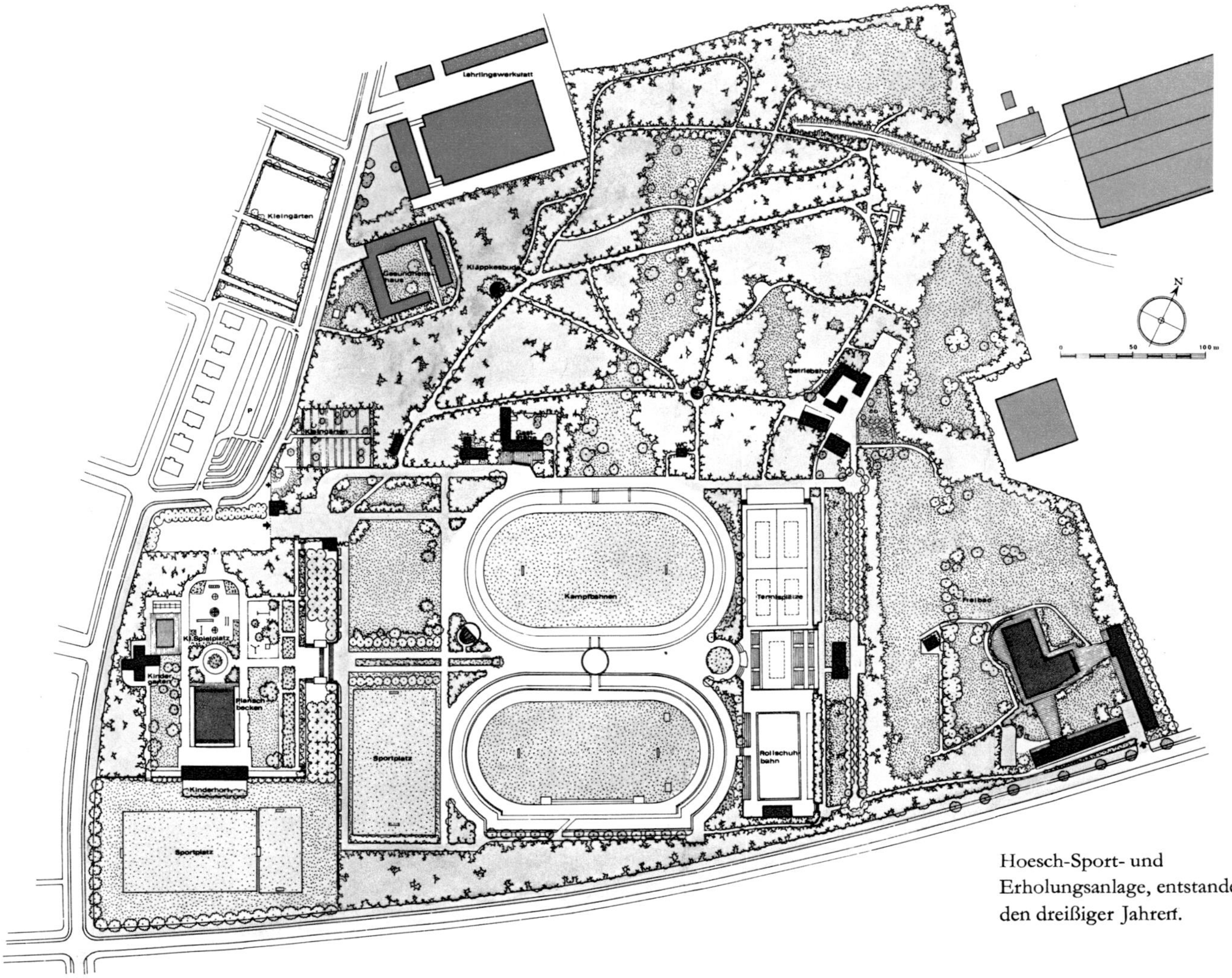

Hoesch-Sport- und Erholungsanlage, entstanden in den dreißiger Jahren.

mit allen daran beteiligten Interessenten, der Industrie, vor allem dem Bergbau, den Verkehrsbetrieben, den Bauämtern der Städte und unzähligen anderen Behörden ausgehandelt werden mußten – und dies zu einer Zeit, als Spartakistenunruhen, Streiks, Ruhrkampf und Ruhrbesetzung, separatistische Bestrebungen und passiver Widerstand der Bevölkerung gegen die Zwangsherrschaft Frankreichs das Land verunsichern, ja seine Existenz Tag um Tag in Frage stellen. Unbeirrbar hält Schmidt an seiner Konzeption fest, stellt ›Wirtschaftspläne‹ für die Kommunen auf, erzwingt ein nach Dringlichkeitsstufen in Kraft tretendes Finanzprogramm, bei dem die Verkehrsprobleme Priorität haben, und verwirklicht so eine bis dahin völlig unbekannte Raumplanung, bei der der eigentliche Anlaß der Gründung des Ruhrsiedlungsverbandes, der Bau von Wohnungen für Bergleute, fast nebenher fortschreitet.

Bei all dem erkennt Schmidt, daß die Gesetzgebung »zur Regelung von Siedlungsfragen« anachronistisch ist und »Jahrzehnte hinter der Wissenschaft und den Bedürfnissen zurück«. Die Explosion der Städte hat auf Kosten der Landkreise stattgefunden; sind sie groß genug geworden, lösen sie sich aus dem Kreisverband, gestützt auf ihre Steuerquellen, z. B. den Bergbau, blähen sich als ›kreisfreie‹ Städte weiter auf. Wenn aber bei Wirtschaftskrisen die Steuerquellen versiegen, haben sie

keinen Atem mehr, und die erwerbslos gewordenen Menschenmassen liegen ihnen zur Last. Schmidt redet deshalb nicht einer Vergrößerung der Städte das Wort, sondern fordert ›Großkreise mit kommunalen Großkörpern‹, die imstande sind, für Land und Stadt Entwicklungen auf lange Sicht einzuleiten, d. h. auf ca. 40 Jahre. Aber das und seine ›Scheibentheorie‹ – das Ruhrgebiet aufgeteilt in vier von Nord nach Süd verlaufende ›Interessenscheiben‹, mit jeweils mehreren Stadtkreisen – ist noch Zukunftsmusik, die nur schwer Eingang selbst in die Ohren findet, die hören wollen.
Als Realist vergißt er jedoch das Nächstliegende nicht. Und da sind 72000 Hektar Wald, Wald zumeist in privatem Besitz, und diesen Wald kann er nicht – wie die ›Verbandsgrünflächen‹ gegen Bebauung – vor dem Abholzen retten, weil es kein Gesetz gibt, um dies zu verhindern. Also muß dieses Gesetz geschaffen werden. Schmidt entwirft es, der Verband leitet es dem Preußischen Landtag zu, und am 29. Juli 1922 tritt das ›Gesetz zur Erhaltung des Baumbestandes und Erhaltung und Freigabe von Uferwegen im Interesse der Volksgesundheit‹ in Kraft und verhindert in letzter Minute, daß die aus der Not der Nachkriegsjahre illegal betriebenen Ein-Mann-Bergwerke weiter ihren Holzbedarf in Wäldern decken, die ihnen nicht einmal gehören, und daß ganze Areale zu Brennholzzwecken kahlgeschlagen werden. Nahezu 50 Jahre später, 1970, stellt der Engländer John Barr fest, als er das Revier bereist, daß »infolgedessen die Bewohner der Ruhrstädte mehr als achtmal so viel Waldland pro Kopf als die Londoner« haben. ›Infolgedessen‹ heißt aber, daß

In der Luftaufnahme des Hoesch-Parks sieht man die grünen Bastionen der Bäume, die sich gegen die Werksanlagen vorschieben.

Schmidt sich nicht nur auf ein Gesetz verläßt, das Baumgruppen, Gehölze und Wälder unter Schutz stellt, sondern daß er auch Pflanzgärten anlegt, in denen rauchharte Hölzer gezüchtet werden, die er billig den Waldbesitzern zur Verfügung stellt; daß er Mittel zur Wiederaufforstung in den Haushaltsplan einsetzt und mit Prämien neuen Waldbestand schafft; daß er die Gemeinden veranlaßt, noch vorhandene Wälder zu kaufen und so, bei ständiger ›Waldverbesserung‹ und in zähem Kampf gegen Forstfrevel, Waldbrände, Wasserentziehung durch den Bergbau und Raucheinwirkung der Industrie, erreicht, daß seine Nachfolger ein halbes Jahrhundert später 65 000 Hektar Wald als dem Ruhrgebiet erhalten verbuchen dürfen.
Zum Nächstliegenden gehörte sodann ein Verkehrsweg, mit dem Luft in die verstopften Arterien der Verbindungswege kommen konnte. Mit dem Ruhrschnellweg, den Schmidt projektiert und in siebenjähriger Bauzeit quer durch das Gebiet des Ruhrkohlenbezirks von Hamm nach Duisburg bauen läßt, wird eine der ersten Kraftverkehrsstraßen der Welt, eine Vorform der Autobahnen, über das alte Wegenetz Karls des Großen, unter Einbeziehung des Hellwegs, gelegt. Eine zweite Ost-West-Verbindung in der Emscher-Zone wird eingeplant; der Ausbruch der Weltwirtschaftskrise verhindert ihren Bau; heute wird auch sie verwirklicht. Auch die Festlegung des Straßenprofils mit 9 Metern Breite, drei Fahrspuren zu je drei Metern und einem Fluchtlinienabstand von 36 Metern, der eine zweite Fahrbahn in Gegenrichtung zuließ, erweist, wie weit Schmidt seiner Zeit voraus war.
Alles dies war ein Anfang. Aber er mußte gemacht werden, und dazu gehörte, neben dem Ingenium des großen, in Zusammenhängen denkenden Technikers, die Fähigkeit, sich durchzusetzen. Schmidt hatte sie. Er war, so schildert ihn ein Kollege, der Berliner Stadtbaurat Wagner, »ein Ganzes, ein Herr und ein Diener, ein Konservativer und ein Sozialist, ein Priester und Politiker, ein Künstler und ein Ingenieur«.
Und deshalb läßt sich sein Werk durch die Aufzählung noch so konkreter Taten, wie es die Rettung der Wälder und der Bau des Ruhrschnellweges waren, nicht umreißen. Seine Arbeit fand im Verborgenen statt, im Planen, im Zusammenführen der Interessenten, im geduldigen zähen Überreden aller Beteiligten zur besten Lösung des Detailproblems im Rahmen des Gesamtplans. Nahm eine Sache, die er entworfen hatte, Gestalt an, so weilte seine planerische Phantasie längst beim nächsten Projekt, kreiste darum, wie es am vernünftigsten zu verwirklichen sei. Dieser ›runde Tisch des Ruhrgebiets‹, zu dem er den Ruhrsiedlungsverband machte, war sein eigentliches Werk.
Daß er »Schmidt von Essen« genannt wurde, wenn er zu Städtebau- und Planungskongressen in der ganzen Welt gerufen wurde, bedeutete ihm mehr als jeder Titel. Dann, Ende 1932, noch bevor die Nazis kamen, mit 63 Jahren, nahm er plötzlich den Hut und ging. Die Wirtschaftskrise hatte auch am Ruhrsiedlungsverband gezehrt. Vielleicht sah er auch, was auf ihn und den Verband zukam, als die politische Landschaft sich zunehmend verdüsterte. Es waren die alten Gegner, die Morgenluft witterten und dem Verband das Leben schwer machten. Allerdings gehörte sein Nachfolger, der Staatskommissar Dillgardt, nicht zu diesen Gegnern, im Gegenteil: Dillgardt verhinderte die schon fast sichere Auflösung des Ruhrsiedlungsverbandes.
Aber da, 1934, hatte ein Herzschlag Robert Schmidts Leben schon beendet. Nicht nur sein Leben, eine Epoche war zu Ende, in der er, Robert Schmidt, der ›Baumeister des Ruhrgebiets‹ hatte werden können.

Hoesch-Siedlung Woldenmey
in Dortmund-Derne

REVIERSTADT 1923

An dem verrosteten Turmgerüst der ehemaligen Eisenbahnfähre von Ruhrort dehnten sich noch vor wenigen Jahren die Wiesen. Diese flachen, weit ausgezogenen Ufer des Niederrheins säumen jetzt Fabrikgebäude und gleichförmige Arbeiterwohnungen, weiß mit roten Dächern in der Ferne. Die Städte des Randes fügen sich an eine einzige, ununterbrochene Straße; die Elektrische, die von der Ruhrbrücke abfährt, endet mitten in Hamborn und findet dort den Anschluß zu neuen stundenweiten Fahrten ins Land. Diese junge Großstadt ist bereits verstaubt und von flockiger Rauchluft überzogen wie die ewig grauen und bedrängten Städte des Wuppertals. Sie ist ein geistesschwaches Durcheinander von eintönig lallenden und aufdröhnenden Werkstätten hinter Gefängnismauern, von kostspieligen und freudlosen Verwaltungsbauten, von unansehnlichen Wohnhäusern mit den blinden Scheiben der Konsumvereine. Unterführungen gähnen zum Tageslicht herauf mit ewig brennenden Lämpchen. Vor den rohen Häuserfronten stehen schwarzbelaubte Bäume. Mageres Vieh, mit Sackleinen zugedeckt, grast in verwilderten Gärten. Schlackenhügel, wie von Grünspan überzogen, trostlose Kohlfelder und Fußballplätze mit verwitterten Zuschauertribünen liegen am Wege. Im Horizont ragen die Kühltürme, die schwerfälligen Kelche der Wasserbehälter und die Stellwerke mit ihren emporgehobenen Kammern. Großangelegte Straßenzüge brechen ab mit nackten breiten Wandflächen ohne Anschluß. In den Schaufenstern hängen Zettel von Zaubervorträgen, kommunistischen Versammlungen, Volkshochschulkursen, Liederabenden und Kinos. Die neugebauten Städte sind Slums, ihre vieldeutigen Arbeiterkolonien, so hübsch und neu sie aussehen, sind durch die Zusammendrängung zu Wohnhöhlen geworden. Die Menschen dienen grimmig der Maschine. Die Stadt überwölbt die tief hinabgebohrten Keller des Kohlenbergbaus, sie ist nur eine Wucherung der einzigen, auf Kohlenfeldern ruhenden Achtmillionenstadt zwischen Aachen und Dortmund mit dem Rhein in ihrer Mitte.

Alfons Paquet

GIGANT IM WESTEN

Nirgends sonst saßen die Menschen so dicht zusammen; nirgends sonst lagen so viele Städte von solcher Größe und Wichtigkeit und dabei doch so verschiedenen Antlitzes nebeneinander. Aber nirgendwo sonst waren die Menschen so isoliert in Gruppen und nirgendwo sonst die Städte einer Provinz so weit entfernt von einer wirtschaftlichen, kulturellen, verwaltungs- und verkehrstechnischen Einheit. Sah man von einer Anhöhe hinab, so schienen nur Ansätze zu Städten da zu liegen; es liefen die alten Landstraßen hindurch, sie liefen weiter durch Siedlungen, bei den Zechen lag es wie Ameisenhaufen, sie strahlten ein paar Nebenstraßen aus, die mitten im Feld abzubrechen schienen – und dann fing es wieder von vorne an, es war kein Strom, es war eine Überflutung.

Unmittelbar wuchs die Vergangenheit in die Gegenwart und die Gegenwart in die Zukunft. Immer war dieses Land in Vermessung begriffen, von Markscheidern und Geometern geröntgt, in Tabellen aufgeteilt. Nirgends ein Übergang, nirgends ein Halt. Neben den alten Kanälen wurden die neuen Häfen ausgebaggert, die einem Vielfachen des Umschlags gewachsen waren, mit welchem man beim Bau jener Wasserstraßen gerechnet hatte; und wenn man genauer hinsah, schienen auf dieser Fläche bereits unzählige Linien für ein zukünftiges, schon von der Vorsehung projektiertes Kanalsystem abgesteckt zu sein.

Die ehemaligen Ackerdörfer waren äußerlich aufgeschwemmt worden, viele hatten sich in einem Jahrhundert versiebzigfacht, doch ihren bescheidenen geistigen Zuschnitt hatten sie mit unheimlicher Zähigkeit bewahrt, und wenn sie sich mit den Errungenschaften der Technik brüsteten, deren Ausbeutung ja unter ihnen beheimatet war, so geschah es um der propagandistischen Wirkung willen. Gegenüber dem Hergebrachten zwei Augen zuzudrücken, war für sie leichter, als für Ungewohntes eines aufzumachen. So entstanden die Schwierigkeiten des Landes viel weniger aus dem natürlichen Gegensatz zwischen Kapital und Arbeit als aus dem unnatürlichen Gegensatz zwischen technischer und geistiger Haltung, und so war der Gigant im Westen die nämliche Unterlage zu Denkschriften und Festreden, welche die Waffenschmiede des Reiches gewesen war.

Erik Reger, 1930

Karl Ernst Osthaus, 1918.
Gemälde von Bernhard Pankok
(1872–1943)

Pankok 1918.

Die Kunst soll die Welt ändern

»In allen Ländern wucherte der Schund auf den Mistbeeten des Liberalismus. Das Unternehmertum hatte die Kunst aus der Architektur und dem Gewerbe verdrängt. Scheinwesen und Roheit vernichteten die Kultur der Völker. Wo konnte sich dieser Abstieg hüllenloser offenbaren als in den Städten, die der modernen Industrie ausschließlich ihr Dasein verdanken... Jedem, der in der Entwicklung der Menschheit einen Aufstieg zu höheren Lebensformen erblicken möchte, mußte dieser Zustand hoffnungslos erscheinen.«

Wer schrieb diese Worte? Ein Revolutionär? Marx, Engels, Lassalle? Diese anklagenden Worte fand ein Bankierssohn aus Hagen, Karl Ernst Osthaus mit Namen, ein zarter, feinfühliger Mensch, der sich gegen die Vorrechte jener in bürgerlicher Wohlstandsatmosphäre dahinlebenden Gesellscheft wehrte, in der er erzogen worden war. Die Stillosigkeit des ausgehenden 19. Jahrhunderts verletzte die Seele des jungen Osthaus, er sah hinter dieser einzigartigen Anhäufung architektonischer Scheußlichkeiten, hinter dem Pomp und Schwulst der Fassaden die Lebenslüge seiner Zeit.

1874 geboren, tritt der junge Osthaus zunächst auf den Pfaden an, die ihm Familientradition und Familiendenken vorschreiben, bricht aber bald aus der kaufmännischen Lehre aus, treibt kunstgeschichtliche, philosophische und naturwissenschaftliche Studien und formuliert mit zwanzig Jahren das Bekenntnis, daß die von ihm vertretene Sache »dem Glücke des Volkes und der Erhaltung des Wertes« zu dienen habe, »wie denn alle wahre Kunst durch die Macht, die sie auf die Gemüter ausübt, ein wesentlicher Faktor im volkswirtschaftlichen Leben sein kann und sein soll«. Die Geschichte lehre, meint er, daß es in jeder großen Zeit so gewesen sei. »Und da sich in den Umwälzungen unserer Jahre ein neues Zeitalter ankündigt, so ist es Pflicht eines jeden, der dem inneren Leben unserer Nation nahesteht, sein ganzes Können und Wollen an die Reinhaltung ihrer kulturellen Ideale zu setzen.« Unter völliger Zurückstellung seiner selbst, so beschließt er, will er dem Vaterlande dienen.

Glück des Volkes... Erhaltung des Wertes... Reinhaltung kultureller Ideale... Pflicht... Vaterland... Das ist jung, pubertär, und mag es mehr nachempfunden sein als ursprünglich – man denkt an den jungen Harkort, der mit zwanzig Jahren ähnliche Bekenntnisse zu formulieren verstand –, so besticht weniger der tiefe Ernst daran, der Unausgegorenes abgeklärt erscheinen lassen möchte, als die wilde Entschlossenheit eines jungen Mannes: das ihm Mögliche zu tun.

Aber wie? Zunächst umkreist sein Denken noch unbestimmt den Wunsch, »die Gaben unserer großen Künstler freigebiger an die vielen zu verteilen, die heute

Waldinneres, 1904.
Gemälde von Christian Rohlfs
(1849–1938)

noch Kunst als einen Luxus der Reichen betrachten«. Aber präziser weiß er zu sagen: »In der Durchdringung des ganzen Lebens mit Rhythmus und Schönheit liegt die Aufgabe, die ihr gestellt ist.« Dann, ganz konkret, bekennt er seine Absicht, »den abwärtsrollenden Rädern irgendwie in die Speichen zu fallen«.
Um die Jahrhundertwende ist sein Entschluß gefaßt. Er glaubt erkannt zu haben, daß eine Wandlung nur durch eine von Grund auf veränderte Erziehung des Menschen erreicht werden kann. Dem Schaffen des Schönen aber muß ein Begreifen des Schönen in der Natur vorausgehen. Er hat einen großen Plan: dem Ruhrgebiet, »diesem kunstverlassenen Industriebezirk«, in dem der kalte, nüchterne Zweck regiert, will er ein geistiges Zentrum schaffen. In jugendlicher Unbekümmertheit bestimmt er: »Hier in Hagen, wo ich geboren bin, wo ich den Aufeinanderprall beider Welten so schmerzlich gespürt habe, hier muß ich versuchen, dieses ›Begreifen des Schönen in der Natur‹ zu wecken.«
Irgendwie schwebt ihm ›Weltkunst‹ vor, die in einem Museum zu vereinigen wäre – Beispiele aus der Kultur und der Kunst der Völker, die richtungweisend und anregend sein können. Er stellt sich das ganz praktisch vor: nicht für gehobene Bildungsschichten soll dieses Museum entstehen, der Arbeiter, der Handwerker soll hier eintreten, nicht im feinen Anzug, um Kunst zu bestaunen, sondern um sie in sein Leben, seinen Alltag aufzunehmen und sie als etwas ganz Selbstverständliches zu begreifen. Osthaus will eine unmittelbare Verbindung zwischen Kunstgegenstand und Betrachter schaffen, will die Entfernung beseitigen, die dazwischenliegt, und ist überzeugt, daß, wenn dies gelingt, die Menschen echt beglückt werden können, ja, daß diese Beglückung sie befreien wird. Nicht nur von jener »Pathologie des provinziellen Geschmacks«, den er als Lüge, als die Verdummung schlechthin empfindet, sondern von mehr: dem gebrochenen Verhältnis zu ihrer Arbeitsumwelt. Osthaus glaubt, sie ihrem dumpfen Schicksal entreißen zu können, das ihm menschenunwürdig erscheint.
Mit vierundzwanzig Jahren ist er Erbe eines großen Vermögens. Und gibt Auftrag, ein naturwissenschaftliches Museum zu errichten. Karl Gérard, der Berliner Baumeister, entwirft die Pläne. Das Haus soll den Namen FOLKWANG – Volksanger – tragen, nach dem Palast der Freya in der germanischen Sage – den Beglückten, der den Saal Sesrumer betritt, überschütten alle Freuden der Welt, heißt es in einer lexikalischen Beschreibung des Folkwang. Aber noch ehe der in Hagen entstehende, im Stil der Renaissance gehaltene Bau in seiner Rohform fertig ist, entdeckt Osthaus in der ›Dekorativen Kunst‹ – einer damals berühmten Kunstzeitschrift – einen Aufsatz über das Werk Henry van de Veldes, des Brüsseler Baumeisters und Kunstphilosophen. Da fällt es ihm wie Schuppen von den Augen. Van de Velde hat bereits verwirklicht, was ihm, Osthaus, noch nebelhaft vorschwebt, hat jene ästhetische Revolution schon eingeleitet, deren Leitziel eine Art ›Neuer Sachlichkeit‹ ist. »Die Linie ist die Kraft«, verkündet er. Und wenn es Osthaus' erklärtes Ziel ist, die »Pathologie des provinziellen Geschmacks« zu brechen, dann weiß van de Velde auch wie. Nämlich nicht gegen die Industrie, sondern mit ihr: »Ich müßte kein moderner Mensch sein, wenn ich nicht die Herstellung der Gegenstände, die früher durch Handarbeit entstanden, der neuen maschinellen und industriellen Herstellungsart anzupassen suchte.« Van de Velde war um die Jahrhundertwende und bis zum Ersten Weltkrieg der Künstler, dessen »Ideen und Forderungen damals wie Ekrasit gewirkt haben müssen«, wie Eduard Plietzsch schreibt. »Wenn zum Beispiel der Hamburger Museumsdirektor Alfred Lichtwark an van de Veldes Silber-

Henry van de Velde, 1917. Holzschnitt von Ernst Ludwig Kirchner

bestecken tadelte, sie seien nach dem Prinzip der Kohlenschaufel vereinfacht, dann ahnte er nicht, welch hohes Lob er spendete. Die Kohlenschaufel gehört bekanntlich zu jenen klassisch geformten Werkzeugen, die wie Sichel, Hammer, Sense, Schere seit Jahrhunderten ihre nicht zu überbietende Zweckmäßigkeit und sachliche Schönheit unverändert bewahrt haben.«

Osthaus ist glücklich über seine Entdeckung. Noch am selben Tage telegrafiert er nach Brüssel, fragt an, ob er van de Velde besuchen dürfe und erhält Rückantwort: »Kommen Sie!« Beglückt bedankt er sich am 26. April 1900 und meldet sich für den 1. Mai an.

Als Jünger van de Veldes, der den neuen Stil in seinem Werk als Maler, Bildhauer und Architekt für Osthaus so überzeugend ausgedrückt und gestaltet hat, kehrt der junge, entflammte Museumsgründer aus Brüssel nach Hagen zurück, mit van de Veldes Zusage, das Museum fertigzubauen und einzurichten! Er ist vollkommen von der neuen Welt durchdrungen, die sich ihm in Brüssel mit van de Velde erschlossen hat und schreibt begeistert: »Niemand, der die Schöpfung van de Veldes durchwandert, wird sich dem Eindruck der Weihe und Harmonie entziehen können, die in ihr walten.«

Der Dichter Richard Dehmel widmet Henry van de Velde später diese Zeilen zum 50. Geburtstag am 3. April 1913:

> Versteinert schlief die Baukunst im Fach,
> da rief ein Zaubrer die stumme wach:
> Baumeister sein heißt das Wunder vollbringen,
> daß die Steine reden und singen.

Und die Steine redeten und sangen – in Hagen. 1902 wird dort das neue Museum eröffnet. Es ist keine naturwissenschaftliche Schau, es ist ein Kunstmuseum geworden. Osthaus, 28 Jahre alt, hat eine Schatzkammer der Kunst, der modernen Kunst zusammengetragen! Mit nachtwandlerischer Sicherheit hat er die Auswahl getroffen, und während andere Museen und Galerien zur gleichen Zeit die Machwerke des Wilhelminischen Zeitgeschmacks für teures Geld zusammenkauften, hat Osthaus mit seiner Sammlung jenes Podest der neuen Kunst, das die Kunst dieses ganzen zwanzigsten Jahrhunderts revolutionär bestimmen wird, ins rußige, von Fabrikschloten umstandene Hagen gestellt, mitten hinein in das von Stahl und Kohle und von nichts anderem erfüllte Industriegebiet des Ruhrreviers.

Christian Rohlfs, 1925. Linolschnitt von Reinhard Hilker

»Das Folkwangmuseum war den jungen Künstlern und Kunstgelehrten wie ein Himmelszeichen im westlichen Deutschland erstanden. Sie sahen dort ein Ideal, das ihnen ein führendes Beispiel erschien«, bekannte Emil Nolde von Osthaus' Schöpfung. Durch die Tapferkeit eines unvergeßlichen Menschen, fügten andere hinzu, sei hier in Hagen die Möglichkeit geworden, die ›Moderne‹ zu erleben. So hatte sich also Osthaus' Vision von einer Pilgerstätte erfüllt?

Gewiß, was die Künstler Deutschlands selbst anging. Hagen aber, die Vaterstadt des mutigen, selbstlosen Mannes, stand eher ablehnend als zustimmend dem neuen Museum gegenüber. Osthaus war tief enttäuscht. Ein Mann wie Wilhelm Schäfer entschuldigte diese ablehnende Haltung der Bürger: Es sei ihnen nicht übelzunehmen, wenn sie »aus dem sicheren Besitz der Genrekunst von 1880 den Sprung in die unbegrenzten Möglichkeiten dieser Kunst nicht tun wollen, es würde auch sonstwo in deutschen Landen nicht getan.«

Und damit hatte er recht. Die Zeit war noch nicht reif für die Absichten, die Osthaus verfolgte. Im Grunde seines Herzens hat er selbst das wohl erkannt, aber wie und

mit welchen Mitteln versuchte er dennoch, sein altes Ziel zu verwirklichen! 1901 bietet er dem in Lübeck lebenden Maler Christian Rohlfs die Leitung der Malschule im Folkwang an. Rohlfs kommt nach Hagen, hat hier seine erste Begegnung mit den französischen Impressionisten und erfährt in dieser Industriestadt, die ihm zur zweiten Heimat wird, den entscheidenden Durchbruch, wobei ihm Osthaus die wirtschaftlichen Sorgen weitgehend abnimmt. Rohlfs ist bis zu seinem Tode im Jahre 1938 Hagen treu geblieben. – Der holländische Glasmaler Thorn-Prikker folgt 1910 dem Ruf von Osthaus, Emil Richard Weiss, Milly Steger kommen, Peter Behrens und Emil Nolde sind oft zu Gast im Hohenhof, dem von van de Velde errichteten Wohnsitz der Osthausschen Familie.
In einem Brief, kurz nachdem das Folkwang-Museum eingerichtet war, schrieb van de Velde an Osthaus: »Wenn dieses Museum über die nötigen Mittel verfügt, all das zu vereinigen, was die Industrie unter Mitwirkung der Künstler hervorbringt, so wird es ein Kampfplatz werden, in dessen Schranken jeder Industrielle darum kämpfen muß, den Wert seiner Fabrikation dem Publikum zu beweisen.«
Wenn Osthaus diesen Schritt zum ›Kampfplatz‹, der noch am Anfang seiner Überlegungen stand, nicht mehr tat, bedeutet dies keinen Verrat seiner Grundidee. Er sah sein Kunstmuseum nur als Teil eines viel weitergreifenden Planes an, und er durfte ja glauben, noch ein Leben vor sich zu haben, um diesen Plan praktisch zu verwirklichen. Da stand das Museum in herrlichem reinem Jugendstil – und wer wollte, konnte darin jede Begegnung mit der aufbrechenden Kunst des neuen Jahrhunderts haben, keiner deutschen, einer europäischen Kunst. Das nationale

Der ›Hohenhof‹ in Hagen

Osthaus-Museum,
Halle im Jugendstil
mit Brunnen
von George Minne

Moment, das immer mehr eine Identität mit Engstirnigkeit, Provinzialismus und bloßer Nachbetung der Form eingegangen war, hatte keine Gültigkeit mehr, und das ›Genrebild‹, Postulat ›deutscher Kunst‹, war spätestens schon ein halbes Jahrhundert zuvor von den Impressionisten Frankreichs verworfen worden. Osthaus hatte, ohne dies eigentlich zu wollen, die Tür weit aufgestoßen – und Europa hereingeholt. Das war keine Selbstverständlichkeit, verstand sich aber für Osthaus als das Selbstverständlichste von der Welt. Was er nicht als selbstverständlich empfand, war die Diskrepanz zwischen dem Schönen (eines europäischen Kunstmuseums) und der Häßlichkeit, Traurigkeit der Arbeiterwohnungen, die einen Steinwurf weit vom Folkwang begannen. So entsteht der Gedanke der ›Gartenstadt‹, und wieder ist es van de Velde, den Osthaus ruft. Unter dem Namen ›Hohenhagen‹ errichten er, Peter Behrens und der holländische Architekt K. L. M. Lauweriks eine solche Gartenstadt im neuen Stil, die freilich von Hagens Bürgern ebensowenig begriffen wird wie das ›fremdartige‹ Museum. Als der Weltkrieg ausbricht, muß der Bau ohnehin eingestellt werden.
Dennoch setzte Osthaus die Abhaltung einer Konferenz der ›Zentralstelle für Arbeiterwohlfahrtseinrichtungen‹ durch, auf der man sich darüber einig ist, daß sanitäre Reformen nicht genügen, daß man ›kolonisieren‹ muß. »Als örtliches Ergebnis dieses Kongresses«, weiß Herta Hesse-Frielinghaus zu berichten, »wurde eine Viertelstunde abwärts von der Villenkolonie auf Osthaus' Betreiben durch die Hagener Textilindustrie eine musterhafte Arbeiterkolonie geschaffen. Es war Platz für 100 Wohnungen, die Professor Riemerschmied bauen sollte. Es ist nur ein kleiner Teil davon entstanden, der traulich und viel solider wirkt, als man es sonst bei

Beispiel des angewandten Jugendstils im Revier: Die Maschinenhalle der Zeche Zollern II.

derartigen Kolonien gewohnt ist. Es versprach ein vorbildliches Werk zu werden, dessen Vollendung der Erste Weltkrieg verhinderte.
Gemeinsam mit dem Ruhrsiedlungsverband erstrebte Osthaus Trennung und organische Umbildung der Arbeits-, Wohn- und Erholungsstätten, Schaffung von Grünflächen und Parks. Auf diesen Grundlagen hoffte er dann, ein neues kulturelles Leben erblühen zu sehen. Osthaus ließ nicht ab, durch Vorträge, Aufsätze und Eingaben auf die grundlegende Wichtigkeit seiner Anregungen hinzuweisen. Alle diese Unternehmungen Osthaus' in Hagen aber gingen in ihren letzten Zielen über Hagen hinaus, sollten Vorbild sein für das ganze Industriegebiet. Sein letzter Plan war eine baukünstlerische Umgestaltung des ganzen rheinisch-westfälischen Industriegebietes, der gesamten Großstadt im Westen.«
1916 wird Osthaus eingezogen. Nach Belgien kommandiert, erkrankt er schwer. Das Jahr 1918 empfindet er als einen Zusammenbruch der Gestaltungen des gesamten bürgerlichen Lebens. Unermüdlich fordert er: »Wir müssen aber den Formwillen der vergangenen Epoche auf die neugefundenen wahren Lebensinhalte übertragen.« Die Folkwang-Schule, die in Zusammenarbeit mit Bruno Taut entsteht – »der Harmonie, der funktionalen Ertüchtigung aller Kräfte und der seelischen Vertiefung« soll sie dienen. »Nichts ist heute wichtiger, als Ziele so hoch zu

stecken, als unsere Einbildungskraft sie nur aufzurichten vermag. Denn nur durch den inneren Impuls vermögen wir den Zusammenbruch der äußeren Welt zu überwinden.«
Aber das Unternehmen kommt nur schwer in Gang, auch hat Osthaus in der Wahl der Lehrer keine glückliche Hand. Ein Kehlkopfleiden zwingt den Unermüdlichen, mehr und mehr im Süden zu leben. Dort, in Meran, stirbt er 1921. Niemand ist da, der das Begonnene fortführen könnte, niemand, der die von Osthaus zusammengetragenen Schätze der Stadt Hagen und dem Museum zu erhalten weiß. Die Stadt, der Osthaus so leidenschaftlich eine kulturelle Zentralstelle verschaffen wollte – die Galerie von Osthaus würde die Stadt Hagen einmal bekannter machen als ihre gewiß löbliche Industrie, hatten namhafte Leute geschrieben –, diese Stadt ist zu sehr mit ihren Nachkriegssorgen beschäftigt, als daß sie Gebrauch macht von Osthaus' testamentarischer Verfügung, sie könne, wenn sie in gemeinnütziger Weise das Museum fortführe, dieses zu einem Zehntel des wirklichen Wertes erwerben. Das sind immerhin 15 Millionen Mark. Die Stadt zögert, vielleicht hofft sie insgeheim, daß die Galerie ihr ganz geschenkt würde. In letzter Minute führen reiche Bürger der Stadt eine Sammlung durch – zu spät. Schon hat das Ruhrkohlensyndikat zugegriffen, und niemand kann mehr verhindern, daß Osthaus' Schöpfung nach Essen abwandert. Immerhin bleibt sie dem Revier erhalten: Als Essener Museum Folkwang entwickelte sie sich zu einer der bedeutendsten Kunstsammlungen Deutschlands, der auch die 1927 neu gegründete Folkwang-Schule für Musik, Tanz und Schauspiel angeschlossen wurde. Beide zeugen für Osthaus, wenn auch das, was ihm vorschwebte, ein Torso geblieben ist. Die Zeit war nicht reif für seine Ideen. Unvergessen bleibt seine Tat.

»... Riemerschmid hat die ganze Feinheit seiner künstlerischen Begabung in den Bebauungsplan gelegt; er läßt die Straße sich verbreitern und verengen; bald zieht er die Häuser an die Fluchtlinie heran, bald schiebt er sie zurück und läßt einen Vorgarten vor ihnen hinlaufen. Die Giebelseiten kehrt er abwechselnd gegen die Straße oder gegeneinander; die dadurch entstehenden Überschneidungen geben dem Straßenbilde einen neuen Reiz.«
Karl Ernst Osthaus

DER NEUE STIL

Zu der Stunde, da wir auftraten, jung und ungeduldig, unsere Schaffenskraft zu betätigen, ungeduldig, von den Älteren die Kunst zu erlernen, wie wir unsere Kräfte verdoppeln könnten, wie wir mit ihnen haushalten könnten, um sie dauernd zu erhalten, zu der Stunde hörten wir, daß niemand daran dachte, ein neues Schaffen in dem Bereich der Architektur und des Kunstgewerbes von irgend jemandem zu erwarten. Wir hörten, es sei gar nicht nötig, unsere Schaffenskräfte zu verdoppeln, da doch schon seit langer Zeit niemand mehr Gebrauch von ihnen machte, daß es daher auch ganz unnötig sei, mit Kräften hauszuhalten, die man ja gar nicht zu besitzen brauchte!

»Es genügt, nachzuahmen und zu kopieren«, sagten unsere Lehrer. – »Man muß nachahmen und kopieren«, sagten nach ihnen ihre Schüler, die zuwenig Unbefangenheit besaßen, um zu erkennen, daß durch diese gemeinschaftlichen, elenden Feigheiten sowohl die Architektur als auch das Kunstgewerbe dem Blödsinn verfallen waren.

Meine Generation hat zu Beginn ihres Mannesalters den Alb gekannt, unter Menschen von getrübter Intelligenz geführt zu werden, die mit den organischen Elementen der Architektur spielten wie Kinder mit Bauklötzen, die Säulen, Bögen, Giebel und Gesimse aneinandersetzten ohne irgendwelchen Sinn, ohne irgendwelchen Grund, ohne irgendwelche Konsequenzen. Wir empfinden noch heute mit Grauen, in einem Irrenhaus geweilt und der stumpfsinnigen Beschäftigung der Leute zugeschaut zu haben, deren Gehirn gelähmt war und die eigensinnig, wie nur Irre eigensinnig sein können, darauf bestanden, auf allem, was ihnen unter die Finger kam, eine Fülle und Überfülle von nackten Frauen und Blumen anzubringen.

Es war das Grauen vor einem solchen Alb, vor solchen Frauenleibern und Blumen; es war das Grauen vor einer solchen Kunstrichtung und die Angst vor einer solchen Zukunft, der auch wir entgegensahen, die uns dazu trieb, Fenster und Türen aufzureißen und nach Vernunft zu schreien, auf daß sie uns befreie... Der Flachbogen der Eisenkonstruktion, der Brücken, der Bahnhofs- und Ausstellungshallen ist über unserer Epoche ausgespannt. Er bedingt die Möglichkeiten des modernen Rhythmus ebenso wie der Parallelismus der geraden Linie den Rhythmus der griechischen Kunst bedingte und der Bogen und der Spitzbogen den Rhythmus der romanischen und der gotischen Kunst!

Wir, die wir das Gesetz aufstellen, daß »die Linie eine Kraft ist«, konnten das nicht übersehen.

Ich glaube, daß wir von nun an einen modernen Stil besitzen werden, ebensogut wie ich glaube, daß wir von nun an eine moderne Schönheit besitzen; aber ich muß hinzufügen, daß wir bis jetzt uns noch wenig einig sind darüber, was der neue Stil, was die moderne Schönheit sein wird.

Henry van de Velde, 1907

ÜBER HENRY VAN DE VELDE

Durch eine der Mitteltüren fiel der Blick in einen Salon, der uns als der poesievollste Raum aus Veldes ganzem Schaffen in Erinnerung steht. Poliertes Zitronenholz, ein Fries eingelassener Bilder von Maurice Denis in Blau, Grün und Rosa, ein Kamin aus hellbraunem Marmor, viel Messing und weißer Stuck schufen einen Klang, in den als einzige dunkle Note die Bronzefigur einer Knienden von Maillol einstimmte. Es war eine Stimmung von weichem elysischem Reiz. Der die Figur tragende Kamin stand der Tür gegenüber, beide bezogen die Hälfte des Raumes in strenger Symmetrie auf sich. Stuck, Holz und Messing spielten in einer Weise, die Veldes neoimpressionistische Vergangenheit in die Erinnerung rief, sehr eigentümlich ineinander.

Es war amüsant, den Eindruck gerade dieses Raumes auf die Besucher zu beobachten. »Nee, det is nischt vor Unsereinen«, meinte eine dicke Berlinerin nach einem mißbilligenden Blick durch die Lorgnette; ein höherer Offizier nahm es mit der Prüfung genauer und urteilte schließlich nicht ohne Respekt: »Etwas für exklusive Leute.« Zwei hübsche Landkinder aber verklärten sich wie im Anblick eines Märchens und riefen im ersten Anschaun: »Wie scheen!« Es zeigte sich wieder einmal, daß der unverbildete Geschmack des Dörflers echter Schönheit gegenüber weniger hilflos ist als die mit Ästhetik überfütterte Großstadtseele.

Karl Ernst Osthaus, 1920

Contes Barbares, 1902.
Gemälde von Paul Gauguin
(1848–1903)

HOESCH
Ein bedeutsamer Entschluß

Am Zustandekommen der 1920 geschlossenen Interessengemeinschaft mit ›Köln-Neuessen‹ war Fritz Springorum, der Sohn Friedrich Springorums, bereits maßgeblich beteiligt gewesen. Seit 1925 war er als Vorsitzender des Vorstandes der ›Eisen- und Stahlwerk Hoesch AG‹ seines Vaters Nachfolger geworden, zu einer Zeit also, als die Stabilisierung der Mark zwar die Ordnung der Geldverhältnisse gebracht, zugleich aber auch die gänzliche Verarmung des deutschen Volkes und die Auszehrung seines wirtschaftlichen Lebens offenbar gemacht hatte. Bei aller Krisenanfälligkeit hatten dabei die großen Verbundunternehmen wenigstens den Vorteil, schwächere Teile ihres Verbundes durch leistungskräftig gebliebene abstützen zu können. Den selbständigen kleinen und mittleren Verarbeitungsbetrieben war dies nicht möglich. Sie suchten deshalb Anlehnung, und so war es gekommen, daß Hoesch auch weiterhin fortfuhr, eine Reihe solcher in Schwierigkeiten geratenen Unternehmungen, mit denen Geschäftsverbindungen bestanden, ›aufzufangen‹. Dies geschah nicht nur, um Außenstände zu retten, sondern vor allem aus der Erwägung heraus, daß bei Gesundung dieser Betriebe die Absatzbasis erhalten blieb, die die Hüttenwerke brauchten, um selbst florieren zu können.

Neuerwerbungen des Konzerns
1921: Trierer Walzwerk AG
1923: Federstahl AG, Kassel
1927: Dortmunder Drahtseilwerke; Hesse & Schulz, Hohenlimburg
1928: Schmiedag AG, Hagen; Schwinn AG, Homburg; Bilstein Bandeisenwalzwerks-AG; Baroper Walzwerk-AG
1929: Gebr. Dörken AG
1931: Stahlwerke Harkort-Eicken GmbH, Hagen; Hiltruper Röhrenwerk GmbH

War so die Liste der Erwerbungen, die den Konzern vergrößerten und festigten, bereits 1921 um die Trierer Walzwerk AG und 1923 um die Federstahl AG Kassel erweitert worden, so traten nun die Dortmunder Drahtseilwerke (1927), Hesse & Schulz, Hohenlimburg (1927), ferner, 1928, die Schmiedag AG in Hagen, eine Vereinigung von Gesenkschmieden, die Hoesch zustande gebracht hatte, traten die Schwinn AG in Homburg/Saar, die Bilstein Bandeisenwalzwerks-AG, die Baroper Walzwerk-AG (alle 1928), die Gebr. Dörken AG in Gevelsberg (1929) und die Hiltruper Röhrenwerk GmbH (1931) hinzu. Von besonderem Gewicht war dabei, daß Hoesch die 1925 erworbene Firma Eicken & Co. in Hagen mit der Peter Harkort & Sohn GmbH in Wetter (1931) zusammenschließen konnte und damit ein Edelstahlwerk erhielt.

Bereits bei dem Erwerb der Firma Eicken & Co. zeigte es sich, wie wichtig die mit Köln-Neuessen eingegangene Interessengemeinschaft war; nicht Hoesch allein, sondern beide Teile finanzierten den Kauf.

»Die Springorums haben es verstanden, ihr Stahlwerk Hoesch zu einer Musterstätte der Stahlerzeugung auszubauen und es unabhängig zu erhalten«, schrieb die in Berlin erscheinende Privatkorrespondenz ›Deutsche Führerbriefe‹ Ende der zwanziger Jahre. »Fritz Springorum vertritt auch in der kaufmännischen Verwaltung des Hoesch-Werkes den Qualitätsgedanken; er beschäftigte früh wissen-

Asphodelenstilleben, 1907.
Gemälde von Henri Matisse
(1869–1954)

Fritz Springorum (1886–1942)

Albert Vögler (1877–1945)

schaftlich gebildete Kaufleute und hat großes Interesse für alle Nachwuchsfragen...« Und wenn da weiter stand, daß dieser Fritz Springorum ein integrer Charakter sei mit offener Gesinnung, daß er zur Führung und Anregung und auch zum Ausgleich eine gute Ausstattung besitze und den Fragen der Weiterverarbeitung und der Lage der mittleren Industrien viel Verständnis entgegenbringe, so hörte sich das gut an, verriet aber nicht, wie dieser Mann selbst über die Richtigkeit einer Entscheidung dachte, die er, kaum an der Spitze des Werkes, 1925 hatte treffen müssen, als es darum ging, nun Hoesch selbst, wie die ihm angegliederten Werke – die dies sicher nicht hatten bereuen müssen –, unter Aufgabe der Selbständigkeit einzubringen als Teil in ein Ganzes, Übergeordnetes: in die sich bildenden Vereinigten Stahlwerke.

Schon 1918, als Hugo Stinnes dem Industriellen Emil Kirdorf, der aus seiner Gelsenkirchener Bergwerks-AG das mächtigste Bergbauunternehmen an der Ruhr gemacht hatte, den Zusammenschluß von Phoenix/Deutsch Luxemburg/Gelsenberg zu einem Dreibund vorschlug, waren von seiten Albert Vöglers Gedanken zu einem viel weitergreifenden Gebilde entwickelt worden. Vögler, vom ›jungen Mann‹ bei Stinnes zum Generaldirektor von Deutsch-Lux aufgestiegen, hatte sogar einen Namen für diese »Gemeinschaft großer und größter Werke an der Ruhr«: ›Stahlbund‹. Dieser Stahlbund sollte in der Lage sein, durch Verminderung der Produktions-, der Verwaltungs- und der Verkaufskosten so viel Stahl wettbewerbsfähig dem Ausland gegenüber zu produzieren, daß »täglich aus der neugebildeten Gemeinschaft ein 5000-Tonnen-Dampfer beladen deutsche Häfen verlassen« könne. Der Plan sah nicht nur technische Verbesserungen für die im ›Stahlbund‹ vereinigten Werke vor, sondern neben den Vorteilen gemeinsamen Ein- und Verkaufs und rationeller Investitionen auch gemeinsame Forschung, den Austausch von Erfahrungen – »jeder Pfennig, um den durch solchen Austausch die Tonne Stahl billiger hergestellt wird, bedeutet in der Gemeinschaft eine Jahreser-

Pläne für einen ›Stahlbund‹

sparnis von M 40000.–« –, ferner die Heranbildung eines Beamtenkörpers, aus dem »durch systematische Auswahl der Besten und Verteilung dieser auf die einzelnen Werke« geradezu Idealbesetzungen möglich seien, und, da ein solcher Zusammenschluß mit fast 200000 Arbeitern einen Arbeitgeberverband im kleinen darstellte, nicht zuletzt vermehrte soziale Leistungen: Bau von Wöchnerinnen- und Kinderheimen, Lehr- und Erholungsanstalten für Arbeiter und Angestellte...

Dieser weitgesteckte, zu weit gesteckte Plan, wie viele meinten, wurde sieben Jahre später, 1925, als wachsende Auslandskonkurrenz, Kapitalnot und eine politische Krise nach der anderen die Großindustrie nach einem Ausweg suchen ließen, zur Grundlage von Gesprächen, zu denen sich die führenden Männer der deutschen Montanindustrie zusammensetzten: neben Thyssen und Vögler, der die Rhein-Elbe-Union vertrat – Deutsch-Lux, Gelsenberg, Bochumer Verein –, auch Abgesandte der Phoenix-Gruppe, auch Krupp und Hoesch.

Die Vorstellungen zielten auf eine Dachorganisation hin, unter der die Beteiligten Eigentümer ihrer Werke bleiben sollten. Also auf keine juristische, produktions- und absatzmäßige Einheit, sondern auf eine Interessengemeinschaft mit weitgehender Selbständigkeit ihrer Glieder, und das war, im Hinblick auf eine durchgreifende Rationalisierung, mit der man ja nur wettbewerbsfähig bleiben konnte, nach Ansicht verschiedener Teilnehmer der falsche, weil nur der halbe Weg. Unabsehbare Schwierigkeiten würden sich auftürmen, ein Plan in dieser Form müßte an der Wirklichkeit zerschellen. Gert von Klaas schreibt in seinem Buch ›Albert Vögler‹ über die Verhandlungen: »Der erste, der die Geduld verlor, war Fritz Springorum von Hoesch, dem eine restlose Zusammenfassung der Werke durch echte Fusion vorschwebte, die in diesem ersten Stadium nicht gewollt war. Als später eine andere Form des Zusammenschlusses gefunden wurde, zeigte Hoesch kein Interesse mehr. Die Ursache für sein Beiseitetreten mochte zuletzt darin liegen, daß Fritz Springorum in dem Augenblick, als sich die Gründung der Vereinigten Stahlwerke abzeichnete, für Hoesch in der Selbständigkeit einen größeren Vorteil sah neben einem mächtigen Stahlbund, dessen Wirken auf das ganze Revier ausstrahlen mußte.«

Warum Hoesch nicht den Vereinigten Stahlwerken beitrat

Im Warmwalzwerk Wissen 1926. Wissen gehört zu den Hüttenwerken Siegerland, die 1966 mit der Hüttenunion zu Hoesch kamen.

Spezialblechwalzwerk der Hoesch-Hüttenwerke 1928

Springorums Überlegungen gingen sicherlich in dieser Richtung. Er konnte sich nüchtern ausrechnen, daß der Anteil von Hoesch an einem ›Stahlbund‹ unter 25% geblieben wäre – bei dem Löwenanteil, den mit nahezu 40% die Rhein-Elbe-Union (Deutsch-Lux, Gelsenkirchener Bergwerks-AG und Bochumer Verein) bekommen würde – und daß er nicht einmal die Sperrminorität erreicht hätte. Auch war es für beide Springorums, Vater und Sohn, wenig reizvoll, in dem künftigen Mammutvorstand etwa das 52. Vorstandsmitglied zu stellen und im Aufsichtsrat die 24. Stelle zu besetzen. Nicht unwichtig für ihren Entschluß, dem Riesentrust – ebenso wie Krupp dies später tat – fernzubleiben, war schließlich der starke Rückhalt, den die Springorums in der Interessengemeinschaft mit Köln-Neuessen erblickten: sie hatte sich bewährt, würde dies in der Zukunft tun. Sie führte, 1930, dann ja zur vollen Fusion, die sich auch namentlich ausdrückte: ›Hoesch-KölnNeuessen, Aktiengesellschaft für Bergbau und Hüttenbetrieb‹.

Es ist müßig zu fragen, ob Hoesch es bereuen mußte, sich nicht unter die Fittiche des Großkonzerns gestellt zu haben, der – im wesentlichen aus vier Gesellschaften, ohne Krupp, ohne Hoesch, auch ohne die Gutehoffnungshütte – am 14. Januar 1926 als ›Vereinigte Stahlwerke AG‹ gegründet wurde. Mit fast zwei Fünfteln der gesamten deutschen Kohlen-, Eisen- und Stahlproduktion des Reiches einschließlich Mitteldeutschlands und Schlesiens, bei einer Belegschaftsgröße von 250000 Arbeitern, wurde dieser Riese nach der United States Steel Corporation der zweitgrößte Stahltrust der Welt, der noch im Gründungsjahr 26 Millionen Mark, im darauffolgenden Jahr aber bereits 53 Millionen Mark Reingewinn erzielte. Erreicht wurden diese Erfolge mit durchgreifender Rationalisierung und Stillegung aller Werke, die sich nicht mehr rentierten, von Schachtanlagen und Kokereien bis zu Hochofenwerken und Stahlwerksanlagen, Walzwerken, Röhrenwerken, Verfeinerungsbetrieben.

1926: Gründung der Vereinigten Stahlwerke

Wie ungleich aber das Kräfteverhältnis zu Hoesch geworden wäre, darüber geben die nackten Zahlen Auskunft. Insgesamt waren an Deutschlands Rohstahlerzeu-

gung, die im Jahre 1927 bei 16,3 Millionen Tonnen lag, die Vereinigten Stahlwerke mit 42% (6,8 Mio t) beteiligt. Der Anteil von Hoesch an der Gesamterzeugung lag bei ganzen 5,7% (0,9 Mio t). Nicht anders verhielt es sich auf der Kohlenseite. Hier nahmen die Vereinigten Stahlwerke mit 35 Millionen Tonnen rund 23% des Rheinisch-Westfälischen Kohlensyndikates in Anspruch, während Hoesch-KölnNeuessen mit 5,2% daran beteiligt war.
Sicher war indes: Als legitimes Kind aus der Ehe zwischen Zeche und Hütte, zwischen Kohle und Stahl, waren die Vereinigten Stahlwerke die bisher konsequenteste Verwirklichung eines Zusammenschlusses von Unternehmungen, die, zentralgesteuert, durch Vollausnutzung ihrer leistungsfähigsten Betriebe einen Ausweg aus der Strukturkrise der Montanindustrie zu finden hofften.

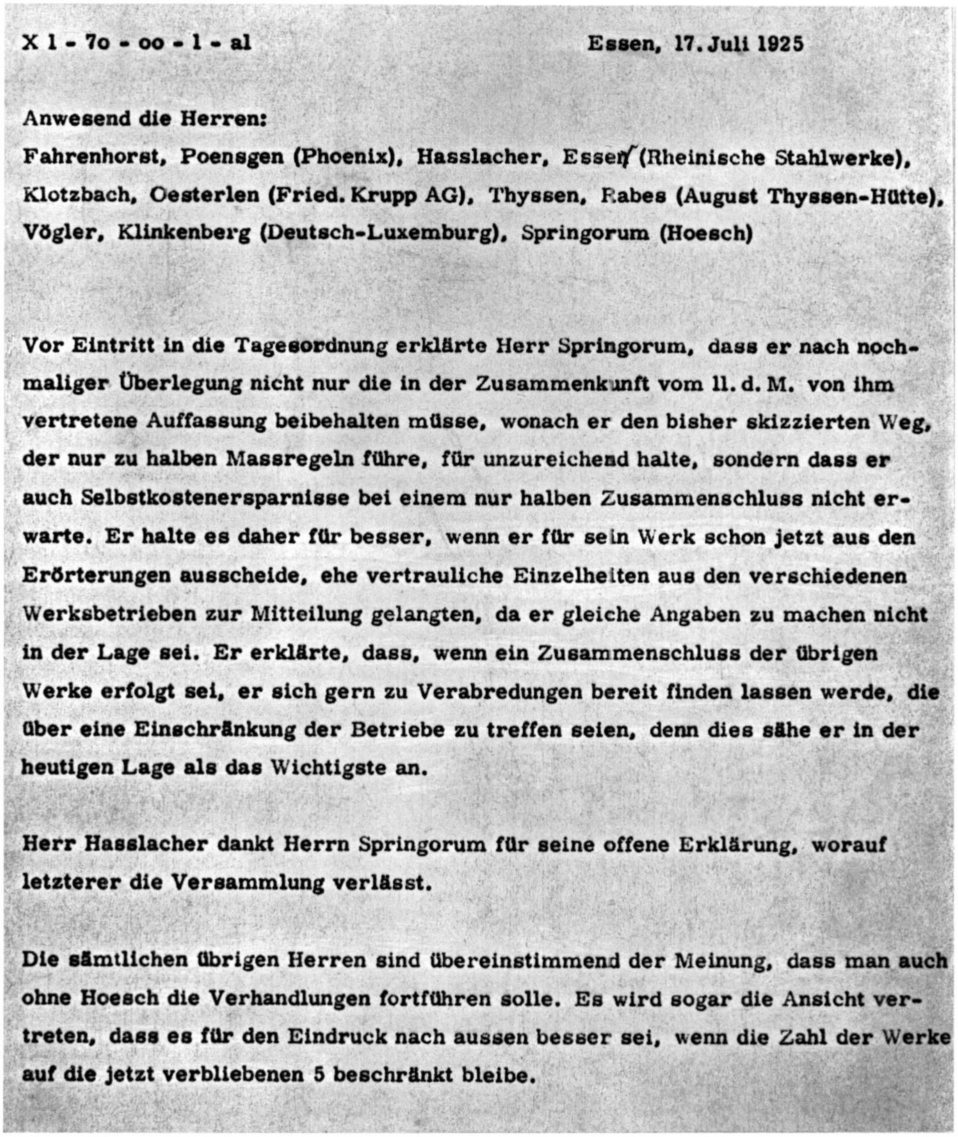

X 1 - 70 - 00 - 1 - al **Essen, 17. Juli 1925**

Anwesend die Herren:
Fahrenhorst, Poensgen (Phoenix), Hasslacher, Essen (Rheinische Stahlwerke), Klotzbach, Oesterlen (Fried. Krupp AG), Thyssen, Rabes (August Thyssen-Hütte), Vögler, Klinkenberg (Deutsch-Luxemburg), Springorum (Hoesch)

Vor Eintritt in die Tagesordnung erklärte Herr Springorum, dass er nach nochmaliger Überlegung nicht nur die in der Zusammenkunft vom 11. d. M. von ihm vertretene Auffassung beibehalten müsse, wonach er den bisher skizzierten Weg, der nur zu halben Massregeln führe, für unzureichend halte, sondern dass er auch Selbstkostenersparnisse bei einem nur halben Zusammenschluss nicht erwarte. Er halte es daher für besser, wenn er für sein Werk schon jetzt aus den Erörterungen ausscheide, ehe vertrauliche Einzelheiten aus den verschiedenen Werksbetrieben zur Mitteilung gelangten, da er gleiche Angaben zu machen nicht in der Lage sei. Er erklärte, dass, wenn ein Zusammenschluss der übrigen Werke erfolgt sei, er sich gern zu Verabredungen bereit finden lassen werde, die über eine Einschränkung der Betriebe zu treffen seien, denn dies sähe er in der heutigen Lage als das Wichtigste an.

Herr Hasslacher dankt Herrn Springorum für seine offene Erklärung, worauf letzterer die Versammlung verlässt.

Die sämtlichen übrigen Herren sind übereinstimmend der Meinung, dass man auch ohne Hoesch die Verhandlungen fortführen solle. Es wird sogar die Ansicht vertreten, dass es für den Eindruck nach aussen besser sei, wenn die Zahl der Werke auf die jetzt verbliebenen 5 beschränkt bleibe.

Das Protokoll vom 17. Juli 1925

Aus der Weltwirtschafts-krise ins Dritte Reich

Hundert Meter vor dem Ziel

»Ist Technik Segen? Ist sie Fluch? Bedeutet der alles übertönende Schritt, mit dem sie die Welt nach ihrem Willen formt, Fortschritt oder Untergang?« In diesen Worten Albert Vöglers spiegelt sich der abgrundtiefe Zweifel wider, der nach dem 24. Oktober 1929 die führenden Männer der Industrie an Rhein und Ruhr erfüllte. Jener 24. Oktober war der berüchtigte ›Schwarze Freitag‹ an der New Yorker Börse, mit dem die Weltwirtschaftskrise begann. Die Hiobsbotschaften über Zusammenbrüche großer, altehrwürdiger Unternehmungen jagten sich. Es war die Zeit, in der die Menschen die Sparkassen stürmten, in der Banken wie Kartenhäuser zusammenstürzten, in der das Kabinett Brüning fast nur noch mit Notverordnungen regieren konnte – aber trotz aller Maßnahmen der Regierung stieg die Millionenzahl der Arbeitslosen unaufhaltsam an. Dieser Krise war nicht mehr mit Finanzplänen beizukommen, eine Sanierung der Wirtschaft aber durch Arbeitsbeschaffung blieb unausgeführt, blieb Plan wie das meiste, womit die Führung der Republik, die sich zwischen den radikalen Parteien zerrieb, der Not Herr werden wollte. Die Last der Reparationen machte zudem jede schöpferische Politik zunichte. Dennoch war Brüning auf dem besten Wege, den demokratischen Staat zu retten. »Hundert Meter vor dem Ziel« – wie er in einer seiner letzten Reichstagsreden sagte – wurde er gestürzt. Seine Nachfolger leiteten dann nur noch zu dem über, was 1933 begann.
Zunächst aber: Wie war jener Schwarze Freitag, der die Neue wie die Alte Welt in einen Strudel von Katastrophen hineinriß, überhaupt möglich gewesen? 1929, das Jahr des größten Bankkrachs, den die Geschichte des Wirtschaftsliberalismus erleben sollte, war zugleich das Jahr, in dem der steile Wirtschaftsaufstieg in der ganzen Welt, vornehmlich in Amerika, die Menschen in einen rauschhaften Zustand versetzte. Der Traum vom Goldenen Zeitalter schien Wirklichkeit geworden zu sein. Jeder kaufte jede Menge Aktien, um so schnell reich zu werden, wie es andere schon geworden waren – und jeder vermeinte es zu können, denn er brauchte nur ein Zehntel in bar hinzulegen, den Rest erhielt er als Kredit. Der Optimismus, der dahintersteckte, war nicht unberechtigt. Die USA, vor dem Krieg Schuldnerland Europas, waren zum Großgläubiger der europäischen Staaten geworden. Seit Kriegsende bis zu diesem Herbst 1929 hatten sie ihre Industrieproduktion verdoppelt. Große und größte Konzerne waren entstanden, reich genug, um die modernsten, rationellsten technischen Verfahren zu entwickeln, die die Voraussetzung für Massenproduktion waren, Massenproduktion, die wiederum den großen Markt bedingte, wie er auf dem amerikanischen Kontinent vorhanden war. Europas nationale Industrien, von Zollmauern umschlossen, ver-

fügten auch nicht annähernd über vergleichbare Absatzmöglichkeiten, und Kapitalknappheit und Rohstoffmangel, der amerikanischen Wirtschaft unbekannt, waren ein weiteres Handikap, um solcher Dynamik gegenüber konkurrenzfähig zu bleiben. Mit Millionen Autos, die die Fließbänder ausspien, mit Stahlwerken, die wie Pilze aus dem Boden schossen, mit Exportüberschüssen und Deviseneinnahmen, die Kredite und abermals Kredite ermöglichten, trieb der amerikanische Boom die Kurse in die Höhe. Aber das spielte keine Rolle, ja war nur erwünscht, um so schneller wurde man ja reich. Effekten wurden schließlich »fabriziert wie Seife, allein deshalb, weil man mit ihrer Herstellung und ihrem Verkauf Geld verdienen konnte«. Das alte, fast legendäre Finanzgenie Bernard Baruch, dessen Worte Orakelkraft hatten, weissagte in jenen Tagen den gläubigen Spekulanten der Wallstreet, die Welt stehe nicht am Ende, sondern erst am Anfang eines gewaltigen Fortschritts. Und übersah dabei geflissentlich jedes Warnzeichen, mit denen das Gewitter sich ankündigte, als Aktien bis auf den zwanzigfachen Nennwert geklettert waren, schon aber Leute, die dem Frieden nicht trauten, ausstiegen und dadurch Kursstürze hervorriefen, die wiederum die Banken veranlaßten, kräftig ins Feuer zu blasen, um alle Welt zu beruhigen.

Die Wallstreet in New York am 24. Oktober 1929, dem ›Schwarzen Freitag‹

Massenandrang zu den Sparschaltern in Berlin

Am 24. Oktober des schicksalsreichen Jahres war es dann soweit: Mit eruptiver Gewalt und auf der ganzen Linie brachen jetzt die Kurse ein. Riesige Vermögen und Existenzen wurden in Minuten vernichtet. Und nichts nützte mehr: keine Stützungsaktion, kein demonstratives Aufkaufen durch Banken, die sich noch solvent fühlten. Die New Yorker Börse – innerhalb von zwei Stunden wurden fünfzehn Millionen Aktien umgesetzt – war wie ein kochender Kessel, Ort der Angst und Tribunal zugleich, und Charles Michell, Präsident der großen National City Bank, »irrte ohne Hut und Mantel, mit zerzaustem Haar, durch die Steinschluchten der Wallstreet, die von einer brodelnden Menge erfüllt waren...«, wie ein Beobachter der Szene schreibt. »Eine Nation hatte ihr gesamtes Jahreseinkommen verspekuliert.«

Und so war es buchstäblich. Eine Schätzung der Gesamtverluste Anfang November 1929 belief sich auf 73 Milliarden Dollar, und auf 80 Milliarden Dollar war das gesamte amerikanische Nationaleinkommen veranschlagt.

Danach kam, was kommen mußte: die berühmte Kettenreaktion. Die Banken riefen, als die Börsenkurse die Mindestsätze unterschritten, ihre Kredite zurück, erst in Amerika, dann in Europa, wo man, mitten in die Baisse hinein, verkaufen mußte, ob man wollte oder nicht, und während in Amerika die Industrieproduktion um die Hälfte zurückging und ein Drittel aller Erwerbstätigen arbeitslos wurde, ergriff die Krise, über den Ozean springend, ein Land ums andere. Zuerst erreichte sie, wie 1857, Österreich, das gerade den Plan einer Zollunion mit Deutschland erwog, was wiederum Frankreich in eine Panik gestürzt und veranlaßt hatte, die französischen Gelder aus Österreich abzuziehen. So brach die Österreichische Kreditanstalt, eine Gründung des Hauses Rothschild, zusammen, und wenn es auch der Bank von England gelang, die österreichische Industrie vor dem Zusammenbruch zu retten, so war die Lage in Deutschland, mit Milliarden Fehlbeträgen und bereits über drei Millionen Arbeitslosen, zu angespannt, als daß man hier dem Unheil hätte ausweichen können. Ein letzter Vorschlag Präsident Hoovers, der Einstellung und Aufschub aller internationalen Schuldenlasten für Deutschland vorsah, das berühmte Hoover-Moratorium, das praktisch ein Ende der Reparationen bedeutete, kam zu spät. Mit hundert Millionen Schulden brach der größte deutsche Textilkonzern, die ›Nordwolle‹, zusammen, ihm folgte die mit 40 Millionen daran beteiligte DANAT-Bank. Damit hatte es auch in Deutschland eingeschlagen. Mit ihren Heeren von Arbeitslosen, der Farmernot in den USA, mit Hunger und unbeschreiblichem Elend zog die weltweite Wirtschaftskrise ihrem Höhepunkt entgegen, und als am 21. September 1931 England die Goldwährung aufgab und das Pfund um nahezu vierzig Prozent abwertete, kam dies einem Erdbeben gleich. Die Preisgabe des Goldstandards, dessen Behauptung das reiche Großbritannien in hundertjähriger Tradition zum Weltbankier gemacht hatte, war die unverhohlene Bankrotterklärung Europas. Der Kollaps war da. Nicht nur Deutschland, nicht nur Europa, die ganze Welt war überschuldet.

Wie sah es um diese Zeit an Rhein und Ruhr aus? Zunächst war nach Inflation und Ruhrkampf ein allgemeines Aufatmen durch das Land gegangen. Der gestaute Bedarf an Kohle belebte an allen Orten das Revier, die Kohlenförderung stieg 1924 schon wieder auf 94 Millionen Tonnen an gegenüber dem Höchststand von 114 Millionen Tonnen im Jahre 1913. Das Unglück, das England 1926 durch einen Bergarbeiterstreik traf, der sich über ein halbes Jahr hinzog, brachte der Ruhr weiteren Aufschwung.

Aber das währte nicht lange. Die Kohle blieb liegen. Einen Hauptabnehmer, die Kriegsmarine, gab es nicht mehr, und die Handelsschiffahrt stellte mehr und mehr ihre Schiffe auf Öl um. Die Umwandlung von Wasserkraft in elektrische Energie tat ein übriges, den Abnehmerkreis für Kohle einzuschränken. Die steigende Bedeutung der Braunkohle schuf einen weiteren Konkurrenten. Kein Betrieb kann aber auf die Dauer unter den Selbstkosten arbeiten. So blieb nur der Zwang, zu rationalisieren, zu mechanisieren, und Zechen, die unrentabel waren, zu schließen.

Und ähnlich wie dem Kohlenbergbau erging es der Eisen- und Stahlindustrie. In der Tat waren viele technische Anlagen unmodern geworden und arbeiteten zu teuer. Man war also auch hier gezwungen, veraltete Betriebe stillzulegen. Das lieferte die Menschen, deren Leben mit diesen Betrieben und mit diesem Land verbunden war, einer ungewissen Zukunft aus. Erzeugung, Preise, Umsätze – alles sank. Nur die Zahl der Arbeitslosen stieg.

Lediglich 1925 zählte man im Reich weniger als eine Million Arbeitslose. Aber bereits Ende des Jahres überschritt die Zahl die Millionengrenze. 1926 erreichte sie zweieinhalb Millionen, pendelte 1927 wieder zurück, 1928 stieg sie wieder auf zwei, Ende Dezember 1929 auf drei, ein Jahr später auf vier Millionen an, und Ende 1931 hatte sie die Sechsmillionengrenze überschritten. Das Heer dieser Arbeitslosen, das ja aus der Leistung derer, die noch in Lohn und Brot standen, ernährt werden mußte, schwächte zugleich Gewerkschaften und Unternehmer. Riefen diese zum Streik auf, antworteten jene mit Aussperrungen. Man hat ausgerechnet, daß allein in den Jahren 1924 bis 1929 bei 5375 Streiks und 870 Aussperrungen 46581610 verlorene Arbeitstage den kleinen oder größeren ›Siegen‹ der einen wie der anderen Seite gegenüberstanden, eine erschreckende Summe, an der die Ruhr den Hauptanteil hatte. Nutzen zogen allein die Radikalen daraus: die KPD, die alles daransetzte, erst einmal ihren Hauptfeind, die Sozial-

Arbeitslose am Schalter

demokratie, zu besiegen – mit den Nazis, glaubte sie, würde sie dann schon fertig werden –, und dann Hitler, der Trommler, dem die fetten Jahre der Weimarer Republik nur Niederlagen, die mageren hingegen Anhänger um Anhänger zugeführt hatten. Offen bekannte er, daß sein und seiner Bewegung Erfolg mit der »Mobilisierung des Unbehagens« stehe und falle.

Und doch gibt es noch einmal ein Hoffnungszeichen: Ende 1932, als die Krise zu verharren scheint. Am 4. September 1932 erläßt der Reichspräsident seine ›Verordnung zur Belebung der Wirtschaft‹, die Unternehmern und Arbeiterschaft gleichermaßen einen Silberstreif am Horizont verheißt. »Die Periode krisenhafter Wirtschaftsschrumpfung dürfte abgeschlossen sein«, heißt es in einem Bericht des Instituts für Konjunkturforschung. In der Tat ist der Tiefpunkt überwunden, schon steigt die Zahl der Beschäftigten. Wenige Monate später meldet der Konjunkturbericht zuversichtlich, »daß der Heilungsprozeß durch wirtschaftspolitische Maßnahmen gefördert wird«, und der amerikanische Wirtschaftspublizist H. R. Knickerbocker schreibt nach einer Reise durch die Krisengebiete Europas zusammenfassend:

»Die Leichenwäscher haben das Wohnzimmer Europas verlassen, und die Krankenwärterin füttert den Patienten mit Brühe. Ein Rückfall kann noch kommen, aber die Besserung ist zweifellos da. Der Patient kann vielleicht nicht morgen schon aufstehen und spazierengehen, aber er weiß, daß er nicht sterben wird. Europa wird wieder hochkommen.«

Aber für Deutschland ist diese Prognose verfrüht. Der Weltkrieg, der Zusammenbruch des Kaiserreichs, der Versuch einer staatlichen Neugründung und wirtschaftlichen Konsolidierung, Ruhrkampf und passiver Widerstand, die Weltwirtschaftskrise und das nun in ihr letztes Stadium eintretende Ringen des Weimarer Staates um seinen Bestand hatten gewiß werden lassen, in welchem Maße die Wirtschaft und insbesondere der wirtschaftliche Großraum Ruhr von der Politik abhängig waren. Während Brüning wie ein sparsamer Hausvater die

Aus der Not wuchs der Radikalismus · Plakat von 1932

Krise beizulegen gehofft und das Reparationsproblem abwartend in internationaler Verständigung zu lösen gesucht hatte, machte Hitler mit Marschstiefeln und Drohungen Politik – und hatte sichtlich Erfolg.

War er gegen das Kapital? Bewahre: nur gegen den Mißbrauch des Kapitals. War er gegen den Sozialismus? Bewahre: ein Volk von freien und verantwortungsvollen Besitzern, das sei das Ziel des deutschen Sozialismus, erklärte Goebbels 1929, und Hitler fügte dem – in einem Gespräch mit Otto Strasser, dem ›Sozialisten‹ der Partei – beziehungsvoll hinzu: Sozialismus bedeute lediglich ein Eingreifen des Staates zur Vermeidung von Konflikten. Die Wirtschaft sei in ihrer derzeitigen Form unantastbar.

Das hieß mit anderen Worten: daß er eine individualistische, kapitalistische Wirtschaftsform beizubehalten beabsichtigte, was wiederum bedingte, daß der Staat darauf verzichtete, eine sozialistisch-kollektivistische Wirtschaftspolitik zu betreiben, insbesondere, was die Steuer- und Finanzpolitik anging, eben das, was die Industrie dem Weimarer Staat vorzuwerfen hatte. Der Industrielle Paul Silverberg sagte 1929 vor dem Reichsverband der Deutschen Industrie: »An diesem inneren Widerspruch leidet aber die deutsche Wirtschaftsführung, und dieser Widerspruch hat zu der heutigen Lage geführt, und an diesem Widerspruch gehen Staat und Privatwirtschaft zugrunde, wenn nicht eine grundlegende Änderung eintritt...«

Hitler bot diese Änderungen an. In einer zweistündigen Rede, die er am 27. Januar 1931 auf Vorschlag Fritz Thyssens, der sich später bitter enttäuscht von Hitler abwandte, im Industrieklub in Düsseldorf hielt, formulierte er seine

Heinrich Brüning (1885–1970)

›grundsätzliche Lösung‹. Sie beruhe, sagte Hitler, »auf der Erkenntnis, daß zusammenbrechende Wirtschaften immer als Vorläufer den zusammenbrechenden Staat haben, und nicht umgekehrt, daß es keine blühende Wirtschaft gibt, die nicht vor sich und hinter sich den blühenden, mächtigen Staat als Schutz hat, daß es keine karthagische Wirtschaft gab ohne karthagische Flotte und keinen karthagischen Handel ohne karthagische Armee und daß es selbstverständlich auch in der Neuzeit – wenn es hart auf hart geht und die Interessen der Völker aufeinanderprallen – keine Wirtschaft geben kann, ohne daß hinter dieser Wirtschaft der absolut schlagkräftige, entschlossene politische Wille der Nation steht«.

Damit sagte Hitler unverblümt, daß sein Programm die Wiederaufrüstung des Reiches sei, um jene »verhängnisvolle Einschätzung« draußen in der Welt, die aus der eigenen Unterbewertung der deutschen Kraft herrühre, endgültig abzuändern und »das deutsche Leben wieder auf eine natürliche und tragfähige Basis [zu] stellen: entweder neuen Lebensraum mit Ausbau eines großen Binnenmarktes oder Schutz der Wirtschaft nach außen unter Einsatz der zusammengeballten deutschen Kraft«.

Daß Hitlers Rede, wie der Industrielle Fritz Thyssen damals behauptete, »einen tiefen Eindruck auf die versammelten Industriellen machte und in der Folge eine Anzahl reicher Beiträge aus den Quellen der Schwerindustrie floß«, ist bestritten worden. Die Reaktion der Zuhörer soll, wie verläßliche Zeugen berichten, eher reserviert als zustimmend gewesen sein. Doch unbestritten ist, daß sich einige Industrielle am Tage nach Hitlers Rede mit ihm, Göring und Röhm trafen. Dies und später das berühmte Treffen zwischen von Papen und Hitler im Haus des Kölner Bankiers Curt von Schröder, eines Vertrauten von Vögler, Kirdorf, Thyssen und Flick, hat später der deutschen Großindustrie an Rhein und Ruhr, vor allem von alliierter Seite, den Vorwurf eingebracht, ›Steigbügelhalter Hitlers‹ gewesen zu sein. Wer die Geschichte des Ruhrgebietes schreiben will, muß sich dieser Frage stellen. Nicht alle Unternehmer hatten den Widerstandsgeist von Männern wie Bosch, wie Leitz, wie Reusch.

Aber waren die Gewerkschaften nicht auch noch da? Zahlenmäßig waren sie sogar ungeheuer stark – mit rund über 5 Millionen Mitgliedern, die die sozialistischen freien Gewerkschaften, mit 1,3 Millionen, die die Christlichen Gewerkschaften, und weiteren 2 Millionen, die die übrigen Gewerkschaften an Mitgliedern besaßen. Warum riefen sie nicht in dieser Stunde höchster Gefahr, wie beim Kapp-Putsch, den Generalstreik aus?

Die Antwort ist einfach: Weil dafür, trotz der numerischen Größe der Gewerkschaftsbewegung, keine Basis vorhanden war. Denn die weite Mehrheit des Volkes hing der Hoffnung an, daß nur mit einem Regierungswechsel das Elend der Zeit beseitigt werden, die Wirtschaft in Ordnung gebracht und die Stellung Deutschlands in der Welt verbessert werden könne. Gegen die Mehrheit der Bevölkerung aber läßt sich kein politischer Streik führen.

So genügte der Zulauf, den Hitler in den Jahren tiefster wirtschaftlicher Depression aus allen Schichten, Kreisen und Ständen des Volkes erfuhr, um in Deutschland jene Entwicklung einzuleiten, die zwangsläufig zum 30. Januar 1933 führte und mit dem 8. Mai 1945, der bedingungslosen Kapitulation des Reiches, in Blut und Tränen endete.

Der sogenannte ›Brüning-Vierling‹, der 1932 geprägt wurde

ZEITUNGSMELDUNG

›Der Kämpfer‹, das Organ der KPD für das Ruhrgebiet, veröffentlichte in seiner Ausgabe vom 17./18. Dezember 1932 folgenden Bericht:
In Schwerte zogen (am 16. Dezember) etwa 1000 Erwerbslose aus zum Rathaus und schickten eine 20 Mann starke Delegation zum Bürgermeister, die sofortige Auszahlung von Extra-Unterstützungen und Bewilligung von Lebensmitteln forderten. Der Bürgermeister mußte die Forderung bewilligen und die Ausgabe von Lebensmitteln sowie die Auszahlung von Geld anordnen. Er gab ferner das bindende Versprechen ab, daß sämtliche Schulden der Erwerbslosen z. B. für Kleidung, Kohlen und Kartoffeln, Landpacht usw. von der Stadt beglichen werden.
In der Innenstadt Dortmunds führten Arbeiterkinder eine Demonstration durch. Die Kinder brachten ihre Forderungen in Sprechchören zum Ausdruck. Die Stadt klang wider von den Rufen: »Wir haben Hunger!« – »Wir wollen für unsere Väter Arbeit und damit für uns Brot!«
...In Huckarde drang eine Delegation von 50 bis 60 Frauen in die Wohlfahrtsnebenstelle ein und verlangte Lebensmittel und Geld. Wenn die Schupobeamten die Frauen aus dem Rathaus herausgetragen und wieder auf die Straße abgesetzt hatten, drangen die Frauen wieder in das Amtshaus ein. Schließlich erklärte der Offizier dem Wohlfahrtsbeamten, daß er sie nicht mehr zu benachrichtigen brauche, wenn Frauen im Wohlfahrtsamt vorsprächen. Sie wollten sich lieber mit 1000 Männern als mit 50 Frauen beschäftigen. Unter dem Druck der Frauen wurde das geforderte Geld ausgezahlt.

ICH SITZE VOLL SCHAM

Ich sitze voll Scham in der leeren Werkstatt auf dem kalten Amboß
und denke über das Entsetzliche nach.
Wo ist meine Seele?
Ist sie tot, die lebendige Kraft?
Ich bin die Maschine, laufe nach fremdem Willen,
ohne Verantwortung, ohne Gefühl.
Die Welt ist vollkommen mit mir fertig geworden,
die Arbeitsteilung beendet.
Wir alle sind gehorsame Maschinensklaven,
sind selbst Maschinen aller Hantierungen:
Herr und Knecht: Maschine,
Lehrling und Meister: Maschine.
Die Regierung und das Gericht ist: Maschine.
Zwangsläufig werden wir alle in Bewegung gesetzt.
Wo sind die Seelen der Menschen, wo, wo?
Wo ist Verantwortung, Andacht, Ethos, Verzückung,
wo Gemeinschaft, Kameradschaft, Solidarität!!
Irgendwo flutet die ungeheure Energie,
irgendwo, irgendwo in der Welt müssen sie sein!
Im Äther, im Meere, auf hohen Bergen, fern der Städte?
Irgendwo ziehen sie hin, die Seelen, vertrieben aus ihrem irdischen Paradies.

Heinrich Lersch, 1930

HOESCH
In den Krisenjahren

1929: 31405 Arbeiter und Angestellte

1932: 18690 Arbeiter und Angestellte

Auch an Hoesch ging die Wirtschaftskrise nicht spurlos vorbei. Entlassungen, Feierschichten waren an der Tagesordnung. Während 1929 die Lohnbüros von Hoesch noch 31405 Arbeiter und Angestellte in den Listen führten, war 1932 die Zahl der Lohnempfänger auf 18960 gesunken. Die Arbeitsstunden je Woche hatten sich im selben Zeitraum von 53,5 auf 39,9 verringert. Mit widerstrebenden Gefühlen ging der Arbeiter morgens zur Hütte, er wußte nicht, ob er diesen Gang am nächsten Tag noch tun durfte. In ›Hütte und Schacht‹, der Werkzeitschrift von Hoesch, war Mitte Februar 1930 zu lesen:
»Die Decke, unter der wir stecken, ist für uns zu kurz: Zieht man sie nach oben, so friert man an den Füßen. Zerrt man sie dann verzweifelt nach unten, wird man oben kalt... Uns hilft nur eines: sich krummlegen, sonst kann's nicht besser werden.«
Aber auch das war nur ein schwacher Trost im allgemeinen Elend der Depression. Der Dortmunder Raum war von ihr besonders betroffen. Hatte der Bergbau durch Standortverlagerungen und Rationalisierung in den Jahren 1925 bis 1930 hier schon an die 10000 Bergleute entlassen, so verloren nun durch die Stilllegung weiterer drei Schachtanlagen ab Mitte 1930 mehr als die Hälfte aller unter Tage Arbeitenden ihren Arbeitsplatz – von insgesamt 41523 Bergleuten, die auf den Dortmunder Zechen 1929 eine Rekordförderung von 12554000 Tonnen erzielt hatten! Und die Glücklichen, die noch einfuhren – Ende 1932 noch ganze 44,2 Prozent, der Ruhrgebietsdurchschnitt lag bei 55 Prozent der im Bergbau einst Tätigen –, legten dabei noch Feierschicht um Feierschicht ein. So war die Kohlenförderung des Ruhrbergbaus von 125 Millionen Tonnen im Jahre 1929 auf 107 Millionen Tonnen im Jahre 1930 gesunken und sank weiter. 1931 lag sie bei 85,6 Millionen Tonnen.
Die niederdrückende wirtschaftliche Lage brachte Hoesch und Köln-Neuessen dazu, nach einer seit zehn Jahren bestehenden und bewährten Interessengemeinschaft Ende 1930 zu fusionieren. Das neue Unternehmen hieß nun ›Hoesch-KölnNeuessen, Aktiengesellschaft für Bergbau und Hüttenbetrieb‹. Von seiten des Köln-Neuessener Bergwerkvereins, der kurz zuvor das Gesamtvermögen der Bergwerksgesellschaft Trier erworben hatte, wurden neben dem vorhandenen eigenen Bergwerksbesitz auch die Dorstener Schachtanlage Baldur und die Zeche Radbod bei Hamm in die Neugründung eingebracht, die nun, mit einer Beteiligung von 8210700 Tonnen am Rheinisch-Westfälischen Kohlensyndikat, den viertgrößten Zechenbesitz im Revier darstellte. An der Spitze des Unternehmens stand als Vorstandsvorsitzender Fritz Winkhaus, ihm zur Seite, verantwortlich für den Stahlbereich, Fritz Springorum.

Hoesch-Medaillen für langjährige Mitarbeit

1928/29 hatte Hoesch noch eine letzte große Anstrengung gemacht, seine Stahlerzeugung zu steigern, und so war ein neues Thomasstahlwerk mit dem damals größten Konverter der Welt gebaut worden. Nun, bedingt durch die Krise, ging auch die Stahlerzeugung rapide zurück: von 1039943 Tonnen im Jahre 1928 auf 445699 Tonnen, und die Preiszerrüttung auf den Stahlmärkten brachte es mit sich, daß die Abschreibungen nicht mehr aus den Erlösen gedeckt werden konnten. So traf die neue Gesellschaft, was alle traf: eine Verschuldung, die jede weitere Investition stoppte. Doch konnte Hoesch-KölnNeuessen Reserven einsetzen, die durch die Fusion frei geworden waren: Rückstellungen, die Winkhaus erwirtschaftet und vorsorglich eingehalten hatte.

1932: Winkhaus †. Fritz Springorum übernimmt die Leitung des Werkes

Am 9. Oktober 1932, als der Tiefpunkt der Krise fast schon durchschritten war, starb Fritz Winkhaus. Den Vorsitz im Vorstand des Unternehmens hatte nunmehr Fritz Springorum allein.

Mit Winkhaus war er darin einig gewesen, daß, nach Präsident Hoovers Moratorium in der Reparationsfrage, die der deutschen Wirtschaft eine zumindest einjährige Atempause verschafft hatte, alles darauf ankam, auf dem Weltmarkt wieder konkurrenzfähig zu werden. Rentabilität und Kapitalbildung waren unerläßliche Voraussetzungen dafür. Sie konnten nur erreicht werden, wenn der Staat den Unternehmern die Möglichkeit gab, »Gewinn zu erzielen, der doch den natürlichen Ausgleich der Wagnisse gewährt und von jeher die mächtigste Triebfeder der wirtschaftlichen Entwicklung gewesen ist«. So jedenfalls drückte es eine Denkschrift vom August 1931 aus, die, an den Reichskanzler gerichtet, neben den Namen Krupp von Bohlen, Klöckner, Silverberg, Vögler, von Siemens, Bücher, E. von Borsig und Paul Reusch auch die Unterschrift Fritz Springorums trug. »Gewinn«, heißt es darin, »gilt heute schon fast als ein Makel, und das Wort verdienen ist nahezu verpönt; umgekehrt aber nimmt man die ungeheuren Verluste, die das deutsche Unternehmertum erlitten hat und täglich erleidet, gleichgültig als eine Selbstverständlichkeit hin und beunruhigt sich erst dann, wenn andere Berufsgruppen darunter leiden. Allen anderen Ständen, die über Massenorganisationen verfügen, bestätigt man bereitwillig die Opfer, die ihnen zugemutet werden; wer aber spricht in Deutschland jemals von den riesigen Opfern, die die gewerblichen Unternehmer bringen müssen?«

Denkschrift 1931 an den Reichskanzler

In der Denkschrift beschwören die Unterzeichner sodann den Staat, keine Planwirtschaft zu treiben, und halten fest, daß die Wirtschaftspolitik der Regierung in gewisser Beziehung noch verderblicher sei als eine Planwirtschaft. Denn unbekümmert habe sie die »Ausgabenseite der Unternehmungen durch Steuern, soziale Abgaben und Zwangslöhne« immer mehr belastet, ohne sich um die Einnahmenseite die geringste Sorge zu machen, welche sie großzügig der freien Verantwortung der Unternehmer überlasse. Man könne da wohl von einer planlosen Zwangswirtschaft sprechen, die ihren Höhepunkt bei der Steinkohle finde, wo »zwei verschiedene Instanzen ohne gegenseitigen Zusammenhang und mit divergierenden Interessen die Einnahmen (Preise) und Ausgaben (Löhne) bestimmen«. Die Folge solcher Wirtschaftspolitik seien Erstarrungserscheinungen, die man als unvereinbar mit einer freien Wirtschaft bezeichnen müsse. »Wir haben eben keine freie Wirtschaft mehr, aber nicht durch die Schuld der Unternehmer. Sobald man ihnen die Fesseln abnimmt, werden auch die Erstarrungserscheinungen zurückgehen, und es werden nicht die Unternehmer allein sein, die daraus Vorteil ziehen.«

Straßen des Führers · Gemälde von C. Protzen (1887–1956)

Zwischen 1933 und 1945 stellte man die Malerei rigoros in den Dienst der politischen Absichten des Staates. Bildinhalte wurden zu Bestandteilen der offiziellen Propaganda; man trug sie im Gewande eines naturalistischen und pathetischen Monumentalstils vor. »Die Forderung ging nach einer ›artbewußten, völkisch bedingten‹ Kunst, die ›auch der kleinste SA-Mann‹ verstehen konnte… In der Mache *ein verlogener platter Klischee-Realismus, in der Thematik Verherrlichung des Führers, der Partei, des Krieges, von Blut und Boden, Mutter und Kind, des heroischen Mannes.« (Haftmann)*

›Führer und Gefolgschaft‹

Mit wenigen Handstreichen löschte Hitler, am 30. Januar 1933 vom Reichspräsidenten Paul von Hindenburg zum neuen Kanzler bestellt, die Weimarer Republik aus. Mit dem ›Ermächtigungsgesetz‹ – eigentlich ›Gesetz zur Behebung der Not von Volk und Reich‹ –, dem die Sozialdemokraten als einzige Partei die Zustimmung verweigerten, erteilte der Reichstag am 24. März 1933 dem ›Gefreiten aus Böhmen‹ die gesetzgebende und ausführende Gewalt; an die Regierung gewendet, sprach Otto Wels für die Fraktion der SPD: »Vergeblich wird der Versuch bleiben, das Rad der Geschichte zurückzudrehen ... Wir deutschen Sozialdemokraten bekennen uns in dieser geschichtlichen Stunde feierlich zu den Grundsätzen der Menschlichkeit und Gerechtigkeit, der Freiheit und des Sozialismus. Kein Ermächtigungsgesetz gibt Ihnen die Macht, Ideen, die ewig und unzerstörbar sind, zu vernichten ...« Aber der Angesprochene hatte nichtsdestoweniger jetzt diese Macht und setzte, wiewohl er versicherte, seine Regierung werde von der Ermächtigung nur insoweit Gebrauch machen, als dies zur Durchführung der lebensnotwendigen Maßnahmen erforderlich sei, sogleich *sein* Recht, das Recht des neuen Führerstaates, als ›Einheit der politischen Gewalt‹ über die klassische Dreiteilung, also über die gesetzgebende, die exekutive und die richterliche Gewalt – übrigens in merkwürdiger Übereinstimmung mit dem bolschewistischen Rußland, das die Gewaltenteilung als ›bourgeoises Prinzip‹ ebenfalls verworfen hatte. Und herrschte fortan mit der einen, unteilbaren Führergewalt, die jede Befugnis besaß, um Volk und Reich politisch zu führen.

Damit war der Rechtsstaat abgeschafft, und nichts mehr hinderte den ›Führer‹, seinen Zielen nachzugehen, mochten sie auch noch so weit gesteckt sein. Er verbarg sie nicht einmal. Ganz offen und nicht erst jetzt hatte er sie in seinem Buch ›Mein Kampf‹, der neuen Bibel der Deutschen, beschrieben, so daß niemand, auch das Ausland nicht, sich später herausreden konnte, sie nicht gekannt zu haben. Die Bahn war nunmehr frei für die Herrschaft einer einzigen Partei, der NSDAP. Alle anderen Parteien wurden verboten oder mußten sich selbst auflösen. Die Gewerkschaften wurden am 2. Mai 1933 liquidiert, ihr Vermögen der ›Deutschen Arbeitsfront‹ übereignet. Das hieß: Abschaffung des Betriebsrätegesetzes. Das hieß: allgemeines Streikverbot. Das hieß: Gleichschaltung der deutschen Wirtschaft nach dem Führerprinzip. Wirtschaftlich hieß es, Deutschland unabhängig von der Weltwirtschaft zu machen; mit Hilfe von Vierjahresplänen eine autarke Wirtschaft zu schaffen, synthetische Grundprodukte herzustellen.

Des Volkes Lebensquell, 1942. Gemälde von Richard Heymann

Ein allgemeiner Wirtschaftsaufschwung begann. An der Ruhr spürte ihn zuerst die eisenschaffende Industrie, dann der Bergbau. Die Arbeitslosen verschwanden. Das Arbeitsbeschaffungsprogramm saugte sie auf wie die Frühjahrssonne den alten Schnee. 1935 überstieg der Bedarf an Arbeitskräften bereits das Angebot. Der Bau der schon 1927 geplanten Autobahnen, die großen Bauten von Staat und Partei, aber auch Arbeitsdienst und Wehrmacht forderten Menschen, ›Volksgenossen‹, Bürger für die politische Geschlossenheit und Macht nach innen und außen.

Zur selben Zeit wurden Konzentrationslager als ständige Einrichtung für die Gegner des Regimes geschaffen, die Nürnberger Gesetze erlassen, der Terror gegen die Juden legalisiert, der Volksgerichtshof eingerichtet. Die Vernichtungsmaschinerie des Nationalsozialismus verschlang ungezählte Blutopfer: Millionen Juden, Männer und Frauen aus allen Schichten des Volkes, Sozialisten, ›Rotfront und Reaktion‹, bekenntnistreue Menschen, Protestanten und Katholiken, Bibelforscher, Wissenschaftler, Schriftsteller – alle, die sich nicht unterwarfen, bis hin zu den Opfern des 20. Juli 1944. Zwar begann eine neue ›Gründerzeit‹, aber der Rechtsstaat war aufgehoben. Hitlers Wille war oberstes Gesetz.

Wenn am 27. August 1947, als alles vorbei war, der amerikanische Hauptankläger (Chief of Council for War Crimes), Brigadegeneral Telford Taylor, in Nürnberg sagte: »Ohne die Zusammenarbeit der deutschen Industrie und der Nazi-Partei hätten Hitler und seine Parteigenossen niemals die Macht in Deutschland ergreifen und festigen können, und das Dritte Reich hätte nie gewagt, die Welt in einen Krieg zu stürzen«, so war ein solches Verdammungsurteil auf Ansichten gegründet, die die komplexe Wirklichkeit dieses Dritten Reiches nicht sahen oder nicht sehen wollten. Die Behauptung, an einer Verschwörung teilgenommen zu haben – wie die Anklage in Nürnberg es den symbolisch für die ganze deutsche Industrie vor Gericht gestellten Industrieführern vorwarf –, schloß die absurde Unterstellung ein, der deutsche Unternehmer habe, als er in der Krise von 1931/32 nach dem starken Mann rief und dabei Hitler in die engere Wahl zog, im vornherein von der Perfidie dieses Mannes und der verbrecherischen Struktur seiner Politik gewußt. An ein solches Märchen konnte wohl keiner von denen, die diese Anschuldigung vortrugen, ernsthaft glauben. Schwerer wog der Vorwurf, die deutsche Industrie habe mit Hitler zusammengearbeitet. Aber Zusammenarbeit schließt immer den freien Entschluß beider Partner ein, die *zusammenarbeiten*. Und Wirtschaft und Industrie wurden gleich in den Anfangstagen des tausendjährigen Reiches belehrt, daß davon für sie keine Rede sein konnte.

Der deutsche Unternehmer hatte sich, als er sah, daß der Staat nach 1919 seine revolutionären, gegen das Unternehmertum gerichteten Tendenzen weitgehend aufgab, immer stärker diesem Staat angepaßt. Rigorose Wirtschaftsreformen brauchte er nicht zu befürchten. War dieser Staat bei der Durchsetzung seiner sozialen Ziele auch stärker um die Rechte des Arbeiters bemüht geblieben, so hatte er, die Schelte ›Gewerkschaftsstaat‹ geduldig hinnehmend, sich doch nie zum Feind des Unternehmers gemacht. Andererseits sah sich der Unternehmer, von den Massen aus betrachtet, immer mit dem Odium des Inflationsgewinnlers behaftet, dessen Vermögen irgendwie unrechtmäßig, irgendwie auf verschlungene nichtkontrollierte Weise auf Kosten derer, die es verloren hatten, zusammengetragen war und, mit Billigung des Staates, erhalten und gemehrt wurde. Ein solcher Vorwurf mochte um so schwerer auf Unternehmertum und Industrie

Fritz Husemann (1873–1935)

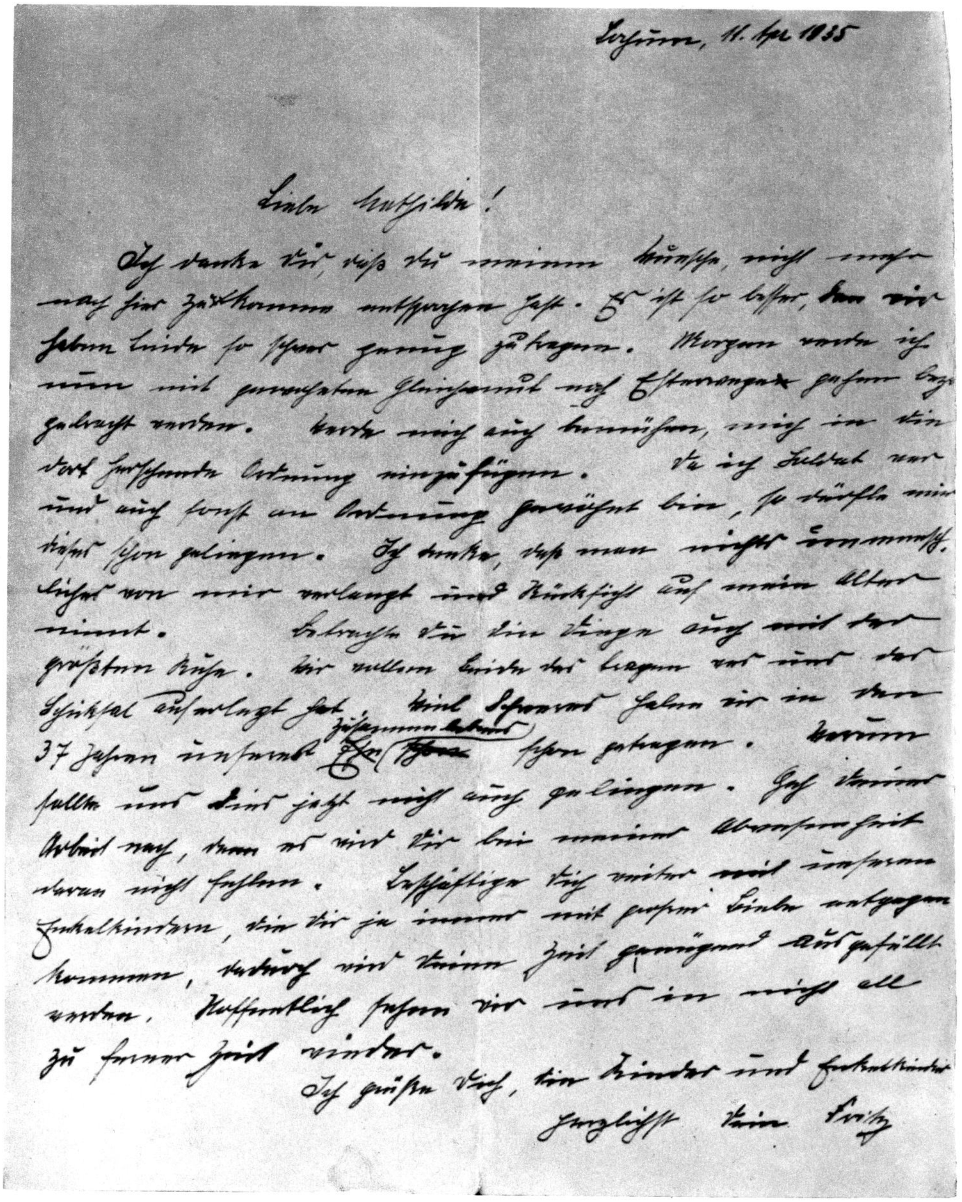

Bochum, 11. Apr. 1935

Liebe Mathilde!

Ich danke Dir, daß Du meinem Wunsche, nicht mehr nach hier zu kommen entsprochen hast. Es ist so besser, denn wir haben leider so schon genug zu tragen. Morgen werde ich nun mit gewohntem Gleichmut nach Esterwegen gefahren bzw. gebracht werden. Werde mich auch bemühen, mich in die dort herrschende Ordnung einzufügen. Da ich Soldat war und auch sonst an Ordnung gewöhnt bin, so dürfte mir dieses schon gelingen. Ich denke, daß man nichts Unmenschliches von mir verlangt und Rücksicht auf mein Alter nimmt. Betrachte Du die Dinge auch mit der größten Ruhe. Wir wollen beide das tragen, was uns das Schicksal auferlegt hat. Viel Schweres haben wir in den 37 Jahren unseres Zusammenlebens schon getragen. Warum sollte uns dies jetzt nicht auch gelingen. Geh Deiner Arbeit nach, denn es wird Dir bei meiner Abwesenheit daran nicht fehlen. Beschäftige Dich weiter mit unseren Enkelkindern, die Dir ja immer mit großer Liebe entgegen kommen, dadurch wird Deine Zeit genügend ausgefüllt werden. Hoffentlich sehen wir uns in nicht all zu ferner Zeit wieder.

Ich grüße Dich, die Kinder und Enkelkinder

Herzlichst Dein Fritz

Letzter Brief Fritz Husemanns an seine Frau Mathilde vom 11. April 1935 vor seiner Einlieferung in das KZ Esterwegen. Husemann kam 1896 als junger Bergmann nach Dortmund-Eichlinghofen. Als Vorsitzender des Alten Bergarbeiter-Verbandes in Bochum wurde er 1935 verhaftet und bei seiner Einlieferung in das KZ Esterwegen ohne Anlaß von der Wachmannschaft durch Gewehrschüsse lebensgefährlich verletzt. Am 15. April starb er im Lazarett.

lasten, als 75 Prozent des deutschen Volkes 1928 bereits sozialversichert war, eine Leistung, die, von den Gewerkschaften durchgesetzt, der Unternehmer mittrug, ja zum großen Teil erst ermöglichte. Wenn dieser Unternehmer dann, als der starke Mann da war, von Hitler selbst hörte, daß hinter der alle Lebensbereiche umfassenden ›Gleichschaltung‹ das Ziel stand, mittels einer ›nationalen Solidarität‹ mit der neuen Regierung die trennenden, den Arbeitsfrieden so bedrohenden Unterschiede der Klasse und des Standes zu überwinden, konnte er dann »nein« sagen und dieses Ziel als von ihm nicht gewünscht ablehnen? War dieses Ziel nicht ganz ähnlich dem Roosevelts und seines New Deal? »Wir sehen den schweren Zeiten, die vor uns liegen, mit dem wärmenden Mut nationaler Einheit ins Auge, in dem klaren Bewußtsein alter und kostbarer moralischer Werte, die wir zu ver-

folgen trachten, und mit der rechtschaffenen Befriedigung, die uns aus der strengen Pflichterfüllung von jung und alt erwächst. Wir erstreben die Festigung eines gerundeten und dauerhaften nationalen Lebens.«
Das hatte nicht Hitler, das hatte Roosevelt am 4. März 1933 in seiner Antrittsrede gesagt. Mochte er der Welt als ein Wundermann erscheinen, dem es zu Gebote stand, schlagartig die Stagnation der Wirtschaft mit ihren laufenden, von verheerenden Folgen begleiteten Bankzusammenbrüchen zu beenden, so hatte er sich nur der Pläne seines Amtsvorgängers Hoover bedient, die dieser nur deshalb nicht durchführen konnte, weil seine Amtszeit ablief. Ähnlich war es mit Hitler, dessen Konzept zur Arbeitsbeschaffung auf Brüning zurückging. Dem hatte ein Industrieller der Ruhr, Friedrich Minoux, ehemals Generaldirektor von Stinnes, 1930 »Vorschläge zur Beseitigung der Arbeitslosigkeit« ausgearbeitet, ein Zwölfpunkteprogramm, das Brüning aufgrund der vom Reichspräsidenten genehmigten Notstandsvollmachten – Artikel 48 der Weimarer Verfassung – gerade im Begriff war durchzuführen, als man ihn zwang abzutreten. Freilich, die Öffentlichkeit wußte davon kaum, aber die Industrie, die an diesen Vorschlägen weitgehend mitgearbeitet hatte, wußte es. Auch dieses Wissen begünstigte ihre Einstellung gegenüber dem Wundertäter Hitler. Bei einer Zusammenkunft führender Ruhrindustrieller, Bankiers und Männern der Wirtschaft am 20. Februar 1933 in Berlin – wo Krupp von Bohlen, in Nürnberg Hauptangeklagter Nr. 1 der Industrie, Hitler zum erstenmal traf – sagte Göring: »Privatwirtschaft im Zeitalter der Demokratie ist nicht aufrechtzuerhalten; sie ist nur denkbar, wenn das Volk eine tragende Idee von Autorität und Persönlichkeit besitzt. Alles, was in der Welt an Positivem, an Gutem und Wertvollem auf dem Gebiete der Wirtschaft und Kultur geschaffen worden ist, beruht ganz allein auf der Bedeutung der Persönlichkeit. Wird die Verteidigung des Geschaffenen, seine politische Verwaltung aber einer Majorität überantwortet, so geht es rettungslos unter...« Natürlich hörte man da hin, und wenn Göring bei seinen Ausführungen vermied, weder die beabsichtigte Auflösung der Gewerkschaften noch die Ausrottung der Juden, noch auch nur mit einem Wort die Wiederaufrüstung zu erwähnen, so mochten die Bedenken seiner Zuhörer aufgrund des ›unabänderlichen Parteiprogramms‹, das die Verstaatlichung der Trusts, Gewinnbeteiligung an Großbetrieben, die »Kommunalisierung der Großwarenhäuser und ihre Vermietung zu billigen Preisen an kleine Gewerbetreibende« sowie eine Bodenreform und »Abschaffung des Bodenzinses« vorsah, lediglich als das erscheinen, was es in der Tat gewesen war: billiger Stimmenfang einer auf die Erlangung der Majorität gerichteten Partei, die zum Zuge kommen wollte und nun ja auch gekommen war. Nichts von alledem wurde dann ja auch durchgeführt, weil das verschleierte Ziel Hitlers, sein Reich und Volk wirtschaftlich und geistig auf den Krieg vorzubereiten, solche Eskapaden, die den Namen ›Arbeiterpartei‹ rechtfertigen sollten, gar nicht gestattete.
An der Spitze des ›Reichsverbandes der Deutschen Industrie‹ aber stand seit 1931 Krupp von Bohlen und Halbach, ein integrer, rechtlich denkender Mann. Vor der Machtergreifung Hitler strikt ablehnend, hatte er denselben Hitler, nachdem Hindenburg ihn zum Reichskanzler ernannte, als verfassungsgemäß eingesetzte Obrigkeit hinnehmen müssen. Die Zwangslage, »auf dem Gebiete der industriellen Verbandsorganisation das wirtschaftlich Gegebene mit dem politisch Notwendigen abzustimmen«, hatte zur Einführung des autokratischen Führerprinzips bei der Industrie geführt. Man muß jedoch wissen, was dem vorausgegangen war. Noch

Bergmann
Plastik von Hans Breker

Arbeitsmann
der ›Organisation Todt‹
Gemälde von
Ferdinand Spiegel

im April 1933 hatte Krupp von Bohlen versucht, die Gewerkschaften für eine gemeinsame Aktion zu gewinnen, um die ›Gleichschaltung‹, die schon überall im Gange war, von den Arbeitgebern und Arbeitnehmern, d. h. von den sie vertretenden Organisationen, abzuwenden.
Auf seiten der Vereinigten Stahlwerke weihte er Albert Vögler und Ernst Brandi und bei Hoesch Fritz Springorum in den Plan ein, etwa nach dem Muster der 1918 von Stinnes und Legien ins Leben gerufenen ›Zentralarbeitsgemeinschaft‹, die leider nur bis 1924 bestand, einen ähnlichen Verband für die Schwerindustrie an der Ruhr zu bilden. Doch war es bereits zu spät, die Unterwanderung mit Nazis hatte die Gewerkschaften praktisch schon lahmgelegt. Bald darauf kam der Todesstoß: Am 2. Mai 1933 drangen die Anhänger Robert Leys, des ›Idealisten der Partei‹ und späteren Arbeitsfrontführers, schlagartig im ganzen Reich in die Büros der Gewerkschaften ein, konfiszierten ihre Akten, eigneten sich ihre Bankguthaben an – insgesamt mehr als hundert Millionen Mark – und sperrten die Gewerkschaftsführer ein. Die deutschen Gewerkschaften waren aufgelöst. Sie hatten noch einen Tag zuvor gute Miene zum bösen Spiel gemacht und Order an alle Mitglieder gegeben, den zum ›Tag der nationalen Arbeit‹ umfunktionierten 1. Mai zu besuchen.
Noch nicht wissend, welch ein Ausmaß die Aktion Leys hatte, faßten einige führende Industrielle des Reichsverbandes in der Wohnung von Carl Friedrich von Siemens in Berlin den Entschluß, mit Leipart, dem Führer des ›Allgemeinen Deutschen Gewerkschaftsbundes‹, und Fritz Tarnow, dem Wirtschaftssachverständigen der Gewerkschaften, Verbindung aufzunehmen, um in letzter Minute das Zerbrechen der – wie man hinreichend realistisch sich ausdrückte – »geschichtlich gewachsenen Organisationen der Arbeitgeber und Arbeitnehmer als Pole des sozialen Kräftegleichgewichts« zu verhindern.

Louis P. Lochner, der die Vorgänge recherchiert hat, schreibt darüber: »Als die Versammlung auseinanderging, erfuhr Bücher (Geheimrat Bücher war Chef der AEG) mit Entsetzen, daß sein Vorschlag überholt sei – die Gewerkschaftsführer saßen bereits hinter Gittern!«
Das war am 2. Mai. Zwei Tage später lasen die Präsidiumsmitglieder des Reichsverbandes eine angeblich von ihnen unterzeichnete Erklärung in der Zeitung, die sie nie vorher gesehen hatten. Sie enthielt die Beauftragung von Bohlens, für den Verband das schon erwähnte »wirtschaftlich Gegebene mit dem politisch Notwendigen« abzustimmen. Der Grundsatz der Selbstverwaltung, den der Verband seit seinem Bestehen als die Basis seiner Arbeit ansah, war nicht mehr gegeben. Das war das Ende des Reichsverbandes. Er trat nie wieder zusammen. Als später, am 27. 2. 1934, das ›Gesetz zur Vorbereitung des organischen Aufbaus der deutschen Wirtschaft‹ verkündet wurde, bedeutete dies die Liquidierung aller bestehenden Verbände, an deren Stelle eine ›Gesamtorganisation der deutschen Wirtschaft‹ trat. Die Hauptgruppe I – es gab insgesamt sieben – nannte sich ›Bergbau, Eisen- und Metallgewinnung‹. Und wer übernahm sie, mußte sie übernehmen – freilich nur für ein paar Monate, dann legte er die ›Führung‹ nieder? Der gedemütigte, bis auf den Grund seines Wesens verletzte Krupp von Bohlen, der geglaubt hatte, ein Mann freier Entschlüsse bleiben zu können unter einer Macht, die sich anschickte, den totalen Anspruch des totalen Staates auf die Fähigkeiten und Arbeitsleistungen aller seiner Bürger zu erheben, ihre Zeit total zu reglementieren, und der ihnen nur eins als Privatsache überließ: ihren Schlaf, der aber auch bald genug gestört werden sollte: vom Geheul der Sirenen, von den Detonationen der Bomben aus Großdeutschlands nächtlichem Himmel.
Längst befahl da der Staat nicht mehr der Wirtschaft, wie Hitler das angedroht hatte, als er den zweiten Vierjahresplan (1937) verkündete, sondern wirtschaftete selbst. Jede größere Firma hatte es mit Hunderten von Partei- und Staatsstellen zu tun, bevor sie eigene Entscheidungen fällen konnte, die es ohnehin nur in kleinstem Rahmen gab. Und wie der Soldat mit seinem Eid auf die Person Adolf Hitlers eingeschworen war, dem er sich zu unbedingtem Gehorsam verpflichten mußte, war es der Unternehmer, war es der Arbeiter, demgegenüber Hitler bereits 1933, als er in Stiefeln und Parteihemd zur Belegschaft der Firma Siemens sprach, das vertrauliche ›Ihr‹ gebrauchte wie weiland Kaiser Wilhelm II. 1889, als er die Delegation der Bergarbeiter empfing. »Ich war«, konnte Hitler nur im Unterschied zur Leutseligkeit des Monarchen sagen, »in meiner Jugend Arbeiter so wie ihr, und ich habe mich durch Fleiß, durch Lernen, und ich kann wohl auch sagen, durch Hungern langsam emporgearbeitet.« Und der Arbeiter, vertreten durch einen gewählten Betriebsrat, der lediglich ein Vertrauensrat ohne jegliche Exekutivgewalt war, glaubte ihm, und der Betriebsführer, nicht mehr gehalten, irgendwelche Beschlüsse des Betriebsrates anzunehmen, sondern nach dem Führerprinzip nur seinem eigenen Verantwortungsbewußtsein verpflichtet, fühlte sich – nicht immer – geehrt, wenn sein Betrieb die Auszeichnung ›Nationalsozialistischer Musterbetrieb‹ erhielt, denn dann gab es eine Fahne, dann funktionierte das erst so richtig mit Führer und Gefolgschaft, über welchem Gebilde, ganz oben, die ›Reichstreuhänder der Arbeit‹ schwebten, die, eine Art Gewerkschaftsersatz und dem Arbeitsministerium direkt unterstellt, über Löhne, Arbeitsbedingungen und Urlaub entschieden, immer natürlich im Sinne der Geführten, Zugeführten, Abgeführten. Da gab es Sondermaßnahmen, z. B. für gelernte Metallarbeiter,

1937 wurde in München die Ausstellung ›Entartete Kunst‹ gezeigt. Auch Ernst Barlach (1870–1938) gehörte zu den ›Entarteten‹. Sein Werk war verfemt und galt, wie das Werk Emil Noldes, Oskar Kokoschkas, Otto Dix' und vieler anderer als ›kulturzersetzend‹, als ›undeutsch‹. – Die beiden Abbildungen zeigen Plastiken aus Barlachs ›Fries der Lauschenden‹, 1930/35.

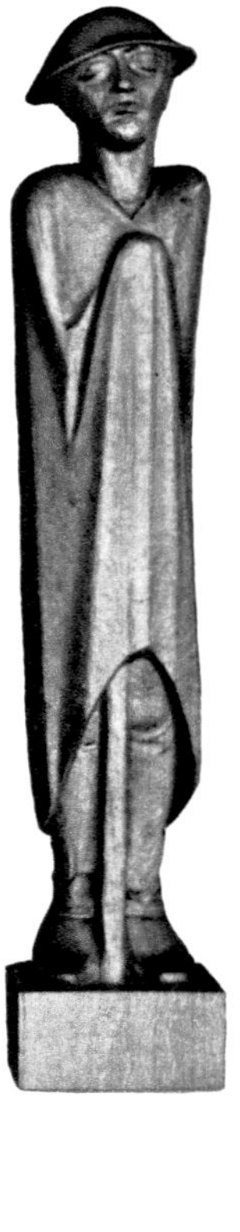

Adolf Hitler bei einer Rede vor Werksangehörigen

die nur mit Genehmigung der Arbeitsämter ihren Bezirk verlassen konnten – lange vor dem Krieg, schon ab Mai 1934 –, und Zuzugsbeschränkungen für Großstädte gab es, und Arbeitsbücher gab es, zweiundzwanzig Millionen, in denen Alter, Familienstand, alle Fähigkeiten und alle Tätigkeiten eingetragen waren, die einer irgendwann irgendwo ausgeübt hatte, damit die folgerichtige Steigerung beim weiteren Einsatz der Person für Führer und Volk gewährleistet war.
War mit der Ernennung zum Führer des Betriebes der Unternehmer so zu einer Art Feudalherr geworden, demgegenüber die Arbeiter als *Gefolgschaft* den Status von Untertanen angenommen hatten (»Der Führer des Betriebes entscheidet der Gefolgschaft gegenüber in allen betrieblichen Angelegenheiten«, § 2 des ›Gesetzes zur Ordnung der nationalen Arbeit‹), so stand bei allem Verlust seiner Rechte – dem Recht, sich zu organisieren, dem Recht auf Tarifverhandlungen, dem Recht auf freie Berufswahl, um nur die Grundrechte zu nennen, für die die Arbeiterbewegung ein halbes Jahrhundert gekämpft hatte – für den Arbeiter obenan, daß er beschäftigt war, gesichert beschäftigt war und es dadurch allen viel besser ging. Der Schock, einmal mit sechs Millionen Leidensgenossen auf der Straße gelegen zu haben, noch bei Hitlers Regierungsantritt, saß zu tief in ihm, um zu niedriger Löhne wegen aufzumurren, selbst dann nicht, als es Unternehmer gab, die dem

Mangel an Arbeitskräften durch bessere Löhne aufzuhelfen versuchten, was die Regierung strikt verbot. Was es mit dem Gewinn an Gleichheit auf sich hatte, der dem Verlust an Freiheit gegenüberstand, so war dies freilich mehr ein Erfolg der Propaganda, die dem *arbeitenden Menschen* einredete – man vermied, ihn als *Arbeiter* anzusprechen –, daß er in der Leistungshierarchie jede nur wünschbare Stufe erklimmen könne, vorausgesetzt, daß entsprechende Fähigkeiten und Leistungen vorlägen. Die Kraft hierzu konnte er beziehen aus der monströsen Kraft-durch-Freude-Organisation (KdF), die eigene Schiffe durch die Nordmeere fahren ließ – die ersten auf der Welt, die nur *eine* Klasse besaßen. Auch tat der Mythos vom Segen der Arbeit seine Wirkung, es gab bald keinen Betrieb, wo nicht wie »in kleinen Tempeln zu Ehren des nationalsozialistischen Gottes« das Zahnradsymbol der Deutschen Arbeitsfront über Hitlers verbronztem Gipskopf hing, keine Versammlung, wo nicht das Transparent ARBEIT ADELT den Ethos der Arbeit bekanntgab. Und jenes andere Transparent über der Eingangspforte von Auschwitz ARBEIT MACHT FREI war keineswegs nur blanker Zynismus, wie David Schoenbaum in seiner »Soziologie des Dritten Reiches« feststellt, sondern entsprang dem Gedanken, Arbeit nicht nur als Zucht-, sondern auch als Erziehungsmittel »für diejenigen, die durch die segensreiche Wirkung der Arbeit dem Verbrechertum noch entrissen werden können« [Höß], brauchbar einzusetzen.

All das wog schwer auf den Richtertischen von Nürnberg und war, im Detail betrachtet und verurteilt, doch immer nur die halbe Wirklichkeit von zwölf Jahren einer Diktatur, deren Erleben, Erleiden und Durchstehen darin bestanden hatte, sozusagen auf beiden Schultern zu tragen.

Beweise gab es dafür kaum. Aber unzählige Dokumente, Reden, Proklamationen, Leistungsberichte und dergleichen, z. B. von führenden Industriellen an der Ruhr, lagen vor, aus denen mühelos ablesbar war, daß die Industrie wie ein Mann hinter Hitler gestanden hatte. Ein Aufsatz, »Deutschlands Eisenindustrie marschiert an der Spitze«, von Ernst Poensgen verfaßt, liest sich wie der Leistungsbericht eines Regierungsmitgliedes, eine Ansprache irgendeines ›Betriebsführers‹ an die Belegschaft bei irgendeinem Ersten Mai wie eine Ergebenheitsadresse an den ›Obersten Führer‹. Aber derselbe Ernst Poensgen gründete, kaum daß der ›Reichsverband der Deutschen Industrie‹ gleichgeschaltet war, den ›Kleinen Kreis‹, eine Notgemeinschaft führender Unternehmer der Stahlindustrie an der Ruhr, der von Klöckner über Mannesmann, Flick, Reusch und Klotzbach (von Krupp) auch Springorum und später Erich Tgahrt von Hoesch angehörten; monatlich einmal beriet man sich miteinander – ohne Protokoll, ohne Beschlüsse, ohne bindende Vereinbarungen – nur so. Daß dieses ›nur so‹ gefährlich genug war, was wog das schon? »An der Spitze des Reiches stehen die Wächter der Revolution«, hatte Goebbels Anfang 1934 im ›Völkischen Beobachter‹ öffentlich gedroht. »Sie lassen sich nicht mit falschen Phrasen einlullen. Wenn sie zuschauen und nichts gegen die Reaktionäre im Lande unternehmen, dann nur, damit sie die Reaktionäre kennenlernen.« Als Reaktionäre von vornherein aber mußten Männer gelten, die – wie Springorum, wie Reusch – jener berühmten Petition führender Industrieller an Hindenburg, Hitler zum Reichskanlzer zu machen, zwar nicht ihre Zustimmung entzogen, doch immerhin sich geweigert hatten, ihre Unterschrift darunterzusetzen, was den wendigen Dr. Schacht, Hitlers späteren Wirtschaftsminister, in einem Brief an Hitler veranlaßte, von der Schwerindustrie zu sagen, daß sie ihren Namen mit Recht verdiene, »weil sie sich so schwer entschließt«. Als sie sich

Hochofenarbeiter
Plastik von Otto Winkler

Fritz Thyssen (1875–1951)

dann entschlossen hatte, konnte es sich kaum jemand leisten, aus seinem Herzen keine Mördergrube zu machen, schon im Interesse des Werkes nicht, das er führte oder für dessen Bestehen er geradestand.
Dennoch hat es auch unter den Ruhrindustriellen Männer gegeben, die im offenen Widerstreit zu Hitler und seinem Staat gerieten und dies furchtlos bekannten, ob sie es sich leisten konnten oder nicht. Der alte Emil Kirdorf, Hitlers getreuer Vasall und ›Wotan der deutschen Schwerindustrie‹, wie man ihn nannte, fiel von Hitler ab, als sein jüdischer Freund Paul Silverberg als Präsident der Kölner Handelskammer abgesetzt wurde. Demonstrativ fuhr er zu Silverberg, quartierte sich bei ihm ein und übergab der Presse einen Brief, in dem er das »unmenschliche Ausmaß der fortgesetzten antisemitischen Hetze als ein Verbrechen« erachtete. »Der Dolchstoß, den man diesem wertvollen Menschen versetzt hat, hat auch mich getroffen. Jetzt ist meine Hoffnung dahin, mein Vertrauen, ein neues unbeflecktes Deutschland noch zu erleben.«
Und Fritz Thyssen, glühender Nationalist, der sich des zweifelhaften Ruhmes erfreuen durfte, ›Steigbügelhalter‹ Hitlers gewesen zu sein, legte, nachdem ihm Hitler seine Ständestaatsideen aufgekündigt hatte – als gläubiger Katholik versuchte er die Enzyklika Papst Pius' XI. ›Quadrogesimo anno‹ zu verwirklichen –, sein Amt als Preußischer Staatsrat nieder, als Protest gegen die Übergriffe einer SA-Horde, die den Düsseldorfer Regierungspräsidenten Schmid mit dem Tod bedroht und aus dem Amt gejagt hatte, weil Frau Schmid Jüdin war. Noch mutiger war sein Telegramm, das er als Reichstagsabgeordneter unmittelbar vor Kriegsausbruch vom Postamt Badgastein – er war dort zur Kur – Göring nach Berlin schickte: »Ich bin gegen den Krieg!« Dem Telegramm ließ er einen Brief folgen, in dem er gegen die Verhöhnung der Verfassung protestierte, die er darin erblickte, daß die Sitze von etwa hundert fehlenden Abgeordneten in der Reichstagssitzung vom 1. September durch Funktionäre der Partei eingenommen wurden, und in dem er verlangte, »daß die deutsche Öffentlichkeit darüber aufgeklärt wird, daß ich als Reichstagsabgeordneter gegen den Krieg gestimmt habe«. Zu dieser Zeit hatte Thyssen bereits die Reichsgrenze in Richtung Schweiz überschritten. Er wurde aus der Partei ausgeschlossen, sein Vermögen beschlagnahmt. Einen weiteren Brief richtete Thyssen im Februar 1940 an Hitler. Dieser Brief enthielt die Sätze: »Ihre neue Politik, Herr Hitler, treibt Deutschland in den Abgrund und das deutsche Volk ins Verderben. Kehren Sie um, solange dies noch möglich ist! Ihre Politik ist in ihrer Vollendung ein ›finis Germaniae‹!«
Thyssens Aufforderung: »Denken Sie an Ihren Eid von Potsdam! Geben Sie dem Reich ein freies Parlament, geben Sie dem deutschen Volk die Gewissens-, Denk- und Redefreiheit zurück! Schaffen Sie die nötigen Garantien, damit Recht und Gesetz wieder einen Sinn erhalten und damit Verträge und Abmachungen wieder auf Treu und Glauben aufgebaut werden können!«, beantwortete Hitler mit der Aberkennung der Staatsbürgerschaft für Thyssen, und als der einstige ›Steigbügelhalter‹, auf der Flucht nach Argentinien, in Südfrankreich von den Garden Pétains verhaftet wurde, ließ ihn Hitler in eine Irrenanstalt bei Potsdam sperren. Ein Gnadengesuch, das ihm nahegelegt wurde – er werde dann nach Schloß Landsberg zurückkehren können und sein Vermögen wiederbekommen –, lehnte Thyssen ab und ging den Weg der besseren Deutschen: nach Buchenwald und Dachau. Als Häftling nach Niederdorf im Pustertal verschleppt, erlebte er mit der Ankunft der Amerikaner die Freiheit wieder und wurde erneut verhaftet – von den Ameri-

kanern. Als ›minderbelastet‹ sprach ihn eine deutsche Spruchkammer 1948 in Königstein im Taunus dann wenigstens von jener Anschuldigung frei, an einer Verschwörung zum Untergang Deutschlands beteiligt gewesen zu sein.
Noch in Königstein, wo er sich wie ein Verbrecher täglich bei der Polizei melden mußte, bot Thyssen den Siegermächten Verzicht auf seinen gesamten Hamborner Besitz einschließlich der Beteiligung an den Vereinigten Stahlwerken, alles in allem 200 Millionen Reichsmark dagegen an, daß die August-Thyssen-Hütte von der Demontage befreit werde, damit den Arbeitern der Arbeitsplatz erhalten bliebe.
Man könnte sagen, daß die August-Thyssen-Hütte ohnehin ein Trümmerhaufen, das Vermögen Thyssens ohnehin beschlagnahmt, die Zukunft ohnehin nichts wert war und infolgedessen Reue und Wiedergutmachung des Fritz Thyssen zu spät kamen, um mehr zu sein als eine schöne Geste: echte Sühne. Aber das ist eine Frage, für die kein Nürnberger Gerichtshof, auch keine Königsteiner Spruchkammer zuständig war und jemals sein wird. Thyssen kam schließlich, woran ihn Hitler gehindert hatte, doch noch nach Argentinien. Dort setzte ein Herzschlag seinem Leben 1951 ein Ende.

SOMMER 1939

Nie in meinem Leben hatte ich die Ohnmacht des Menschen gegen das Weltgeschehen grausamer empfunden. Da war man, ein wacher, denkender, abseits von allem Politischen wirkender Mensch, seiner Arbeit verschworen, und baute still und beharrlich daran, seine Jahre in Werk zu verwandeln. Und da waren irgendwo im Unsichtbaren ein Dutzend anderer Menschen, die man nicht kannte, die man nie gesehen, ein paar Leute in der Wilhelm-Straße in Berlin, am Quai d'Orsay in Paris, im Palazzo Venezia in Rom und in der Downing-Street in London, und diese zehn oder zwanzig Menschen, von denen die wenigsten bisher besondere Klugheit oder Geschicklichkeit bewiesen, sprachen und schrieben und telefonierten und paktierten über Dinge, die man nicht wußte. Sie faßten Entschlüsse, an denen man nicht teilhatte, und die man im einzelnen nicht erfuhr, und bestimmten damit doch endgültig über mein eigenes Leben und das jedes anderen in Europa. In ihren Händen und nicht in meinen eigenen lag jetzt mein Geschick. Sie zerstörten oder schonten uns Machtlose, sie ließen Freiheit oder zwangen in Knechtschaft, sie bestimmten für Millionen Krieg oder Frieden. Und da saß ich wie alle anderen in meinem Zimmer, wehrlos wie eine Fliege, machtlos wie eine Schnecke, indes es auf Tod und Leben ging, um mein innerstes Ich und meine Zukunft, um die in meinem Gehirn werdenden Gedanken, die geborenen und ungeborenen Pläne, mein Wachen und meinen Schlaf, meinen Willen, meinen Besitz, mein ganzes Sein…

Stefan Zweig

Bis zum bitteren Ende

In einer fünfzehnseitigen Denkschrift, die der ranghöchste Wirtschaftssachverständige der Wehrmacht, General Thomas – er wurde im Oktober 1944 wegen Defätismus verhaftet und von Hitler zum Tode verurteilt, entging aber der Hinrichtung in Dachau durch die Ankunft der Amerikaner –, unter dem Titel ›Gedanken und Ereignisse‹ niederschrieb, heißt es, Deutschland sei wirtschaftlich völlig ungenügend vorbereitet in den Krieg gegangen, und der wirtschaftliche Zusammenbruch wäre erheblich früher eingetreten, hätten nicht die Eroberungsfeldzüge der Wehrmacht die ungeheure Beute an Rohstoffen und Treibstoffen eingebracht. Wörtlich heißt es weiter: »Die großen wirtschaftlichen Kriegsvorbereitungen, die für einen neuen Weltkrieg erforderlich gewesen wären, wie die Vorbereitung der synthetischen Treibstoff- und Kautschukbasis, die Erschließung der inländischen Metallvorkommen, die Verstärkung der Salpeter- und Schwefelsäureproduktion, die Vorbereitung der Aluminiumbasis, die Erhöhung der Kurbelwellen- und Kugellagerherstellung, der Ausbau der hochwertigen Stahlgroßanlagen und ähnliche wichtige Vorbereitungen, sind praktisch nicht erfolgt, sondern zum größten Teil erst im Laufe des Krieges improvisiert worden.« Dies sei, meint Thomas, ein eindeutiger Beweis, daß seitens der Wirtschaft und ihrer verantwortlichen Führer ein neuer Weltkrieg nicht vorausgesehen, geschweige denn beabsichtigt war.
Die Erinnerungen des Generals Thomas mögen dem zweifelhaft erscheinen, der das Vokabular nicht aus den Ohren verdrängen kann, mit dem der zweite Vierjahresplan von Göring 1936 dem Volk verkündet wurde. Da war von einer Festung die Rede, in der man sich befinde, und die ultimative Forderung, auch die dürftigsten Rohstoffquellen der Heimat zu erschließen, ohne Rücksicht auf Rentabilität, damit das Reich unabhängig von ausländischen Rohstoffen werde, zielte einwandfrei auf eine Mobilmachung der Wirtschaft für den ›Ernstfall‹ hin. ›Arbeitsschlachten‹, ›Erzeugungsschlachten‹ – militärische Bezeichnungen für an sich friedliche Vorgänge – waren dem vorausgegangen. Dennoch war Wehrwirtschaft nicht gleich Kriegswirtschaft zu setzen. Jedenfalls machte, da seitens der großen Industriekonzerne bis 1933 eine Mitarbeit an den Aufrüstungsaufgaben sehr unwillig erfolgt war, teilweise sogar abgelehnt wurde (so Thomas), der neue Führerstaat der Wirtschaft klar, daß die Wehrwirtschaft keine Rückkehr zur Kriegswirtschaft oder ein Hinsteuern auf eine Planwirtschaft bedeute, vielmehr »eine Umstellung des wirtschaftlichen Denkens und Handelns auf den Gedanken der Landesverteidigung«.
Hitler selbst hatte in einer Denkschrift, die er vermutlich im August 1936 auf dem Obersalzberg ausarbeitete, die Ziele des Vierjahresplanes als wirtschaftliche Mobil-

machung, die der militärischen und politischen zu folgen habe, umrissen. Speer sagte in Nürnberg aus, Hitler habe ihm die Denkschrift – von der überhaupt nur drei Exemplare existiert haben sollen – mit der Bemerkung übergeben, »der Unverstand des Reichswirtschaftsministeriums und der Widerstand der deutschen Wirtschaft gegen alle großzügigen Pläne« hätten ihn veranlaßt, sie zu schreiben.
Die Denkschrift war ein einziges Wüten gegen die Versäumnisse der Industrie. Sie schloß mit den Worten: »Es sind jetzt fast 4 Jahre vergangen. Es gibt keinen Zweifel, daß wir schon heute auf dem Gebiet der Brennstoff-, der Gummi- und zum Teil auch in der Eisenerzversorgung vom Ausland restlos unabhängig sein könnten. Genauso, wie wir zur Zeit 7 oder 800000 to Benzin produzieren, könnten wir 3 Millionen to produzieren. Genauso, wie wir heute einige tausend to Gummi fabrizieren, könnten wir schon jährlich 70 oder 80000 to erzeugen. Genauso, wie wir von 2½ Millionen to Eisenerz-Erzeugung auf 7 Millionen to stiegen, könnten wir 20 oder 25 Millionen to deutsches Eisenerz verarbeiten und wenn notwendig auch 30. Man hat nun Zeit genug gehabt, in 4 Jahren festzustellen, was wir nicht können. Es ist jetzt notwendig, auszuführen, was wir können. Ich stelle damit folgende Aufgabe:
1. Die deutsche Armee muß in vier Jahren einsatzfähig sein.
2. Die deutsche Wirtschaft muß in vier Jahren kriegsfähig sein.«
An der Ruhr bekam man diese Denkschrift nicht zu sehen. Hätte man sie gekannt, wäre es vielleicht möglich gewesen, einer breiten Öffentlichkeit den Wahnsinn klarzumachen, auf den Hitlers unsinnige Forderungen hinausliefen. Aber Hitler hütete sich, der Industrie seine wahren Absichten bekanntzugeben. Vielmehr versicherte er noch 1937 der deutschen Wirtschaft – denn er brauchte sie, da sie im Besitz des Kapitals und des Produktionsapparates der Schlüsselerzeugnisse war –, daß es ihm lediglich darum gehe, die Defensivposition Deutschlands zu verstär-

Hoesch-Benzinfabrik, die, kaum in Betrieb genommen, am 12. September 1944 der Bombardierung zum Opfer fiel

ken. Dazu gehörte, das zu beherzigen und auszuführen, wozu Göring am 17. Dezember 1936 im Preußischen Herrenhaus in Berlin die führenden Industriellen rüde aufgefordert hatte: »Verfahren Sie im übrigen wie ein Trüffelschwein, das seine Nase überall hineinsteckt und die Werte findet.«
Aber da gab es nichts zu finden. Wenn Deutschland mit 15 Prozent an der Welteisenerzeugung beteiligt war, so konnte auch ein Hitler nicht wegleugnen, daß das Reich arm wie eine Kirchenmaus an verhüttungsfähigen Erzen war und sein Anteil an den Erzvorräten Europas ganze sechs Prozent, an denen der Welt gar nur zwei Prozent betrug. Längst hatte die Ruhrindustrie, um importunabhängiger zu sein, die mitteldeutschen Erzvorkommen, vornehmlich im Salzgitter-Raum, untersuchen lassen. Pionierbohrungen ergaben Schätzungen von 1,5 bis 3 Milliarden Tonnen freilich Fe-armer Erze, die dort unter der Erde lagen. Dennoch hatte die Ruhr darauf verzichtet, diese Vorkommen zu erschließen. Zum einen war es fraglich, ob die Erzlager dort wirklich so mächtig waren wie angenommen und es sich daher lohnen würde, sie im großen Stil abzubauen; zum anderen war umstritten, ob saure Erze mit nur 30 Prozent Eisengehalt technisch einwandfrei und wirtschaftlich sinnvoll sich überhaupt verhütten ließen. Wenn das geschah, mußte es ja an Ort und Stelle erfolgen, und dazu waren Investitionen in Größenordnungen erforderlich, die keine Privatwirtschaft aufbringen konnte, bei dem hohen Risiko, das man eingehen mußte. So lehnte man im ›Kleinen Kreis‹, dem Ernst Poensgen vorstand, das Projekt abermals ab, woraufhin Hitler, dem dies nur ein weiterer Beweis für die Renitenz der Ruhrindustrie war, Göring den Auftrag gab, unverzüglich die ›Reichswerke Hermann Göring‹ zu gründen. Dies geschah am 15. Juli 1937. Göring sicherte sich die Mitarbeit des Chikagoer Hütteningenieurs Brassert, der in Corby in England das modernste Hüttenwerk Europas gebaut hatte; im Verein mit dem Paschke-Peetz-Verfahren für die Verarbeitung eisenarmer, kieselsäurehaltiger Erze war damit eine Erschmelzung möglich, die hochwertiges Roheisen garantierte. Der Felderbesitz, so verlangte es Göring, mußte von den Vereinigten Stahlwerken, der Ilseder Hütte und anderen Hüttenkonzernen abgetreten werden. Finanziert wurde das Ganze so einfach wie gerissen: Auf Befehl hatten alle Stahlwerke Deutschlands Aktien der ›Reichswerke‹ zu erwerben, auf Befehl, als der Kurs dieser Aktien tief gesunken war, sie auch wieder an den Staat zu verkaufen.
Nichtsdestoweniger hat Ernst Poensgen, der als Generaldirektor der Vereinigten Stahlwerke 1942 zurücktrat – oder zurücktreten mußte, auch Reusch, Henle und andere mußten ihre Stellungen räumen – bis zum Augenblick, als der Krieg da war, die Überzeugung vertreten, daß es dazu nicht kommen könne; Deutschland sei seiner Ansicht nach für einen Angriffskrieg nicht gerüstet – mit 4 Prozent der Stahlerzeugung, die es vor 1939 für Rüstungszwecke verwandte. Das wußte natürlich auch das Ausland, und wenn die deutschen Stahlproduzenten mit den Stahlindustrien Frankreichs, Englands, Österreichs, Belgiens, Luxemburgs und der Tschechoslowakei von 1926 bis 1939 jenem europäischen Kartell angehörten, das sich ›Internationale Rohstahlgemeinschaft‹ nannte, wird Poensgen nur bestätigt. Diese Gemeinschaft hatte die Aufgabe, die ihr angeschlossenen Partnerländer auf Produktionsquoten festzulegen, die einen sinnvollen Wettbewerb ermöglichten. Zuletzt traf man sich im Juni 1939 in Lüttich, und nicht die Spur eines Verdachtes bestand dem teilnehmenden Deutschland gegenüber, wider den Geist und die Statuten der Gesellschaft verstoßen oder gar heimlich sich auf einen

Krieg vorbereitet zu haben. Ein Geheimbericht endlich, den die ›Überwachungsstelle für Eisen und Stahl‹ des Reichswirtschaftsministeriums im Sommer 1938 anfertigte, beschreibt den Stand der deutschen Roheisenversorgung im Falle des Stopps jeder ausländischen Erzzufuhr. Das Ergebnis war niederschmetternd: Nach 3,9 Monaten wären im deutschen Reich sämtliche bei den Hüttenwerken lagernden Vorräte an Erzen und Abfällen aufgebraucht – bei einer ohnehin um 300000 Tonnen verringerten Roheisen- und Rohstahlerzeugung während dieser Zeit. Woraus sich ergäbe, daß »unter Anrechnung aller verfügbaren Reserven der im A-Fall vorgesehene Bedarf von 1,3 Millionen Tonnen sechseinhalb Monate voll, danach aber nur noch knapp zur Hälfte aufgrund der laufenden Erzeugung aus dem Aufkommen deutscher Rohstoffe« gedeckt werden könne.

Das hieß, daß die deutsche Industrie es unterlassen hatte, jedwede Vorratswirtschaft zu betreiben, um einen Krieg zu ermöglichen, und es hieß, daß der Vierjahresplan, wenn er Deutschlands wirtschaftliche Mobilmachung für den Kriegsfall zum Ziel gehabt hatte, gescheitert war. Es hieß freilich nicht, daß Hitler deshalb auf seinen Krieg verzichten mußte. Denn dieser Krieg war auf die ›Erweiterung des Lebensraumes‹ gerichtet, wie Hitler dies in einer Geheimbesprechung – später bekanntgeworden als sogenanntes Hoßbach-Protokoll – am 5. November 1937 einem Kreis engster Mitarbeiter – 6 Personen: seinen Oberbefehlshabern, seinem Außenminister, jedoch keinem Mann der Wirtschaft – bekanntgab. Damit waren Rohstoffbasen und wirtschaftliche Vorbereitung zweitrangiger Natur geworden: mit dem ›Lebensraum‹ würde man sich alles holen, was man nicht hatte, aber brauchen würde, um zu siegen.

Dennoch hatte – nach dem ›Jahresbericht der Reichs-Kredit-Gesellschaft 1939‹ – die deutsche Stahlindustrie mit rund 23 Millionen Tonnen Rohstahl im Jahre 1938 mehr produziert als in jedem anderen Jahr – es war mehr als das Doppelte der englischen Produktion in Höhe von 10,6 Millionen Tonnen –, und das, obwohl bei der wegen Devisenmangels gedrosselten Erzeinfuhr aus Schweden alle die voraus-

Am 16. März 1933 lud Ernst Poensgen auf dem Petersberg englische Geschäftsfreunde zu einem Gedankenaustausch ein. Es war ein letzter Versuch der Industrie, den drohenden Krieg zu vermeiden.

»Panzer fertig«

gesehenen Schwierigkeiten eintraten, die die staatlich befohlene Verhüttung deutscher Erze zur Folge hatte. »Der Einsatz der meistens feuchten, klebrigen und lehmigen deutschen Erze, unaufbereitet und in einem unverträglich hohen Anteil am Möller, strapazierte die Hochöfen bis auf das äußerste, brachte einen ungeheuren Mehraufwand an Arbeit mit sich und steigerte den Koksaufwand. Mittel für Neuinvestitionen aber wurden nur widerwillig genehmigt«, heißt es in einem Bericht darüber.

So war die Besorgnis, daß eine weitere Erschließung der eisenarmen deutschen Erze unwirtschaftlich sei, keine Schwarzmalerei der Ruhrindustrie gewesen, und wenn Görings Traum, zum größten Konzernherrn Europas aufzusteigen, sich dennoch erfüllte, so lag es daran, daß er den ›Reichswerken‹ Zug um Zug in den dem Altreich angeschlossenen, von ihm annektierten und eroberten Teilen dieses Europas – in Österreich wie im Sudetenland, in der Tschechoslowakei wie im besetzten Polen – jene Basis verschaffte, auf der die Lösung des deutschen Erzproblems auf nationaler Grundlage, die bis zum Kriegsausbruch absolut fragwürdig geblieben war, keine Rolle mehr spielte. Mit dreizehn Unternehmungen – Kohle- und Stahlwerken, Waffen- und Maschinenfabriken, ja sogar einem eigenen Schiffahrtsblock, der Donau, Elbe und Oder beherrschte – beschäftigte Görings Mammutkonzern 1940 an die 600000 Menschen, und wie ein Polyp legte dieses Gebilde seine Saugarme um immer weitere Teile der Wirtschaft, dirigierte, kontrollierte sie, eine Art ›Gegen-Ruhr‹, die erst mit Görings Ausscheiden aus der Wirtschaft (1942) und dem Eintritt neuer Männer (wie Speer) in den Schicksalskreis der Industrie ihren strangulierenden Griff lockerte.

1847 schrieb Friedrich Hebbel folgende Sätze: »Von den Zimbern und Teutonen wird erzählt, daß sie sich in der Schlacht mit Eisenringen aneinanderketteten. Das zeugt, daß sie gleich uns auseinandergelaufen wären.« Neunzig Jahre später, 1937, spielte Ernst Poensgen in einer Rede, die er vor der deutschen Stahlindustrie hielt, auf diese Worte an, verglich die Zimbern und Teutonen mit der eisenschaffenden und eisenverarbeitenden Industrie und fragte naiv: »Wollen wir nicht das Eisen, das noch in der Heimat vorhanden ist, dazu benützen, um uns in gleicher Weise aneinanderzuketten?« Fünf Monate nach Kriegsausbruch aber erklärte Poensgen offen einer Gruppe von Regierungssachverständigen, daß, beim so gut wie sicheren Eintritt der Vereinigten Staaten in den Krieg, eine Stahlkapazität von 80 Millionen Tonnen jährlich der deutschen Produktionsmöglichkeit von 21,5 Millionen Tonnen jährlich gegenüberstände; womit er unumwunden zu verstehen gab, daß dieser Krieg nicht zu gewinnen war.

Zum Rohstoffmangel, vor allem an Mangan, Wolfram, Chrom und anderen Metallen, ohne die hochwertiger Stahl nicht zu produzieren war, kam der Mangel an Facharbeitern. Obwohl Hitler sich durch Gesetz vom 26. April 1942 auch das Recht hatte zusprechen lassen, »nötigenfalls jeden Deutschen ... mit allen ihm geeignet erscheinenden Mitteln zur Erfüllung seiner Pflichten anzuhalten und bei Verletzung dieser Pflichten« zu bestrafen, reichte der vom Staat beliebig verfügbare Arbeitseinsatz, zu dem jeder Deutsche gezwungen werden konnte, nicht aus, um die Lücken des Produktionssolls zu schließen. So griff man zum unendlichen Reservoir der Fremdarbeiter, der Konfiszierung von Menschen in den eroberten Gebieten, und wenn diese Heerscharen geworbener, aber mehr oder weniger doch zur Zwangsarbeit verschleppter Menschen waggonweise der deutschen Industrie zugeführt wurden, so ging dem voraus, daß jede Zeche, jedes größere Werk den Bedarf an Arbeitskräften an eine dafür geschaffene Dienststelle melden mußte, die, als ›Generalbevollmächtigter für den Arbeitseinsatz‹, der Gauleiter Sauckel leitete. Sicher war dies für den Unternehmer ein ›Notstand‹, der ihm später vor dem Nürnberger Gericht, bei nachgewiesener menschenwürdiger Behandlung der ›Sklavenarbeiter‹, auch eingeräumt wurde. Zugleich war es, wie Alfried Krupp von Bohlen später bekannte, »ein schreckliches Kapitel ... Unter den nunmehr gegebenen Umständen trugen sich böse Dinge zu ...« Sicher hat es Unternehmer gegeben, auch an der Ruhr, die einen Erlaß Hitlers, der zum Einsatz von Zwangsarbeitern verpflichtete, so dankbar wie skrupellos begrüßten; aber sicher auch ebenso viele, die den Erlaß zwar befolgten – was blieb ihnen auch übrig, da Zuwiderhandelnden ›Sonderbehandlung‹ angedroht war –, doch aber alles taten, um jene gegen ihren Willen zum Arbeitsdienst im Feindland und damit zum Dienst gegen ihr eigenes Vaterland Gezwungenen menschenwürdig und auch ernährungsmäßig nicht anders als deutsche ›Arbeitnehmer‹ zu behandeln. Dies konnte auch kein Drittes Reich verhindern, zumal immer dem Staat gegenüber die Rechtfertigung blieb, daß unterernährte und an der Grenze des Verhungerns gehaltene Menschen, von allem anderen abgesehen, niemals das gewünschte Arbeitsergebnis erzielen würden.

Dennoch bleibt für die Ruhr die Zwangsarbeiterfrage, wie Alfried Krupp es gesagt hatte, »ein schreckliches Kapitel«, vielleicht das schrecklichste im totalen Krieg. Denn zum allgemeinen Mangel an Kleidung und Nahrung, die der lähmenden Maschinerie der Bewirtschaftung unterlagen, kamen die immer höher getriebenen körperlichen und seelischen Anforderungen, denen der Arbeiter vor allem im Ruhrgebiet ausgesetzt war. Gegen ihn, den Arbeiter, war dann auch die britische Entscheidung gerichtet, die das ›area bombing‹, den Flächenangriff, befahl. Mit der Vernichtung von Wohnungen, Arbeiterwohnungen, versuchte der englische Luftmarschall Harris zu erreichen, was der Royal Air Force mit der gezielten Vernichtung von Produktionsstätten nicht gelungen war: die Ruhr schachmatt zu setzen. Am 3. Februar 1943 begann die ›Schlacht um die Ruhr‹, meistens im Schutz der Nacht und in großer Höhe dröhnten die Bomber heran. In einer dieser Nächte (zum 6. März 1943) warfen 442 Bomber der Royal Air Force binnen 45 Minuten auf Essen 137000 Brandbomben und 1100 Sprengbomben ab. Trotzdem blieb, bei 442 Menschen, die starben, die Stadt am Leben. Am 17. Mai gelang den Engländern ein Spezialangriff auf die Möhnetalsperre, das größte Staubecken im Einzugsgebiet der Ruhr, aus dem 4,5 Millionen ihr Trinkwasser und die Industrie zu 70% ihr Brauchwasser bezogen. 130 Millionen

DIE SCHWERSTEN ANGRIFFE DER LUFTWAFFE VON DER R.A.F. WEIT ÜBERBOTEN

Mehr als 1000 Bomber auf einmal eingesetzt

IN der Nacht vom 30. Mai griff die Royal Air Force Köln mit weit über 1000 Flugzeugen an. Der Angriff wurde auf anderthalb Stunden zusammengedrängt. Der deutsche Sicherheits- und Abwehrdienst war der Wucht des Angriffs nicht gewachsen.

Premierminister Churchill sagte in seiner Botschaft an den Oberbefehlshaber des britischen Bomberkommandos am 31. Mai:

„Dieser Beweis der wachsenden Stärke der britischen Luftmacht ist auch das Sturmzeichen für die Dinge, die von nun an eine deutsche Stadt nach der andern zu erwarten hat.“

Zwei Nächte darauf griff die Royal Air Force das Ruhrgebiet mit über 1000 Maschinen an.

Die Offensive der Royal Air Force in ihrer neuen Form hat begonnen

G. 31

Flugblatt der Royal Air Force

In der Nacht vom 30. Mai griff die Royal Air Force Köln mit weit über 1000 Flugzeugen an. Der Angriff wurde auf anderthalb Stunden zusammengedrängt. Die deutsche Abwehr war der Wucht des Angriffs nicht gewachsen.
Premierminister Churchill sagte in seiner Botschaft an den Oberbefehlshaber des britischen Bomberkommandos am 31. Mai:
»Dieser Beweis der wachsenden Stärke der britischen Luftmacht ist auch das Sturmzeichen für die Dinge, die von nun an eine deutsche Stadt nach der anderen zu erwarten hat.«
Zwei Nächte darauf griff die Royal Air Force das Ruhrgebiet mit über 1000 Maschinen an.

Die Möhnetalsperre nach der Zerstörung

Tonnen Wasser brachen durch die geborstene Mauer, begruben, erstickten, ertränkten 1200 Menschen, aber die Ruhrindustrie vernichteten sie nicht, wie sich der Feind das erhofft hatte. Die Sperre wurde schnell wieder instand gesetzt, und die Sorpetalsperre übernahm die Versorgung des Reviers in dieser Zeit. Schwere Verluste der Royal Air Force (130 schwere Bomber, 99 Piloten) ließen die Schlacht am 29. Juni 1943 ›remis‹ enden, wenn man nicht sogar von einem Mißerfolg der Alliierten sprechen muß. Denn die Jahresförderung an Kohle 1943 betrug an der Ruhr immer noch 128 Millionen Tonnen und an Rohstahl 13 Millionen Tonnen gegenüber einer Förderung im letzten Friedensjahr 1938 von 127 Millionen Tonnen Kohle und 16 Millionen Tonnen Rohstahl. Das war, wie das Wunder an der Marne, fast ein ›Wunder an der Ruhr‹, und war auch jede zehnte Wohnung zerstört, waren die Ruinen von Werksanlagen unübersehbar geworden, so hielt das Revier mit seinen Menschen weiter durch, zumal es Speer, dem neuen Reichsminister für Rüstung, gelungen war, dem schon 1940 angeordneten ›Luftschutz-Führerprogramm‹, also dem Bau von Luftschutzbunkern und Großstollen für die Bevölkerung, jetzt die Dringlichkeitsstufe 2 zu geben – an erster Stelle stand die Wiederherstellung beschädigter Industrieanlagen. So wurde gebaut, was vernichtet, aber auch sogleich wieder vernichtet, was gebaut worden war, und wer nicht unbedingt im Revier leben mußte, ›uk-gestellt‹, weil produktionsunentbehrlich, wurde evakuiert, ins Sauerland, ins ländliche Westfalen, auch nach Sachsen, auch nach Thüringen. Das ist der Grund, weswegen es im gesamten Gebiet von Rhein und Ruhr, verglichen mit anderen Teilen des Reiches, z. B. Berlin, verhältnismäßig wenig ›Ziviltote‹ gegeben hat. Immerhin 8400, wie die Statistik später errechnete.

Eine Frau sucht ihre Familie im zerstörten Barmen. – »Ich würde eine Mauer um das Ruhrgebiet mit seinen bombardierten Städten ziehen lassen, wenn es kein Telefon und keine Briefzustellung gäbe«, sagte Goebbels nach dem Luftangriff auf Wuppertal-Elberfeld am 24./25. Juni 1943, der die Bevölkerung 5200 Tote kostete. Die Presse durfte nicht darüber berichten.

Es mag müßig sein, solche Zahlen anzuführen und der Ruhr ein Heldenlied zu singen, wenn man das Auge noch einmal über jene Ruinenlandschaft schweifen läßt, zu der das Revier bereits 1943, als die erste ›Schlacht um die Ruhr‹ zu Ende ging, geworden war. »Dort liegt die Arbeit von tausend Jahren in Schutt«, schrieb der später hingerichtete Carl Friedrich Goerdeler, Haupt des Widerstandes gegen Hitler, in einem an den Generalfeldmarschall von Kluge gerichteten Brief, datiert vom 25. Juli 1943, in dem er bekennt: die von hohen militärischen Stellen genährte Auffassung, daß die Zerstörungen im Westen nicht so schlimm seien und daß die Arbeiter nach wenigen Tagen, in denen sie sich ›ihre Klamotten aus den Trümmern geholt‹ hätten, wieder zur Arbeit kämen, habe ihn bestimmt, sich das Zerstörungsgebiet selbst anzusehen. »Es hat keinen Zweck«, schreibt Goerdeler weiter, um dem Feldmarschall die Augen zu öffnen, ja in der Hoffnung, ihn auf seine Seite zu ziehen, »es hat keinen Zweck, die Gefühle zu beschreiben, die mich bewegten, als ich vom Toelleturm ab auf die Ruinenstadt Barmen und auf das zur Hälfte zerstörte Elberfeld heruntersah. In Essen findet man kaum durch die Straßen, weil in den Trümmern alle Anhaltspunkte, die man gewohnt war, fehlen. Krupp ist zu sechzig Prozent zerstört und arbeitet auch nur ungefähr zu dreißig Prozent. Die gegenteilige Behauptung ist unrichtig. Er hat auch nicht etwa die zerstörten Teile an anderen Orten Deutschlands wieder aufgebaut; nein, der Beginn der Verlagerung ist im Anfang. Wer den Mut zum Denken hat, muß sich schon ohne besondere Sachkunde sagen, daß man erst Gebäude finden, dann sie herrichten, dann die Maschinen zum größten Teil neu beschaffen und dann Kohle und Arbeitskräfte herbeiholen muß. In Elberfeld arbeiteten selbst unversehrte Betriebe des Stadtteils Vohwinkel zu dreißig Prozent, weil die Arbeiter abgewandert sind. Aus Wuppertal und Essen sind je etwa zwei Drittel, aus Köln vier Fünftel der Bevölkerung verschwunden. So sieht es mit den Leuten aus, die sich ihre Klamotten in drei Tagen aus den Trümmern heraussuchen. Die Kohlenproduktion des Ruhrgebietes ist nunmehr von 420000 t täglich auf 300000 t täglich gesunken und sinkt unablässig weiter. Im Juni ist auch erstmals die Fertigung der süddeutschen Rüstungsindustrie stark gesunken, weil der Rückgang der Zufuhr aus dem Ruhrgebiet sich nunmehr bemerkbar macht. Aus diesen Trümmern ist im übrigen nichts hervorzusuchen. Es sind Massen Schutt, Beton und Eisen. Ein Wiederaufbau wird viele Generationen dauern. Die Unterbringung der Trümmer auf deutschem Boden ist überhaupt nicht möglich, weil zuviel Land verlorengehen würde. Man muß sie also ins Meer schaffen. Die Beseitigung allein der Trümmer von Essen wird, wenn man täglich 100 Waggons mit ihnen beladet, etwa drei Jahre in Anspruch nehmen! Der bisher entstandene Schaden ist mit 100 Milliarden Mark zu gering eingeschätzt. Unsere bisherige Reichsschuld beläuft sich auf 250 Milliarden. In drei Monaten werden die Schulden genauso hoch sein wie das gesamte Vermögen ...«

Was hätte Goerdeler, dieser unbestechliche Mann, den man um diese Zeit schon gehenkt hatte, schreiben müssen, wenn er dieselbe Landschaft im Frühjahr 1945 gesehen hätte? Längst hatten da, wie Ernst Poensgen es prophezeite, die Amerikaner eingegriffen und letztlich mit dem Übergewicht ihrer Stahlproduktion die steckengebliebene Luftoffensive der Engländer in einen permanenten Luftkrieg verwandelt. Und rund um die Uhr, in ›pausenloser Schicht‹, zermalmten sie die Städte, die, mühsam immer wieder zusammengeflickt, nun vollends verbrannten, zersprangen wie dünnes Glas. Aber erst als Gelsenkirchen mit

Am 7. März 1945 erkämpften die Amerikaner den Übergang über die Rheinbrücke bei Remagen und bildeten einen Brückenkopf am anderen Ufer. Damit war auch das Schicksal des Ruhrgebiets besiegelt.

drei Millionen Kubikmetern Schutt bedeckt war, Dortmund nicht mehr lebte, Essen von 1000 km Straßen noch ganze 300 hatte, durch die ein Rest von Leben schlich, erst als jede zweite Wohnung – in Dortmund und Duisburg mehr als jede zweite – zerstört war: erst da sank die Produktion fühlbar, sank, sank ins uferlose, sank auf den Stand um die Jahrhundertwende, sank weiter, sank unter die Ziffern des großen Streiks von 1889 ...

Am 19. März 1945 befahl Hitler die »Zerstörung sämtlicher Stromerzeugungs- und Stromverteilungsanlagen sowie die Vernichtung aller Verkehrs- und Verbindungsmittel des rollenden Eisenbahnmaterials, der Brücken, Bahndämme, Fabriken und Warenläger im Aufmarschgebiet des Feindes...« Nach Hitlers Worten: »Wenn der Krieg verlorengeht, wird auch das Volk verloren sein. Dieses Schicksal ist unabwendbar. Es ist nicht notwendig, auf die Grundlagen, die das Volk zu seinem primitiven Weiterleben braucht, Rücksicht zu nehmen. Im Gegenteil, es ist besser, selbst diese Dinge zu zerstören...«, war das Schicksal der ›Verbrannten Erde‹ auch dem Ruhrgebiet zugedacht, dessen Kohlenzechen vor allem gesprengt werden sollten. Daß dies verhindert werden konnte, mag, wer immer dafür verantwortlich zeichnet, einer der großen europäischen Augenblicke der Ruhr gewesen sein, nicht minder bedeutsam wie die Vereitlung des Morgenthau-Planes, der über Hitlers Zerstörungswahnsinn noch hinausging und aus dem Revier Ackerland machen wollte. Vielleicht hätte dieser von Roosevelt ernsthaft erwogene Gedanke mehr Chancen gehabt, verwirklicht zu werden, wenn Hitlers Befehl: die Zerstörung der Kohlenzechen, ausgeführt worden wäre. Stephan P. Lochner hat die Szene beschrieben, wie verhindert wurde, daß es dazu kam. Er schreibt: »Um diesen nihilistischen Wahnsinn zu durchkreuzen, setzte Martin Sogemeier, der Geschäftsführer der Reichsvereinigung Kohle, sein Leben aufs Spiel. Die Umstände fügten es, daß er mit Paul Pleiger, dem in hohem Ansehen beim Regime stehenden Generaldirektor der Hermann-Göring-Werke in Salzgitter, in den kritischen Tagen eine Autofahrt von Berlin ins Ruhrgebiet in dessen Wagen unternahm. Sogemeier erinnerte sich, daß Pleiger der Sohn eines Ruhrbergmanns war. Konnte er wagen, offen mit ihm zu sprechen? Pleiger stand im Ruf eines überzeugten Nationalsozialisten. Wenn ihm das Wort des Führers Gesetz war, mochte es noch so wahnsinnig sein, würde er ihn dann nicht der Gestapo als Verräter anzeigen und dem Henker überantworten? Sogemeier nahm das Risiko auf sich. ›Ist Ihnen klar, was das bedeutet – alle Kohlenpütts zu sprengen?‹ fragte er Pleiger, als sie irgendwo anhielten, um zu tanken. ›Was soll denn werden? Sie wissen genausogut wie ich, daß die Ruhrzechen dann unwiederbringlich dahin sind.‹ – ›So? Wirklich?‹ war Pleigers einziger Kommentar; dann zu seinem Chauffeur gewandt: ›Also, weiterfahren!‹

Was hatte Pleiger mit seinen zwei Worten sagen wollen? Sogemeier grübelte über die Frage eine lange schlaflose Nacht. Am nächsten Morgen gestand auch Pleiger, wenig oder gar nicht geschlafen zu haben. Dann fuhr er mit Sogemeier zu einer Ruhrzeche. Irgendwie hatte Pleiger es inzwischen fertiggebracht, die führenden Männer des Ruhrbergbaus in einem Stollen dieser Zeche zusammenzutrommeln. Er erzählte ihnen von Hitlers Befehl an die Gauleiter, die Gruben in die Luft zu jagen, und sagte dann: ›Unter keinen Umständen darf das geschehen. Ich verbiete Ihnen hiermit, irgendeinem politischen Funktionär Sprengstoff auszuhändigen. Ich fahre sofort nach Berlin zurück.‹

Zwei entschlossene Männer hatten eine europäische Katastrophe verhütet.«

Aus den geheimen Lageberichten des Sicherheitsdienstes der SS Nr. 368 vom 6. Mai 1943 (Auszug)

Die feindlichen Luftangriffe der letzten Tage haben die westdeutsche Bevölkerung wieder schwer getroffen. Die Meldungen von dorther betonen aber, daß die Haltung der Volksgenossen nach wie vor tadellos sei. Von Apathie sei nichts zu merken. Nach dem schweren Angriff auf Essen in der Nacht zum 1. 5. sei z. B. beobachtet worden, daß die Volksgenossen am nächsten Morgen in aller Frühe tatkräftig dabei waren, die kleineren Schäden zu beseitigen und daß am Nachmittag überall in den Kleingärten gearbeitet wurde. Bedenklich sei lediglich die Tatsache, daß sich von Angriff zu Angriff die Fälle von Diebstahl in bombengeschädigten Häusern mehren würden. In einer Meldung heißt es:

Bezeichnend ist ein Fall, der sich in Duisburg in der Angriffsnacht vom 27. 4. zugetragen hat. Eine Frau hatte Neugierige zur Hilfeleistung herangezogen, um einen Brand zu löschen. Sie hatte sich von der Nachbarschaft die notwendigen Eimer ausgeliehen. Die Helfer erledigten zwar die ihnen zugedachte Aufgabe, aber als der Brand niedergekämpft war, verschwanden sie unter Mitnahme sämtlicher Eimer. Die Folge ist, daß die Frau, welche die Eimer auslieh, nun versuchen muß, diese wieder zu beschaffen und zu ersetzen.

Nach Meldungen aus Westdeutschland, aber auch aus andren Reichsteilen wird in der Bevölkerung davon gesprochen, daß die feindliche Luftoffensive eine Folge der Verkündung des totalen Krieges sei. Viele Volksgenossen verständen nämlich unter dem totalen Krieg nicht so sehr den totalen Einsatz aller Kräfte für die Rüstung, sondern den Übergang zum totalen Einsatz aller Mittel, auch der äußersten, im Kampf gegen die Feinde. Die Proklamierung des totalen Krieges sei deshalb von vielen Volksgenossen als eine Herausforderung aufgefaßt worden, welche nicht ohne Rückwirkung seitens der Gegner bleiben könne. Dieses Mißverständnis habe zu einer gewissen Animosität der Volksgenossen gegen die Reichshauptstadt geführt, von welcher aus der totale Krieg verkündet worden ist. Diese Einstellung werde durch einen Vers charakterisiert, der im Industriegebiet bereits verbreitet worden sei:

Lieber Tommy, fliege weiter,
wir sind alle Bergarbeiter.
Fliege weiter nach Berlin,
die haben alle »ja« geschrien.

Der Chef der Sicherheitspolizei und des SD
Amt III

Berlin SW 11, den 24. 6. 43
Prinz-Albrecht-Straße 8
für Rückfragen 12 00 38 / 331

Geheim!

Persönlich – Sofort vorlegen!

Meldungen aus dem Reich

Nr. 385

Wiedergabe von Nachrichtenmaterial aus dem Reichsgebiet, das auf Grund von Anforderungen des Berichtempfängers zusammengestellt wurde.
Der Bericht ist ein geheimer Gegenstand im Sinne der Verschlußsachenanweisung.

Vorliegender Bericht ist nur persönlich für den Adressaten bestimmt und enthält Nachrichtenmaterial, das der Aktualität wegen unüberprüft übersandt wird.

8. Juli 1943 (grüne Serie)

Meldungen über Auflockerungserscheinungen in der Haltung der Bevölkerung

Aus Dortmund wurde folgender Vorfall berichtet:

Am 12. 4. 1943 gegen 12.20 Uhr hielt ein Hauptmann der Wehrmacht einen Flaksoldaten in Dortmund-Hörde wegen schlechten Grüßens an. Die resistente Haltung des Soldaten veranlaßte den Hauptmann, mit einem zur Hilfe herbeigerufenen Soldaten die Personalien des Angehaltenen festzustellen. Es stellte sich heraus, daß der Soldat desertiert war. Der Hauptmann veranlaßte das Nötige, wobei er sich nach einwandfreien Feststellungen völlig korrekt verhielt. Umstehende Volksgenossen wurden aber des Vorfalls gewahr. Es sammelte sich eine 300–400 köpfige Menschenmenge an, die in der Hauptsache aus Frauen bestand. Im Handumdrehen bildeten sich unglaubliche Gerüchte, die sämtlich gegen den Offizier gerichtet waren. Der Offizier habe u. a. den Soldaten mit dem Koppel geschlagen, habe ihn mit Erschießen bedroht usw. Die Erregung der Menge wuchs ungeheuer schnell, und sie nahm eine so drohende Haltung an, daß der Offizier regelrecht in die Straßenbahn flüchten mußte. Aus der Menge kamen erregte Rufe wie: »Pfui, es gibt Revolution! Gebt uns unsere Jungen, gebt uns unsere Männer wieder!« Die Erregung war derart, daß eine Pressenotiz den Vorfall klarstellen mußte und in Hörde in einer Versammlung der NS-Frauenschaft der Sachverhalt ebenfalls richtiggestellt wurde.

QUERSCHNITTSLÄHMUNG AM MÖHNEDAMM

Aus den ›Erinnerungen‹ von Albert Speer

Die mir in den ersten Morgenstunden überreichte Meldung war überaus alarmierend. Die größte der Talsperren, die Möhnetalsperre, war zerstört und ausgelaufen. Über die drei anderen Sperren lagen noch keine Nachrichten vor. In der ersten Morgendämmerung landeten wir auf dem Flugplatz Werl, nachdem wir das Bild der Verwüstung von oben betrachtet hatten: Das am Fuß des gebrochenen Damms einst befindliche Kraftwerk war mit seinen schweren Maschinen wie wegradiert.

Eine Flutwelle hatte das Ruhrtal überschwemmt. Sie hatte, das war die unscheinbar anmutende, aber gravierende Folge, die elektrischen Aggregate der Pumpstationen des Ruhrtales durchnäßt und verschlammt, so daß die Industrie zum Stillstand gekommen und die Wasserversorgung der Bevölkerung gefährdet war. Der Bericht zur Lage, den ich bald darauf im Führerhauptquartier abgab, hinterließ, wie das Führerprotokoll festhält, »einen tiefen Eindruck beim Führer. Er behielt die Unterlagen bei sich«.

Den Engländern war es bei diesem Angriff jedoch nicht gelungen, die drei anderen Talsperren zu zerstören, deren Ausfall die Wasserversorgung des Ruhrgebietes für die bevorstehenden Sommermonate fast völlig unterbunden hätte. Bei der größten von ihnen, der Sorpetalsperre, erzielten sie zwar einen Volltreffer mitten auf den Damm, den ich noch am gleichen Tage besichtigte. Der Bombentrichter lag jedoch glücklicherweise um wenig höher als der Wasserspiegel. Nur einige Zentimeter tiefer – und aus einem kleinen Bach wäre schnell ein reißender Strom geworden, der den aus Erde und Felsbrocken aufgeschütteten Damm mit sich gerissen hätte. Die Engländer standen in dieser Nacht bei einem Einsatz von wenigen Bombern vor einem Erfolg, der größer gewesen wäre, als sie ihn bis dahin, bei Tausenden von Bombereinsätzen, je erreicht hatten. Sie machten dabei nur einen, mir heute noch unverständlichen Fehler: Sie teilten ihre Kräfte auf und zerstörten in der gleichen Nacht die siebzig Kilometer entfernte Edertalsperre, obwohl diese mit der Wasserversorgung der Ruhr nicht das geringste zu tun hatte.

Wenige Tage nach diesem Angriff arbeiteten bereits 7000 Mann, die ich vom Atlantikwall ins Gebiet von Möhne und Eder beordert hatte, an der Wiederherrichtung der Dämme. Noch rechtzeitig vor dem Beginn der Regenfälle, am 23. September 1943, konnte die zweiundzwanzig Meter tiefe und siebenundsiebzig Meter breite Bresche im Möhnedamm geschlossen werden. Infolgedessen gelang es, die Niederschläge des Spätherbstes und Winters 1943 für den Bedarf des nächsten Sommers zu sammeln. Bei unserem Wiederaufbau versäumte die britische Luftwaffe ihre zweite Chance: Mit einigen Bomben hätten die exponierten Einrichtungen der Baustellen zum Einsturz gebracht, mit einigen Brandbomben die hölzernen Baugerüste in Flammen gesetzt werden können.

Am 21. März war ich nach Berlin zurückgekehrt. Drei Tage später wurde mir frühmorgens die Meldung durchgegeben, daß englische Truppen nördlich des Ruhrgebiets in breiter Front, ohne Widerstand zu finden, den Rhein überschritten hätten. Unsere Truppen waren, das wußte ich von Model, ohnmächtig. Noch im September 1944 hatte die Höchstleistung unserer Rüstung ermöglicht, aus Armeen ohne Waffen in kurzer Zeit wieder eine Abwehrfront aufzurichten. Jetzt entfielen solche Möglichkeiten: Deutschland wurde aufgerollt.

Ich setzte mich wieder an das Steuer meines Wagens, um erneut ins Ruhrgebiet zu fahren, dessen Erhaltung die alles entscheidende Frage für die Nachkriegszeit war. In Westfalen, kurz vor unserem Ziel, zwang uns eine Reifenpanne zu einer Pause. Auf einem Gehöft unterhielt ich mich, in der Dämmerung unerkannt, mit den Bauern.

Zu meiner Überraschung war das in den letzten Jahren eingehämmerte Vertrauen zu Hitler selbst noch in dieser Situation wirksam: er, Hitler, könne den Krieg nie verlieren, meinten sie, »der Führer hat noch etwas in Reserve, was er im letzten Augenblick ausspielen wird. Dann kommt die große Wende. Daß er die Gegner so weit zu uns hereinläßt, das ist doch nur eine Falle!« Selbst in der Regierung traf man diesen naiven Glauben an absichtlich zurückgehaltene, den sorglos ins Land vorgestoßenen Gegner erst im letzten Augenblick vernichtende Wunderwaffen. Funk beispielsweise fragte mich um diese Zeit: »Wir haben doch noch eine besondere Waffe, nicht wahr? Eine Waffe, die alles wendet?«

Noch in der Nacht begannen die Besprechungen mit Dr. Rohland, dem Leiter des Ruhrstabes, und seinen wichtigsten Mitarbeitern. Ihr Bericht war erschreckend. Die drei Gauleiter des Ruhrreviers waren entschlossen, den Zerstörungsbefehl Hitlers durchzuführen.

Hörner, einer unserer technischen Mitarbeiter, der unglücklicherweise gleichzeitig Leiter des technischen Amtes der Partei war, hatte auf Befehl der Gauleiter einen Zerstörungsplan aufgestellt. Bedauernd, aber an Gehorsam gewöhnt, erläuterte er mir die Einzelheiten seines Konzepts, das, fachmännisch richtig, die Industrie an der Ruhr auf unabsehbare Zeit ausschalten mußte: Selbst die Kohlenschächte sollten absaufen und durch Zerstörung der Förderanlagen ihre Wiederherstellung auf Jahre unmöglich gemacht werden. Durch die Versenkung von Lastschiffen mit Zementladung sollten die Verschiffungshäfen der Ruhr und zugleich die Wasserstraßen blockiert werden. Schon am nächsten Tag wollten die Gauleiter mit den ersten Sprengungen beginnen, da die gegnerischen Truppen schnell in den Norden des Ruhrgebietes vorstießen. Allerdings hatten sie so wenig Transportmittel, daß sie auf die Hilfe meiner Rüstungsorganisation angewiesen waren. Sprengstoff, Sprengkapseln und Zündschnüre hofften sie reichlich in den Bergwerken zu finden.

Rohland bestellte unverzüglich etwa zwanzig zuverlässige Vertreter der Kohlenbergwerke nach dem Thyssen-Schloß Landsberg, dem Sitz des Ruhrstabes. Nach kurzer Beratung wurde, als handele es sich um eine der selbstverständlichsten Angelegenheiten, gemeinsam beschlossen, Sprengstoff, Sprengkapseln und Zündschnüre in den »Sumpf« der Bergwerke zu werfen und dadurch unbrauchbar zu machen. Ein Mitarbeiter wurde angewiesen, alle Kraftwagen, die uns unterstanden, mit den geringen Treibstoffvorräten aus dem Ruhrgebiet herauszuziehen. Notfalls sollten Wagen und Treibstoff der kämpfenden Truppe zur Verfügung gestellt werden, womit sie dem zivilen Sektor endgültig entzogen worden wären. Schließlich versprach ich Rohland und seinen Mitarbeitern zur Sicherung der Kraftwerke und anderer wichtigen Industrieanlagen gegen Zerstörungstrupps der Gauleiter aus unserer Restproduktion fünfzig Maschinenpistolen. In der Hand entschlossener Männer, die ihren Betrieb verteidigten, stellten sie damals eine beachtliche Kraft dar, denn Polizei und Parteifunktionäre hatten erst vor kurzem ihre Waffen an das Heer abgeben müssen. Wir sprachen in diesem Zusammenhang sogar von offener Revolte.

Zerstörte Werkshalle bei Hoesch

Zerschlagen liegen die großen Gehäuse, die der Mensch sich als Werkstätten baute. Zerschlagen liegen zahllos die kleinen Gehäuse, die er sich baute zu seinem Lebensschutz. Zerschlagen sind die großen Montankonzerne; ihre Glieder, Hütte und Walzwerk, sind vom Rumpf der Erzgruben und Zechen amputiert, und selbst dieser Rumpf ist noch entzweigeschnitten. – Zwei Fragen tauchen unvermeidlich aus solcher Lage auf: »Wo liegt die Schuld? Denn menschliches Verschulden muß ihr doch zugrunde liegen.« Und zweitens: »Wie kann aus einem derart zerschlagenen Körper wiederum ein Ganzes werden? Wie muß man ihn zusammenfügen – denn so zerstückelt kann er ja nicht leben –, daß eine solche Katastrophe sich nicht wiederholt?«

Heinrich Hauser

HOESCH
Hitlerzeit — Zweiter Weltkrieg

Die Weltwirtschaftskrise hatte die Ära der Investitionen – Hoesch baute 1929 ein neues Thomasstahlwerk mit dem damals größten Konverter der Welt – jäh gestoppt und überall zu starker Verschuldung geführt. Auch bei Hoesch, und wenn es nun, nach 1933, wieder aufwärtsging, so hieß das, bei weitgehendem Verzicht auf Investitionen, vorerst einmal die Finanzlage wieder zu ordnen. Als man sagen konnte, daß das gelungen war, schloß der Vierjahresplan zunächst einen weiteren Ausbau der Werke aus – nicht nur bei Hoesch, im ganzen Revier. Was frei war an Mitteln, mußte auf höheren Befehl in den Aufbau der Reichswerke in Salzgitter gesteckt werden. Wenn die Ruhr trotzdem 1938 die höchste Rohstahlerzeugung erreichte, die es je gegeben hatte, änderte das nichts an der Tatsache, daß sie technisch immer mehr in Rückstand geriet und ihre Konkurrenzfähigkeit verlor, vor allem gegenüber den USA.

Auch ein allgemeiner Konjunkturaufschwung – der sich für Hoesch rein äußerlich dadurch abzeichnete, daß 1934 bereits wieder 23254 Arbeiter und Angestellte auf den Zechen, auf der Hütte und in den Weiterverarbeitungsbetrieben tätig waren – konnte nicht darüber hinwegtäuschen.

Die Versuche, die bei Hoesch mit Fe-armen Erzen durchgeführt wurden, hatten einen gewaltigen Kostenanstieg und – Erzeugungseinschränkungen gebracht. Nichts jedoch hinderte den Staat, trotzdem die Verhüttung von Inlandserzen weiterhin zu fordern – aus so naheliegenden Gründen wie Devisenersparnis und Arbeitsbeschaffung. Daß die Autarkiebestrebungen einem ganz anderen Ziel dienten, ging – nach Hitler – niemand etwas an, am allerwenigsten die Industrie selbst. So beschränkte man sich, um die Produktionshöhe zu halten, bei Hoesch darauf, einen neuen Hochofen zu bauen, der in seinen Abmessungen die Verhüttung deutscher Erze erlaubte. Die amerikanische Firma Brassert errichtete ihn. Brassert hatte auch die Hochöfen in Salzgitter gebaut. Der Krieg verzögerte den Bau; erst 1941 war er betriebsbereit.

1937: Erich Tgahrt übernimmt die Leitung des Werkes

1937 gab Fritz Springorum aus gesundheitlichen Gründen sein Amt an Erich Tgahrt ab und übernahm den Vorsitz im Aufsichtsrat, dem sein Vater, Friedrich Springorum, bis 1932 als Vorsitzender und dann als Ehrenvorsitzender bis zu seinem Tode am 26. Mai 1938 angehörte. Tgahrt kam von der Neunkircher Eisenwerk GmbH, der er als Generaldirektor vorgestanden hatte. Von Neunkirchen kam auch sein bewährter Mitarbeiter Friedrich Wilhelm Engel.

Die Ruine der Reinoldikirche in Dortmund, 1945

Die Schachtanlagen Heinrich und Fritz wurden zusammengelegt, die Zeche Fürst Leopold modernisiert. Die Zeche Kaiserstuhl erhielt eine Kokerei, Zeche Radbod für den Winkhaus-Schacht ein neues Fördergerüst. Der Ausbau des

Kaltwalzwerkes, der Bau einer Sinteranlage im Hüttenwerk folgten, ein Elektrostahlwerk wurde errichtet, zwei neue Konverter wurden erstellt, und die neugegründete Hoesch-Benzin-GmbH konnte ihr modernes Treibstoffwerk in Betrieb nehmen.

Krieg und Bombenkrieg

Nach Beendigung der Feldzüge gegen Polen und Frankreich ist im Werk selbst noch nichts vom Krieg bemerkbar. 1940 rundet Hoesch den weiteren Ausbau durch eine neue Steckelstraße ab, die allerdings erst in der Nachkriegszeit in Betrieb genommen wurde. Im übrigen aber stellt der Krieg jede planvolle Entwicklung in Frage: 18 Luftminen, 2000 Spreng- und 30000 Brandbomben, in zwanzig schweren Luftangriffen über der Hütte abgeworfen, verwandeln das Werksgelände im Oesterholz, auf dem Albert Hoesch einst – im Jahre 1871 – mit seinen Ingenieuren die Fundamente zum Eisen- und Stahlwerk Hoesch in den sumpfigen Grund legte, in einen unentwirrbaren, Trümmerhaufen.

1942: Fritz Springorum †
1945: Erich Tgahrt †

Fritz Springorum erlebte das volle Ausmaß der Katastrophe nicht mehr: am 16. April 1942 schließt er die Augen. Noch bevor der Krieg zu Ende geht, am 26. Februar 1945, haben die übermenschlichen Anstrengungen, die die Leitung des Werkes erforderte, auch dem Leben Erich Tgahrts ein Ende gesetzt. Was der führungslos gewordene Vorstand aus den Notquartieren seiner Büros erblickt, ist kein Werk mehr, es ist das Chaos der Apokalypse.

DIE BOMBARDIERUNG

Erster Luftangriff am 4./5. Mai 1943

Die ersten Bomben auf das Werk fielen 1943. In der Nacht vom 4. auf den 5. Mai wurden das Elektrostahlwerk, die Kaliberwalzwerke, die Blechwalzwerke I und II und das Kaltpreßwerk von Brand- und Explosionsbomben getroffen. Ein Volltreffer in die Gaszentrale unterband die Stromversorgung der Hochofenbetriebe, es gab kein Frischwasser mehr, Blasformen und Kühlringe verbrannten, und in den Kaltwindleitungen bildete sich Knallgas und explodierte. Am 8. Mai wurden drei Öfen wieder angeblasen. Wenige Tage später waren alle Öfen wieder in Gang.

Am 17. Mai wurde die Möhnetalsperre durch schwere Luftangriffe getroffen. Das Hüttenwerk war damit vorübergehend seiner Wasserversorgung beraubt. Ein Jahr lang blieb der Himmel frei von feindlichen Flugzeugen. Die Stadt Dortmund hatte durch die ersten Großangriffe 1400 Tote zu beklagen und 130000 Obdachlose; 9000 Brände hatten das Stadtgebiet verwüstet. Bei Hoesch hatte man statt zuckerhutförmiger Luftschutztürme auf dem Werksgelände – sie schützten wohl vor Splittern, aber nicht gegen Bombentreffer – feste Schutzräume errichtet, regelrechte Bunker mit 2 Meter dicken Wänden und Decken aus Eisenbeton. Zudem waren Stollen angelegt worden, z. B. in der Schlackenhalde. Hier fand die Belegschaft Schutz, wirklichen Schutz. Anders stand es in den Wohngebieten und um die in der Umgebung von Hoesch frei im Gelände liegenden Baracken, in denen, ebenso wie in alten Schulhäusern und stillgelegten Fabrikgebäuden, die Masse von Kriegsgefangenen, Ostarbeitern, Zwangsarbeitern, freiwilligen ›Fremdarbeitern‹ – diese zum größten Teil mit ihren Familien – lebten. Wohl gab es Stollen, in die sie bei Luftgefahr flüchten konnten, aber, auf engen Raum zusammengedrängt, waren sie nur wirklich sicher, wenn sie gerade im Werk arbeiteten und die Angriffe sie dort überraschten. Im Werk selbst kamen – bei der Schwere der Angriffe und der Verwüstungen fast ein

Erich Tgahrt (1882–1945)

Wunder! – nur 18 Mann um. ›Draußen‹ in den Wohngebieten waren die Verluste weitaus größer. Insgesamt melden die Listen 98 Tote – jene 100 Polen nicht eingerechnet, die es bei ihrer Ankunft in der Kirchderner Straße traf.

Am 23. Mai 1944 heulten von neuem die Sirenen. Bei Hoesch wurden die Hallen in der Stockheide schwer getroffen. Am 12. September 1944 konzentrierte sich ein neuer Angriff auf das Benzinwerk in der Nähe der Hütte, zerstörte es und traf auch die Drahtverfeinerung, das Kaltwalzwerk, das Steckelwalzwerk, die Zementfabrik und die Fabrik für feuerfeste Steine.

1944: Bomben auf die Hütte

Am 9. November 1944 trafen die Angriffe das Hüttenwerk selbst, die Hochofenanlagen, die Stahlwerke, die Zechen Kaiserstuhl I und II, die Maschinenfabrik Deutschland.

Am 6. Oktober setzte die feindliche Luftwaffe zu einem neuen schweren Angriff auf Dortmund an. Innerhalb von 40 Minuten wurden 60000 Menschen obdachlos, 1015 wurden getötet.

Das Jahr 1945 zog drohend und unheilvoll herauf. Am 16. Februar 1945 lag die Kokerei von Kaiserstuhl II besonders schwer im Bombenhagel, am 26. Februar war erneut das Hüttenwerk Ziel eines Angriffs, und die Phosphatfabrik wurde zerstört. Dann zählte man die Tage nicht mehr; Angriff um Angriff rollte über das Werk hin. Als unseligstes Datum der tausendjährigen Stadtgeschichte sollte sich der 12. März 1945 in die Erinnerung der Dortmunder einbrennen. 1069 Maschinen warfen an die 5000 Tonnen Sprengstoff ab und verwandelten Dortmund mitsamt seinen Werken in eine feuerglühende Hölle.

Die Amerikaner kommen

Dann näherten sich die Amerikaner. Bei den Kampfhandlungen wurde, was an Hauptkabeln und Wasserzuleitungen noch intakt war, zerstört. Hatten die tapferen Arbeiter die schlimmsten Schäden immer sofort zu beseitigen versucht, hatten sie an den wichtigsten Betriebseinrichtungen die ärgsten Zerstörungen ausgebessert, so mußten sie jetzt hilflos zusehen, wie die Hochöfen erloschen. Der Krieg war unmittelbar auf das Werksgelände übergesprungen.

8. Mai 1945

Am Kapitulationstag lag das Werk in Friedhofsruhe da. Nichts war verschont geblieben, selbst die Erzbunker waren ein Trümmerfeld.

Hoesch hatte an den Fronten 3000 Gefallene und Vermißte zu beklagen.

Die Kriegsschäden wurden auf weit über 200 Millionen Reichsmark geschätzt.

Kriegsschäden über 200 Millionen RM

Von den neuntausend Werkswohnungen war ein Drittel völlig zerstört, der verbliebene Teil schwer beschädigt.

Die Bilanz des Krieges

Von Dortmund waren zwei Drittel seiner bebauten Fläche – das sind 63 Prozent – in Schutt und Asche gesunken. Hagen war mit der zu Hoesch gehörenden Schmiedag und mit Harkort-Eicken zu 40 Prozent, Kassel mit dem Hoesch-Werk Federstahl zu 68 Prozent, Wuppertal-Langerfeld mit dem Trierer Walzwerk zu 41 Prozent und selbst Hiltrup in der Nähe von Münster mit dem Hiltruper Röhrenwerk, das von Tieffliegern kurz vor der Kapitulation eingeäschert wurde, zu 10 Prozent zerstört. In Trümmern lag der Veredlungsbetrieb Borlinghaus, schwer beschädigt das Kaltwalzwerk Nahmer der Hohenlimburger Walzwerke, ganz abgesehen von den Betrieben der Becke-Prinz GmbH in Dortmund selbst, dem abgelegenen Werk Hemer und den Dortmunder Drahtseilwerken.

Das war die Bilanz am 8. Mai 1945.
Nicht der Schimmer einer Hoffnung lag über dem unabsehbaren Trümmerfeld.
Die Feindmächte hatten verkündet, jeden Meter Boden, der Deutschlands Industrie getragen hatte, in Ackerland zu verwandeln.
Aber auch das wäre, wenn man Hoesch betrachtete, einer Sisyphusarbeit gleichgekommen.

Zerstörte Werkshalle der Drahtverfeinerung, 1945

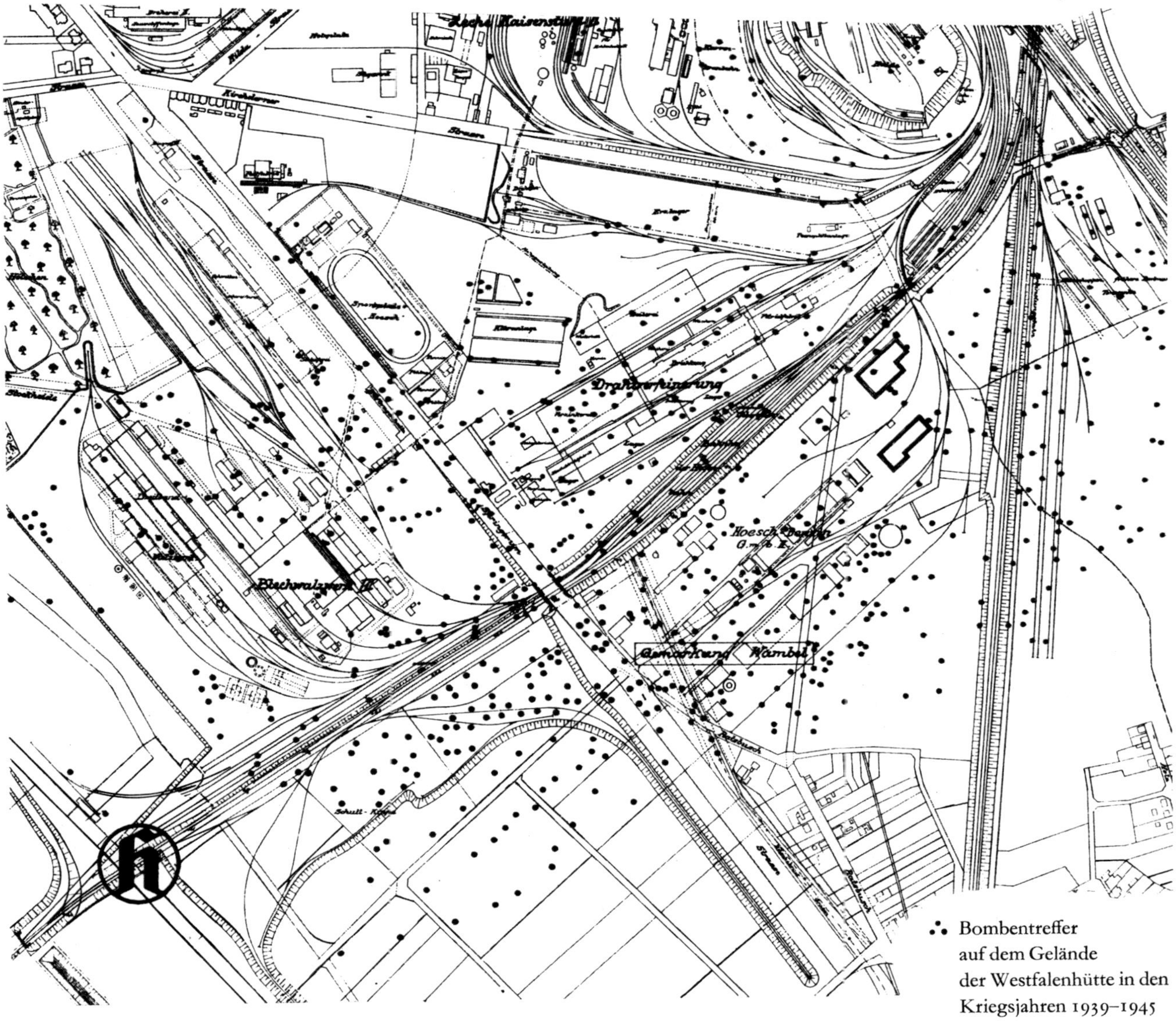

∴ Bombentreffer auf dem Gelände der Westfalenhütte in den Kriegsjahren 1939–1945

DIE GROSSE WUNDE

Der auf Tod und Leben verwundete Menschenleib sinkt in eine tiefe Ohnmacht. Freund und Feind halten ihn bereits für tot, denn da ist keine sichtbare Lebensregung mehr. Seine Sinne sind verschlossen gegen die Außenwelt. Aber sie sind wach. Sie haben nur ihre Richtung umgekehrt, nach innen. Auf die innere Festung des Lebens sind alle Energien ausgerichtet, zu ihr strömen sie hin, in ihr sammeln sich alle vitalen Kräfte zur Verteidigung gegen den Tod. Ausgeschnittene Gewebe lassen unterm Mikroskop erkennen, was in den Tiefen einer Wunde vor sich geht. Es ist, als blickte man in eines der märchenhaften Bergwerke des Zwergenvolks. Selbst in diesem schmalen Blickfeld sind Hunderte von winzigen Gestalten am Werk. Plumpe Gliedmaßen schieben sie gegen geborstene Zellwände vor, mit grotesk wackelnden Köpfen dringen sie in Klüfte und in Spalten ein. Oft sehen sie geradezu menschlich aus, diese weißen Blutkörperchen, diese Truppen, die die innere Festung des Lebens aussendet, um den betroffenen Körper zu entsetzen von der Belagerung des Tods. – Wird die tiefe Krise siegreich überwunden, so lösen sich die Sinne aus der inneren Konzentration, wenden sich wiederum zur Außenwelt: der Verwundete erwacht aus seinem Koma, er schlägt die Augen auf; man darf hoffen, daß er leben wird…

Heinrich Hauser

Wiedergeburt des Reviers

Vom Morgenthau- zum Marshallplan

Jede Generation, die auf eine Katastrophe zurückblickt, an der sie mitbeteiligt war und die sie in Blut und Not durchschritt, fragt, noch einmal davongekommen, nach dem Sinn dieser Leiden, dieser unermeßlichen Zerstörungen. Sie fragt mit Recht danach. Denn sollte da kein Sinn gewesen sein – woher hätte sie die Hoffnung genommen, eine neue Welt inmitten dieser unabsehbaren Trümmerstätte zu errichten?

Die Frage wird unbeantwortet bleiben. Vermutungen sind keine Antworten. Unsere Maßstäbe sind nicht die Maßstäbe der Geschichte. Und nur die Geschichte wird dereinst so etwas wie eine Antwort finden, zu der ihr das Ruhrgebiet Material liefern kann – nicht allein mit den Zahlen und Statistiken seiner Zerstörungen, sondern viel mehr mit den Zahlen und Statistiken seines Wiederaufbaus.

Es war ein Wiederaufbau gegen alle Absicht und Vernunft derjenigen, die in Deutschland als Sieger einmarschiert waren. Und es war ein Wiederaufbau gegen alle Vernunft auch der Besiegten, die sich weigerten, das Chaos als Chaos zu nehmen, sich weigerten, zu resignieren. Nur gerade soviel zu tun, um nicht unterzugehen, ist wahrscheinlich dem Menschen nicht gegeben. Auch die Deutschen bildeten da keine Ausnahme. Sie bewiesen dazu, daß die Leistung eines Industriewerks nicht nur das bloße Produkt eines Zusammenwirkens von menschlicher Arbeitskraft und Maschinen ist. Auch wäre, was in der deutschen Wirtschaft und im Revier in den Nachkriegsjahren geschah, nie möglich gewesen, wenn Arbeiter und Angestellte allein von der Einsicht gelenkt und getrieben worden wären: Es geht um unseren Arbeitsplatz, und deshalb müssen wir unsere ganze Kraft daransetzen, das Werk wieder in Schwung zu bringen. Es war mehr als diese Einsicht, es war das Freiwerden von Energien, die der Mensch besitzt, ohne von ihnen zu wissen.

Deutschland, in vier voneinander streng getrennte Zonen aufgeteilt, in die hinein und aus denen heraus niemand ohne Passierschein kam, Deutschland, ohne einheitliche staatliche Verwaltung und Regierung, ohne Güter- und Personenverkehr, ohne Schiffahrt, mit Tausenden zerstörter Brücken, zerstörter Bahnhöfe, mit 2,25 Millionen zerstörten Wohnungen, ohne Industrie, ohne Rohstoffe, ohne Nahrung, der größte Teil seiner Männer hinterm Stacheldraht der Gefangenschaft, soweit sie nicht gefallen, verwundet oder verschollen waren, ein Land mit Nahrungsmittelrationen von 1150 Kalorien täglich, und selbst diese nicht garantiert, ein Land, in das nun auch noch Millionen von Flüchtlingen einströmten, aus dem verlorenen Osten, ohne Wohnung, ohne jeglichen Besitz – dieses Deutschland also ging an seinen Wiederaufbau.

Niemand wußte, wie das planvoll geschehen konnte. Die Militärregierung, schwankend zwischen Härte und Milde, hatte wohl eingesehen, daß sie dieses Land nicht in einen Kartoffelacker verwandeln durfte, wie es Roosevelt, Amerikas Präsident, durchaus vorgehabt hatte. Was die Deutschen selbst, gegen Hitlers Befehl der verbrannten Erde, im letzten Augenblick hatten verhindern können: die Zerstörung der deutschen Industrie, vornehmlich die der Ruhr, war bereits 1944 vorsätzlicher Plan Henry Morgenthaus jr., des Finanzministers Roosevelts, gewesen. Morgenthau war dem Präsidenten freundschaftlich verbunden, und sein Einfluß war groß. In seinem Memorandum über das Ruhrgebiet hieß es: »Hier liegt das Herz der industriellen Macht Deutschlands. Dieses Gebiet soll nicht nur von allen dort augenblicklich bestehenden Industrien entblößt, sondern so geschwächt und kontrolliert werden, daß es in absehbarer Zeit nicht wieder ein Industriegebiet werden kann.« Der Plan, der eigentlich von Harry Dexter White, Morgenthaus engstem Mitarbeiter, stammte, sah, nach den Aufzeichnungen des Staatssekretärs Hull, einem Gegner des Plans, im einzelnen vor, »alle industriellen Anlagen und Einrichtungen, die nicht durch Kriegseinwirkungen zerstört worden sind, entweder vollständig zu demontieren oder aus dem Gebiet zu entfernen, oder völlig zu zerstören. Aus den Bergwerken sind alle Einrichtungen zu entfernen und die Bergwerke mit Gewalt völlig zu zertrümmern.« Harry Dexter White war Kommunist und, wie erst später bekannt wurde, Mitglied eines sowjetischen Spionageringes. Hinter dem von ihm entworfenen Morgenthauplan stand ein weitaus größeres Ziel, als Bergwerke zu ersäufen und das Ruhrgebiet in ein Ackerland zu verwandeln. Durch die Härte und den Haß der westlichen Alliierten wollte Dexter White die Deutschen in die Arme Rußlands treiben, wollte er Stalin die Rolle des barmherzigen Samariters zuschanzen, der den Deutschen mildere Bedingungen bot, und so für den Bolschewismus erreichen, was in den Spartakistenaufständen 1923 nicht gelungen war: ihn bis zum Rhein vorzutragen. Aber sowenig wie jene sollte diese Rechnung aufgehen. Während der Konferenz von Quebec, auf der auch Churchill, allerdings ohne Billigung des britischen Kabinetts, dem Morgenthauplan zugestimmt hatte, wurde das Vorhaben vorzeitig der Weltpresse bekannt, und Protest wurde laut, nicht nur, weil Hitler eine billige Trumpfkarte für seinen Widerstand bis zum Äußersten zufallen würde, sondern weil die Verwirklichung des Plans nach der Niederringung Deutschlands unweigerlich zum Zusammenbruch Westeuropas – und nicht mehr Deutschlands allein – geführt hätte.

In einem Gegenmemorandum appellierte der über Morgenthaus Absichten entsetzte amerikanische Kriegsminister Stimson an Roosevelts Humanität. Der entscheidende Satz darin heißt: »Armut in einem Teil der Welt führt gewöhnlich Armut in anderen Teilen herbei. Erzwungene Verarmung ist sogar noch schlechter, denn sie zerstört nicht nur den Geist des Opfers, sondern erniedrigt den Sieger... Die vorgeschlagene Behandlung Deutschlands würde, falls sie zur Anwendung käme, vorsätzlich viele Millionen ihres Rechtes auf Freiheit von Not und Freiheit von Furcht berauben. Andere Völker in der ganzen Welt würden mißtrauisch über den Wert unserer geistigen Ideale und die Wirksamkeit unserer langfristigen wirtschaftlichen und politischen Grundsätze in ihrer Anwendung auf den Besiegten.«

Am 12. April 1945 starb Roosevelt, und am Tage nach dem Amtsantritt Präsident Trumans schied Morgenthau aus der amerikanischen Regierung aus. Damit war

Friedenstaube, 1945–1947 · Collage von Hannah Höch (*1889)

Nacht im Revier, 1955 · Gemälde von Werner Scholz (*1898)

das »O. K. – F. D. R.«, jener berühmte Vermerk, mit dem der Präsident den Plan Morgenthaus gebilligt hatte, in ein endgültiges Nein verwandelt, was allerdings nicht mehr verhindern konnte, daß Morgenthaus Ideen, von denen die Direktiven der amerikanischen Stabschefs für das besiegte Land ausgingen, zunächst weiterwirkten. Diese Direktiven zielten darauf hin, Deutschland – um die Gefahr eines dritten Weltkriegs auszuschließen, den es von neuem entfesseln könnte und nach der Überzeugung großer Teile der amerikanischen Bevölkerung entfesseln würde – im Status eines drittklassigen Staates zu halten. Daß dies durchführbar war, stand nicht zur Debatte, auch nicht, ob einige Millionen Deutsche Hungers sterben könnten. Die Frage, die die Militärs freilich nicht kümmerte, hieß nur, wie lange es möglich war, »Deutschland in ein fortwährendes nationales Armenhaus zu verwandeln«, ohne daß dies auf die wirtschaftliche Lage Westeuropas zurückschlug. Auch die Franzosen hatten sich darüber Gedanken gemacht.

Wieder war es der nicht unberechtigte Wunsch nach Sicherheit – sie liege längs des Rheins, von einem Ende des Flusses zum anderen, hatte de Gaulle Anfang Januar 1945 in Paris erklärt –, der Frankreich nicht nur das linke Rheinufer, sondern auch ein breites Vorfeld auf dem rechten Rheinufer und ganz oder teilweise das Ruhrgebiet für sich fordern ließ. Als die Konferenz von Jalta am 5. Februar 1945 begann, meldete de Gaulle in einer Rundfunkansprache unabweislich an: »... die endgültige Anwesenheit französischer Streitkräfte am Rhein in seiner ganzen Länge, die Abtrennung der Gebiete auf dem linken Ufer sowie des Ruhrbeckens von den künftigen deutschen Staaten...« Aber in Jalta sprachen sich die ›Großen Drei‹ dagegen aus. Die Russen wollten nicht, daß, nachdem schon die Saar in französischen Händen war, auch das Ruhrgebiet an Frankreich fiele, und schlugen vor, die Ruhr unter europäische Kontrolle zu stellen, etwa nach dem Vorbild Berlins, und selbstverständlich unter ihrer Beteiligung, obwohl, wie die Amerikaner feststellten, »keine westliche Macht an der Kontrolle der ostdeutschen Schwerindustrie Anteil hat«. Frankreich wiederum fürchtete das ständige Hineinreden Rußlands in seine ureigensten Rechte, und in einem von Deutschland abgetrennten Ruhrstaat erblickte es einen Sammelpunkt für ein neues, geeintes Deutschland, während die Amerikaner in einer Abtrennung des Rhein-Ruhr-Gebietes für das übrigbleibende Deutschland jene Ackerwüste voraussahen, die Morgenthaus bereits überwundenes Haßdenken mitten in Europa hatte entstehen lassen wollen. So zerstritten sich die Sieger, und die Amerikaner blieben dabei, »daß die Regierung der Vereinigten Staaten einer Abtrennung des Ruhrgebietes von Deutschland widerspricht, ganz gleich, ob dies auf dem Wege der Internationalisierung, der Errichtung eines besonderen Staates oder der Annexion durch einen oder mehrere Nachbarstaaten geschehen soll«. Wohl verlangten sie eine Kontrolle über Kohle und Stahl, und die Briten, die sich wachsenden Versorgungsschwierigkeiten in der von ihnen besetzten Zone gegenübersahen, schlossen sich ihnen an und stimmten der Auffassung zu, daß es kein sentimentaler Großmut sei, wenn den siebzig und mehr Millionen Deutschen, die in engeren Grenzen konzentriert sein würden – Amerika hatte sich mit der Abtretung deutschen Landes im Osten einverstanden erklärt –, ein erträglicher Lebensstandard gestattet werde.

Auf der Potsdamer Konferenz im August 1945 verwiesen Truman und seine Ratgeber dann auf die Bedeutung des Ruhrgebietes für die Lieferung von Reparationen. Darüber hinaus heißt es in den Richtlinien der amerikanischen Delegation: »Die wirksamste Ausnutzung des Ruhrgebietes im Interesse einer wirtschaftlichen

Gesundung Europas kann erzielt werden, wenn es ihm gestattet wird, seine organischen Bindungen innerhalb der deutschen Wirtschaft beizubehalten, während seine Industrie selbstverständlich entmilitarisiert und durch Wirtschaftsreformen in freiere und engere Beziehungen zu der europäischen Weltwirtschaft gebracht wird.«
So ging man in Potsdam, wo Frankreich nicht vertreten war, einfach am Ruhrgebiet vorbei oder vielmehr: sah das Revier stillschweigend als einen Teil Deutschlands an, und die Frage einer Vier-Mächte-Kontrolle, auf der die Russen bestanden, wurde vertagt, weil Frankreich nicht dabei war. Alle Proteste de Gaulles, der sich brüskiert fühlte, und alle weiteren Vorschläge Frankreichs änderten nichts mehr daran, daß das Ruhrgebiet – vorerst – für Deutschland gerettet war.

Am Fenster, 1947/48 · Rohrfederzeichnung aus dem graphischen Zyklus: Krieg und Nachkrieg von Oskar Nerlinger

Kartoffelernte für die Werksküche auf dem Sportgelände

Aber wer und was hatte den Ausschlag dabei gegeben? Humanitäre Überlegungen allein gewiß nicht. Der Winter 1945/46 stand bevor. Er werde, hatte eine amerikanische Kommission bereits im Frühsommer festgestellt, eine Kohlenknappheit solchen Ausmaßes bringen, daß jeder Anschein von Gesetz und Ordnung zerstört werden würde, wenn man nicht sofort drastische Maßnahmen ergreife. Auch Churchill war dieser Meinung; die gesamte Stabilität des Kontinents hänge letztlich von der vermehrten Förderung deutscher Kohle ab. Diese Kohle aber lag an der Ruhr, und so sahen sich die alliierten Behörden gezwungen, den Betrieb auf den Zechen wieder aufzunehmen, was nicht einfach war, denn es gab keine Kraftversorgung, die Wasserhaltung lag still, und die unteren Sohlen der Bergwerke waren durchweg ersoffen.

1938, im letzten Vorkriegsjahr, hatte die Kohlenförderung noch 137 Millionen Tonnen betragen. 1945 war sie auf 35 Millionen Tonnen abgesunken. Nun stieg sie geringfügig wieder an: auf 54 Millionen Tonnen im Jahre 1946, eine Menge, die weder ausreichte, um Industrie und Verkehr in Gang zu setzen, geschweige denn die Bevölkerung mit Hausbrand zu versorgen. Es war, da es darum ging, nur eben noch das nackte Leben zu fristen, kein kriminelles Vergehen mehr, Kohlenzüge zu bestehlen. Man hamsterte Kartoffeln draußen auf dem Land, unter Hergabe letzter gehüteter Schätze, wie sie ein Paar alte Schuhe, ein Knäuel Wolle oder ein Porzellanservice darstellten. So vegetierte Deutschlands Wirtschaft auf dem Stand eines primitiven Tauschhandels dahin, der weder zum Leben noch zum Sterben reichte. In der Tat mußte sich das bald auf ganz Europa verhängnisvoll auswirken.

Dieses Europa aber betrachtete man von Amerika aus inzwischen mit anderen Augen. Europa – das war bei den sich schon jetzt klar abzeichnenden Fronten einmal ein Bollwerk der USA gegen Rußland, zum anderen ein gewaltiger Markt für die amerikanische Friedensindustrie. Ein völlig darniederliegendes Land war

Ein Demontage-Unternehmer, der im Auftrag der englischen Besatzungsarmee bei Hoesch demontieren will, wird von Arbeitern in die Flucht gejagt

in diesem Markt der europäischen Länder ein Störenfried erster Ordnung, und die Lösung der europäischen Frage ohne ein wirtschaftlich intaktes Deutschland für Amerika deshalb undenkbar. England und Frankreich mochten andere Gründe haben, der amerikanischen Auffassung zuzustimmen. So sahen sich die alliierten Militärregierungen veranlaßt, schließlich auch eine deutsche Schwerindustrie zuzulassen, die allerdings auf ein Minimum begrenzt bleiben sollte. Alles, was über dieses Minimum hinausging, war in ihren Augen überflüssig und kam auf die Demontageliste: manche Werke vollständig, manche teilweise.
Das Diktat der Alliierten schrieb der deutschen Wirtschaft vor:
Höchsterzeugung 5,8 Millionen Tonnen Stahl jährlich, was 39 Prozent der Produktion des Jahres 1936 entsprach,
die Hälfte der Vorkriegserzeugung an Kupfer, Zink und Blei, Verbot der Erzeugung von synthetischem Benzin, Buna, Ammoniak sowie von Aluminium und Magnesium,
Verbot der Erzeugung von Kugel- und Rollenlagern und von schweren Werkzeugmaschinen,
Begrenzung des Schiffsbaus auf Schiffe mit höchstens 200 Bruttoregistertonnen.
Aber im August 1947 wurde die Stahlquote bereits auf 10,7 Millionen Tonnen,

Hoesch-Arbeiter demonstrieren gegen Demontagemaßnahmen im Werk

im Dezember 1947 auf 11,5 Millionen erhöht. Und man setzte Prämien aus: Die Bergleute erhielten für ihre schwere Arbeit unter Tage nach einem ›Bergarbeiter-Punktsystem‹ bei entsprechender Leistung statt Geld Waren, auf die der Normalverbraucher verzichten mußte.

Trotzdem gingen die Demontagen weiter. Was versprachen sich die Siegermächte davon? Zweifellos wollten sie den Fehler der Reparationen, die nach 1918 zur totalen Verelendung der Besiegten geführt hatten, nicht wiederholen; Sachleistungen waren besser als Geldentschädigungen, die Wechseln auf die Zukunft gleichkamen – auf eine sehr unbestimmte Zukunft. Doch schon der ›erste Industrieplan‹ – mit 1800 Betrieben auf der Demontageliste – verhinderte, das zu erfüllen, was die Alliierten Deutschland zugestanden: eine Industrieproduktion, die um 50 Prozent unter der von 1938 liegen sollte. Durch die Demontage würde sie auf den Stand der tiefsten wirtschaftlichen Depression, die die Deutschen je erlebt hatten, herabsinken. Aus der Krise von 1932 aber war bekanntlich Hitler ins Dritte Reich marschiert. Vor »kostspieliger Rache« warnte denn auch Expräsident Hoover, wenn er sagte: »Demontage bedeutet weniger lebenswichtige Güter für Europa, weitere Verzögerung im Wiederaufbau der Welt und schwere Lasten für den amerikanischen Steuerzahler.« Dennoch wurden – die neue Direktive hieß

»eine sich selbst erhaltende Wirtschaft« – im revidierten Industrieplan vom August 1947 noch 682 Betriebe endgültig zur Demontage bestimmt, und das, nachdem die amerikanische Zone bereits Anfang Mai 1946 ihre Reparationsleistungen an die Sowjetunion eingestellt hatte.

An der Ruhr löste diese endgültige Liste einen tiefen Schock aus – zu einer Zeit, als jedermann im Revier mit der Einsicht der Westmächte gerechnet hatte, daß die wieder in Gang gesetzten Reste der ›Ruine‹ nicht nur im Interesse der Deutschen betriebsfähig erhalten bleiben würden. Jede Hoffnung war nun zunichte. Besonders die Schlüsselindustrien waren betroffen, vor allem auch die Edelstahlwerke und die Röhrenindustrie, die ihre besten, ihre ergiebigsten Anlagen verloren. Ohne Rücksicht auf die Struktur des Reviers griffen die Alliierten mit der Demontage auch willkürlich in die Verbundwirtschaft ein und bestimmten unentbehrliche Betriebsteile, die noch halbwegs einen Verbund sicherten, zum Abbau. Gewiß, von geregelter Produktion war nicht zu sprechen; man lebte von der Hand in den Mund, hatte versucht, im Dickicht täglich wechselnder Zuständigkeiten, täglich neu ergehender Verordnungen, Beschränkungen, Zuteilungen und ihrer Aufkündigung oft bereits am nächsten Tag, in einem bürokratischen Durcheinander ohnegleichen, wenigstens die Menschen zu halten, die als ›Belegschaft‹ die alten Produktionskerne mühselig wieder in Betrieb gesetzt hatten. Froh, alle diese Menschen irgendwie beschäftigen zu können, damit sie für den Tag X bereitständen, mußte man sie vielfach nun entlassen und damit die Basis preisgeben, auf die jeder Neubeginn gestützt war und Hoffnung sich siedelte, zumal die Alliierten doch allmählich eingesehen hatten, daß sie, wenn sie nicht gegen alle Gesetze der Menschlichkeit verstoßen wollten, den Deutschen nicht das Recht nehmen durften, ihren Lebensstandard zu erhöhen. Und sie halfen sogar dabei: Neben Mais und Hühnerfutter amerikanischer Farmen, die das Volk buchstäblich vorm Hungertod retteten, kamen bis 1948 an die 11 Millionen Carepakete über den Ozean in die deutschen Haushalte der Bizone, wie man die Vereinigte Englische und Amerikanische Zone nannte.

Wenn im Ruhrgebiet das Leben weiterging, wenn in den Bergwerken weitergearbeitet werden konnte, dann ist es neben dieser Nahrungsmittelhilfe der früheren Feinde dem Umstand zu danken, daß ein ganzes Volk buchstäblich den Riemen noch um ein paar Löcher enger schnallte – was es weniger zugeteilt bekam, ging als zusätzliche Lebensmittelrationen an die Männer unter Tage. Was hätten auch die Grundindustrien, was hätten die Zechen und Hütten, selbst wenn sie von der Zerstörung und Demontage verschont geblieben wären, ohne eine halbwegs leistungsfähige Belegschaft anfangen wollen, ohne ihre Arbeitskraft, ohne ihre Bereitschaft, zu schuften und zu schaffen, ohne ihren Willen zum Wiederaufbau – trotz allem?

»Die überall, auch in den gänzlich zerstörten Werken herumsitzenden Kommissionen der Alliierten waren wie Wachtposten, die einen doppelt Beinamputierten am Davonlaufen verhindern sollen. Demontage plus Wiederaufbau im Ausland kosteten das Mehrfache dessen, was die Ruhr mit den demontierten Anlagen dem Ausland hätte liefern können. Die große Masse der demontierten Anlagen ging nach Rußland, mit dem der Westen sich bereits im kalten Krieg befand...«, heißt es in einem Bericht Heinrich Hausers über jene Zeit.

Indessen hatte die alarmierende Wirtschaftslage in Europa jenen allgemeinen Umschwung im Denken Amerikas bewirkt. Anfang September 1946 hielt Außen-

James Francis Byrnes (*1879)

George C. Marshall (1880–1959)

minister Byrnes in Stuttgart eine Rede. Sie bedeutete eine Revision der alten Auffassungen. Dem Ruhrgebiet war sie geradezu eine Garantie, für den Wiederaufbau nicht nur Deutschlands, sondern Europas freigestellt zu werden von jeder politischen Beherrschung oder Manipulation seitens ausländischer Mächte. Die Menschen im Revier atmeten auf.
Dann, am 7. Juli 1947, sprach der Nachfolger von Byrnes, George Marshall, vor Studenten der Harvard-Universität. Seine Worte gingen in die Geschichte ein. Marshall forderte die europäischen Länder auf, ein Programm auszuarbeiten, das die wirtschaftliche Wiederbelebung durch Zusammenarbeit ermöglichte – mit der vollen finanziellen Unterstützung der USA. Damit standen die Demontagen am Pranger – und wurden trotzdem durchgeführt, teils, weil Marshall glaubte, daß Deutschlands gar nicht voll ausgeschöpfte Industriekapazität durch die Überlassung stilliegender Betriebe anderen Ländern zugute kommen könnte, teils, bei den Engländern, aus Gründen der Konkurrenz. So gingen die Demontagen weiter, wurden die Maschinen von ihren Fundamenten gerissen, kämpften nicht nur die Unternehmen, die Betriebsräte und die Gewerkschaften, auch die Landesregierung in Düsseldorf, die Stadtverwaltungen, selbst die Kirchen für einen Stopp, wurden unzählige Petitionen und Denkschriften verfaßt, flogen Steine, mit Papier umwickelt, auf dem geschrieben stand: »Noch ist es ein Stein, bald wird es eine Ladung sein!«, den Demontageunternehmern in die Kontore. Beim Bochumer Verein weigerten sich die englischen Demontagetrupps unter den Drohungen von 11000 Facharbeitern, weiter Hand an das Zerstörungswerk zu legen. Franzjosef Müller, Generaldirektor und Anführer einer Bochumer Widerstandskampagne, schickte eine Petition an Präsident Truman, in der es hieß: »Wir appellieren an die amerikanische Tradition staatsmännischer Klugheit, wie sie George Washington und Abraham Lincoln begründet haben, die sich stets gegen die Auspowerung, in welcher Form und in welchem Land auch immer, gewandt haben... Hier ist die Stimme von Leuten, die ihre Heimat lieben und die für den Sieg des gesunden Menschenverstandes kämpfen. Sie können von uns nicht erwarten, daß wir unsere eigene Hinrichtung vollziehen...« Dies geschah im Januar 1949 und blieb nicht ohne Widerhall. Der Humphrey-Ausschuß forderte dann auch die »völlige und unverzügliche Einstellung der Demontage« als »Überbleibsel des Morgenthauplanes, der dem Kommunismus diene«.
Trotzdem ging das Demontagespiel, das nur Bitterkeit hinterließ, weiter, bis ins Jahr 1950 hinein, als die Bundesrepublik schon bestand und bereits an ihre Wiederbewaffnung gedacht wurde. Vollends ins Absurde schlug es um, als die betroffenen Werke später froh waren, ihre alten Maschinen losgeworden zu sein, da sie alsbald neue für sie aufstellen konnten, hochmoderne, rentablere, deren Leistung binnen kurzem wettmachte, was man verloren hatte – und was die anderen nun besaßen.

WIE DAS WAR

Selbst wer ihn heute sieht, diesen zerschlagenen Gigantenleib, möchte verzagen, daß er je von seinem Siechbett auferstehen wird. Und doch hat hier das Leben seinen größten Sieg über den Tod bereits errungen. Unmittelbar nach den Bomben haben die vitalen Kräfte dieses Körpers in seiner inneren Festung, seinen Bergwerken, sich gesammelt; von den Stollen und Festen sind sie emporgestiegen in die Trümmerwelt. Man sah es nur nicht, weil die Oberfläche wie tot dalag...

Eines Tages wird die Geschichte dieses Ringens mit dem Tod geschrieben werden. Aber dann wird sie schon wie eine Sage klingen, wie ja bereits den gegenwärtigen Zeugen die Jahre von 1944 bis zur Währungsreform zum traumhaften Erlebnis, zum Alb geworden sind. Ein Kapitel darin müßte den Bergleuten gehören: Wie das war, wenn man unter Tag nicht wußte, ob man Frau und Kind noch lebend treffen würde oder überhaupt ein Heim, zu dem es eine Rückkehr gab. Wie später das gute, heiße Essen, ausgeschenkt zur Förderung des Kohlenexports, so bitter schmeckte, weil man nichts davon mitbringen durfte für die Kinder, die – bei 500 Kalorien am Tag – danach die dürren Ärmchen reckten. Wie man sich verzweifelt fragte, ob die Arbeit, ob das Leben überhaupt noch Sinn hätte hinterm Stacheldraht der Hoffnungslosigkeit; und wie viele haben damals diese Frage mit ›Nein‹ beantwortet. – Ein zweites Kapitel müßte den Frauen gewidmet sein: wie das war, als sie, ums Leben ihrer Kinder kämpfend, nächtelang auf Güterzügen gefahren, tagelang von Bauernhof zu Bauernhof gewandert sind und wieder nächtelang gefahren, bis der kartoffelschwere Rucksack der Beschlagnahme zum Opfer fiel. – Ein drittes Kapitel müßte von den Werksleitern und Ingenieuren handeln: wie das war, als der erschöpfte, technische Apparat dem endgültigen Zusammenbruch entgegenstürzte. Wie man, mit der Verantwortung für viele Hunderte beladen, die Menschen trotzdem an die Arbeit schicken mußte, Gott dankend jeden Tag, wenn es noch einmal gut gegangen war. Wie man Tag und Nacht die Reparationszüge fahren sah, wohl wissend, daß die Maschinen, die sie trugen, für andere nur Schrott, für das Revier aber seine Arbeitsplätze waren, sein ausrinnendes Lebensblut. Wie man mit jeder Herzfiber den Wiederaufbau wollte und doch bei jedem Schritt und Tritt gegen die Mauern des »Verboten«, des »Unmöglich« stieß. – Aus vielen solchen Kapiteln werden diese Starrkrampfjahre der Nachwelt einst bewußt werden als die größte, weil heroischste Zeit des Ruhrreviers...

Heinrich Hauser

ES GIBT KEINE ALTERNATIVE

Vor dem Senatskomitee für Auswärtiges eröffnete Staatssekretär Marshall die Regierungskampagne für seinen Plan. Nach Erwähnung des zu erwartenden russischen Widerstandes erklärte Marshall u. a.: »Unser Land steht vor einer gewaltigen Entscheidung. Wir können entweder beschließen, daß die Vereinigten Staaten unfähig oder nicht willens sind, beim Wiederaufbau Europas zu helfen, oder wir sehen die Folgen seines Zusammenbruchs unter der Diktatur von Polizeistaaten und handeln dementsprechend.«

Marshall gab sodann seiner Überzeugung Ausdruck, daß eine Ablehnung des Programms vermehrte Militärausgaben zur Folge hätte. Das Hilfsprogramm müsse als eine Investierung in den Frieden betrachtet werden, und von diesem Standpunkt aus gesehen seien die Kosten gering. Marshall betonte die amerikanische Entschlossenheit, das europäische Wiederaufbauprogramm nicht als eine Waffe zur Einmischung in die Innenpolitik der hilfeempfangenden Staaten zu verwenden.

Zum Schluß erklärte der amerikanische Staatssekretär, es wäre absurd, die Risiken und Hindernisse des Planes zu verleugnen. Wetter und Ernten könnten nicht vorausgesagt werden, und ebenso müsse man mit politischer Sabotage rechnen. Trotzdem gebe es keine Alternative.

Reutermeldungen v. 7. und 8. Januar 1948

Will Quadflieg als Hamlet,
Ruhrfestspiele Recklinghausen

KUNST FÜR KOHLE
KOHLE FÜR KUNST

»Im bösen eisigen Hungerwinter des Jahres 1946 erhielten die Männer vom Betriebsrat der Recklinghauser Zeche Ewald/König Ludwig einen Hilferuf des Inhalts: Könnt ihr uns nicht Koks schicken? Sonst friert die Hydraulik unserer Hamburger Staatsoper ein, und auf Jahre wird unser Theaterleben vernichtet. Da saßen sie dann, Stanislaus Jendrowiak, Heinrich Engelbach, Johannes Kampmeier und Direktor Wittek an der Spitze, und drehten den Hilferuf hin und her. Die Geschichte war wahrlich nicht einfach, denn Kohle und Koks waren damals Gold, und die Besatzungsmacht kontrollierte die Förderung höchst genau. Auch Sonderschichten wären für diesen Zweck nicht genehmigt worden. Doch traf es sich glücklicherweise, daß in jenen Tagen auf Ewald/König Ludwig zufällig keine Waage vorhanden war. Die englischen Fahrer ließen sich ihre Autos vollschütten, und wenn die Federung das vorgeschriebene Belastungsmaß anzeigte, dann riefen die Tommies ›stop‹ – aber die auf dem Bezugschein angegebene Menge war an diesem Punkt fast nie erreicht. So blieb stets ›ein bißchen‹ Koks übrig – und damit halfen die Bergleute von Ewald/König Ludwig den Hamburger Theaterleuten, obwohl die hierfür Verantwortlichen damit in jener hart regierten Zeit kein kleines Risiko eingingen.«
Diesen Bericht Kurt Dörnemanns ergänzt die Werkzeitschrift der Zeche Ewald/König Ludwig; über die Vorgänge auf der Suderwicher Schachtanlage, die zur Geburtsstätte der Festspiele wurde, heißt es dort:
»Im Juni 1947 kamen die Hamburger mit 150 Künstlern nach Recklinghausen und hier zuerst zur Suderwicher Schachtanlage. Hamburgs Bürgermeister Max Brauer stellte sich auf die Treppe, die zum Fördergerüst führte, und rief: ›Festspiele in Salzburg, weshalb nicht Festspiele in Recklinghausen?‹ So wurden die Ruhrfestspiele geboren.«

JEDERMANN

Vor einigen Jahren wurde ein todkranker junger Amerikaner aus Texas von einem Arzt in Recklinghausen geheilt. Es war im Sommer, und der junge Texaner hatte die Festspiele miterlebt. In seiner Freude, das Leben wiederzuhaben, ging er zur Städtischen Sparkasse von Recklinghausen und zahlte 25 Dollar ein. Das Sparbuch, das er eröffnete, trug keinen Namen, nur den Verwendungszweck: Konto für ein Festspielhaus der Ruhrfestspiele.
Das war der Anfang. Bewegt durch diese Tat, gab ein Schauspieler die Gage einer Vorstellung, was wiederum ein Beamter der Stadt vernahm: sogleich verpflichtete er sich, bis zum Ende seines Lebens monatlich zwei Mark auf das Konto ohne Namen einzuzahlen. Als das bekannt wurde, rührte es sich überall. Das erste Werk, in dem man zusammentrat und zu Spenden aufrief, war Hoesch. Am 20. Januar 1959 kam folgender Beschluß des Gemeinschaftsausschusses der Betriebsräte aller Hoesch-Gesellschaften zustande:

Einstimmige Entschließung

Der Gemeinschaftsausschuß der Betriebsräte aller Hoesch-Gesellschaften, der mehr als 50000 Belegschaftsmitglieder vertritt, beschloß in seiner heutigen Sitzung einstimmig, für den Bau des Hauses der Ruhrfestspiele im Volkspark zu Recklinghausen im Namen der Belegschaften der Hoesch Werke einen Betrag von etwa 52000 DM, nämlich je Belegschaftsmitglied 1 DM, zu spenden.
Der Gemeinschaftsausschuß läßt sich, angeregt durch die Veröffentlichungen über den bevorstehenden Bau, von dem Gedanken leiten, daß die Ruhrfestspiele, die in größter Notzeit auf Initiative der Arbeitnehmer an der Ruhr vom Gewerkschaftsbund und der Stadt Recklinghausen gegründet wurden, heute wie damals ihre tiefe Berechtigung haben. In den vergangenen Jahren konnten die Kartenwünsche der Belegschaften nur in geringem Umfange befriedigt werden; dem soll das neue Haus abhelfen. Der Gemeinschaftsausschuß ist insbesondere aber auch der Ansicht, daß das Haus nicht nur mit staatlichen Mitteln erbaut werden sollte; die Bedeutung der Ruhrfestspiele für die Arbeitnehmer an Rhein und Ruhr verlangt auch eine Initiative der Arbeitnehmer.
Der Gemeinschaftsausschuß verbindet mit dieser Spende den dringenden Wunsch, daß in Zukunft – wie es in den vergangenen Jahren oft geschah – die Festspiele nicht nur auf Recklinghausen beschränkt bleiben, sondern daß möglichst viele Orte außerhalb Recklinghausens bespielt werden, damit das kulturelle Erlebnis breitesten Kreisen vermittelt wird...

HOESCH
Danach

Am 13. April 1945, einem Freitag, rückten amerikanische Truppen in die Dortmunder Innenstadt ein. Sie stießen auf keinen Widerstand. Mit dem Trümmerhaufen, der Dortmund hieß, besetzten sie kampflos die letzte Stadt des Ruhrgebietes.

Freitag, 13. April 1945, 9 Uhr morgens: Besetzung von Hoesch

Gegen 9 Uhr morgens stoppten die Jeeps vor dem Hüttenwerk von Hoesch. Von der Innenstadt bis hierher hatten sie eine Steinwüste passiert, aus der sich hier und da noch ein Haus erhob. Lediglich im Hoesch-Viertel gab es ein paar erhaltene Straßenzüge. Die Hütte selbst sah wie ein einziges Kraterfeld aus, und doch arbeiteten noch Menschen darin. Alte Hoeschianer hatten eine Art ›Selbstschutz‹ gebildet, um Diebstähle und Plünderungen zu verhindern. Nun wurde das Werk geschlossen, niemand durfte es betreten, und der Besetzungstrupp der Amerikaner bezog ein Haus in der Flurstraße.

Drei Tage später versammelten sich einige hundert Hoesch-Arbeiter vor dem Eingang Oesterholzstraße, wurden zur Arbeit eingeteilt. Eine traurige Arbeit, zu der sie Werkzeuge und Geräte ergriffen: um auf dem Hauptfriedhof die aus den Trümmern geborgenen Toten zu bestatten, um Straßen freizuräumen, um Brunnen zu bauen. Bald sah man Pferdefuhrwerk um Pferdefuhrwerk durch die Hannöversche Straße ziehen; eimerweise wurde Wasser an die Bevölkerung verteilt. Stapel von Feinstblechen, die im Kaltwalzwerk lagerten, wurden freigegeben, begehrter Baustoff, um Dächer abzudecken, Fenster zu schließen, Wände zu ziehen. Noch im April rief die Gewerkschaft 36 Vertrauensmänner aus allen Hoesch-Betrieben zusammen und erklärte, daß die Belegschaft auf Kaiserstuhl II und den Eisenbahnanlagen, den Elektrizitäts-, den Wasserversorgungswerken mit ›Instandsetzungsarbeiten‹ beginnen dürfe, ja müsse, und ein ›Betriebsrat aus eigener Macht‹, der sich »Vorläufiger Ausschuß« nannte, nahm, wie auch der Vorstand, Verhandlungen mit dem Ortskommandanten auf.

›Betriebsrat aus eigener Macht‹

Anfänge, aber an einen Anlauf der Produktion wie beim Bergbau – schon im April förderten die ersten Hoesch-Zechen wieder – war beim Hüttenwerk noch nicht zu denken. Das Permit der Militärregierung – andere Hüttenwerke hatten es längst erhalten – blieb aus, und als Gerüchte kursierten, die durch ihre Mitgliedschaft in der NSDAP ›belasteten‹ Männer des alten Vorstandes seien daran schuld, traten diese spontan zurück, noch ehe sie, wie die meisten Führungskräfte des Kohlenbergbaus und der Stahlindustrie, im September und Oktober verhaftet und ins Internierungslager Staumühle gebracht wurden, aus dem sie nach langen Monaten, einige erst nach Jahren und die meisten unter Berufsverbot, wieder entlassen wurden. Bei Hoesch traf dieses Los die Vorstandsmitglieder Bomke, Brü-

Rücktritt des alten Vorstandes

ninghaus, Dr. Lipp, Dr. Schweitzer und Dr. Weittenhiller. Als einziges Mitglied des früheren Vorstandes blieb Friedrich Wilhelm Engel zurück, der an der Seite Erich Tgharts den gesamten Verkauf geleitet und das Werk durch Krieg und Rüstungswirtschaft mitgesteuert hatte. Nach der Verhaftung all seiner Vorstandskollegen fiel ihm nun, nach der Besetzung, die alleinige Führung zu.

Seine erste Sorge war, die von den Alliierten erlaubte Kohleförderung zu nutzen und, nach einem widersinnigen Reparaturverbot, wenigstens eine Koksofenbatterie der Zeche Kaiserstuhl wieder in Betrieb zu nehmen. Erst wenn die Hochöfen mit Energie versorgt werden konnten, war an den nächsten Schritt zu denken.

Friedrich Wilhelm Engel (1903–1955)

Das Hüttenwerk, das seit dem 11. November 1944 stillag, war mit 22 Bombenangriffen, die es über sich hatte ergehen lassen müssen, einer der am schwersten getroffenen Betriebe im Revier. War das der Grund, weswegen Hoesch nicht auf der Liste jener Werke stand, die für eine Neuproduktion zugelassen werden sollten? Niemand im Werk dachte daran, und so war die alliierte Weisung, die am 17. September 1945 erging, nämlich die Wiederaufbauarbeiten einzustellen, für den Vorstand ein harter Schlag, bedeutete es doch, alle Angestellten bis auf eine Notbelegschaft zu entlassen, die Gehälter weiter herabzusetzen und über 1400 Arbeiter herzugeben, die anderweitig dienstverpflichtet wurden.

September 1945: Einstellung der Wiederaufbauarbeiten

Auf diese alte Stammbelegschaft aber kam es an. Nach einer im Jahre 1942 angestellten Untersuchung ließen sich im Hüttenwerk der Hoesch AG 556 Stammarbeiter-Familien nachweisen, unter ihnen 60 Familien, deren Angehörige zusammengerechnet 75 und mehr Jahre dem Werk gedient hatten. An der Spitze stand eine Familie mit insgesamt 377 Dienstjahren. Solche Zahlen waren nicht Schall und Rauch. Durch alle Notzeiten hindurch hatte Hoesch es fertiggebracht, seine Arbeiter seßhaft zu machen. In dieser Seßhaftigkeit lag die Stärke des Werkes. Das sah schließlich auch die englische Militärregierung ein. Am 23. November 1945 erteilte sie – nicht zuletzt auf immer neues Drängen des Betriebsrates hin – dem Hüttenwerk Hoesch die vorläufige Produktionserlaubnis. Schon im April 1945 war in jenem ›Vorläufigen Ausschuß‹, der aus fünf alten Gewerkschaftlern bestand, eine erste Form betrieblicher Vertretung bei Hoesch entstanden. Im Dortmunder Raum kam es Ende April sodann zur ersten gewerkschaftlichen Vertrauensmänner-Besprechung, zu der 29 Betriebe 36 Vertreter entsandten. Hier beriet man, welche Form – im Rahmen des Besatzungsrechtes – die künftigen Vertretungen der Arbeiter im Betrieb haben könnten, ohne daß es zu Kollisionen mit der Besatzungsmacht käme. Nach diesen Absprachen wählte auch die Belegschaft der Westfalenhütte und anderer Betriebe von Hoesch einige Monate später ihre ersten Betriebsvertretungen – bei der Westfalenhütte mit 17 Arbeitern und 4 Angestelltenvertretern. Betriebsratsvorsitzender der Hütte wurde Gustav Schwendtke.

23. November 1945: die Hütte darf wieder arbeiten

Wilhelm Hansmann (1886–1963) Ehrenbürger der Stadt Dortmund und langjähriger stellvertretender Aufsichtsratvorsitzender der Hoesch AG

Wilhelm Hansmann, der, nach 12jähriger Emigration nach Deutschland zurückgekehrt, Oberstadtdirektor von Dortmund wurde, erklärte kurz nach den ersten Betriebsratswahlen in der ersten Betriebsrätekonferenz Dortmunds: »Damit ihr es wißt, ich stehe hier vor euch, weil ich die Pflicht habe, euch die Notlage der gesamten Bevölkerung vor Augen zu führen. Ihr aber, ihr Betriebsräte, habt die Pflicht, mit euren Arbeitern, Angestellten und Beamten zu reden, daß es für sie in diesen schwersten Zeiten Deutschlands die erste und größte Pflicht ist, zu arbeiten, aufzubauen, immer wieder zu arbeiten. Ohne eure Arbeit kann ich die Stadt nicht aufbauen, ohne die Arbeit aller kann die Wirtschaft nicht wieder

Zerstörte Werkshallen der Westfalenhütte

funktionieren, können wir nicht wieder als anständige Menschen untereinander leben. Ich verlange von euch, daß ihr eure Pflicht erfüllt, und ich verspreche euch, daß ich meine Pflicht erfüllen werde.«

Über die Teilnahme von Betriebsratsmitgliedern an den Aufsichtsratssitzungen entschied der Aufsichtsrat von Hoesch am 3. Dezember 1945: »Dem Antrag der Betriebsvertretung, den 1. und 2. Vorsitzenden des Betriebsrates an künftigen Aufsichtsratssitzungen teilnehmen zu lassen, wird zugestimmt.«

Mit der Produktionserlaubnis wich der lähmende seelische Druck von Werksleitung und Belegschaft, und wenn auch nichts mehr ineinandergriff im Getriebe des verzweigten Organismus, wie ihn ein Hüttenwerk darstellt, wenn hier von tausenderlei Einzelgliedern kaum eines noch funktionsfähig war und die Sorgen und Schwierigkeiten, sie in Gang zu setzen, sich türmten wie ein unübersteigbares Gebirge: am letzten Tag des Jahres 1945 – nach vierzehn Monaten des Stillstandes – wurden die Hochöfen I und II wieder angeblasen. Zwei Tage später floß das erste Eisen aus den Stichlöchern, das erste Eisen einer neuen Zeit, die nur Hunger und Entbehrungen kannte. Man stand mitten im erwarteten schlimmen Winter. »Statt Strümpfen werden in zunehmendem Maße Lumpen an den Füßen getragen«, heißt es in einem Bericht zur ›Sozialen Lage der Arbeiter‹, »von ausreichendem Schuhwerk ganz zu schweigen.« Und nur die wenigsten hatten ein festes Dach über dem Kopf. Auch daß der Bergmann besser versorgt wurde als der zum Teil genauso schwer arbeitende Hüttenmann, zählte nicht. Es ging vorwärts.

31. Dezember 1945: Hochöfen I und II werden angeblasen

War es im Januar 1946 zum erstenmal wieder gelungen, die leeren Stahlpfannen zu füllen und Rohstahl nicht nur zu erzeugen, sondern auch zu verarbeiten, so war eine Steigerung der Erzeugung, neben den Aufräumarbeiten, in den folgenden Monaten nur langsam möglich. Liest man jedoch heute die Produktionszahlen von damals, erscheinen sie einem nachgerade als ein Wunder, zumal die Höhe der Erzeugung nicht allein von der vom Hunger ausgemergelten, zum größten Teil ausgebombten, vom Kleinkampf um das Lebensnotwendigste zermürbten Belegschaft abhing, sondern von Produktionseinschränkungen mitbestimmt war, die die alliierten Kontrollstellen verfügten. In den Jahren 1946/1947 produzierte Hoesch:

Rohstahlerzeugung Juli 1946: 24050 Tonnen

Januar 1946	3680 t Rohstahl
Juli 1946	24050 t Rohstahl
Januar 1947	13720 t Rohstahl
Juli 1947	23040 t Rohstahl
September 1947	21400 t Rohstahl

Das war noch nicht ein Fünftel der Vorkriegserzeugung und dennoch eine Leistung, die man nur daran messen kann, was der Arbeiter verdiente: Im Durchschnitt betrug sein Monatslohn 200 bis 250 Mark, was dem Gegenwert von einem Pfund Butter auf dem Schwarzen Markt entsprach – eine amerikanische Zigarette 6–10 Mark, ein Brot 160 Reichsmark! Nicht viel anders drückte sich das Mißverhältnis in den zusätzlichen Betriebskosten und den Kosten für die Beseitigung der Kriegsschäden aus. Da hatte man nichts, aber auch gar nichts erwirtschaftet, vielmehr in einem Jahr, von Mitte 1945 bis 1946, einen Verlust von rund 25 Millionen Reichsmark hinnehmen müssen.

Aber es ging nicht um Erlöse, schon gar nicht um Gewinne, es ging allein um den

Walzwerk 3 der Westfalenhütte
nach der Zerstörung ...

... und Anfang der
fünfziger Jahre
nach dem Wiederaufbau.

Nachweis, daß man produktionsfähig war, mit welchen Verlustzahlen auch immer. Es ging darum, daß Hoesch im 75. Jahr seines Bestehens wenigstens noch existierte. Der Jubiläumstag, der 1. September 1946, war herangekommen. Er war nicht heiter. Man überging ihn im Werk. Es gab keinen Grund für stolze, gewichtige, auch nur zuversichtliche Worte. Vielmehr gab es Anzeichen, daß die Militärregierung ihre vorläufige Erlaubnis widerrufen und das Hüttenwerk stillegen wolle. Zunächst kam eine Anweisung von der ›Metallurgie-Branch‹, alle Ausbesserungsarbeiten an den Gebäuden, den Werkshallen und Maschinenhäusern einzustellen, dann, am 16. Oktober, von der ›Reparation-Division‹ in Altena ein Auslieferungsbefehl für das gesamte Inventar des Werkes. Zwei Tage später, auf einer Sitzung der Rohstoffkommission in Duisburg, überreichte man Engel den offiziellen Stillegungsbescheid.

75 Jahre Hoesch am 1. September 1946: erneute Stillegung droht

Engel fuhr wie gelähmt nach Dortmund zurück. Nun hatte er es schwarz auf weiß. Wenige Tage später versammelte er alle verantwortlichen Männer der Geschäftsleitungen und Betriebsvertretungen der Hoesch AG und der ihr angeschlossenen Werke um sich und zog Bilanz. Der gegenwärtige Zustand des Inbetriebseins mit allen Mängeln, erklärte er, sei dem Stilliegen hundertmal vorzuziehen, wie Kranksein noch immer besser sei als der Tod. Dann sagte er:

Argumente gegen den Stillegungsbescheid

»Es ist allgemein bekannt, daß die Steigerung des industriellen Lebens in Deutschland eine Kohlenfrage ist. Der monatlich aufs neue entbrennende Kampf um die Höhe der Erzeugung der Eisenwerke wird einstweilen lediglich von der Energielage beherrscht. Wir machen so viel Eisen, als wir Koks, Kohlen, Gas und Strom bekommen. Die Unmöglichkeit zureichender Versorgung mit Energie ist als Grund bezeichnet worden, warum fünf Eisenwerke wieder stillgelegt worden sind. Mehrfach drohte uns das gleiche Schicksal. Immer ist es aber noch möglich gewesen, es abzuwenden. Dafür waren mehrere gewichtige Gründe maßgebend. Einmal nämlich ist unsere Verkehrslage so günstig wie bei wenigen anderen Werken. Wir beziehen Kohle und Koks von der Zeche Kaiserstuhl, die mitten in unserem Werk liegt. Für die Verbindung der Betriebsteile unter sich, mit der Zeche Kaiserstuhl und deren Kokerei, dient die Werksbahn. Von unserem nahe gelegenen Hafen Hardenberg wird das Erz von der Dortmunder Kleinbahn zum Hochofenwerk geschafft. Wir brauchen also hierfür keinerlei Inanspruchnahme der Eisenbahn, was um so wichtiger ist, als gerade jetzt und in nächster Zeit große Transportschwierigkeiten durch die Bergung und Verteilung der Hackfruchternte bestehen. Hinzu kommt, daß wir im Besitz erheblicher Erzbestände sind, die uns den Weiterbetrieb der Hochöfen von dieser Seite aus auf Monate gewährleisten. Die deutschen Erze, deren Menge jene der Brennstoffe noch wesentlich übersteigt, kommen auf dem Wasserwege herein, wiederum ohne Eisenbahn. So ist unsere Transportlage derart, daß wir den denkbar geringsten Aufwand an Lokomotivkohle verursachen und den auf lange Sicht so knappen Wagenpark der Reichsbahn im Verhältnis zur Größe unseres Umsatzes minimal beanspruchen.

Einen weiteren Vorteil bringt uns die in unserem Werk aufs feinste durchgeführte Verbundwirtschaft, d. h. die Speisung der kraftverbrauchenden Betriebe mit eigenen Energiequellen. Sie macht uns weitgehend unabhängig von der Zufuhr von außen und gewährleistet einen günstigen Verbrauch an Brennstoffen und einen noch günstigeren Einsatz an Arbeitskräften im Verhältnis zu der damit gewonnenen Erzeugung. Dies sichert uns einen nicht unerheblichen Vorsprung vor anderen Werken.

Zerstörte Halle
des Werkzeugmaschinenbaus
(Maschinenfabrik Deutschland)

Die Halle
nach dem Wiederaufbau

Weiterhin aber sind wir in der Lage, solche Erzeugnisse herzustellen, an denen gerade z. Z. der schwerste Mangel besteht. Wir können hier hinweisen auf Spezial-Erzeugnisse, deren Verlagerung auf andere Werke kaum möglich, zum mindesten sehr schwierig sein würde...«

Und Engel führte auf: das Toussaint-Heintzmann-Profil für den Grubenausbau (ein stahlsparendes Spezialprofil für den Kohlenbergbau); die sogenannten Ernährungsbleche für Dosen (man sei in der Lage, bald 1500 Tonnen im Monat davon zu liefern); Autostähle, die Ford begehre; Spundwände; Automatenstähle; Hochofenzement; Thomasmehl, das die Landwirtschaft Hoesch aus den Händen reiße (Leistungssteigerung auf 20000 Tonnen im Monat möglich). Alle diese Produkte seien Grund dafür gewesen, daß Hoesch habe weiterarbeiten dürfen. Was es aber bedeute, stillgelegt zu werden, werde daran allein nicht klar.

Und nun entwarf Engel ein Bild vom Hoesch-Arbeiter, der oft bereits in der dritten, vielfach schon in der vierten Generation bei Hoesch arbeite, sprach von den verhängnisvollen Folgen, wenn er woanders wieder von unten anfangen müsse, von den Verlusten seiner Sozialrechte, seiner Verwurzelung im Dortmunder Norden, seiner mit Füßen getretenen Treue zum Werk, von dem riesigen von der Stillegung betroffenen Menschenkreis (30300 Menschen), der Auswirkung auf Dortmund, auf die weiterverarbeitenden Werke (bei der Faustregel, daß auf einen Hüttenmann neun Zubringer und Weiterverarbeiter kommen, ergebe das bei 5000 Arbeitern im Hüttenwerk weitere 45000 Menschen), auf die Steuern, die Dortmund bei Schließung der Union und Hoesch verliere, und die Folgen dieses Ausfalls: auf Jahre hin Verelendung, Fernwirkung dieser auf den ganzen Regierungsbezirk, auf Westfalen, das gesamte Land...

Soziale und wirtschaftliche Folgen bei möglicher Schließung

Fieberhaft hatte man bis zu diesem Tage in den Büros an einer Denkschrift gearbeitet, die an Hand von Plänen, graphischen Darstellungen und Zahlentafeln beweisen sollte, daß Hoesch nach der Verkehrslage, dem Wärmehaushalt, der Bevorratung, dem Arbeitseinsatz so günstig liege wie kein anderes Werk im Revier. Und bald gab es keine britische und deutsche Behörde, keinen hohen Militär und keinen Politiker, keine Stadt-, Staats- und Militärverwaltung, keine Presseredaktion und keine verantwortliche Persönlichkeit in Nordrhein-Westfalen, die nicht mit dieser Denkschrift beschäftigt gewesen wäre, einer Denkschrift, in der Engel das Werk anbot wie ein Vermittler die Braut, einerseits deren Reize und Vorzüge in den verlockendsten Bildern preisend, andererseits schildernd, was passieren würde, wenn es nicht zur Hochzeit käme, wenn die Braut statt des weißen Schleiers sich den schwarzen umwerfen müsse.

Die Versammlung selbst verabschiedete eine Entschließung, in der es hieß:

»Die Versammlung erwartet von allen deutschen Behörden und Dienststellen, von den Gewerkschaften und Parteien, daß sie alle Wege gehen, die dazu führen können, den entscheidenden englischen Stellen die furchtbaren Wirkungen dieser Stillegung vor Augen zu führen, um sie zu einer Änderung ihres Vorhabens zu veranlassen. Der Wegfall des Hoesch-Werkes mit seiner vielseitigen Erzeugung muß für die Wirtschaft und den Wiederaufbau einen nicht einzubringenden Ausfall nach sich ziehen.

Wegen des Einflusses auf die Weiterverarbeitung müssen die verheerenden Wirkungen sich über Dortmund hinaus auf den Regierungsbezirk ausdehnen. Die ungerechtfertigte Schlechterstellung der Provinz Westfalen wird dadurch weiter verschärft, so daß damit unser ganzes Land Nordrhein-Westfalen schweren Schaden nimmt.«

LANDVERSCHICKUNG

Die Hütten hatten Thomasmehl. Das war, wie alles, ›bewirtschaftet‹. Nun ja, mancher Waggon wurde ›abgezweigt‹, ging in die Landwirtschaft. Die Bauern gaben Kartoffeln und Fleisch und Gemüse. Die gingen in die Kantinen. Für freiwillige Aufbau- und Aufräumungsschichten gab es ein Essen und, wenn es gut ging, auch zwei und drei Zigaretten. Was galt schon der Schichtlohn! Er betrug sieben oder acht oder auch weniger Reichsmark. Und für einen ganzen Schichtlohn konnte man auf dem Schwarzen Markt eine ganze Zigarette kaufen. Ein Pfund Butter oder Speck verschlang ein Monatseinkommen. Dann begannen bei den Bauern im Münsterland und im Sauerland die Verhandlungen: »Wir bieten einen Sack Thomasmehl für jeden Tag, den unsere Leute bei Euch verleben können.« Und die Bauern, die Bauernwirtschaften, die Gasthäuser in den landwirtschaftlichen Gebieten nahmen unsere Leute auf. Die Betriebsräte verteilten die Aufnahmescheine für die Bauern, die Berechtigungsscheine für eine kostenlose vierzehntägige »Landverschickung«. Dies wurde auch nach der Währungsumstellung, die ja die Not nur minderte, aber nicht behob, fortgesetzt.

Johannes Hoischen

KLEINZECHE STEINBRUCH

Die Kohlenzüge rollten aus dem Ruhrgebiet heraus, nach Süddeutschland, vielfach aber auch ins Ausland, vor allem nach Frankreich. Schon vor der Abfahrt und unterwegs auf den Bahnhöfen, aber auch während der Fahrt wurden sie durch die Zivilbevölkerung geplündert. Wegen der vielen Zerstörungen kamen die Züge nur langsam vorwärts. So war es nicht schwer, die Kohle aus den Wagen die Gleisabhänge hinunterzuwerfen. Unten wurde eifrig in Körbe, Eimer, Säcke und andere Behälter das kostbare Gut aufgelesen und dann auf dem Rücken heimwärts geschleppt oder mit zusammengebastelten Fahrgestellen abtransportiert. Dieser ›Diebstahl‹ war durchaus nicht anrüchig, es gehörte dies zum großen Kapitel ›Besorgen‹, das durch den Kardinal Frings sogar seine kirchliche Rechtfertigung erfuhr, so daß das ›Fringsen‹ nichts Verwerfliches mehr an sich hatte.

Auf der Zeche Kaiserstuhl in Dortmund lag ein hoher Berg Kohlenschlamm, der in den vergangenen Jahren aus den Klärteichen ausgebaggert und dort aufgehäuft worden war und keine Verwendung fand. Dieser lästige Kohlenberg wurde in der Notlage zum Segen der nahen und weiten Umgebung. Man kam mit Handkarren und Kinderwagen, mit Kohlenfuhrwerken, mit jedem möglichen Gefährt, und die halbfeste Schlammkohle wurde aufgeladen und abgefahren, bis nach Iserlohn hin. Der Schlamm brannte in Küchenherden und Dauerbrennern recht gut und war sogar für Zentralheizungen geeignet. Freilich lief er beim Abtransport aus, oder er fiel in Brocken vom Wagen, so daß die Straßen vom Kohlenschlamm über und über bedeckt waren.

Als sich die Verhältnisse einigermaßen besserten, die Schlammkohlenvorräte aber abgetragen waren, taten sich, wie schon in den Jahren nach dem Ersten Weltkrieg, im Ruhrgebiet, insbesondere auch im Dortmunder Süden, viele Kleinzechen auf, die aus einigen Metern Teufe Kohle förderten. Zu einem solchen ›Bergbau‹ ging man nun auch bei der Westfalenhütte über, und die Hüttenbelegschaft ›besorgte‹ sich täglich ihre Kohle im Werk, im Kesselhaus, an der Zementfabrik oder vom Waggon, jeder trug seinen Packen Kohle unter dem Arm, wenn er von der Schicht nach Hause ging. Hierdurch gingen unkontrollierte Kohlenmengen und – schlimmer noch – viel kostbare Arbeitszeit dem Werk verloren. So machte kurz entschlossen die Westfalenhütte auch eine Kleinzeche auf, in der auf primitivste Weise Kohle gefördert wurde. Diese aber war so schlecht, daß die Belegschaft statt dessen nach wie vor lieber zur guten Kesselkohle griff. Was blieb dem Vorstand anders übrig, als gute Kohle für die Belegschaft freizugeben und die schlechte Kohle der Kleinzeche im Kesselhaus zu verfeuern.

Die Kleinzeche der Westfalenhütte lag in Dortmund-Loh in einem Steinbruch östlich der Benninghofer Straße. Bei einer Besichtigung 1970 wurde festgestellt, daß das Gelände dort 6 m aufgeschüttet worden ist, wobei der Steinbruch und der Stolleneingang zugeschüttet wurden. Es ist nur noch eine Geländemulde zu sehen. Im Steinbruch stand ein Kohlenflöz in steiler Lagerung an. Auf Leitern stieg man in die Tiefe, wo die Förderung von Hand vorgenommen wurde.

Die Oberleitung dieses Betriebes hatte Herr Lüneburg, die örtliche Leitung war einem erfahrenen Steiger übertragen.

Albrecht Harr

Die 15 000-t-Schmiedepresse des Dortmund Hörder-Hüttenvereins, Kupferstich von Prof. Kupferschmid

BOCHUMER URTEIL

Das von einem Militärgericht in Bochum gegen sechs Arbeiter, die sich weigerten, an der Demontage des »Bochumer Vereins« mitzuarbeiten, ausgesprochene Urteil auf zwei Monate Haft bezeichnete der Ministerpräsident von Nordrhein-Westfalen, Karl Arnold, als hart für die Betroffenen und unverständlich für die deutsche Bevölkerung. Die Verurteilten seien zwar einem Befehl nicht nachgekommen, hätten sich aber nur geweigert, sich ihre eigene Existenzgrundlage zu entziehen. Der Präsident des Parlamentarischen Rates in Bonn, Dr. Adenauer, äußerte, nach einer Dena-Meldung, daß das Urteil das Vertrauen der deutschen Öffentlichkeit in die Besatzungsmacht nicht bestärken werde. Die Verteidigung richtete ein Ersuchen an General Bishop, den Militärgouverneur von Nordrhein-Westfalen, sie gegen Bürgschaft freizulassen, nachdem das Gericht eine ähnliche Bitte abgelehnt hatte. Inzwischen erklärten sich 11 000 Arbeiter des Bochumer Vereins bereit, die Familien der Betroffenen zu unterstützen. *Südd. Zeitung, 1. 11. 49*

Im Nebel der Entflechtung

»Am 28. Januar 1951 wurde das 130 Tonnen schwere feste Querhaupt, das Herzstück der 15 000-t-Presse, unter größten Schwierigkeiten auf einen besonders verstärkten Spezialtiefladewagen von fast 200 t Tragkraft verladen. Kurz vor 18 Uhr trat der vier Meter breite und drei Meter hohe massive Stahlkoloß über die vorher gesicherten Fahrwege auf dem Werksgelände seine Fahrt nach dem Kanalhafen in Essen an. Von 200pferdigen Zugmaschinen mit Vollgas im kleinsten Gang gezogen und einer dritten Maschine geschoben, bewegte sich der gefährliche Transport im Fünf-Kilometer-Tempo durch die Huckarder Straße. Beim Einbiegen in die Rheinische Straße, die von Hunderten von Menschen umsäumt war, begannen von der nahe gelegenen Annakirche die Glocken zu läuten. Der Klang wurde zum Trauergeläut für die größte deutsche Schmiedepresse, die nun endgültig für Deutschland verloren ist. Am Tor 2 des Werks hatte ein Löschzug der Werksfeuerwehr Aufstellung genommen. Er brauchte seinen Wasserstrahl weder auf einen brennenden Vergaser noch auf erregte Werksangehörige zu richten. Nur wenige Belegschaftsmitglieder hatten sich zur Abfahrt eingefunden, und diese wenigen ließen das schwere Werkstück stumm an sich vorbeirollen. Zwei Kübelwagen der Verkehrsunfallbereitschaft, Beamte auf Motorrädern, ein Funkstreifenwagen und Doppelposten von der Huckarder Straße bis zur Wittener Straße warnten entgegenkommende Fahrzeuge und leiteten sie in Nebenstraßen oder stoppten sie am Straßenrand. Der Straßenbahnverkehr ruhte völlig. Mit besonderer Vorsicht wurde die bereits vor vier Wochen verstärkte Emscherbrücke in der Rheinischen Straße passiert. Besondere Kalkmarkierungen zeigten dem Fahrer die einzuhaltende Spur an. Die Weiterfahrt nach Essen führte über den Ruhrschnellweg, der ebenfalls abgesperrt war. Im Kanalhafen Essen-Borbeck wurde das Querhaupt auf ein Schiff verladen, das am 1. Februar nach Liverpool auslief...«
So schildert der Chronist den Abtransport der 15 000-t-Schmiedepresse, um die der Dortmund Hörder-Hüttenverein mit Hilfe der Landesregierung einen verzweiflungsvollen Kampf geführt hatte – umsonst, da das Britische Auswärtige Amt darauf bestand: die Schmiedepresse werde für die britische Rüstungsindustrie dringend benötigt. Mitte April traf bei der Werksleitung des Hüttenwerks ein Schreiben der englischen Militärdienststelle ein: »Wir bestätigen Ihnen hiermit, daß alle Maschinen und sonstigen Gegenstände, die für Reparationszwecke bestimmt waren, aus Ihrem Betrieb entfernt worden sind. Wir sind nunmehr in der Lage, Ihnen mitzuteilen, daß ab heute Ihre Firma sowie der Treuhänder... von allen Verpflichtungen gegenüber der Regional Reparation Section entbunden sind.«

Die vier Militärgouverneure vor einer Sitzung des Alliierten Kontrollrates am 31. Mai 1947 in Berlin. Von links: Generalmajor Roger Moiret (Frankreich), General Lucius D. Clay (USA), Marschall Wassilij Sokolowski (UdSSR) und Luftmarschall Sir Sholto Douglas (Großbritannien).

Dies war die letzte Demontageaktion der Alliierten im Revier, das Ende jener Tragikomödie ökonomischen Widersinns, der vor aller Welt offen lag. Einspruch der Besonnenen – wie vor allem des von Truman nach Europa geschickten Mr. Hoover – und Gegenwehr der Betroffenen hatten das Ihre getan, um ihn zu beenden.

Auf einem anderen Blatt stand die Entflechtung der Konzerne. Nach den Bestimmungen des Potsdamer Vertrages vom 2. August 1945 sollte die deutsche Wirtschaft so schnell wie möglich entmachtet, also dezentralisiert werden, »um die gegenwärtige übermäßige Konzentration der Wirtschaftsmacht, wie sie insbesondere durch Kartelle, Trusts, Syndikate und andere monopolistische Abreden belegt wird, zu vernichten«.

Aber was hieß das? Bis auf das Wort ›vernichten‹ war die Weisung beliebig auslegbar. Ein gemeinsames Vorgehen der vier Alliierten hatte sich bereits als Illusion erwiesen. So ging denn jeder Zonenmachthaber, seinen eigenen Interessen folgend, auch seinen eigenen Weg.

In der britischen Zone, zu der das Ruhrgebiet gehörte, unterlag die Kontrolle der ›North German Iron and Steel Control‹. Hatte man zunächst aufgrund des Gesetzes Nr. 52 der Britischen Militärregierung im Stein- und Braunkohlenbergbau einfach drauflos beschlagnahmt – 67 Gesellschaften waren damit aus ihrem Verbund mit der Hüttenindustrie herausgerissen worden – und die Vermögen der großen eisenschaffenden Unternehmungen gesperrt und der Kontrolle unterstellt, so berief man 1947, um, im Sinne des Gesetzes, jede Störung der Produktion zu vermeiden, eine Treuhandverwaltung mit deutschen Sachverständigen. Die ›Treuhand‹ gründete alsbald 24 neue Gesellschaften, aus allen bestehenden Konzernsverflechtungen heraus, wobei die Besitzverhältnisse zunächst keine Rolle spielten.

Als der Krieg zu Ende ging, gab es zehn konzernmäßige Zusammenschlüsse mit 385 Tochtergesellschaften, die sich über das Revier verteilten, hier ihren Schwerpunkt hatten oder ins Revier hineinragten. Die wichtigsten waren die Vereinigten Stahlwerke, ferner Krupp, Klöckner, Mannesmann, die Gutehoffnungshütte und Hoesch. Zusammen hatten diese Konzerne etwa 65% der Kapazität der eisenschaffenden Industrie im Vorkriegsdeutschland inne. Im Familienbesitz war davon lediglich die Firma Krupp, begrenzt im Familienbesitz, über Aktien, waren die Gutehoffnungshütte (300 bis 400 Mitglieder der Familie Haniel in dritter und vierter

Generation hielten 80 bis 85 %) und, über eine vorgeschaltete Holdinggesellschaft, Klöckner. Die übrigen befanden sich in breit gestreutem Aktienbesitz, in der Hand von insgesamt – geschätzten – 150000 Kleinaktionären. Nennenswerte Aktienanteile in ausländischem Besitz gab es nur beim Steinkohlenbergbau (mit 8,9% und hauptsächlich luxemburgischen und französischen Anteilseignern) und bei den Vereinigten Stahlwerken. Der Besitz der öffentlichen Hand betrug 17,8%, der Anteil der Stahlkonzerne an den Steinkohlegesellschaften 64,94%.

Wenn man sich nun anheischig machte, diese Konzerne zu entflechten, um sozusagen Bausteine für eine Neuordnung zu erhalten, in der ein sinnvolles Zusammenspiel auf neuer Ebene möglich war, so stieß man automatisch auf die Beweggründe, die bei der Bildung der jetzt zu entflechtenden Konzerne Pate gestanden hatten, stieß man auf die Frage der Verbundwirtschaft: sowohl der horizontalen, also der Zusammenfassung von Betrieben der gleichen Stufe der Verarbeitung, als der vertikalen, der Zusammenfassung von Betrieben aufeinanderfolgender Stufen. Erst durch diesen horizontalen und vertikalen Verbund waren optimale Gebilde entstanden, die einen rationellen Energieaustausch, gemeinsame Wasser-, Gas- und Elektrizitätswirtschaft, die maximale Nutzung von Straße, Schiene und Wasserwegen und, bei niedrigster Kalkulation, die Erzeugung höchster Qualitäten in der jeweils besten Entsprechung auf die Bedürfnisse der nächsten Verarbeitungsstufe ermöglichten.

War es nun nicht völlig sinnwidrig, zu zerschlagen, was auf solche Weise organisch gewachsen war und, in einzigartiger Standorthäufung, hier an Rhein und Ruhr die Potenz Ruhrrevier ergeben hatte? Und wie stand es um das Unterfangen, ›Bausteine‹, die man durch den Abbruch des alten Hauses erhielt, zu einem neuen zusammenfügen zu wollen? Auch der Grundriß des neuen Hauses mußte wie der des alten auf Krisenfestigkeit, Verringerung der Kosten, auf Rentabilität und Konkurrenzfähigkeit angelegt sein.

Doch es waren nicht nur die Engländer, die eine übermäßige Konzentration wirtschaftlicher Macht zu verhindern suchten. Auch auf deutscher Seite war man bereit, solche Konzentrationen zu beseitigen, freilich nur, wenn die optimale Größe von Produktionseinheiten nicht verlorenging. Aber wer hatte die Autorität dazu, dies praktisch durchzuführen?

1946, sechs Wochen nach der berühmten Rede des amerikanischen Außenministers Byrnes in Stuttgart, hatte Bevin, Außenminister der Labour-Regierung, im Unterhaus erklärt, daß England seinerseits nicht die Absicht habe, das Ruhrgebiet für alle Zeiten zum Krüppel zu machen, es wünsche vielmehr, daß alle diese Industrien in Zukunft in das Eigentum des deutschen Volkes übergehen und vom deutschen Volke selbst kontrolliert werden. Und wenn er dazu ankündigte, daß die rechtliche Form dieser Sozialisierung und öffentlichen Kontrolle jetzt ausgearbeitet werde, dann gab es, aus englischer Sicht, als den einzigen verhandlungsfähigen Partner auf deutscher Seite zu dieser Zeit nur die Gewerkschaften. Politisch unbelastet, besaßen sie die Legitimation, für die Mehrzahl des deutschen Volkes zu sprechen, und boten Gewähr, die von den Engländern gestellte Bedingung, nämlich Sozialisierung durch Änderung der Eigentumsverhältnisse, zur Grundlage des wirtschaftlichen Neuanfangs zu machen.

Heinrich Dinkelbach (1891–1967)

Zum Leiter der deutschen Treuhandverwaltung im Auftrag der ›North German Iron and Steel Control‹ wurde Heinrich Dinkelbach berufen. Dinkelbach, bisher Vorstandsmitglied der Vereinigten Stahlwerke und einer der wenigen Männer der Schwerindustrie, die nicht im Internierungslager saßen oder, wie die Krupp und Flick, auf der Anklagebank in Nürnberg, nahm sich also des Plans ›Operation Severance‹ (Operation Trennung) mit der Weisung an, daß in den zu entflechtenden Hüttenwerken Arbeiter- und Gewerkschaftsvertreter gleichberechtigt in Vorstände und Aufsichtsräte aufzunehmen seien. Und wenn die Konzerne sich auch gegen ihre Zerschlagung zur Wehr setzten – daß sie es öffentlich tun konnten, war schon ein Zeichen beginnender Demokratisierung –, so akzeptierten sie im Prinzip die ›Neuordnung‹, wenn »die gesuchte Lösung wirtschaftlich gesund und vertretbar und auch von höheren Gesichtspunkten aus in sich gerechtfertigt ist«, und suchten ihrerseits mit den Gewerkschaften zu einer Übereinstimmung zu kommen. »Wir erklären uns daher bereit«, hieß es in einem Brief führender Konzerne an Dr. Agartz, den Leiter des Verwaltungsamtes für Wirtschaft für die Britische Zone in Minden, »... Entflechtungsmaßnahmen durchzuführen, die sowohl auf organisch gebildete Zusammenhänge Rücksicht nehmen als auch neue selbständige, wohlübersehbare und wirtschaftlich optimal bemessene Betriebseinheiten schaffen. Wir schlagen«, hieß es weiter in diesem Brief, »die Überführung dieser neuen Werke in gemischt-wirtschaftlichen Besitz – gegebenenfalls unter kapitalmäßiger Beteiligung auch der Gewerkschaften – vor, um schon auf der Ebene des Betriebes die öffentlichen Interessen mit dem privatwirtschaftlichen Ertragsstreben in Übereinstimmung zu bringen und einen möglichst hohen Leistungsgrad zu erreichen.« Ein neuer Ton. Zukunftsmusik? »Schließlich«, hieß es noch in dem Brief, den Dr. Reusch für die Gutehoffnungshütte, Dr. Jarres für die Klöckner-Werke und Dr. Hehemann für den Otto-Wolff-Konzern unterzeichnet hatten, »erklären wir unsere aufrichtige Bereitwilligkeit, den Belegschaften und den Gewerkschaften volle Mitwirkungsrechte einzuräumen. Wir wollen uns den Forderungen einer neuen Zeit nicht verschließen und stimmen einer Beteiligung auch der Arbeitnehmerschaft an der Planung und Lenkung sowie an den Aufsichtsorganen für die großen Erwerbsgesellschaften der Eisen- und Stahlindustrie voll und ganz zu.«

Eine neue Zeit – war sie wirklich angebrochen? Es war eine Übergangszeit, unerläßlich für die praktische Erprobung der Mitbestimmung in den Betriebsführungen der neuen Gesellschaften, deren Aufsichtsrats- und Vorstandsposten nun wie folgt besetzt wurden: Im Aufsichtsrat saßen von der Unternehmerseite drei Vertreter der betroffenen Konzerne, ein Vertreter des entflochtenen Werkes und ein Vertreter der öffentlichen Hand, der der *Unternehmerseite* nahestand; dann, von seiten der Arbeitnehmer, je ein Arbeiter und Angestellter aus dem Betriebsrat, zwei Vertreter der Gewerkschaften und ein Vertreter der öffentlichen Hand, der den *Gewerkschaften* nahestand. Elftes Aufsichtsratsmitglied war der Vorsitzer, den die Treuhandverwaltung benannte. Der Vorstand setzte sich aus einem Techniker, einem Kaufmann und dem Arbeitsdirektor zusammen, jeder für seinen Bereich und für das Ganze verantwortlich. Der Arbeitsdirektor wurde vom Aufsichtsrat bestellt, im Einvernehmen mit Gewerkschaft und Betriebsrat.

Übergangszeit. In ihr wurde klar, daß die Mehrzahl der aus der Entflechtung hervorgegangenen selbständigen Industriekörper keine Chance hatte, im europäischen Wettbewerb zu bestehen, und »daß die Entwicklung wieder zur Schaffung größerer Einheiten dränge«, wie dies die von der Entflechtung am stärksten betroffenen Vereinigten Stahlwerke im März 1948 prophezeiten. So kam es, im November 1948, zu einem neuen, für die amerikanische und britische Zone ge-

Einfahrt

meinsam erlassenen Gesetz, dem Gesetz Nr. 75 über die Umgestaltung des deutschen Kohlenbergbaus und der deutschen Eisen- und Stahlindustrie, das die bisherige ›Treuhandgesellschaft‹ durch eine ausschließlich aus Deutschen bestehende Stahltreuhändervereinigung ablöste mit der Aufgabe, »die im Gang befindliche weitere Umgestaltung der Eisen- und Stahlwerke zum Abschluß zu bringen«. »Hierbei«, so führte das Gesetz aus, »wird die durch die Entflechtung geschaffene provisorische Struktur revidiert werden, und zwar nach Vorlage deutscher Vorschläge und mit der Möglichkeit, daß die neuen Firmen auch Kohlenbergwerke und Erzgruben besitzen können.«

Das hieß mit anderen Worten, daß das Zusammenfügen der ›Bauelemente‹ nach den bewährten Prinzipien der Verbundwirtschaft, die man als Beweis für Machtkonzentration angesehen hatte, unumgänglich geworden war – unumgänglich zu einer Zeit, die die Verbindung der Eisenhütten mit Kohlenzechen und Verarbeitungsbetrieben unter einem anderen Aspekt betrachtete, unter den auch die Fragen der Mitbestimmung und der Eigentumsverhältnisse fielen. Es war der eisige Wind des kalten Krieges zwischen Ost und West, der zu wehen begonnen hatte, und nicht nur die westlichen Alliierten, auch die am 7. September 1949 gebildete Bundesregierung strebten eine Neuordnung der Grundstoffindustrien an, die aus der sogenannten ›Entflechtung‹ – ›Dekartellisation‹ war das Zauberwort gewesen – herausführen und Schäden, die daraus entstanden waren, beseitigen sollte.

Hinzu kam, daß England mit seinen Sozialisierungsplänen Angst vor der eigenen Courage bekam und sich den französischen Bedenken gegen die Sozialisierung anschloß. Eben das, was man mit der Zerschlagung der Konzerne zu verhindern bestrebt war: nämlich eine übermäßige Konzentration von Macht, fürchteten die Briten jetzt durch die Verstaatlichung zu erhalten. Die ganze Macht der deutschen Stahlproduktion auf der Grundlage eines verstaatlichten Kohlenbergbaus, in einer Hand vereinigt! War das nicht wirklich eine Gefahr für Frankreichs Sicherheit und für England eine gefährliche Konkurrenz? Auch daß es mehr und mehr zu deutsch-französischen Gesprächen gekommen war, machte den Engländern Sorge. Schon zwischen den beiden Weltkriegen hatte sich eine gute Zusammenarbeit zwischen der deutschen und französischen Schwerindustrie entwickelt, mit Belgien als nützlichem Scharnier. Wie, wenn eine solche Verständigung ohne England zustande kam? Kurz entschlossen blies man also die Sozialisierung ab.

Spätestens im Mai 1951, als zwischen den Alliierten und der Bundesregierung Klarheit darüber bestand, daß die Altaktionäre ihre alten Anteile gegen Anteile an den neuen Gesellschaften umtauschen konnten, waren dann auch auf deutscher Seite die Würfel zugunsten der alten Besitzverhältnisse gefallen. Von einer Neuordnung von Grund auf, wie sie auch ein Mann wie Adenauer – im Landtag Nordrhein-Westfalens – und später der deutsche Katholikentag von 1949 gefordert hatten, war nicht mehr die Rede.

Wie aber war es an der Ruhr weitergegangen? Daß die ehemals preußische Provinz Westfalen mit dem Nordteil der ehemals preußischen Rheinprovinz, als ›Unternehmen Marriage‹ gefeiert, am 2. Oktober 1946 vereinigt werden konnte, war das Werk der Engländer gewesen. Damit war das Ruhrrevier ungeteilt unter britische Besetzung und Kontrolle gekommen. Dr. Rudolf Amelunxen, der neuernannte Ministerpräsident, hielt bei der Gründung im Düsseldorfer Opernhaus vor dem Landtag eine Rede, in der er, an Feldmarschall Douglas gewendet, sagte: »Deutschland ist nicht der Nabel der Welt. Rhein und Ruhr sind nicht das Zen-

trum Europas. Aber sie haben eine europäische Bedeutung. Man vertraut uns und erwartet viel von uns. Wir müssen von uns aus Sorge tragen, daß die Wirtschaft an Rhein und Ruhr auf friedliche Ziele der Menschheit ausgerichtet wird, um einen verheißungsvollen Auftakt zur deutschen und europäischen Neuordnung zu erreichen und unsern schuldigen Beitrag zu leisten für den Frieden der Welt.«
Man sieht, wie geschickt die Deutschen, noch ohne jede staatliche Souveränität, auf dem europäischen Klavier zu spielen verstanden, und doch war es mehr als ein Spiel, war es mehr, als aus der Not eine Tugend zu machen, die nichts kostete; eine echte große Sehnsucht, Deutschland, oder was davon übrig geblieben war, einzubringen in ein Größeres, das als Europa sich über dem Hader egoistischer Vaterländer erhob, lebte in all diesen Männern der ersten Stunde: in Lehr, dem Oberpräsidenten, in Nölting, dem Wirtschaftsminister des neuen Landes, und in Arnold, der später zehn Jahre lang die Geschicke Nordrhein-Westfalens leiten sollte. »Wir sitzen alle in einem Boot«, so schloß Amelunxen seine Rede, »auch unsere Militärregierung, die wir dringend und herzlich bitten, uns zu helfen. Sir Sholto! Ihre heutige persönliche Anwesenheit in Düsseldorf ist uns Lichtblick, ist uns Hoffnung, daß die erbetene Hilfe uns gewährt wird.«
Sir Sholto Douglas' Antwort enthielt einen Satz, der deutlich machte, warum die Briten dem neuen Land ihren Segen gegeben hatten. Die Kohle, sagte er, sei der Schlüssel zu allem. Dieses Motiv bestimmte dann noch einmal die vier Mächte, zusammenzutreten, um sich einig über die Ruhr zu werden: Es war das letztemal: in London, auf der Außenministerkonferenz im November/Dezember des Jahres 1947. Man ging ohne Ergebnis auseinander.
Bald darauf begannen, ebenfalls in London, neue Gespräche, zu denen die USA, England und Frankreich drei Nachbarländer geladen hatten: die Niederlande, Belgien und Luxemburg. Diesmal einigte man sich und beschloß eine internationale Kontrolle der Ruhr, die sowohl Großbritanniens Wunsch nach Verstaatlichung der Produktionsanlagen wie Frankreichs Ansicht, daß die Bergwerke an der Ruhr nicht nur zum Vorteil der Deutschen genützt werden dürften, vielmehr ganz Europa nutzbar zu machen seien, offenließ. Einzige Bedingung: die Kontrolle in Kraft zu setzen, noch bevor es eine deutsche Regierung gäbe.
So kam es zum Ruhrstatut. Unterzeichnet wurde es am 28. April 1949, noch bevor das Grundgesetz für eine Bundesrepublik Deutschland in Kraft trat. Das Ruhrstatut bestimmte: »...daß der Zugang zur Kohle, zum Koks und zum Stahl der Ruhr, der in der Vergangenheit ausschließlich der Kontrolle Deutschlands unterstand, in Zukunft den Ländern, die zu ihrem gemeinsamen wirtschaftlichen Wohl zusammenarbeiten, auf gleicher Grundlage offensteht...«
Wie das im einzelnen geschehen sollte, war für die Ruhr nicht wichtig. Wichtig war, daß sie nicht, losgelöst von Deutschland, internationalisiert wurde oder unter eine Fremdverwaltung gekommen war, sei es unter der Kontrolle der Vereinten Nationen, sei es unter Frankreichs Oberhoheit oder nach dem Vorbild einer Vier-Mächte-Verwaltung unter Einschluß der Russen.
Und es kümmerte niemand im Revier, daß zu den zwanzig alliierten Verwaltungsstellen, die sich eifersüchtig ihre Kompetenzen streitig machten, nun noch ein ›Ruhrstatut‹ und ein ›militärisches Sicherheitsamt‹ traten, die keineswegs die Kompetenzkonflikte aufhoben, im Gegenteil, sie nur noch verwickelter machten. Im großen Verwirrspiel, das so anhob, war Deutschlands Beitritt zur Ruhrbehörde jedoch der erste Schritt zu einer freiwilligen Einordnung in eine größere Gemeinschaft.

HOESCH
Demontage und Entflechtung

Demontage

Die Hoesch-Hütte wurde nicht stillgelegt. Das hatte Engel erreicht. Nicht erreichen konnte er, daß Hoesch von der Demontage verschont blieb. Und so wurden die Elektroöfen, der modernste Teil des Hüttenwerkes, herausgerissen und abgefahren, die Einrichtungen des Preß- und Hammerwerkes ebenso, die Hämmer wurden zerstört und in Schrott verwandelt. Die Drahtseilerei wurde demontiert, ebenso die Drahtflechterei und alle Anlagen, die zur Stacheldraht- und Drahtstiftherstellung notwendig waren. Die Hoesch Benzin GmbH, die synthetischen Treibstoff herstellte – sie war als das eigentliche Ziel aller Bombenangriffe fast zur Gänze zerstört –, wurde in ihren Resten vollständig abgebrochen.

Die Gefahr, daß bei allen Werken die noch intakten Teile demontiert würden, schwebte zu jeder Stunde, bis tief ins Jahr 1947 hinein, als drohender Schatten über Belegschaft und Werksleitung. Noch 1949/50 wurde bei den Hohenlimburger Walzwerken eine ganz moderne Blankstahlzieherei von der Demontage betroffen. Auch die Hagener Werke von Hoesch verloren große Teile ihrer Werkseinrichtungen. Das Werk Troxelburg der Trierer Walzwerke AG lag in der sowjetisch besetzten Zone. Die Russen ließen keine Schraube an ihrem Ort.

4. Februar 1948: Alliierte Genehmigung zur Neueinrichtung demontierter Betriebe

Dann, nach endlosen Verhandlungen, in denen die Alliierten ihre Bedenken und ihren Widerstand allmählich aufgaben, erhielt Hoesch am 4. Februar 1948 die Genehmigung, die demontierten Betriebe neu einzurichten. Im Dezember 1948 konnte die Drahtverfeinerung mit der Produktion beginnen.

Dies war möglich, weil die neuen Maschinen schon beschafft worden waren und, mit dem offiziellen Ende der Demontage, sogleich auf die alten Fundamente aufgesetzt werden konnten. Daß die Engländer zwar sämtliche 29 demontierten Drahtzüge freigaben und an ihre alten Standplätze zurückkehren ließen, nicht aber die Drahtverarbeitungsanlagen, nicht die Drahtseilerei, nicht die Stacheldrahtmaschinen, nicht die Flechtautomaten, nicht die Stiftepressen, die sämtlich dem Werk verlorengingen, zählt zu den Ungereimtheiten dieser Demontagepolitik. Plausibel dagegen war die Bereitschaft, an Stelle des Demontagegutes sich mit der gleichen Menge Schrott zu begnügen. In der Tat wurden die demontierten Maschinen in England keineswegs aufgestellt, sondern sogleich zu Schrott gemacht. So konnte nach dem Demontagestopp durch Ersatzlieferung von Schrott manche ursprünglich zur Demontage bestimmte Anlage dem Werk wieder nutzbar gemacht werden.

Das veränderte Denken der Siegermächte, aber auch der schleppende Gang der Militärbürokratie, der der gewandelten Einstellung nachhinkte, schlugen sich in solchen und ähnlichen widersprüchlichen Maßnahmen und Ereignissen nieder.

Hochofen der Westfalenhütte. Gemälde von Prof. Hermann Kupferschmid (*1885)

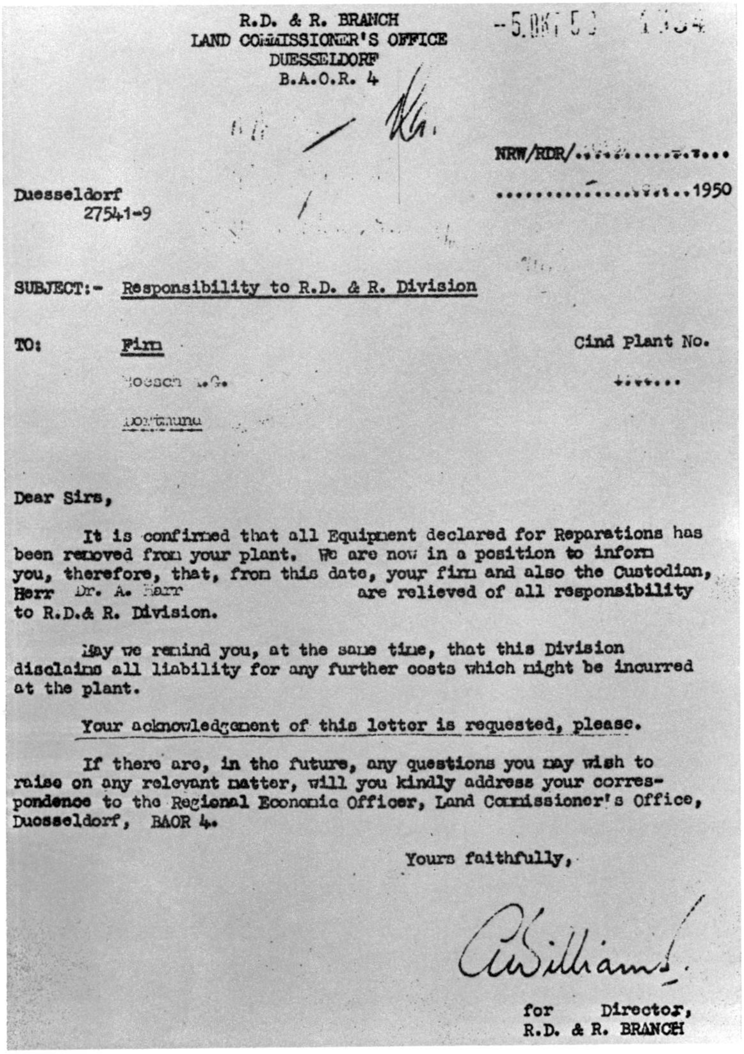

R.D. & R. BRANCH
LAND COMMISSIONER'S OFFICE
DUESSELDORF
B.A.O.R. 4

-5.OKT 50

NRW/RDR/..................

Duesseldorf
27541-9

...................1950

SUBJECT:- Responsibility to R.D. & R. Division

TO: Firm — Cind Plant No.

Hoesch A.G.

Dortmund

Dear Sirs,

It is confirmed that all Equipment declared for Reparations has been removed from your plant. We are now in a position to inform you, therefore, that, from this date, your firm and also the Custodian, Herr Dr. A. Harr are relieved of all responsibility to R.D.& R. Division.

May we remind you, at the same time, that this Division disclaims all liability for any further costs which might be incurred at the plant.

Your acknowledgement of this letter is requested, please.

If there are, in the future, any questions you may wish to raise on any relevant matter, will you kindly address your correspondence to the Regional Economic Officer, Land Commissioner's Office, Duesseldorf, BAOR 4.

Yours faithfully,

C. Williams

for Director,
R.D. & R. BRANCH

Mit diesem Schreiben war die Demontage für Hoesch beendet

Bei Hoesch wurden 1948 bereits wieder 43000 Tonnen Rohstahl und 24000 Tonnen Walzwerks-Fertigerzeugnisse im Monat hergestellt, und 17000 Tonnen Halbzeug konnten nach Hohenlimburg zur Weiterverarbeitung geliefert werden.
Da lähmten neue Entschlüsse der Alliierten jede weitere Planung der Werksleitung. Der deutschen Schwerindustrie und somit auch Hoesch drohte die Entflechtung.
Die Zechen waren schon längst aus ihrem Verbund mit Hoesch gelöst. Die englische Militärregierung hatte sie bereits Weihnachten 1945 der ›North German Coal Control‹ unterstellt. Acht Monate später übernahm die ›North German Iron and Steel Control‹ treuhänderisch auch alle Werke der westdeutschen Eisen- und Stahlindustrie, trennte sie von ihren Eigentümern. In 24 selbständige Gesellschaften mit einem Aktienkapital von je 100000 Reichsmark säuberlich geteilt, sollten alle diese Werke nun fortan sehen, wie sie zurechtkamen. Die ersten Werke, die aus dem Hoesch-Konzern auf diese Weise ausscheren mußten, waren das Werk Hagen der Harkort Eicken Edelstahlwerke GmbH – in Stahlwerke Hagen

Werk Hagen der Harkort Eicken Edelstahlwerke GmbH und Hüttenwerk Dortmund AG werden von Hoesch getrennt

AG umbenannt – und die Hüttenwerk Dortmund AG, die spätere Westfalenhütte. Vorstand und Aufsichtsrat von Hoesch lehnten jede offizielle Mitwirkung bei der Entflechtung ab, da sie der Ansicht waren, diese Maßnahmen seien mit den Grundsätzen des deutschen Rechts nicht vereinbar.

Doch wurden inoffizielle Vertreter in die neuen Aufsichtsräte entsandt; nach wie vor fühlte man sich Aktionären und Belegschaften, Gläubigern und der Volkswirtschaft verantwortlich, über deren Rechte sich zwar eine Militärregierung hinwegsetzen konnte, nicht aber ein Unternehmen, das Hoesch hieß und das daraus herleitete, ebenso wie der Vergangenheit auch der Zukunft verpflichtet zu bleiben, wie unbestimmt diese auch sein mochte.

Gesetz Nr. 75

In Jahrzehnten waren die Montankonzerne gewachsen, waren Zechen und Hüttenwerke in ihrer unmittelbaren Abhängigkeit voneinander Einheiten geworden, die sich im Auf und Ab der Wirtschaftsschwankungen als krisenfest erwiesen. Manchmal war es die Kohle, die das Eisen, manchmal waren es das Eisen und die Weiterverarbeitungsbetriebe, die die Kohle über Konjunkturtäler hinwegtrugen. Auch bei Hoesch war das so gewesen. Nun aber, nach dem Anhang des Gesetzes Nr. 75 der Alliierten Hohen Kommission, gehörte plötzlich auch Hoesch zu den Unternehmen, die eine übermäßige Konzentration von Wirtschaftsmacht verkörperten, obwohl das Werk nie ein marktbeherrschendes Monopol besessen hatte. Der Anteil von Hoesch an der deutschen Rohstahlerzeugung hatte zuletzt etwa 9 Prozent, der Anteil seiner Zechen an der deutschen Steinkohlenförderung nur etwa 4 bis 5 Prozent betragen. Nicht der Wunsch, Macht zu konzentrieren, allein

Am 23. September 1953 übten zum letzten Mal die Stahltreuhänder die Rechte als Aktionäre von Hoesch aus. Bei dieser Hauptversammlung wurde das Grundkapital der Nachfolgegesellschaften festgesetzt. Von links: Stahltreuhänder Dr. Deist, Rechtsanwalt Hennig, Fabrikant Willy Hopp, Aufsichtsratvorsitzender der Hoesch Werke AG, Stahltreuhänder von Falkhausen; dahinter: Stahltreuhänder Dinkelbach.

das Muß wirtschaftlicher Notwendigkeit hatte Hoesch zusammengefügt. Das Hüttenwerk, unmittelbar auf der Ruhrkohle gelegen, hatte durch seine engen Verbindungen zum Bergbau, zur Energiequelle seiner Roheisen- und Stahlerzeugung, das Fehlen eigener Erzgruben in der Nähe wettgemacht. Ein energiesparender Organismus war so entstanden, und wenn man ihn jetzt auseinanderriß, war es mehr als fraglich, ob die einzelnen Glieder weiter existieren konnten.

Gesetz Nr. 27

Da wurde das alte harte Gesetz Nr. 75 durch das Gesetz Nr. 27 der Alliierten Hohen Kommission abgelöst, das die Entflechtung unter gesünderen wirtschaftlichen Gesichtspunkten erlaubte, als es bis dahin der Fall gewesen war. In zähen Verhandlungen gelang es, wenigstens den Kern der früheren Hoesch AG zu erhalten. Das Hüttenwerk schied bereits 1947 als ›Westfalenhütte AG‹ aus dem großen Verbund aus. Den ersten Vorstand dieser neuen entflochtenen Aktiengesellschaft bildeten: Alfred Berndsen als erster Arbeitsdirektor im Hoesch-Bereich überhaupt, Wolfgang Gubitz als kaufmännisches Vorstandsmitglied und Dr. Albrecht Harr als Techniker. Die Westfalenhütte AG blieb Hoesch durch einen Pachtvertrag verbunden. Friedrich Wilhelm Engel, damals 44 Jahre alt, hatte das, gestützt auf die gesamte Belegschaft und getragen vom Vertrauen des Aufsichtsrates, in äußerst geschickten, wenn auch schwierigen Verhandlungen mit den alliierten Behörden Schritt um Schritt erreicht.

Die alte Hoesch AG tritt am 1. Oktober 1950 in Liquidation

Nach dem neuen Gesetz trat die Hoesch AG am 1. Oktober 1950 in Liquidation. Aus ihr sollten später, 1952, drei Nachfolge-Gesellschaften entstehen:

die Hoesch Werke Aktiengesellschaft,
die Altenessener Bergwerks-Aktiengesellschaft,
die Industriewerte Aktiengesellschaft.

Am Horizont nun doch: Europa

Zweifellos hatten die Siegermächte, als sie Deutschland besetzten, bei allen unterschiedlichen Auffassungen und Vorstellungen drei gemeinsame Ziele: 1. Einschränkung der Produktionskapazität der Besiegten, 2. Entnahme durch Demontage; 3. fortdauernde Schwächung deutscher Wirtschaftskraft. Was war von diesen Zielen im Laufe eines halben Jahrzehntes übriggeblieben? Einsicht hatte Vorurteile verdrängt, Hilfe war der Rache gefolgt, Toleranz der Intoleranz, Zusammenarbeit hatte überheblichem Alleingang Platz gemacht, und alle Stationen dieser Wandlung hatte die Ruhr zuerst an sich erfahren. Nun galt es noch ein letztes Hindernis zu nehmen: das Ruhrstatut, durch das die Deutschen sich immer noch an Versailles und an die Tage der Ruhrbesetzung 1923 erinnert fühlten, nicht zu Unrecht, da das Revier jeden Monat über zwei Millionen Tonnen Kohle exportieren mußte, ungeachtet, ob es genügend Kohle für seinen eigenen und den deutschen Bedarf übrigbehielt, und zu Preisen, die weit unter denen des Weltmarkts lagen.
Mit diesem Ruhrstatut hielten die Alliierten an ihrer noch vom Siegerdenken bestimmten Politik schärfster Kontrolle der deutschen Schwerindustrie fest. Andererseits wünschten sie, daß die Bundesrepublik in den Europarat aufgenommen werden sollte. Das Jahr 1950 hatte begonnen.
Die Wende an der Ruhr war näher, als man dachte. Sie wurde durch einen Mann eingeleitet, der die Deutschen nicht einmal besonders liebte, sie freilich auch nicht haßte, der bloß der festen Überzeugung war, daß »die Vorsehung uns alle zu Zwecken benutzt, die unseren Horizont übersteigen«. In Luxemburg geboren, im Elsaß aufgewachsen, ein Kind der Grenze, lebte er, den der frühere französische Ministerpräsident Daladier den »Mann in der unsichtbaren Soutane« nannte, in einem kleinen Haus in Sky-Chazelles im Departement Moselle wie in einer Mönchszelle. Am 9. Mai 1950 rief er die Presse zum Quai d'Orsay. Das konnte er, denn inzwischen war er, Robert Schuman, der 1947 schon einmal französischer Ministerpräsident gewesen war, zum Außenminister ernannt worden.
Niemand war an diesem Tag auf etwas Besonderes gefaßt. An die Kabinettssitzung hatte sich eine der üblichen Debatten über die Sicherheit Europas und Frankreichs Rolle darin angeschlossen, und Schuman hatte nichts Neues hinzugefügt, als er sagte, daß die Sicherheit unteilbar sei, auf jeden Fall nichts Übernatürliches, und man könne sie nicht vergrößern, indem man sie verkleinere...
Er stockte, suchte in seinen Papieren, blickte auf Jean Monet, seinen Freund und Mitarbeiter, »ich habe da noch eine Sache«, sagte er... Dann verkündete er mit leiser Stimme, als handle es sich um eine Allerweltssache, jene berühmte Erklärung, die ihm später den Titel ›Vater Europas‹ einbrachte, den von Jean Monet in

aller Stille entworfenen Plan, sechs europäische Nationen – Deutschland, Frankreich, Italien, Belgien, die Niederlande und Luxemburg – zu einer Gemeinschaft zusammenzuschließen.

»... Wenn der Friede eine Chance haben soll, dann muß es zunächst einmal ein Europa geben... In diesem Aufbau werden die Ruhr, die Saar und die französischen Produktionsbecken gemeinschaftlich arbeiten... Die Vereinigung Europas fordert, daß die alte Feindschaft zwischen Frankreich und Deutschland begraben wird; die unternommene Tat muß sich in erster Linie auf Frankreich und Deutschland beziehen... Der Zusammenschluß der Kohle- und Stahlproduktion... wird die Geschicke jener Gebiete wandeln, die seit alters her jene Waffen gefertigt haben, deren ständige Opfer sie selbst gewesen sind. Die so geschaffene Solidarität der Produktion wird erweisen, daß ein Krieg zwischen Frankreich und Deutschland nicht nur undenkbar, sondern physisch unmöglich geworden ist... Es werden Europa vermehrte Mittel zur Verfügung stehen, zur Verwirklichung einer seiner wesentlichsten Aufgaben: der Entwicklung des afrikanischen Kontinents... Durch Zusammenschluß ihrer Grundindustrien und Errichtung einer neuen überstaatlichen Autorität, deren Beschlüsse bindend sein werden für Frankreich, Deutschland und die übrigen teilnehmenden Länder, werden die ersten Grundlagen einer europäischen Föderation gelegt, die der Erhaltung des Friedens dient.«

Im Namen der französischen Regierung schlug Robert Schuman dann vor, die gesamte französisch-deutsche Kohle- und Stahlerzeugung in einer den europäischen Ländern offenstehenden Organisation einer gemeinsamen Oberbehörde zu unterstellen, die den Eigentumsverhältnissen der Unternehmer in keiner Weise vorgreifen solle...

Der Tenor der 200 Worte Schumans war GLEICHBERECHTIGUNG, nicht zu überhören für die Ohren der Welt. Schumans Worte wurden von Adenauer, dem ersten westdeutschen Regierungschef, begeistert begrüßt, hatte er doch wenige Wochen zuvor öffentlich jene politische und wirtschaftliche Union zwischen Deutschland und Frankreich als Grundstein für die Vereinigten Staaten von Europa gefordert. Nun hatte Frankreich selbst diesen Grundstein gesetzt. Damit fiel, auch wenn noch einige Zeit darüber vergehen sollte, das Ruhrstatut, dessen Diktat dem aufkeimenden Selbstbewußtsein der Deutschen so sehr zugesetzt hatte und dennoch das Seine tat auf dem Weg zur gemeinsamen europäischen Rohstoffverwaltung, die es nun zu schaffen galt.

Inzwischen war die Kohleförderung an der Ruhr weiter angestiegen. Die drei westlichen Besatzungsmächte, Deutschland mehr und mehr als Partner betrachtend, hatten mit der unter deutscher Hilfe zustande gekommenen Währungsreform vom Juni 1948, die freilich auch die schon sich abzeichnende Teilung Deutschlands vertiefte, das Land von einem Tag auf den anderen wie durch ein Wunder von einem Armenhaus in ein Kaufhaus verwandelt. Mochte sich das Wunder des Tages real als Hortung entpuppen und noch so viele soziale Mängel im Gefolge haben: Die Reform wirkte wie ein Fanfarenstoß zum wirtschaftlichen Wiederaufstieg wenigstens der einen Hälfte Deutschlands.

Nachdem der Schuman-Plan in den Parlamenten beraten und angenommen worden war, trat er am 25. 7. 1952 für die Dauer von 50 Jahren in Kraft. Die ›Europäische Gemeinschaft für Kohle und Stahl‹, kurz Montan-Union genannt, war gegründet. Von diesem Tage an waren Ruhrbehörde und Ruhrstatut historische Begriffe, die Fesseln waren gefallen, eine Zeit versunken.

Robert Schumann (1886–1963), Träger des Karlspreises, mit Ernst Reuter, dem damaligen Regierenden Bürgermeister von Berlin

Plakette des von der Stadt Aachen 1950 gestifteten Karlspreises für die Verdienste um die politische Einigung Europas

Robert Schuman hatte gesagt: »Es ist das Los aller kühnen und fruchtbaren Ideen, Anlaß zu Einwänden zu geben, denen dann begegnet werden muß. Nur das Alltägliche ist dieser Mühe überhoben.« Er sollte damit recht behalten. Das politische Wunschbild eines großen Europäers, der entschlossen war, die Lehren der Vergangenheit zu nützen und eine tragende Idee an die Schwelle der Zukunft zu stellen, deckte sich zweifellos nicht mit den verschiedenen wirtschaftlichen Gegebenheiten, vor allem nicht mit den ungleichen Wettbewerbsbedingungen der zusammengeführten Länder. Da nun die Montanunion ihren Mitgliedern für den Gemeinsamen Markt untereinander Ein- und Ausfuhrzölle für Kohle und Stahl verbot, da sie staatliche Subventionen und Sonderleistungen untersagte und durch die Hohe Behörde in Krisenzeiten zu weitgehenden Eingriffen bis zur Quotenerteilung hin berechtigt war, mußte sie sich auch dort loyal verhalten, wo – wie zum Beispiel in Westdeutschland – das Muß der Entflechtung in schroffem Widerspruch zu Zusammenschlüssen stand, die Frankreichs Montanindustrie für sich forderte. So hat der Schuman-Plan zweifellos eine sinnvolle, die ärgsten Zerschneidungen beseitigende, vorsichtige Rückverflechtung der Ruhrindustrie in dem Maße begünstigt, in dem das Wohl und Wehe aller Länder des Gemeinsamen

Marktes von der Wirtschaftlichkeit der Montan-Betriebe auch an der Ruhr abhängig war. Die Hoffnungen der Gründer erfüllten sich schrittweise: der Europäischen Gemeinschaft für Kohle und Stahl folgten 1958 die Europäische Wirtschaftsgemeinschaft (EWG) und die Europäische Gemeinschaft für Atomenergie (Euratom). Das Straßburger Parlament dieser drei europäischen Institutionen leistete erste fruchtbare Arbeit auf dem Wege nach Europa – so steinbesät dieser Weg auch noch sein mochte.

Radio Paris vom 10. August 1950

10 Punkte Schumans

Der französische Außenminister Schuman sprach heute nachmittag in der Beratenden Versammlung des Europäischen Rates über seinen Plan zur Zusammenfassung der europäischen Kohlen- und Stahlindustrie. Die Hauptziele seines Planes sind nach seinen Ausführungen die folgenden:

1. Zwischen den interessierten Ländern soll ein Vertrag über die gemeinsame Bewirtschaftung des Kohlenbergbaus und der Stahlindustrie abgeschlossen werden. Die Regierungen sollen den Vertrag unterzeichnen und die Parlamente der beteiligten Länder ihn ratifizieren.

2. Zweck dieses Vertrages soll die Ausdehnung der Produktion von Kohle und Stahl zu möglichst niedrigen Preisen und die Schaffung eines einzigen Marktes für diese Produkte in den beteiligten Ländern sein.

3. Die Leitung der so geschaffenen Union soll in den Händen einer unabhängigen Behörde liegen, die auf den ihr zugewiesenen Gebieten Vollmachten besitzt, die also die erste wirklich übernationale Einrichtung in Europa sein soll. Sie soll nicht die Interessen einzelner Länder und einzelner Gruppen vertreten, sondern das Interesse der Allgemeinheit.

4. Dies wird den Verzicht auf einen Teil der nationalen Souveränität der beteiligten Länder einschließen, ein Verzicht, der heute unerläßlich geworden ist.

5. Der abzuschließende Vertrag soll nichts an den Eigentumsverhältnissen der einbegriffenen Werke ändern.

6. Dieser Vertrag soll keine neue Bürokratie schaffen und kein Kartell darstellen. Er soll der Hebung der Produktivität und des Lebensstandards der Bevölkerung, insbesondere der Arbeiterschaft dienen.

7. Im Zuge dieser Tätigkeit soll schrittweise eine Umgestaltung der Werke und eine Spezialisierung nach gesamteuropäischen Gesichtspunkten erfolgen. Falls dabei die Schließung von Werken notwendig werden sollte, wird ein Ausgleichsfonds die aufgetretenen Schäden beseitigen.

8. Die Durchführung des Planes verlangt einen ständigen Kontakt zwischen den politischen Instanzen, die die allgemeinen Richtlinien ausarbeiten, und der internationalen Behörde, die die tatsächliche Leitung in Händen hat.

9. Zu diesem Zweck soll eine europäische parlamentarische Versammlung gebildet werden, der die Behörde ihren Jahresbericht vorzulegen hat. Wenn diese Versammlung den Bericht ablehnt, muß die Behörde zurücktreten. An ihre Stelle wird von den beteiligten Staaten eine andere ernannt werden.

10. Ein internationales Schiedsgericht soll evtl. auftretende Konflikte regeln. –

DER SCHUMANPLAN

Am Dienstag, dem 9. Mai 1950, fand die Beratung über den Beitritt zum Europarat im Kabinett statt. Ich hatte zu dieser Beratung die Fraktionsvorsitzenden der Koalitionsparteien, Dr. von Brentano, Dr. Schäfer und Dr. Mühlenfeldt, hinzugebeten. Die Kabinettsberatung begann um 9.30 Uhr. Es war sehr wichtig, daß das Kabinett eine Entscheidung traf. Für den 11. Mai 1950 war in London eine Konferenz der drei westlichen Außenminister festgesetzt, die die deutsche Frage zum Gegenstand ihrer Beratungen haben sollte. Es war unbedingt notwendig, daß die deutsche Regierung bis zum Beginn dieser Konferenz eine Entscheidung über ihre Bereitschaft zur Zusammenarbeit in Europa bekanntgab. Ich maß dieser Entscheidung, die am 9. Mai im Kabinett getroffen wurde, eine große Bedeutung bei und hatte, um sie in entsprechender Weise der deutschen und der ausländischen Öffentlichkeit bekanntzugeben, für den gleichen Abend um 20 Uhr eine Pressekonferenz angesetzt; ich wußte am Morgen noch nicht, daß der Tag eine bedeutsame Wendung in der europäischen Entwicklung bringen würde.

Während der Beratungen im Kabinett kam die Mitteilung, daß ein Abgeordneter des französischen Außenministers Schuman mir eine dringende Mitteilung zu machen habe. Ministerialdirektor Blankenhorn empfing den Herrn, der ihm zwei Briefe Schumans an mich überbrachte. Der Inhalt der Briefe sei äußerst dringend, wie er sagte, sie müßten mir unverzüglich vorgelegt werden. Der französische Herr, dessen Namen ich nicht kenne, wies Blankenhorn darauf hin, daß in Paris im gegenwärtigen Augenblick der Ministerrat tage und über den Inhalt der Briefe berate. Außenminister Schuman wäre sehr dankbar, wenn er unverzüglich meine Stellungnahme zu den Briefen erfahren könne.

Blankenhorn reichte mir die Briefe in die Kabinettssitzung herein. Der eine Brief war ein handgeschriebenes, persönliches Schreiben von Robert Schuman. Der zweite Brief war ein offizielles Begleitschreiben zu dem in einem Memorandum niedergelegten und später als Schumanplan bekanntgewordenen Projekt.

Der Kern des Vorschlages von Robert Schuman war, die gesamte französische und deutsche Kohle-, Eisen- und Stahlerzeugung einer den anderen europäischen Ländern offenstehenden Organisation, einer gemeinsamen Hohen Behörde, zu unterstellen. Schuman legte dar, daß die Zusammenlegung der Kohle-, Eisen- und Stahlerzeugung zwangsläufig zur ersten Etappe eines europäischen Staatenbundes, der sofortigen Schaffung gemeinsamer Grundlagen für den Ausbau der Wirtschaft und zu einem Wandel in der Entwicklung dieser Länder führen werde. Durch die Zusammenfassung der Grundproduktionen von Kohle, Eisen und Stahl und durch die Errichtung einer Behörde, an deren Entscheidungen Frankreich, Deutschland und die ihr beitretenden Länder gebunden sein müßten, würde die Verwirklichung dieses Vorschlages die ersten festen Grundlagen zu einer für die Erhaltung des Friedens unerläßlichen europäischen Föderation schaffen.

In dem persönlich an mich gerichteten Brief schrieb mir Schuman, der Zweck seines Vorschlages sei nicht wirtschaftlicher, sondern eminent politischer Natur. In Frankreich bestehe die Furcht, daß Deutschland, wenn es sich wieder erholt habe, Frankreich angreifen werde. Er könne sich denken, daß umgekehrt auch in Deutschland der Wunsch nach Sicherheit bestehe. Aufrüstung mache sich zuerst fühlbar in einer erhöhten Produktion von Kohle, Eisen und Stahl. Wenn man eine Einrichtung schaffe, wie er, Schuman, sie vorschlage, die jedes der beiden Länder in den Stand setze, die ersten Anzeichen einer Aufrüstung wahrzunehmen, so würde die Schaffung dieser Möglichkeit in Frankreich eine ganz außerordentliche Beruhigung zur Folge haben.

Schumans Plan entsprach voll und ganz meinen seit langem vertretenen Vorstellungen einer Verflechtung der europäischen Schlüsselindustrien. Ich teilte unverzüglich Robert Schuman mit, daß ich seinem Vorschlag aus ganzem Herzen zustimme. Konrad Adenauer

MOTIVE

Die ursprünglichen Motive für Schumans großen Plan erhellt die Debatte in der französischen Nationalversammlung vom 6. und 7. Dezember 1951:

Berichterstatter Alfred Coste-Floret: »... Man sagte manchmal, daß Deutschland stark im Kommen ist. Aber das Problem ist, zu wissen, ob der Schumanplan im richtigen Augenblick erscheint, um dieses Kommen anzuhalten, oder ob, wenn wir den Vertrag nicht ratifizieren, ihm [Deutschland] erlaubt werden soll, so fortzufahren und die Rekonzentration an der Ruhr sich vollenden zu lassen ... Im Bereich der Kohle fehlen Frankreich in jedem Jahr zwischen 15 und 20 Millionen Tonnen unter Einschluß der Saarkohle, die 5 bis 6 Millionen Tonnen ausmacht. Im Jahre 1951 sah die französische Kohlenbilanz folgender-

maßen aus: Erzeugung 54½ Millionen Tonnen, Einfuhr 18,9 Millionen Tonnen, Ausfuhr 2 Millionen Tonnen, zur Verfügung 71,4 Millionen Tonnen. Wir haben also in diesem Jahr 19 Millionen Tonnen Kohle eingeführt, davon den größten Teil aus Deutschland. Ich sagte soeben, man muß die Kohle nehmen, wo sie ist, und das ist – da der englische Markt und der polnische Markt uns verschlossen sind und der amerikanische Markt infolge der Frachtkosten nur zu erhöhten Preisen erreichbar ist – der entscheidende Grund dafür, daß der deutsche Anteil an unseren Kohleeinfuhren von 20 bis 25 Prozent vor dem Kriege nun auf 35 Prozent im Jahre 1951 angestiegen ist...«

Abgeordneter Alfred Kriege: »...Ich fasse zusammen: Ohne Schumanplan, d. h. ohne die Gemeinschaft, ohne den einheitlichen Markt wird Deutschland den Ausnutzungsgrad der französischen Stahlindustrie bestimmen...«

Abgeordneter Robert Lacoste: »... Man hat gesagt: ›Wenn es keinen Schumanplan gibt, wird nichts die Ruhr daran hindern, bevorzugt das Volkswagenwerk zu beliefern, und es wäre unter diesen Bedingungen völlig nutzlos, daß ich von deutschen Stahlerzeugern Stahl erbäte, solange das Volkswagenwerk nicht zufriedengestellt ist.‹ Diesen Zustand der Dinge will der Vertrag ändern. Um so besser, wiederhole ich, und ich teile den allgemeinen Optimismus... Vergessen wir nicht, daß jede Tonne Kohle, die unserer Stahlindustrie verweigert wird, es möglich macht, ungefähr eine Tonne deutschen Stahls auf dem gemeinsamen Markt abzusetzen...«

Finanzminister René Mayer: »...Wenn die Position Frankreichs so ist, wie ich sie Ihnen unter der Perspektive des Plans dargelegt habe, welches wäre nun die Position Frankreichs, wenn es keinen Schumanplan gäbe? Wir kennen diese Position... Wir haben sie vor 1914 und zwischen den beiden Kriegen gekannt. Wer den Koks hat, hat die Stahlerzeugung. Deutschland würde in der gegenwärtigen Situation bei seinem unvermeidlichen Aufstieg der Schiedsrichter für Westeuropa sein... Deutschland verliert im Falle der Mangellage noch das wenige, was ihm von dem Verbund Kohle/Stahl geblieben ist und das man das Vorrecht des Erntenden genannt hat. Im Falle der Mangelware wird alles gemeinsam. Es gibt dann keine Verwandtschaft zwischen Kohle und Hütte mehr, und auf die Gesamterzeugung der Gemeinschaft bezieht sich dann das Zuteilungsrecht der Hohen Behörde...«

Außenminister Schuman: »...Die Entscheidung über die Auflösung des DKV (Deutscher Kohle-Verkauf) ist mit Zustimmung der deutschen Regierung erfolgt. In dem Übereinkommen über die Dekonzentration, dem die Alliierten zugestimmt haben, das von ihnen garantiert wird und das von der deutschen Regierung akzeptiert wurde, wird anerkannt, daß in der Mangellage, so, wie es eben gesagt worden ist, das Eigentum an einer Zeche keine Auswirkungen hat in bezug auf die Zuteilung. Alle Kohle und aller Koks, den die Erzeuger der Gemeinschaft in ihrer Gesamtheit benötigen, kommt in den gemeinsamen Topf und unterliegt der Zuteilung. Auf diese Weise werden diejenigen, die in normalen Zeiten 75 Prozent ihres Verbrauches aus eigenen Zechen decken, auch nicht 10 Prozent zurückhalten können. Alles wird in die Gesamtmasse hineingenommen und wird zugeteilt. Das ist die Wahrheit.«

›FERNVERLOBUNG‹

»Indem der Schumanplan Kohle und Stahl einer überstaatlichen Autorität unterstellt, stört er die alte Ordnung der Dinge und beeinträchtigt gewisse lokale Interessen. Er tut das ebenso unvermeidlich, wie die Gründung einer Familie die Junggesellenordnung oder Unordnung des Mannes stört und die dazugehörige Frau zur Aufgabe mancher älteren Interessen zwingt. So verging denn von der Ankündigung bis zur Unterzeichnung des Plans am 18. April 1951 beinahe ein Jahr des Ausbügelns von Gegensätzen. – Kurz darauf besuchte ich noch einmal das Revier und fand es ganz auffallend gewandelt in seiner menschlichen Atmosphäre. Es war keine Stimmung ›jungen Glücks‹, und ich sah keinerlei Neigung zum Festfeiern. Viel eher war es wie bei einer Fernverlobung. Die Partner kennen einander noch gar nicht persönlich, sie haben lediglich Briefe gewechselt, und nun packen sie ihre Koffer, um sich erstmalig zu begegnen: mit Zittern und Zagen, aber mit dem festen Entschluß, aus der nun einmal beschlossenen Sache das Beste zu machen. Die Augen der Menschen schienen in größere Weiten zu sehen als zuvor: am Horizont Europa, dahinter die riesige Landmasse Afrikas, in dem es so unendlich viel zu entwickeln gab, und dahinter wiederum die noch viel größeren Märkte der ganzen freien Welt.«

Heinrich Hauser

HOESCH
Neuordnung

Es ging der alten Hoesch Aktiengesellschaft, die ihr Ende hatte finden müssen, um neuen Gesellschaften Platz zu machen, nicht anders als einer Familie, die durch widrige Umstände gezwungen wird, sich vorübergehend von einander zu trennen.
Trotz der erzwungenen Trennung den Zusammenhalt zu wahren, war nicht einfach. Friedrich Wilhelm Engel, zum Liquidator bestellt, hatte zunächst dafür gesorgt, daß die Hauptnachfolgegesellschaft sich ›Hoesch‹ nennen durfte. Damit war viel gewonnen, und da die Alliierten nicht mehr auf der ursprünglich geforderten radikalen Entflechtung bestanden, also der restlosen Trennung von Kohle, Eisenerzeugung und -verarbeitung, sondern in langwierigen Verhandlungen eine Beteiligung der Stahlgesellschaften an der Kohle gestatteten, allerdings nur bis zu 75% der eigenen Bedarfsdeckung, war dies ein weiterer Fortschritt... Für Hoesch bedeutete er, fest mit den Dortmunder Kaiserstuhl-Schächten verbunden zu bleiben.

Verzicht auf Altenessen

Die Altenessener Zechen, 1930 durch die Fusion mit dem KölnNeuessener Bergwerksverein zu Hoesch gekommen, waren die am besten ausgebauten, die krisenfestesten Zechen des Gesamtunternehmens. Mit ihrer Ausgliederung als selbständige reine Bergbaugesellschaft waren sie zwar formell von Hoesch getrennt, blieben aber im Besitz ihrer bisherigen Aktionäre und damit mittelbar nach wie vor mit Hoesch verbunden; ebenso wie die Industriewerke AG Dortmund, die als dritte Nachfolgegesellschaft die restlichen Beteiligungen des alten Konzerns zusammenfaßte.
Die Familie, um bei dem Bild zu bleiben, hatte hartnäckig und zäh um ihre Wiederzusammenführung, in welcher Gesellschaftsform sie immer möglich wäre, gekämpft und gerungen. Wenn eine Obergesellschaft gebildet worden war, mit einer selbständigen Bergbaugruppe und einem gleichfalls verselbständigten Hüttenwerk – beide als 100%ige Tochtergesellschaften –, wenn an diese Obergesellschaft auch noch die Verarbeitungsbetriebe als Tochtergesellschaften angegliedert werden durften, war das das Maximale dessen, was im Augenblick an ›Familienglück‹ erreichbar war. Vorsitzender des ersten Aufsichtsrates wurde Willy Hopp, der Heinrich Dinkelbach ablöste; seine beiden Stellvertreter waren Wilhelm Hansmann als Vertreter der Arbeitnehmer und Dr. Bernhard Salzmann als sogenannter neutraler Mann nach dem Mitbestimmungsrecht. Dem ersten Vorstand gehörten an: Friedrich Wilhelm Engel als kaufmännisches Mitglied, Helmut Hansen, für den Bergbau zuständig, Dr. Harald Koch, zuständig für die Personal-Sozial- und Rechtsfragen, später Arbeitsdirektor, und Willy Ochel als technisches Vorstandsmitglied. Ein Jahr später übernahm Erich Wilhelm Schulte als Vor-

standsmitglied das Finanzressort. Die Hoesch Werke AG waren neu gegründet. Man schrieb den 25. Juli 1952.
Drei Tage zuvor riefen die rund 500 Betriebsräte aller zur Hoesch AG gehörenden Gesellschaften einen »Gemeinschaftsausschuß« ins Leben, ein Gremium von 9 Betriebsräten – je drei aus den drei Säulen Bergbau, Hütte, Weiterverarbeitung. In Nachfolge jenes Achterausschusses, der von 1945 bis Ende 1951 bereits überbetrieblich die sozialen Belange der Belegschaften wahrgenommen hatte, hatte dieser Ausschuß mit dem Vorstand der Hoesch Werke AG nicht nur die sozialen Verhältnisse der einzelnen Gesellschaften innerhalb des Gesamtunternehmens aufeinander abzustimmen, sondern befaßte sich auch mit allgemeinen betrieblichen und unternehmenspolitischen Fragen.

Hoesch-Werke AG

Am 22. August 1952 trug der zuständige Beamte in das Handelsregister beim Amtsgericht Dortmund die Neugründung ein. Zwei Jahre später schied die neue Gesellschaft nach den Bestimmungen aus der – vom Gesetz Nr. 27 vorgeschriebenen – Stahltreuhänder-Kontrolle aus. Die Hoesch Werke AG, eine Holdinggesellschaft, also ohne eigene Produktionsbetriebe, vereinigte nunmehr die Stahlerzeugung, einen Teil ihres Kohlebesitzes, die Weiterverarbeitung und eine Reihe kleinerer Beteiligungen unter einem Dach.
Mit der Westfalenhütte AG und der Hoesch Bergwerks-AG waren in dieser Obergesellschaft wieder zusammengefaßt: die Hohenlimburger Walzwerke AG, die Dörken AG, die Dortmunder Drahtseilwerke GmbH, die Schmiedag AG, die Maschinenfabrik Deutschland AG, die Becke-Prinz GmbH, die Hiltruper Röhrenwerk GmbH, der Hoesch Eisenhandel mbH und die Hoesch Export GmbH.

75%-Klausel: Hoesch Bergwerks-AG

Es war klar, daß mit der 75%-Klausel die Wettbewerbsbedingungen sich zuungunsten der deutschen Montanindustrie verschoben. Aber der Verbund zwischen der Wetsfalenhütte und ihren alten Zechen war erhalten geblieben. Zur Hoesch Bergwerks-AG gehörte neben den Kaiserstuhl-Zechen, die an sich diesen Bedarf decken konnten, noch die Hoesch-Schachtanlage Fürst Leopold Baldur in Hervest-Dorsten.

1954: Letzte Hauptversammlung der Hoesch AG i. L.

Als 1954 in Dortmund die letzte Hauptversammlung der alten Hoesch AG zusammentrat, sagte Friedrich Wilhelm Engel unumwunden, daß auch die gegenwärtig noch getrennten Gesellschaften wieder zusammengeführt werden müßten. Die Leistungsfähigkeit der Montan-Industrie sei entscheidend vom Verbund Kohle – Stahl abhängig. Jedem der 296 anwesenden Aktionäre, die ein Aktienkapital von insgesamt 94113000 DM vertraten, war bei diesen Worten klar, daß das dunkle Kapitel ›Nachkrieg‹ damit umgeblättert werden konnte. Eine neue Seite der Entwicklung wurde aufgeschlagen. Obenan auf dieser Seite stand unter HABEN der alte Name HOESCH mit allem früheren Besitz – bis auf das Edelstahlwerk Harkort-Eicken, dessen Verlust schmerzlich war.

Hoesch und seine Aktionäre

Als die Aufforderung erging, die alten Hoesch-Aktien gegen die neuen Aktien der Hoesch Werke AG und der anderen Nachfolgegesellschaft zu tauschen, meldeten sich 20236 Aktionäre. Mehr als die Hälfte dieser Aktionäre war mit einem Anteil am Aktienkapital beteiligt, der unter 5000 DM lag. Und es erwies sich, daß keiner der größeren Aktionäre mehr als 3,5 Prozent des Hoesch-Aktienkapitals besaß, das bis dahin 135 Millionen DM betragen hatte und nun mit 270 Millionen DM für die Hoesch Werke AG, mit 90 Millionen DM für die Altenessener Bergwerks-AG und mit 27 Millionen DM für die Industriewerke AG festgesetzt wurde. Die Aktien selber wurden in einem Nennwertverhältnis 1:2,866 in neue Aktien der drei Nachfolgegesellschaften umgewandelt.

Aktionärs-Versammlung der Hoesch-Werke

Revier im Wandel

Mitbestimmung

Westdeutschland, unter ausschließlich wirtschaftlichen Gesichtspunkten zu neuem Leben erwacht, verdankte dem Marshallplan mit fast 7 Milliarden DM, die in die deutsche Wirtschaft flossen, jenen unbegreiflichen Aufschwung, den die Welt staunend das deutsche Wirtschaftswunder nannte. Am allermeisten staunten die Deutschen selbst darüber. Zum Erbe des Dritten Reiches – namenlosem Elend, unermeßlichen Ruinenfeldern, Verlust der Ostgebiete, Millionen von Flüchtlingen und Deutschlands Teilung – hatte das schlechte Geld der Reichsmark und der Druck der Bewirtschaftung gehört, die alle Lebensbereiche erfaßte. Aber mit den Ämtern zu leben, hatte für die Deutschen bedeutet, überhaupt zu leben, zu überleben. Nun wich von heute auf morgen der von den Behörden ausgeübte Druck, unter dem wenigstens das wenige einigermaßen gerecht verteilt werden konnte, einer freien Marktwirtschaft, deren Warenangebot gleichsam wie Manna vom Himmel fiel.
Der Abbau jeglicher Produktionsbeschränkung, das neue harte Geld der D-Mark und die so reichlich fließenden Dollars der Marshallplanhilfe ließen vergessen, daß dieses ›Wunder‹ niemals am Horizont erschienen wäre, hätten die Deutschen in der Stunde der äußersten Not versagt, als sie in den zerstörten Fabrikhallen begannen, gegen ein Nichts an Entgelt, bei Hunger und Kälte, eine neue, bescheidene, menschenwürdige Ordnung zu errichten. Alles, was nun kommen sollte, basiert auf jenen Jahren der Not. Auch der Sinneswandel der Alliierten, mag er noch so augenfällig bestimmt gewesen sein von der Ost-West-Kluft der sich rapide verwandelnden Weltlage, geht zu gutem Teil auf diesen respektablen, unbeugsamen Willen der Besiegten zurück, nicht in Lethargie zu versinken, sondern zu arbeiten und mit dieser Arbeit, wenn es möglich wäre, auch ›wiedergutzumachen‹.
Ein neues sozialpolitisches Denken hatte sich durchgesetzt. Arbeiter- und Unternehmervertreter hatten begonnen, auch alle unternehmenspolitischen Fragen so aufeinander abzustimmen, daß sich Sicherheit ergab, nicht mehr allein für das Werk, sondern für die Menschen, die es in Gang hielten. Dies war nur in nüchterner Auseinandersetzung mit der Wirklichkeit möglich, Schritt um Schritt und nicht in theoretischer, sondern in praktischer Zusammenarbeit: in der Treuhandverwaltung, im Treuhänderrat, in der Deutschen Kohlenbergbauleitung, in den Aufsichtsräten, in den Vorständen der entflochtenen Werke.
In diese Vorstände war neu der ›Arbeitsdirektor‹ eingezogen. Ausgestattet mit dem Vertrauen von Belegschaft und Gewerkschaft, im übrigen aber mit den gleichen Rechten und Pflichten eines Vorstandsmitgliedes, wie es das Aktiengesetz vorschrieb, »unter eigener Verantwortung« wie seine Vorstandskollegen das Werk mitleitend, war er zum Symbol der Mitbestimmung geworden.

Der Mitbestimmungsgedanke ist einfach: Der Demokratie als staatstragendem Prinzip soll auch die Wirtschaft durch eine demokratische Verfassung entsprechen, neben die demokratischen Rechte des Bürgers im Staat soll die Mitbestimmung des Arbeitnehmers in der Wirtschaft treten. Diesem Recht des Arbeitnehmers im Betrieb war in der Weimarer Verfassung vom 11. August 1919 nach dem Ersten Weltkrieg eine gesetzliche Grundlage geschaffen worden. Ihr Artikel 165 besagte, daß Arbeitnehmer und Unternehmer »gleichberechtigt ... an der Regelung der Lohn- und Arbeitsbedingungen ...« mitwirken sollen und daß die Arbeitnehmer zugleich »zur Wahrnehmung ihrer sozialen und wirtschaftlichen Interessen« eine gesetzliche Vertretung erhalten. 1920 und 1922 waren dann die ersten Ausführungsgesetze gefolgt: das Betriebsrätegesetz und das Gesetz über die Vertretung der Arbeitnehmer im Aufsichtsrat. Praktisch war damit wohl die Mitverantwortung des Arbeitnehmers bestätigt, von wirklichen Kontroll- und Mitbestimmungsrechten war er jedoch soweit entfernt wie eh und je. Inflation und Wirtschaftskrisen hatten diese Entfernung nicht abgebaut, sie eher vertieft, und das Dritte Reich, mit Führerprinzip und Volksgemeinschaft, hatte sie ins Absurde verkehrt.
Wie selbstverständlich sich Mitbestimmung ergeben kann, hatte dann der Kampf der Arbeiter um ihren Arbeitsplatz bewiesen, als die sinnlose Demontage und die alliierten Auflagen zur Entflechtung sie bedrohten. Aus der echten, gemeinsam getragenen Mitverantwortung für die Erhaltung der Werke war ein Anrecht der Arbeitnehmer auf künftige Mitwirkung geworden. Alle deutschen Länderverfassungen der Jahre 1945–1950 nahmen deshalb das Mitbestimmungsrecht der Arbeitnehmer in der Wirtschaft als eine vom Gesetzgeber zu erfüllende Forderung auf, und der Bochumer Katholikentag 1949 legte den Anspruch auf Mitbestimmung fest als »ein natürliches Recht in gottgewollter Ordnung«.
Das Revier hatte aber bewiesen, daß Sozialisierung auf Befehl, wie dies die Engländer wünschten, ein Unding war, solange eine echte Mitbestimmung nicht zur wirklichen Demokratisierung der Industrie geführt hatte. Als in der Ostzone die Betriebsräte abgeschafft wurden, machte an der Ruhr das Wort die Runde: besser Mitbestimmung ohne Sozialisierung als Sozialisierung ohne Mitbestimmung. In der Tat, dies war des Pudels Kern. Freilich hieß Mitbestimmung, sie unten, im einzelnen Betrieb, genauso zur Wirkung zu bringen wie oben, in den Schaltstellen der Unternehmen. Harte Kämpfe sollten um diese unteilbare Forderung noch entbrennen. Doch gab der erste deutsche Bundestag der Mitbestimmung bald die gesetzliche Grundlage: Im April 1951 wurde das Mitbestimmungsgesetz verabschiedet und damit legalisiert, was man schon seit 1947 in den entflochtenen Stahlunternehmungen praktizierte. Im Bundestag bezeichnete man es als »einen Anfang echten Vertrauens zwischen den Sozialpartnern« und als »Bildung einer wahren Betriebsgemeinschaft zur dauernden Erhaltung des sozialen Friedens«. Das Gesetz übernahm die seit 1947 in der Stahlindustrie erprobte Mitbestimmung und dehnte sie auch auf den Bergbau aus. Insbesondere wurden nun alle Aufsichtsräte paritätisch besetzt, mit der gleichen Anzahl von Anteilseignern und Arbeitnehmervertretern, zu denen der sogenannte neutrale elfte Mann tritt. Durch das Mitbestimmungsergänzungsgesetz des Jahres 1956 wurden dann auch die Holding-Gesellschaften der Montanindustrie in die Mitbestimmung einbezogen.
Was bereits 1907 der liberal-soziale Abgeordnete Friedrich Naumann vor dem Deutschen Reichstag gefordert hatte, als es um Arbeiterausschüsse in den Betrieben

Belegschaftsversammlung
der Hoesch-Werke

und Arbeiterkammern zur Vertretung der Arbeiter in allen Branchen ging, nämlich »aus Industrieuntertanen Industriebürger zu machen« – jetzt war die Zeit dazu gekommen. Denn wie sah, im Unterschied zum Proletarier von einst, der Typ des neuen Arbeiters aus? Nach bürgerlichem Besitz und nach den Bildungsgütern des Bürgertums strebend, konnte und wollte er weder zur Klasse der ›Ausgebeuteten‹ zählen, noch nur passiver Teil der ›Massengesellschaft‹ sein. Er wollte vielmehr in Staat und Wirtschaft als Bürger leben, als vollwertiger Bürger einer Welt, die ihm neidlos die einst vom Besitzbürgertum so gehüteten Privilegien zuerkannte, Privilegien, die nicht lediglich in besserer Kleidung, besserem Wohnen, besserem Essen bestanden, die sich auch nicht darin erschöpften, daß man sich zerstreuen konnte, mehr freie Zeit hatte und Überflüssiges genießen durfte, sondern die vor allem den Zugang zu Bildung und Wissen öffneten und damit die Chance zum Aufstieg boten, einem Aufstieg, der, an keine Wertmarken von Stand und Besitz gebunden, allein von Begabung und Leistung abhing.
Eine Gruppe junger Soziologen der Sozialforschungsstelle in Dortmund hat aus einem einjährigen Studium der Werktagspraxis von Hüttenarbeitern überaus aufschlußreiche Tatsachen ermittelt, die in einer Studie mit dem Titel »Technik und Industriearbeit« niedergelegt wurden. Mit dieser Studie stürzt mehr als eine Legende zusammen, die gewisse Untergangspropheten des technischen Zeitalters über das Unwesen der modernen Maschinentechnik ersonnen haben.
Nicht automatische Verrichtungen, sondern *Zusammenarbeit* von höchster Feinnervigkeit, die nur von hochqualifizierten Menschen geleistet werden kann, fordert etwa eine automatische Fertigstraße; das Grundgesetz aller Tätigkeit in einem Stahlwerk heißt Zusammenarbeit, und das meiste, was die moderne Maschinentechnik erfunden hat, um Arbeitsvorgänge, mit denen der Mensch sich plagen mußte, zu vereinfachen oder sogar ganz zu übernehmen, zielt nicht darauf ab, den Menschen überflüssig zu machen, sondern weist ihm höhere Aufgaben zu, Aufgaben, die nur in Kooperation bewältigt werden können.
Von dieser Wandlung, die den Menschen aus der Versklavung an die Maschine befreit und ihn zum Herrn über die Maschine setzte, sollte das Ruhrgebiet, das in ganz neue Arbeitsformen hineinwuchs, mehr und mehr widerspiegeln.

BÜRGER SEIN

»In was besteht denn die Freiheit? Für den einen besteht sie darin, tun und lassen zu dürfen, was man will, wenn man dabei nicht das Tun und Lassen eines anderen über Gebühr und gegen die Sitte und das Recht kränkt. Für die anderen kommt noch etwas dazu, nämlich: nur einem Willen gehorchen zu brauchen, an dessen Bildung man selbst mitgewirkt hat, die Freiheit des Bürgers also im Gegensatz zu der sehr weitgehenden liberalen Freiheit, die auch ein Untertan haben kann. Diese Bürgerfreiheit auch im Bereiche der Arbeit zu schaffen, ist der Sinn des Mitbestimmungsrechts. Es geht dabei nicht nur um einen sozialpolitischen Fortschritt, es geht dabei um eine echte Umgestaltung unserer Gesellschaft. Der arbeitende Mensch will sich nicht nur darauf beschränken müssen, Bürger zu sein, wenn der Staat ihn zu politischen Wahlen ruft, er will auch dort Bürger sein, wo der Schwerpunkt seines Lebens liegt, im Betrieb, im Büro, in der Fabrik.« *Carlo Schmid, 1955*

1. Mai · Gemälde von Franz Klekawka

Franz Klekawka lebt in Dortmund. Erlernter Beruf: Stahlbauschlosser. Klekawka arbeitet als Betriebsschlosser auf der Westfalenhütte. Über seine ›Sonntagsmalerei‹ sagt er: »Es gibt Dinge, die ich gesehen oder erlebt habe, die lassen mich einfach nicht in Ruhe. So kommt es ganz von selbst, daß ich auf Karton oder dem Ölmalblock versuche, diese aus der Erinnerung festzuhalten (meistens erst nach Wochen oder Monaten). Dann bin ich aber auch schon mittendrin. Zum Thema Arbeitsplatz: Wenn ich unter der Dusche stehe, wasche ich den Dreck und auch die Gedanken an die Arbeit ab. Ich habe Feierabend. Vielleicht male ich mal ein Bild von der Arbeit als Thema. Aber nicht von meiner. Eigenartigerweise interessieren mich Themen oder auch Erlebnisse, in denen etwas Komik steckt. Vielleicht rührt das daher, weil ich als Kind in meinem Zimmer ein paar Drucke von Spitzweg-Bildern hatte.«

Industrielandschaft mit schwarzer Wand, 1936 · Gemälde von Max Peiffer-Watenphul (*1896)

NACH MEINER ÜBERZEUGUNG...

Konrad Adenauer über die Mitbestimmung:
»Ich habe in verschiedenen Verhandlungen mit den Sozialpartnern zu meiner Freude... auf beiden Seiten Verständnis und Hochachtung für den anderen Verhandlungsteilnehmer gefunden. Weiter habe ich gefunden, daß beide verhandelnden Parteien von dem Bewußtsein ihrer Verantwortung für das Allgemeinwohl getragen waren... Es scheint mir auch... richtig zu sein, wenn man bezüglich des Mitbestimmungsrechts der Arbeitnehmer Kohle und Eisen einer Sonderregelung unterwirft. Ich glaube, daß das in der geschichtlichen Entwicklung der ganzen Angelegenheit begründet ist, und zwar einmal in den Spannungen, die in den vergangenen Jahrzehnten in dem rheinisch-westfälischen Industriegebiet – und um dieses handelt es sich ja in der Hauptsache – vorhanden gewesen sind; aber es erscheint mir auch deswegen begründet, weil unter der Herrschaft der Alliierten die Arbeitnehmer in der eisenschaffenden Industrie schon seit 1947 Rechte eingeräumt bekommen hatten, von denen sie im allgemeinen... einen durchaus verständigen und maßvollen Gebrauch gemacht haben...
Ich bin der Auffassung, daß trotz der Begleitumstände... dieser Gesetzentwurf ein großer Fortschritt auf dem Wege zur sozialen Befriedung ist (Abg. Dr. Freiherr von Rechenberg: Der Sozialisierung! – Gegenrufe von links). Ich kann nur nochmals wiederholen: Nach meiner Überzeugung ist dieser Gesetzentwurf ein großer Fortschritt auf dem Wege zur sozialen Befriedung des deutschen Volkes...«

HANDARBEIT WANDELT SICH IN KOPFARBEIT

»Sie wissen, daß der Arbeiter aus der Rolle des Lückenbüßers in nur teilmechanisierten Produktionsabläufen herausgetreten und in die Rolle eines Überwachenden und Kontrollierenden eingetreten ist. Damit wird auch seine Tätigkeit im gewissen Sinne wieder ›universaler‹, als sie etwa in den halbautomatisierten Abläufen einer Fließbandproduktion gewesen ist. Handarbeit wird in Kopfarbeit verwandelt, die feste Zuordnung zu einem örtlichen Arbeitsplatz wird entscheidend abgeschwächt. Die Auswechselbarkeit der einzelnen Tätigkeiten ist sehr hoch; bezeichnenderweise sagten die nach ihren Arbeitsaufgaben befragten Automationsarbeiter sehr oft: ›Wir tun hier alle dasselbe.‹ Dabei ist die entscheidende Berufsleistung sehr oft nur eine verborgene Tätigkeit: man beobachtet und wartet darauf, daß man eingreifen muß.«

»Wir müssen nicht nur den technischen Fortschritt oder die neuen ökonomischen Möglichkeiten dauernd im Auge haben, wir müssen auch den sich wandelnden Menschen in den konkreten Situationen der industriellen Arbeitswelt dauernd neu ›entziffern‹, um ihn immer wieder in gerechte und wirksame soziale und menschliche Bezüge innerhalb der Arbeitswelt stellen zu können.«

»Ein Stehenbleiben bei den einmal gefundenen Formen der sozialen Gestaltung der industriellen Arbeitswelt wäre genauso ein Rückschritt, wie es ein Verharren auf einer einmal gegebenen Stufe der technischen Ausrüstung wäre. Auch in der sozialen Gestaltung der industriellen Arbeitswelt sind wir lebensnotwendig auf immer neue Erkenntnisse, auf Erfindungsgeist und Gestaltungsfähigkeit gegenüber den neuen Situationen angewiesen, wenn wir die Zukunft meistern wollen.« *Helmut Schelsky, 1962*

IM BESCHLEUNIGTEN WANDEL

Wie würden sich jene »Hüttenkönige«, deren Wirken die Zeit von den Gründern bis in die dreißiger Jahre überbrückte, in der heutigen Stahlwelt zurechtfinden? Sie würden gewiß erstaunt sein über die heute jedem Eisenhüttenmann selbstverständlichen Dimensionen neuer Anlagen. Aber nicht die Größe wäre das Entscheidende an dem Wandel, den sie gegenüber ihrer Zeit konstatieren müßten. Daß heute schon Hochöfen mit einem Gestelldurchmesser von zwölf Meter gebaut werden; daß ein einziger Konverter in einem Blasstahlwerk in der gleichen Zeit so viel Rohstahl erzeugt wie ein damals nur den »Giganten« zugerechnetes Stahlwerk mit einem guten Dutzend Thomaskonvertern; daß heute Röhrenwalzwerke gebaut werden, von denen ein einziges mehr als zwei Drittel der gesamten Produktion des damaligen Deutschen Reiches an nahtlosen Röhren gedeckt hätte: an all dies hätten sie sich wahrscheinlich schnell gewöhnt. Mit einem aber wären die Hüttenkönige wohl kaum so rasch fertig geworden: mit dem Tempo des wirtschaftlichen und technischen Wandels.

Wilhelm Treue – Helmut Uebbing

LEUCHTFEUER

Die zweite industrielle Revolution, die die Automatisierung und die Atomenergie heraufführt, wird den Menschen immer mehr freie Zeit bringen. Dies wird entscheidende Auswirkungen haben. Aber man täusche sich nicht: Diese erhöhte Freizeit wird zu einem Fluche werden, wenn sie zu nichts anderem wird als zu leerer, zu von anbefohlener, gewissermaßen fahrplanmäßiger Arbeit nicht ausgefüllter Zeit. Dieser Fluch wird Langeweile heißen. Man wird versuchen, ihn zu bannen, indem man sich von außen angebotenen und organisierten Vergnügungen ergibt. Diese werden den Menschen immer unfähiger machen, Mensch zu sein, immer unfähiger, sein Leben schöpferisch zu gestalten, immer unfähiger, sich selbst frei in seiner Welt zu verwirklichen. Nur wenn es gelingt, diese freie Zeit in Muße zu verwandeln, wird die Leere aus ihr weichen.

Dann könnte geschehen, daß die Arbeit von dem her bestimmt wird, was der Mensch in der Muße in sich gebildet hat, statt umgekehrt die freie Zeit zu einer Art von Abfallprodukt der Maschinenzeit absinken zu lassen, das zu nichts anderem mehr taugen könnte als dazu, die verbrauchte Arbeitskraft zu reproduzieren. Muße setzt Bildung voraus. Bildung ist aber immer Bildung zur Freiheit. Dorthin führt sie, wenn sie uns lehrt, das Notwendige in Freiheit zu tun, und das bedeutet: von der Sache her die Not zu wenden – und jedes hilflose Treiben im Strudel der Verhältnisse, jedes bloße Objektsein im Griff seelenloser Mechanismen ist Not!

Darum führt Bemühung um Bildung nur dann zu wirklicher Bildung, wenn sie es vermag, dem Menschen die Freiheit nicht nur als ein Idol erscheinen zu lassen, sondern als oberste Lebensmacht, also als das Gut, das allein das Leben zu Leben macht und das man darum keinem andern Gut, auch nicht dem des technischen Fortschritts, unterwerfen darf – dieses technischen Fortschritts, der seine letzte Rechtfertigung doch nur in dem Maße findet, in dem er dem Menschen die Chance gibt, sich von dem entmenschenden Zwange der äußeren Umstände seiner Lebensordnungen freizumachen.

Carlo Schmid

SCHICKSALSFRAGE UNSERER GEGENWART

Die öffentliche Meinung verfolgt daher die Diskussionen über die aktuellen Probleme der innerbetrieblichen Ordnung mit Nervosität, weil auch diejenigen, welche die Einzelfragen nicht beurteilen können, die Überzeugung haben, daß es bei ihrer Gestaltung um mehr als nur um die Regelung technischer Angelegenheiten geht. Man weiß mehr oder weniger klar, daß es sich darum handelt, ob es dem 20. Jahrhundert gelingen wird, eine soziale Ordnung des wirtschaftlichen Betriebes zu schaffen, die in ihrer Bedeutung, wenn auch nicht in ihrer Form, der sozialen Ordnung des mittelalterlichen Handwerks zu entsprechen vermag. So wie jene jahrhundertelang einer der wichtigsten Grundpfeiler der mittelalterlichen Gesellschaftsordnung gewesen ist, so könnte die soziale Ordnung der modernen Wirtschaft ebenfalls ein Grundpfeiler einer neuen Gesellschaftsordnung werden und damit eine wichtige Voraussetzung dafür schaffen, daß der moderne Mensch von dem Gefühl des ständigen Gefährdetseins befreit wird. Das Problem des modernen wirtschaftlichen Betriebes ist eine der Schicksalsfragen unserer Gegenwart.

Es ist allerdings nicht so, daß diese Tatsache schon allgemein klar erkannt wird. Auch bei denjenigen, welche diese Zusammenhänge noch nicht überschauen, ist jedoch oft bereits das Bewußtsein vorhanden, daß die Geschichte der neuesten Zeit wesentlich durch das Ringen um die Einbeziehung der Wirtschaft in die Gesamtkultur gekennzeichnet wird und daß sich dieses Bemühen vor allem in der Form der Auseinandersetzungen über die Ordnung der Sozialverfassung des wirtschaftlichen Betriebes vollzieht.

Die mannigfachen Bemühungen, durch eine vernünftige Gestaltung der inneren Ordnung der Betriebe die sozialen Spannungen in den Betrieben zu verringern und den Arbeitern und Angestellten das Bewußtsein zu geben, gleichberechtigte Mitglieder der Gesellschaft zu sein, bauen bewußt oder unbewußt auf der Tatsache auf, daß starke Wirkungen vom Betrieb aus auf die gesellschaftlichen Vorstellungen der Betriebsmitglieder und damit auf die Gesellschaft selbst ausgehen. Die Entscheidung, welche gesellschaftliche Ordnung wir in Zukunft haben werden, fällt in unseren Betrieben. Sorgen wir dafür, daß wir in unseren Betrieben eine glaubhafte Ordnung finden.

Aus »Werk und Wir«, Heft 5/1961
Karl Abraham

Ein Monopol fällt

Man mag darüber streiten, ob die ›zweite industrielle Revolution‹, in der wir uns gegenwärtig befinden, in Wahrheit nur eine weitere Phase innerhalb des durch die Dampfmaschine ausgelösten Industrialisierungsprozesses darstellt. »Ich wage die Voraussage«, sagte 1955 auf der Genfer Atomkonferenz der Inder Dr. Homi Bhabha, »daß man im Laufe der nächsten 20 Jahre eine Methode finden wird, die die kontrollierte Freisetzung von Fusionsenergie möglich macht. In diesem Augenblick wird das Weltenergieproblem gelöst sein, denn der Brennstoff ist ebenso reichlich vorhanden wie der Wasserstoff in den Ozeanen.« In der Tat würde erst eine solche praktisch unbegrenzte Möglichkeit der Energieerzeugung den Begriff ›Zweite industrielle Revolution‹ rechtfertigen, als die wir das Zeitalter der Automation bezeichnen, das mit dem Ende des Zweiten Weltkriegs anbrach.
Auch für Deutschlands Grundstoffindustrie war das Jahr 1945, wiewohl die Stahlproduktion nach dem Willen der Siegermächte zunächst auf ein Minimum beschränkt blieb, zum Ausgangspunkt einer neuen Epoche geworden, und Rathenaus Wort, daß der Wohlstand unserer Zeit, im großen betrachtet, im edelsten Stoff unseres Planeten, der Kohle, wurzle, hatte für die Ruhr nach dem Neuanfang 1945 seine Gültigkeit behalten. In Kohle und Stahl sahen die europäischen Staaten einen Ansatzpunkt, auch politisch zu neuen Lösungen zu kommen. An Kohle und Stahl wurde die Idee des Gemeinsamen Marktes erprobt, aus dem sich die europäische Marktordnung auch für die übrigen Erzeugnisse entwickelte.
Inzwischen war Deutschland von der Welt wieder als vollwertiger Handelspartner angenommen worden. Deutsche saßen im Europäischen Wirtschaftsrat, gehörten der europäischen Währungsunion und der Montanunion an, arbeiteten international beim Allgemeinen Zoll- und Handelsabkommen, der GATT, bei der Weltbank und beim Weltwährungsfond mit. So war es, beim wiedergewonnenen Vertrauen der Welt, zur uneingeschränkten Entfaltung deutscher Wirtschaftskraft gekommen, was 1952 das Londoner Schuldenabkommen, bei dem die Bundesrepublik 13,7 Milliarden DM an Vorkriegsschulden anerkannte, ebenso deutlich machte wie die Regelung über die Wiedergutmachung an Israel.
Kräftig am deutschen Wirtschaftswunder beteiligt, hatte so auch die Ruhr keinen Grund, pessimistisch in die Zukunft zu schauen. Menschen, Menschen, Menschen hatten sich erneut ins Revier aufgemacht, im Durchschnitt zählte man zwischen 1950 und 1958 jährlich 120000, die als Neuankömmlinge neben den Evakuierten, die zurückströmten, der Lockung folgten wie einst. »*Überlege sich also jeder die Sache reiflich. Die Zeche will keinen aus der Heimat weglocken, auch keinen seinen jetzigen Verhältnissen entreißen, sie will nur solchen ordentlichen Menschen, die in der Heimat keine*

Arbeit oder nur ganz geringen Verdienst haben, helfen, mehr zu verdienen und noch extra zu sparen, damit sie im Alter nicht zu hungern brauchen...«, hatte es im Aufruf eines Agenten 1887 geheißen! Nein, es gab auch jetzt nichts zu überlegen. Die Ruhr bot gegenüber den revierfernen Gebieten, obwohl sich auch dort einiges getan hatte – wie in Hessen, wie in Baden-Württemberg –, einstweilen noch immer die besseren Chancen. Und obwohl das Mineralöl, wie vorher in vielen anderen westlichen Industrieländern, auch in der Bundesrepublik Deutschland immer stärker auf dem Energiemarkt in Erscheinung trat und von Jahr zu Jahr größere Anteile an der Deckung des schnellwachsenden Primärenergiebedarfs eroberte, erreichte der Bergbau 1958 die höchste Beschäftigungszahl, die er je vorzuweisen hatte: über eine halbe Million Menschen. Mit neuen Produktionsanlagen – den alten, durch die Demontage verlorenen keine Träne nachweinend – hatte Nordrhein-Westfalen mit dem Revier als Kern einen Anteil von 40 Prozent am Bruttoinlandsprodukt. Doch die Entwicklung hielt nicht an. Eine Krise sprang auf, die anders war als jede andere, die das Revier bisher heimgesucht hatte.

Kein Krieg, kein Börsenkrach, kein schwarzer Freitag war dem Phänomen vorausgegangen, daß die geförderte Kohle auf Halde gelegt werden mußte, weil sie keine Abnehmer fand. Seit 1957 waren die Kohlenberge immer höher, immer größer geworden, bis man schließlich Feierschichten einlegen, ja die Schließung einzelner Zechen ins Auge fassen mußte. Besonders der Bochumer Raum, wo einst der Bergbau seinen Anfang genommen hatte, war betroffen, und niemand glaubte so recht, daß das Erdöl daran schuld sei, das seit Jahren auf den Markt drängte und sich zum ernsthaften Konkurrenten der Kohle aufgeschwungen hatte.

War Rathenaus These, daß der Wohlstand unserer Zeit, im großen betrachtet, im edelsten Stoff unseres Planeten, der Kohle, wurzle, gestürzt? Man glaubte es nicht, glaubte es auch dann nicht, als am 26. September 1959 50000 Bergleute von der Ruhr, schwarze Fahnen schwenkend, nach Bonn zogen und ihre Forderungen »Schluß mit den Feierschichten!«, »Her mit dem Schwarzen Plan!« mitten in den Boom und den – in der Kohle wurzelnden? – Wohlstand hineinriefen.

Zu sehr war das Revier an den Gedanken gewöhnt, mit seiner Kohle ein Monopol zu besitzen, das ihm niemand streitig machen könnte. Berechnungen hatten ergeben, daß die Kohlevorkommen der Ruhr bei einer Jahresförderung von 90 bis 100 Millionen Tonnen für mehrere hundert Jahre vorreichen würden. Und in der Welt herrschte Brennstoffknappheit! Kohle bestimmte die Produktionsmöglichkeiten. Westdeutschland selbst konnte ein Lied davon singen: 1951 hatte es aus den Pennsylvanischen Bergwerken auf dem langen Weg über den Atlantik amerikanische Kohle eingeführt, zu Preisen, die weit über denen der eigenen Ruhrkohle lagen, während der deutsche Steinkohlenbergbau auf Anordnung der Internationalen Ruhrbehörde damals noch gezwungen war, Kohle auszuführen. Noch 1954 waren dann in der Bundesrepublik bei einem Energiebedarf von 188 Millionen Tonnen Steinkohleeinheiten nur 130 Millionen Tonnen aus heimischen Aufkommen gedeckt worden. Trotz der Modernisierung, Rationalisierung und Leistungssteigerung an der Ruhr, die vorbildlich in Westeuropa dastanden, mußten daher langfristige Lieferverträge, vor allem mit den USA, abgeschlossen werden.

Maschinist und Facharbeiter waren in die Bergwerke eingezogen. Mit Schüttelrutschen und Fließbändern, mit Panzerförderern und Rangiereinrichtungen, mit Walzenschrämladern, die ganze Hundertschaften von Hauern ersetzten, mit hydraulischen Stützstempeln, die automatisch versetzt werden konnten, mit Schall- Schachtanlage Fritz Heinrich

Lotung und kompletten Rangierbahnhöfen unter Tage hatte man die Förderleistung pro Mann und Schicht außerordentlich gesteigert und mehr Kohle denn je gefördert. Noch Anfang Januar 1958 waren bedeutende Investitionen vorgenommen worden, hatte man, ermutigt von Bonn, weitere zusätzliche Lieferverträge mit den USA abgeschlossen, im festen Vertrauen darauf, die Kohleknappheit würde anhalten – und Ende des Monats war jeder Optimismus dahin, drohten Zechenstillegungen und Entlassungen, wußte man nicht mehr, wohin mit dem schwarzen Gold.

Hatte es wirklich keine Warnzeichen gegeben? 1950 hatte die Steinkohle noch 74 Prozent des Primärenergiebedarfs der Bundesrepublik gedeckt, während das Mineralöl nur einen Anteil von 5 Prozent hatte, und 1970 war die Steinkohle nur noch mit 29 Prozent, das Mineralöl aber mit 53 Prozent beteiligt! Natürlich war niemandem verborgen geblieben, daß Erdöl und Erdgas kraft ihrer Vorteile – sich einfacher transportieren zu lassen, einen höheren Heizwert zu besitzen, nicht schmutzig und zu alledem auch noch billiger zu sein – der Kohle ihren Rang streitig zu machen begannen. An der Ruhr gab es 1960 acht Ölraffinerien mit einer Jahreskapazität von 15 Millionen Tonnen.

War man blind gewesen, um das nicht zu bemerken? Keineswegs! Aber man glaubte, mit den Schwierigkeiten fertig zu werden, wie man immer mit ihnen fertig geworden war. Schließlich war es kein Wunder, daß die Halden anwuchsen, wenn die Preise für importierte Rohöle – bezogen auf den Heizwert – in der Bundesrepublik rund um ein Drittel unter den Förderkosten für Steinkohle lagen; war es kein Wunder, wenn amerikanische Kohle, nunmehr billiger als die deutsche, auf den Markt kam – begünstigt durch die infolge einfacherer Abbauverhältnisse sechsmal höhere Schichtleistung im amerikanischen Bergbau, den völligen Verfall der Seefrachten und die den deutschen Hüttenwerken auferlegte Verpflichtung, 12 Prozent ihres Kohlebedarfs aus US-Importen zu decken, und dies, obwohl zum Beispiel Hoesch die Hälfte seiner Kohleförderung dem Markt zur Verfügung stellte und zudem seit Beginn der Neuordnung, also seit 1952, nicht weniger als 294 Millionen DM für die Modernisierung seiner Schachtanlagen und die Errichtung neuer Kraftwerke ausgegeben hatte!

Wohl hatte man, noch bevor die Halden sich türmten, durchaus den Rückgang im Kohleverbrauch der Haushalte, auch bei Eisenbahn und Schiffahrt bemerkt, vor allem an der Ruhr selbst, wo die Faustformel, nach der die Erzeugung einer Tonne Roheisen den Einsatz einer Tonne Koks erforderte, ihre Gültigkeit verloren hatte. Aber waren das Gründe, anzunehmen, daß die Kohle ihren alten dominierenden Rang eingebüßt hatte und daß nicht mehr stimmte, was hundert Jahre lang gestimmt hatte? Mit der Kohle hatte es angefangen. Mit der Kohle sollte es nun zu Ende sein? Das Erz war zur Kohle gewandert, war in die Niederungen des Ruhrtales hinabgestiegen, hatte zusammen mit der Steinkohle die neuen Industrien entstehen lassen und mit ihnen ein neues Zeitalter. Dann hatte der Kohlenbergbau das enge Tal der Ruhr verlassen, hatte den Norden erobert, den Westen, war bis zur Lippe und ins Emscher-Revier vorgestoßen, hatte seine Schächte niedergetrieben, seine Zechen errichtet. Und die Zechen verheiratet mit den Kokereien. Und die Kokereien verheiratet mit dem Eisen. Kartelle, Konventionen, Traditionen waren entstanden, hatten ein einzigartiges Geflecht von Fördertürmen, Fabrikschornsteinen, Rohrleitungen, Schienen, Weichen, Kanälen und Straßen, Siedlungen und unendlichen Häuserreihen ergeben, über denen werktags und sonn-

tags, im Sommer und im Winter die typische Dunstglocke des größten Industriereviers des europäischen Kontinents lag. Vergeblich hatten zuletzt die Alliierten versucht, diesen Verbund von Kohle und Stahl zu zerreißen. Wie von selbst war er wieder zusammengewachsen. Und nun sollte dieses Gefüge, das allen Eingriffen von außen widerstanden hatte, von innen durch eine ›Strukturkrise‹ zusammenbrechen, weil die Kohle ›abgewirtschaftet‹ hatte?
Aber die Tatsachen widerlegten alle vom Gefühl her bestimmten Argumente. Die Halden wuchsen, wuchsen weiter, türmten sich zum Alptraum auf, und Zechen mußten geschlossen werden oder kamen auf die Stillegungsliste, darunter so moderne Anlagen wie die Zeche ›Viktoria Matthias‹, in die allein in einem Zeitraum von fünf Jahren gerade erst 20 Millionen Mark, wie die Hoesch-Zeche ›Kaiserstuhl‹, in die im gleichen Zeitraum 31 Millionen Mark investiert worden waren. Auch so altehrwürdige Zechen wie Mulvanys Gründung ›Shamrock‹, deren neue Anlagen sogar mit 200 Millionen Mark zu Buche schlugen, standen zur Stillegung heran.
Und waren Experten, die tiefer blickten, nach wie vor der Ansicht, daß es nie hätte dazu kommen müssen, wenn man die Kohle nicht als ›nationale Aufgabe‹ angesehen und unter ›Naturschutz‹ gestellt, also durch staatliche Subventionen gestützt hätte, so gaben andere nicht weniger dem Staat die Schuld, jedoch dafür, daß er die Öleinfuhr nicht genügend kontingentiert, vor allem das Öl zu viel zu niedrigen Preisen hereingelassen habe. Die Dritten suchten die Schuld darin, daß die Ruhr ihre Kohle weit unter dem Weltmarktpreis zu verkaufen gezwungen gewesen und dadurch gehindert worden sei, rechtzeitig und ausreichend mit der Rationalisierung des Bergbaus zu beginnen, während das Öl jeden Preisvorteil der freien Marktwirtschaft in Anspruch habe nehmen können. Vierte wieder verwiesen auf die Mängel des Montan-Vertrages, der dem deutschen Steinkohlenbergbau wohl eine Lieferverpflichtung auferlegte, dagegen keine Abnahmeverpflichtung für die übrigen Länder der Montanunion vorsah.
Das alles mochte wahr sein. Es änderte nichts daran, daß die Kohle zum Rückzug antreten mußte. Jeder Irrtum, der sich bei der Analyse der Lage jetzt einschlich, jeder Zweckoptimismus – weil nicht sein kann, was nicht sein darf – würde die Krisis verstärken. Es war auch kein Trost, daß der gesamte europäische Steinkohlebergbau gleichermaßen betroffen war. Holland reagierte mit vollständiger Stillegung der Bergwerke, Belgien aus sozialpolitischen Gründen mit Stützungsaktionen der Beaurivage. Nein, Kohle und Stahl waren nicht mehr die einzigen treibenden Kräfte in der großen Stadtlandschaft zwischen Rhein und Ruhr bis hin zur Lippe und Emscher, und die Monostruktur, auf eben diesen Kräften basierend, trug das Revier nicht mehr. Es mußte ›umstrukturiert‹ werden, und das hieß zunächst, den Rückzug der Kohle in geordnete Bahnen zu lenken und nicht in Panik ausarten zu lassen.
Der Bund und das Land Nordrhein-Westfalen stützten dabei den in Bedrängnis geratenen Kohlenbergbau mit sogenannten ›flankierenden Maßnahmen‹. Die öffentliche Hand erleichterte den betroffenen Bergarbeitern den Übergang in andere Berufe und an andere Arbeitsplätze. Der Einsatz von Kohle in Kraftwerken und in der Stahlindustrie wurde subventioniert. Die Bergbautechnik erhielt durch staatliche Zuschüsse kräftigen Auftrieb, und die Zechen konnten mit immer leistungsfähigeren Maschinen die Förderkosten senken, die Schichtleistung durch Intensivierung des mechanisierten Abbaus fühlbar erhöhen. Es gab 1970 Experten

Folgende Bildseite:
Westfalenhütte 1956

im Revier, die es für möglich hielten, schon bis zur Mitte der siebziger Jahre die Schichtleistung unter Tage an der Ruhr von vier auf acht Tonnen zu verdoppeln. Allerdings mußte dazu die Förderung auf jenen Schachtanlagen zusammengefaßt werden, die nach Vorkommen und Abbauverhältnissen die günstigsten Kosten versprachen. Am Niederrhein besaß das Revier seine ergiebigsten Zechen. Dort waren die Vorkommen am leichtesten zugänglich. Sie waren also erheblich rentabler abzubauen als die im Kerngebiet des Reviers. Fachleute schätzten, daß der Abbau sich hier noch für 100 Jahre oder länger lohne, während die westfälischen Vorkommen, die sehr tief liegen, nur noch ein paar Jahrzehnte einen halbwegs rentablen Abbau garantieren.

Die Verlagerung der Förderung auf die kostengünstigsten Anlagen und die rationelle ›Gesundschrumpfung‹ des Ruhrbergbaus war jedoch nicht zu erreichen – das war auch die Auffassung der Regierungen in Bonn und in Düsseldorf –, wenn es bei den bestehenden Besitzverhältnissen blieb. Eine optimale Lösung der Bergbauprobleme war nur möglich, wenn man Betriebseinheiten schuf, deren Zuschnitt nicht durch Besitzverhältnisse behindert war. Da die meisten Zecheneigentümer, also in erster Linie die großen Stahl- und Energiekonzerne an der Ruhr, sich dieser Auffassung anschlossen, wurde Ende der sechziger Jahre fast der gesamte Kohlenbergbau des Ruhrgebietes, nämlich 25 Einzelgesellschaften, die etwa 93 Prozent der Förderung an der Ruhr repräsentierten, von ihren bisherigen Eigentümern abgegeben und in eine Einheitsgesellschaft, die Ruhr-Kohle AG, Essen, eingebracht. Als Ziel der neuen Gesellschaft auf lange Sicht wurde proklamiert, nur so viel Kohle zu fördern, wie zu kostendeckenden Preisen am Markt abgesetzt werden könne.

Die Zahl der im Ruhrbergbau beschäftigten Menschen unter und über Tage betrug im Jahre 1957 annähernd 500000. Sie konnte auf 200000 verringert werden, ohne daß nachhaltige kritische Situationen entstanden sind. Die aus dem Bergbau Abgewanderten haben, soweit sie arbeitsfähig geblieben sind, zum größten Teil im Revier neue Arbeitsplätze gefunden.

Aber was wurde aus den Gebieten, die der Bergbau verließ? Das war, selbst wenn der Schock des Traditionsverlustes überwunden und die weitere Frage: Wohin mit den entlassenen Bergleuten? gelöst werden könnte, das eigentliche Problem der Ruhr. Wie die Städte es angingen – Bochum allein verlor zwischen 1959 und 1967 an die 40000, Dortmund sogar 42000 Arbeitsplätze; aus Herne wanderten 12000 Einwohner ab, aus Gelsenkirchen 32000 und so fort –, wie sie ruhrfremde Industrien ansiedelten, wie sie es schafften, neue Impulse zu setzen mit dem Appell: »Wer arbeiten will, kann arbeiten!«, gehört zum erstaunlichen Geschehen der sechziger Jahre, die die ›Geburt des neuen Reviers‹ einleiteten.

Thomas Grochowiak (* 1914).
Födermaschinist 1950

Bäume vor der Hütte, 1957 · Gemälde von Richard Geßner (*1894)

Probleme des Stahls

Die Welt brauchte Stahl – und die Ruhr hatte, um beim Vokabular jener Zeit zu bleiben, die Entflechtung ›re-entflochten‹, hatte die ›*Rekonzentration*‹ eingeleitet, die nun zwar nicht mehr die Vereinigten Stahlwerke wiederbrachte, aber die alten Namen und Verbindungen aus Schutt und Asche zog. Ein wenig geputzt, leuchteten sie in neuem Glanz: Rheinstahl und Mannesmann, Krupp und Gutehoffnungshütte, die Thyssen-Gruppe, zu der auch Phoenix-Rheinrohr und die Deutschen Edelstahlwerke gehörten, Klöckner und, nicht zu vergessen, die Dortmund-Hörder Hütten-Union und Hoesch. Keiner fehlte: auch der Bochumer Verein nicht, der erst später im Krupp-Konzern aufging, zu dessen Direktorium ein britischer Oberst einst – oder war dies noch gar nicht solange her? – gesagt hatte, daß »da draußen nie wieder ein Schornstein rauchen« werde – und 1954 betrug der Umsatz bei Krupp bereits wieder 2,1 Milliarden DM.
Die Welt brauchte Stahl, und am Ende des Jahrzehnts, das sich mit der Floskel DIE GOLDENEN FÜNFZIGER dekorieren ließ, standen diese Werke mit Beschäftigungsziffern da, an die niemand im Traum gedacht hatte: Rheinstahl und Mannesmann mit je 84000, die Gutehoffnungshütte mit 79000 und Hoesch mit über 50000 Arbeitern. Und alle diese Werke mit ihren Arbeitern hatten das ihre dazu getan, daß die westdeutsche Stahlindustrie, der die Alliierten 1949 nur das Limit von 11,1 Millionen Tonnen zugestanden hatten, bereits 1952 mit 15,8 Millionen Tonnen die Produktion von 1936 überholen und dieses Ergebnis 1960 – wobei das Saarland noch nicht einmal berücksichtigt war – mit 30,3 Millionen Tonnen fast verdoppeln konnte. In etwa dem gleichen Zeitraum waren von der westdeutschen eisenschaffenden Industrie 13,870 Milliarden DM in Sachanlagen investiert worden.
Vor dem Hintergrund dieser Zahlen aber hatten sich revolutionäre Entwicklungen angebahnt.
In der ganzen Welt herrschte, neben der Brennstoffknappheit, die bis 1958 anhielt, ein empfindlicher Mangel an Erz. So wurden die deutschen Erzgruben, deren ›arme‹ Erze die Ruhrindustrie im Kriege unter großem Kopfzerbrechen und nur mit erheblichem technischem Aufwand hatte teuer verhütten müssen, weiter betrieben, wurden neue Bohrungen niedergebracht ohne befriedigenden Erfolg. Erfolg hingegen hatten die USA beim Aufschluß von Erzlagerstätten, die sie am Oberen See entdeckt hatten, obwohl auch diese Erze ›arm‹ waren, jedoch nicht vergleichbar den sauren, nur schwer aufbereitbaren deutschen Erzen. Auch Kanada hatte in Labrador, 500 Meilen nördlich des St.-Lorenz-Stromes, in einem Gebiet, wo der Permafrost noch im Boden saß, neue Erzfelder erschlossen,

ganze Städte waren dort entstanden. Auch in Venezuela, am Orinocofluß, waren Erzbohrungen fündig geworden. Brasilien hatte seinen Hafen Tuberao dem Erz zugänglich gemacht und fieberhaft seine Eisenbahnen ausgebaut, Peru baute Erze ab, in Afrika rollten die Erzzüge zu den Küsten – Bon Range in Liberia war unter deutscher Führung, unter Beteiligung der Dortmund-Hörder Hütten-Union, erschlossen worden –, und Indien und Australien, das insbesondere die japanischen Hüttenwerke belieferte, erschienen gleichfalls auf dem Weltmarkt, auf dem, durch das reiche Erzangebot, die Preise nun fielen. Durch die Größe der Erzschiffe aber, erst 10000-Tonner, dann immer größere, mit bald 25000, 35000, dann 70000, ja über 100000 Tonnen Ladefähigkeit, sanken trotz der riesigen Entfernungen die Frachtsätze, und die großen Häfen, wie insbesondere Rotterdam, rüsteten sich für den Erzumschlag, schufen modernste Anlagen, was auch Bremerhaven tat, das allerdings nur für das 50 km stromauf gelegene Klöcknerwerk Erz umschlug. Emden, über das die Dortmunder Werke umschlugen, hatte über den Dortmund-Ems-Kanal zwar Zugang zur Ruhr, konnte aber nur von Schiffen bis zu 35000 Tonnen angelaufen werden.

Die Folge dieser weltweiten Veränderungen war eine Überprüfung der Standortfrage bei den Hütten. Was ein Jahrhundert lang den Erfolg garantiert hatte: nahe beim Erz und ebenso nah bei der Kohle zu liegen, galt nicht mehr, hatte sich geradezu ins Gegenteil verkehrt. Sich auf die heimische Rohstoffbasis zu stützen, einst ein unschätzbarer Vorteil, war zum Nachteil geworden. Eindeutig lagen die Vorteile bei jenen Hüttenwerken, die sich bereits an der Küste oder in Küstennähe befanden, wie die Koninklijke Nederlandsche Hoogovens en Staalfabrieken NV in Ijmuiden, wie Sidmar in Gent. Und weitere Hüttenwerke entstanden oder wurden geplant, bei Dünkirchen, in Foz bei Marseille, in Genua, in Tarent, in Neapel und an der Reede von Portovecchio. Japan lieferte den eindeutigsten Beweis: rohstoffarm, hatte es eine ganze Reihe von Hüttenwerken an der Küste errichtet, auf angeschüttetem Gelände, und sich zum drittgrößten Stahlerzeuger der Welt aufgeschwungen.

Die neuerschlossenen Erze, vielfach eisenarm, mußten, bevor sie in den Hochofen kamen, angereichert und dann stückig gemacht werden; durch neue ›Pelletanlagen‹ wurden sie zu kleinen Kügelchen von etwa 1 cm Durchmesser verformt. Diese ›Erzvorbereitung und -aufbereitung‹ verschlang viel Geld. Aber das Erz, nun viel leichter verhüttbar, brauchte weniger Koks, die Hochöfen wurden leistungsfähiger und konnten größer dimensioniert werden.

Hatte vor dem Krieg die Faustregel gegolten, daß eine Tonne Roheisen durchweg eine Tonne Koks benötigte, so war der Koksverbrauch in der Tat bedeutend gemindert worden. Die Bestwerte europäischer Stahlwerke lagen Ende der fünfziger Jahre bereits bei 600 bis 700 kg, die Japaner konnten sogar eine Halbierung ihres Kokseinsatzes erreichen. Zehn Jahre später lag die Ruhr bei 540 kg und auch damit in der Entwicklung noch nicht am Ende. Diese Fortschritte hatten den Standortvorteil, der für ein Hüttenwerk darin bestand, nahe bei der Kohle zu sein, weiter eingeschränkt, und hinzu kam, daß Erdöl und bereits auch Erdgas Zugang zum Hochofen gefunden hatten.

Aber auch die Stahlwerke waren durch die Technik verwandelt worden. Jene Verfahren, bei denen Sauerstoff im Spiele war, das sogenannte Aufblasverfahren, sei es als LD-, LDAC-, als Rotor-, Lanzen- oder Kaldo-Verfahren, hatten das klassische Verfahren des Thomasstahls verdrängt, auch das des Siemens-Martin-

Stahls überholt, und durch den Strangguß, der in die Stahlwerke einzog, hatten die schweren Blockstraßen einen ernsthaften Konkurrenten bekommen. Und kontinuierliche Warm- und Kaltbandstraßen hatten, leistungsfähiger als die alten Reversierwalzwerke – dem Vorbild von Dinslaken folgend, dem ersten deutschen Werk dieser Art –, ebenso die Walzwerkstechnik revolutioniert. Fast alle großen Stahlkonzerne der Bundesrepublik besaßen sie jetzt, und die neuesten dieser Breitbandstraßen konnten 4 bis 5 Millionen Tonnen Rohstahl im Jahr verarbeiten.
So lagen die Probleme beim Stahl ganz anders als bei der Kohle, und was als Regel gegolten hatte, daß, wie bei Geschwistern die Krankheit des einen immer sofort auf den anderen übergreift, galt bei Kohle und Stahl nicht mehr.
Als mit der Kohlenkrise das Wort ›Umstrukturierung‹ an der Ruhr aufsprang, war die Stahlindustrie solcher Sorgen enthoben. Nicht enthoben war sie der Überlegung, wie sie den neuen Stahlwerken, die sich an die Küste gestellt hatten, in Zukunft gewachsen war. Der enormen Ersparnis von Transportkosten, die es bedeutete, durch Verlagerung der Produktion an die Küste dem überseeischen Angebot an Erz und Kohle näher zu sein, stand gegenüber die Absatznähe, die man im Ruhrgebiet hatte. Das Revier lag mitten im Markt. Im Umkreis von 150 Kilometern, gemessen von Essen aus, lebten 30 Millionen Menschen, im Umkreis von 300 Kilometern bereits 70 Millionen. Es gab, von der Käufernähe aus betrachtet, keinen günstigeren Standort in Europa, als ihn das Ruhrgebiet einnahm. Und wenn man von den Hütten am Niederrhein ausging, die sowohl über die ›Rheinschiene‹, also über recht günstige Bedingungen für die Erzzufuhr, wie über einen nahen, aufnahmefähigen Absatzmarkt verfügten, dann war das ein guter, ein sehr guter Standort, dort, in der Nähe der Ruhrmündung. Nur: es lagen lange nicht alle Hüttenwerke am begehrten Rhein. Was taten die anderen?

PERSPEKTIVEN

Es wäre nicht sonderbar, wenn auch in der Eisen- und Stahlindustrie Elektroverfahren an Bedeutung gewännen, die heute noch im Schatten der kohle- und gasbetriebenen Produktionsverfahren arbeiten. Elektroschachtöfen sind zwar bekannt, aber es lag bisher kein Anreiz vor, sie zu größeren Aggregaten zu entwickeln, die für eine moderne Industrie nun einmal nötig sind. Wenn der Strom jedoch nur Bruchteile eines Pfennigs kostet, wird eine Neuorientierung eintreten. Das Alte stirbt dann ab, und etwas Neues tritt an seinen Platz. Der Atomstrom kann dann überall erzeugt werden. Er hat keinen Standort, der ihm vom Rohstoff her vorgeschrieben wäre. Der Standort richtet sich nur nach dem Schwerpunkt des Verbrauchs. Wie wäre es, wenn die Länder, die hochwertige Eisenerze besitzen, sich den Atomstrom zunutze machten, um nicht mehr Erze, wohl aber Roheisen und vielleicht schon vorgeblasenen Stahl zu verkaufen? Eine solche Wendung hat ernste Perspektiven, genauso ernst, wie sie, von uns wenig beachtet, auftraten, als das Indigo durch die Indanthrenfarben der Chemie abgelöst wurde und große Rückschläge in den Anbauländern eintraten.
Ebenso wie die Atomenergie zweifellos eines Tages von der Stahlindustrie Besitz ergreifen oder sie maßgeblich beeinflussen wird, dürfen wir das Gesetz des Größenwachstums unserer technischen Anlagen nicht übersehen. Es erwächst aus dem immerwährenden Zwang, der Konkurrenz zu begegnen und die Kosten der Herstellung zu mindern, dies auch, weil gleichzeitig die Kosten für den menschlichen Arbeitsaufwand ständig steigen.

Dr.-Ing. Willy Ochel, 1963

HALLE DER ZUKUNFT

Es war 1958. Wir gingen durch das Stahlwerk der Westfalenhütte. An den Konvertern standen Männer, deren Alter im Schein des Feuers nicht zu ermitteln war, sie warfen die Beimischungen in die weißlohende Glut des sich zu Stahl verwandelnden Eisens, und mit donnerndem Getöse fuhr die Luft in die Birnen des Sidney Gilchrist Thomas, schleuderte Funkenbündel, gelbe, grüne, rote, gegen den Hallenhimmel. Ich blickte immer wieder auf die alterslosen Männer, die das schwere Leben vor den Feuerkesseln eingebrannt trugen im gegerbten Gesicht. Ich sah sie mit Schaufeln hantieren vor der Höllenglut der Stahlöfen, Tänzer eines unheimlichen Balletts, sah, wie sie spielerisch leicht – und dabei war es die schwerste Arbeit, die es gibt – ihren gebrannten Dolomit gegen die Ofenwände schleuderten. Jemand schrie mir ins Ohr: »2000 Grad!« Ich nickte einsichtsvoll, ohne daß es mir möglich war, mehr als den physikalischen Vorgang zu begreifen, für den diese Gradzahl als nüchterne Chiffre stand. Was sie in Wahrheit bedeutete, für ein Paar Hände zum Beispiel, die die Glut durch doppelte Asbesthandschuhe hindurch spürten, für Augen, die das Höllenfeuer hinter verkrümmten Schutzgittern wachsam beobachteten, wie die Augen eines Dompteurs ein sehr gefährliches Tier... das nachzuempfinden und zu begreifen lehnte meine Phantasie ab. Nur eins begriff ich: die Arbeit, die hier verrichtet wurde, war unverändert die gleiche, wie sie die Väter und Großväter dieser Männer – ich besann mich, daß es Stahlwerkerfamilien gab, die in Generationen dachten – schon verrichtet hatten. Die Technik, seitdem es Konverter gab, Bessemerbirne, Thomasverfahren, hatte gewiß viel verfeinert, hatte Kapazität und Leistung bei gleichem Arbeitsaufwand erhöht; an der Struktur dieser Arbeit hatte sie jedoch nichts verändert. Zeitlos schienen mir diese Gestalten, wenn ich zugleich daran dachte, daß die Gründer dieses Werkes vor acht Jahrzehnten, wenn sie durch ihr Stahlwerk gingen, ähnliche Szenen erblickt hatten, wie sie sich meinen Augen noch heute boten.

Ein Stück weiter das Walzwerk. Es lag still. Die alte Steckelstraße, Brücken darüber, durch Gitter geschützt. Wir wanderten, wanderten. Einige Menschen tauchten vor uns auf, sehr kleine Menschen: Japaner, japanische Ingenieure, Regierungsbeamte. Man sagte uns, sie seien gekommen, die Bandstraße abzunehmen. Es war eine alte Bandstraße. Kapazität und Qualität reichten nicht mehr aus für den Bedarf der Hütte. Die Straße wurde verkauft. In einigen Wochen würde sie über die Meere nach Japan schwimmen.

Ein Poltern in der Ferne. Dumpfe, schwere Stöße. Hinter den toten Aufbauten der alten Straße bewegten sich tanzplatzgroße Stahlplatten. Wir traten näher. Es war die neue Breitbandstraße, in die wir blickten – und es war, als blickten wir in die neue, unabsehbare, gigantische Halle der Zukunft. Wie von Geisterhand bewegt, schossen die roten Stahlblöcke aus schwarzen Kammern, Walzen packten sie, drehten sie mit ihren unbarmherzigen Gaumen, preßten sie, als wären sie aus Teig, warfen sie ab, Rollen trugen sie davon, neue Walzen ergriffen die schlanker und länger gewordenen Blöcke... Nur ein paar Männer waren sichtbar. Sie standen wie Seeoffiziere auf der Kommandobrücke eines Schiffes, scheinbar untätig. Aber ihre Gesichter waren angespannt in äußerster Konzentration, der Schweiß rann ihnen von der Stirn. »Das ist der Steuermann«, sagte jemand. »Da der Kranführer. Der Walzenzugmaschinist, sehen Sie, dort!«

Sie arbeiteten, wie nur Menschen arbeiten können. Ein *falscher Befehl, den ihr Kopf den Händen zuspielte, die den Griff irgendeines Hebels umschlossen, irgendeinen Knopf auf den Registraturtischen drückten – wo wie heimliche Mahnungen in schnellem Wechsel kleine Lämpchen aufleuchteten –, und Werte, in nur mehrstelligen Ziffern meßbar, konnten zerstört sein. Sie beobachteten Skalen und Zeiger wie der Pilot einer Düsenmaschine die Geheimschrift seines Armaturenbrettes, wenn er zur Landung ansetzt, mit der gleichen Angespanntheit, Sicherheit und stolzen Gewißheit, daß die Maschine gehorchen würde.*

Das Alter dieser paar Männer war durchaus bestimmbar. Sie hatten noch kein Leben hinter sich, in ihre Gesichter war kein Schicksal, war keine Mühsal des Daseins eingekerbt. Dennoch standen sie mitten im Leben. Wie standen sie darin? Scheinbar lässig – manchmal hatte einer die Hand in die Hosentasche gesteckt – verfolgten sie das in der Ferne sich verlierende Schlangenband, das die Walzen aus dem Stahlblock gemacht hatten. Diesen Gestalten war kaum anzusehen, daß sie Arbeit leisteten – und es war auch nicht Arbeit im Sinne von angewendeter Muskelkraft, Bewegung, physischer Anstrengung.

Für uns war jedes dieser Walzprodukte, das da vorbeiglitt, wie das andere. Für diese paar Leute aber waren es Aufträge von ganz unterschiedlicher Beschaffenheit, und sie hatten darüber zu wachen, daß sie erfüllt wurden. Es war eine Art von Tätigkeit, die uns rätselhaft erschien. Aber für sie hatte diese ganze vollautomatische Walzenstraße nichts Rätselhaftes, ihre Augen folgten wach und intelligent den Bewegungen der geisterhaft arbeitenden Maschinen, und die Blicke, die sie sich ab und an zuwarfen, ließen nicht erken-

nen, ob es Signale waren, die zum reibungslosen Spiel dieser unheimlichen Halle gehörten, oder ob sie die Äußerungen einer inneren Genugtuung waren oder eines Stolzes, als Herren über diese stählernen Greifer und Arme gesetzt zu sein. Im Stahlwerk hatte ich keinen Augenblick darüber nachgedacht, daß der Mensch dies alles ersonnen und gebaut hatte. Daß diese wie Fledermäuse im Hallenhimmel hängenden Konverter, die mächtigen Martinöfen, die gewaltigen Mischtröge, die zyklopischen Stahlgerüste, worauf das alles montiert war, die heranschwebenden Greiferzangen, die Kranbrücke, die durch die von urzeitlichen Geräuschen erfüllte Halle rollte, daß dieses meinen Augen durchaus übersichtlich und verständlich dargebotene Ineinandergreifen schwerer, hünenhafter Werkzeuge, mit denen die Geburt des Stahls bewältigt wurde, das Ergebnis einer geistigen Leistung war. Daß Generationen von Erfindern, Technikern, Ingenieuren daran ihren Anteil hatten, nein, mehr: daß ohne sie das alles nicht möglich gewesen wäre. Ich hatte deshalb nicht daran gedacht, weil das Elementare des Vorganges, der hier geschah, alle meine Sinne in Anspruch nahm.

Erst in der automatischen Breitbandstraße, wo einige wenige Menschen einen Arbeitsablauf kontrollierten, an dem an keiner einzigen Stelle mehr die physische Kraft des Menschen benötigt wurde, kam mir in den Sinn, daß dies alles auf Reißbrettern auf Bruchteile von Millimetern genau vorher errechnet, in Konstruktionsbüros entworfen und projektiert war. Daß das, was ich hier sah, die Summe einer ungeheuren geistigen Anstrengung des Menschen darstellte und daß es das Ergebnis eines schöpferischen Prozesses war, der fast anonym tagaus, tagein in Zeichensälen und Büros ablief und bewältigt wurde – in Zeichensälen und Büros und somit an Stätten des Reviers, die unserem Blick entzogen sind, von denen nur die Eingeweihten wissen und sprechen, Werkstätten des Geistes, aus deren unsichtbarer Arbeit das Land an der Ruhr aber erst jene sichtbaren Perspektiven gewann, mit denen es heute am Schicksal der Welt teilnimmt und mitwirkt. *Horst Mönnich, 1958*

Hoesch Hüttenwerke · Werk Union · Profilstraße

HOESCH
Die neue Zeit

Hatte ein Hüttenwerk an der Ruhr, insbesondere im Ostrevier, noch den richtigen Standort, um konkurrenzfähig zu bleiben? Das war auch für Hoesch in den sechziger Jahren die alles entscheidende Frage. Entwicklungen, die sich abzeichnen, erst zu folgen, wenn sie in vollem Gange sind, konnte für ein großes Unternehmen genauso verhängnisvoll sein, wie diesen Entwicklungen vorauszueilen. Vor beidem, dem ›zu spät‹ und dem ›zu früh‹, mußte man sich hüten – und durfte dennoch nicht versäumen, die Weichen rechtzeitig zu stellen.
Bis zur Neugründung im Jahre 1952 hatte man von der Hand in den Mund gelebt, hatte die zerbombten Anlagen notdürftig zusammengeflickt, hatte improvisiert, instandgesetzt, doch maschinell und betriebstechnisch mit dem vorliebnehmen müssen, was die Gunst der Umstände hinterlassen hatte. An Erneuerung oder Ersatz der Anlagen, der Hochöfen, der Kokereien, der Walzstraßen war nicht zu denken gewesen – was nicht allein für Hoesch, was für alle deutschen Hüttenwerke zutraf, nicht aber für vergleichbare Unternehmen in Frankreich und in England, geschweige denn für die Stahlwerke in den USA, die einen meilenweiten Vorsprung hatten. Es war jedoch noch nicht zu spät, um ihn aufzuholen. Vor dem Hintergrund einer einzigartigen Wissensexplosion, die eine Vervierfachung der technisch-wirtschaftlichen Erkenntnisse in noch nicht einmal zwanzig Jahren mit sich brachte, schuf sich Hoesch, nachdem mit der Gründung der

Der 25. Juli 1952

»Hoesch Werke AG« am 25. Juli 1952 wieder die gesellschaftsrechtlichen Voraussetzungen für eine langfristige Unternehmenspolitik geschaffen worden waren, in den nächsten zwei Jahrzehnten ein neues Profil.

SCHICKSALSJAHRE DER KOHLE

Der Wiederaufbau der teils beschädigten oder zerstörten, teils demontierten Betriebe war im Kohlebereich verhältnismäßig einfach. Die Bombenangriffe hatten nur die oberirdischen Anlagen der Bergbaubetriebe in Mitleidenschaft ziehen können, und mit deren Instandsetzung war schon wenige Wochen nach Kriegsende begonnen worden; dank der von den Alliierten anerkannten wirtschaftspolitischen Bedeutung des Kohlenbergbaus wurde die Förderung keinen Beschränkungen unterworfen. So war der Start günstig, und im Bergbau konnte man, woran in der Stahlindustrie noch längst nicht zu denken war, sofort mit der Rationalisierung der Produktion beginnen.
Die im Hoesch-Bereich verbliebenen Zechen – Fürst Leopold-Baldur in Hervest-

Hoesch Hüttenwerke
Werk Westfalenhütte
Hochofenanlage

Dorsten, Kaiserstuhl I und II in Dortmund – verfolgten sämtlich das gleiche Ziel: Steigerung der Förderleistung bei gleichzeitiger Verringerung des Arbeits- und Kostenaufwandes. Drei Wege wurden beschritten. Man begann, die Unter- und Übertageanlagen zu modernisieren, den Kohleabbau zu mechanisieren, was die Arbeit vor Ort leichter machte, und die Kohle in stärkerem Umfang als bisher im Kraftwerk zu veredeln.

Fürst Leopold-Baldur wird mechanisiert

Auf Fürst Leopold-Baldur war die Mechanisierung geradezu Gebot. In den sogenannten ›Dorstener Schichten‹, den jüngsten Schichten aus der Karbonzeit, widerstand die ungewöhnlich harte Flammkohle dem normalen Abbau mit Abbauhämmern. Da die Flöze im Baufeld Fürst Leopold aber meistens flach einfielen, auch kaum durch Gebirgsstörungen zerrissen waren, war hier der Abbau mit Schrämmaschinen möglich.

1956: 1 499 302 Tonnen Jahresförderung auf Fürst Leopold-Baldur

Rhythmisches Gleichmaß bestimmte den Arbeitsablauf: Schrämen, Schießen, Abtransport der Schräm- und Schußkohle durch Panzerförderer, Auskohlen und Ausbauen des Verhiebfeldes, Verlegung des Fördermittels und Bergeversatz. Nach diesem Verfahren konnten je Streb Fördermengen erzielt werden, die weit über dem Ruhrdurchschnitt lagen. 1956 erreichte Fürst Leopold-Baldur mit 1 499 302 Tonnen die bis dahin höchste Jahresförderung.

Die Kaiserstuhl-Zechen

Auch die Kaiserstuhlzechen wurden modernisiert, rationalisiert und erhielten eine Zentralschachtanlage. 1953 wurden die Schachtanlagen I (West) und II (Ost) auf der 7. Sohle miteinander verbunden. Dann baute man auf Kaiserstuhl II eine Doppelseil-Skip-Förderanlage mit einer Kapazität von etwa 300 Grubenwagen Kohle je Tag, so daß ab März 1955 die auf beiden Schachtanlagen anfallende Kohle vollautomatisch auf einer einzigen Anlage – eben auf Kaiserstuhl II – zu Tage gefördert werden konnte.

Teilstillegung von Kaiserstuhl 1960

1957, als sich, nach Jahren knapper Kohleversorgung, die ersten Anzeichen eines Strukturwandels in der Energiewirtschaft bemerkbar machten und die Zechen Kohle und Koks auf Halde legen mußten, entschloß sich Hoesch, die Förderung den rückläufigen Absatzmöglichkeiten anzupassen, den Abbau auf Fürst Leopold zu drosseln und die Zeche Kaiserstuhl teilweise stillzulegen. Dennoch gingen Mechanisierung und Rationalisierung weiter. Während die Produktion zwischen 1957 und 1960 von 6,6 auf 5,7 Millionen Jahrestonnen zurückgefahren wurde, erhöhte sich die Untertageleistung je Mann und Schicht ständig.

Erwerb von Wilhelmine Victoria

Dies war nicht zuletzt die Folge konsequenter Betriebskonzentration. 1960 übernahm Hoesch von der Bergwerksgesellschaft Hibernia AG im Tausch gegen das unverritzte Halternfeld die Schachtanlage ›Wilhelmine Victoria‹ in Gelsenkirchen-Heßler, die durch eine 2,3 Kilometer lange Richtstrecke mit Gegenortsbetrieb auf der 8. Sohle an Fritz Heinrich angeschlossen wurde. Damit konnte der Abbau verstärkt in die flache Lagerung verlegt, seine Mechanisierung abermals verbessert werden. Ende April 1962 rollte der erste Kohlenwagen unter Tage von Wilhelmine Victoria nach Fritz und wurde im neuen Hansen-Schacht zu Tage gehoben.

1961: Hansen-Schacht

Dieser 1961 erbaute Hansen-Schacht der Altenessener Bergwerks AG, deren ›Wiedervereinigung‹ mit der Hoesch Bergwerks-AG 1956 die letzte Spur der Entflechtung im Konzernbereich getilgt hatte, konnte geradezu als ein Symbol der modernisierten Bergbautechnik gelten. Zu seinen technischen Merkmalen gehörten Vierseilförderung, eine Fördermaschine mit 4600 kW Leistung, automatisch gesteuerte Güterförderung und weitgehend automatisierte Schachtbeschickung.

Hoesch Bergbau Hansen-Schacht in Altenessen

HANSEN-SCHACHT

Der technische Fortschritt im Hoesch-Bergbau läßt sich auch aus Zahlen ablesen: Bereits im Jahre 1959 wurden 56% der gesamten Kohleförderung in mechanisierten Abbaubetrieben gewonnen. 1963 waren es 78%. Und das bedeutete, daß im Bereich flach gelagerter Flöze auf vier Schachtanlagen Kohlegewinnung und Ladearbeit hundertprozentig mechanisiert waren.

Hoesch Bergbau
Kohleabbau mit Preßlufthammer

1963 trat das ›Gesetz zur Förderung der Rationalisierung im Steinkohlenbergbau‹ in Kraft. Einem als bundeseigene Körperschaft des öffentlichen Rechts gebildeten ›Rationalisierungsverband des Steinkohlenbergbaus‹ wurde die Aufgabe übertragen, durch Darlehensgewährung alle Maßnahmen zu fördern, die die Selbstkosten verringerten, bessere Produktionsbedingungen und Absatzmöglichkeiten schufen und schließlich zu einer Konzentration des Kohleabbaus auf die wirtschaftlichsten Schachtanlagen führten.

1963:
Gesetz zur Förderung der Rationalisierung im Steinkohlenbergbau

Zu diesem Zeitpunkt hatte sich die Ertragslage des Hoesch-Bergbaus dank der Rationalisierungsmaßnahmen noch einmal erheblich verbessert. Dennoch zwang der ständig härter werdende Wettbewerb auf dem Energiemarkt, die Förderung der Absatzlage anzupassen. Hoesch meldete daher 1964 die Zeche Kaiserstuhl nach den Bestimmungen des Rationalisierungsgesetzes vorsorglich zur Stillegung an. Tatsächlich verschlechterten sich der Absatz während der folgenden Monate derart, daß der Aufsichtsrat im August 1965 beschloß, die Schachtanlage Kaiserstuhl mit ihrer Jahresförderung von 975 000 Tonnen endgültig stillzulegen, obwohl hier die Schichtleistung weit über dem Ruhrdurchschnitt lag – je Mann und Schicht 3,2 Tonnen gegenüber durchschnittlich 2,8 Tonnen je Mann und Schicht der übrigen fast 90 Zechen im Revier. 81,5 Millionen Tonnen Kohle hatte das Grubenfeld bis zur Stillegung in rund hundert Jahren Bergbau hergegeben. Wenn Kaiserstuhl innerhalb des Hoesch-Bereichs vor den anderen Konzern-Zechen stillgelegt wurde, geschah das, weil hier die geringsten Kohlevorräte in der Erde lagen, Kaiserstuhl also die kürzeste Lebensdauer hatte. Hinzu kamen die besonders hohen Kosten, die auf Kaiserstuhl für die Bergschädensicherung anfielen: Die Zeche baute unter dem Gelände der Westfalenhütte – mit ihren hochempfindlichen modernen Walzwerken – und unter einem Teil Dortmunds ab, auf dem sich Eisenbahnanlagen befanden.

Die Schließung der Kaiserstuhl-Zeche traf, nach der Teilstillegung 1959/60, weitere 2000 Hoesch-Bergleute, die ihren angestammten Arbeitsplatz verloren – der Rest verblieb auf der von der Stillegung nicht berührten Kokerei und den Hilfsbetrieben. Allen diesen um das Werk verdienten Menschen wurden, soweit sie nicht aus Altersgründen ohnehin ausschieden, neue Arbeitsplätze in anderen Hoesch-Betrieben angeboten. Für die ausscheidenden Bergleute konnten Härten durch einen Sozialplan gemindert werden.

1965:
Stillegung der Zeche Kaiserstuhl

Am 1. Februar 1966 hatte man begonnen, die Förderung stufenweise einzuschränken. Sechs Monate später wurde die letzte Schicht verfahren. Weitere Anpassungsmaßnahmen folgten: Die Schachtanlagen in Altenessen, inzwischen zu einem Verbundbergwerk zusammengefaßt, nahmen die Förderung von 12000 auf 9500 Tagestonnen zurück. Auch die Förderung von Fürst Leopold-Baldur wurde auf 3500 Tonnen vermindert.

Überall im Kohlenbergbau war der Bedarf an elektrischer Energie gestiegen – eine natürliche Folge der verstärkten Mechanisierung des Übertagebetriebes und der fortschreitenden Elektrifizierung unter Tage. Um den zusätzlich benötigten Strom nicht aus der öffentlichen Versorgung beziehen zu müssen, wodurch der Schacht-

Energieversorgung im Bergbau

betrieb finanziell erheblich belastet worden wäre, hatte man sich entschlossen, dem alten technischen Grundsatz zu folgen, der da besagte, daß das Kraftwerk einer Zeche »der verlängerte Arm der Kohlenwäsche« sein müsse – mit Kesseln ausgestattet, in denen sich alle nicht verkaufsfähigen Brennstoffe verfeuern lassen, sogar mit wirtschaftlichem Erfolg. Die Techniker errechneten den zu erwartenden Ballastkohleanfall der Schachtanlagen und entwarfen dann die Baupläne für den Ausbau vorhandener und den Neubau zusätzlicher Stromerzeugungsanlagen, wie etwa das für Altenessen bestimmte Kraftwerk Emscher. Es lag auf dem Hafengelände, nicht weit entfernt von dem Elektrizitätswerk Karnap, das als zusätzlicher Abnehmer in Frage kam. Bereits knapp zweieinhalb Jahre nach Baubeginn erzeugte es den ersten Dampf. Weiter wurde 1955 die zweite Ausbaustufe des Kraftwerks in Hervest-Dorsten in Betrieb genommen, das Schleuderkohle und Filterschlamm ebenso wie Rohfeinkohle, ein sonst kaum absetzbares Produkt, in Energie für die Westfalenhütte umwandelte. Wenig später begann dann auch der Ausbau des Hochdruckkraftwerkes Radbod.

Ausbau der Kraftwerke

Im Jahre 1968 stieg der Anteil von Erdgas und Mineralöl im Energieverbrauch der Bundesrepublik sprunghaft an. Dagegen sank der Steinkohleanteil – acht Jahre zuvor hatte er noch bei 60% gelegen – auf 33%. Dennoch konnte Hoesch im Geschäftsbericht jenes Jahres auf ein »recht erfreuliches Ergebnis« seines Bergbaus hinweisen, konnte den nahezu vollständigen Abbau seiner Haldenbestände melden. Die in Verhieb stehenden ›Abbaubetriebspunkte‹ waren weiter verringert worden, und mit 87% lag der Mechanisierungsgrad im Abbau beachtlich hoch. Die inzwischen auf 3565 Kilogramm gestiegene Untertageleistung je Mann und Schicht belief sich auf mehr als das Doppelte jener 1642 Kilogramm, die zehn Jahre zuvor als Durchschnitt gegolten hatten.

Kohleanpassungsgesetz 15.5.1968

Am 15. Mai 1968 wurde das ›Gesetz zur Anpassung und Gesundung des deutschen Steinkohlenbergbaus und der deutschen Steinkohlenbergbaugebiete‹ verabschiedet – mit den Zielen, die Förderkapazität den Absatzmöglichkeiten anzupassen, die ertragreichsten und leistungsfähigsten Zechen voll auszulasten, die Unternehmenskonzentration zu fördern und in den Steinkohlenbergbaugebieten strukturverbessernde Maßnahmen durchzuführen. Vier Wochen später einigten sich der Bergbau, die Finanz- und Wirtschaftsminister des Bundes und der Länder und die IG Bergbau über die Grundlagen für eine Gesamtgesellschaft Ruhrkohle AG, die dann auch am 27. November ins Leben gerufen wurde und Anfang 1970 die Führung der Schachtanlagen selbst übernahm. Im Einvernehmen mit dem Aufsichtsrat und allen Unternehmensorganen erklärte sich auch Hoesch bereit, sein Bergbauvermögen in die neue Gesamtgesellschaft einzubringen. Die neu gegründete Ruhrkohle AG mit ihren 52 Zechen, 29 Kokereien, 5 Brikettfabriken sowie Kraftwerken mit einer Gesamtleistung von 950 Megawatt vereinte nunmehr 93% der Kohleförderung des Ruhrgebietes. Über 180000 Belegschaftsmitglieder gehörten dem neuen Unternehmen an. Zum erstenmal waren im Ruhrbergbau die Voraussetzungen für eine auf ein Gesamtziel ausgerichtete einheitliche Lenkung aller unternehmerischen Aufgaben der Kohle geschaffen. Und so verließ der Hoesch-Bergbau die ›Muttergesellschaft‹. Mit allen Schachtanlagen und 10486 Bergbau-Beschäftigten – 9132 Bergarbeitern und 1354 Angestellten – wechselte er am 30. November 1969 in die Ruhrkohle AG über. Mit der Einbringung erwarb die Hoesch AG eine Beteiligung am Grundkapital der Ruhrkohle AG in Höhe von 6,4 v. H. Die Einbringungsforderung belief sich auf 138 Millionen DM.

27. November 1968 Gründung der »Ruhrkohle AG«

Abschied vom Bergbau

Hoesch Bergbau
Schrämmaschine vor Ort

So nahm Hoesch mit der Trennung von der Kohle schweren Herzens Abschied von seinen Bergleuten. Im Laufe von sieben Jahrzehnten hatte der Hoesch-Bergbau mit Eisen und Stahl einen immer engeren Verbund gebildet und damit entscheidend dazu beigetragen, daß Hoesch alle Krisenzeiten ohne schwerwiegende Folgen überstehen konnte. Der Abschied war unumgänglich; nur wenn alle Zechen im Revier mitmachten, war die Verwirklichung eines übergeordneten energiepolitischen Konzepts gegeben.

WEGE DES STAHLS IN DER NACHKRIEGSZEIT

Im Vergleich mit dem Kohlenbergbau lag der Stahlbereich des Konzerns 1952 weit zurück. Nicht allein die Zerstörungen des Krieges waren daran schuld. Schon die Krisen der zwanziger und die besonderen Verhältnisse der dreißiger Jahre hatten jede Modernisierung verhindert, so daß die erhalten gebliebenen Anlagen ohnehin weitgehend veraltet waren.
Als sich die Alliierten gewillt zeigten, dem begrenzten Wiederaufbau der deutschen Industrie zuzustimmen, schlug Mr. Unger, Mitglied der ›Combined Steel Group‹ in Düsseldorf, Hoesch vor, die erste kontinuierliche Breitbandstraße im Nachkriegsdeutschland in Dortmund bei Hoesch zu errichten. Man war sich in Dortmunds Norden darüber klar, daß ein solches Projekt vorerst nicht verwirklicht werden konnte. 150000 Monatstonnen – diese Größenordnung hatte dem Amerikaner vorgeschwebt... Woher das Roheisen, woher den Rohstahl nehmen? Und woher 150 Millionen DM, die allein das Breitbandwalzwerk erfordert hätte, von dem für die Folgeinvestitionen notwendigen zusätzlichen Finanzaufwand ganz zu schweigen. Doch gab es noch einen anderen Grund für Friedrich Wilhelm Engel, das Anerbieten abzulehnen. Die erste neue Breitbandstraße der Nachkriegszeit, so meinte er, müsse jenes Unternehmen bauen, dessen alte Anlage bis auf die letzte Schraube demontiert und nach Rußland verfrachtet worden war. Und so wurde die neue Straße denn auch nicht bei Hoesch, sondern bei Thyssen in Hamborn errichtet – mit einer Monatskapazität von 150000 Tonnen.
Aber Hoesch hatte Fachleute in die USA geschickt, Reisende in Stahl, die landauf, landab Breitbandwalzwerke besichtigten und alle technischen Neuerungen erkundeten, ohne Gefahr, wie weiland Eberhard Hoesch in England als Spion verdächtigt zu werden und auf ein Schiff im Hafen flüchten zu müssen. Ergebnis der Reise: Rückbesinnung auf das alte Steckelwalzwerk, das so alt gar nicht war. 1938 bestellt, war es erst im Kriege angeliefert worden und hatte kaum gearbeitet. Dazu gehörte ein ebenfalls vor dem Kriege bestelltes Kaltbandreversierwalzwerk, das, nur zum Teil angeliefert, nicht mehr hatte montiert werden können. Also baute man die noch unbenutzten Walzgerüste auf, brachte die vorsorglich in eine Grube im Siegerland ausgelagerten Motoren nach Dortmund und setzte zusammen mit dem inzwischen verbesserten Kaltwalzwerk, noch vor Fertigstellung der neuen Thyssen-Straße, die Steckelstraße als erstes Breitbandwalzwerk im Nachkriegsdeutschland in Betrieb.
Das 1952 erlassene Investitionshilfegesetz, wonach 50 Prozent der Investitionen sofort abgeschrieben werden konnten, erleichterte es Hoesch, wie der gesamten Industrie, seine inzwischen erarbeiteten Wiederaufbaupläne zu verwirklichen.
Nur der Hochöfner, der Stahlwerker, der Walzwerker und der Kaufmann wer-

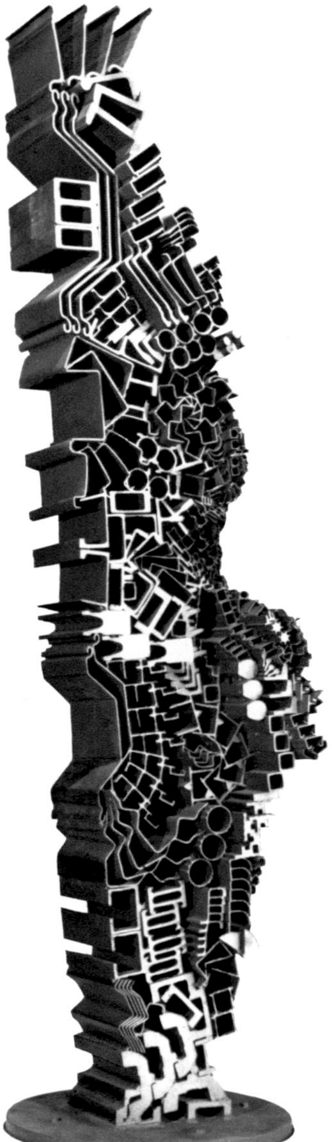

Stahlplastik aus Hoesch-Profilen

Hoesch Hüttenwerke
Werk Westfalenhütte
Sinteranlage

M·A·N
20 t

Hoesch Hüttenwerke
Werk Westfalenhütte
Chargierbühne des Siemens-Martin-Stahlwerkes

Hoesch Hüttenwerke
Werk Westfalenhütte
Kokillenguß im Siemens-Martin-Stahlwerk

den am Ablauf der in den einzelnen Werksbereichen durchgeführten Neubauten beurteilen können, wieviel planerische Sorgfalt – zu der auch die richtige Einschätzung künftiger Entwicklungen gehört – dem Investitionsprogramm zugrunde gelegt war. Aus dem sinnvollen Zusammenspiel von der Kohle bis zum fertigen Walzprodukt und dem folgerichtigen Ablauf aller Stufen ergab sich die Gesamtkonzeption. So waren, während man neue Tiefofenanlagen in Betrieb genommen und das Kaltwalzwerk mit Hilfe neuer Gerüste und Zerteilanlagen modernisiert hatte, entscheidende Großbauvorhaben begonnen worden. 1954 konnte der neue Großhochofen VI angeblasen werden, mit 1400 Tonnen Tagesleistung damals der größte Westeuropas. Im Thomaswerk blies ein vierter Konverter. 1955 nahm eine neue kontinuierliche Halbzeugstraße die Fertigung auf. Damit hatte man die Versorgung der in der Westfalenhütte betriebenen Kaliberwalzwerke gesichert und war zudem für das Anlaufen der Hohenlimburger Mittelbandstraße gerüstet. Diesen doppelten Anforderungen entsprach die Leistung der Dortmunder Halbzeugstraße: 100000 Tonnen monatlich.

1954:
Großhochofen VI
1955:
Kontihalbzeugstraße

März 1955:
Friedrich Wilhelm Engel †

Die neue Halbzeugstraße hatte Friedrich Wilhelm Engel noch mitgeplant. Ihre Vollendung konnte er nicht mehr erleben. Er starb, noch nicht 52 Jahre alt, im März 1955. In der Halle der neuen Straße wurde sein Sarg aufgebahrt, von hier aus ihm das letzte Geleit gegeben.
Friedrich Wilhelm Engel hatte – wie der Aufsichtsratsvorsitzende Willy Hopp in seiner Gedenkrede sagte – Stück um Stück aus dem Wall gebrochen, der zunächst gegen die Wiederherstellung des Gesamtunternehmens aufgerichtet war, und 1954 den Aktionären ein Unternehmen präsentiert, das sich von der alten Hoesch AG nur wenig unterschied. Der Mann, dem nach Engel nun die Rolle des Primus inter pares zufiel, war Willy Ochel. Er war es, der nun bis zu seinem Ausscheiden aus dem Hoesch-Vorstand die Entwicklung des Unternehmens entscheidend bestimmte. Bewegt sagte Ochel, von Engel Abschied nehmend: »Die neue Halbzeugstraße, in der wir uns befinden, ist nur eines jener Fundamente, deren Bau er besonders bejaht hat. Der Vorstand der Westfalenhütte und wir hatten uns herzlich darauf gefreut, ihm in etwa vierzehn Tagen die ganze Straße in Betrieb zu zeigen. Aber was sind

Hoffnungen, was sind Entwürfe, die der Mensch, der vergängliche, baut? So können auch Hohenlimburg, die Hiltruper Röhrenwerke und die Hoesch Bergwerks-AG alles das nicht mehr zeigen, was wir gemeinsam begonnen haben...«

Hoesch Hüttenwerke
Werk Phoenix
LDAC-Stahlwerk

Hohenlimburg, die Hiltruper Röhrenwerke, die Hoesch Bergwerks-AG – fast symbolisch beschrieben diese Namen, mit denen das Lebenswerk des Toten verbunden war, den ganzen Problemkreis, in den seine Nachfolger eintraten:
Die Steigerung des Stahlabsatzes und die Beschäftigung der Walzwerksanlagen mit ihren technisch bedingten größeren Kapazitäten;
den Ausbau der Weiterverarbeitung, insbesondere die Rohrfertigung;
im Kohlenbergbau die Sicherung der Rentabilität, bei ständig steigenden Kosten einerseits und noch immer gebundenen Preisen andererseits.

1955:
Mittelbandstraße
Hohenlimburg

379 Tage nach dem ersten Spatenstich verließ 1955 in Hohenlimburg die erste Bramme den Stoßofen zur Abwalzung auf der neuen Mittelbandstraße, deren Konzeption sich zwar an dem technischen Stand überseeischer Vorbilder orientiert hatte, jedoch keineswegs eine bloße Kopie darstellte. Die Forderungen der Abnehmer zwangen die Konstrukteure, in der Planung des elektrischen ebenso

wie des mechanischen Teils der neuen Straße zu berücksichtigen, daß sich kleine Walzposten, geringe Ringgewichte und schmale Bandbreiten höchster Qualität ebenso in den Fertigungsablauf einpassen lassen mußten wie Aufträge mit großen Losen. Und die spätere Leistungsfähigkeit dieser ursprünglich auf 25000 Monatstonnen ausgelegten Straße – ihre Kapazität stieg im Laufe der Jahre auf ungefähr 60000 Tonnen – hat gezeigt, daß es hier gelungen war, mit dieser auf lange Zeit technisch gültig bleibenden Anlage Anschluß an den walzwerkstechnischen Vorsprung des Auslandes zu gewinnen.

1956: Siemens-Martin-Werk III

Elektrostahlwerk

1956 wurde die erste Baustufe des neuen Siemens-Martin-Werkes III fertiggestellt. Außerdem hatte man das demontierte Elektrostahlwerk durch ein neues ersetzt. Nun waren die wesentlichen Stationen, wie sie am Wege des Eisens stehen müssen, geschaffen: Das auf fünf Öfen erweiterte Hochofenwerk erzeugte jährlich 1,2 Millionen Tonnen Roheisen, die Stahlwerke hatten eine Jahresproduktion von 1,5 Millionen Tonnen Rohstahl erreicht, im Bereich der Walzwerke waren neue Anlagen errichtet worden. So hatte man insbesondere auf der Flachstahlseite einen Vorsprung erringen können, den es zu halten galt, und es lag nahe, den Flach-

Hoesch Hüttenwerke
Werk Union
Vakuumstahl-Versuchsanlage

Hoesch Hüttenwerke
Werk Westfalenhütte
Steuerstand der Hauptstaffel
des Warmbreitbandwalzwerkes

produkten, vornehmlich dem Bandstahl, innerhalb der eigenen Weiterverarbeitung neue Einsatzmöglichkeiten zu erschließen und damit die Auslastung der neuen Anlagen zu sichern.

Rohrfertigung

Überall in der Welt hatten die Erschließung neuer Erdöl- und Erdgasquellen, die Verdichtung industrieller Rohrnetze als Transportwege für Zwecke aller Art und die Erweiterung der Frischwasserversorgung den Markt für Leitungsrohre aller Größen belebt. Gab es also ein Gebiet, das neben dem Bedarf der Automobilindustrie für den Absatz von Band Zukunft versprach, so war es die Rohrfertigung. Zwar hatte Hoesch bereits seit fünfundzwanzig Jahren in den Hiltruper Röhrenwerken Rohre hergestellt, jedoch nur Präzisionsrohre bis 60 mm Durchmesser. Der Markt aber forderte größere Abmessungen, wie sie Mannesmann seit langem fertigte. So bot sich eine Zusammenarbeit an. Hoesch war ein leistungsfähiger Hersteller von Flachstahlerzeugnissen, Mannesmann hatte die Erfahrung in der Fertigung von Rohren aller Durchmesser. Das Großrohrwerk Mannesmann-Hoesch, an dem sich Hoesch mit 35% beteiligte, wurde in Duisburg-Mündelheim errichtet. Hier wurden im Februar 1956 die ersten, vornehmlich für Pipelines bestimmten Rohre geschweißt.

Der Grundgedanke, die Kapazitäten zweier oder mehrerer Werke gemeinsam voll zu nutzen, bis das einzelne Unternehmen mit seinem Eigenbedarf selbst in die vorhandene Kapazität hineinwächst, war als Modell für eine Zusammenarbeit ohne kapitalmäßige Verflechtung nichts Neues. Hoesch lieferte für die gemeinsame

Hoesch Werke
Hohenlimburg-Schwerte
Werk Schwerte
Warmstrangpresse

Produktion sein Warmbreitband, während Mannesmann für Rohre großer Abmessungen das benötigte Grobblech beistellte. Wurde diese Verbindung mit Mannesmann später auch wieder gelöst, so hatte Hoesch doch auf dem Gebiet der Großrohre wertvolle fertigungstechnische und marktwirtschaftliche Erfahrungen gewonnen.

1955/56: Großrohrwerk Mannesmann-Hoesch

Diese Kooperation mit einem anderen Rohrhersteller war jedoch nicht der einzige Schritt, den Hoesch zum Zwecke der Ausweitung seiner Rohrfertigung tat. 1956 hatte in Hagen ein neues Mittelrohrwerk die Fertigung aufgenommen, und in Barop war mit dem Bau eines Spiralrohrwerkes für den Abmessungsbereich von 600 bis 1600 Millimeter technische Pionierarbeit geleistet worden: Wenn hier 1957, erstmals auf dem Kontinent, Spiralrohre für Hochdruckleitungen hergestellt wurden – von vielen Technikern lange Zeit mit äußerstem Vorbehalt betrachtet, inzwischen überall in der Welt anerkannt –, so darf Hoesch für sich in Anspruch nehmen, die Entwicklung bis zur Betriebsreife entscheidend vorangetrieben zu haben.

1956: Mittelrohrwerk Hagen Spiralrohrwerk Barop

Im Jahre 1963 wurde im westfälischen Hamm auf grüner Wiese mit dem Bau eines großen Werkskomplexes begonnen, der das neugegründete Bandstahlwerk aufnehmen sollte. Er war gleichzeitig für neue, größere Rohrwerksanlagen vorgesehen sowie für Anlagen zur Herstellung von Normbauteilen aller Art und Produkten in Sandwich-Bauweise, die 1964 in Betrieb genommen wurden. 1965 ergänzte eine Kontistraße für die Fertigung der Hoesch ›isowand‹, eines zweischaligen gedämmten Wandelementes, dieses Verarbeitungszentrum für Bandstahl. Zu diesem Zeitpunkt wurden die Rohrwerke und das Bandstahlwerk zur Hoesch AG Rohr- und Bauteilwerk vereint. Hamm ist inzwischen zu einer Fertigungsstätte für ein breites Rohrprogramm geworden. Gleichzeitig hat die erweiterte technische Ausstattung des Baroper Spiralrohrwerkes die Fertigung von ›Jumbo-Rohren‹, Großrohren bis zu 2500 Millimetern Durchmesser, möglich gemacht.

1963: Bandstahlwerk Hamm

Inzwischen war auch der Ausbau im Hüttenbereich vorangeschritten. Zu den großen Investitionen des Jahres 1957 gehörten der Hochofen IV und die vollkontinuierliche zweiadrige Feineisenstraße mit 23 Gerüsten, deren Leistungsfähigkeit die aller vor ihr erbauten einadrigen Feineisenstraßen übertraf – sie gestattete eine mittlere zeitliche Ausnutzung von 95% im Gegensatz zu jenen 60%, die damals selbst in den USA die Norm waren.

Hochofen IV

Feineisenstraße

In den ersten Monaten des Jahres 1958 begannen dann die Probewalzungen auf der neuen halbkontinuierlichen Breitbandstraße, jener Anlage, die den Walzwerkern bereits zu Beginn der fünfziger Jahre, nach der Rückkehr von ihrer ersten USA-Reise, vorgeschwebt hatte. Nun war sie fertiggestellt und löste das Steckelwalzwerk ab, das seine guten Dienste getan hatte und später noch nach Japan verkauft wurde. Die neue Breitbandstraße lief mit einer Anfangsleistung von 45000 Monatstonnen an – störungsfrei – und konnte schon zweieinhalb Monate später dreischichtig gefahren werden. Ihre Leistung wurde mit verhältnismäßig geringen Mitteln stufenweise gesteigert, wie es in der Grundkonzeption vorgesehen worden war. Bereits drei Jahre später betrug ihre Monatskapazität 100000 Tonnen.

Breitbandstraße

In diesem Jahr, also 1958, war die erste Entwicklungsphase nach der Neuordnung, die dem Ausbau galt, im wesentlichen beendet. Im Hoesch-Kreis arbeiteten fast 52000 Menschen, die Kohleförderung lag bei 6,6, die Roheisenerzeugung bei 1,4, die Rohstahlerzeugung bei 1,8 Millionen Jahrestonnen. Der Gesamtumsatz betrug 2,4 Milliarden DM.

1958: Programmbereinigung und Konzentration

Hoesch Hüttenwerke
Werk Phoenix
4-m-Grobblechstraße

Hoesch Röhrenwerke
Werk Hamm
Mittelrohrfertigung

MITBESTIMMUNG UND SOZIALWESEN

Die Neugründung im Jahre 1952 hatte im Zeichen der Mitbestimmung gestanden. Damals galt das Mitbestimmungsgesetz für drei Gesellschaften des Hoesch-Kreises: die Westfalenhütte AG, die Hoesch Bergwerks-AG und die erst 1956 wieder zum Konzern zurückkehrende Altenessener Bergwerks-AG.

Mitbestimmungs-gesetz von 1951

Da die Hoesch Werke AG eine reine Holdinggesellschaft war, fiel sie an sich nicht unter das ›Gesetz über die Mitbestimmung der Arbeitnehmer in den Aufsichtsräten und Vorständen der Unternehmen des Bergbaus und der Eisen und Stahl erzeugenden Industrie vom 21. Mai 1951‹. Es war aber der erklärte Wille der Sozialpartner, im Zuge der Neuordnung das Mitbestimmungsrecht auch auf die Holdinggesellschaften anzuwenden. Wie auch bei anderen Montangesellschaften, schlossen bei der Neugründung 1952 die Vertreter der Anteilseigner von Hoesch und die Gewerkschaften eine entsprechende, bis zur sogenannten Holdingnovelle des Jahres 1956 geltende Vereinbarung, die einen paritätisch besetzten Aufsichtsrat und den Arbeitsdirektor im Vorstand der Obergesellschaft vorsah. 1959 wur-

Umwandlung

den aus steuerrechtlichen Erwägungen die Altenessener Bergwerks-AG, die Hoesch Bergwerks-AG, die Hoesch Westfalenhütte AG, die Hoesch Walzwerke AG und die Hoesch Rohrwerke AG auf Grund des Umwandlungsgesetzes auf die Obergesellschaft, die gleichzeitig den alten Firmennamen ›Hoesch AG‹ wieder annahm, umgewandelt und als Zweigniederlassungen weitergeführt. Von diesem Tage an galt für die Hoesch AG, weil sie nun selbst wieder Stahl erzeugte und Kohle förderte, das Mitbestimmungsgesetz von 1951 unmittelbar. Den umgewandelten Gesellschaften aber blieb auf freiwilliger Grundlage durch Vertrag die ›betriebsnahe‹ Mitbestimmung: Der Vorstand der Hoesch AG – mit Zustimmung des Aufsichtsrates – und die Vorstände des Deutschen Gewerkschaftsbundes und

Lüdenscheider Abkommen

der Industriegewerkschaften Bergbau und Metall trafen in Lüdenscheid am 19. August 1959 eine Vereinbarung, wie es am selben Tage auch die Klöckner-Werke AG und die Ilseder Hütte AG taten. Danach blieb der Westfalenhütte und dem Bergbau die Mitbestimmung nach dem Mitbestimmungsgesetz von 1951 erhalten. Für die übrigen Zweigniederlassungen galt das Betriebsverfassungsgesetz. Eine echte Bewährungsprobe bestand die Mitbestimmung gerade bei den Anpassungsmaßnahmen im Hoesch-Bergbau. Nach zähem Verhandeln über die beste Lösung und nicht ohne Konflikte hatte auch die Mehrheit der Arbeitnehmervertreter im Aufsichtsrat der Schließung der Zeche Kaiserstuhl zugestimmt.

In solchen unternehmenspolitischen Entscheidungen liegt der eigentliche Sinn der Mitbestimmung, nicht in einer Verbesserung der betrieblichen Sozialleistungen. Wohl aber hat sie die Einstellung zu Sozialmaßnahmen und Sozialeinrichtungen dort geändert, wo sie vielleicht noch Ausdruck karitativer oder patriarchalischer Fürsorge waren.

»Werk und Wir«

Im Geleitwort zum ersten Heft der Werkszeitschrift »Werk und Wir« im Juni 1953 sagte der Vorstand: »Diese Zeitschrift steht auf dem Boden der Mitbestimmung. Auch sie wird zu beweisen haben, daß sich hinter diesem Wort ein echtes Anliegen verbirgt... Das Gefühl der Zugehörigkeit, an das der Einzelne die Arbeit seines Lebens knüpft, endet ja nicht an den Werkstoren, sondern wirkt weiter bis in den familiären Raum hinein, umfaßt auch Eltern, Frauen und Kinder. Am Wohl und Wehe unserer Gesellschaft nehmen ja viel mehr Menschen teil, als nur die Mitarbeiter selbst...«

Folgende Bildseite: Das neue Dortmund

Diese Einstellung galt schlechthin für die betriebliche Sozialarbeit, wie man sie bei Hoesch verstand, und hatte mit ›Sozialem Klimbim‹ nichts zu tun. Das 1960 errichtete ›Arbeitsmedizinische Zentrum‹ der Westfalenhütte mit seinem Gesundheitshaus wie der Hoesch-Park mit seinen Sportanlagen oder die bei Hoesch sehr früh eingerichteten Ferienkassen waren frei von patriarchalischer Betulichkeit geblieben. Und so hatte man auch in der Wohnungsfrage gemeinsam einen Weg zwischen dem sozial Notwendigen und dem wirtschaftlich Möglichen gesucht.

1960: ›Arbeitsmedizinisches Zentrum‹ der Westfalenhütte

Die Bombenangriffe des Zweiten Weltkrieges hatten besonders die Wohnungen der Stahlarbeiter betroffen. So betrug bei Hoesch der Zerstörungsgrad der Stahlarbeiterwohnungen 56%, gegenüber 36% bei den zumeist in ländlichen Gebieten gelegenen Bergarbeiterwohnungen. Nur der Bergbau konnte seine Wohnungen durch bevorzugte Unterstützung der Besatzungsmächte bis zur Währungsreform weitgehend instandsetzen. Trostlos sah es hingegen auf der Stahlseite aus. Mit Selbsthilfe dem Notstand zu begegnen, wie es einzelne Hoesch-Betriebe taten, indem sie Baugenehmigungen und Baumaterialien ›besorgten‹, war nur ein Anfang. Erst 1949, als die sogenannten Landesmittel einer systematisch betriebenen öffentlichen Wohnungsbauförderung in Anspruch genommen werden konnten, wurden Planungen größeren Umfangs möglich.

Werkswohnungsbau

So entstand mit Hilfe gemeinnütziger Wohnungsbaugesellschaften – die Landesmittel durften nicht für den eigenen Werkswohnungsbau verwendet werden – in den fünfziger und sechziger Jahren nicht nur für die Stahlarbeiter bei Hoesch, sondern auch für seine Beschäftigten in der Weiterverarbeitung im Dortmunder Raum und in Hagen, in Hohenlimburg und in Wuppertal-Langerfeld, in Werdohl, Letmathe und Gevelsberg eine Vielzahl von Siedlungen. In Zahlen dargestellt: 115 Einzelhäuser, 2593 Mietwohnungen, 583 Eigenheime, 88 Altenwohnungen. Insgesamt hat Hoesch in den vergangenen Jahren – unter Einschluß der Leistungen der Hüttenunion – mit 50 Millionen DM 9514 werkseigene und mit 150 Millionen 26058 werksgebundene Wohnungen aufgebaut sowie mit Baudarlehen in Höhe von 24 Millionen DM in 2011 Fällen den Bau von Eigenheimen gefördert.

ZUSAMMENARBEIT UND IHRE GRENZEN

Auch die deutsche Stahlindustrie mußte, wenn sie international wettbewerbsfähig bleiben wollte, ihre Herstellungskosten senken. Dies war nur möglich, wenn man entsprechend der technischen Entwicklung über moderne Hüttenwerksanlagen verfügte, die nun allerdings vom Hochofen bis zur letzten Walzstraße auf andere Betriebsgrößen auszurichten waren – Betriebsgrößen, in die man in den meisten Fällen erst hineinwachsen mußte.

Ein Hochofen hatte Mitte der fünfziger Jahre eine Tagesleistung von 600 bis 700 Tonnen Roheisen. Die neuen Hochöfen zehn Jahre später erbrachten Tagesleistungen von 2000 bis 3000 Tonnen – heute werden bis zu 10000 Tagestonnen erzeugt. In den Stahlwerken, in die das Sauerstoff-Aufblas-(LD-)Verfahren zunehmend Eingang fand, waren die Unterschiede ähnlich. Ein LD-Konverter erreichte Monatsleistungen von 100000 Tonnen, während ein Siemens-Martin-Ofen auf nur etwa 20000 Tonnen kam. In den Walzwerken standen kontinuierliche Straßen, deren Leistungen 1965 um das Zwei- bis Dreifache höher lagen als zehn Jahre vorher.

Hoesch Werke Hohenlimburg-Schwerte
Werk Hohenlimburg
Vollkontinuierliche Mittelbandstraße

Einer solchen Entwicklung war die Finanzkraft eines Unternehmens – wollte es gleichzeitig alle seine Anlagen auf allen Teilgebieten der Fertigung dem neuen Stand der Technik angleichen – nicht mehr gewachsen. Also mußte es sich, bei rechtzeitiger Stillegung einzelner Betriebszweige, auf solche Produktionsbereiche konzentrieren, die ihm besonders zukunftversprechend erschienen.

Programmbereinigung und Rationalisierung

Auch Hoesch hatte sich an diese Regel halten müssen, hatte eine Grob- und eine Mittelblechstraße, hatte sein Preß- und Hammerwerk stillgelegt, um dafür andere Teile des Hüttenwerkes und der Weiterverarbeitungsbetriebe durchgreifend zu modernisieren und auf den neuesten Stand der Technik zu bringen. Wenn 1958 die Stahlwerke bereits 170000 Tonnen Rohstahl im Monat erzeugten, so waren,

Hoesch Werke
Hohenlimburg-Schwerte
Werk Hohenlimburg
Federnfertigung

Hoesch Siegerlandwerke
Werk Eichen
Elektrolytische
Bandverzinkungsanlage

wie hoch diese Leistung sein mochte, die neuen Walzstraßen mit solcher Rohstahlmenge nicht ausgelastet. Es bot sich deshalb an, für andere Werke Lohnwalzungen durchzuführen, Lohnwalzungen in großem Umfange, und auch auf anderen Gebieten freie Produktionskapazitäten auszutauschen.
Zunächst ging es Hoesch um die volle Auslastung der Kapazität seines Warmbreitband-Walzwerkes. Gewissermaßen vor der Haustür von Hoesch lag die Dortmund-Hörder Hüttenunion, das zweite große Hüttenwerk in Dortmund. Wie Hoesch hatte es 1958 sechs Jahre des Wiederaufbaus und der Neuordnung hinter sich. Noch spannen sich keine Fäden zwischen der Westfalenhütte, dem Herz des Hoesch-Konzerns, und der Hüttenunion mit ihren Werken Union und

Phoenix. Doch wäre es unnatürlich gewesen, wenn man nicht übereinander Bescheid gewußt, wenn nicht der eine die Probleme des anderen gekannt hätte. So gegenseitig um Planungen, aber auch um die finanziellen Belastungen wissend, die mit der neuen Strukturgebung verbunden sein würden, kam man überein, künftig zusammenzuarbeiten, wo immer es sich anbot.

Die Zusammenarbeit begann 1959 mit dem Abschluß eines langfristigen Abnahme- und Liefervertrages, aufgrund dessen Hoesch der Hüttenunion einen Teil der Kapazität seiner Breitbandstraße zur Verfügung stellte, wobei anfänglich 10000 Tonnen monatlich, nach Jahresfrist 30000 bis 40000 Tonnen Warmbreitband aus Vorbrammen der Hüttenunion gewalzt wurden. Die Hüttenunion dagegen trat einen Teil der Kapazität ihrer Blockbrammenstraße an Hoesch ab. Dieser Austausch freier Kapazitäten brachte beiden Partnern eine höhere Auslastung ihrer Anlagen.

Abnahme- und Liefervertrag mit der Hüttenunion

Kapazitätsaustausch

Daß sie ihre Investitionen dabei würden aufeinander abstimmen müssen, lag in der Natur der Sache. Von nun an investierten beide dort, wo ihre Produktionsschwerpunkte lagen. So entstand bei Hoesch eine neue Sinteranlage mit Feinerzlager, die Tiefofenanlage wurde erweitert, im Breitbandwalzwerk ein neuer Stoßofen in Betrieb genommen. Das Kaltwalzwerk erhielt eine fünfgerüstige Tandemstraße. Der Neubau des Hochofens VII erbrachte eine 35%ige Leistungssteigerung. Das Siemens-Martin-Werk III wurde um zwei 200-Tonnen-Öfen erweitert. Der Ausbau der Breitbandstraße erhöhte deren Monatsleistung auf 120000 Tonnen. Eine Erzbrech- und Siebanlage schloß die Investitionsplanung auf dem Gebiet der Erzvorbereitung ab. Nun erzeugten drei Hochöfen eine Roheisenmenge, für die zwei Jahre zuvor noch fünf Hochöfen benötigt wurden.

Neubau des Hochofens VII

In diesen Jahren hatte man auch viel für die Bereiche Weiterverarbeitung und Handel getan. In Hohenlimburg wurden das Warmwalzwerk, das Kaltwalzwerk, das Kaltprofilwerk und das Federnwerk modernisiert. Die Trierer Walzwerke entwickelten PLATAL, kunststoffbeschichteten Stahl, mit dem Hoesch in Europa auf dem Gebiet der Oberflächenveredelung bahnbrechend wurde. Außerdem errichteten die Trierer eine Breitbandlinie für elektrolytische Verzinnung. In Hamm konnte die Bauteilfertigung erweitert werden, während die Röhrenwerke weitere Fertigungsstraßen erhielten. Der Eisenhandel erbaute in Dortmund ein neues vorbildliches Zentrallager. Die Exportorganisation wurde durch weitere Stützpunkte in Europa und Übersee verstärkt. Und mit der Errichtung von Federnwerken in Argentinien, Brasilien und Mexiko nahm Hoesch außereuropäische Produktionsstätten in Betrieb.

Weiterverarbeitung

Eisenlager

Federnwerke in Übersee

Die Zusammenarbeit während der seit 1958 vergangenen acht Jahre hatte beiden Partnern wirtschaftliche Vorteile gebracht. Ihre Skala reichte von Sinter, Roheisen und Rohstahl über Halbzeug bis zu Warmband. Weitere Möglichkeiten waren zwar gegeben, ließen sich jedoch auf der bisherigen Basis von Verträgen nicht realisieren, da keine rechnerische Formel zu finden war, die es ermöglicht hätte, den Ergebnisanteil beider Partner gerecht und angemessen zu ermitteln. Hinzu kam ein anderes: Im ständig zunehmenden internationalen Wettbewerb wuchs die optimale Betriebsgröße von Hüttenwerken. Ein geschlossenes Hüttenwerksprogramm erforderte unter Berücksichtigung der Leistungsfähigkeit moderner Walzwerksanlagen eine Rohstahlkapazität von jährlich 6 bis 8 Millionen Tonnen, wie sie Hoesch und Hüttenunion gemeinsam besaßen, wenn sie bereit waren, eine enge gesellschaftsrechtliche Verbindung einzugehen wie andere deutsche

Stahlunternehmen: die August Thyssen-Hütte mit Phoenix Rheinrohr und den Deutschen Edelstahlwerken, Krupp mit den Hüttenwerken Rheinhausen und dem Bochumer Verein. Auch Hoesch mußte einen Partner gewinnen, der aufgrund seiner örtlichen Lage und der Struktur seines Programmes zu ihm paßte. Dieser Partner konnte nur die Hüttenunion sein.

Hoesch Hüttenwerke
Werk Westfalenhütte
Kaltwalzwerk

DER WEG DER HÜTTENUNION

Die Dortmund-Hörder Hüttenunion, eine Vereinigung der Hüttenwerke Union und Phoenix, war aus dem Erbe der Vereinigten Stahlwerke hervorgegangen, steckte aber mit ihren Wurzeln tief im vorigen Jahrhundert. Das Hörder Werk hatte seinen Ursprung in der alten Hermannshütte des Hermann Diedrich Piepenstock, der 1840 in Hörde für 11 500 Taler von der Amtsrätin Spemann, geb. Crone, die ›Burg‹ und ein Gelände von 22 Morgen gekauft hatte, auf dem er die Hermannshütte errichtete. 1852 wurde dieses Werk in eine Aktiengesellschaft – die erste AG der Eisenindustrie im Revier – umgewandelt und erhielt den Namen: Hörder Bergwerks- und Hütten-Verein.

Anfänge der Hüttenunion

1852: Gründung des Hörder Bergwerks- und Hütten-Vereins

Als eines der ersten ›gemischten‹ Werke, in dem Hochofenwerk, Puddel- und Walzwerk sowie Kohleneisensteinwerke zusammengefaßt waren, entwickelte sich der ›Verein‹ – als Aktiengesellschaft in der Lage, größere Kapitalien aufzunehmen – unter Führung von Gustav Mevissen überaus glücklich. Das Unternehmen hatte sich ganz dem Eisen verschrieben – erst später wandte es sich dem Steinkohlenbergbau zu – und war bestrebt, die Errichtung eigener Anlagen der Verbindung mit anderen Gesellschaften vorzuziehen.

Männern wie dem englischen Ingenieur Richard Pink, der in Hörde dann die erste Bessemeranlage des Reviers baute, und R. Massenez, der auf der Hütte das Thomasverfahren einführte und damit der Ruhr die Verhüttung lothringischer Erze ermöglichte, verdankte Hörde seine große Entwicklung.

In der Reihe bedeutender Ingenieure und Pioniere, die beim Hörder Verein tätig waren, sind Rainer Daelen zu nennen, der bereits 1848 das sogenannte Universalwalzwerk konstruiert hatte, und A. Trappen, der der Gesellschaft, nach der Einführung des Thomasverfahrens, das damals modernste Stahlwerk in Europa errichtete. 1890 baute Gustav Hilgenstock den ersten Roheisenmischer im Revier. Eine weitere technische Großtat war 1898 die Einführung der ersten Großgasmaschine, die mit dem Gasüberschuß des Hochofenwerkes unmittelbar die Dynamomaschinen antrieb und eine Revolution in der Wärmetechnik herbeiführte. Kein Wunder also, daß man den Hörder Verein als »eines der großartigsten Etablissements des ganzen Kontinents« pries.

Das konnte die ›Dortmunder Bergbau- und Hütten AG‹, die spätere ›Dortmunder Union‹, die 1857 ebenfalls als ›gemischtes‹ Werk gegründet worden war, nicht von sich behaupten. Als die wohl größte horizontale Vereinigung von Hüttenwerken vertrat sie konsequent wie keine andere Gesellschaft im Revier den Kombinations- und Konzerngedanken. So große Organisatoren wie Hansemann und Grillo nahmen sich ihrer an, aber auch Männer wie der umstrittene ›Eisenbahnkönig‹ Strousberg, der sie 1866 als ›Dr. Strousbergs Dortmunder Hütte‹ in eine glanzvolle Zukunft zu führen versprach. Doch 1872 war die Gesellschaft schon wieder in anderen Händen, sie hieß nun ›Union, AG für Bergbau, Eisen- und Stahlindustrie zu Dortmund‹, und Grillo und der Bankier von Born waren ihre neuen Herren.

1857: Gründung der Dortmunder Bergbau- und Hütten AG

Zu Beginn des zwanzigsten Jahrhunderts gerieten beide Unternehmen in neue Konzernzusammenschlüsse und verloren ihre Selbständigkeit. Hörde wurde dem Phoenix-Konzern angegliedert, einer aus einer ganzen Reihe von Werken bestehenden rheinischen Gründung, die ihre Hauptverwaltung nach Hörde legte, und die Dortmunder Union der Deutsch-Luxemburgischen Bergwerks- und Hütten

Hoesch Siegerlandwerke
Werk Eichen
isowand-Linie

AG, jener berühmten ›Deutsch-Lux‹ von Hugo Stinnes, die mit dem Phoenix zusammen 1926 in den Vereinigten Stahlwerken aufging.
Unter Albert Vögler, der von der Dortmunder Union kam, waren hier nun zum erstenmal Werk Hörde und Werk Dortmund vereint. Als selbständige Betriebsgesellschaft unter dem großen Mantel der Vereinigten Stahlwerke hießen sie ab 1933 ›Dortmund-Hörder-Hüttenverein AG‹.

1933: Dortmund-Hörder-Hüttenverein AG

Nach der Auflösung der Vereinigten Stahlwerke im Jahre des Zusammenbruchs wurden beide Werke erneut getrennt: Hörde gelangte 1947 in die neu gegründete Hüttenwerk Hörde AG, das Werk Union wurde 1948 zur selbständigen Hüttenwerk Union AG. Und dann endlich, nach weiteren drei Jahren, entstand 1951 die Dortmund-Hörder Hüttenunion Aktiengesellschaft, in der die Werke Union und Hörde nun abermals vereint waren.

1951: Dortmund-Hörder Hüttenunion AG

Hoesch Trierer Walzwerk
Werk Wuppertal-Langerfeld
Platal-Straße

Während Hoesch aus der Neuordnung des Kohlenbergbaus und der Eisen- und Stahlindustrie wieder in seiner annähernd ursprünglichen vertikalen Unternehmensform hervorging und damit gute Voraussetzungen für eine weitsichtige Gesamtkonzeption besaß, wurde der Start der Hüttenunion durch ihre ungünstige Struktur erschwert, eine Folge der ihr im Konzernverbund der Vereinigten Stahlwerke zugewiesenen Aufgabe.

Sowohl mit ihrem Werk Phoenix in Hörde, mit dem sie einst über den Phoenix-Bereich, als auch mit ihrem Werk Union in Dortmund, mit dem sie über die Rhein-Elbe-Union in die Vereinigten Stahlwerke gelangt war, verfügte die Hüttenunion über zwei vollständige Hüttenwerke, die zwar jedes für sich vertikale

Gliederung aufwiesen, die jedoch keinerlei horizontalen Verbund besaßen und deren Erzeugungsprogramm sich in weiten Bereichen überschnitt.
So galt es für den Vorstand unter Dr. Harders, beide Werke schrittweise zu einer Unternehmenseinheit zusammenzuführen. Zunächst mußte eine Kohlebasis gesichert werden, was durch eine Beteiligung von 50% an der Zeche Hansa der Gelsenkirchener Bergwerks AG erreicht wurde. Betriebliche und überbetriebliche Rationalisierungsmaßnahmen in allen Bereichen der beiden Werkskomplexe schufen die Voraussetzung für eine durchgreifende Umstrukturierung, mit dem Ziel, die Erzeugung von Flachprodukten im Werk Hörde und von Profilerzeugnissen im Werk Dortmund zusammenzufassen. Die Roheisen- und Rohstahlerzeugung sollte auf das Hörder Werk konzentriert werden.

Grobblechstraße

Schritte auf diesem Wege waren 1952 der Bau einer 3-m-Grobblechstraße im Werk Hörde und im darauffolgenden Jahr ihre Ergänzung durch ein 4-m-Gerüst. Als 1956 eine neue Blockbrammenstraße im Werk Hörde die Produktion aufnahm, war das Ausbauprogramm der Flachseite abgeschlossen. Im Werk Dortmund entstand 1957 die damals modernste Mitteleisenstraße Europas. Nun konnten die veralteten Profil- und Stabstahlstraßen im Werk Hörde stillgelegt werden.

LDAC-Stahlwerk

Und als 1963 im Werk Hörde ein LDAC-Stahlwerk mit zunächst zwei Konvertern zu je 180 Tonnen Schmelzgewicht – zu jener Zeit die größten der Welt – seine Produktion aufnahm, konnten auch die unwirtschaftlich gewordenen Stahlwerksanlagen – das Thomasstahlwerk im Werk Dortmund und ein Thomas- und Siemens-Martin-Stahlwerk im Werk Hörde – ihren Betrieb einstellen. Die Anfangskapazität des neuen Oxygenstahlwerkes betrug 50000 Monatstonnen. Sie wurde dann auf 120000 Tonnen gesteigert und erreichte 1966 mit einem dritten Konverter 180000 Tonnen Rohstahl monatlich. Heute beträgt die Monatserzeugung 280000 Tonnen.
Als schließlich 1965 im Werk Hörde ein neuer Hochofen mit 9,5 Metern Gestelldurchmesser angeblasen wurde und die Hochöfen im Werk Dortmund erloschen, war das Ziel eines vertikalen wie horizontalen Unternehmensverbundes erreicht, der unwirtschaftliche Zustand des Jahres 1951 beendet.

Weiterverarbeitung

Auch war es gelungen, die Weiterverarbeitung im Konzern zu stärken: Zu den bereits vorhandenen Werken Schwerter Profileisenwalzwerk, Rothe Erde, Kettenwerke Schlieper, Waggonfabrik Credé kam 1960 eine Mehrheitsbeteiligung an den Hüttenwerken Siegerland, dem damals größten Feinblecherzeuger der Bundesrepublik Deutschland.
Damit hatte sich die Hüttenunion eine wirtschaftlich und technisch gesunde Basis geschaffen.
Im Zeitpunkt des Zusammenschlusses war eine Roheisenerzeugung von 1,9 Mill. Tonnen und eine Rohstahlerzeugung von 3 Mill. Tonnen erreicht. Die Walzstahlerzeugung betrug 1,8 Mill. Tonnen, der Umsatz 1,9 Mrd. DM. Beschäftigt wurden 25200 Arbeiter und Angestellte.

DER ZUSAMMENSCHLUSS

Die neue Hoesch-Gruppe

Die Bildung der neuen Gruppe Hoesch-Hüttenunion leitete die dritte Phase innerhalb der beiden Jahrzehnte nach der Neuordnung ein. Der Zeitpunkt war gekommen, für das vereinigte Unternehmen eine der technischen und wirtschaftlichen

Entwicklung entsprechende langfristige Planung zu erarbeiten, wie sie zuvor den beiden Partnern allein nicht möglich gewesen wäre.
Als Aufsichtsrat und Vorstand von Hoesch ihren Aktionären den Zusammenschluß empfahlen – es war der 7. April 1966 –, zählte Dr. Ochel die Vorteile auf, die sich unmittelbar ergaben.

Rationalisierungsmaßnahmen nach dem Zusammenschluß

Eine Vielzahl von Rationalisierungsmöglichkeiten zeichnete sich vor allem in den Dortmunder Hüttenwerken beider Unternehmen ab. Da ließen sich Bezug, Transport und Lagerung des gemeinsamen, nunmehr verdoppelten Bedarfs an Übersee-Erzen wirtschaftlicher gestalten. Die Hüttenunion konnte in verstärktem Umfang freie Sinterkapazität der Westfalenhütte nutzen. Mit den vorhandenen sechs Großhochöfen war ein optimaler Ofenbetrieb zu erzielen, wobei sich die Verhüttung phosphorarmer und phosphorreicher Erze jeweils auf ein Werk konzentrieren ließ. Der Neubau eines Blasstahlwerkes für die Westfalenhütte – Ersatz für das aufgrund gesetzlicher Auflage stillzulegende Thomas-Stahlwerk – wurde vorerst unnötig, zumal die Hüttenunion im Begriff stand, die Leistung ihres LDAC-Werkes auf eine Monatskapazität von 280000 Tonnen zu steigern. Von den auf beiden Seiten vorhandenen Mitteleisen- und schweren Fertigstraßen konnten jeweils die älteren Anlagen außer Betrieb gesetzt werden. Die Westfalenhütte, die damals noch keine Verzinkungsanlage hatte, konnte nun die Verzinnungs- und Verzinkungsanlagen der Hüttenwerke Siegerland nutzen. Daß sich auch auf den Gebieten der Instandhaltungswirtschaft, des Forschungs- und Versuchsbetriebes sowie im gesamten Bereich der Weiterverarbeitung Kosten einsparen ließen, stand außer Zweifel. Nicht zu vergessen waren schließlich Einsparungen auf der Personalseite.
Am 1. Oktober 1966 war es dann soweit: Die von Hoesch und der Hüttenunion unterzeichneten Unternehmungsverträge traten in Kraft. Hoesch, als die aufnehmende Gesellschaft, führte eine Kapitalerhöhung um 194 Millionen DM auf 569 Millionen DM durch. Die jungen Aktien wurden den Aktionären der Hüttenunion gegen ihre Aktien im Verhältnis 7 zu 10 angeboten.

Der neue Vorstand

Dem neuen Vorstand gehörten an: Dr. Willy Ochel als Vorsitzender und Dr. Friedrich Harders als stellvertretender Vorsitzender. Das kaufmännische Ressort lag bei Gerhard Elkmann, das Finanzressort bei Josef Fischer. Die weiteren Mitglieder waren Walter Hölkeskamp und Dr. Harald Koch als Arbeitsdirektoren, den technischen Bereich übernahmen Dr. Albrecht Harr, Dr. Otto Jungbluth und Dr. Franz-Josef Hufnagel. Den Bergbau betreute Paul Schulte-Borberg.

Der Aufsichtsrat

Im Aufsichtsrat behielt den Vorsitz Dr. Hans Janberg bei, der Erich Bechtolf – als Nachfolger von Willy Hopp – abgelöst hatte. 1968 gab Dr. Willy Ochel mit Erreichen der Altersgrenze den Vorsitz im Vorstand an Dr. Friedrich Harders ab und übernahm den Vorsitz im Aufsichtsrat. Er legte 1970 sein Mandat nieder; sein Nachfolger wurde Hermann Josef Abs.

Hoogovens

Dem Zusammenschluß waren Verhandlungen mit dem Hauptaktionär der Hüttenunion, der Koninklijke Nederlandsche Hoogovens en Staalfabrieken NV (Hoogovens) in IJmuiden, vorausgegangen. An den früheren Vereinigten Stahlwerken beteiligt, hatte Hoogovens, in Zuweisung ihres Anspruchs auf eine der Nachfolgegesellschaften, 43 Prozent der Aktien der Dortmund-Hörder Hüttenunion in Besitz. Es lag nahe, in diesem Zusammenhang auch an eine Zusammenarbeit mit Hoogovens zu denken und damit einen Partner an der Küste zu gewinnen, denn IJmuiden liegt am Meer.

Koninklijke Nederlandsche Hoogovens en Staalfabrieken • Erzhafen und Hochofenwerk in IJmuiden

EIN STAHLWERK AN DER KÜSTE

Anfänge

Die Koninklijke Nederlandsche Hoogovens en Staalfabrieken NV waren Ende des Ersten Weltkrieges entstanden, als die Niederlande, ein auf Einfuhr angewiesenes Land, die Stahlversorgung für ihre stahlverarbeitenden Industriezweige, insbesondere für ihre Werften, sichern wollten. Die Wahl des Standortes – an der Küste, aber nur 30 km westlich von Amsterdam, mit dem der Hafen von IJmuiden durch den 30 km langen Nordseekanal verbunden ist – sollte entscheidend für Wachsen und Gedeihen des Unternehmens werden, das als reines Roheisenwerk begann und sich in den fünfziger und sechziger Jahren zu einem der zehn größten Stahlproduzenten der Montanunion entwickeln konnte. Mit 6 Hochöfen erzeugte es jährlich an die 3 Millionen Tonnen Roheisen. Vom klassischen Siemens-Martin-Verfahren war Hoogovens als eines der ersten Unternehmen zum LD-Stahlverfahren übergegangen und erzeugte 1965 2,2 Millionen Tonnen LD-Stahl und nur noch 0,6 Millionen Tonnen Siemens-Martin-Stahl. Aus diesem Stahl wurden Grobblech, Breitband, warm- und kaltgewalzte Feinbleche, Weißbleche, Stabstahl und Walzdraht hergestellt, für deren Absatz die Lage am Meer durch den billigen Wassertransport ebenso vorteilhaft war wie für den Bezug der Rohstoffe, die man verarbeitete.

Programm und Kapazität

Die Lage von Hoogovens – von Hoesch aus gesehen – war denkbar günstig, wenn man von der Erkenntnis ausging, daß die Erzeugung von Roheisen und Rohstahl einschließlich der Verarbeitung des Rohstahls bis zum Halbzeug und Warmbreitband in einem integrierten Hüttenwerk an der Küste mit großen modernen Produktionsanlagen wirtschaftlicher war als im Dortmunder Raum.

Die Lage von Hoesch – von Hoogovens aus gesehen – war nicht weniger günstig. Seine weiterverarbeitenden Betriebe und Werke lagen mitten zwischen den Verbrauchern an Rhein und Ruhr. Mit seiner Marktnähe war Hoesch für einen Partner, der marktfern am Meer produzierte, die ideale Ergänzung.

Der Zusammenschluß von Hoesch und Hüttenunion legte, da Hoogovens durch den Aktienumtausch mit rund 15% an der Hoesch AG beteiligt war, ohnehin ein Zusammenwirken mit dem holländischen Unternehmen nahe, das Absatz für die wachsende Erzeugung seiner Betriebsanlagen suchte.

Der Rahmenvertrag von 15. 1. 1966

So kam es am 15. Januar 1966 zum Abschluß eines Rahmenvertrages, der eine Zusammenarbeit auf breiter Basis vorsah. Beide Partner wollten Probleme der Produktion, des Verkaufs und der Forschung miteinander beraten. Der Vertrag sah dann auch die Möglichkeit vor, daß Hoesch seinen zusätzlichen Bedarf an Rohstahl und Warmbreitband in IJmuiden deckte.

Bei Abschluß des Vertrages, der von der Hohen Behörde der Montanunion am 23. Juli 1966 gebilligt wurde, sagte der Vorsitzende des Vorstandes der Koninklijke Nederlandsche Hoogovens en Staalfabrieken NV, Pieter Bentz van den Berg, auf einer Pressekonferenz:

»Die beiden Dortmunder Partner – also Hoesch und die Hüttenunion – ergänzen sich so gut, daß ihr Zusammenschluß eigentlich das darstellt, was die Holländer ›opgelegd pandoer‹ nennen. Ich glaube, man bezeichnet das in Deutschland mit ›gefundenes Fressen‹.

Wir sind der Ansicht, daß das neu zu bildende Unternehmen wesentlich stärker und bedeutend ertragskräftiger werden wird, als die beiden alten Unternehmen bei getrennter Entwicklung sein könnten. Kurz gefaßt heißt die Sache: 1 + 1 ist nicht 2, sondern 3!

1 + 1 = 3

Wir teilen die Überzeugung, daß in der Zukunft der Schwerpunkt der Erweiterung der Roheisen- und Rohstahlproduktion in Europa hauptsächlich an der Meeresküste liegen sollte, in großen und modernen Anlagen. Es ist dabei ein glücklicher Umstand, daß die vor kurzem beschlossenen IJmuider Erweiterungspläne so gut in diese Konzeption der Zusammenarbeit passen.

Wir erwarten, daß in den kommenden Jahren diese Übereinstimmung zu einem wesentlichen industriellen Verbund heranwachsen wird. Es ist diese Logik der Tatsachen – zusammengefaßt 1 + 1 + 1 = 5, vielleicht sogar 6 – wie das gegenseitige Vertrauen, die uns Grund geben, diesen Anfang einer wahrhaft europäischen Entwicklung aufs herzlichste zu begrüßen.«

1 + 1 + 1 = 5

AUSBLICK

Als Leopold Hoesch 1871 nach Dortmund aufbrach, ins Revier, wo es Erze gab und wo es Kohle gab, wo Wasserwege waren und wo Straßen verliefen, die ein Unternehmen anschlossen ans Straßennetz der Welt, hatte er sich nüchternen Standortüberlegungen beugen müssen. Durch die gestiegenen Transportkosten für Rohstoffe und Fertigprodukte war ein Werk wie das seine in Eschweiler nicht mehr konkurrenzfähig mit Unternehmungen, die verkehrsmäßig günstiger lagen. Die schlichte Wahrheit lautete also: aufhören oder neu anfangen, woanders.

Hundert Jahre, die folgten, gaben Leopolds Entscheidung für den Neuanfang recht. Krisen und Kriege, Notzeiten ohnegleichen hatten während dieser Zeit immer wieder die existenzerhaltende Kraft des Reviers erschüttert, aber nie bezwungen. Und nie hatte die Nachfolger Leopolds und Alberts ein Zweifel daran gequält, ob das Ostrevier mit Dortmund noch der richtige Standort war für ein Werk, das Eisen erschmolz, aus diesem Eisen Stahl machte und diesen Stahl weiterverarbeitete. Bis dann der verschärfte internationale Wettbewerb in den sechziger Jahren die Frage aufwarf, ob die Basis, auf der man stand, noch auf lange Sicht tragfähig war. Hing nicht wieder – wie einst für Leopold, als er noch in Eschweiler sein Werk betrieb – alles an der Überlegung, ob man standortmäßig der kommenden Entwicklung gewachsen war? Doch nichts wiederholt sich. Auch die Frage, vor der Leopold stand: aufhören oder neu anfangen, woanders, kam so nicht wieder. Hoesch wurzelte im Revier, war untrennbar verbunden mit ihm. Und wer behauptete, man müsse die schwarze Fahne hissen, wußte nichts vom Revier und seiner Fähigkeit, sich zu wandeln.

Standortfrage

Mochte das Revier als führende Industrielandschaft der Bundesrepublik im Wachstum des Bruttosozialprodukts auch von Hessen und Baden-Württemberg übertroffen worden sein, so hatte es doch keinen Grund zu resignieren. Es blieb günstiger Standort – auch für ein Stahlwerk, das gewillt war, die Verbrauchernähe zu nutzen, seine Erzeugung verstärkt auf veredelte Walzstahlprodukte auszurichten und gleichzeitig die technischen und wirtschaftlichen Voraussetzungen für diesen gezielten Strukturwandel zu schaffen, der auch eine größere Unternehmenseinheit forderte. Hoesch tat diesen Schritt mit allem Mut, den der technische Fortschritt gleichermaßen einem Leopold Hoesch abverlangt hatte, als er 1871 in Dortmund sozusagen von vorn begann – und Fortune bewies.

Wie der Mensch ist auch ein Industrieunternehmen abhängig von der Gunst der Umstände und der Fähigkeit, sie zu nützen. Und so heißt, hundert Jahre nach dem geglückten Start, die Frage: Ist es Hoesch mit dem Zusammenschluß mit der Hüttenunion, der wohl bedeutsamsten Entscheidung in seiner Geschichte, gelungen, Bedingungen dafür zu schaffen, daß das Unternehmen hinlänglich gesichert in sein zweites Jahrhundert eintreten kann?

Belegschaft

Am 1. Oktober 1966, nach dem Zusammenschluß, zählte die Gesamtbelegschaft 71600 Menschen. Obwohl ein Jahr später diese Zahl auf 64000 gesunken war – durch normale Fluktuation, durch vorzeitige Pensionierungen –, machte Hoesch bei so verminderter Belegschaft im darauffolgenden Jahr einen wesentlich höheren Umsatz – ein Erfolg der Rationalisierung, die sofort nach dem Zusammenschluß begann.

Am einschneidendsten waren die Hüttenwerke betroffen. Das Thomaswerk der Westfalenhütte – 1928 errichtet – wurde stillgelegt, und damit konnte das Oxygen-

Hoesch Rothe Erde-Schmiedag
Werk Hagen
Gesenkschmiede

RHEINSTAHL
WAGNER
4233

Hoesch Rothe Erde-Schmiedag
Werk Dortmund
Lenkkranz-Fertigung

stahlwerk in Hörde auf eine Monatskapazität von 250000 Tonnen ausgebaut werden. Drei Hochöfen des Werkes Hörde erzeugen fortan nur Thomas-Roheisen, die Hochöfen der Westfalenhütte nur noch Stahleisen. Sechs Walzstraßen wurden stillgelegt – vier stammten noch aus dem vorigen Jahrhundert. Mit dem Zusammenschluß konnten nun auch ganze Fertigungsgruppen des Weiterverarbeitungsbereichs zusammengefaßt, Beteiligungen, die der Programmbereinigung im Wege standen, veräußert, verwandte Erzeugungsprogramme gestrafft und konzentriert werden. Die Hüttenwerke Siegerland übernahmen die gesamte Fertigung des in den vorangegangenen Jahren erheblich erweiterten Bauteilprogramms aus Hamm – einmal aus Gründen vereinfachter Vormaterialversorgung, zum anderen wollte man die Produktionsstruktur des Siegener Unternehmens verbessern, das sowohl die Roheisen- als auch die Rohstahlerzeugung aufgegeben hatte. Unter dem Namen Rothe Erde-Schmiedag AG wurden die Schmiedag, die Eisenwerke Rothe Erde, Dörken und das Hoesch Hammerwerk Ruegenberg zusammengefaßt, die Walzwerke Hohenlimburg mit dem Schwerter Profileisenwalzwerk vereinigt.

Erfolge der Rationalisierung

Im Jahre 1968 erwarb Hoesch eine 26%ige Beteiligung am Grundkapital der Stahlwerke Südwestfalen AG und sicherte sich damit die Zusammenarbeit mit einem bedeutenden Edelstahlerzeuger.

Beteiligung an der Stahlwerke Südwestfalen AG

Hoesch Maschinenfabrik
Deutschland
Werkzeugmaschinenbau

Da der Zusammenfassung der vom Programm her zueinander passenden Werke und Gesellschaften zu größeren leistungsfähigen Einheiten zunächst steuerliche Überlegungen entgegenstanden, hatte man sich mit Pachtverträgen behelfen müssen. Erst das Umwandlungssteuergesetz vom August 1969 ermöglichte es, ohne steuerliche Belastungen den letzten organisatorischen Schritt zu tun und die Tochtergesellschaften – von wenigen Ausnahmen abgesehen – auf die Hoesch AG umzuwandeln. Sodann wurden ›Werksbereiche‹ geschaffen und für die einzelnen Werksbereiche Betriebsführungsgesellschaften in der Rechtsform der Aktiengesellschaft – gegründet.

Werksbereiche und Betriebsführungsgesellschaften

So wurde der Konzernaufbau überschaubarer, der Verwaltungsaufwand vermindert und eine konzerneinheitliche Organisation geschaffen, deren Struktur flexibel genug ist, um auf technische und wirtschaftliche Veränderungen rasch zu reagieren. Der Vorstand der Hoesch AG bestimmt die Unternehmensziele, delegiert aber alle Entscheidungsbefugnisse an die Vorstände der Betriebsführungsgesellschaften.

Alle diese Maßnahmen brachten Veränderungen für die in den betroffenen Betrieben tätigen Menschen – und waren doch in vollem Einvernehmen mit den Mitbestimmungsträgern, den Aufsichtsräten und Betriebsräten vor sich gegangen. Die Verringerung der Belegschaft um fast 10000 Menschen hatte niemand veranlaßt, schwarze Fahnen zu entrollen – Sozialpläne und die Versetzung auf gleichwertige Arbeitsplätze hatten Protestaktionen überflüssig gemacht.

Hoesch Handel
Lager Dortmund

Der ganze Erfolg des Zusammenschlusses mit seiner tiefgreifenden Rationalisierung, die ungewöhnlich schnell und reibungslos verlief, sollte sich bald zeigen. Als die Wirtschaftskrise des Jahres 1967 die stahlerzeugende und auch die stahlverarbeitende Industrie in ihre bisher schwerste Rezession der Nachkriegszeit stürzte, konnte Hoesch den Tiefpunkt dieser Phase ohne Feierschichten oder Entlassungen durchstehen.

Die neue Hoesch AG
im Geschäftsjahr 1969/70

Die neue Hoesch Aktiengesellschaft, ausgestattet mit einem Grundkapital von 569 Millionen DM, wies im Geschäftsjahr 1969/70 folgende Jahreszahlen auf: 4,6 Millionen Tonnen Roheisen, 6,8 Millionen Tonnen Rohstahl, 5,4 Millionen Tonnen Walzstahlerzeugnisse, 6,7 Milliarden DM Gesamtumsatz. Ihre Belegschaft zählt nunmehr nach der Abgabe des Bergbaus 53050 Arbeiter und Angestellte.

Walzstahlkontore

Neue Produktionstechniken und Betriebsgrößen bedingen auch neue Formen des Verkaufs. 1966 waren die ›Walzstahlkontore‹ entstanden. Sie hatten die Aufgabe, die Zahl der Anbieter zu verringern und dadurch den ruinösen Wettbewerb einzuschränken. Hoesch bildete mit dem Rheinstahl-Hüttenwerk Hattingen, dem Edelstahlwerk Witten, der Siegener AG und zwei weiteren Firmen das Walzstahlkontor Westfalen. Als »Trainingszentren« für die Vorbereitung größerer Stahlzusammenschlüsse, wie Bundeswirtschaftsminister Schiller die Kontore bezeichnete, stellten sie den bisher umfassendsten Versuch vertraglicher Zusammenarbeit der Stahlindustrie in Deutschland dar.

Hoesch Hüttenwerke
Werk Westfalenhütte
Lehrlingsausbildung

Das zu Ende gehende Jahrzehnt machte aber in der Stahlindustrie offenbar, daß selbst Größenordnungen, mit denen man noch drei, vier Jahre zuvor geglaubt hatte, die Zukunft meistern zu können, nicht mehr ausreichten, um langfristig dem internationalen Wettbewerb gewachsen zu sein. Das erklärte Ziel Japans, in wenigen Jahren an die Spitze der Stahlländer zu rücken und damit auch die USA zu überholen – zwei Stahlwerke, Yawata und Fuji erzeugten 1970 zusammen allein 30 Millionen Tonnen Stahl – zwang auch die europäischen Stahlhersteller zur Überprüfung ihrer Vorstellungen. Hinzu kam, daß die Standortfrage aus Kostengründen an Bedeutung gewann. So lag für Hoesch nichts näher, als sich mit der Realisierung der Grundgedanken zu befassen, die beim Zusammenschluß mit der Hüttenunion im Rahmenvertrag mit Hoogovens ihren Niederschlag gefunden hatten.

Das Ziel Japans

Die Koninklijke Nederlandsche Hoogovens en Staalfabrieken in Ijmuiden hatten sich inzwischen kräftig weiterentwickelt. Längst war der holländische Partner über das gesteckte Ziel einer Rohstahlkapazität von 3½ Millionen Tonnen hinausgewachsen. Neue Anlagen waren gebaut worden, und da Hoogovens seinen Rohstahl für die Versorgung der eigenen Walzstraßen benötigte, kamen beide Partner überein, auf der Maasvlakte vor Rotterdam gemeinsam ein Hüttenwerk zu bauen. Dem Plan stehen jedoch noch immer Fragen des Umweltschutzes entgegen.

Weiterentwicklung von Hoogovens

Gleichzeitig wurde im Sinne des Rahmenvertrages für die Dortmunder Hüttenwerke ein Investitionsprogramm verabschiedet, das mit einem Aufwand von 750 Millionen DM den Ausbau der Warmbreitbandstraße, den Bau eines Kaltwalzwerkes und die Errichtung eines Oberflächenveredelungszentrums vorsieht. Und wenige Monate vor dem 100jährigen Jubiläum wurde beschlossen, auf dem Gelände der Westfalenhütte ein Blasstahlwerk, eine Großhochofen- und eine Sinteranlage mit einem Aufwand von 800 Millionen DM zu bauen.

Investitionen:
Ausbau der Warmbreitbandstraße
Kaltwalzwerk
Oberflächenveredelungszentrum
Blasstahlwerk
Weißblechlinie

Da Hoesch wie Hoogovens aus Marktgründen ihre Weißblechkapazitäten erhöhen müssen, kam man weiter überein, in Dortmund eine neue Weißblechlinie zu errichten, die beide Partner gemeinsam nutzen werden. Es ist keine Frage des Wollens, sondern des Müssens, daß Kooperation und Fusion auf internationaler Basis ein Gebot der Stunde sind, sagte Dr. Friedrich Harders in einem Vortrag, in dem er vor der Arbeitsgemeinschaft für Rationalisierung des Landes Nordrhein-Westfalen die Hütte der Zukunft beschrieb. Nach seiner Auffassung sollte ein solches Idealhüttenwerk drei Stahlwerke besitzen, nämlich ein 12-Millionen-Jahrestonnen-LD-Stahlwerk mit drei 400-Tonnen-Konvertern, ein 6-Millionen-Jahrestonnen-LD-Stahlwerk mit drei 250-Tonnen-Konvertern und ein 2-Millionen-Jahrestonnen-Elektrostahlwerk mit vier 150-Tonnen-Lichtbogenhochleistungsöfen. Mit je 20 Millionen Jahrestonnen Rohstahlkapazität – Größenordnungen, die japanische und amerikanische Wettbewerber bereits erreicht haben – könnten im Jahre 1980 drei solcher Hüttenwerke die zu erwartende Stahlerzeugung der Bundesrepublik in Höhe von 60 Millionen Tonnen bewältigen. Zusammenfassend stellte Harders fest: »Nur durch moderne Anlagen an kostengünstigen Standorten kann die europäische Stahlindustrie dieser Herausforderung begegnen. Dabei wäre es utopisch zu erwarten, daß der Idealzustand in wenigen Jahren hergestellt wird.«

Idealhüttenwerk

Wie aber Europa kommt, dessen gegenwärtige und künftige Strukturen alle Lebensbereiche durchdringen, Landesgrenzen überwinden, Völker einander näherbringen, so gewiß kommt dies: Unter dem Zwang zu technisch optimalen Einheiten werden auch Unternehmen, unter Hintanstellung enger nationaler Interessen, über alle Grenzen hinweg in ihrer Zusammenarbeit zu echten europäischen Lösungen finden.

Superland mit Ruhrtalbrücke, 1967 · Übermaltes Offsetplakat von Peter Brüning (1929–1971)

Aufbruch nach Europa

Wer heute durchs Ruhrgebiet fährt, blickt weder in eine alte noch in eine neue Landschaft. Er fährt durch Umbruchzonen. Weder durchquert er die Hölle, wie sie noch Joseph Roths Beschreibung von 1926 heraufbeschwört, noch wird er das Paradies entdecken, als das es der wortmächtige Agent, seinen Aufruf an die Wirtshaustüren schlagend, einst den Masuren verhieß. Das Revier hat die alte Kruste noch nicht überall abgestoßen, die neuen Konturen aus Schienen, Autobahnen, Häusern, Industriewerken und frischen Citykernen noch nicht zusammengeschlossen. Irgendwo brechen sie ab, unvermittelt beginnen sie woanders. Begrenzt von der Ruhr im Süden, der Lippe im Norden, von Hamm und Ahlen im Osten und von Moers am linken Niederrhein im Westen, Grenzen, die eher fließend als statisch sind, löst sich das alte Revier vorsichtig aus der Umarmung, in die Kohle und Stahl es preßten, wendet sich neuen Kräften zu.

Nach den Großräumen New York, Tokio und London ist das Ruhrgebiet, rechnet man seine Randzonen dazu, mit 7 bis 8 Millionen Einwohnern das viertgrößte Ballungsgebiet der Erde. Niemand, der hier arbeitet – und es wird weiter schwer und hart gearbeitet – wird dies tun wollen, wenn sein Arbeitstag ihm nicht auch noch Zeit zum Leben läßt; schlechte Verkehrswege stehlen ihm diese Zeit, und eine Wohnung im Schatten der Fabrik vergällt sie ihm. Das zu ändern, aus dem schwarzen Revier eine Wohnlandschaft für Menschen zu machen, stellt sich als eine Aufgabe, die gelöst werden muß, damit es nicht schon aus diesem Grunde zu Abwanderungen kommt, wie sie das Zechensterben vorübergehend mit sich brachte. Damals kam, eine lähmende Sekunde lang, Zweifel auf: wie wird es weitergehen? Hat dieses Land Zukunft? Die alte Frage war wieder da. Einst war man aufgebrochen ins Revier. Gilt es nun neu aufzubrechen – und wohin?

Abermals weist die Technik den Weg. Sie zwingt die Menschen umzudenken, erfordert neue Größenordnungen, verlangt Märkte, die nationale Grenzen sprengen. Und noch während sich die Planungen auf kostengünstigere Standorte an der Küste richten und man an Hüttenwerke mit Rohstahlkapazitäten von 20 Millionen Jahrestonnen denkt, zeichnen sich schon neue technische Entwicklungen ab – Direktreduktion auf der Basis von Atomenergie –, die wieder andere Standortprobleme aufwerfen, wenn auch erst für die weitere Zukunft.

Dies alles sind Fragen, die, nur anders gestellt, das vergangene Jahrhundert nicht minder bedrängten. Die Technik stellte sie, die Menschen mußten sie beantworten. Auch in Zukunft wird das so sein. Das ungeahnte Ausmaß der Entwicklung, mit immer neuen Wissensgebieten, die erforscht wurden, hat Probleme geschaffen, die innerhalb nationaler Grenzen nicht mehr gelöst werden können. Rigoros

Große Revierlandschaft, 1964. Gemälde von Gustav Deppe (*1913)

fordern sie Zusammenarbeit – Zusammenarbeit, die über Grenzen hinweggeht. Also Europa, Aufbruch nach Europa? Ist das Ruhrgebiet gerüstet, ihn zu wagen? Wenn es auf seine Universitäten blickt, die schon entstandenen in Bochum und Dortmund und die weiteren, die noch entstehen werden: ja. Wenn es auf seine Verkehrsbänder weist, die oft auf zwei, drei Ebenen, wie hindurchgeflochten, die Städte durchziehen: ja. Wenn es an seinen S-Bahnen fieberhaft baut, Revierparks pflanzt, wenn es neue Städte an seine Ränder stellt und neue Industrien zu sich hereinholt, die es auf Arealen ansiedelt, die einst der Kohle gehörten, oder in ganz neuen ›Entwicklungsgebieten‹ revierfremde Namen den alten hinzufügt, so sind das alles Schritte nach vorn zu einem neuen Revier.

Aber das alles genügt nicht. Es mögen Ansätze sein, brauchbare Ansätze, Voraussetzungen dafür, daß der Name des Industriegebietes, das da immer noch ›Revier‹ heißt, nicht verblassen wird wie der Name einer stillgelegten Zeche, wie ihm das so oft vorausgesagt wurde. Und wenn Toynbee die kommende Weltstadt prophezeit, unter Verweis auf jene Megalopolis, die sich entlang der amerikanischen Nordostküste von Boston über New York, Philadelphia und Baltimore bis nach Washington ausbreitet, dann ist es kaum noch eine Vision, wenn Raumplaner an eine Stadtlandschaft denken, die das Viereck Dortmund–Köln–Antwerpen–Amsterdam einnehmen soll. In einer solchen Megalopolis würde das Revier das Kernstück bilden, auch wenn die optischen Zeichen seiner alten Kraft, Zechentürme und Hochöfen, dann vielleicht nur noch musealen Charakter haben.

Aber es wird alles vertan und verloren sein, wenn wir uns nicht lösen von den alten Denkformen, uns nicht lossagen von kleinlichen Partikularinteressen und nicht folgen den glücklicherweise durch die beschleunigte technische Entwicklung vorgezeichneten Linien, die in ein Land führen, das nicht mehr Deutschland, nicht mehr nur Deutschland, und nicht mehr Holland, nicht mehr nur Holland, und das ebenso nicht Frankreich, nicht Belgien, sondern das Europa heißen muß.

Churchill sagte 1946 in seiner großen Züricher Rede, die damals wie ein Alarmzeichen das alte Europa aufschreckte: »Wenn die große Republik jenseits des Atlantischen Ozeans nicht endlich erkannt hätte, daß der Zusammenbruch oder die Versklavung Europas auch ihr eigenes Geschick mit sich in den Abgrund reißen würde, und nicht eine helfende und führende Hand Europa entgegengestreckt hätte, so würden die dunklen Zeiten mit all ihrer Grausamkeit wiedergekehrt sein. Und sie können noch immer wiederkehren! Trotzdem gibt es ein Heilmittel, das, allgemein und spontan angewendet, die ganze Szene wie durch ein Wunder verwandeln und innerhalb weniger Jahre ganz Europa, oder doch dessen größten Teil, so frei und glücklich machen könnte, wie es heute die Schweiz ist. Dieses Mittel besteht in der Erneuerung der europäischen Völkerfamilie oder doch einer so großen Zahl ihrer Mitglieder, als es im Rahmen des Möglichen liegt, und ihrem Neuaufbau unter einer Ordnung, unter der sie in Freiheit, Sicherheit und Frieden leben kann. Wir müssen eine Art Vereinigter Staaten von Europa errichten... Ich muß aber eine Warnung aussprechen. Es ist möglich, daß unsere Zeit nur kurz bemessen ist. Gegenwärtig genießen wir eine Atempause. Der Kampf ist eingestellt, aber die Gefahren sind noch nicht vorüber. Wenn wir die Vereinigten Staaten von Europa bilden wollen, so müssen wir es jetzt tun...«

Jetzt... das ist ein Vierteljahrhundert her. Der Weg nach Europa ist kürzer geworden. Und doch sind noch viele Schritte zu tun... jetzt. Dürfen wir noch zögern?

HOESCH 1871 – 1971

NAMEN

LEOPOLD HOESCH, ALBERT HOESCH, WILHELM HOESCH, VIKTOR HOESCH, EBERHARD HOESCH
gründen in Dortmund am 1. September 1871 mit einem Kapital von 800000 Thalern eine offene Handelsgesellschaft: das »Eisen- und Stahlwerk Hoesch«.

ALBERT HOESCH
bis zu seinem Tode im Jahre 1898 erster Vorstandsvorsitzender des am 24. 9. 1873 in eine Aktiengesellschaft umgewandelten Unternehmens.

LEOPOLD HOESCH
von 1873/74 bis 1889/90 *Vorsitzender*, von 1891 bis 1894/95 *stellvertretender Vorsitzender des Aufsichtsrates.*

VIKTOR HOESCH
von 1873/74 bis 1886/87 *stellvertretender Vorsitzender des Aufsichtsrates.*

EBERHARD HOESCH
1888/89 und 1889/90 *stellvertretender Vorsitzender des Aufsichtsrates.*

WILHELM HOESCH
von 1890/91 bis 1919/20 *Vorsitzender des Aufsichtsrates.*

CARL DELIUS
von 1895/96 bis 1913/14 *stellvertretender Vorsitzender des Aufsichtsrates.*

FRIEDRICH SPRINGORUM, FRIEDRICH LOB
führen von 1898/99 bis 1904/05 gemeinsam die Vorstandsgeschäfte.

FRIEDRICH SPRINGORUM
von 1905/06 bis 1918/19 Vorstandsvorsitzender, von 1920/21 bis 1931/32 *Vorsitzender*, von 1932/33 bis 1937/38 *Ehrenvorsitzender des Aufsichtsrates.*

CARL SPRINGSFELD
von 1914/15 bis 1926/27 *stellvertretender Vorsitzender des Aufsichtsrates.*

ERNST TROWE, ROBERT HOESCH, FRITZ SPRINGORUM
bilden von 1919/20 bis 1923/24 den Vorstand.

FRITZ WINKHAUS
wird 1920/21 zum vierten Vorstandsmitglied bestellt.

FRITZ SPRINGORUM
von 1924/25 bis 1929/30 Vorsitzender, 1930/31 und 1931/32 stellvertretender Vorsitzender, von 1932/33 bis 1936/37 erneut Vorsitzender des Vorstandes, 1937/38 *Vorsitzender des Aufsichtsrates.*

FRITZ WINKHAUS
1930/31 und 1931/32 Vorsitzender des Vorstandes.

HEINRICH JUCHO
von 1927/28 bis 1930/31 *stellvertretender Vorsitzender*, 1932/33 (bis Dezember 1932) *Vorsitzender des Aufsichtsrates.*

ERICH TGAHRT
von 1937/38 bis 1944/45 Vorsitzender des Vorstandes.

GUSTAV V. MALLINCKRODT
1931/32 *stellvertretender Vorsitzender*, 1932/33 und 1934/35 *erster stellvertretender Vorsitzender des Aufsichtsrates.*

GEORG SOLMSSEN
1932/33 *Vorsitzender des Aufsichtsrates.*

WILLY HOPP
1932/33, 1933/34 *zweiter stellvertretender Vorsitzender des Aufsichtsrates*, 1934/35 bis 1936/37 *Vorsitzender des Aufsichtsrates*, 1937/38 *zweiter stellvertretender Vor-*

sitzender, 1938/39 bis 1944/45 *stellvertretender Vorsitzender*, 1945/46 bis 1956/57 *Vorsitzender des Aufsichtsrates.*

HEINRICH BOMKE, KARL LIPP
bilden 1945/46 den Vorstand.

KARL KIMMICH
1934/35 bis 1936/37 *zweiter stellvertretender Vorsitzender des Aufsichtsrates*, 1937/38 *erster stellvertretender Vorsitzender*, 1938/39 bis 1945/46 *Vorsitzender des Aufsichtsrates.*

FRIEDRICH WILHELM ENGEL
von 1946/47 bis 1949/50 Vorsitzender des Vorstandes, ab 1. 10. 1950 Liquidator.

FRIEDRICH WILHELM ENGEL, WERNER MACK
bilden 1950/51 und 1951/52 gemeinsam den Vorstand, Werner Mack ab Juli 1952 Liquidator.

ERICH BECHTOLF
von 1947/48 bis 1950/51 *stellvertretender Vorsitzender des Aufsichtsrates*, von Juni 1957 bis April 1961 *Vorsitzender des Aufsichtsrates.*

PETER WILHELM WERHAHN
von 1948/49 bis 1950/51 *stellvertretender Vorsitzender des Aufsichtsrates.*

WILHELM HANSMANN
von 1951/52 bis 1962/63 *erster stellvertretender Vorsitzender des Aufsichtsrates.*

BERNHARD SALZMANN
von 1952/53 bis Februar 1959 *zweiter stellvertretender Vorsitzender des Aufsichtsrates.*

LEO BRANDT
von 1959 bis 1968 *zweiter stellvertretender Vorsitzender des Aufsichtsrates.*

FRIEDRICH WILHELM ENGEL, HELLMUT HANSEN, HARALD KOCH, WILLY OCHEL
bilden ab 25. Juli 1952 den Vorstand.

ERICH WILHELM SCHULTE
von 1953 bis 1966 Vorstandsmitglied.

WILLY OCHEL
von 1958/59 bis Mai 1968 Vorsitzender des Vorstandes, von Mai 1968 bis November 1970 *Vorsitzender des Aufsichtsrates.*

HELLMUT HANSEN
von 1952 bis 1962/63 Vorstandsmitglied.

GERHARD ELKMANN
tritt an die Stelle des im März 1955 verstorbenen F. W. Engel und bleibt bis 1968/69 Vorstandsmitglied.

HARALD KOCH
von 1952 bis 1968 Vorstandsmitglied, von 1968 bis 1969/70 *dritter stellvertretender Vorsitzender*, seit 1969/70 *zweiter stellvertretender Vorsitzender des Aufsichtsrates.*

PAUL SCHULTE-BORBERG
von 1961 bis 1963 stellvertretendes, von 1963 bis 1971 ordentliches Vorstandsmitglied.

ALBRECHT HARR
von 1963 bis 1968 Vorstandsmitglied.

OTTO JUNGBLUTH
1963/64 stellvertretendes, 1965 bis 1967 ordentliches Vorstandsmitglied.

WILLY OCHEL, Vorstandsvorsitzender, FRIEDRICH HARDERS, stellvertretender Vorstandsvorsitzender, GERHARD ELKMANN, JOSEF FISCHER, ALBRECHT HARR, OTTO JUNGBLUTH, HARALD KOCH, PAUL SCHULTE-BORBERG, FRANZ-JOSEF HUFNAGEL, stellvertretendes Vorstandsmitglied
bilden nach dem Zusammenschluß mit der Dortmund-Hörder Hüttenunion 1966 den Vorstand.

FRIEDRICH HARDERS
von Juli 1966 bis Mai 1968 stellvertretender Vorstandsvorsitzender, seither Vorstandsvorsitzender.

WALTER HÖLKESKAMP
seit Oktober 1966 Vorstandsmitglied.

HEINZ SOLBACH
seit 1968 Vorstandsmitglied.

HANS JANBERG
von 1961 bis 1966/67 *Vorsitzender*, 1967/68 bis September 1970 *zweiter stellvertretender Vorsitzender des Aufsichtsrates.*

KARL-HEINZ TROCHE
seit 1963/64 *erster stellvertretender Vorsitzender des Aufsichtsrates.*

FRIEDRICH HARDERS, Vorsitzender, JOSEF FISCHER, WALTER HÖLKESKAMP, FRANZ-JOSEF HUFNAGEL, HEINZ SOLBACH
bilden am 1. September 1971 den Vorstand des Unternehmens.

HERMANN JOSEF ABS, *erster Vorsitzender*, KARL-HEINZ TROCHE, *erster stellvertretender Vorsitzender*, HARALD KOCH, *zweiter stellvertretender Vorsitzender*, JOSEF BRANDL, HARRY ESSER, FRIEDHELM FARTHMANN, KURT HERB, HORST VAN HEUKELUM, HERMANN HOLZRICHTER, L. POUL JUSTMAN JACOB, HEINZ KÜHN, HANS LEIBKUTSCH, HERBERT MARTINI, ALBERT PFEIFFER, KURT SCHOELLER, ALFRED SIMON, WALTER TEBBE, EVERT VAN VEELEN, HERMANN JOSEF WERHAHN, BERNHARD WEISS, FRANZ WOSCHECH
bilden am 1. September 1971 den *Aufsichtsrat* der Hoesch AG.

STATIONEN

1871
1. September: Abschluß des Gründungsvertrages »zur Anlage eines Stahl- und Eisenwerkes bei Dortmund«. Vertragspartner: Leopold Hoesch, seine Söhne Wilhelm und Albert und seine Vettern Eberhard und Viktor. Gesellschaftskapital: 800000 Thaler.

1872
Bau der ersten Anlagen: Bessemer-Stahlwerk mit zwei 8-t-Konvertern, Triowalzwerk für Schienen und Träger, Hammerwerk für Achsen und Formstücke • Beginn des Werkswohnungsbaus.

1873
24. September: Handelsregistereintragung »Eisen- und Stahlwerk Hoesch jetzt Actiengesellschaft in Dortmund« • Leopold Hoesch wird Aufsichtsratsvorsitzer, Albert Hoesch Direktor und alleiniger Vorstand • 15. November: erste Probecharge Bessemerstahl erblasen.

1874
1. Juni: Aufnahme der Stahlerzeugung.

1874/75
Jahresproduktion: 10879 Tonnen Bessemerstahl • Gründung der »Fabrik-Krankenkasse«.

1883
Erwerb des Thomaspatentes • »Invalidenfond« gegründet, aus dem später die »Invaliden-, Witwen- und Waisen-Unterstützungskasse für Arbeiter« wird.

1884
Drahtwalzwerk in Betrieb genommen.

1885
Thomasstahlwerk mit drei 14-t-Konvertern fertiggestellt.

1886
Feinblechwalzwerk und Thomasschlackenmühle nehmen Betrieb auf.

1887
»Fabrik-Laboratorium« eingerichtet.

1888
Inbetriebnahme einer Block- und Fertigstraße.

1891
Mitteleisenwalzwerk fertiggestellt.

1893
Grob- und Mittelblechwalzwerk läuft an.

1895
Siemens-Martin-Werk mit zwei 15-t-Schmelzöfen in Betrieb genommen.

1896
Hochöfen I und II angeblasen • Hüttenkokerei nimmt Erzeugung auf.
»Albert-Hoesch-Stiftung« mit 100000 Mark Kapital ins Leben gerufen.

1899
Hoesch erwirbt die Gewerkschaft »Vereinigte Westphalia« mit den Zechen »Kaiserstuhl I« und »Kaiserstuhl II«.

1900
Inbetriebnahme einer zweiten Block- und Fertigstraße • Gründung der »Pensions-, Witwen- und Waisenkasse für Beamte«.

1901
Hochofen IV angeblasen.

1903
Stab- und Feineisenwalzwerk fertiggestellt.

1905
Hoesch-Verfahren, das den Einsatz phosphorreichen Roheisens zur SM-Stahlerzeugung ermöglicht, wird patentiert • Bergarbeiterstreik im Ruhrgebiet.

1906
Gründung der »Invaliden-, Witwen- und Waisen-Unterstützungskasse für Arbeiter«.

1907
Die »Limburger Fabrik- und Hüttenverein AG« in Hohenlimburg wird in den Hoesch-Kreis eingegliedert • Hochofen V angeblasen • Gründung der »Dortmunder Eisenhandlung GmbH«.

1911
Thomaswerk erhält 4. Konverter • »Maschinenfabrik Deutschland« wird Tochtergesellschaft.

1912
Hammerwerk »v. d. Becke und Co. GmbH« in Dortmund angegliedert.

1913
Inbetriebnahme: Drahtverfeinerung, Siemens-Martin-Werk II und Hochofen VI.

1916
Hochofen VII angeblasen • Benzolfabrik der Kokerei Kaiserstuhl in Betrieb genommen.

1918
Gewerkschaft »Fürst Leopold« in Hervest-Dorsten angegliedert.

1920
Nietenfabrik »Gebr. Prinz GmbH« in Hemer übernommen • Interessen-Gemeinschaftsvertrag mit dem »Köln-Neuessener Bergwerksverein«, Altenessen.

1921
Hoesch erwirbt die Waggonfabrik »Both und Tilmann GmbH«, Dortmund, und Beteiligungen an der »Rheinisch-Westfälische Kalkwerke AG«, Dornap und an der Seereederei »Frigga« • Gründung des »Wilhelm-Hoesch-Kinderunterstützungs-Fonds« mit 5 Millionen Mark.

1922
Eingliederung der »Trierer Walzwerk AG«.

1923
Eingliederung der »Federstahl AG«, Kassel • Stilllegung des Hüttenwerkes infolge des Ruhrkampfes • Juli bis Dezember: Besetzung des Werkes.

1924
Bergarbeiterstreik • Hütte und Gruben für einen Monat stillgelegt.

1925
Aufnahme der Automobilfedern-Fertigung in Hohenlimburg · Beteiligung an dem Stahlwerk »Eicken & Co. KG«, Hagen, erworben • Feineisenwalzwerk auf der Westfalenhütte in Betrieb genommen • Erste Ausgabe der Werkzeitschrift »Hütte und Schacht«.

1926
Pachtvertrag mit »Ruegenberg'sche Eisenwerke GmbH«, Olpe • Erwerb der Gesellschaft 1930 • Hoesch lehnt Anschluß an die »Vereinigten Stahlwerke« ab.

1927
Erwerb der »Dortmunder Drahtseilwerke Wohlfahrt und Liesenhoff« und der »Eisen- und Stahlwerke Halden, Hesse und Schulz«.

1928
Gründung der »Schmiedag AG« in Hagen durch Zusammenschluß von vier übernommenen Schmiedebetrieben • Beteiligung an der »Baroper Walzwerk AG« • Mehrheitsbeteiligung an der »Stahl- und Eisenwerke Döhner AG«, Letmathe • Weitere Beteiligungen: Ruhrwohnungsbau AG, Ruhrgas AG und Ruhrchemie AG.

1929
1. November bis 3. Dezember: Streik und Aussperrung in der Stahlindustrie • Erwerb der »Gebrüder Dörken AG«, Gevelsberg • Inbetriebnahme der Zementfabrik.

1930
Zusammenschluß mit dem »Köln-Neuessener Bergwerksverein« zur »Hoesch-KölnNeuessen, Aktiengesellschaft für Bergbau und Hüttenbetrieb« • Beteiligung an der »Westfälischen Transport-Aktiengesellschaft«, Dortmund • Neues Thomasstahlwerk mit zwei 40-t-Konvertern in Betrieb genommen • Kaltwalzwerk für breite Bänder angelaufen.

1931
Erwerb der »Hiltruper Röhrenwerk GmbH«, Hiltrup • Erwerb der »Schöntaler Stahl- und Eisenwerke Peter Harkort & Sohn GmbH«, die 1933/34 mit der »Stahlwerke Eicken & Co. KG« zusammengefaßt und in »Stahlwerke Harkort-Eicken GmbH« umbenannt werden.

1936
Sport- und Erholungsanlage der Westfalenhütte angelegt · »Hoesch Benzin GmbH« gegründet · Lichtbogenofen im Thomasstahlwerk in Betrieb genommen.

1938
Friedrich-Springorum-Stiftung errichtet • Änderung des Firmennamens in »Hoesch AG« • Beteiligungen an »Chamotte-Industrie Hagenburger-Schwalb AG«, Hettenleidelheim, und »Eisen und Metall AG«, Gelsenkirchen.

1939
Treibstoffwerk der »Hoesch Benzin GmbH« in Betrieb genommen • »Hoesch Export GmbH« gegründet • Beteiligung an der »Rheinischer Vulkan Chamotte- und Dinaswerke mbH«, Oberdollendorf • Breitbandwalzwerk in der Westfalenhütte fertiggestellt, infolge der Kriegsereignisse jedoch nicht mehr angelaufen.

1941
Hochofen VII angeblasen.

1942
Erwerb einer Beteiligung an der »Maschinenbau und Bahnbedarf AG«, Berlin, die 1948 in »Orenstein-Koppel und Lübecker Maschinenbau AG« umbenannt wird.

1945
Hoesch-Belegschaft beklagt mehr als 3000 Kriegsopfer • 20 schwere Luftangriffe zerstören die Dortmunder Hüttenwerksanlagen zu mehr als 60 Prozent • April bis September: Hoesch-Zechen werden wieder instandgesetzt und nehmen Förderung auf • November: vorläufiges Reparatur-Permit für die Westfalenhütte • 22. Dezember: Abtrennung des Bergbauvermögens • 31. Dezember: erster Hochofen wieder angeblasen.

1946/47
Demontagen: Elektroöfen, Teile des Preß- und Hammerwerkes, der Drahtseilerei, der Hoesch Benzin GmbH, der Hohenlimburger Blankstahlzieherei und der Schmiedag in Hagen.

1947
Hüttenwerk wird als »Hüttenwerk Dortmund AG«, später »Westfalenhütte AG« entflochten • Werk Wetter der »Stahlwerke Harkort-Eicken GmbH« beschlagnahmt.

1948
Wiederaufbaugenehmigung für demontierte Betriebe.

1950
1. Oktober: Hoesch AG tritt in Liquidation.

1951
»Gesetz über die Mitbestimmung der Arbeitnehmer in den Aufsichtsräten und Vorständen der Unternehmen des Bergbaus und der Eisen und Stahl erzeugenden Industrie vom 21. Mai 1951«.

1952
An die Stelle der Hoesch AG treten im Zuge der Entflechtung und Neuordnung die Nachfolgegesellschaften: »Hoesch Werke AG«, Dortmund, »Altenessener Bergwerks AG«, Essen-Altenessen, und »Industriewerke AG«, Dortmund • 11. Juli: Erste Nachkriegs-Hauptversammlung.

1953
Gemeinsamer Markt für Kohle und Stahl • Gründung der »Hoesch Kohlenhandel GmbH« in Dortmund • Richtstrecke zwischen den Kaiserstuhlschächten als Verbindung zwischen Ost- und Westfeld fertiggestellt • Pensionsordnung geschaffen • Werkszeitschrift »Werk und Wir«.

1954
»Großrohrwerk Mannesmann-Hoesch GmbH«, Duisburg, gegründet • Neuer Großhochofen VI angeblasen.

1955
Inbetriebnahmen: Kraftwerk Fürst Leopold-Baldur, Halbzeugstraße auf der Westfalenhütte, vollkontinuierliche Mittelbandstraße der »Hohenlimburger Walzwerke AG«, die in »Hoesch Walzwerke AG« umbenannt wird.

1956
Mit Angliederung der »Altenessener Bergwerks AG« und der »Industriewerke AG« an die »Hoesch Werke AG« ersteht Hoesch wieder in annähernd alter Form • Umbenennungen: »Westfalenhütte AG« in »Hoesch Westfalenhütte AG« und »Hiltruper Röhrenwerk GmbH« in »Hoesch Rohrwerke AG« • Zusammenschluß der Firmen »Georg Reitz GmbH« und »Hoesch Kohlenhandel GmbH« zur »Hoesch Reederei und Kohlenhandel GmbH« • Beginn der Zusammenarbeit zwischen Hoesch und Hüttenunion • Hagener Mittelrohrwerk in Betrieb genommen.
Neubau eines Elektrostahlwerkes • Siemens-Martin-Stahlwerk mit zwei 150-t-Öfen in Betrieb genommen • Kraftwerk Emscher nimmt Stromerzeugung auf.

1957
Feineisenstraße und Hochofen IV in Betrieb gesetzt • Beteiligung an der »Claasen, Muth & Co. GmbH« • Einführung der kontinuierlichen Arbeitsweise in den Schmelzbetrieben.

1958
Warmbreitbandstraße läuft an • Firmenname lautet wieder »Hoesch AG« • Aufnahme der Fertigung spiralgeschweißter Großrohre.

1959
Lüdenscheider Abkommen über die Mitbestimmung • Die Tochtergesellschaften »Altenessener Bergwerks AG«, »Hoesch Bergwerks AG«, »Hoesch Westfalenhütte AG«, »Hoesch Walzwerke AG«, »Hoesch Rohrwerke AG« werden auf die Hoesch AG umgewandelt und als Zweigniederlassungen weitergeführt • Trierer Walzwerk geht mit dem Verbundwerkstoff PLATAL, kunststoffbeschichtetem Stahl, in den Markt • Abschluß von Lohnwalz- und Lieferverträgen mit der Hüttenunion.

1960
Teilstillegung der Zeche Kaiserstuhl • Gründung eines Federnwerkes in Buenos Aires • Übernahme der Schachtanlage »Wilhelmine Victoria« in Altenessen • Inbetriebnahme einer Sinteranlage.

1961
Einweihung des Hansen-Schachtes auf »Fritz Heinrich« in Altenessen • Kaltwalzwerk der Westfalenhütte fertiggestellt.

1962
Neuer Hochofen VII angeblasen.

1963
Walzwerke Hohenlimburg errichten neues Kaltprofilwerk.

1964
Kapazitätserhöhungen: Warmbreitbandwalzwerk auf 120000, Kaltwalzwerk auf 45000 Monatstonnen • Mehrheitsbeteiligung an der »Dittmann & Neuhaus AG« erworben.

1965
Inbetriebnahme neuer Werksanlagen für die Herstellung von Fertigbauteilen und Rohren in Hamm. »Hoesch AG Rohrwerke« und »Hoesch AG Bandstahlwerk« zur »Hoesch AG Rohr- und Bauteilwerk« zusammengeschlossen.

1966
Stillegung der Zeche Kaiserstuhl • Gründung der »Walzstahlkontore« • Zusammenschluß mit der Hüttenunion: Die Dortmund-Hörder Hüttenunion AG verpachtet ihre der Eisen- und Stahlerzeugung dienenden Anlagen an die Hoesch AG • Abschluß eines Unternehmensvertrages Hoesch–DHHU: Die Hüttenunion mit ihren Tochtergesellschaften Hüttenwerke Siegerland AG, Friedrichshütte AG, Blefa-Blechwaren- und Faßfabrik GmbH, Schwerter Profileisenwalzwerk AG, Eisenwerk Rothe Erde GmbH, Gebr. Credé und Co. GmbH, Celler & Co. GmbH und Hans Kaupmann GmbH gehört ab 1. Oktober 1966 zum Hoesch-Organkreis • Umtausch der DHHU-Aktien in Hoesch-Aktien im Verhältnis 7:10 • Koninklijke Nederlandsche Hoogovens en Staalfabrieken NV, mit 43% am Grundkapital der Hüttenunion beteiligt, erhält eine Beteiligung von 14,5% an der Hoesch AG • Abschluß eines »Rahmenvertrages« mit Hoogovens • Hüttenwerke von Hoesch und Hüttenunion werden in der Zweigniederlassung »Hoesch AG Hüttenwerke« mit den Werken Westfalenhütte, Phoenix und Union zusammengefaßt • Stillegungen im neuen Hüttenwerksbereich: sechs Walzstraßen und das Thomasstahlwerk • Rohrfertigung der Werke Hiltrup und Hagen in das neue Mittelrohrwerk Hamm verlegt.

1967
Stillegungen im Bereich der Hüttenwerke Siegerland: Hochofenanlage in Niederschelden, Warmwalzwerke in Wehbach und Hüsten • Stillegung des Werkes Gebr. Credé & Co. GmbH • Aufgabe folgen-

der Beteiligungen: Rheinischer Vulkan Chamotte- und Dinaswerke mbH, Chamotte-Industrie Hagenburger-Schwalb AG, Kettenwerke Schlieper GmbH • Belegschaft verringert sich als Folge dieser Rationalisierungsmaßnahmen bis 30. September 1967 um 10,9% oder 7834 Beschäftigte.

1968
Hoesch AG Rohr- und Bauteilwerk gibt Bauteilfertigung an Hüttenwerke Siegerland ab und heißt nun »Hoesch AG Röhrenwerke« • Schmiedag, Eisenwerk Rothe Erde, Dörken und Hammerwerk Ruegenberg werden unter dem Namen »Rothe Erde-Schmiedag AG« zusammengefaßt • Gichtgas und Sauerstoffverbundleitung zwischen den Dortmunder Werken Westfalenhütte und Phoenix • 26%ige Beteiligung an der Stahlwerke Südwestfalen AG erworben • Verpachtung und späterer Verkauf des Werkes Niederschelden der Hüttenwerke Siegerland an Stahlwerke Südwestfalen • Stillegung der Hochofenanlage Herdorf der Hüttenwerke Siegerland • Hoesch nimmt in Brasilien und Mexiko die Federnfertigung auf.

1969
1. Januar: Hoesch Bergbau AG wird mit folgenden Anlagen in die Ruhrkohle AG überführt: Verbundbergwerk »Emil Fritz«, Altenessen, Schachtanlagen »Radbod« in Bockum-Hövel und »Fürst Leopold-Baldur« in Hervest-Dorsten, drei Kokereien und das Kraftwerk Emscher • Die Kraftwerke Fürst Leopold-Baldur und Radbod werden an die Steinkohlen-Elektrizität AG verkauft. Erwerb einer 33,3%igen Beteiligung an der Forjaria Sao Bernardo S. A., deren weitere Beteiligte Volkswagen do Brasil S. A. und Stahlwerke Südwestfalen sind • Neugründungen im Ausland: Hoesch Industria e Comércio Ltda., Sao Paulo, Brasilien; Hoesch Belgique A. S., Brüssel, Belgien; Hoesch Zürich AG, Zürich, Schweiz; Perfiles Precision S. A., Pamplona, Spanien (50%).
Hoesch beschließt, gemeinsam mit Hoogovens auf der Maasvlakte bei Rotterdam ein Hüttenwerk zu bauen • Ein 750-Millionen-DM-Investitionsprogramm im Bereich der Dortmunder Hüttenwerke läuft an: Ausbau der Brammenstraße und Neubau einer Stranggußanlage im Werk Phoenix, Erweiterung der Warmbreitbandstraße auf 270000 Monatstonnen, Neubau eines zweiten Kaltwalzwerkes und einer Zincal-Linie im Bereich Westfalenhütte.
Hoesch und Fried. Krupp Hüttenwerke AG gründen eine gemeinsame Tochtergesellschaft: VACMETAL, Gesellschaft für Vakuum-Metallurgie mbH • Hüttenwerke Siegerland AG wird auf die Hoesch AG umgewandelt und heißt als Betriebsführungsgesellschaft »Hoesch Siegerlandwerke AG« • Schwerter Profileisenwalzwerk AG und Walzwerke Hohenlimburg werden zur »Hoesch AG Walzwerke Hohenlimburg-Schwerte« zusammengefaßt • Erwerb der Titan GmbH, Schwelm, die nun »Titan Verpackungssysteme GmbH« heißt • Hoesch und Stahlwerke Südwestfalen gründen mit je 50%iger Beteiligung die »Gesellschaft für Metall Praecis-Formung mbH«.
Aufgrund der Umwandlungsgesetze werden weitere Tochtergesellschaften auf die Hoesch AG umgewandelt. Das nunmehr der Hoesch AG unmittelbar gehörende Betriebsvermögen einschließlich des der Zweigniederlassungen wird in Werksbereiche aufgeteilt, folgende Betriebsführungsgesellschaften werden gegründet: Hoesch Hüttenwerke AG, Hoesch Werke Hohenlimburg-Schwerte AG, Hoesch Röhrenwerke AG, Hoesch Siegerlandwerke AG, Hoesch Rothe Erde-Schmiedag AG, Hoesch Trierer Walzwerk AG, Schwinn AG, Blefa AG und Döhner AG • Kapazitätserweiterung der Bandverzinkungsanlage des Werkes Eichen der Hüttenwerke Siegerland.

1970
Verhandlungen über die Möglichkeiten einer Vertiefung der Zusammenarbeit mit Hoogovens • Hoesch Drahtseilwerke GmbH und die Drahtseilerei der Klöckner-Werke AG Drahtindustrie werden zur »Vereinigte Drahtseilwerke GmbH«, Dortmund, zusammengelegt • Zusammenschluß der Hoesch Export GmbH und der Hoesch Eisenhandel mbH zur »Hoesch Handel AG« • DH-Vakuumanlage im Werk Phoenix in Betrieb genommen • Grobblechstraße im Werk Phoenix automatisiert.

1971
30. Juni: Rationalisierungsgruppen treten an die Stelle der Walzstahlkontore • 1. Juli: Der Aufsichtsrat beschließt den Bau eines LD-Stahlwerkes mit 265000 Tonnen Monatskapazität, eines Sinterbandes und eines weiteren Hochofens im Werk Westfalenhütte, Investitionen mit einem Finanzaufwand von 800 Millionen DM.

ZAHLEN

Daten der Entwicklung

Geschäftsjahr	Rohstahlerzeugung	Kohlenförderung	Gesamtbelegschaft	Aktienkapital
1874/75	10879 t	–	271	1200000 Th
1887/88	104784 t	–	1621	3600000 M
1900/01	249536 t	705965 t	6532	15000000 M
1913/14	600046 t	1432052 t	11316	20000000 M
1924/25	738887 t	1706028 t	18198	55350000 RM
1931/32	484805 t	3786522 t	17047	142760000 RM
1938/39	1365792 t	6418693 t	29503	101800000 RM
1952/53	1264480 t	6438821 t	30581	270000000 DM
1965/66	2617585 t	5235355 t	46140	569000000 DM
1966/67*	5411862 t	4171835 t	63795	569000000 DM
1969/70	6825600 t	–	53050	569000000 DM

* Erstes Jahr nach dem Zusammenschluß Hoesch-Dortmund-Hörder Hüttenunion

Anlagenzugänge und Abschreibungen seit der Neuordnung

Geschäftsjahr	Währungseinheit	Anlagenzugang	Abschreibungen
1951/52 (30.9.)	Deutsche Mark	62637786	48361164
1952/53	Deutsche Mark	101254328	53776610
1953/54	Deutsche Mark	92825680	55288921
1954/55	Deutsche Mark	230878579	57811395
1955/56	Deutsche Mark	182148699	93198684
1956/57	Deutsche Mark	176077557	99860533
1957/58	Deutsche Mark	207471637	128901464
1958/59	Deutsche Mark	103925088	128343461
1959/60	Deutsche Mark	94667907	127182323
1960/61	Deutsche Mark	313877872	123830429
1961/62	Deutsche Mark	239888071	132054849
1962/63	Deutsche Mark	171311256	149569026
1963/64	Deutsche Mark	120854817	140234881
1964/65	Deutsche Mark	174202061	150847775
1965/66	Deutsche Mark	239465194	132857207
1966/67	Deutsche Mark	219336447	220006862
1967/68	Deutsche Mark	165179826	224328206
1968/69	Deutsche Mark	186428690	243441313
1969/70	Deutsche Mark	304593506	248373375
		3387025001	2558268478

Anmerkungen für den Leser

ZU DEN TEXTEN

9 Carlo Schmid geb. 1896: Völkerrechtslehrer und sozial-
362 demokratischer Politiker, 1948/49 Mitglied des Parlamenta-
366 rischen Rates und seit 1949 Mitglied des Deutschen Bundes-
tages. Zitate aus der Rede »Vom Sinn der Ruhrfestspiele«, gehalten am 23. Mai 1959 zur Eröffnung der Festspiele.

10 Joseph Roth 1894–1939: einer der großen österreichischen Erzähler. Er war in den dreißiger Jahren als Reiseschriftsteller für die Frankfurter Zeitung tätig. Unser Zitat entstammt der Frankfurter Zeitung vom 18. März 1926.

10 Heinrich Hauser 1901–1955: Weltfahrer, Dichter und
173 Schriftsteller. Sein Buch »Schwarzes Revier«, 1930 bei S. Fi-
303 scher in Berlin erschienen, gehört noch heute zu den bedeu-
309 tendsten Veröffentlichungen über das Ruhrgebiet. Ihm ent-
322 nahmen wir die Beiträge S. 10 und S. 173. Die weiteren
354 Texte stammen aus »Tochter Europas – Düsseldorf«, in 2.
Auflage 1954 im Verlag L. Schwann, Düsseldorf, erschienen.

10 Alfons Paquet 1881–1944: Erzähler, Essayist, Mitbegründer
250 des »Rheinischen Dichterbundes«. Texte aus: »Der Rhein –
Eine Reise«, Frankfurt, Societätsdruckerei 1923.

15 Horst Mönnich geb. 1918: Autor des vorliegenden Bu-
380 ches; schrieb unter anderem »Die Autostadt – Roman eines
technischen Abenteuers«, »Erst die Toten haben ausgelernt«, »Der vierte Platz«. Mönnich trat auch als Hörspiel- und Fernsehautor hervor (u. a. »Ahnenerbe«, »Am Ende des Regenbogens«, »Einreisegenehmigung – Ein Deutscher reist nach Deutschland«). Für seine Hörspiele, die sich mit der deutschen Teilung beschäftigten, erhielt er den Ernst-Reuter-Preis 1967 und 1970. Das Zitat S. 15 entstammt dem Buch »Das Land ohne Träume – Reise durch die deutsche Wirklichkeit«, Hoffmann und Campe, Hamburg 1955.

15 Horst Krüger geb. 1919: Schriftsteller. Unser Zitat entstammt seinem Buch »Deutsche Augenblicke«, Verlag R. Piper & Co., München.

36 Aus: Kristall, ein Buch für den Bergmann. Verlag Glückauf GmbH, Essen 1956.

37 Aus: »Jahrbuch für Werk- und Hüttenleute«, Siegen 1808.

40 Hermann Fürst von Pückler-Muskau 1785–1871: bedeutender Landschaftsgestalter und Gartenkünstler. Text aus »Briefe eines Verstorbenen«, 4 Bde. 1826, Stuttgart 1834.

43 Franz Dinnendahl 1775–1826: Texte: Beiträge zur Geschichte von Stadt und Stift Essen, Heft 26, »F. D., Das Vorbild eines deutschen Kunstmeisters«, Essen 1904.

49 Aus: Johann Moritz Schwaiger, »Bemerkungen auf einer Reise durch Westphalen, bis an und über den Rhein«, Leipzig und Elberfeld 1804.

50 Friedrich Harkort 1793–1880: Texte aus seiner »Geschichte des Dorfes, der Burg und der Freiheit Wetter als Beitrag zur Geschichte der Grafschaft Mark«, Hagen 1856.

53 Theodor Heuss 1884–1963: liberaler Politiker, erster Präsident der Deutschen Bundesrepublik von 1949 bis 1959; Publizist und Schriftsteller. Unser Beitrag entstammt seinem Buch »Deutsche Gestalten, Studien zum 19. Jahrhundert«, Hermann Leins Verlag, Tübingen 1951.

55 Rolf Fritz geb. 1904: Kunsthistoriker, Herausgeber des Bildbandes »Das Ruhrgebiet vor hundert Jahren«, Ardey Verlag, dem wir für dieses Buch zahlreiche Zitate entnahmen. Sein Beitrag ist dem Band »Dortmund – Bilder aus vier Jahrhunderten«, Ardey Verlag, Dortmund 1957, entnommen.

56 Justus von Gruner 1777–1820: Freund des Freiherrn vom
141 Stein, wurde 1814 Generalgouverneur des Mittelrheins.
Unsere Texte stammen aus »Meine Wallfahrt zur Ruhe und Hoffnung oder Schilderung des sittlichen und bürgerlichen Zustandes Westfalens am Ende des 18. Jahrhunderts«, Frankfurt 1805.

71 Text aus: Johann Adolph Engels, »Reise nach Werden, Duisburg und Essen, 1813«, Werden 1817

79 Wilhelm Brepohl geb. 1893: Professor der Soziologie,
169 Mitbegründer der Sozialforschungsstelle der Universität
Münster in Dortmund Text S. 79 aus »Land und Menschen im Emscher-Lippe-Raum«, Maschinenskript. Text S. 169 aus »Der Aufbau des Ruhrvolkes im Zuge der Ost-West-Wanderung«, Verlag Bitter & Co., Recklinghausen 1948.

80 Burkhard Nadolny 1905–1969, Schriftsteller, Verfasser psychologischer und utopisch-politischer Romane und Novellen. Unser Beitrag stammt aus seinem Buch »Felix Heinrich Schoeller und die Papiermacherkunst in Düren«, Woldemar Klein Verlag, Baden-Baden, 1957.

107 Erik Reger (Hermann Dannenberg), 1893–1954: Schrift-
250 steller, Chefredakteur des »Tagesspiegel«. Verfasser des be-
deutenden Industrieromans »Union der festen Hand«, Rowohlt Verlag, Reinbek, dem auch unsere Beiträge entnommen sind.

107 Wilhelm Schäfer 1868–1952: niederrheinischer Erzähler, Meister der Anekdote und Novelle, Texte aus »Der Niederrhein und das Bergische Land«, Verlag Albert Langen – Georg Müller, München 1939

118 Emil du Bois-Reymond 1808–1896: Physiologe und Erkenntnistheoretiker. Text aus einer 1877 erschienenen naturwissenschaftlichen Schrift.

118 Stefan Zweig 1881–1942: österreichischer Schriftsteller,
290 Pazifist, seiner geistigen Heimat Europa auch nach der Emi-
gration noch verpflichtet. Die Texte stammen aus seinem Buch »Die Welt von gestern«, G. B. Fischer-Verlag, Frankfurt 1965.

119 Friedrich Naumann 1860–1919: Sozialpolitiker, nationalliberaler Reichstagsabgeordneter, Mitbegründer der Deut-

schen Demokratischen Partei. Der Text S. 119/120 stammt aus »Ausstellungsbriefe«, Verlag »Hilfe«, Berlin 1909.

130 Ricarda Huch 1864–1947: Schriftstellerin. Ihr Werk um-
139 faßt Biographien, Schriften zur Geistes- und Kulturgeschichte und ein großes Geschichtswerk über den Dreißigjährigen Krieg. Die Texte stammen aus »Im alten Reich – Lebensbilder deutscher Städte«, Carl Schünemann Verlag, Bremen 1960.

161 Wilhelm Herbert Koch geb. 1905: Redakteur der West-
180 deutschen Allgemeinen Zeitung, Schöpfer des »Kumpel
182 Anton«. Text S. 161 aus dem gleichnamigen Buch, Droste Verlag, Düsseldorf 1966. Dem von Koch herausgegebenen Bildband »Das Ruhrgebiet – so wie es war«, Droste Verlag 1964, entnahmen wir die Zitate auf S. 180 und 182.

169 Bernd Beckstrat geb. 1879: Kaufmann und Schriftsteller.
226 Die Texte stammen aus »Rund um den Kohlenpott«, Kämmerer Verlag, Düsseldorf 1942.

170 Heinrich Lersch 1889–1936: Kesselschmied, Arbeiter-
276 dichter. Die Kenntnis des nachgelassenen Gedichtes verdanken wir Fritz Hüser, dem als Betreuer des »Archivs für Arbeiterdichtung und Soziale Literatur« in Dortmund die Verwaltung des künstlerischen Nachlasses von Heinrich Lersch obliegt. Das Gedicht S. 276 entnahmen wir dem Gedichtband »Mensch im Eisen«, Stuttgart 1925.

173 Heinrich Kämpchen 1847–1912: Bergmann und Arbeiterdichter. Der Text stammt aus »Wir tragen ein Licht durch die Nacht«, hrsg. von Fritz Hüser, Bund Verlag, Köln 1961.

186 Eugen Diesel 1889–1970: Kulturphilosoph, Schriftsteller. Der Beitrag stammt aus »Jahrhundertwende«, Reclam Verlag, Stuttgart 1949.

219 Aus: Hans Spethmann, »Das Ruhrgebiet«. Bd. 3, Verlag Paul Schmidt, Berlin 1938.

223 Aus: »Briefe zur Weltgeschichte«, herausgegeben von Carl Heinrich Peter, J. G. Cotta Nachf., Stuttgart 1961.

224 Carl Severing 1875–1952: sozialdemokratischer Politiker, während der französischen Besetzung Reichskommissar für das Ruhrgebiet. Der Text stammt aus »1919–1920, Im Wetter- und Watterwinkel«, Buchhandlung Volkswacht, Bielefeld 1927.

225/ Otto Heinemann 1864–1944: Prokurist der Krupp-Werke.
226 Unsere Beiträge sind seinen Lebenserinnerungen »Kronenorden Vierter Klasse«, herausgegeben von Walter Henkels, entnommen, die im Econ Verlag, Düsseldorf–Wien 1969, erschienen sind.

260 Henry van de Velde 1863–1957: bedeutender Architekt des Jugendstils. Der Beitrag stammt aus »Zum neuen Stil«, Verlag R. Piper & Co., München 1957.

301 Aus der Dokumentation »Meldungen aus dem Reich«, Deutscher Taschenbuch Verlag, München.

302 Albert Speer geb. 1905, Architekt, von 1942–1945 Reichsminister für Bewaffnung und Munition und Generalinspektor für das Straßenwesen. Die Texte sind seiner Autobiographie »Erinnerungen«, Propyläen-Verlag, Berlin 1970, entnommen.

333 Johannes Hoischen geb. 1904: ehemals Redakteur der Werkszeitschrift der Westfalenhütte. Originalbeitrag.

333 Albrecht Harr geb. 1904: ehemaliges Vorstandsmitglied der Hoesch AG. Originalbeitrag.

342 Peter von Zahn geb. 1913: Journalist, Rundfunk- und Fernsehreporter. Die Texte stammen aus »Schwarze Sphinx« erschienen 1949 als ro-ro-ro-Druck bei Ernst Rowohlt in Hamburg.

353, Konrad Adenauer 1876–1966: erster Kanzler der Bundes-
365 republik Deutschland. Das Zitat stammt aus seinen »Erinnerungen 1945–1953«, Deutsche Verlags-Anstalt, Stuttgart 1965.

365 Helmut Schelsky geb. 1912: Professor für Soziologie. Die Zitate entnahmen wir »Werk und Wir«, Heft 5/1962.

365 Aus der Jubiläumsschrift der August-Thyssen-Hütte AG »Die Feuer verlöschen nie«, Econ Verlag, Düsseldorf.

366 Karl Abraham geb. 1904: Professor für Wirtschaftspädagogik. Text aus »Werk und Wir«, Heft 5/1961.

ZU DEN FARBBILDERN

19 Steinerner Abdruck eines Fisches aus den Baumbergen im Münsterland. Münster, Geologisch-Paläontologisches Institut, Foto Olf Backmann

20 Die Adlerlampe von Haltern. Bronze. Haltern, Römisch-Germanisches Museum

27 Niederländischer Meister um 1550, Landschaft mit Eisenverhüttungsanlage. Duisburg, Privatbesitz

28 Gerard ter Borch, 1617–1681, Einzug des niederländischen Gesandten in Münster, 1648. Münster, Landesmuseum

39 Citharaedus metallicus – Ein Bergsänger. Kolorierter Stich, 1721. Bochum, Bergbaumuseum

40 W. H. Rudolph, 1807–1867, Die Ruhr bei Blankenstein. Dortmund, Museum für Kunst und Kulturgeschichte

49 Hohensyburg, 1841. Kolorierter Stich von H. Winkler nach C. Schlickum. Hagen, Städt. Karl-Ernst-Osthaus-Museum

50 Alfred Rethel, 1816–1859, Die Harkortsche Fabrik auf Burg Wetter, um 1834. Duisburg, DEMAG AG

55 Der Bergisch-Märkische und Cöln-Mindener Bahnhof von Dortmund, um 1847. Aquarell von W. Müller. Dortmund, Museum für Kunst und Kulturgeschichte.

56 Stadt und Schloß Hohenlimburg, 1826. Aquarell von F. Andriesen. Hohenlimburg, Heimatmuseum

63 Unbekannter Meister, Jeremias und Agnes Hoesch, 1620. Im Besitz von Frau von Lindenau, Junkershammer bei Stolberg

64 Das Walzwerk Hoesch in Lendersdorf bei Düren, 1838. Lithographie von Carl Schütz. Düren, Leopold-Hoesch-Museum

71 Ruhrort, 1840. Kolorierter Stich von L. Rohbock nach I. M. Kolb. Essen, Ruhrland-Museum

72 Adolph von Menzel, 1815–1905, Besuch des Aufsichtsrates im Hüttenwerk, 1900. München, Privatbesitz

81 Unbekannter Meister, Leopold Hoesch. Leopold-Hoesch-Museum, Düren

82 Maximilian Luce, 1858–1941, Stahlwerk. Hagen, Städt. Karl-Ernst-Osthaus-Museum

113 Christian Rohlfs, 1849–1938, Klingenschmied, 1902. Hagen, Städt. Karl-Ernst-Osthaus-Museum

114 Josef Horn, 1902–1951, Straße im Revier, 1929. Hagen, Karl-Ernst-Osthaus-Museum

121 Otto Dix, 1891–1969, Bildnis Fabrikant Dr. Hesse, 1926. Düsseldorf, Privatbesitz

131 Derick Baegert, um 1470–1500, Sippenbild vom Hochaltar der Propsteikirche zu Dortmund (Ausschnitt; im Hintergrund die Stadt von der Südseite), um 1480.

132 Konrad von Soest, 1394 bis um 1420, Mitteltafel des Marienaltars zu Dortmund (Ausschnitt), um 1420. Dortmund, ev. St.-Marien-Kirche

147 Benedict A. Berger, gest. 1829, Dortmund von der Südseite, 1804. Dortmund, Museum für Kunst und Kulturgeschichte

148 Christian Zucchi, 1811–1889, Dortmund von der Nordseite, 1854. Dortmund, Mus. für Kunst und Kulturgeschichte

171 Ernst Ludwig Kirchner, 1880–1938, Eisenbahn und Straßenbahn, 1913. (c) 1971 by Roman N. Ketterer, Campione d'Italia

172 Karl Hofer, 1878–1955, Am Fenster, 1947. Berlin, Galerie Nierendorf

187 Max Schulze-Sölde, 1887–1968, Zeit der Technik, 1925. Recklinghausen, Städtische Kunsthalle

188 Franz Radziwill, geb. 1895, Der Streik, 1931. Münster, Landesmuseum

207 George Grosz, 1893–1959, Ohne Titel, 1920. Düsseldorf, Kunstsammlung Nordrhein-Westfalen. – Mit Erlaubnis der Erbengemeinschaft von George Grosz, Princeton, USA

208 Heinrich Hoerle, 1895–1936, Arbeiter, 1931. Hamburg, Privatbesitz

237 Josef Albers, geb. 1888, Fabrik B, 1925. Leverkusen, Städtisches Museum

238 Grundelemente der räumlichen Struktur des Ruhrgebietes (Gebietsentwicklungsplan des Siedlungsverbandes Ruhrkohlenbezirk)

251 Bernhard Pankok, 1872–1943, Karl Ernst Osthaus, 1918. Hagen, Städt. Karl-Ernst-Osthaus-Museum

252 Christian Rohlfs, 1849–1938, Waldinneres, 1904. Essen, Museum Folkwang

261 Paul Gauguin, 1848–1903, Contes Barbares, 1902. Essen, Museum Folkwang

262 Henri Matisse, 1869–1954, Asphodelenstilleben, 1907. Essen, Museum Folkwang. (c) 1971 by SPADEM, Paris & COSMOPRESS, Genf

279 C. Protzen, 1887–1956, Straßen des Führers. München, Depot ehem. Reichsbesitz

280 Richard Heymann, Des Volkes Lebensquell, 1942. München, Depot ehem. Reichsbesitz

313 Hannah Höch, geb. 1889, Friedenstaube, 1945/1947. Berlin, Privatbesitz

314 Werner Scholz, geb. 1898, Nacht im Revier, 1955. Essen, Privatbesitz

343 Arthur Kampf, 1864–1950, Im Walzwerk, Privatbesitz

344 Hermann Kupferschmid, geb. 1885, Hochofen der Westfalenhütte. Im Besitz der Hoesch AG, Dortmund

363 Franz Klekawka, geb. 1925, Erster Mai, 1968. Düsseldorf-Meerbusch, Galerie Krümpelmann.

364 Max Peiffer-Watenphul, geb. 1896, Industrielandschaft mit schwarzer Wand, 1936. Braunschweig, Städtisches Museum

375 Thomas Grochowiak, geb. 1914, Fördermaschinist, 1950. Recklinghausen, Städtische Kunsthalle

376 Richard Gessner, geb. 1894, Bäume vor der Hütte, 1957. Düsseldorf, Privatbesitz

427 Peter Brüning, 1929–1971, Superland mit Ruhrtalbrücke, 1967. Ratingen, Nachlaß des Künstlers

428 Gustav Deppe, geb. 1913, Große Revierlandschaft, 1964. August-Thyssen-Hütte AG, Duisburg

Wir danken allen Museen und Eigentümern der Kunstwerke für die freundliche Genehmigung zur Wiedergabe in diesem Buch.

ZU DEN EINFARBIGEN ABBILDUNGEN

Vorderes Vorsatzblatt: Ausschnitt aus der Deutschlandkarte (1554) von Gerhard Mercator, 1512–1594. Hinteres Vorsatzblatt: Europa-Karte (1570) von Abraham Ortelius, 1527 bis 1598

Fotos stellten freundlicherweise zur Verfügung:
Archiv für Arbeiterdichtung, Dortmund (151); Archiv Gerstenberg, Frankfurt/M. (75 o.); Ernst-Barlach-Haus, Hamburg (286, 287); Bergbau AG, Dortmund (75 u.); Bergbau-Museum, Bochum (43 u., 52 o., 53, 79 u., 175); Bertelsmann Verlag, Gütersloh, »Unser Jahrhundert im Bild« (200, 202 u., 298, 299); H. Betzler, Hamburg (381, 415); Bruckmann-Bildarchiv, München, (22 u., 46 o., 233 u., 234); Bundesarchiv, Koblenz (203 o., 296, 301); Chargesheimer, Köln (11, 159, 166); Cramers Kunstanstalt, Dortmund (372/373 Freigeg. Reg.-Präs. Münster/W., Dortmund 473 F/52); Depot ehem. Reichsbesitz, München (285); Deutsches Museum, München (25, 26, 41, 54, 79 o., 85 u., 86 o., 88); Droste Verlag, Düsseldorf, »Koch, Das Ruhrgebiet – so wie es war« (180, 182); F. Fenzl, München (102, 165, 169); C. Fink, Dortmund (125 o.); Hamburgische Electricitätswerke AG, Hamburg (100); Hirmer Verlag, München (23 o.); Historia-Photo, Bad Sachsa (186); Hoesch AG, Dortmund: Hertling, Kampmann, Kreuzner, Pankau, Steininger (12–14, 34–37, 43 o., 58–62, 66, 67, 87 u., 88 o., 90, 92–99, 103, 105 o., 112, 130, 152, 160, 167, 174, 191, 192 o., 196–198, 201, 211–214, 228, 229, 242, 243, 246, 247, 258, 264–267, 277, 282, 283, 292, 293, 303, 304, 306, 308, 317–319, 326, 327, 329, 331, 337, 339, 346–348, 357, 361, 369, 372, 373, 382, 385, 387, 388, 391–397, 399, 400, 405–407, 409, 411, 412, 416, 419–423); Industriegewerkschaft Bergbau und Energie, Bochum (178, 181, 190); Informations- und Presseamt der Stadt Dortmund (116, 144, 150, 155); Institut für Zeitungsforschung der Stadt Dortmund (52 u., 154, 193, 194, 233 o.); Krupp AG, Essen (48, 85 o.); K. Kuhnigk, Hamburg (241); Landesmuseum, Münster (128 u.); Langewiesche-Brandt-Verlag, Ebenhausen, »Anschläge« (274); W. Leonhard, München (21, 23 u., 24 u., 30 u., 31, 70, 168 o.); Mannesmann Röhrenwerke AG, Düsseldorf (294); Markus Verlag, Köln (216, 217); W. Moog, Kettwig (249, 402/403 Freigeg. Reg.-Präs. Dsdf. Nr. 19/76/8183); Museum für Kunst und Kulturgeschichte, Dortmund (45); Karl-Ernst-Osthaus-Museum, Hagen (255–257, 259); Polizei-Institut, Hiltrup (218); Ruhrfestspiele Recklinghausen GmbH, Recklinghausen (325); Siedlungsverband Ruhrkohlenbezirk (240, 245); Staatsbibliothek, Berlin-West (105 u.); Stadtarchiv, Bochum (168 u., 181 r., 222); Stadtarchiv, Dortmund (128 o., 129, 138, 139 o., 141, 142, 192 u.); Stadtarchiv, Duisburg (205); Stadtbibliothek, Dortmund (139 u.); Stadtgeschichtliches Museum, Düsseldorf (108, 119); Stadt-Sparkasse, Gelsenkirchen (163, 164); Frh.-vom-Stein-Archiv, Schloß Cappenberg (46 u.); Steinkohlenbergbauverein, Essen (185); Süddeutscher Verlag, München (202 o., 204, 275 o., 287 o., 289, 320, 321, 336, 351); August-Thyssen-Hütte AG, Duisburg (87 o.); Ullstein-Bilderdienst, Berlin (32, 42 o., 83, 84, 206, 220, 224, 232, 235, 270, 271, 273, 295); H. Spethmann, Das Ruhrgebiet – so wie es war, Bd. 1, Verlag R. Hobbing, Essen (22 o.); H. Wehmeyer, Hildesheim (124, 126, 135 o., 136).

Personen- und Sachregister

HOESCH-Register

Am Schluß der Arbeit an diesem Buch hat der Autor all denen zu danken, die ihn bei der Lösung dieser schönen, aber nicht einfachen Aufgabe mit Rat und Tat unterstützt haben. Insbesondere gilt sein Dank Professor Wilhelm Dege von der Pädagogischen Hochschule Ruhr in Dortmund für wissenschaftliche Beratung und wertvolle Hinweise; Professor Wilhelm Brepohl, dessen Lebenswerk mit der soziologischen Erforschung des Ruhrgebietes untrennbar verbunden ist; Bibliotheksdirektor Fritz Hüser, Betreuer des Archivs für Arbeiterdichtung und Soziale Literatur; dem Leiter des Stadtarchivs Dortmund, Dr. Gustav Luntowski, dem Siedlungsverband Ruhrkohlenbezirk in Essen und dem Westfälischen Wirtschafts-Archiv in Dortmund.
Anregungen für die dem Werk beigegebenen Farbtafeln gab die 1969 veranstaltete Ausstellung des Wilhelm-Lehmbruck-Museums Duisburg: »Industrie und Technik in der deutschen Malerei von der Romantik bis zur Gegenwart«. Museumsdirektor Dr. Siegfried Salzmann half bei der Auswahl in besonders dankenswerter Weise. Vorbildlich unterstützte die Arbeit auch das Städtische Karl-Ernst-Osthaus-Museum in Hagen, dessen Leiterin Dr. Hertha Hesse-Frielinghaus zu manchem wertvollen Fund verhalf.
Dankbar erwähnt der Autor an dieser Stelle auch die Verfasser jener Werke, die ihm bei der Schilderung der historischen und wirtschafts-geographischen Entwicklung des Reviers wertvolle Dienste leisteten: Dr. Hans Spethmann mit seinem dreibändigen Werk ›Das Ruhrgebiet im Wechselspiel von Land und Leuten, Wirtschaft, Technik und Politik‹ (Band 1 und 2: Verlag Reimar Hobbing, Berlin 1933; Band 3: Verlag für Sozialpolitik, Wirtschaft und Statistik, Paul Schmidt, Berlin 1938); Wilhelm Dege ›Das Ruhrgebiet‹ (Verlag Vieweg 1971) und Luise von Winterfeld mit der ›Geschichte der freien Reichs- und Hansestadt Dortmund‹ (Verlagsbuchhandlung Dr. Wilh. Ruhfus, 3. Aufl., Dortmund 1957).
Schließlich dankt der Autor ganz besonders Ilse Walter, die unermüdlich Materialien und Quellenwerke zusammentrug, und Dr. Hermann Mährlen für die umsichtige und sorgfältige Lektoratsarbeit an diesem Buch.

OCEANVS
OCCIDEN
TALIS
S. Brandain
Brasil
Vlaenderen
Hebrides
Scetland insule
MARE GERMANICVM
Scotia
Irlant
Dublin
Anglia
Londen
Norvegia
Swedia
Gotia
Dania
Die Oosterschesee
Germania
Polonia
Hungaria
Austria
Aquitanicus oceanus
Cantabricus oceanus
Gallia
Hispania
Mare Gallicum
Mare Ibericum
Maiorica
Minorica
Corsica
Sardinia
Italia
Mare Tirrhenum
Adriaticum
Sicilia
Ionium Mare
Malta
MARE
MEDITER
AFRICAE
Barbaria
Biledulgerid
Miliaria Germanica communia quorum 15 uni gr. lat. constituunt

DAS REVIER 1949

Die Experimente auf dem Versuchsfeld Europas jagen sich seit vier Jahren wie noch nie.
Demontagen werden: befohlen, bekämpft, angehalten, fortgesetzt, gestoppt, wiederaufgenommen, gemildert, verstärkt.
Die Werke der Stahlindustrie werden: beschlagnahmt, stillgelegt, entflochten, angetrieben, isoliert, Treuhändern übergeben, versuchsweise zu neuen Verbänden zusammengesetzt.
Der Bergbau wird: gehätschelt, gehemmt, forciert, isoliert, subventioniert, vielleicht reprivatisiert, vielleicht sozialisiert.
Die alte Besitzerschicht wird: interniert, angeklagt, verurteilt, freigesprochen, wiedereingesetzt, auf die Enteignung vorbereitet, auf Entschädigung vertröstet.
Die Gewerkschaften: umschmeichelt man, läßt sie links liegen, schaltet sie ein, schaltet sie aus, fährt sie an, braucht sie.
Die Arbeitsdirektoren: verlacht, angefeindet, um Hilfe gebeten.
Das Produktionsniveau der Industrie wird: umkämpft, festgenagelt, losgeklemmt, erhöht, nicht erreicht, überschritten.
Das Ruhrgebiet wird: umworben, verhandelt, paralysiert, angepeitscht, kapitalisiert, internationalisiert, sozialisiert, kontrolliert.
Der Ausgang dieser Experimente ist zweifelhaft. Der fein eingespielte Organismus des Ruhrgebiets knarrt und quietscht in allen Gelenken, soweit sie nicht gebrochen sind. Er leidet unter Kreislaufstörungen und Atemnot, unter zuwenig Kohle und zuviel Fragebogen, unter zuwenig Erz und zuviel gefährlichen Therapien. Er leidet unter falschen Diagnosen. Aber er scheint alle Pferdekuren, alle giftigen Anpeitschungsmittel mit seiner robusten Gesundheit zu überstehen. Er arbeitet unter Streckverbänden. Allerdings kann er nur mit Hilfe der ständigen Blutübertragung aus Amerika die Schäden ausgleichen, die durch Abzapfung und Abschnürung des Lebenssaftes entstehen. Seine Bewohner arbeiten unter Bedingungen, die kein anderes Land Europas ertragen möchte. Aber sie arbeiten. Sie arbeiten emsig. In all diesem Durcheinander arbeiten sie, als könne ihnen nichts geschehen. Man rechnet auf sie, als könnten sie nie enttäuschen. Man rechnet mit ihrer Leistung wie mit Tonnen und Kilowatt. Sie verhalten sich offenbar wie feste Größen. Sind es, wie die Franzosen Grund zu glauben haben: Roboter?
Diese Rasse ist doppelgesichtig. Dieser Schlag ist unheimlich. Eben jagte sein Anblick noch Schrecken ein – plötzlich erfüllt er mit Mitleid. Sein Antlitz ist heute grau von Armut. Morgen zeigt es die Speckfalten der Prosperity, des Reichtums. Es scheint, als seien die harten, die grausamen, die mitleidlosen Züge unserer Epoche besonders tief in dieses Sphinxgesicht eingemeißelt. Und plötzlich wendet es uns ein kameradschaftliches Lächeln zu.

EIN LAND MIT ZUKUNFT?

Man fragt sich bange: Ist das ein Land mit Zukunft? Und man hat diese Frage immer wieder gestellt: hoffnungsvoll, übermütig, hochfahrend, wenn es aufwärtsging, wenn die Steinkohlenförderung hochschoß wie eine Rakete, wenn die Dörfer aufgingen wie Hefekuchen und über Nacht zu Städten wurden, wenn die Konzerne zusammenwuchsen wie Dinosaurier, die sich über Erz und Kohle begatten. Man stellte die Frage in die Zukunft prüfend und kalkulierend, wenn das Kohlenlaboratorium neue Dinge ausprobierte. Zum Beispiel das Kohlensyndikat, die gemeinsame Verkaufsorganisation der Zechen. Oder: Wäschen und Separatoren, Schüttelrutschen, Schrämmaschinen und statt des herkömmlichen Pfeilerbaues den neuen Bergeversatz. Oder: die Aufbereitung der schwarzen Klumpen zu Gas, Teer, Ammoniak und Benzol.
Ist das ein Land mit Zukunft? Man fragte es trübe und ängstlich, wenn das Revier lahmgelegt war durch Großstreiks, wie 1905. Wenn ein Viertel der Bergleute zu den kaiserlichen Fahnen gerufen wurde, um an die Marne zu marschieren. Wenn die Aussicht schwand, die belgischen Kohlengebiete und das Erzbecken von Briey und Longwy annektieren zu können. Oder wenn Generalstreiks die kommende November-Revolution ankündigten.
Ist das ein Land mit Zukunft? Die Frage klang verzweifelt hoffnungslos, zähneknirschend, als Detonationen von Bomben und Maschinengewehrfeuer die Nächte erfüllten...

Peter von Zahn, 1949

Im Walzwerk
Gemälde von Arthur Kampf
(1864–1950)